21世纪高等教育数字艺术与设计规划教材

Maya 三维动画制作基础教程

Maya SanWei DongHua ZhiZuo

○王楠 主编
○李维维 万先梅 王丽莉 副主编

人民邮电出版社
北京

图书在版编目（C I P）数据

Maya三维动画制作基础教程 / 王楠主编. -- 北京 : 人民邮电出版社, 2011.5
21世纪高等教育数字艺术与设计规划教材
ISBN 978-7-115-25061-2

Ⅰ. ①M… Ⅱ. ①王… Ⅲ. ①三维动画软件, Maya一高等学校一教材 Ⅳ. ①TP391.41

中国版本图书馆CIP数据核字(2011)第055135号

内容提要

本书共分 8 章，其中第 1 章和第 2 章主要讲述了动画基础知识和 Maya 软件基础知识；第 3 章至第 5 章主要讲述了 3 种 Maya 建模方式；第 6 章和第 7 章主要讲述了 Maya 的材质技术和灯光渲染技术；第 8 章讲述了掌握动画形成的原理，介绍了 Maya 动画操作界面，各种不同的动画制作技术，律表的相关知识与动画曲线编辑器的相关知识。

本书语言精炼、通俗易懂，采用了软件介绍与实例操作相结合的方式，为读者的学习提供了方便。

本书可作为高等院校艺术设计相关专业的教材，也可作为各类培训学校的教学用书，还可供 Maya 动画制作爱好者自学参考。

21 世纪高等教育数字艺术与设计规划教材

Maya 三维动画制作基础教程

◆ 主　编　王　楠
副 主 编　李维维　万先梅　王丽莉
责任编辑　刘　琦

◆ 人民邮电出版社出版发行　北京市崇文区夕照寺街 14 号
邮编　100061　电子邮件　315@ptpress.com.cn
网址　http://www.ptpress.com.cn
大厂聚鑫印刷有限责任公司印刷

◆ 开本：787×1092　1/16
印张：21　　2011 年 5 月第 1 版
字数：500 千字　　2011 年 5 月河北第 1 次印刷

ISBN 978-7-115-25061-2

定价：38.50 元

读者服务热线：(010)67170985　印装质量热线：(010)67129223
反盗版热线：(010)67171154
广告经营许可证：京崇工商广字第 0021 号

前　言

2009 年 7 月 22 日，我国颁布了《文化产业振兴规划》，将动漫产业列入国家重点发展的文化产业门类之一，从而为动漫产业的发展提供了难得的机遇，三维动画技术也因此而得到了极速的发展。Maya 是由著名软件公司 Autodesk 推出的一款集三维建模、渲染、动画制作为一体的软件，是目前全球最为流行的三维软件之一。Maya 三维动画教学是各个高校开设三维动画专业时必设的核心课程，编者结合数年的三维动画基础教学经验编写了本书。

本书结合设计艺术和制作技巧两方面的内容，针对学生的认知特点，采用基础理论知识和实际操作相结合的方式对 Maya 软件进行讲解。使学生在了解软件基本功能的前提下能够结合实例深入地实践并消化所学内容，从而掌握 Maya 的建模方法和动画制作方式。本书的章节设置套用了动画制作的流程，使学生在学习的过程中了解动画制作的步骤。本书全面地介绍了 Maya 的基础知识和使用方法，主要内容包括 Maya 动画基础知识，3 种不同的 Maya 建模方式：曲面建模、多边形建模、细分建模，Maya 材质技术，Maya 灯光与渲染技术和 Maya 基础动画。本书采用模块化教学，在每一章中首先详细地介绍基本的软件功能，然后配以设计案例，将各个基本命令巧妙地融入到实例操作之中，以实例加强学生对知识点的认识和记忆。

本书可以作为 Maya 三维动画建模与动画制作的入门类基础教材，适合从事三维造型、动画设计、游戏制作、影视特效和广告创意的初中级用户；也可以作为高等院校或大中专院校电脑美术、影视动画、游戏制作、艺术设计等相关专业及社会各类 Maya 培训班的专业教材。

在本书编写过程中，江苏海事职业技术学院多媒体专业 2007 级学生彭飞和 2008 级学生顾骏、王义等为本书的编写提供了实例和模型，在这里对各位同学表示感谢。除此之外，还要特别感谢江苏海事职业技术学院信息工程系张作化书记、冯茂岩主任、鲍建成副主任、顾明亮副书记、陈继军主任以及南京人口管理干部学院信息科学系的各位领导，他们为本书的编写提供了大量的指导和帮助。

为方便教师教学，本书配备了内容丰富的教学资源包，包括素材、所有案例的效果演示、PPT 电子教案等。任课老师可登录人民邮电出版社教学服务与资源网（www.ptpedu.com.cn）免费下载使用。

由于编写时间仓促，加之编者水平有限，书中难免有疏漏之处，欢迎广大读者提出宝贵意见。

作　者

2011 年 1 月

目录

第1章

Maya 动画基础知识

Maya 动画基础知识 1

1.1 三维动画设计 1

1.1.1 三维动画的发展 1

1.1.2 制作动画的一般流程 4

1.1.3 三维动画设计软件 7

1.2 初识 Maya 10

1.2.1 Maya 的发展历史 10

1.2.2 Maya 8.0 的特色 12

1.2.3 Maya 的硬件平台 13

1.3 Maya 的应用领域 14

1.3.1 游戏开发 14

1.3.2 影视剧角色的制作 14

1.3.3 虚拟场景的制作 15

1.3.4 工业造型设计 15

1.3.5 建筑效果图制作 16

1.3.6 影视片头制作 16

本章小结 16

第2章

Maya 基础

Maya 基础 17

2.1 界面介绍 17

2.1.1 标题栏 17

2.1.2 菜单栏 18

2.1.3 状态行 18

2.1.4 常用工具架 19

2.1.5 工具栏 19

2.1.6 视图区 20

2.1.7 属性编辑器 20

2.1.8 通道栏 20

2.1.9 层编辑器 21

2.1.10 时间控制器 21

2.1.11 命令行 22

2.1.12 帮助行 22

2.2 操作视图与布局 22

2.2.1 视图的控制方法 22

2.2.2 视图的布局 23

2.2.3 摄像机视图 24

2.3 编辑对象 25

2.3.1 编辑对象操作 25

2.3.2 删除对象 27

2.3.3 选择对象 28

2.3.4 使用组 28

2.3.5 细节级别 28

2.3.6 创建对象层级 29

2.3.7 使用对齐对象 29

2.3.8 历史记录 33

2.4 变换对象操作 33

2.4.1 操纵器手柄 33

2.4.2 基本变换操作 34

2.4.3 显示操纵器工具 37

2.4.4 输入数值进行变换操作 38

2.4.5 Pivot Point【轴心点】 38

2.4.6 捕捉对象 40

2.5 文件管理 41

2.5.1 文件的基础操作 41

2.5.2 标准目录结构 43

2.5.3 创建自己的 Project 43

2.5.4 浏览图片 44

2.5.5 引入参考文件 45

2.6 节点的概念 45

2.6.1 父物体与子物体的概念 45

2.6.2 创建层级关系 46

2.7 课堂实例 46

2.7.1 实例 1——太阳系的运动 46

本章小结 51

第3章

Maya NURBS 建模技术 52

3.1 NURBS 基础知识 52

3.1.1 NURBS 原理 53

3.1.2 NURBS 曲线基础 53

3.1.3 NURBS 曲面基础 53

3.1.4 NURBS 曲面精度控制 54

3.1.5 NURBS 建模流程 55

3.2 创建 NURBS 几何体 55

3.2.1 Sphere【球体】 58

3.2.2 Cube【立方体】 59

3.2.3 Cylinder【柱体】 60

3.2.4 Cone【锥体】 61

3.2.5 Plane【平面】 61

3.2.6 Torus【圆环】 62

3.2.7 Circle【环形】 62

3.2.8 Square【方形】 62

3.3 创建 NURBS 曲线 63

3.3.1 CV Curve Tool【控制点曲线工具】 63

3.3.2 EP Curve Tool 【编辑点曲线工具】 66

3.3.3 Pencil Curve Tool【铅笔曲线工具】 66

3.3.4 Arc Tool【圆弧工具】 67

3.3.5 Text【文本工具】 67

3.4 创建 NURBS 曲面 68

3.4.1 Revolve【旋转成面】 68

3.4.2 Loft【放样成面】 70

3.4.3 Planar【平面】 71

3.4.4 Extrude【挤出曲面】 72

3.4.5 Birail【围栏】 75

3.4.6 Boundary【边界成面】 77

3.4.7 Square【方形成面】 79

3.4.8 Bevel【倒角】 80

3.4.9 Bevel Plus【倒角插件】 83

3.5 NURBS 曲线的编辑 84

3.5.1 Duplicate Surface Curves【复制曲面曲线】 84

3.5.2 Attach Curves【合并曲线】 86

3.5.3 Detach Curves【分离曲线】 87

3.5.4 Align Curves【对齐曲线】 88

3.5.5 Open/Close Curves【开放/闭合曲线】 90

3.5.6 Move curve Seam【移动曲线接缝】 91

3.5.7 Cut Curve【剪切曲线】 92

3.5.8 Intersect Curves【交叉曲线】 93

3.5.9 Curve Fillet【曲线圆角】 94

3.5.10 Insert Knot【插入结构点】 96

3.5.11 Extend【延伸】 97

3.5.12 Offset【偏移】 99

3.5.13 Reverse Curve Direction【反转曲线方向】 100

3.5.14 Rebuild Curve【重建曲线】 101

3.5.15 Fit B-spline【适配 B 样条曲线】 102

3.5.16 Smooth Curve【平滑曲线】 103

3.5.17 CV Hardness【硬化 CV 点】 104

3.5.18 Add Points Tool【加点工具】 104

3.5.19 Curve Editing Tool【曲线编辑工具】 105

3.5.20 Project Tangent【投射切线】 105

3.5.21 Modify Curves【修改曲线】 107

3.6 NURBS 曲面的编辑 111

3.6.1 Duplicate NURBS Patches【复制 NURBS 面片】 111

3.6.2 Project Curve On Surface【投射曲线到曲面】 112

3.6.3 Intersect Surfaces【相交曲面】 114

3.6.4 Trim Tool【剪切工具】 115

3.6.5 Untrim Surfaces【还原剪切曲面】 116

3.6.6 Booleans【布尔运算】 117

3.6.7 Attach Surfaces【合并曲面】 117

3.6.8 Detach Surfaces【分离曲面】 118

3.6.9 Align Surfaces【对齐曲面】 119

3.6.10 Open/Close Surfaces【开放/闭合曲面】 120

3.6.11 Move Seam【移动曲面接缝】 120

3.6.12 Insert Isoparms【插入等参线】 121

3.6.13 Extend Surfaces【延伸曲面】 121

3.6.14 Offset Surfaces【偏移曲面】 122

3.6.15 Reverse Surface Direction【反转曲面方向】 122
3.6.16 Rebuild Surfaces【重建曲面】 123
3.6.17 Round Tool【圆角工具】 123
3.6.18 Surface Fillet【曲面圆角】 124
3.6.19 Stitch【缝合】 127
3.6.20 Sculpt Geometry Tool【几何体雕刻工具】 130

3.7 课堂实例 131
3.7.1 实例 1——双喜图案绘制 131
3.7.2 实例 2——静物组合 137
3.7.3 实例 3——鼠标建模 142

本章小结 147

第 4 章 Maya 多边形建模技术 148

4.1 多边形基础知识 148
4.1.1 多边形概念 148
4.1.2 Polygon 建模菜单组 151
4.1.3 Polygon 组元的显示 152
4.1.4 有效和无效的 Polygon 几何体 153

4.2 创建多边形 153
4.2.1 多边形的基本几何体 153
4.2.2 创建多边形文本 158
4.2.3 创建自由多边形 160
4.2.4 转换多边形 164

4.3 编辑多边形 165
4.3.1 多边形的选择 165
4.3.2 编辑多边形组元 169
4.3.3 操作多边形组元 171
4.3.4 细分多边形构成体 174
4.3.5 三角形化和四边形化多边形 177
4.3.6 通过绘画编辑多边形 178
4.3.7 融合多边形定点和边界边 181
4.3.8 多边形模型修改 183

4.4 多边形 UV 196
4.4.1 UV Texture Editor 窗口 196
4.4.2 Planar Mapping【平面投射】 197
4.4.3 Cylindrical Mapping【圆柱投射】 197
4.4.4 Spherical Mapping【球形投射】 198
4.4.5 Automatic Mapping【自动投射】 199
4.4.6 编辑 UV 199

4.5 课堂实例 204
4.5.1 实例 1——书桌的制作 204
4.5.2 实例 2——显示器的制作 209
4.5.3 实例 3——键盘的制作 216
4.5.4 实例 4——台灯的制作 220

本章小结 226

第 5 章 Maya 细分曲面建模技术 227

5.1 细分曲面建模基础 227
5.1.1 Subdiv 的特性 227

5.2 创建细分模型 228
5.2.1 创建基本细分几何体 228
5.2.2 转化细分模型 229

5.3 编辑细分模型 229
5.3.1 Full Crease Edge/Vertex【完全褶皱边/点】 231
5.3.2 Partial Crease Edge/Vertex【局部褶皱边/点】 231
5.3.3 Uncrease Edge/Vertex【去除褶皱边/点】 231
5.3.4 Mirror【镜像】细分曲面 232
5.3.5 Attach【合并】细分曲面 232
5.3.6 Collapse Hierarchy【塌陷层级】 232
5.3.7 细分组元选择操作 233

5.4 课堂实例 233
5.4.1 实例——手机的制作 233

本章小结 239

第 6 章 Maya 材质技术 240

6.1 材质的概述 240

6.2 材质编辑器 240

6.2.1 材质的基本类型 243

6.2.2 材质的属性设置 245

6.3 纹理贴图 250

6.3.1 材质的创建 252

6.3.2 材质的指定 254

6.4 课堂实例 255

6.4.1 实例 1——透明材质的制作 255

6.4.2 实例 2——木纹质感制作 261

6.4.3 实例 3——金属材质的制作 264

6.4.4 实例 4——双面材质的制作 268

本章小结 271

第 7 章

Maya 灯光技术与渲染技术 272

7.1 基本灯光类型 272

7.1.1 Ambient Light【环境光】 272

7.1.2 Directional Light【方向灯】 273

7.1.3 Point Light【点光源】 273

7.1.4 Spot Light【聚光灯】 274

7.1.5 Area Light【区域光】 274

7.1.6 Volume Light【体积光】 274

7.2 灯光属性设置 275

7.2.1 灯光属性 275

7.2.2 阴影属性 277

7.3 灯光使用方法 281

7.3.1 灯光视图的切换 281

7.3.2 通过操纵器控制灯光 282

7.4 布光方式 282

7.4.1 主光源 283

7.4.2 辅助光源 283

7.4.3 背光 284

7.5 摄像机的基础知识 284

7.5.1 创建摄像机 284

7.5.2 摄像机类型 285

7.5.3 摄像机的属性 285

7.5.4 摄像机的操作 290

7.5.5 摄像机的运用技巧 290

7.6 渲染概述 294

7.7 渲染设置 295

7.7.1 通用渲染设置 295

7.7.2 软件渲染器渲染设置 297

7.8 渲染场景 298

7.8.1 测试渲染 298

7.8.2 渲染动画 299

7.8.3 浏览动画 299

7.9 课堂实例 299

7.9.1 实例 1——灯光训练 299

7.9.2 实例 2——摄影机训练 304

本章小结 306

第 8 章

Maya 基础动画技术 307

8.1 动画的概念 307

8.1.1 帧的概念 308

8.1.2 帧率的概念 309

8.1.3 帧率设置 309

8.2 Maya 动画操作界面 311

8.3 动画种类 312

8.3.1 关键帧动画 312

8.3.2 驱动帧动画 312

8.3.3 路径动画 313

8.3.4 表达式动画 313

8.3.5 非线变形器动画 313

8.4 动画编辑器 317

8.4.1 Dope Sheet【律表】 317

8.4.2 Graph Editor【动画曲线编辑器】 319

8.5 课堂实例 321

8.5.1 实例 1——关键帧动画 321

8.5.2 实例 2——驱动帧动画 323

8.5.3 实例 3——路径动画 325

本章小结 328

Chapter

第1章
Maya 动画基础知识

动画作为一门独特的艺术形式，其发展历史不过百年，但是却一直在发展壮大。随着计算机技术的快速发展，动画的制作流程和美学理念都在发生着重大的变化，描线上色、模型制作、贴图绘制、后期合成以及视觉特效等各个动画制作流程都渗透着大量的数字技术。三维动画以其精美的画面、低廉的制作成本，给使用者带来更多的惊喜。本章将详细讲解三维动画设计的发展、制作流程，并且介绍了常用的三维动画设计软件。除此之外，还详细介绍了Maya软件的发展过程、新版Maya软件的特色以及软件的应用领域。读者通过对本章的学习，可以对三维动画设计有一个初步的了解，并掌握Maya软件的发展历程，新版Maya软件中的新功能，了解Maya软件的应用领域。

课堂学习目标

- ◈ 三维动画设计
- ◈ 初识 Maya
- ◈ Maya 的应用领域

1.1 三维动画设计

三维动画设计是美术和计算机绘图技术相结合的一个新兴艺术门类，是一门使用计算机软件进行艺术设计，特别是动画的艺术设计的新兴学科。21 世纪以来，三维动画技术作为一种计算机技术被广泛应用到各种视觉特效的制作领域中。应用创作者通过自己的思维空间将三维动画技术充分地扩展到多个领域，从而完全通过三维全新的表现形式独立完成项目制作。

1.1.1 三维动画的发展

三维动画能给观赏者以身临其境的感觉，现在的三维动画技术已在电影、电视、工业、建筑、游戏、艺术及广告等行业得到了广泛的应用。三维动画的发展到目前为止大致可以分为3个阶段。

1. 初步发展时期

1995 年～2000 年是三维动画发展的第一阶段，这是三维动画的起步以及初步发展时期。在这一阶段中，皮克斯和迪斯尼这两大美国动画巨头占据了三维动画影片市场的主导地位，几乎垄断了当时所有的三维动画电影市场。

这一时期诞生了世界上第一部三维动画，即由迪斯尼和皮克斯出品的全 3D 电影《玩具总动员》，如图 1.001 所示。这是一部由纯三维动画软件制作的电影，其制作过程运用了计算机动画软件 Softimage。该影片在面部动画、水波模拟及大场面的制作上取得了前所未有的突破，给观众造成了激烈的视觉冲击，并且成为当时最热门的电影之一。

图 1.001

2. 迅猛发展时期

2001 年～2003 年是三维动画发展的第二阶段。在这个时期中，三维动画产业迅速发展壮大，并且取代了传统动画，成为最卖座的动画片类型。在这一阶段，皮克斯在三维动画影片方面的领导地位受到了另一个动画巨头 DreamWorks（梦工厂）的威胁，两个公司先后推出了竞争感十足的动画巨作。梦工厂推出了《怪物史瑞克》，皮克斯就推出了《怪物公司》；皮克斯推出《海底总动员》，如图 1.002 所示，梦工厂就推出了《鲨鱼黑帮》，如图 1.003 所示。

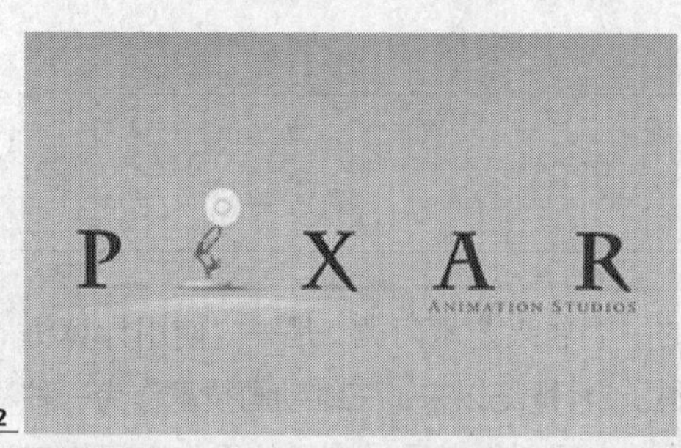

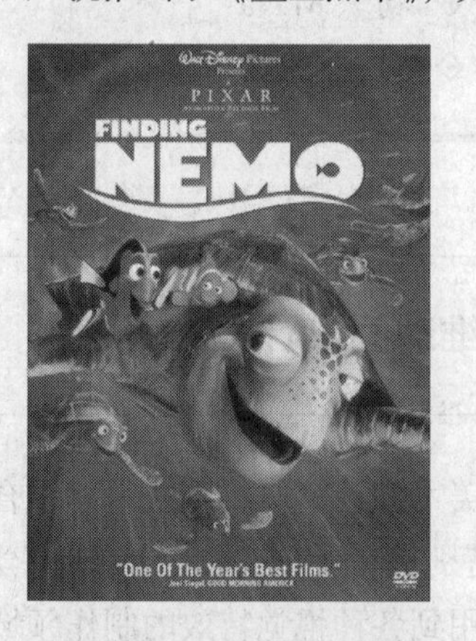

图 1.002

图 1.003

3. 全盛时期

从 2004 年开始，三维动画影片进入了全盛发展时期。在这一阶段，各大三维动画制作巨头相继推出了大量 3D 动画巨作。华纳兄弟电影公司推出了以圣诞为题材的《极地快车》；福克斯电影公司再次携手蓝天工作室，为观众呈现了《冰河世纪 2》，如图 1.004 所示；而皮克斯与迪斯尼也分别独立推出了自己的第一部三维动画影片《美食总动员》(见图 1.005) 和《小鸡快跑》。

左 图 1.004

右 图 1.005

三维动画技术在电影中的运用，使制作者可以在室内通过想象制作出光、火、爆炸、烟雾以及撞车、变形、虚幻场景或角色等效果，如《蜘蛛侠》、《泰坦尼克号》、《终结者》和《魔戒》等，如图 1.006 所示。可以说电影已经离不开三维动画了。

图 1.006

三维动画不仅在动画娱乐领域有着广泛的应用，并且由于三维动画技术的精确性、真实性和无限的可操作性，目前还被广泛应用于医学、教育和军事等诸多领域。我国的嫦娥二号的发射过程便是以三维动画的模式向世界展示的，如图 1.007 所示。

图 1.007

1.1.2 制作动画的一般流程

动画可分为传统二维、三维、偶人动画（定格动画）及 flash 类（数据库动画）等多种形式，但不管哪种类型的动画片，其流程基本都可分为前期制作、中期制作与后期制作 3 个部分。

1. 前期制作

前期制作是指在实施具体的动画制作前对动画片进行前期的规划与设计，主要包括文学剧本创作、分镜头脚本创作、角色设计和场景设计等。

（1）文学剧本

文学剧本是动画片创作的基础，是将动画片所需要表现的内容应用文本的形式表现出来，即以文字的形式描述一个动画片的情节的文学样式。动画片的文学剧本形式非常丰富，神话、科幻和民间故事等都是其可借鉴的材料。

（2）分镜头脚本

分镜头脚本是把文字进一步视觉化的重要一步，是导演根据文学剧本进行的再创作，体现了导演的创作设想和艺术风格，表达的内容包括镜头的类别和运动、构图和光影、运动方式和时间、音乐与音效等。其中每幅图画代表一个镜头，文字用于说明镜头长度、人物台词及动作等内容，如图 1.008 所示。

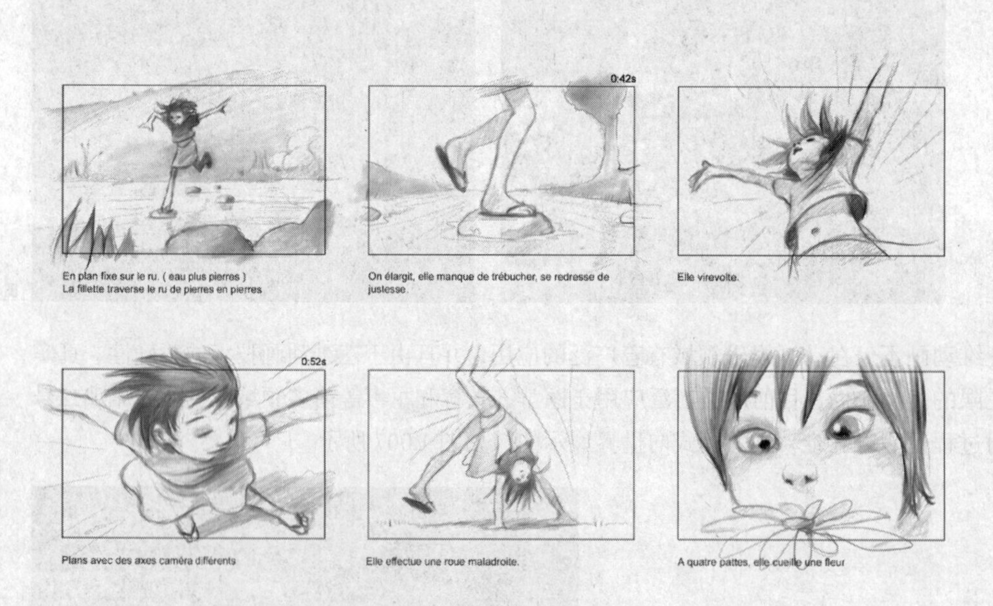

图 1.008

（3）角色设计

角色设计包括角色的外形设计与动作设计，如图 1.009 所示。角色设计需要对标准造型、转面图、结构图、比例图及道具服装分解图等进行精确的设计，并通过角色的典型动作设计体现角色的性格特征。

图 1.009

（4）场景设计

场景设计是整个动画片中景物和环境表现的基础，比较严谨的场景设计（见图 1.010）包括平面图、结构分解图和色彩气氛图等，通常用一幅图来表达。

图 1.010

2. 中期制作

中期制作是根据前期设计，在计算机中利用相关的制作软件，通过建模、材质和贴图、灯光、动画和摄影机控制和渲染等制作出动画角色和场景。

（1）建模

建模是根据前期的造型设计，在计算机中使用三维设计软件建立创造具体的 3D 模型的过程，如图 1.011 所示。

（2）材质和贴图

贴图是给模型按照事先设计好的样式进行着色，使之从灰白的素模转变为具有目标物体特征的模型，具体以物体的颜色、透明度、反光度、自发光及粗糙程度等特性来体现。模型的材质和贴图要与现实生活中的物体的物理性质相一致，如图 1.012 所示。

左 图 1.011

右 图 1.012

（3）灯光

三维软件中的灯光是用来模拟现实中的各种光线的工具，有着非常丰富的种类，并且各种灯光都有自己的特性和用途。通过这些灯光的工具，可以制作出大量自然和人工的光影效果，如图 1.013 所示。

图 1.013

（4）动画

动画是根据分镜头脚本与动作设计，运用已设计的造型在三维动画制作软件中制作出一个个动画片段。让三维动画运动起来是一门技术，其中，场景中树叶的飘零，小草的随风摆动，人物说话时的口型变化、喜怒哀乐的表情、走路动作等，都要符合自然规律。制作时要尽可能地细腻、逼真，因此动画师要熟习各种事物的运动规律，并且能够在此基础上设计出符合剧情的夸张与变形。

（5）摄影机控制

摄影机控制是依照摄影原理在三维动画软件中使用摄影机工具，实现分镜头脚本设计的镜头效果。摄像机的位置的变化也能使画面产生强烈的动态效果。

（6）渲染

渲染是根据场景的设置、赋予物体的材质和贴图以及灯光等，由程序绘出一幅完整的画面或一段动画。三维动画必须渲染才能输出，造型的最终目的是得到静态效果图或一段动画，而这些都需要渲染才能完成。

3. 后期制作

三维动画的后期制作指的是已经完成的动画片段，配以适当的声音素材，然后按照分镜头脚本的具体设计要求进行组合和总装。通常使用 Premiere Pro 和 After Effects 等非线性编辑软件进行编辑，如图 1.014 所示。

图 1.014

1.1.3 三维动画设计软件

计算机动画分为二维动画和三维动画，二维动画软件是传统的手绘动画的升级，它使得传统的手绘动画摆脱了纸和笔的束缚，而二维动画作为一种辅助系统或后期处理系统，并不能脱离手绘而单独存在。三维动画软件则是一种独立的，可以完全在一个虚拟的三维空间中实现影像的软件。三维动画设计领域中有许多强大的制作软件及插件，如 Maya 和 3ds Max 等，下面介绍一些比较具有代表性的软件。

1. Maya

Maya 是目前最为强大的三维动画软件之一，该软件被广泛地应用于专业的影视广告、角色动画和电影特技当中。Maya 软件在三维的各个领域中都显示出了超强的三维制作功能，因此该软件的许多操作已经成了行业规范。Maya 有许多突出的功能，包括完整的建模系统、强大的程序纹理材质和粒子系统、出色的角色动画系统以及 MEL 等。Maya 是一个庞大的设计功能软件的集合体，它集成了 Alias 先进的动画及数字效果技术，除了包括一般的三维和视觉效果制作的功能外，还结合了先进的建模、数字化布料模拟、毛发渲染和运动匹配技术。

Maya 因其强大的功能在 3D 动画界产生了巨大的影响，并且渗入到了电影、广播电视、公司演示和游戏可视化等各个领域，已成为三维动画软件中的领军者。《星球大战前传》、《透明人》、《黑客帝国》、《角斗士》、《完美风暴》和《恐龙》等很多大片中的电脑特技镜头都是应用 Maya 来完成的，如图 1.015 所示。

图 1.015

2. 3ds Max

3ds Max 全称为 3D Studio Max，是 Autodesk 多媒体分公司——Discreet 公司开发的三维建模、渲染和动画制作软件，是 PC 上全球使用人数最多的三维设计软件之一。3ds Max 的适用范围之广，功能之全，是其他软件不能比拟的，而且它还有很强的专业性，足以与工作站级的软件相媲美。它具有优良的多线程运算能力，支持多处理器的并行运算，具有丰富的建模和动画能力，以及出色的材质编辑系统。3ds Max 被广泛地应用于电影及娱乐软件的制作当中，我们所熟知的游戏形象——《古墓丽影》中的劳拉就是 3ds Max 的杰作。另外，3ds Max 在建筑效果图的设计方面有着绝对的优势。3ds Max 有着如下的优势。

① 性价比高，它的功能强大，但价格非常低廉，一般的制作公司可以承受得起，这样就可以使作品的制作成本大大降低，而且它对硬件系统的要求相对来说也很低。

② 上手容易，3ds Max 的制作流程非常简洁，用户可轻松上手。

③ 使用者多，便于交流。

《2012》的主要视觉效果（VFX）供应商兼联合制片商 Uncharted Territory 公司在《2012》中制作了 400 多个镜头，主要利用 Autodesk 3ds Max 软件进行建模、UV 贴图和角色绑定，如图 1.016 所示。

图 1.016

3. Softimage|XSI

Softimage|XSI 的前身是业内久负盛名的 Softimage 3D，如图 1.017 所示。Softimage 为了体

现软件的兼容性和交互性，最终以 Softimage 公司在全球知名的数据交换格式.XSI 命名。Softimage|XSI 以其先进的工作流程，无缝的动画制作以及业内领先的非线性动画编辑系统，出现在世人的面前。Softimage|XSI 是一个基于节点的体系结构，这就意味着所有的操作都是可以编辑的。它的动画合成器功能更是可以将任何动作进行混合，以达到自然过渡的效果。Softimage|XSI 的灯光、材质和渲染已经达到了一个较高的水平，系统提供的几十种光斑特效可以产生千万种变化。Caustic.Global Illumination 和 Final Gathering 特效使渲染达到了空前的效果。

图 1.017

在计算机动画兴起和发展的 10 多年历史中，Softimage 一直都是那些世界上处于主导地位的影视数字工作室制作电影特技、电视系列片、广告和视频游戏的主要工具，许多优秀的电影和游戏中都用到了 Softimage 的技术。使用 Softimage 产品制作的电影包括《异型Ⅱ》、《蝙蝠侠与罗宾》、《星球大战》三部曲、《角斗士》、《侏罗纪公园》系列、《木乃伊》和《木乃伊归来》、《黑客帝国》、《克隆人进攻》、《哈利波特》、《终结者 3》、《少林足球》、《金刚》、《快乐的大脚》等。使用 Softimage 产品制作的游戏有《铁拳》、《极品飞车》、《生化危机》、《FIFA 2000》、《最终幻想》、《超级马力 64》、《NBA Live》、《半条命》、《鬼武者》和《变形金刚》等。由于 Softimage|XSI 所提供的工具和环境为制作人员带来了较快的制作速度和高质量的动画图像，因此它在获得了诸多荣誉的同时成为了世界公认的最具革新的专业三维动画制作软件。

4. LightWave

LightWave 也是一款出色的三维动画软件，它突出的优点是拥有近乎完美的细分曲面建模系统、高质量的渲染和出色的稳定性。LightWave 是 NEWTEK 公司的产品。LightWave 在好莱坞有很大的影响力，而价格却很低，这也是众多公司选用它的原因之一。名扬全球的好莱坞巨片《泰坦尼克号》中的泰坦尼克号模型，就是用 LightWave 制作的，如图 1.018 所示。

图 1.018

LightWave 是全球唯一支持大多数工作平台的 3D 软件。LightWave 在 Windows 2000/XP/Vista/7、SGI、SunMicro System、PowerMac 和 DEC Alpha 等各种平台上都有一致的操作界面，无论使用高端的工作站系统或使用 PC，LightWave 都能胜任。LightWave 包含了动画制作者所需要的各种先进的功能，如光线追踪（Raytracing）、动态模糊（Motion Blur）、镜头光斑特效（Lens Flares）、反向运动学（Inverse Kinematics，IK）、Nurbs 建模（MetaNurbs）、合成（Compositing）以及骨骼系统（Bones）等。

5. Rhino

Rhino 也称犀牛，如图 1.019 所示，它是由美国 Robert McNeel & Associates 公司于 1998 年推出的一款 NURBS 曲线建模软件。它几乎涵盖了 NURBS 建模的各个方面，用它能够轻易地制作出各种曲面。Rhino 占据的存储空间很小，对系统要求不高，是经济的计算机辅助工业设计软件。Rhino 可以在 Windows 系统中创建、编辑、分析和转换 NURBS 曲线、曲面和实体，不受复杂度、阶数以及尺寸的限制，可以创建任意模型。

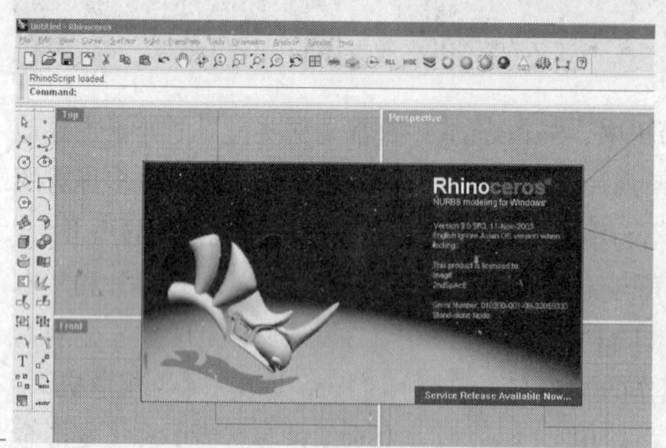

图 1.019

Rhino 所提供的曲面工具可以精确地制作所有用来作为渲染表现、动画、工程图、分析评估以及生产用的模型。总之，Rhino 是三维建模高手必须掌握的、具有特殊实用价值的高级建模软件。

1.2 初识 Maya

名称响亮而神秘的 Maya 是一款由 Alias|Wavefront 公司开发的三维动画渲染和制作软件。使用 Maya 软件可以完成从建模、动画到绘制及渲染的全部工作，Maya 在电视、电影、游戏开发、可视化设计和教育领域始终保持着领先的优势。

1.2.1 Maya 的发展历史

Maya 系列软件从 1998 年的 Maya 1.0 到 Maya 2010，10 余年间发布了多个版本，可以说它在三维软件领域中有着悠久的历史，首先得从 Alias 开始讲起。Alias 早期以 Power Animator、Power Model 和 Alias Studio 闻名于世，后来收购了另一个著名厂商 Wavefront，组成了强大的 A|W 公司。随后又被 SGI 公司收购，两个公司重组后，于 1998 年携手开发了震惊计算机动画界的 Maya。

1998 年正式推出了 Maya 1.0。其实在 Maya|1.0 的测试阶段，它就因为自身强大的功能而被电影《精灵鼠小弟》的制作方定为了项目的核心软件。一百多位计算机工程师和计算机动画师使用 Maya1.0 测试版制作出了长着一对动人的小酒窝、身穿红毛衣、脚穿休闲鞋的小老鼠斯图尔特。影片中斯图尔特所穿的衣服都是用 Maya Cloth 创建的，而它的毛发使用的是 Maya 中的控制曲线。在布料的制作过程中，Sony 委托了专业的设计师来帮助开发服装样式以及确认服装是否合体，然后扫描这些样式，并在 Maya 中绘制成曲线，再用这些曲线来制作布料，经多次调整修改后，随最后的动画一起进行布料的解算。在渲染时将镜头、衣服、毛发以及 20 多层阴影进行了独立渲染，然后在后期将每一层进行单独的调整修改，从而生成最终的镜头，如图 1.020 所示。

图 1.020

1999 年，Alias|Wavefront 将 Studio 和 Design Studio 移植到 Windows NT 平台上，推出了 Maya 2.0。ILM 利用 Maya 软件制作了著名电影《Star War》（星球大战）和《The Mummy》（木乃伊）等，如图 1.021 所示。

图 1.021

2000 年，Alias|Wavefront 公司推出了 Maya 2.5，使得各种平台的机器都可以参加 Maya 的渲染。Alias|Wavefront 公司开始把 Maya 移植到 Mac OS X 和 Linux 平台上。

2001 年，Alias|Wavefront 公司发布了 Maya 在 Mac OSX 和 Linux 平台上的新版本，即 Maya 4.0。Square 公司用 Maya 软件作为唯一的三维制作软件创作了全三维电影《Final Fantasy》(《最终幻想》)。Weta 公司采用 Maya 软件完成了电影《The Load of The Ring》(《指环王》) 的第一部，如图 1.022 所示。

图 1.022

2003 年，Alias|Wavefront 公司发布了 Maya 5.0，如图 1.023 所示。美国电影艺术与科学学院奖评选委员会授予 Alias|Wavefront 公司奥斯卡科学与技术发展成就奖。

2005 年，Alias 公司被 Autodesk 公司并购，并且发布了 Maya 8.0，如图 1.024 所示。

左 图 1.023

右 图 1.024

1.2.2 Maya 8.0 的特色

1. 64 位版本

Maya 8.0 是 Maya 系列中首先同时包括 32 位（Windows、Linux 及 Mac OS X）和 64 位（Windows 和 Linux）可执行文件的版本，它能充分利用更大的内存空间处理更复杂的场景，从而提高工作效率。

2. 性能

Maya 8.0 可以利用算法加速和可缩放的多线程来使用最新一代的工作站进行工作，在许多方面提供了出色的性能。

3. 传递多边形属性

新的传递多边形属性工具使用户能够在不同拓扑的多边形网格之间传递 UV、每顶点颜色（CPV）和顶点位置信息。在使用一个物体/角色的两个不同版本（如一个高分辨率和一个低分辨率）进行工作时，这种能力特别有用。然后，用户可以把已经布局的现有 UV 组传递给较低分辨率的模型。该工具还能让用户在模型之间传递顶点位置时制作“微缩”特效。

4. 简化的新多边形工具和工作流程

新的和改进的工具（如多边形桥、多边循环插入和增强 UV 布局）以及新的工作流程（如在一个操作中交互制作、定位和缩放图元），可最大化地提高常见任务的生产力。

5. 几何体缓存

用户可以缓存多边形、NURBS（包括曲线）和细分部分表面几何体的变形，从而支持场景的更快回放和渲染。缓存可以在 Trax 编辑器中编辑和融合，因而使用户能够把不同顶点动画的结果融合在一起，从而构成一个新的动画。

6. 用所选的渲染器覆盖视窗

Maya 8.0 可以使用专用的插件渲染器或第三方插件渲染器覆盖 Maya 视窗。这种能力使得用户能够检查将在目标渲染器（如游戏引擎）中显示的场景，同时保持在交互式视图中与场景交互的能力。Maya 开发工具包中附带了两个 Windows 插件样例，一个用于 OpenGL，另一个用于 Direct3D。

7. 与 Atuodesk Toxik 协同工作的能力

作为 Maya 8.0 中的新功能，现在有关 Maya 场景的信息可以导出到 Autodesk Toxik 中，从而大大改进了这两个软件包之间的工作流程。Toxik 合成可以根据场景中的渲染层从 Maya 生成。导出的合成图形包括关联的图像序列文件名、Maya 融合模式以及特定的渲染设置。合成元素的迭代更新可以创建并传递到 Toxik，因使用户能够就特定的元素进行协作，而不必每次重开始。此外，用户还可以保存一个合成的多个版本以进行比较，并且进行的修改可以方便地随时还原。

8. Mental Ray 3.5 核心

Maya 8.0 使用 Mental Ray 3.5 渲染核心，该核心已进行了优化，可提供出色的性能和内存。

1.2.3 Maya 的硬件平台

Maya 8.0 软件的 32 位版本最低需要配置以下硬件。

- Windows：Intel Pentium 4 或更高版本、AMD Athlon 64 或 AMD Opteron 处理器。
- Macintosh：基于 Intel 的 Macintosh 计算机。
- 2GB 内存。
- 2GB 可用硬盘空间。
- 优质硬件加速的 OpenGL 显卡。

- 3 键鼠标和鼠标驱动程序软件。
- DVD-ROM 光驱。
- Maya 2009 软件的 64 位版本最低需要配置以下硬件。
- Windows 和 Linux：Intel EM64T 处理器、AMD Athlon 64 或 AMD Opteron。
- 2GB 内存。
- 2GB 可用硬盘空间。
- 优质硬件加速的 OpenGL 显卡。
- 3 键鼠标和鼠标驱动程序软件。
- DVD-ROM 光驱。

1.3 Maya 的应用领域

1.3.1 游戏开发

游戏角色和场景造型设计的好坏是一款游戏成功与否的重要因素。角色作为游戏的灵魂，贯穿了游戏情节的始终，是玩家关注的焦点，而精美的场景、道具给游戏玩家提供了巨大的视觉享受。Maya 软件强大的工具使得庞大而繁琐的制作过程变得轻松且有序，越来越多的游戏开发公司乐于使用 Maya 软件来进行游戏开发，如《无人永生 2》，如图 1.025 所示。

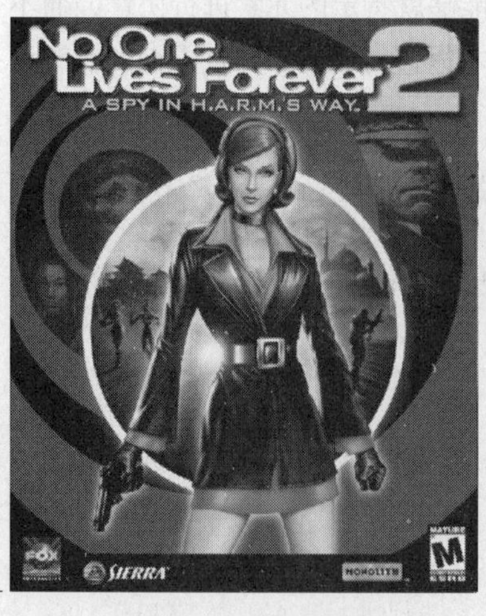

图 1.025

1.3.2 影视剧角色的制作

大量的影视作品中拥有精彩绝伦的角色特效，Maya 软件可以满足造型、动画和灯光控制等一系列逼真的创作要求，因此成为数字艺术家的首选之一。近年来，很多大片的角色都采用 Maya 来制作，如《星球大战》、《指环王》和《加勒比海盗》等。精美的制作使观众得到了巨大的视觉享受，如图 1.026 和图 1.027 所示。

左 图 1.026

右 图 1.027

1.3.3 虚拟场景的制作

为了展现远古场景或者未来时空，设计师经常要对场景进行虚拟设计。使用 Maya 软件可以轻松地搭建虚拟场景，使得影视作品更为逼真，如 Maya 为《阿凡达》和《爱丽丝梦游仙境》等影视作品的故事情节的发展提供了真实的虚拟场景，如图 1.028 所示。

图 1.028

1.3.4 工业造型设计

Maya 软件在产品造型设计方面发挥了重要的作用，它充分拓展了设计师的设计思维空间，成为了工业造型设计的利器。Maya 软件在设计的过程中充分模拟了产品造型，使得制造出的最终产品精准无缺。图 1.029 所示为使用 Maya 软件设计的工业造型。

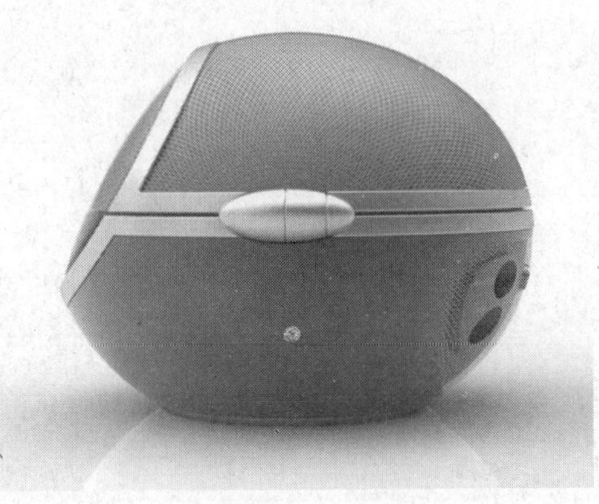

图 1.029

1.3.5 建筑效果图制作

Maya 软件在建筑效果图的制作方面也起到了非常重要的作用。无论是室内设计、建筑外观还是环游动画，都可以使用 Maya 软件来制作效果图，如图 1.030 所示。

图 1.030

1.3.6 影视片头制作

在电视栏目的制作领域中，Maya 得到了广泛的运用。Maya 软件配合后期制作软件可以制作出精彩炫目的影视片头，如图 1.031 所示。

图 1.031

本 章 小 结

通过对本章的学习，读者应该初步了解了三维动画的基础知识，认识了各类三维动画软件，重点了解了 Maya 软件，并掌握了该软件的运用方向。

第2章 Maya 基础

本章介绍了 Maya 的界面结构、视图操作以及部分重要工具的使用方法。读者通过对本章的学习，可以熟悉 Maya 的界面，掌握视图的操作方法，掌握各种变换工具的使用方法，初步了解组、父子级等层级关系的使用方法，了解在 Maya 中导入文件、创建工程文件等相关知识。

课堂学习目标

◈ 掌握 Maya 的界面元素

◈ 掌握 Maya 的视图布局方式

◈ 掌握组、父子级等层级关系的使用方法

◈ 掌握各种变换工具的使用方法

◈ 掌握导入文件、创建工程文件等 Maya 基础知识

2.1 界面介绍

Maya 界面的构成比较复杂，由标题栏、菜单栏、状态行、工具架、工具栏、视图区、属性编辑器、通道栏、层编辑器、时间控制器、命令行和帮助行构成。

2.1.1 标题栏

在众多的软件中，标题栏是必不可少的，它主要用于显示所用软件的版本、项目名称、场景名称和所选取的项目。

在 Maya 中，一个项目是一个或者多个场景文件或文件夹的集合，它包括与场景相关的文件或者文件夹，同时，标题栏还用于指示场景资料和搜索路径，如图 2.001 所示。

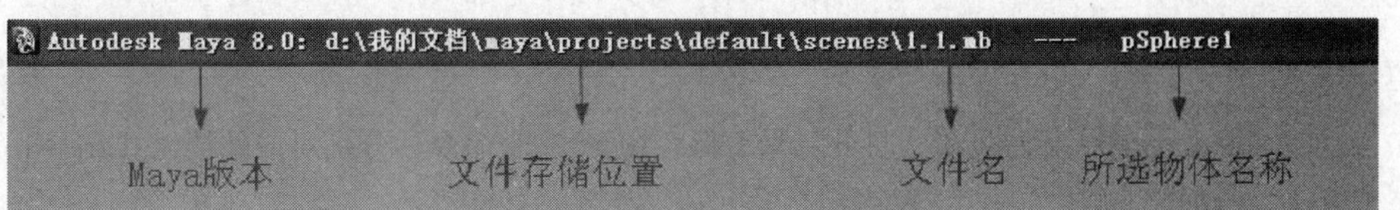

图 2.001

2.1.2 菜单栏

Maya 的菜单栏非常有特色，由于命令的数量太多而不能同时显示，因此采用了分组显示的方法。选择的菜单组不同，菜单栏中所显示的命令也会发生变化。最前面的 6 个和最后 1 个菜单不会跟随着菜单组的不同而变化，我们称之为公共菜单。Maya 中的命令和工具都在菜单栏中得到体现，如图 2.002 所示。

图 2.002

公共菜单栏中的选项如下。

File【文件】菜单：主要用于文件的管理，如场景的新建、保存等。

Edit【编辑】菜单：主要用于对象的选择和编辑，如撤销、重复、复制等。

Modify【修改】菜单：提供对象的一些修改功能，如对齐、捕捉、轴心点等。

Create【创建】菜单：用于创建常见的物体，如 NURBS 基本几何体、Polygon 基本几何体、灯光、曲线、文本、摄影机等。

Display【显示】菜单：提供与显示有关的所有命令。

Window【窗口】菜单：控制打开各种类型的窗口和编辑器，包括了一些视图布局控制命令。

Help【帮助】菜单：用于打开 Maya 提供的各种帮助文件，以便用户进行参考。

2.1.3 状态行

状态行中收集了用于视图操作的一些常用工具按钮，如图 2.003 所示。

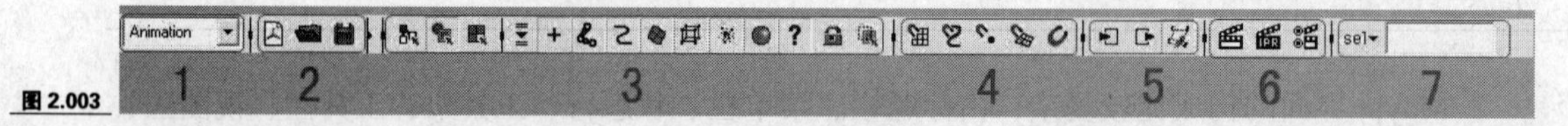

图 2.003

状态行中按钮多，并且应用范围广，大致可以分为以下几个区域。

1. 菜单选择器

菜单选择器中包含了 Animation【动画】、Polygons【多边形】、Surfaces【表曲面】、Dynamics【动力学】、Rendering【渲染】、Cloth【衣服】和 Customize【自定义】模块，因为版本的不同可能略有不同。各个菜单组的切换可以通过单击下拉菜单来实现，也可以通过快捷键来实现，快捷键为 F2（Animation）、F3（Modeling）、F4（Dynamics）、F5（Rendering）。

2. 文件区

文件区里包含了新建场景、打开场景、保存场景 3 个命令，分别对应快捷键 Ctrl+N、Ctrl+O、Ctrl+S。

3. 选择区

选择区里又分了 4 个小的区域，分别为内定选择蒙版、选择级别、选择蒙版、锁定钮。

4. 捕捉区

捕捉区里提供了捕捉的 4 种方式分别为，捕捉到网格、捕捉到曲线、捕捉到点、捕捉到曲面。

5. 历史区

历史区里为控制构造历史的各项操作。

6. 渲染区

渲染区里提供了两种渲染的按钮，一个是标准渲染，一个是 IPR 渲染，第 3 个按钮是渲染设置。

7. 输入区

在输入区中单击下三角按钮展开下拉菜单，其中提供了快速选择、快速改名和数值输入命令。

2.1.4 常用工具架

工具架是一些工具按钮的集合，为操作提供了便利，其中，Custom【自定义】工具架可以自由放置常用工具按钮，十分方便，如图 2.004 所示。

图 2.004

2.1.5 工具栏

工具栏分为两个部分，上部为工具盒，下部为快捷布局按钮，如图 2.005 所示。

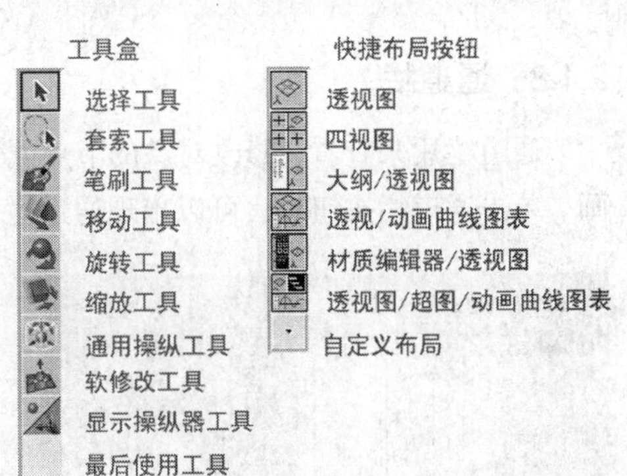

图 2.005

工具盒里包括了最为常用的操作工具，其中选择、移动、旋转、缩放和显示操纵器工具分别对应键盘上的快捷键 Q、W、E、R、T。

快捷布局按钮用来控制窗口的布局方式，这里提供了多种方案，可以在建模、材质贴图、动画编辑等各个不同的动画制作阶段为用户提供方便。

2.1.6 视图区

整个视图区就是进行模型制作、灯光设置或者动画制作的工作区，如图 2.006 所示。视图区的每个面板或者视图都有自己的菜单，可以从各个角度显示场景和模型。激活的视图会以蓝色显示，图 2.007 中的透视图就是激活的视图。

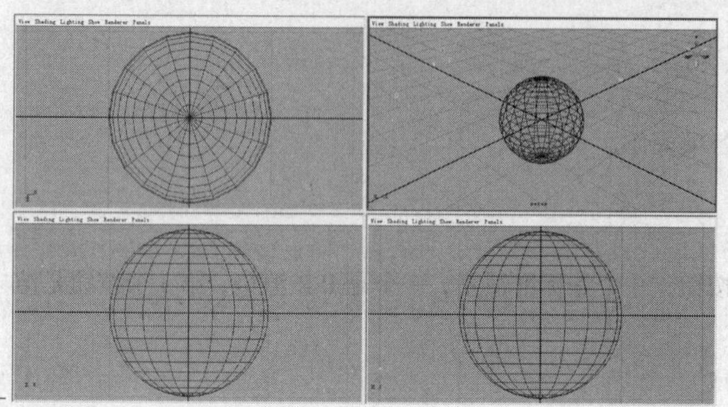

图 2.006

2.1.7 属性编辑器

在属性编辑器中可以对物体的大小、位置、材质等基础属性进行编辑，包含内容非常丰富，单击属性编辑器按钮，打开属性编辑器，如图 2.007 所示。

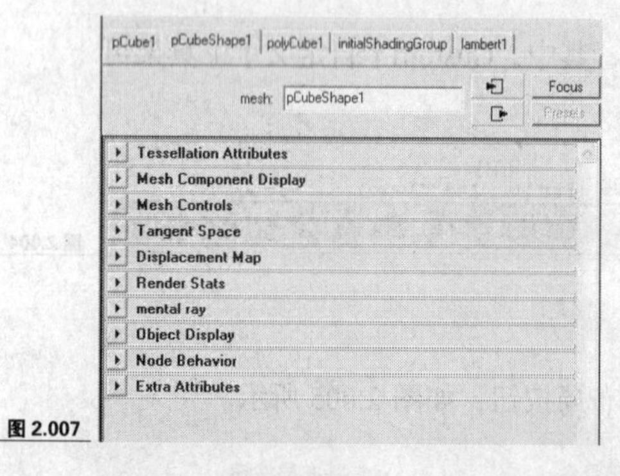

图 2.007

2.1.8 通道栏

通道栏用来查看、修改对象的节点属性，在通道栏中出现的节点属性都可以用来设置动画。单击通道栏按钮，可以出现通道栏，如图 2.008 所示。

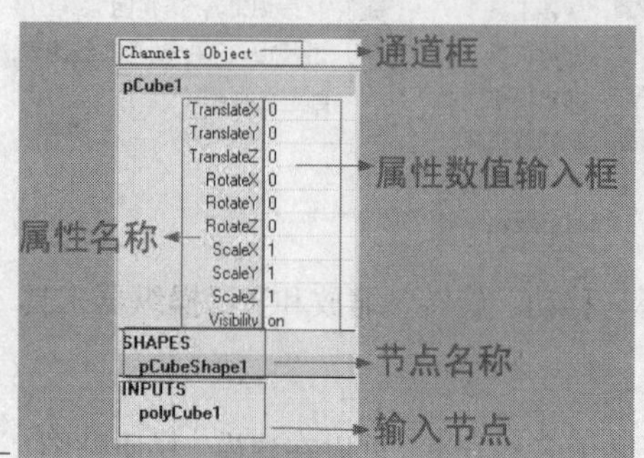

图 2.008

通道栏的顶部是通道框，有 Channels【通道】和 Object【物体】两个选项。

Channels【通道】命令用于设置动画关键帧、表达式、参数属性等，在通道栏中的任意位置单击鼠标右键，也可以打开 Channels【通道】菜单的快捷面板。

Object【物体】菜单用于显示当前选中的物体的名称，单击物体名称右边的属性编辑按钮，可以进入相应的属性编辑器。

属性数值输入框用来输入数值，以控制属性。

右键选取需要的属性名称，出现浮动菜单，可以进行动画编辑；左键选取需要的属性名称，在视图中会出现对应的变换操纵手柄，滚动鼠标中键可以直观地看到数值与模型相关联的变化。

2.1.9 层编辑器

Layer【层】有两种类型：Display Layer【显示层】和 Render Layer【渲染层】。

Display Layer【显示层】是一个对象集合，专门用于设置对象在场景视图中的显示方式。

Render Layer【渲染层】包括 Renderable【可渲染】类的独特属性。

在进行复杂场景的操作时，层的作用就非常明显了，单击新建图层按钮，可以创建新的图层。

层是将对象分组的一种方式。单击第一个可见性框，可以在 V 和空格两种可见性间进行切换，V 为 View【可见】，空格为不可见模式。第二个方框为图层的显示类型，包含 Template【模板】、Reference【参考】和 Normal【正常】3 种方式。单击第三个方框，可以在调色板中进行颜色的选择，如图 2.009 所示。

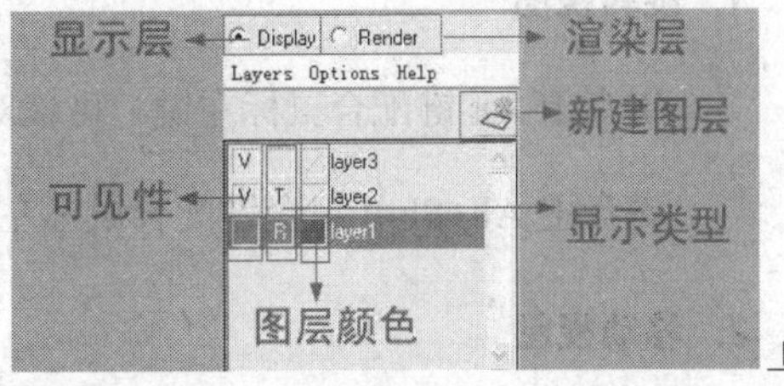

图 2.009

2.1.10 时间控制器

制作动画控制时间的命令和显示都集中在时间控制器内，如图 2.010 所示。

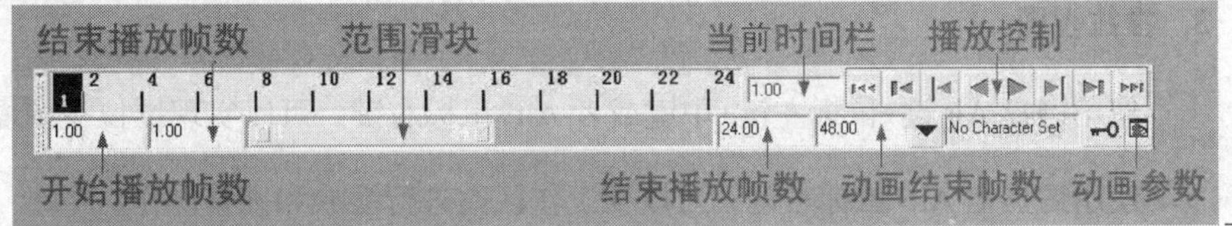

图 2.010

整段动画的长度以标尺的形式显示出来，在时间标尺的下方有 2 组数值输入框，外侧的一组为影片的实际长度，左边为起始帧，右边为结束帧；内侧的一组为当前有效的片段长度，左边为起始帧，右边为结束帧。时间标尺的右侧还有一个数值输入框，用于显示当前场景中所显示的帧数。

2.1.11　命令行

命令行用来运行 Maya 的 MEL 命令或者脚本信息，左边的输入栏用于输入命令，右边的区域用于显示系统的回应、警告等，如图 2.011 所示。

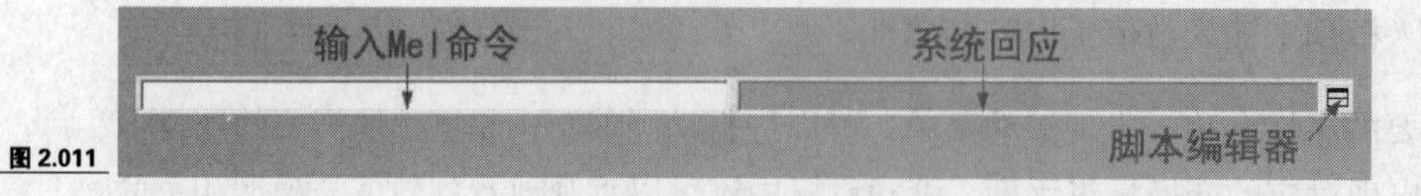

图 2.011

2.1.12　帮助行

帮助行的作用就是对当前选择的工具的使用方法进行提示，如图 2.012 所示。

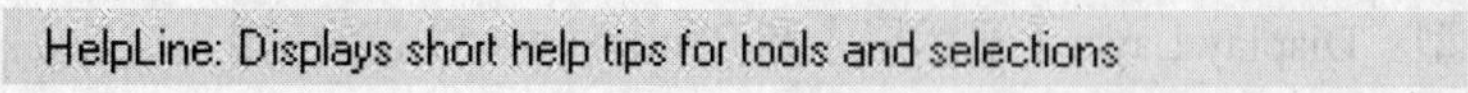

HelpLine: Displays short help tips for tools and selections

图 2.012

2.2　操作视图与布局

2.2.1　视图的控制方法

Maya 的视图操作方式决定了它是少有的必须要使用三键鼠标的软件，通过键盘按钮与鼠标左、中、右键的组合操作，可以实现平移视图、翻转视图、缩放视图、界限框推移视图的操作。

1. 旋转视图

键盘上 Alt 键配合鼠标左键，可以对视图进行旋转操作。

键盘上 Alt+Shift 组合键配合鼠标左键，可以锁定在单轴向上进行摇移操作。

2. 移动视图

键盘上 Alt 键配合鼠标中键，可以在工作区内进行平移和跟踪操作。

键盘上 Alt+Shift 组合键配合鼠标中键，可以锁定在单轴向上进行平移操作。

3. 推拉视图

使用键盘 Alt 键+鼠标左键+中键或者 Alt+鼠标右键，可以实现推拉视图操作。

使用键盘上 Alt+鼠标右键，可以在工作区内进行缩放和推移操作。

Ctrl+Alt+鼠标左键，可以在工作区内将框选的区域进行推拉。使用鼠标从左往右框选区域会将镜头拉近，从右向左框选区域会将镜头退远。

4. 局部缩放视图

键盘上 Alt+Ctrl 键配合鼠标左键框选组合，可以对工作区进行局部缩放。从左上角向右下角框取为放大显示，从右下角向左上角框取为缩小显示。

5. 当前选择最大化显示

在所需视图中选择需要最大化显示的物体，按 F 键，可以在当前视图中最大化显示选中对象；配合键盘上 Shift+F 组合键可以将选择的对象在全部视图中都最大化显示。

6. 全部最大化显示

在所需视图中选择需要最大化显示的物体，按 A 键，可以在当前视图中全部显示所有对象；配合键盘上 Shift+A 键可以将对象在全部视图中都最大化显示。

2.2.2 视图的布局

1. 视图的布局

在 Panels>Layouts【面板>布局】视图菜单中，如图 2.013 所示，或者 Window>View Arrangement【窗口>视图安排】菜单中，如图 2.014 所示，可以将 Maya 视图在 1～4 块之间进行划分。

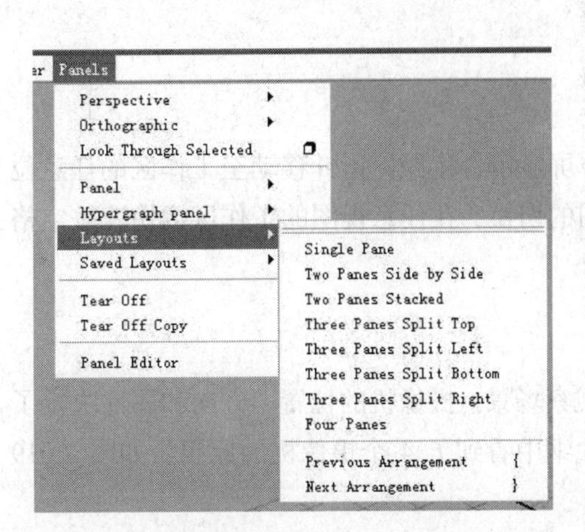

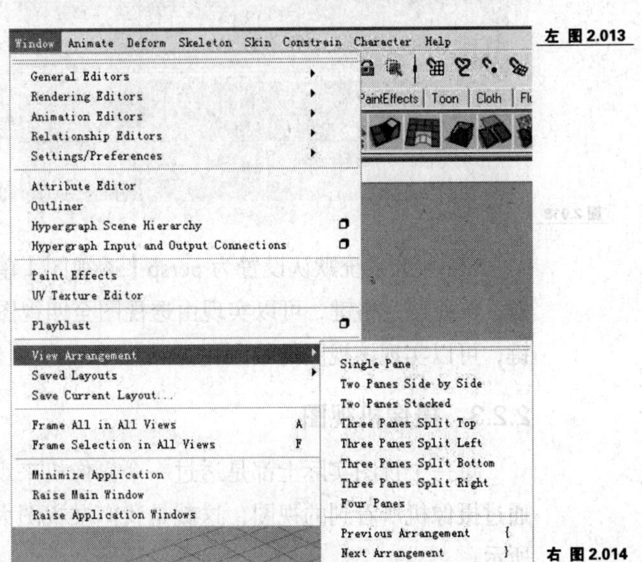

左 图2.013

右 图2.014

将视图单块进行显示的命令为 Single Pane，效果如图 2.015 所示。

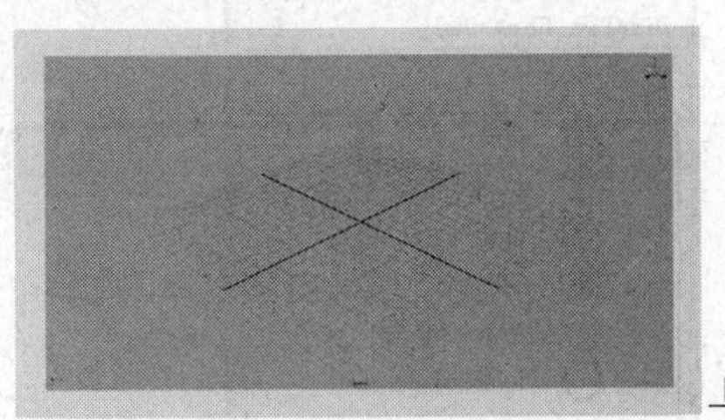

图2.015

将视图分两块进行显示的命令为 Two Panes Side by Side 和 Two Panes Stacked，效果如图 2.016 所示。

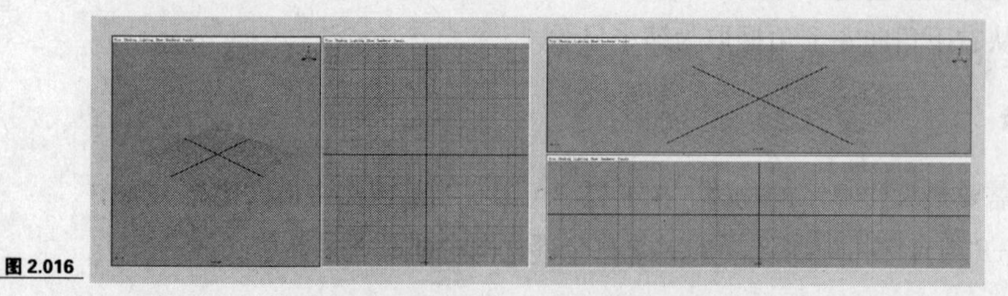

图 2.016

将视图分 3 块进行显示的命令为 Three Panes Split Top、Three Panes Split Left、Three Panes Split Bottom、Three Panes Split Right，效果如图 2.017 所示。

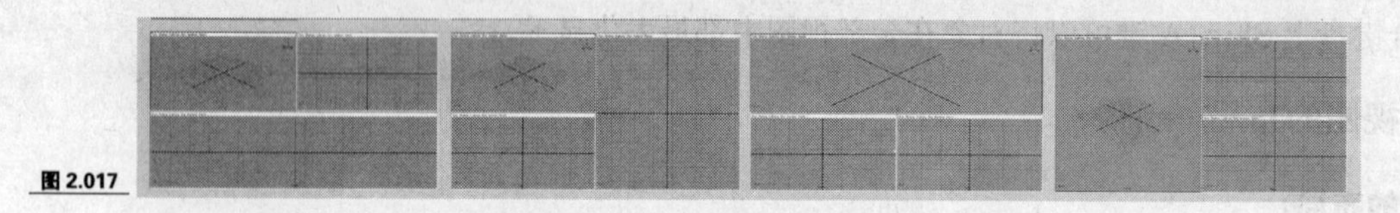

图 2.017

将视图分 4 块进行显示的命令为 Four Panes，效果如图 2.018 所示。

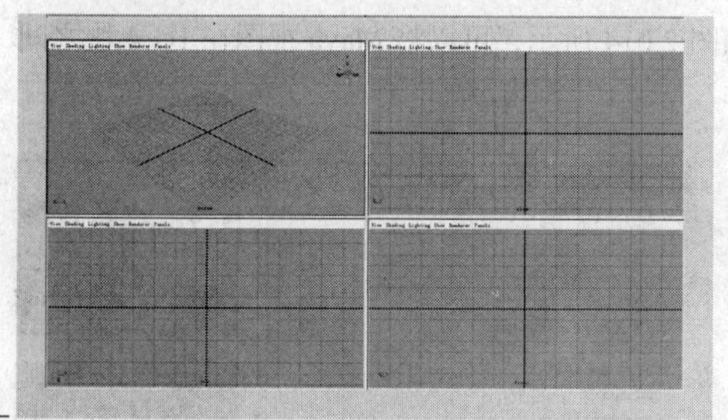

图 2.018

Maya 的系统默认设置为 persp【透视图】单屏显示，将鼠标指针移动至工作区的任意位置，快速按空格键，可以实现由透视图至四视图的切换；在任意视图的工作区内快速按空格键，可以实现该视图的最大化显示。

2.2.3 摄像机视图

每一个视图实际上都是透过一个摄像机来观察场景。摄像机的位置、方向和属性决定了通过摄像机所看到的视图，这就是我们在视图大纲中看到了 4 个摄像机的原因，如图 2.019 所示。

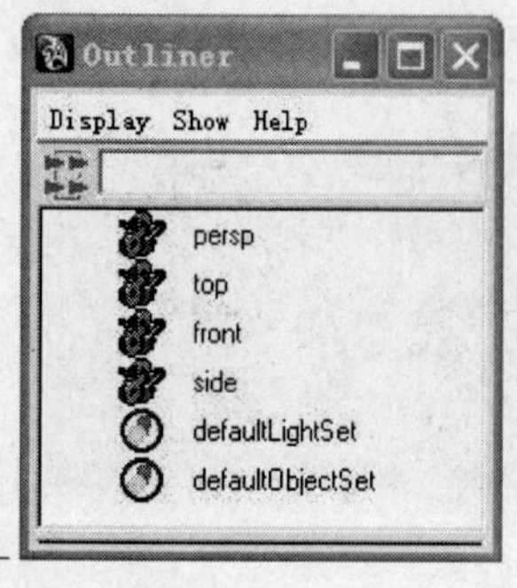

图 2.019

透视图是一个特殊的视图，透视摄像机可以通过在视图中翻转、跟踪和平移来进行调整，能够显示出场景的深度，而正交摄像机不能在视图中控制自身的旋转，也不具备透视变化。

1. 设置透视图

在 Maya 中可以进行透视图的切换，也可以进行新的透视图的创建。

（1）透视图的切换

选择 Panels>Perspective 命令，选择合适的摄像机视图。

（2）创建新的透视图

在进行复杂场景的创建时，需要从几个不同的透视图进行观察。

选择 Panels>Perspective>New 命令，就可以创建一个新的透视摄像机。

2. 设置正交视图

正交视图有 3 个，分别为 Top【顶】视图、Front【前】视图和 Side【侧】视图，通过这些视图可以直观地观察场景，只是不能体现出景深。

（1）正交视图的切换

选择 Panels>Orthographic 命令，选择 Top【顶】视图、Front【前】视图或者 Side【侧】视图为激活摄像机视图。

（2）创建新的正交视图

选择 Panels>Orthographic>New 命令，就可以创建一个新的正交视图。

2.3 编辑对象

编辑对象命令大都集中在 Edit 菜单中，菜单中分为编辑对象操作、删除对象、选择对象、使用组、细节级别、创建对象层级等几个大的部分。

2.3.1 编辑对象操作

编辑对象操作包括 Undo【撤销】、Redo【恢复】、Repeat【重复】、Recent Commands【重复命令】、Cut【剪切】、Copy【拷贝】、Paste【粘贴】、Duplicate【复制】等命令。

- Undo【撤销】：快捷键为 Ctrl+Z，用于撤销最后一次执行的操作。
- Redo【恢复】：快捷键为 Shift+Z，用于再次执行被撤销的操作。
- Repeat【重复】：快捷键为 G，用于再一次执行最后一次被操作的命令。
- Recent Commands List【重复命令列表】：使用该命令可以打开 Recent Commands 窗

口。窗口中列出曾经被执行的命令，单击命令名称可以再次执行该命令操作。

- Cut【剪切】：将选中的节点复制到剪贴板中，并删除所选节点。
- Paste【粘贴】：将剪贴板中的数据粘贴至场景中。
- Copy【拷贝】：把选中的节点复制到剪贴板中，但是不删除原来所选的节点。
- Duplicate【复制】：对选择的对象进行复制。
- Duplicate Special【特殊复制】：该命令可以实现 Duplicate【复制】的功能，并且通过选项设置还可以进行特殊的复制。

操作方法。

① 新建场景，创建 NURBS 圆环，并选中。

② 打开 Edit>Duplicate Special>❐【编辑>特殊复制】的选项窗口，如图 2.020 所示。

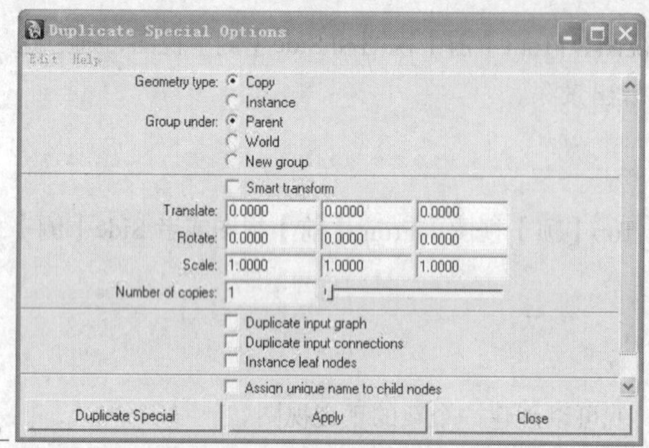

图 2.020

在 Geometry Type【复制类型】下有两个选项，分别为 Copy【复制】和 Instance【关联】。Copy【复制】直接用来复制新的对象，而 Instance【关联】只是做一个镜像，这里我们选择 Instance【关联】，单击 Duplicate Special【特殊复制】按钮完成复制，如图 2.021 所示。

③ 观察 Window>Outliner【窗口>视图大纲】，此时视图大纲中已经被复制出圆环 nurbsTorus2。在大纲窗口菜单里执行 Display>Shapes【显示>形状】命令，显示出对象的形状节点，如图 2.022 所示。

左 图 2.021

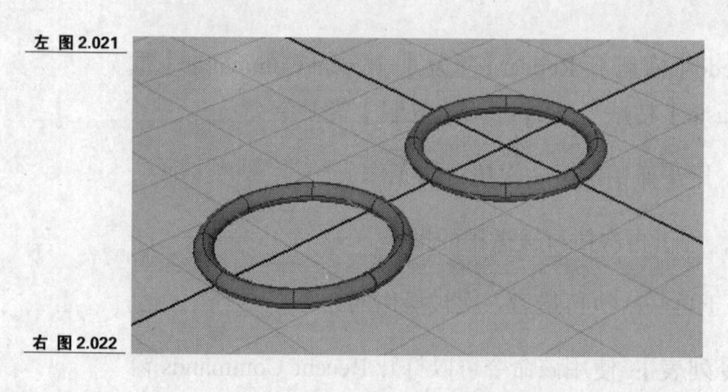

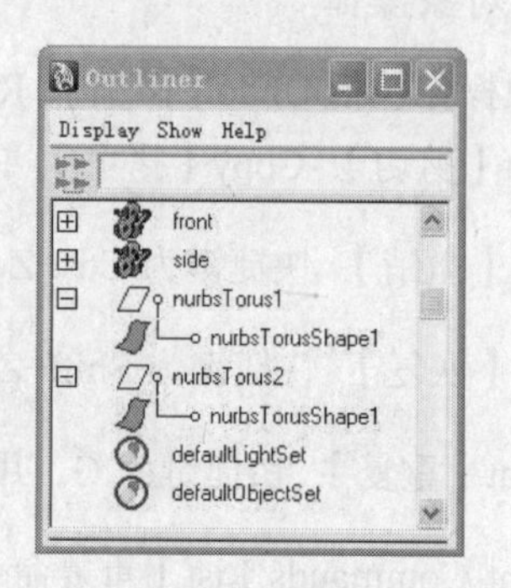

右 图 2.022

④ 通过观察可以发现，nurbsTorus1 和 nurbsaTorus2 变化节点下的形状节点有同样的名字，说明这两个圆环拥有同一个形状节点。尝试改变其中一个圆环的形状，另一个圆环也发生了相同的改变，如图 2.023 所示。

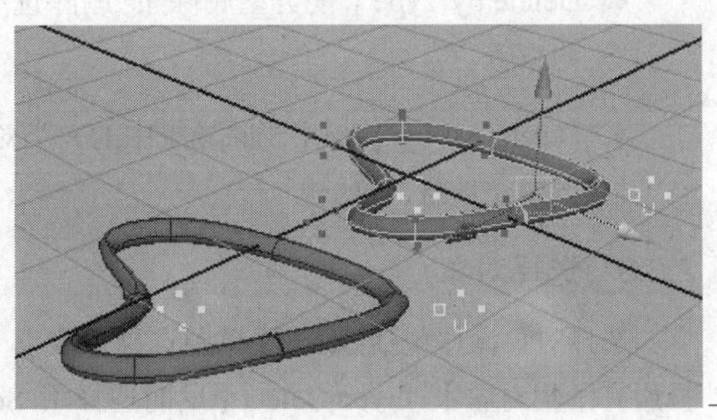

图 2.023

⑤ 如果在 Edit>Duplicate Special>❒【编辑>特殊复制】的选项窗口中勾选 Smart transform【智能复制】复选框，然后单击 Apply 按钮，就可以对圆环进行复制，如图 2.024 所示。

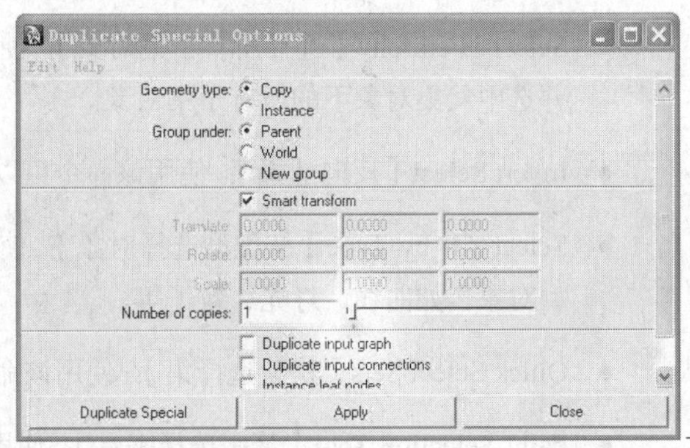

图 2.024

⑥ 使用 Move【移动】命令移动圆环，在不取消选择的情况下，连续单击 Apply 按钮进行复制，复制的圆环可以根据刚才的移动操作做出同样距离的位移，如图 2.025 所示。

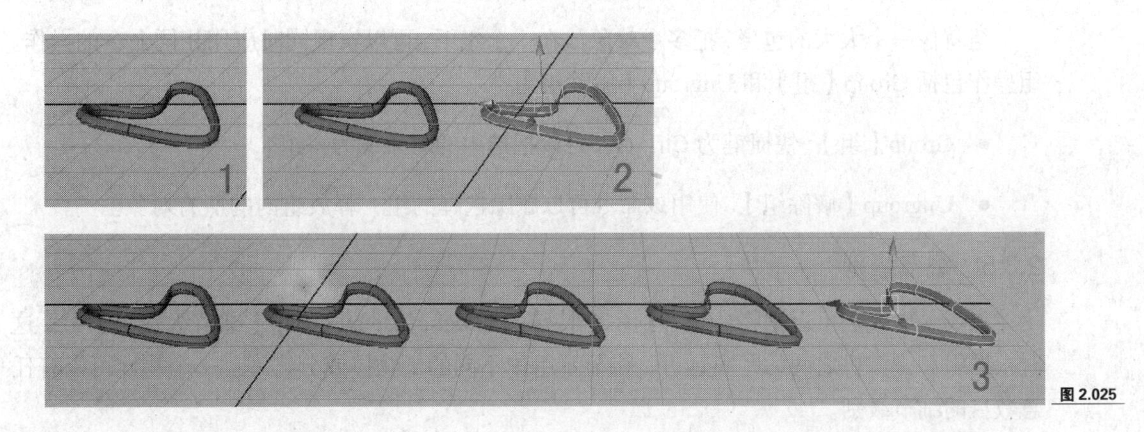

图 2.025

2.3.2 删除对象

删除对象操作包括 Delete【删除】、Delete by Type【按类型删除】和 Delete All by Type

【删除场景中的一类对象】。

- Delete【删除】：删除选中的对象。
- Delete by Type【按类型删除】：删除选中对象上的特定内容，如历史记录、通道、约束等。
- Delete All by Type【删除场景中的一类对象】：删除场景中某一类型的对象，如历史记录、骨骼、粒子等。

2.3.3 选择对象

选择对象操作包括 Select【单独选择对象】、Select All【选择全部】、Select Hierarchy【选择所有子集对象】、Invert Select【反向选择】、Select All by Type【按类型选择对象】、Quick Select Sets【快速选择集】、Paint Selection Tool【笔刷选择工具】。

- Select【单独选择对象】：使用鼠标单击可以对物体进行选择操作，快捷键为 Q。
- Select All【选择全部】：执行该命令可以选择全部的场景内容。
- Select Hierarchy【选择所有子集对象】：使用该命令时，只要选择父物体，就可以一并选中父集对象下的所有子集对象。
- Invert Select【反向选择】：使用该命令可以选中没有被选择的对象物体。
- Select All by Type【按类型选择对象】：使用该命令可以按类型选择场景中的某一类型对象，如曲线、灯光、粒子等。
- Quick Select Sets【快速选择集】：使用该命令可以迅速选择集中的所有对象。
- Paint Selection Tool【笔刷选择工具】：使用该命令可以对 NURBS、多边形、细分模型的点、线、面进行绘画选择。

2.3.4 使用组

组就像一个大大的包裹，把多个对象放在一个组下，可以实现同时应用相同命令的操作。组操作包括 Group【组】和 Ungroup【解除组】。

- Group【组】：快捷键为 Ctrl+G，可以把选中的对象编为一组。
- Ungroup【解除组】：使用该命令可以删除选择的组，释放组内的所有对象。

2.3.5 细节级别

在场景中我们可以把物体组合到一个特殊的 Level of Detail group【细节级别组】中，这时根据组和摄像机之间的距离远近，将显示组中不同的子物体或分辨率。一个物体可以有任意数目的细节级别。

在游戏的创建过程中，一般使用 3～5 个级别。当物体最接近摄像机时使用级别 1，这时物体有最细致的几何形状显示。当物体与摄像机的距离最远时使用级别 N，此时物体使用最简单的几何形状显示，并且这时级别也可以是空的。

2.3.6 创建对象层级

在场景中可以创建一个物体的层级，操作命令有 Parent【父子关系】和 Unparent【解除父子关系】。

- Parent【父子关系】：使用该命令可以为对象指定一个父物体。
- Unparent【解除父子关系】：使用该命令可以把原有的父子关系层级恢复到初始状态。

操作方法。

① 在场景中创建两个 NURBS 球体，打开 Window>Outliner【窗口>视图大纲】窗口，观察新创建的 NURBS 球体，它们为两个独立的对象，如图 2.026 所示。

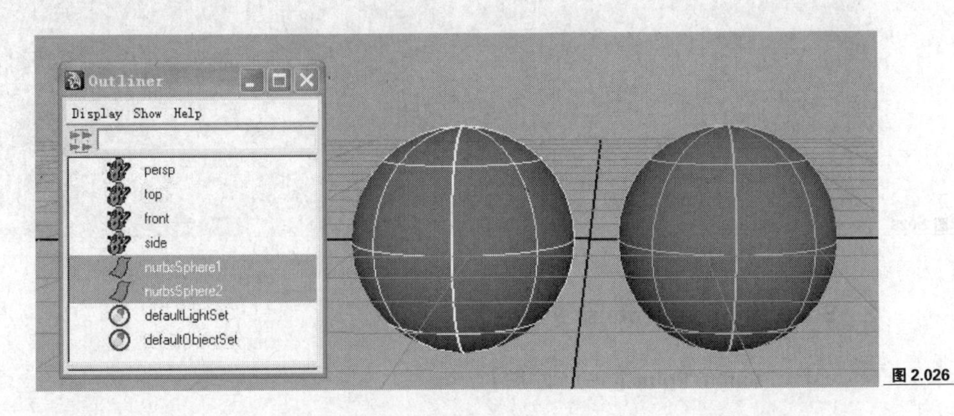

图 2.026

② 先选中两个 NURBS 球体中准备做子物体的对象，再选择另一个 NURBS 球体作为父物体，执行 Edit>Parent【编辑>父子】命令，观察 Outliner【视图大纲】窗口，原本独立的两个 NURBS 球体已经形成了父子关系，如图 2.027 所示。

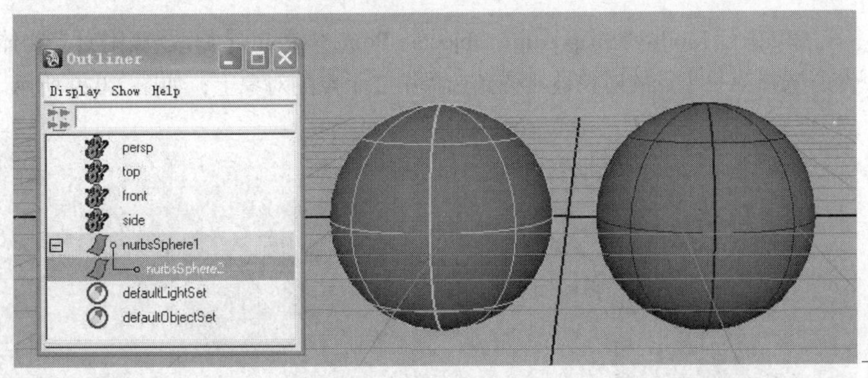

图 2.027

③ 选择子物体球体，执行 Edit> Unparent【编辑>解除父子】命令，观察 Outliner【视图大纲】窗口，两个球体的父子关系被解除。

2.3.7 使用对齐对象

在 Modify【修改】中有 Align Tool【对齐工具】命令 Snap Together Tool 和命令集 Snap Align Objects，命令集中包含命令 Point to Point【一点对齐】、2 Points to 2 Points【两点对齐】、3 Points to 3 Points【三点对齐】、Align Objects【物体对齐】，这些命令都可以用来对齐对象。

1. Align Tool【对齐工具】

Align Tool【对齐工具】可以通过操作手柄非常快速地实现不同对象之间各种类型的对齐。

操作方法。

① 在场景中创建 3 个 NURBS 球体。

② 执行 Modify>Align Tool【修改>对齐工具】命令，视图中出现操作手柄，选择需要对齐的对象。

③ 单击操作手柄，实现对齐要求，如图 2.028 所示。

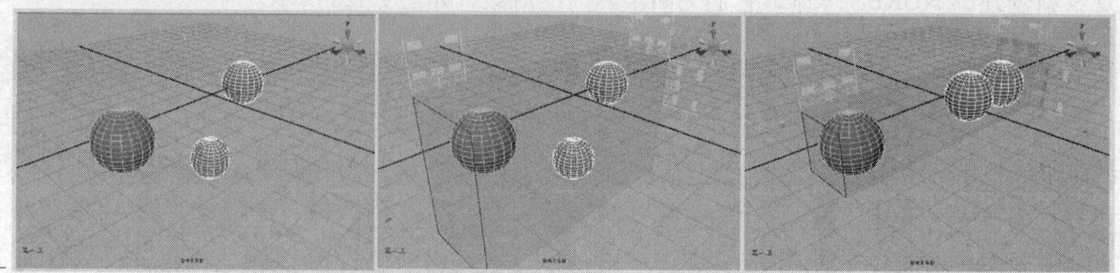

图 2.028

2. Snap Align Objects 命令集

（1）Point to Point【一点对齐】

操作方法。

① 选择需要对齐的对象，单击鼠标右键进入 Vertex【点】级别，配合 Shift 键选择需要对齐的点。

② 执行 Modify>Snap Align Objects> Point to Point【修改>吸附对齐物体>一点对齐】命令，选择第一个点的对象被对齐到选择第二个点的对象上，如图 2.029 所示。

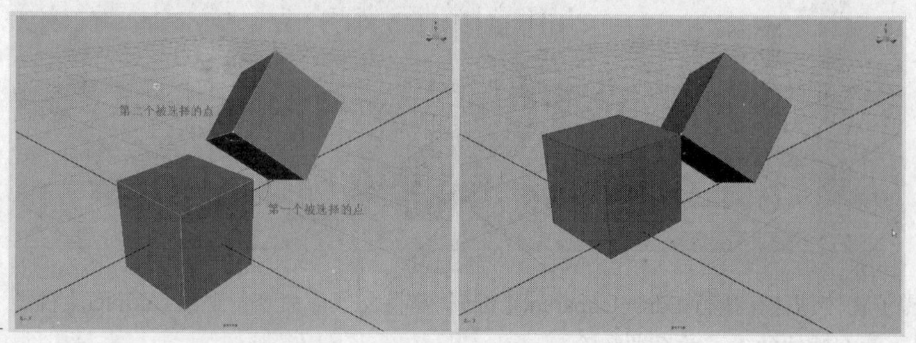

图 2.029

（2）2 Points to 2 Points【两点对齐】

操作方法。

① 单击鼠标右键进入 Vertex【点】级别，配合 Shift 键选择对象上相邻的两个点。

② 重复①的操作，在另一个对象上选择两个相邻的点。

③ 执行 Modify>Snap Align Objects> 2 Point to 2 Point【修改>吸附对齐物体>两点对齐】命令，如图 2.030 所示。

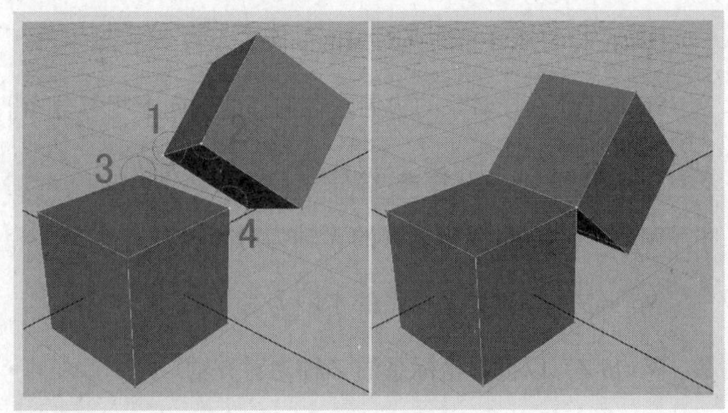

图 2.030

（3）3 Points to 3 Points【三点对齐】

① 单击鼠标右键进入 Vertex【点】级别，选中一个点，然后配合 Shift 键选择第 2 个、第 3 个点。

② 重复①的操作，在另一个对象上选择 3 个点，对应的顺序和步骤①一样。

③ 执行 Modify>Snap Align Objects> 3 Point to 3 Point【修改>吸附对齐物体>三点对齐】命令，如图 2.031 所示。

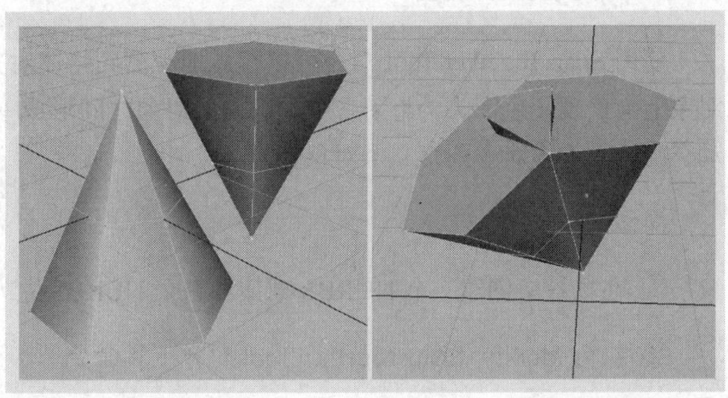

图 2.031

（4）Align Objects【物体对齐】

在 Align Objects【物体对齐】中提供了 5 种不同的对齐方式，如图 2.032 所示。

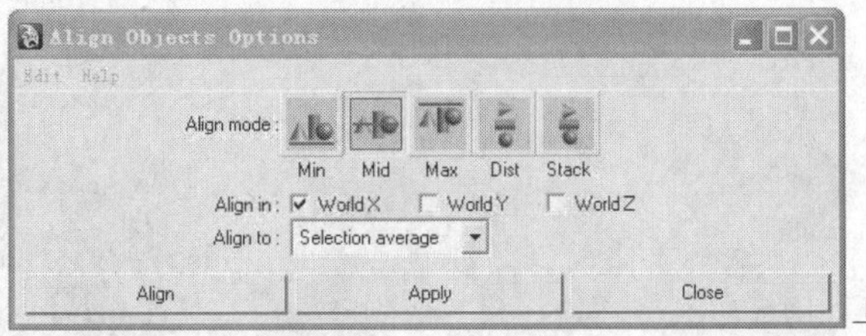

图 2.032

- Align mode【对齐方式】：该选项决定了对齐方式。

Min：根据所选对象范围边界的最小值来对齐选择的对象。

Mid：根据所选对象范围边界的中间值来对齐选择的对象。

Max：根据所选对象范围边界的最大值来对齐选择的对象。

Dist：均匀地分布选择对象的间距。

Stack：使选择对象的边界盒在选择的轴向上相邻分布。

- Align in【对齐在】：该选项决定了对齐轴。

World X：以世界坐标系的 *X* 轴为对齐轴。

World Y：以世界坐标系的 *Y* 轴为对齐轴。

World Z：以世界坐标系的 *Z* 轴为对齐轴。

- Align to【对齐到】：下拉列表中有 Selection average【平均选择】和 Last Select Object【最后选择】2 个选项。

Selection average【平均选择】：使用对象边界盒的平均的最小值、中间值或者最大值作为对齐参考。

Last Select Object【最后选择】：使用最后选择对象的边界盒的最小值、中间值或者最大值作为对齐参考。

3. Snap Together Tool

使用 Snap Together Tool 命令可以直观地观测到物体对齐的过程，操作时被选中的第一个对象上会出现蓝色箭头，与第二个被选中的对象之间形成一条连接线，第一个对象会通过移动、旋转的方式对齐到第二个对象上。

操作方法。

① 在场景中创建一个 NURBS 球体和一个 NURBS 立方体。

② 执行 Modify>Snap Together Tool 对齐工具命令。

③ 在 NURBS 球体上需要定义的位置单击一下，出现向外的蓝色箭头；在 NURBS 立方体上需要定义的位置单击一下，出现向内的蓝色箭头，两个箭头中出现连线。

④ 按 Enter 键，NURBS 球体与 NURBS 立方体被对齐，如图 2.033 所示。

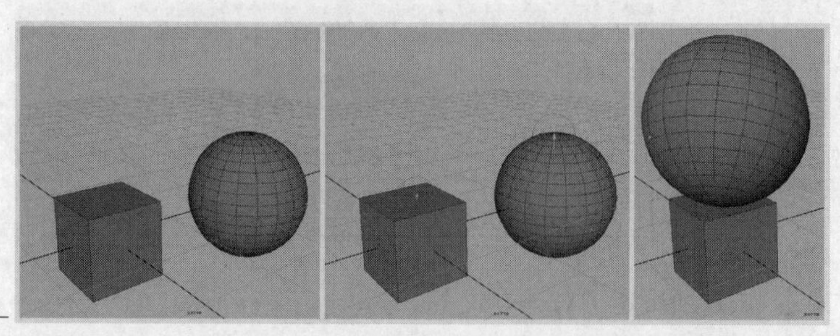

图 2.033

2.3.8 历史记录

在 Maya 中提供了详细的历史记录功能，它能自动记录操作过程中的大部分构造历史，在需要时可以随时对之前记录的操作进行修改，如图 2.034 所示。

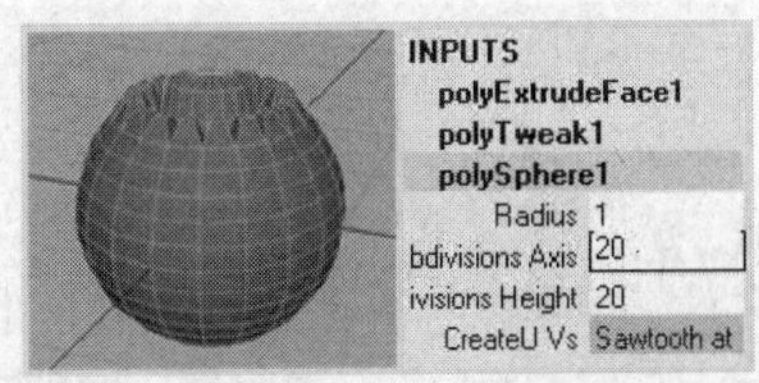

图 2.034

在状态行上有历史记录开关，可以用来控制是否进行历史记录。默认情况下历史记录开关是开启的，图标为。单击该图标可以将它关闭，此时图标转换为，在这个状态下不会进行历史记录的自动录制。

自动记录的操作过程在大多数情况下会影响 Maya 的运算速度，在确认不需要再对之前的操作进行修改的前提下，可以对历史记录进行删除。删除历史记录可以通过 Edit>Delete by Type>History【编辑>分类删除>历史】命令或者 Edit>Delete All by Type>History【编辑>分类全部删除>历史】命令实现。

2.4 变换对象操作

在 Tool Box【工具箱】里提供了 9 项基本工具，分别为 Select Tool【选择工具】、LassoTool【套索工具】、Paint Selection Tool【笔刷工具】、Move Tool【移动工具】、Ratate【旋转工具】、Scale Tool【缩放工具】、Universal Manipulator【通用操作工具】、Soft Modification Tool【软修改工具】、Show Manipulator Tool【显示操纵器工具】和最后使用工具。

2.4.1 操纵器手柄

每一项工具都有相对应的操纵器，这是一种交互式的修改方法。在工作区域可以直接通过操纵器定位、旋转和缩放对象，可以直接拖曳鼠标实现属性数值的改变，也可以通过在通道栏中输入数值来实现属性数值的改变，如图 2.035 所示。操纵器上带有箭头的 3 个手柄代表着 3 个轴向，其颜色与坐标系颜色相对应。中心的方形叫做中间手柄，按住中间手柄可以在任意轴向上修改属性数值。通过键盘上的+和−键可以改变手柄的大小。

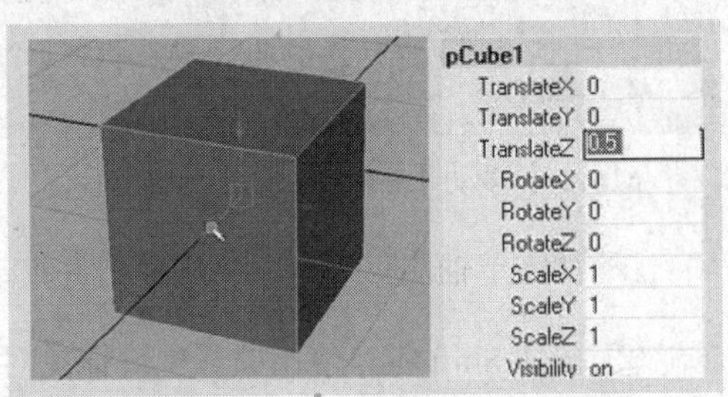

图 2.035

2.4.2 基本变换操作

基本变换操作有 Move【移动】、Rotate【旋转】、Scale【缩放】3 种，分别对应快捷键 W、E、R，操纵手柄如图 2.036 所示。

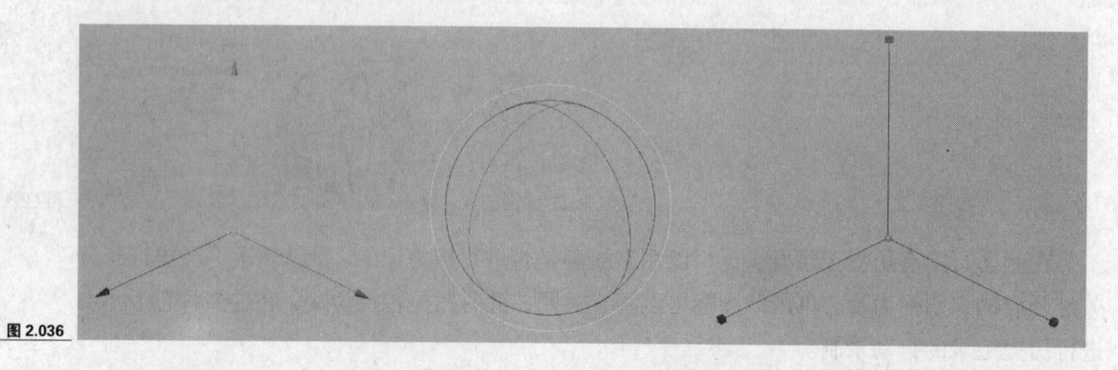

图 2.036

手柄中 x、y、z 3 个轴向分别用红、绿、蓝 3 种颜色来代表，默认设置的情况下，红色代表 x 轴，绿色代表 y 轴，蓝色代表 z 轴。当选中一个轴向以后，手柄变为黄色显示。

1. Move【移动】

Move【移动】命令用来进行移动对象的操作。

操作方法。

① 选择需要移动的对象。

② 在 Tool Box【工具箱】中单击 Move【移动】图标，出现操纵手柄。该手柄带有 4 个手柄的操纵器和 1 个中心手柄，红色对应 x 轴，绿色对应 y 轴，蓝色对应 z 轴。

③ 单击并拖动一个手柄，手柄被激活，变为黄色显示，如图 2.037 所示。

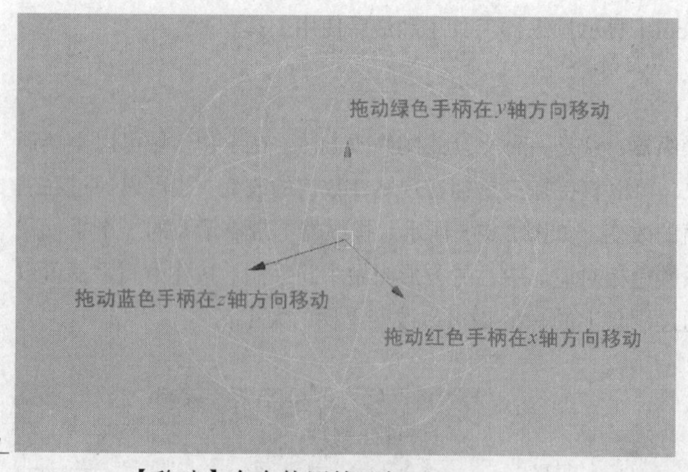
拖动绿色手柄在y轴方向移动
拖动蓝色手柄在z轴方向移动
拖动红色手柄在x轴方向移动

图 2.037

Move【移动】命令使用技巧如下。

① 如需单轴向移动对象，则单击并拖动该坐标的手柄。

② 按住 Shift 键，使用鼠标中键拖曳对象，也可以实现单轴向移动对象。

③ 单击并拖动中心手柄，可以自由地在各个坐标轴上移动对象。

默认情况下，移动工具沿着视图平面移动对象。在透视图中也可以通过鼠标的拖动使对象在 *xy*、*yz* 和 *xz* 平面中自由移动。

- 要在 *xz* 平面移动，按住 Ctrl 键单击 *y* 手柄移动对象。中心手柄的“当前平面”变为 *xz* 平面。现在中心手柄在 *xz* 平面上移动对象。
- 要在 *yz* 平面移动，按住 Ctrl 键单击 *x* 手柄移动对象。
- 要在 *xy* 平面移动，按住 Ctrl 键单击 *z* 手柄移动对象。
- 如果当前平面是 *xz*，并且需要在视图平面中移动，按住 Ctrl 键单击中心手柄即可。

双击移动工具图标或选择 Modify>Transformation tools>Move Tool 命令，可以打开移动命令设置窗口，如图 2.038 所示。

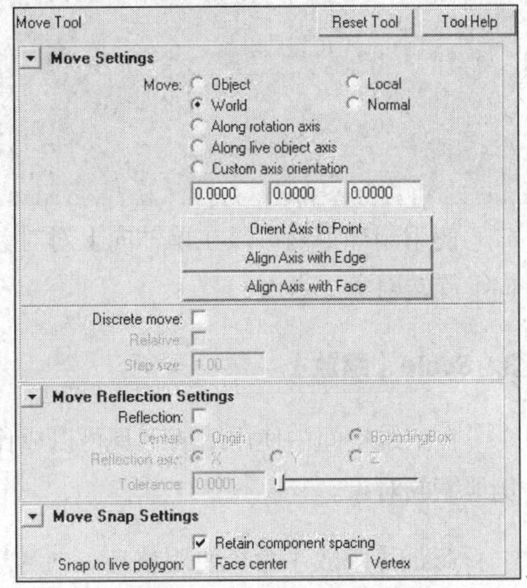

图 2.038

参数设置。

Move【移动】坐标系统有多个选项可以选择。

- Object【对象】坐标系统：在对象空间坐标系统内移动对象，轴方向包括对象本身的旋转，每个对象都相对自身的对象空间坐标系统移动。
- Local【局部】坐标系统：局部坐标系统是相对父级坐标系统而言的。
- World【世界】坐标系统：该选项为默认选项。世界坐标系统是场景视图的空间，世界坐标系统的中心在原点。
- Normal【法线】：在 NURBS 表面上选择 CV 点，可以沿法线、U 或 V 方向进行移动，操纵器显示出表面的法线、U 和 V 方向。

2. Rotate【旋转】

Rotate【旋转】命令可以在任何一个或所有 3 个轴向上进行对象的旋转操作。

操作方法：

① 选择需要旋转的对象。

② 在 Tool Box【工具箱】中单击 Rotate【旋转】图标，出现操纵手柄。该手柄带有 3 个圆环手柄的操纵器和 1 个被圆环覆盖的“虚拟球体”，红色对应 x 轴，绿色对应 y 轴，蓝色对应 z 轴。

③ 单击并拖动一个手柄，手柄被激活，变为黄色显示，如图 2.039 所示。

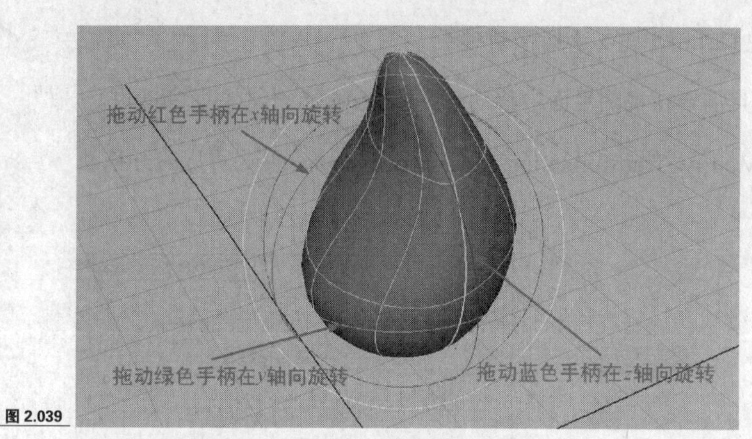
拖动红色手柄在x轴向旋转
拖动绿色手柄在y轴向旋转
拖动蓝色手柄在z轴向旋转

图 2.039

使用圆环手柄可以在单轴向上对对象进行旋转，使用外部的“虚拟球体”可以在任意轴向上旋转对象。

3. Scale【缩放】

在三维空间中使用缩放工具可以成比例地改变对象的尺寸，也可以在一个方向上不等比例地缩放对象。

Scale【缩放】命令使用技巧。

① 拖动单个方向的方块，可以在单方向上缩放对象。

② 拖动中央的方块，可以在 3 个方向上等比例地缩放对象。

操作方法。

① 选择需要缩放的对象。

② 在 Tool Box【工具箱】中单击 Scale【缩放】图标，出现操纵手柄。该手柄带有 4 个方块手柄的操纵器，红色对应 x 轴，绿色对应 y 轴，蓝色对应 z 轴。

③ 单击并拖动一个手柄，手柄被激活，变为黄色显示，如图 2.040 所示。

④ 单击并拖动手柄可以进行对象的缩放。

执行 Modify>Transformation Tool>Move/Rotate/Scale Tool【修改>变换工具>移动/旋转/缩放工具】命令，可以出现一个特殊的操作手柄，其集中了 Move【移动】、Rotate【旋转】、Scale【缩放】3 种命令的功能，如图 2.041 所示。该手柄的使用方法和 Move【移动】、Rotate

【旋转】、Scale【缩放】手柄的使用方法一致，单击蓝色外圈时，可以激活旋转手柄，进行旋转操作；单击任意轴向上的方块手柄，可以进行缩放操作。

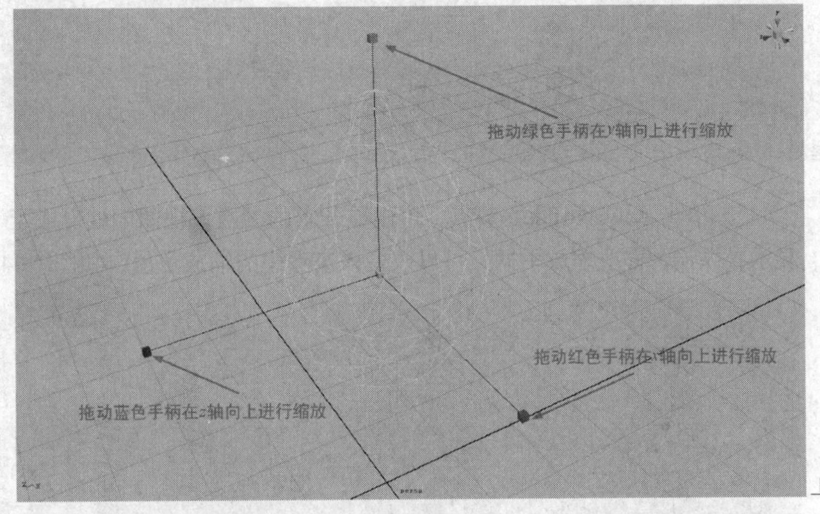
拖动绿色手柄在y轴向上进行缩放
拖动红色手柄在x轴向上进行缩放
拖动蓝色手柄在z轴向上进行缩放

图 2.040

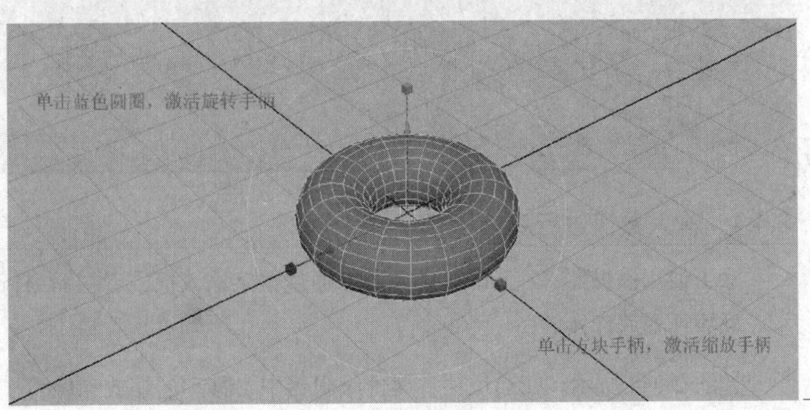
单击蓝色圆圈，激活旋转手柄
单击方块手柄，激活缩放手柄

图 2.041

2.4.3 显示操纵器工具

Maya 中提供了大量的操纵器来进行数据的操作和修改，以完成相应工具的主要操作功能。可以使用 Modify>Transformation Tools>Show Manipulator Tool【修改>变换工具>显示操纵器】命令或者在工具栏中单击显示操纵器按钮，也可以使用快捷键 T 来显示出用户节点指定节点对象的操纵器。

操作方法。

① 在确认历史记录开关为打开状态的情况下，执行 Create>Polygon Primitives>Cone【创建>多边形基本几何体>圆锥】命令，创建一个多边形圆锥体。

② 选择多边形圆锥体，单击鼠标右键，选择 face【面】，进入物体面级别，然后选择一个面。

③ 执行在 Polygon 菜单组下的 Edit Mesh>Extrude【编辑网格>挤压】命令，沿着蓝色 *z* 轴向外拖曳，形成挤压面，如图 2.042 所示。

④ 观察 Channels Box【通道栏】中的 INPUTS【输入】栏，此时出现了新的历史节点 polyExtrude1 节点。

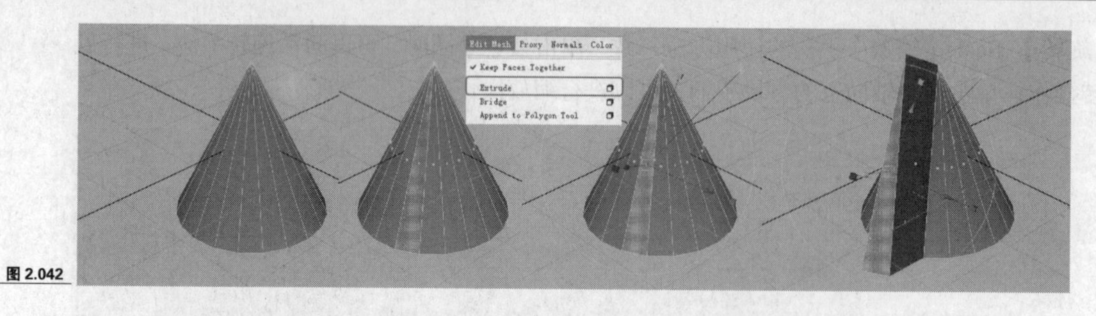

图 2.042

⑤ 单击 polyExtrude1 节点，可以展开它的参数，视图中就变成了 polyExtrude1 节点的显示操纵器，修改缩放手柄，可以改变该节点中的缩放数值，如图 2.043 所示。

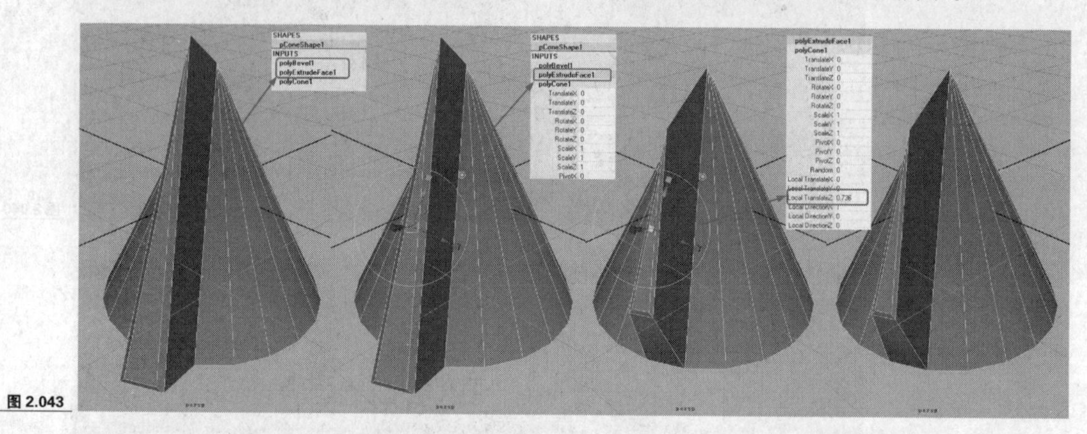

图 2.043

2.4.4 输入数值进行变换操作

除了使用操纵器，在 Maya 中还可以通过数字输入框或者在命令行中输入数值来进行移动、旋转和缩放操作。

如图 2.044 所示，在通道栏、属性编辑器中，移动、缩放和旋转 3 个项目后都有数值输入框，通过输入数值可以控制相应的空间变换。

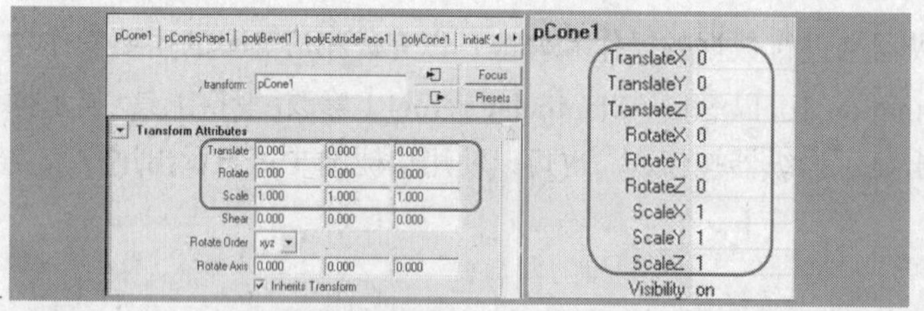

图 2.044

2.4.5 Pivot Point【轴心点】

在执行移动、旋转和缩放命令时，对象总是沿着一个点进行旋转或者缩放，这个点被称为轴心点，操纵器中心的位置就是轴心点的位置，如图 2.045 所示。

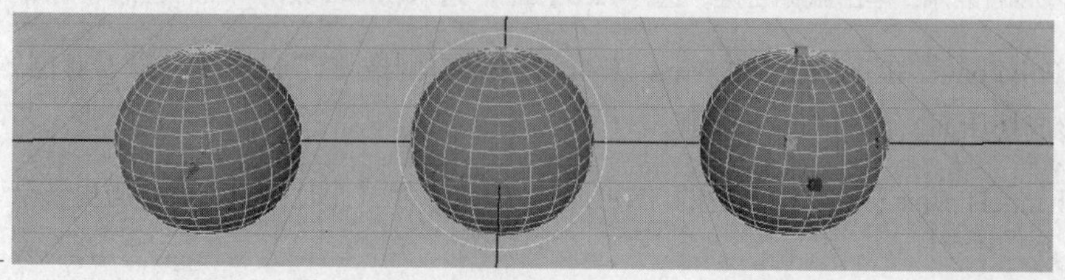

图 2.045

执行 Modify>Center Pivot【修改>中心点】命令，可以将对象轴心点自动放置在几何中心上，如图 2.046 所示。

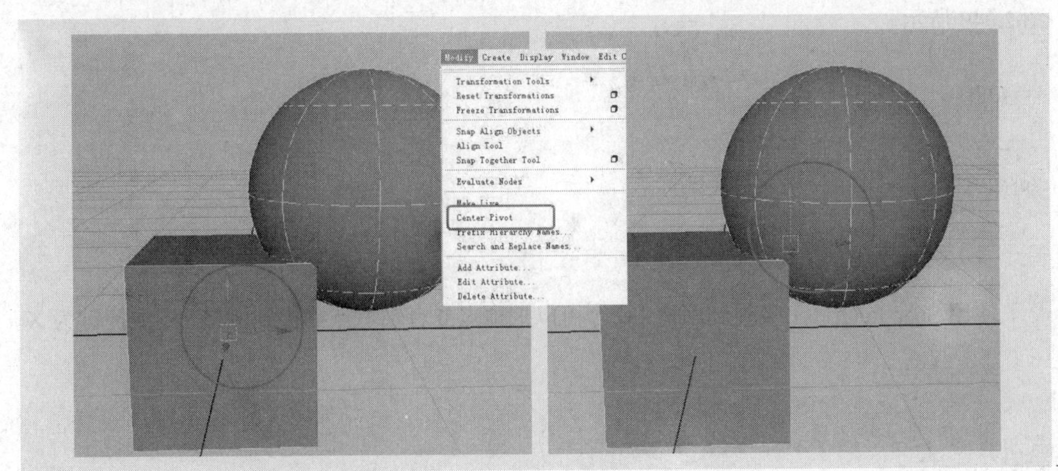

图 2.046

当想将轴心点的位置进行自由移动时，选中对象，然后按键盘上的 Insert 键，进入轴心点的编辑模式，操作手柄变为虚线显示。和操作移动手柄一样，可以调节轴心点的操作手柄，再次按 Insert 键，可以返回原来的变换操作，如图 2.047 所示。

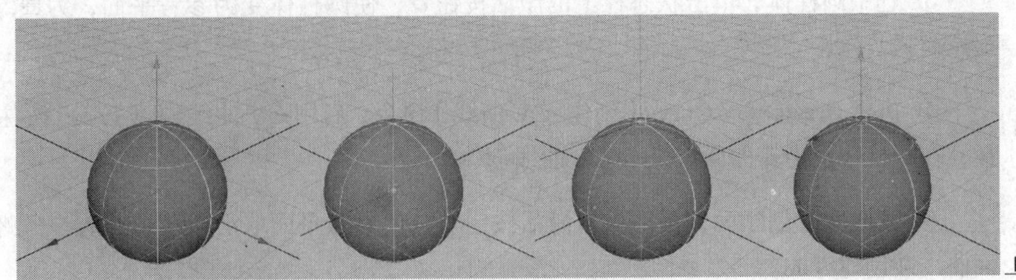

图 2.047

在进行轴心点的移动定位时，可以借助键盘快捷键 X、C、V 进行网格、顶点和曲线的捕捉，将轴心点操纵手柄定位在需要的点上。

当成组的几何体被移动、缩放和选择时，轴心点是系统临时指定的，在下一次选择该组时，轴心点的位置有可能移动，单击操作手柄上的黄色小圆圈，将其改变为实心点，轴心点就被固定了，如图 2.048 所示。

图 2.048

2.4.6 捕捉对象

捕捉在建模过程中是非常重要的操作方法，在状态栏中有 4 种控制捕捉模式的工具，如图 2.049 所示。

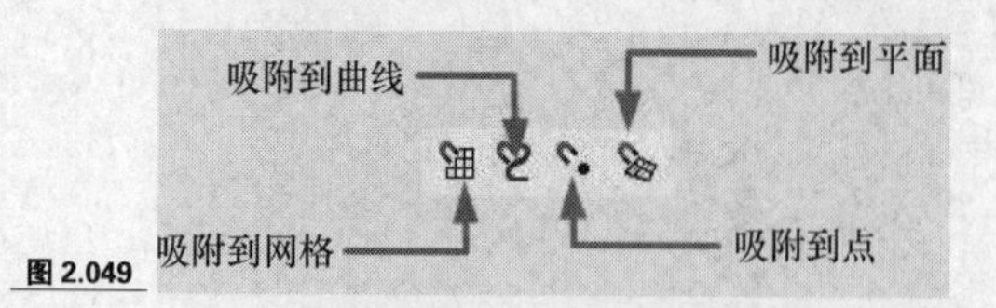

图 2.049

（1）Snap to Grids【吸附到网格】

使用 Snap to Grids【吸附到网格】命令可以把顶点或者轴枢点捕捉到网格上，快捷键为 X。

操作方法。

① 新建一个场景。

② 在场景中执行 Create>NURBS Primitives>Cylinder【创建>NURBS 基本几何体>圆柱体】命令，设置 Channels Box【通道栏】中 INPUTS【输入】栏中的 makeNurbCylinder1 节点下的数值，如图 2.050 所示。

③ 选中圆柱体，单击状态栏上的激活按钮，使圆柱体变为参考平面，为墨绿色线框显示模式。

④ 执行 Create>CV Curve【创建>CV 曲线】命令，启用 CV 曲线创建工具，按住 X 键不放，在圆柱体上沿着曲面点进行 CV 曲线创建。

⑤ 完成曲线创建后，再次单击激活按钮，使参考平面取消激活，此时一条螺旋形曲面曲线被创建完成。

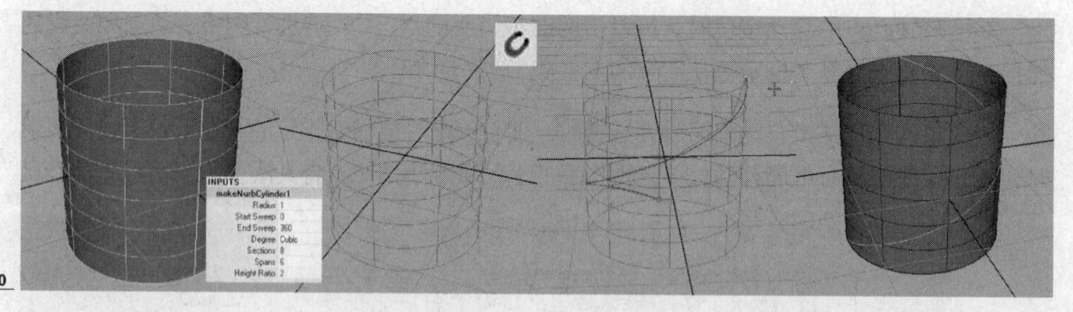

图 2.050

（2）Snap to Curves【吸附到曲线】

使用 Snap to Curves【吸附到曲线】命令可以将操作对象捕捉到曲线或者曲面曲线上，快捷键为 C。

操作方法。

① 在 Front【前】视图上按空格键，将前视图最大化显示。

② 执行 Create>EP Curve Tool【创建>EP 曲线】命令，启用 EP 曲线创建工具，创建一

条 EP 曲线。再次执行 Create>EP Curve Tool【创建>EP 曲线】命令，按住 X 键不放，在第一条 EP 曲线上使用鼠标进行拖曳，在合适的位置单击，绘制如图 2.051 所示的曲线。观察该 EP 曲线，第二条 EP 曲线的顶点被吸附在第一条 EP 曲线上。

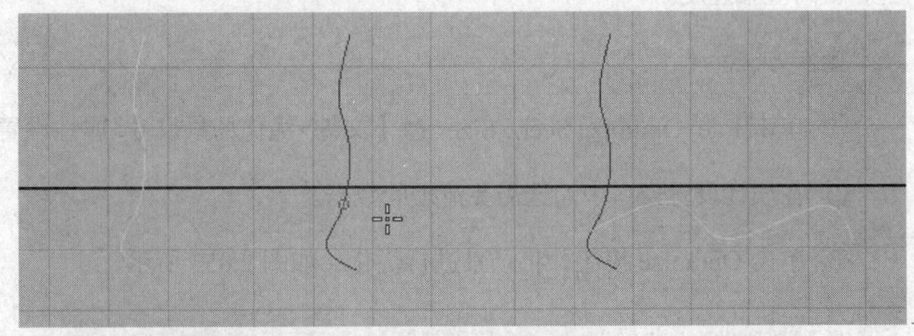
图 2.051

（3）Snap to Point【吸附到点】

使用 Snap to Point【吸附到点】命令可以将操作对象捕捉到点上，快捷键为 V。

操作方法。

① 新建场景，执行 Create>Polygon Primitives>Cone【创建>多边形基本几何体>圆锥】命令，创建一个多边形圆锥体。

② 选中圆锥体对象，执行移动命令，显示出移动操纵手柄。按键盘上的 Insert 键，进入轴心点的编辑模式，操作手柄变为虚线显示。按住键盘上的 V 键不放，和操作移动手柄一样移动轴心点操纵器，使其捕捉到圆锥的顶点处。再次按 Insert 键，可以返回原来的变换操作，如图 2.052 所示。

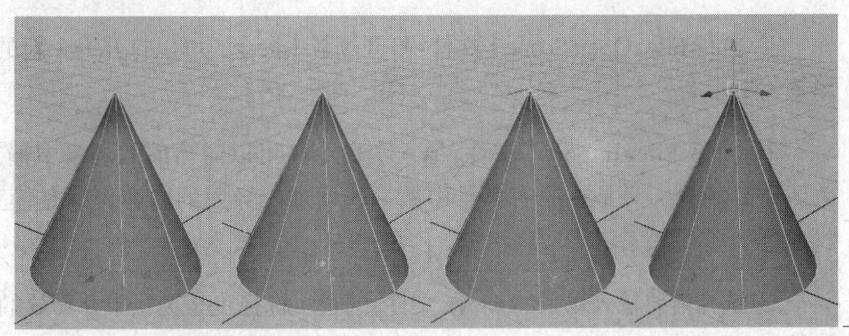
图 2.052

（4）Snap to View Planes【吸附到平面】

使用 Snap to View Planes【吸附到平面】命令可以将操作对象吸附到一个视图平面上，因为使用频率不高，所以没有快捷键。

2.5 文件管理

2.5.1 文件的基础操作

Maya 中文件的基础操作命令大都集中在 File【文件】中。

1. Optimize Scene Size【优化场景尺寸】

在渲染场景前，经常要做的事情是删除无用、无效的数据，这样做的目的是优化场景内容，提高渲染速度。

操作方法。

① 单击 File>Optimize Scene Size>□【文件>优化场景尺寸>属性设置】按钮。

② 在属性设置窗口中勾选需要清理的数据。

③ 单击 Optimize 按钮，将场景进行优化，如图 2.053 所示。

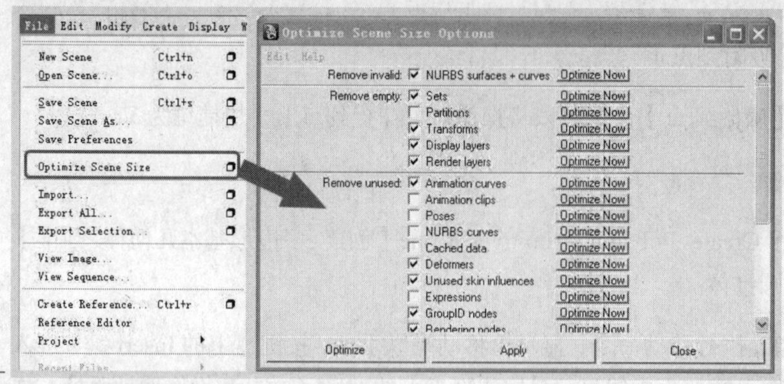

图 2.053

2. 输入场景

输入场景有 3 种方法。

① 执行 File>Open Scene【文件>打开场景】命令，可以打开一个新的场景，同时将原有场景关闭。

② 执行 File>Import【文件>导入】命令，可以向当前的场景中输入新的内容，不会关闭原有场景，只是在原有场景中做一些增加。导入的内容可以是模型、图像、声音、材质等。

③ 选择需要输入场景的 Maya 文件，通过鼠标拖曳至场景中并释放的方法可以打开新的场景。

3. 输出场景

在 File【文件】中提供了 4 种输出场景的方式。

① 执行 File>Save Scene【文件>保存场景】命令，可以保存当前场景至默认文件夹。

② 执行 File>Save Scene As【文件>保存场景为】命令，可以重新命名场景并选择保存位置。

③ 执行 File>Export All【文件>导出全部】命令，可以将当前场景的全部内容用其他的文件格式保存，如.mov、.mb、.dxf 等。

④ 执行 File>Export Selection【文件>导出所选模型】命令，可以将在场景中选中的模型以其他的格式保存。

在导出文件时，默认的导出格式比较少，执行 Window>Setting/Preferences>Plug-in Manager 命令，打开 Plug-in Manager 窗口，选中所需的文件格式，然后关闭窗口。此时导出的文件格式中就会增加该文件格式。

2.5.2 标准目录结构

Maya 的标准目录结构如图 2.054 所示。

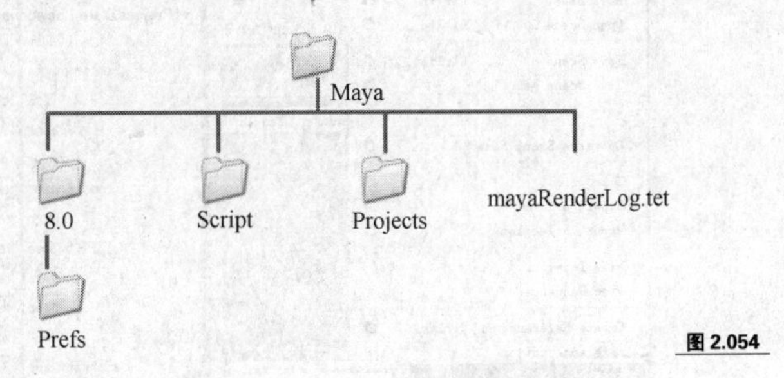

图 2.054

在 Maya 文件下级有 8.0、Script、Projects 文件夹和 mayaRenderLog.Tet 文件。

（1）8.0 文件夹

这个文件夹名称为 Maya 的版本号，用于保留用户对软件系统的设置参数。如果需要恢复 Maya 的初始设置，只需要将 8.0 文件夹内 Prefs 文件中的所有文件删除。

（2）Script 文件夹

这个文件夹用于放置 MEL 脚本。

（3）Projects 文件夹

该文件夹是系统默认设置的 Project 目录。

（4）mayaRenderLog.Tet 文件

该文件记录了所有的渲染信息，包括渲染时间和内存使用。

2.5.3 创建自己的 Project

Projects 文件夹是由一个或者多个 Project 文件夹组成的集合，每一个 Project 文件夹中都包括场景、声音、渲染等多个文件夹，从而使得 Maya 的管理变得便捷、有条理。

在进行大型场景的处理时，创建一个属于自己的 Project 是非常重要的。

操作方法。

① 执行 Create>Project>New【创建>项目>新建】命令，打开 New Project【新建项目】对话框。

② 在 Name【名称】文本框中输入新的项目名称。

③ 在 Location【位置】文本框中输入项目的保存地址，或者单击文本框后的 Browse.. 按钮，选择项目的保存地址。

④ 单击 Use Defaults【使用默认】按钮 Use Defaults ，系统自动按默认方式定义子目录的名称，单击 Accept【接受】按钮，完成项目目录的创建，如图 2.055 所示。

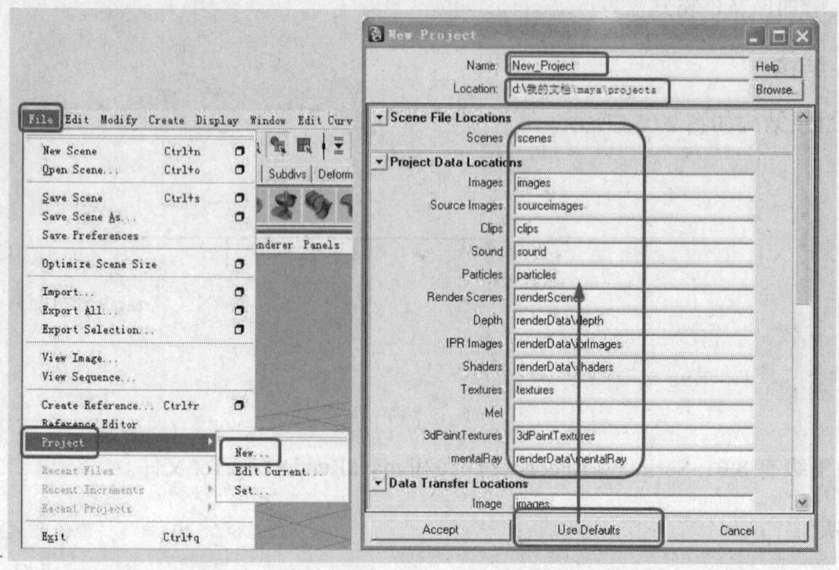

图 2.055

在项目文件夹中有一些文件夹经常使用，一些文件夹是很难用到的，这里介绍一下常用的文件夹。

Scenes【场景】：该文件夹用来放置 Maya 的场景文件。

Source Images【源图像】：该文件夹用来放置场景中所用的文件贴图。

Images【图像】：该文件夹用来放置渲染完成的图像。

Textures【纹理】：该文件夹用来放置程序纹理贴图。

Sound【声音】：该文件夹用来放置与动作相对应的声音文件。

Render Scenes【渲染场景】：该文件夹用来保存最后 Batch 渲染的场景。

Render Data【渲染数据】：该文件夹用来保存渲染时自动保存的一些文件。

2.5.4 浏览图片

Maya 中提供了一种自带的 Fcheck 程序，使用 Fcheck 程序可以浏览单帧图片或者序列帧图片。

执行 File>View Image 命令打开浏览器，选择文件，然后件单击【打开】按钮，可以使用 Fcheck 程序查看单帧图片，如图 2.056 所示。

执行 File>View Sequence 命令打开浏览器，选择序列文件的起始帧，然后单击【打开】按钮，可以使用 Fcheck 程序查看序列帧图片。

图 2.056

2.5.5 引入参考文件

在 Maya 中被引入的参考文件只是通过路径和当前场景链接起来，而不是真正的导入，所以参考文件除了动画操作外，不可以执行任何操作。引入参考文件可以使用如下的两条命令来实现。

① File>Create Reference【文件>创建参考】

② File>Reference Editor【文件>参考编辑器】

2.6 节点的概念

图形图像软件有多种类型，如三维的、二维的、后期的等。而这些软件有的属于层级软件，比如我们最常用的 Photoshop、3ds Max 就是利用层进行工作，如图 2.057 所示。还有一种属于节点类型的软件，比如 Maya，如图 2.058 所示。

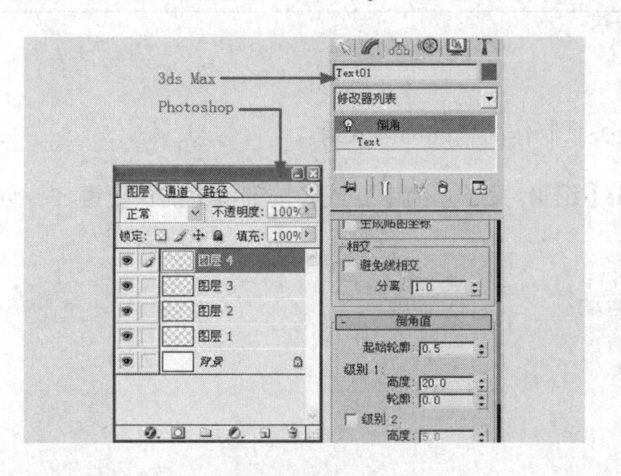

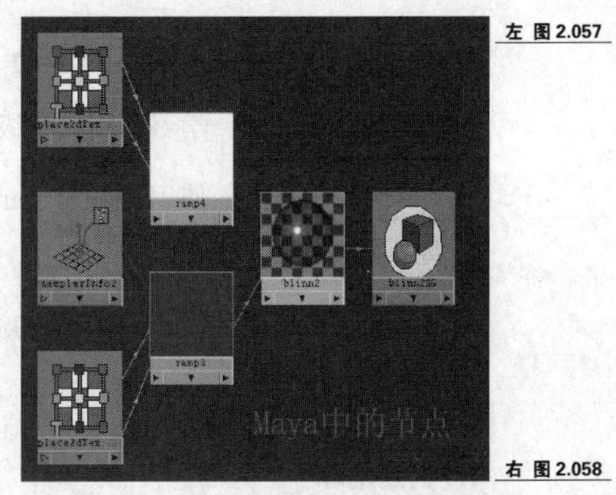

左 图 2.057

右 图 2.058

2.6.1 父物体与子物体的概念

在 Maya 中经常会创建一些父子级关系的对象，这样可以为制作动画提供很大的便利。比如，在进行人体动画的制作时，手指尖和手肘部就是一个典型的父子关系，手肘部的运动必然会影响指尖的状态，而指尖的运动却不一定会带动手肘部的运动。在这二者之间，手肘部为父级别，指尖为子级别。

2.6.2 创建层级关系

操作方法。

① 在场景中执行 Create>Polygon Primitives>Cube【创建>多边形基本几何体>立方体】命令，创建一个多边形立方体。再执行 Create>Polygon Primitives>Cone【创建>多边形基本几何体>圆锥体】命令，创建一个多边形圆锥体，分别命名为 polyCube1 和 polyCone1。

② 在视图中选择圆锥体，然后配合 Shift 键选择立方体。

③ 执行 Edit>Parent【编辑>父子】命令，或者按快捷键 P，这样就可以在圆锥体和立方体之间定义一个父子关系。其中圆锥体为子对象，立方体为父对象。

④ 在设置好父子关系后，在视图中使用移动工具移动立方体，发现圆锥体会随着立方体的运动而运动，如图 2.059 所示。

⑤ 如果需要解除父子关系，选择子物体圆锥体，然后执行 Edit>Unparent【编辑>解除父子】命令，或者按快捷键 P 解除父子关系。

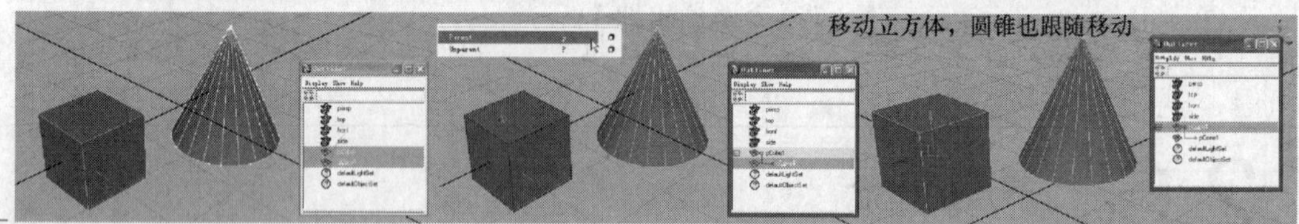

图 2.059

2.7 课堂实例

2.7.1 实例 1——太阳系的运动

案例学习目标：学习利用父子级关系制作简单的动画效果。

案例知识要点：使用 Edit>Parent【编辑>父子】命令，或者按键盘上的快捷键 P，创建层级关系。

效果所在位置：Ch02\太阳系的运动。

操作方法。

1. 创建地球

① 新建场景，执行 Create>Polygon Primitives>Sphere【创建>多边形基本几何体>球体】命令，创建一个多边形球体，将其作为地球的基本模型。

② 选择多边形球体并按住鼠标右键，从弹出的菜单中选择 Assign New Material>Blinn【增加新的材质>布林】命令，自动弹出 Blinn 材质属性编辑器，如图 2.060 所示。

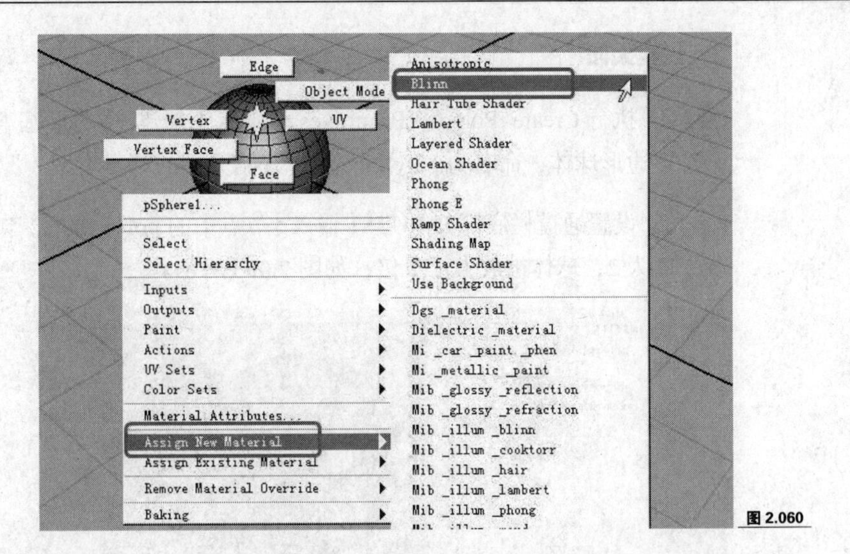

图 2.060

③ 在 Blinn 材质属性编辑器中单击 Color【颜色】右侧的 按钮，从创建面板上选择 File【文件】贴图，如图 2.061 所示。

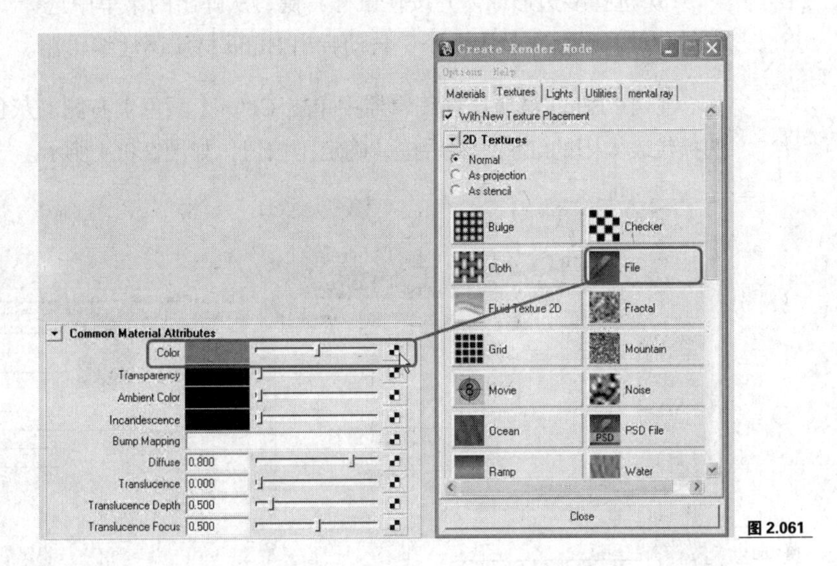

图 2.061

④ 单击 Image Name 文本框后的 按钮，从弹出的对话框中选择地球贴图，如图 2.062 所示。

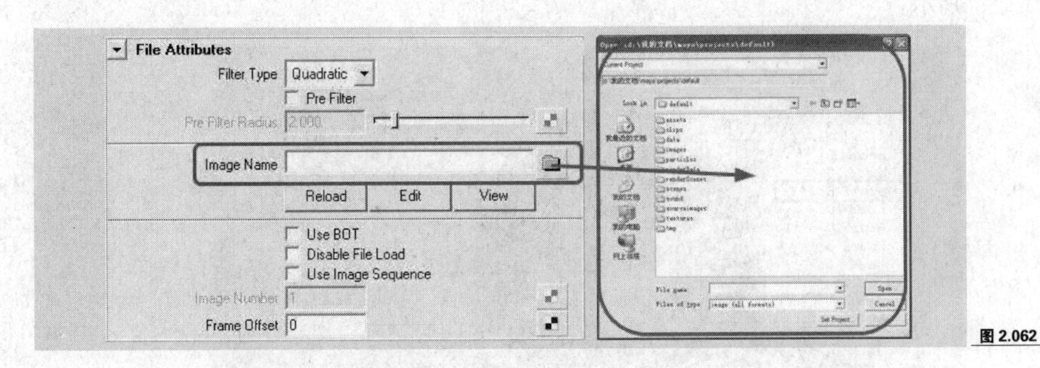

图 2.062

⑤ 在视图中按键盘上的数字键 6，将其变为贴图显示模式，显示出地球的状态。

2. 创建太阳

① 执行 Create>Polygon Primitives>Sphere【创建>多边形基本几何体>球体】命令，创建一个多边形球体，命名为 polySphere2，作为太阳的基本模型。

② 设置通道栏底部 INPUTS【输入】节点中的 polySphere2 节点的参数，设置 Radius【半径】值为 2，球体被放大了 2 倍，如图 2.063 所示。

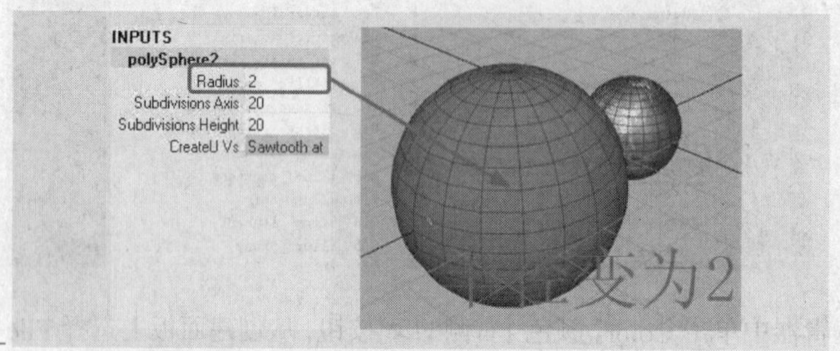

图 2.063

③ 选择多边形球体并按住鼠标右键，从弹出的菜单中选择 Assign New Material>Blinn【增加新的材质>布林】命令，自动弹出 Blinn 材质属性编辑器。

④ 在 Blinn 材质属性编辑器中单击 Color【颜色】右侧的灰色色块，弹出拾色器窗口，选择代表太阳的红色，然后按“确定”按钮，如图 2.064 所示。

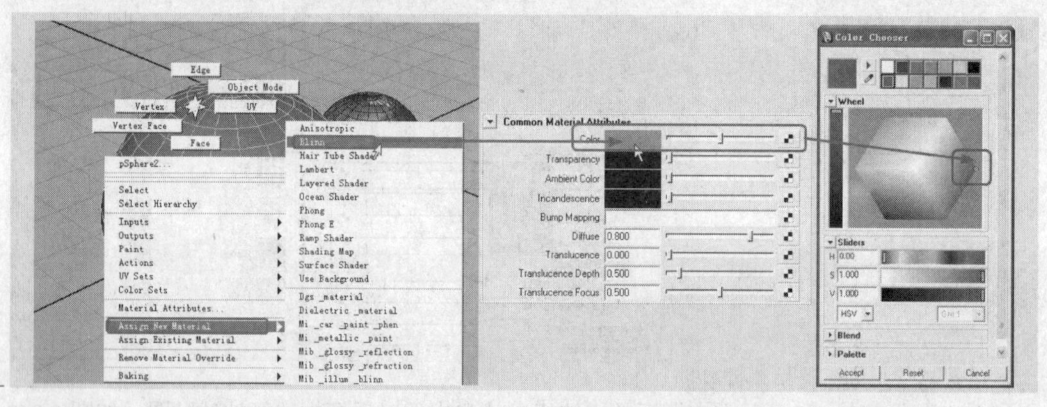

图 2.064

⑤ 在 Translate Z 后的文本框中输入数值 6，使得球体向 *y* 轴方向移动 6 个单位，如图 2.065 所示。

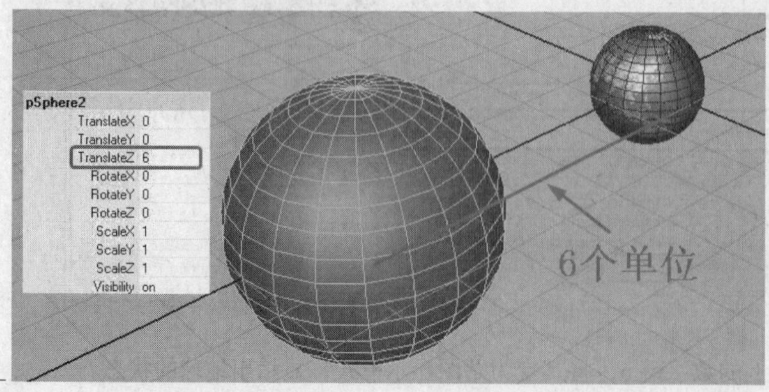

图 2.065

3. 创建月亮

① 执行 Create>Polygon Primitives>Sphere【创建>多边形基本几何体>球体】命令，创建一个多边形球体，命名为 polySphere3，将其作为月亮的基本模型。

② 设置通道栏底部 INPUTS【输入】节点中的 polySphere3 节点的参数，设置 Radius【半径】值为 0.5，球体被缩小了 1/2，如图 2.066 所示。

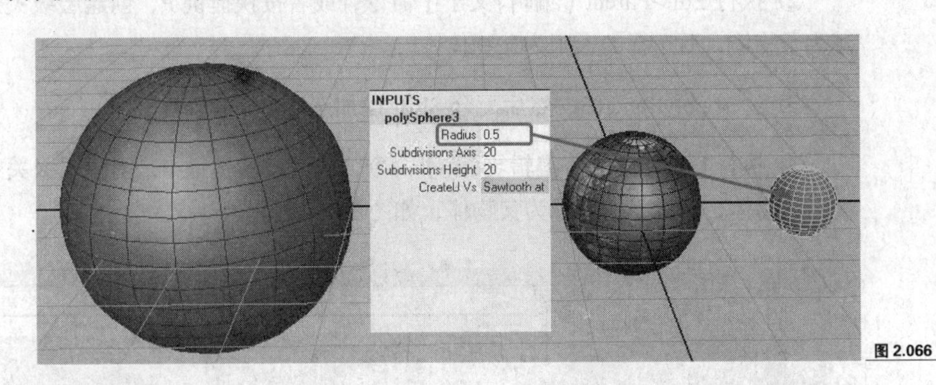

图 2.066

③ 选择多边形球体并按住鼠标右键，从弹出的菜单中选择 Assign New Material>Blinn【增加新的材质>布林】命令，自动弹出 Blinn 材质属性编辑器。

④ 在 Blinn 材质属性编辑器中单击 Color【颜色】右侧的灰色色块，弹出拾色器窗口，选择代表月亮的黄色，然后确定，如图 2.067 所示。

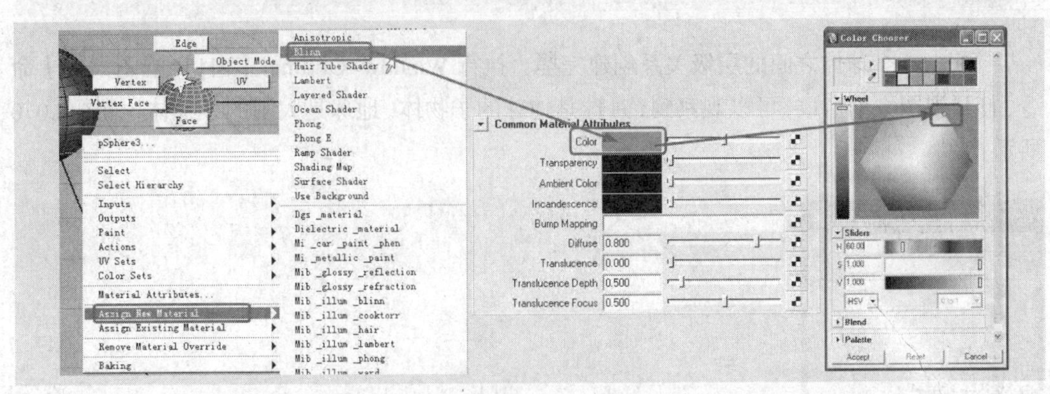

图 2.067

⑤ 在 Translate Z 后的文本框中输入数值-2.5，使得球体向 *z* 轴负方向移动 2.5 个单位，如图 2.068 所示。

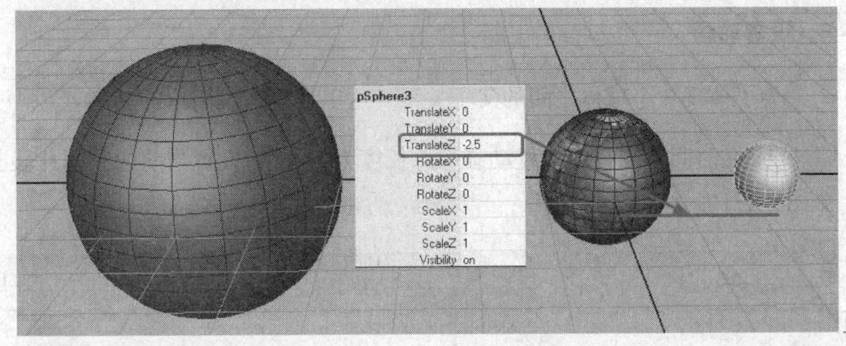

图 2.068

4. 创建层级关系

现在场景中有 3 个球体，分别命名为 polySphere1、polySphere2 和 polySphere3，代表着地球、太阳和月亮，下面就要创建它们之间的层级关系。

① 选中 polySphere1 配合 Shift 键加选 polySphere2。

② 执行 Edit>Parent【编辑>父子】命令，或者按快捷键 P，创建层级关系。先选择的地球为子物体，后选择的太阳为父物体。

③ 选中 polySphere3，然后配合 Shift 键加选 polySphere1。

④ 执行 Edit>Parent【编辑>父子】命令，或者按快捷键 P，创建层级关系。先选择的月亮为子物体，后选择的地球为父物体，如图 2.069 所示。

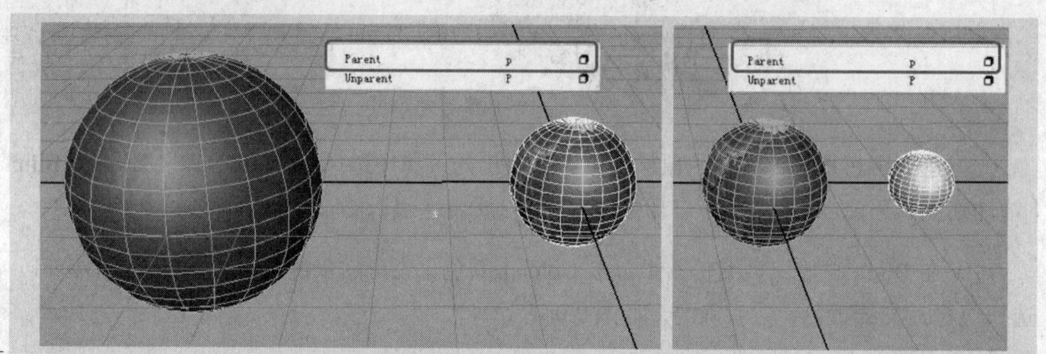

图 2.069

至此，3 个球体之间的层级关系创建完毕，执行 Window>Outliner【窗口>视图大纲】命令，打开视图大纲窗口，可以观察到，月球是地球的子物体，地球是太阳的子物体，如图 2.070 所示。

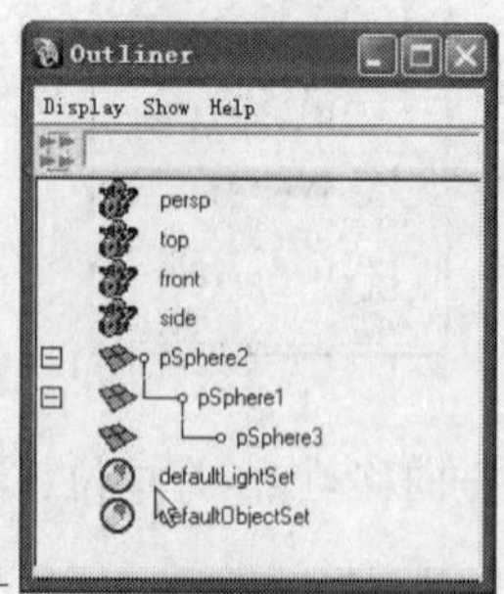

图 2.070

5. 设置动画

为了体现 3 个球体之间的父子关系，这里设置一段简单的动画。

① 在时间范围行中设置动画的总长度为 240 帧，设置当前的动画片段长度为 1～240 帧，如图 2.071 所示。

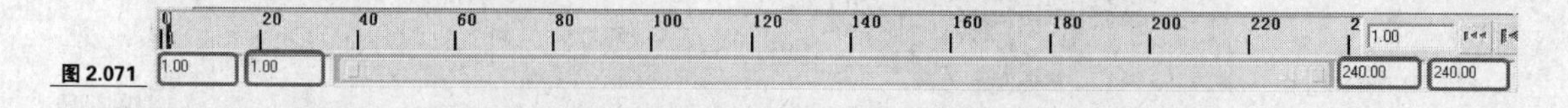

图 2.071

② 单击⏮按钮回到第 1 帧位置。选择代表太阳的 polySphere2 球体，右键单击通道栏中 RotateY 属性的文字部分，在浮动菜单中选择 Key Selected【为当前选择设置关键帧】命令，释放鼠标，RotateY 属性后的文本框变为粉色显示，一个关键帧创建完毕，如图 2.072 所示。

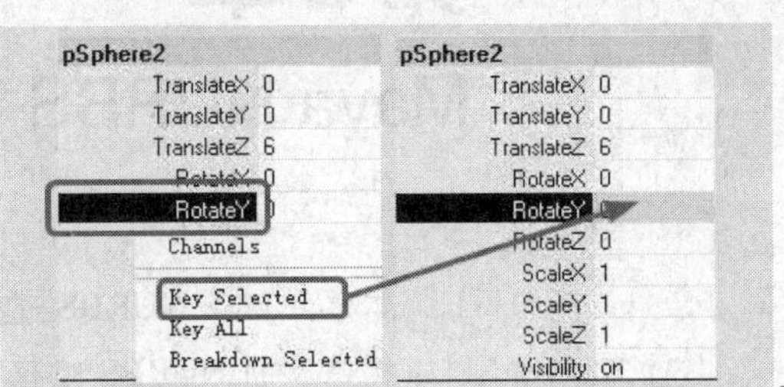

图 2.072

③ 将时间滑块移动至 240 帧，设置通道栏中 Rotate Y 的属性为 720，按 Enter 键确定。右键单击通道栏中 Rotate Y 属性的文字部分，在浮动菜单中选择 Key Selected【为当前选择设置关键帧】命令，释放鼠标，RotateY 属性后的文本框变为粉色显示，240 帧处的关键帧创建完毕，如图 2.073 所示。

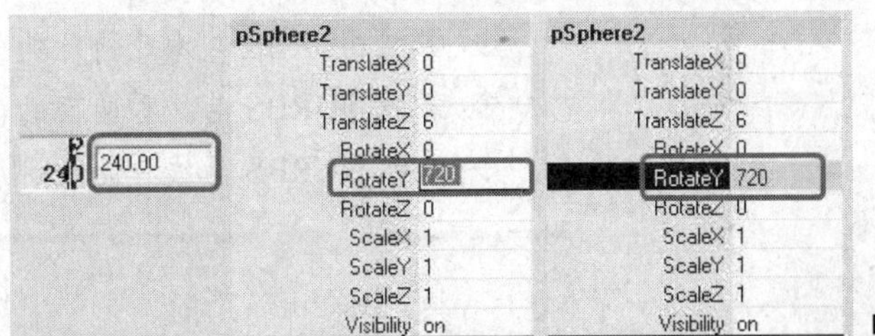

图 2.073

④ 单击播放按钮▶播放动画，代表太阳的 polySphere2 球体开始围绕 *y* 轴进行自转，代表地球的 polySphere1 球体和代表月球的 polySphere3 球体围绕着太阳进行旋转。

⑤ 通过学习天文学的知识我们知道，地球除了围绕太阳进行公转外，还会进行自转运动，这里也需要为地球的自转设置动画。

⑥ 单击⏮按钮回到第 1 帧位置。选择代表地球的 polySphere1 球体，右键单击通道栏中 RotateY 属性的文字部分，在浮动菜单中选择 Key Selected【为当前选择设置关键帧】命令，释放鼠标，一个关键帧创建完毕。

⑦ 将时间滑块移动至 240 帧，设置通道栏中 RotateY 属性为−1 440，按 Enter 键确定。使用步骤⑥中的方法再创建一个关键帧。

⑧ 单击播放按钮▶播放动画，代表地球的 polySphere2 球体在围绕太阳公转的同时开始围绕 *y* 轴进行自转，代表月球的 polySphere3 球体也围绕着地球进行公转。

本 章 小 结

通过本章的学习，读者已经初步了解了 Maya 的界面结构和显示方式，熟练地掌握了各种变换工具的使用方法，并且通过练习掌握了组、父子级等层级关系的使用方法。

第3章
Maya NURBS 建模技术

本章介绍了 NURBS 建模技术的基础知识。读者通过对本章的学习，可以掌握基本的 NURBS 建模方法，通过学习创建 NURBS 曲线、编辑 NURBS 曲线、创建 NURBS 曲面和编辑 NURBS 曲面的各项命令，掌握 NURBS 建模中由点到线、由线到面的流程。

课堂学习目标

- ◈ 掌握 NURBS 的基础知识
- ◈ 掌握 NURBS 基本几何体的创建方法
- ◈ 掌握 NURBS 曲线和曲面的创建方法
- ◈ 掌握 NURBS 曲线和曲面的编辑方法

3.1 NURBS 基础知识

创建动画的基础是创建物体模型，Maya 中提供了 3 种建模方式，即 NURBS 建模、多边形建模和细分曲面建模。每一种建模方式都有各自的优点，在下面的章节中，我们将详细地介绍每一种建模方式。

NURBS 建模在设计和动画行业普遍使用，当我们不知道用什么模式去建模的时候，NURBS 往往是最先考虑的建模方式，如图 3.001 所示。

图 3.001

在以下情况下，我们可以采用 NURBS 建模方式。

① 表面比较平滑的大片平面，例如，动物、人体和水果。

② 工业表面，例如，汽车、时钟和杯子。

③ 需要使用较少的控制点就能平滑控制较广的面。

3.1.1 NURBS 原理

Uon Uniform Rational B-Spline【非均匀有理 B 样条】曲线的每一个单词取一个字母构成了 NURBS 的名称，它是曲线和曲面的一种数学描述。Maya 软件制作者预计到我们不会对数学有太多研究，因此，在这里我们需要了解的只是曲线和曲面的关系。

3.1.2 NURBS 曲线基础

构成 NURBS 曲面的基础是曲线，当我们开始建模时由曲线开始，多条构成网状的曲线形成曲面。在 Maya 中，我们可以用 3 种方式创建曲线：CVs【控制点】、Edit Point【编辑点】和 Pencil Curve【铅笔曲线】。

图 3.002 所示为一条标准的开放曲线，其中包含了 CVs【控制点】、Edit Point【编辑点】、Hull【壳线】和 Span【段】等基本曲线组元。

图 3.002

CV【控制点】：用来控制和调节曲线形态的点，调节某点时会影响相邻多个编辑点。

曲线起始点：绘制曲线时创建的第一个点，标记符号为最前端的小方框，用来定义曲线的起点和方向。

曲线方向：创建的曲线的第二个点，标记为字母 U，用来决定曲线的方向，在高级建模中非常有用。

Edit Point【编辑点】：简称 EP 点，是位于曲线上的结构点，标记为十字符号，调节 EP 点时不会影响相邻 EP 点的位置。

Hull【壳线】：连接 CV 点之间的可见直线。

Span【段】：两个编辑点之间的曲线，通过增加段数可以改变曲线形态。

3.1.3 NURBS 曲面基础

多条网状 NURBS 曲线就可以构成 NURBS 曲面。Maya 中提供了多种创建 NURBS 曲面的方式。

- 直接创建法：执行 Create>NURBS Primitives【创建>NURBS 几何体】命令，直接创

建 NURBS 基本几何体。

- 线转面创建法：绘制不同形状的 NURBS 曲线，使用 Surfaces【曲面】菜单中的旋转、放样和挤出等各种命令或工具创建曲面。
- 面转面创建法：在原有 NURBS 曲面的基础上通过 Edit Surfaces【编辑曲面】菜单中的延伸曲面和断开曲面等命令得到新的曲面。

图 3.003 所示为一个标准的 NURBS 曲面，其中包含了 CV 点、Isoparm【等参线】、Surfaces Point【曲面点】、Surfaces Patch【曲面面片】和 Hull【壳线】等基本曲面组元。

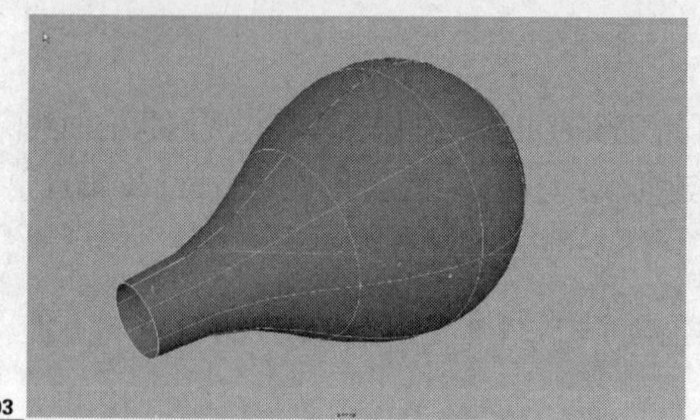

图 3.003

起始点：和 NURBS 曲线一样，标记为小方框，用来定义曲面的方向，是 NURBS 曲面 UV 两个方向的起始 CVs 的控制点。

曲面方向：标记为字母 U、V，用来决定曲面的方向。

Isoparm【等参线】：NURBS 曲面 U 向或者 V 向的网格线，决定了曲面的精度和段数。

Surface Point【曲面点】：NURBS 曲面上 Isoparm【等参线】的交叉点，不能进行变换操作。

Surface Patch【曲面面片】：NURBS 曲面上由 Isoparm【等参线】分割而成的矩形面片，不能进行变换操作。

Hull【壳线】：连接 CV 点的可见直线，与 NURBS 曲线中的 Hull【壳线】的定义一致。

3.1.4 NURBS 曲面精度控制

NURBS 曲面模型最大的特点是控制精度的灵活性，这包括了屏幕精度的控制和最终渲染精度的控制。

屏幕精度的控制只是在建模过程中控制屏幕的显示效果，并不影响最终模型的渲染结果。而我们关注的是最终渲染精度的控制，如果调节得当，可以节约大量的系统显示资源，使操作更为流畅。

Maya 系统提供了一套简洁的屏幕精度控制方法，可以在 Display>NURBS【显示>NURBS】菜单中设置显示的精度，其中包括 Hull【壳】、Rough【粗】、Medium【中】、Fine【精】和 Custom【自定义】，如图 3.004 所示。最常用的 3 种精度是 Rough【粗】、Medium【中】和 Fine【精】，对应快捷键 1、2、3。

最终渲染精度既可以对单个模型设置，也可以对整个场景模型批量设置，如对正在精细修改的模型进行高精度设置，而对暂时不进行修改的模型进行低精度设置。

NURBS 模型的精度是在 Attribute Editor【属性编辑器】中进行调节的，如图 3.005 所示。其中，Tessellation【镶嵌】选项组中的参数用于控制最终渲染精度。

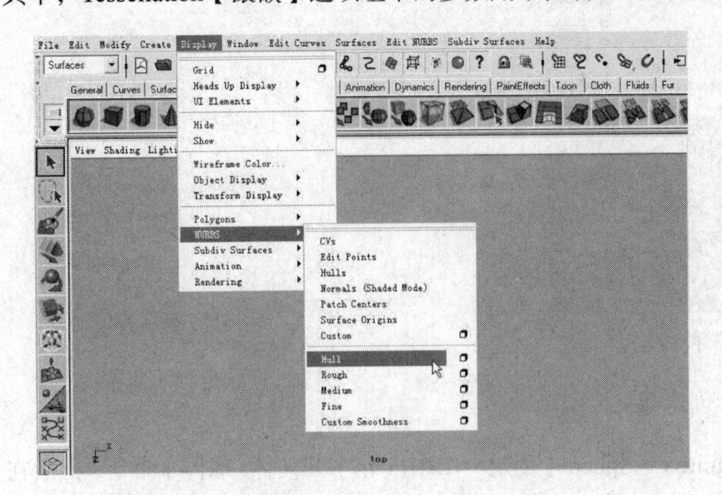

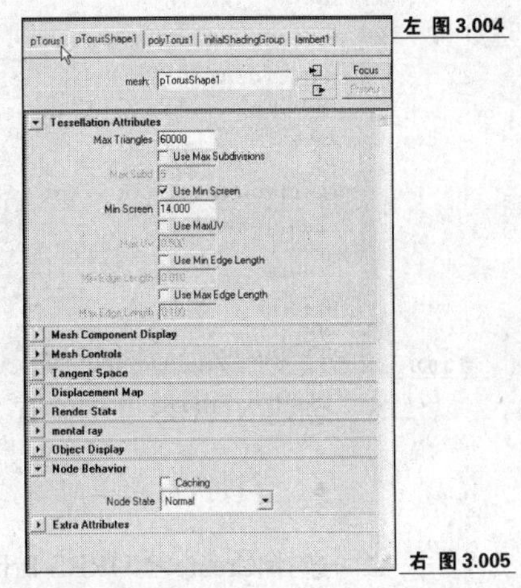

左 图 3.004

右 图 3.005

3.1.5 NURBS 建模流程

NURBS 建模遵循“由线成面”的原则，包括绘制曲线、编辑曲线、曲线成面和编辑曲面等几个过程，如图 3.006 所示。Maya 中的建模命令如下。

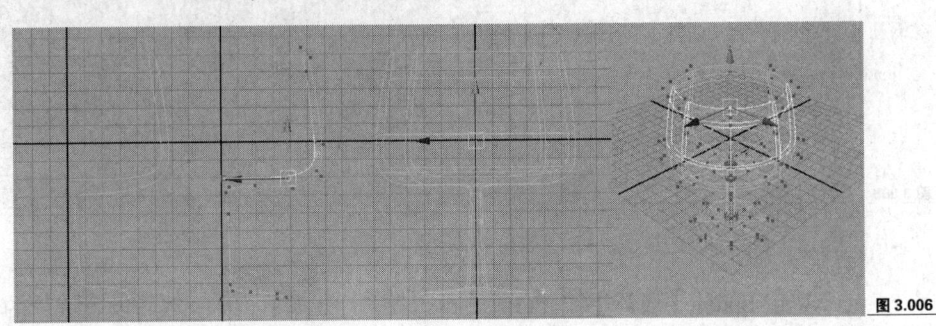

图 3.006

- 在 Create【创建】菜单中创建曲线。
- 在 Edit Curves【编辑曲线】菜单中编辑曲线。
- 在 Surfaces【曲面】菜单中将曲线生成为曲面。
- 在 Edit Surfaces【编辑曲面】菜单中编辑曲面。

3.2 创建 NURBS 几何体

创建 NURBS 几何体的命令都集合在 Create【创建】菜单当中，可以直接创建的 NURBS 几何体有 Sphere【球体】、Cube【立方体】、Cylinder【柱体】、Cone【椎体】、Plane【平面】、Torus【圆环】、Circle【环形】和 Square【方形】，如图 3.007 所示。

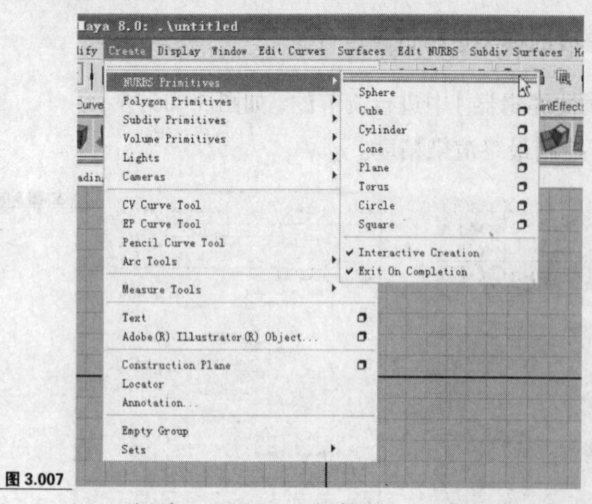

图 3.007

创建 NURBS 几何体有 3 种方法。

- 直接执行菜单命令，创建标准模型。

选择 Create>NURBS Primitives>Sphere【创建>NURBS 基本几何体>球体】命令，然后在视图上拖动即可创建出球体模型，如图 3.008 所示。

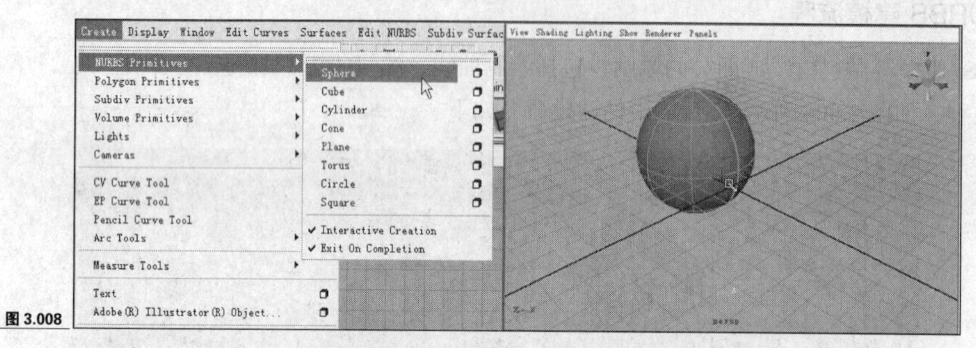

图 3.008

- 设置创建参数，创建非标准模型。

单击 Sphere【球体】命令右侧的 ❐ 按钮，打开设置面板，然后设置球体的各项创建参数。设置好后在视图中拖动即可创建出非标准球体模型，如图 3.009 所示。

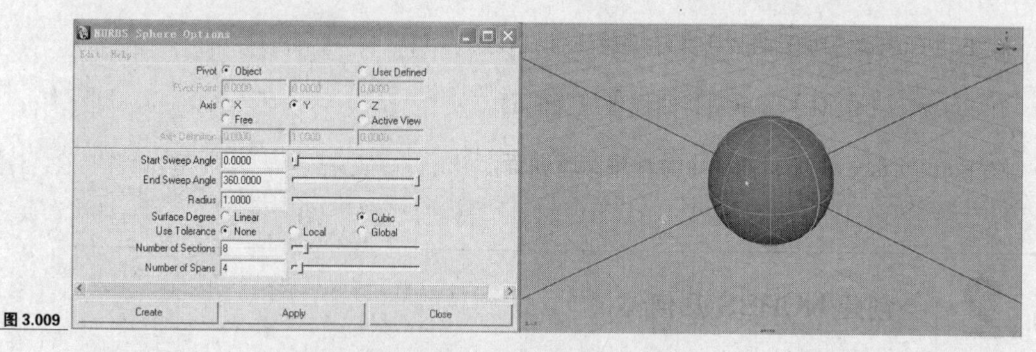

图 3.009

- 执行工具架命令，创建标准模型或自定义模型。

Surface 工具架中已经放置了一部分几何体，我们可以直接单击工具架上的图标，然后在视图中拖曳出球体，也可以将设置好的创建参数直接定义为一个新的命令放置在工具架上，以备使用，如图 3.010 所示。

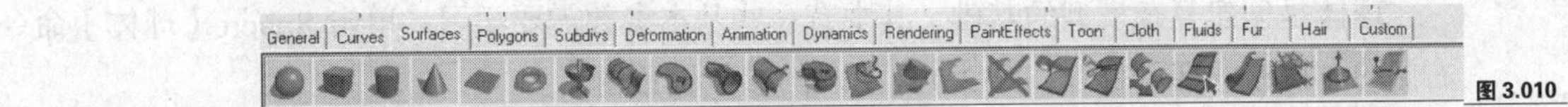

图 3.010

直接创建出的基本几何体一般是不能直接运用于最终的场景或者角色中的。要想运用基本几何体，可以通过以下几种方式实现。

● 直接搭建或组合。

通过执行移动、旋转、缩放和复制等命令，我们可以将简单的几何体堆砌成比较复杂的物体，如图 3.011 所示。

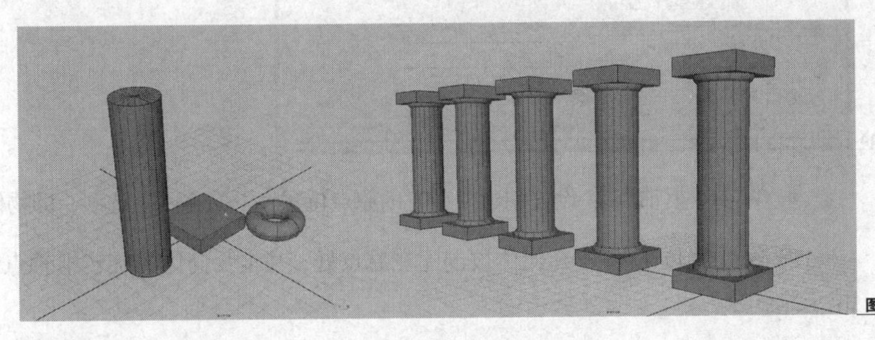

图 3.011

● 进行曲面编辑修改。

使用 Edit Surfaces【编辑曲面】菜单中的命令，我们可以将简单的几何体进行编辑，从而使其形成较为复杂的几何体，如图 3.12 所示。

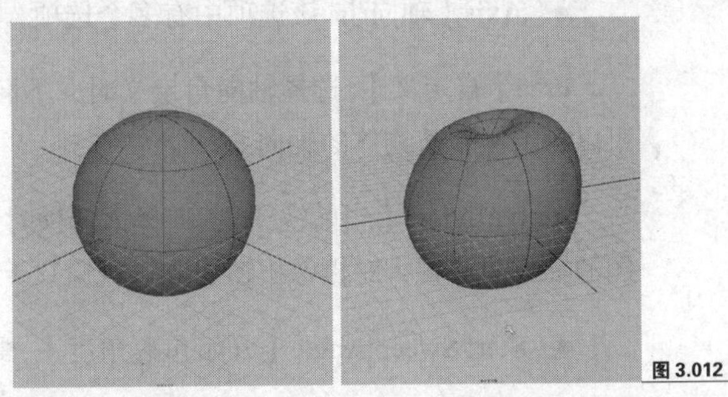

图 3.012

● 编辑控制点。

通过对 NURBS 控制点的编辑，可以使简单的几何体变成较复杂的形状。在进行生物体建模的时候，经常使用这样的方式，如图 3.13 所示。

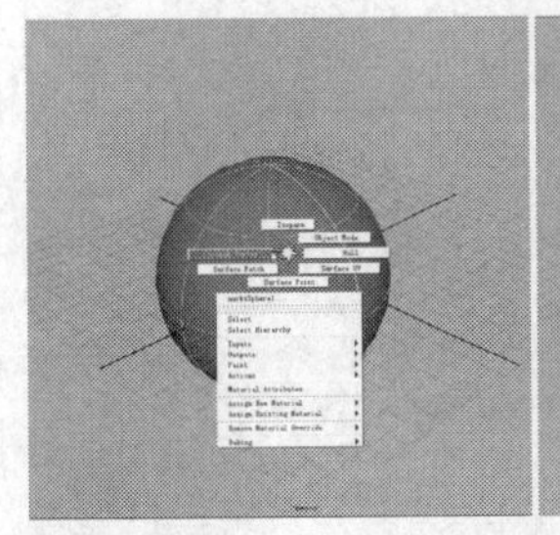
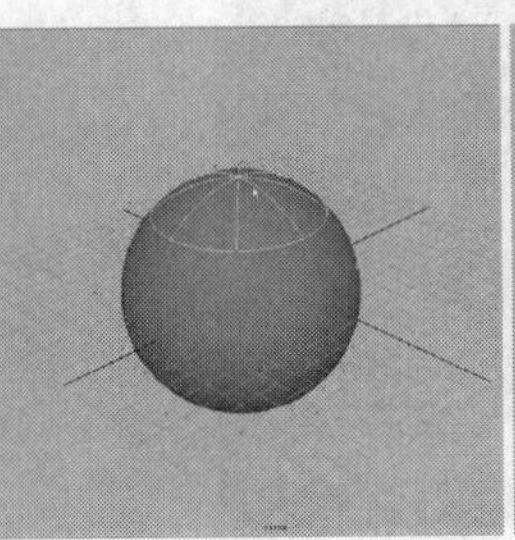
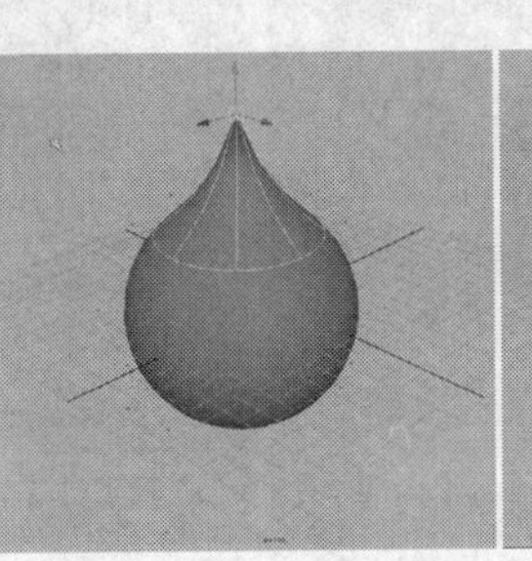
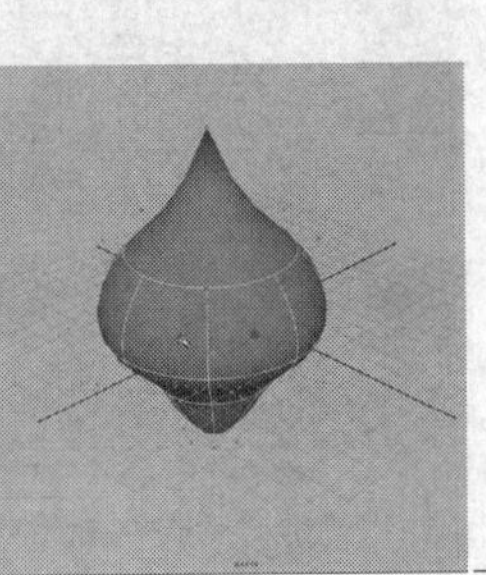

图 3.013

3.2.1 Sphere【球体】

球体是创建复杂模型的基础，其中有一些基本参数需要学习。单击 Sphere【球体】命令右侧的❐按钮，即可打开如图 3.014 所示的参数设置窗口。

图 3.014

- Pivot【枢轴点】：设置创建模型时的原点位置，下面有两个选项，即物体与自定义原点。

Object【物体】：基本几何体被创建在原点处，基本几何体的旋转枢轴点和缩放枢轴点也位于原点处。

User Defined【自定义】：当将 Pivot【枢轴点】设置为 User Defined【自定义】时，下面灰化的 Pivot Point【枢轴点数据】被激活。在这里我们可以在 *x*、*y*、*z* 轴中自由地输入数值，创建的基本几何体会以自定义的点为中心。

- Axis【轴向】：该选项中有多个选项，默认选择 *y* 轴。

Free【自定义】：选择轴向自定义时，下面灰化的 Axis Delinition 选项被激活，键入新值可以自定义新建物体的轴向。

Active View【当前视图】：选择该选项时，新创建的基本几何体模型以垂直当前正交视图的轴方向放置，对摄像机窗口和透视窗口无效。

- Start Sweep Angle【开始包裹角度】：默认为 0，最大值为 360，最小值为–360。
- End Sweep Angle【结束包裹角度】：默认为 360，最大值为 360，最小值为–360。

通过设置这两个参数可以创建出局部的球面，如图 3.015 所示。

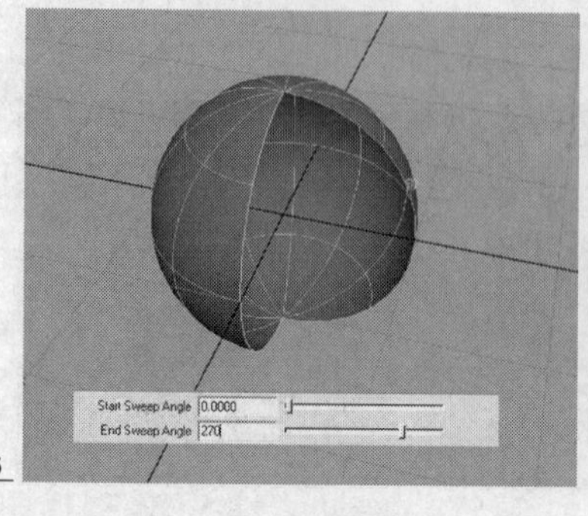

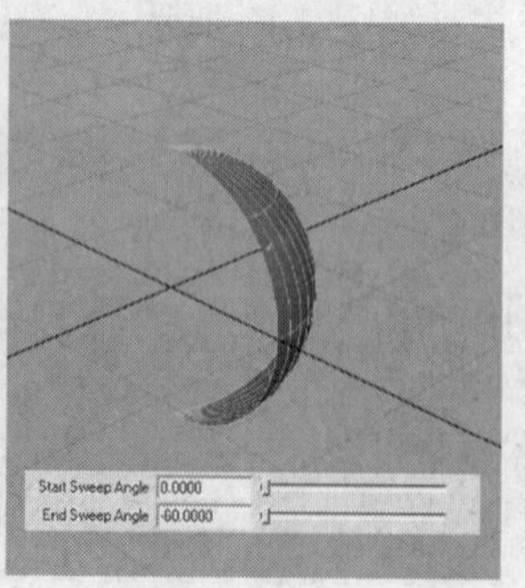

图 3.015

- Radius【半径】：球的半径。默认为 1，其最大值为 1 000，最小值为–1 000。
- Surface Degree【曲面度数】：可以控制球的平滑程度。Linear 为 1°，产生不光滑的曲面，Cubic 为 3°，产生光滑的曲面，如图 3.016 所示。

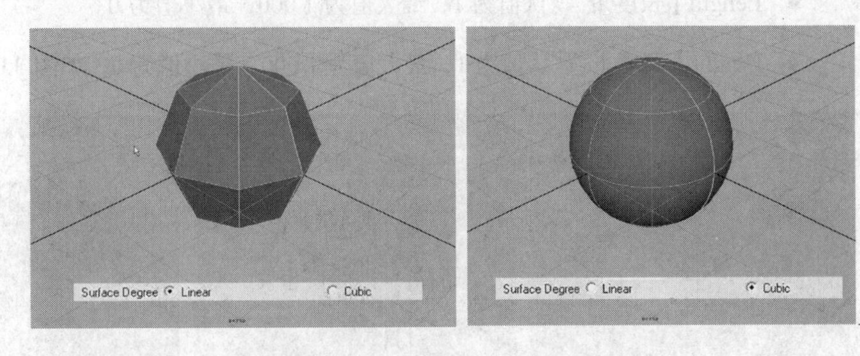

图 3.016

- Use Tolerance【使用公差】：使用这个选项是我们调节模型曲面精度的另一个方法，默认选项为 None【关闭】，会忽略公差，用指定模型的细分数目和段的数目创建模型。
- Number of Spans【U 向分段数】：设置球体水平方向的，片段划分数，默认值为 4，最大值为 200，最小值为 2，如图 3.017 所示。

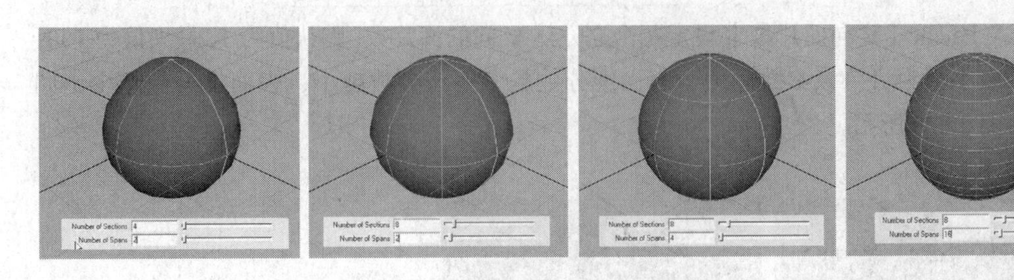
图 3.017

3.2.2 Cube【立方体】

选择 Create>NURBS Primitives>Cube【创建>NURBS 基本几何体>立方体】命令，然后在视图中拖曳，可以得到 NURBS 立方体。立方体实际上是由 6 个四边形组合而成的，我们可以在视图中直接点选面或者在 Outliner【视图大纲】中进行选择，如图 3.018 所示。

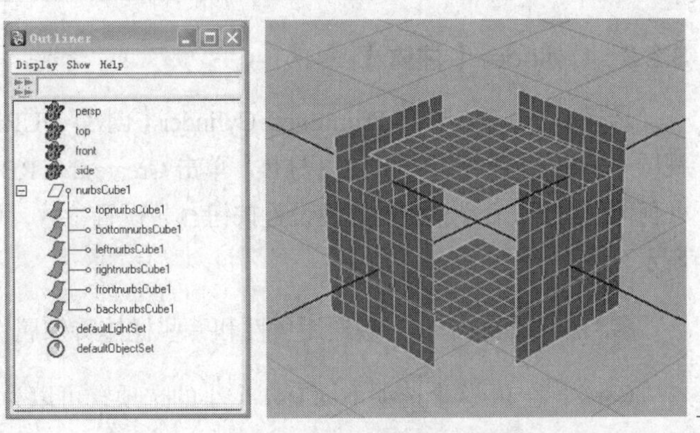

图 3.018

- Surface Degree【曲面度数】：设定表面度数，可以控制曲面的平滑度。表面度分为 Linear【1°】、2°、Cubic【3°】、5° 和 7°。
- Width【宽度】：默认值为 1，最大值为 1 000，最小值为 0.0001。
- Length【长度】：默认值为 1，最大值为 1 000，最小值为 0。
- Height【高度】：默认值为 1，最大值为 1 000，最小值为 0，如图 3.019 所示。

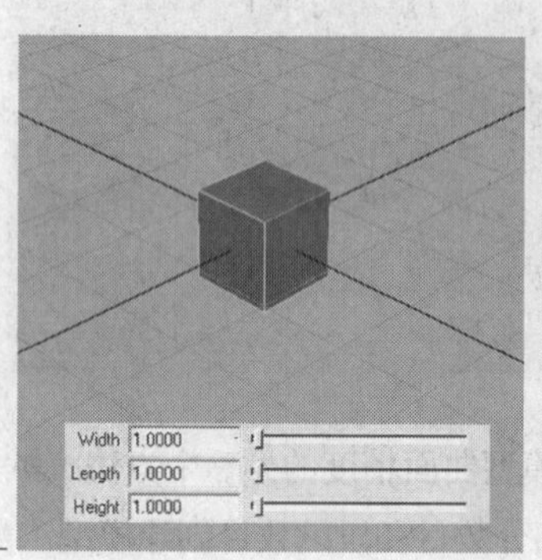

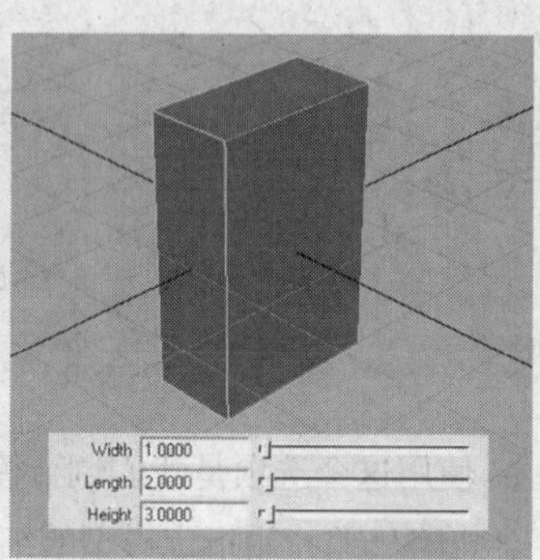

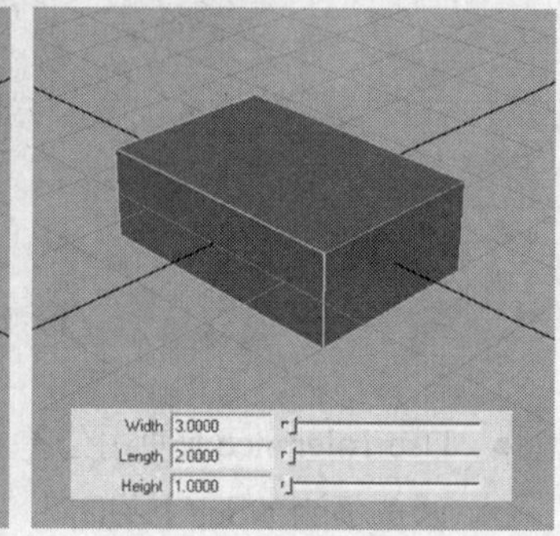

图 3.019

- U Patches【U 向面片数】：设定每个立方体 U 向的面片数，默认值为 1，最大值为 100，最小值为 1。该参数越大，表面细分数越多；该参数越小，表面细分数越少。
- V Patches【V 向面片数】：设定每个立方体 V 向的面片数，默认值为 1，最大值为 100，最小值为 1。该参数越大，表面细分数越多；该参数越小，表面细分数越少，如图 3.020 所示。

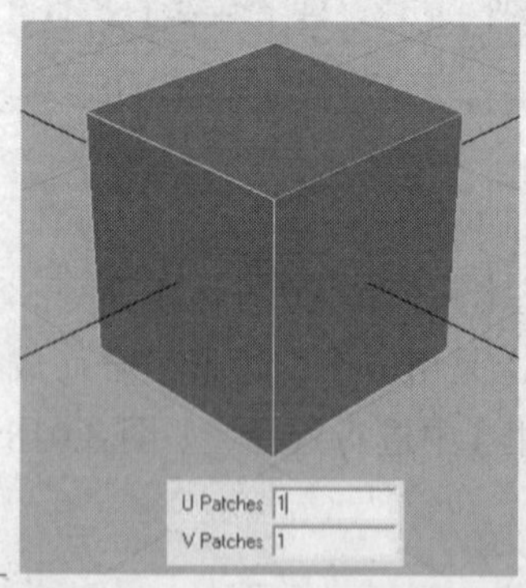

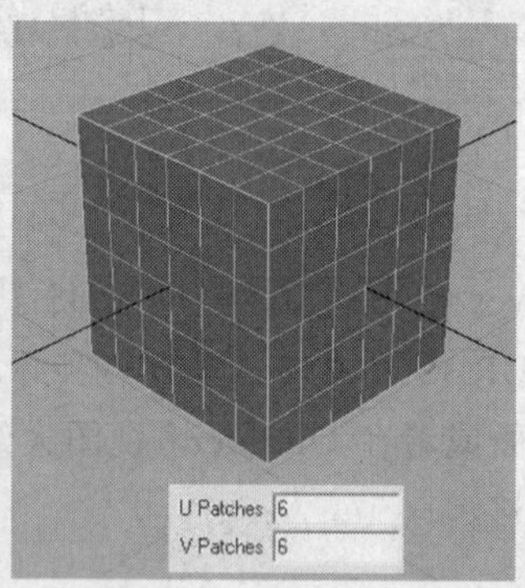

图 3.020

3.2.3 Cylinder【柱体】

选择 Create>NURBS Primitives>Cylinder【创建>NURBS 基本几何体>柱体】命令，然后在视图中拖曳，可以得到 NURBS 柱体。单击 Create>NURBS Primitives>Cylinder【创建>NURBS 几何体>框体】命令右侧的属性设置按钮❐，设置参数，可以得到 NURBS 框体，如图 3.021 所示。

参数设置面板中有一些通用属性和一些柱体特殊属性，比如 Cap，如图 3.022 所示。

Caps【盖】：这个选项下面有 4 个小的选项，可以为柱体添加不同类型的盖子。

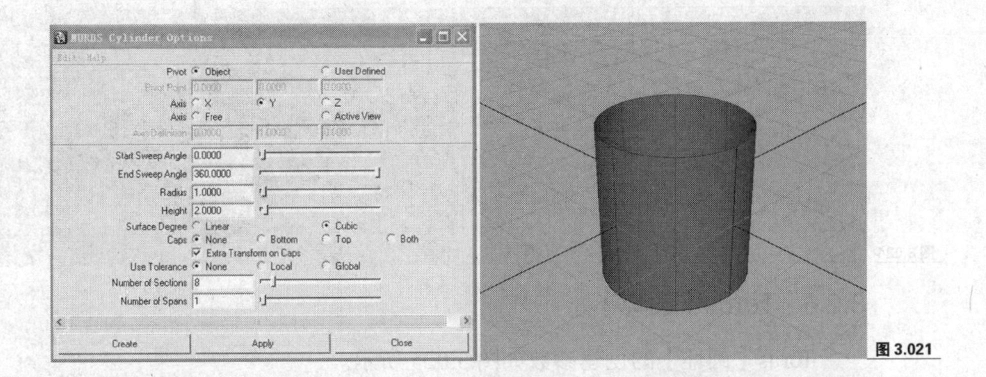

图 3.021

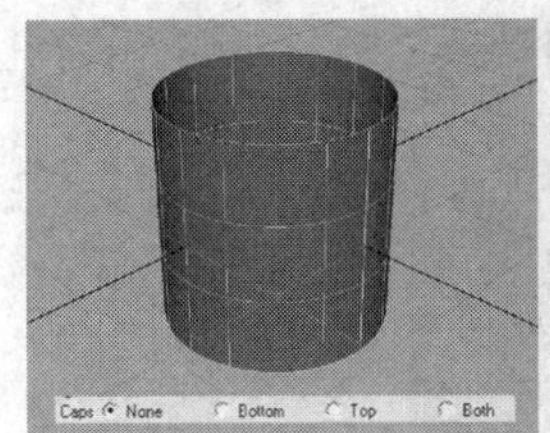

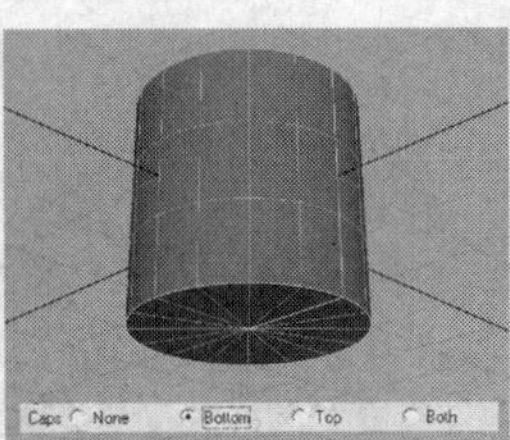

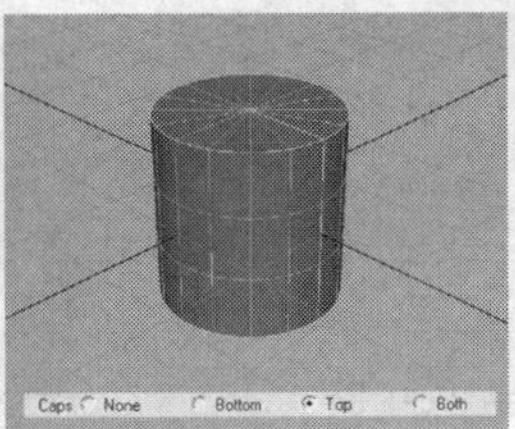

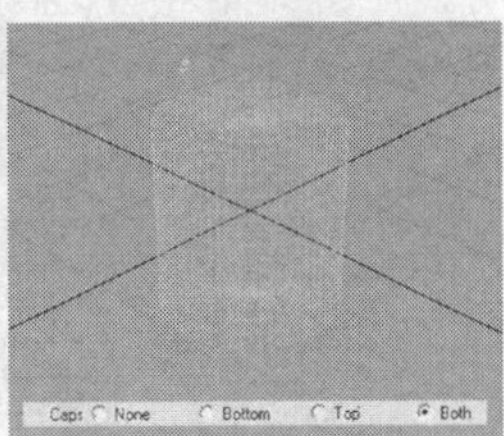

图 3.022

None【无】：新建的圆柱无盖。

Bottom【底部】：底部加盖。

Top【顶部】：顶部加盖。

Both【底部和顶部都有】：底部与顶部同时加盖。

Extra Transform on Caps【盖子附加变换】：若勾选此复选框，则添加的盖和圆柱不是一体，盖子可以脱离圆柱单独变换。默认关闭状态。

3.2.4 Cone【锥体】

Cone【锥体】的创建参数如图 3.023 所示，与 NURBS 柱体的参数基本一致，只有盖的类型和柱体略有不同，锥体只有底部的盖，没有顶部的盖。

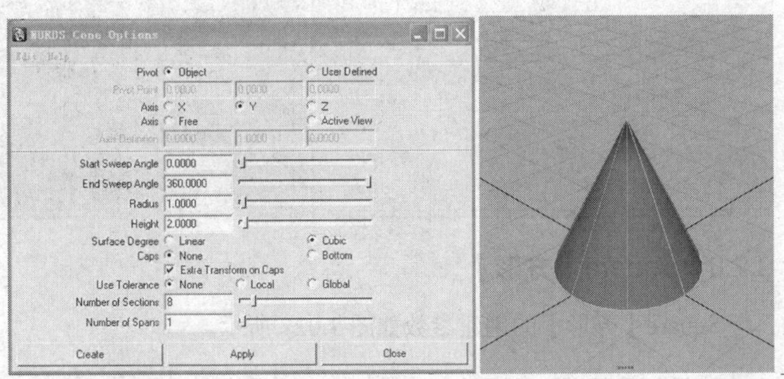

图 3.023

3.2.5 Plane【平面】

Plane【平面】的创建参数如图 3.024 所示。

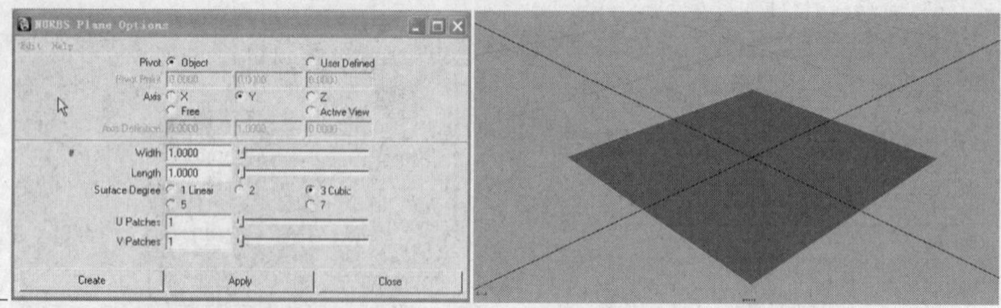

图 3.024

3.2.6 Torus【圆环】

Torus【圆环】的创建参数如图 3.025 所示。

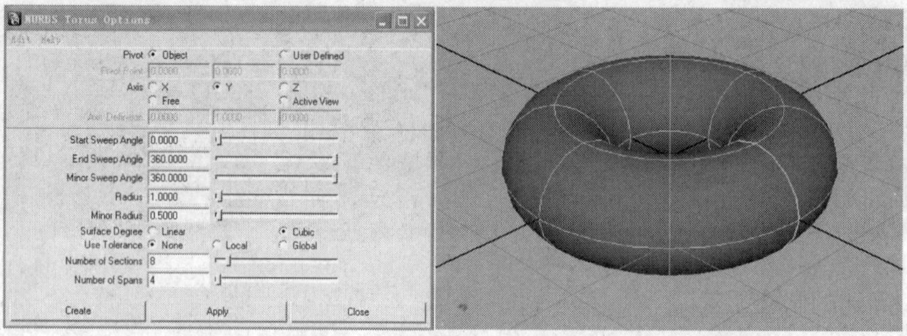

图 3.025

- Minor Sweep Angle【辅助包裹角】：设置截面圆周上的角度值。
- Radius【半径】：相对于辅助半径而言，它可以称为主半径，用来定义圆环的地面半径大小。
- Minor Radius【辅助半径】：设置截面圆形的半径大小，用来设置产生不同粗细的圆环。

3.2.7 Circle【环形】

Circle【环形】的创建参数如图 3.026 所示。使用这个方法产生的是标准的 NURBS 曲线。

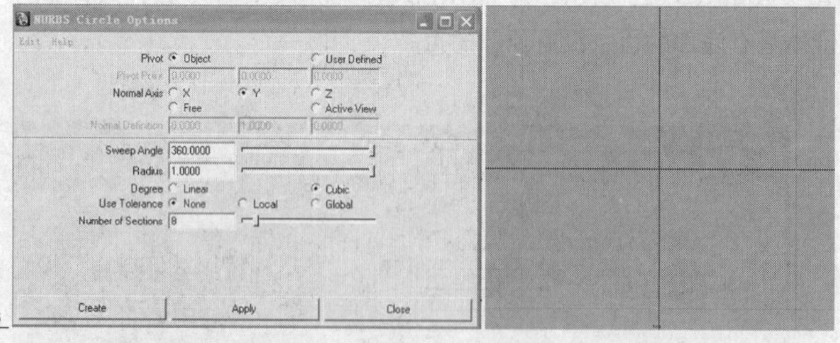

图 3.026

3.2.8 Square【方形】

Square【方形】的创建参数如图 3.027 所示。

这里创建的正方形是由 4 条 NURBS 线段拼合而成的，并非一个整体。要创建一个整体的正方形，可以执行 Create>NURBS Primitives>Circle【创建>基本几何体>环形】命令，在打开的参数设置窗口中设置 Degree【度数】为 Linear【线性】，Sections【分段数】为 4，然后再旋转 45°，即可得到一个由一条 NURBS 曲线组成的正方形。

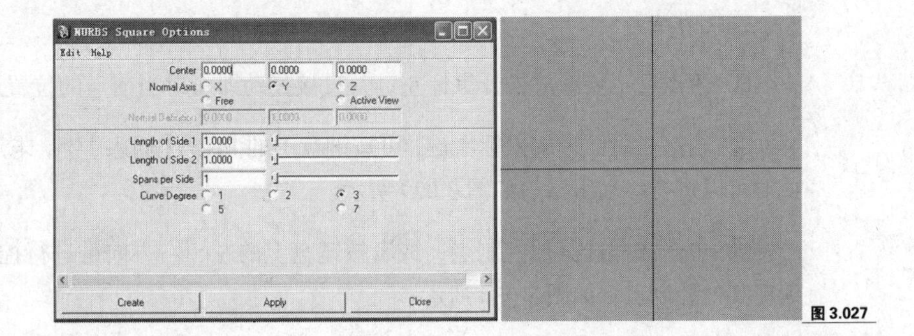

图 3.027

3.3 创建 NURBS 曲线

3.3.1 CV Curve Tool【控制点曲线工具】

1. 使用 CV 曲线工具绘制曲线

操作方法。

① 选择 Create>CV Curve Tool【创建>CV 曲线工具】命令。

② 选择要绘制曲线的视图，在视图中利用鼠标左键单击放置第 1 个点，这是曲线的起始点，以小方框显示。

③ 在视图中的适当位置单击放置第 2 个点，显示为 U，代表方向，并产生一条橘黄色的线，这是连接控制点的 Hull【壳线】。

④ 放置第 3 个点和第 4 个点，这时出现了白色的曲线。

⑤ 继续放置新的控制点，注意落点时不释放鼠标左键，可以拖动以进行位置的指定。

⑥ 如果最后一个 CV 点已经指定，而且已经释放鼠标左键，可以使用鼠标中键对点进行拖曳，以修改最后一个 CV 点的位置。

⑦ 绘制完成后按 Enter 键。

⑧ 如果要继续绘制新的曲线，可以直接按下热键 Y，如图 3.028 所示。

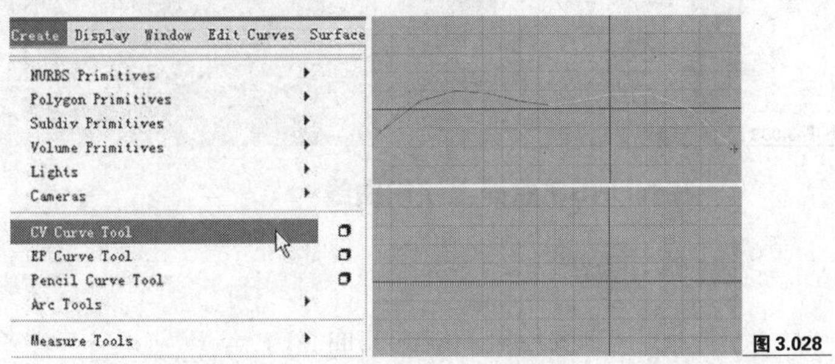

图 3.028

2. 在创建过程中编辑曲线

操作方法。

① 落点后不要释放松开鼠标左键，直接拖动即可对当前点的位置进行编辑。

② 若落点后已释放鼠标左键，可按键盘上的 Insert【插入】键，末点会显示出位移箭头，此时可以进行移动编辑，如图 3.029 所示。

③ 单击或框选其他控制点，或者按键盘上的左、右方向键进行控制点切换，即可可以编辑其他控制点，如图 3.030 所示。

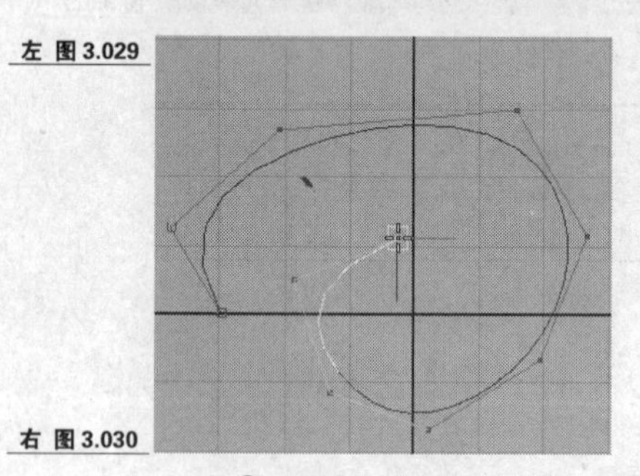

左 图3.029

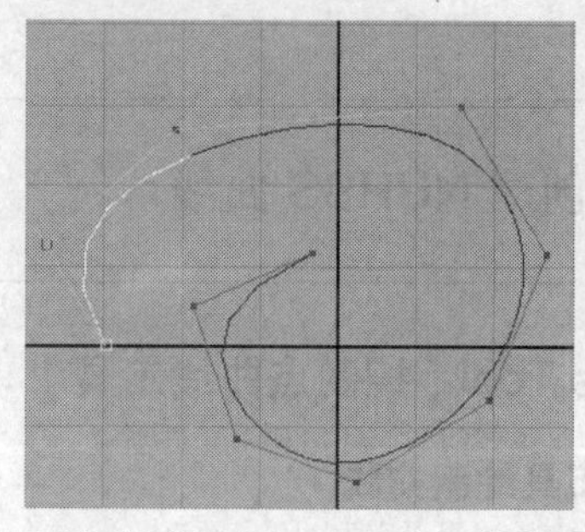

右 图3.030

④ 再次按键盘上的插入键，即可继续放置新的控制点，以进行曲线的绘制。

⑤ 若落点后已释放鼠标左键，直接单击并拖曳鼠标光标，也可以编辑末点。

⑥ 在任何情况下，按键盘上的 Backspace 或 Delete 键，都可以将当前选择的控制点删除。

3. 创建后编辑曲线

操作方法。

① 单击鼠标右键，通过弹出的快捷菜单中的命令进入 CV 点编辑模式，如图 3.031 所示。

② 选择单个或框选多个控制点，然后进行移动、缩放和旋转等操作，如图 3.032。

③ 选择多个控制点进行旋转或缩放时，可以按键盘上的 Insert【插入】键，修改它们的轴心点，再次按 Insert【插入】键即可返回。旋转或缩放将根据新的轴心点进行，如图 3.033 所示。

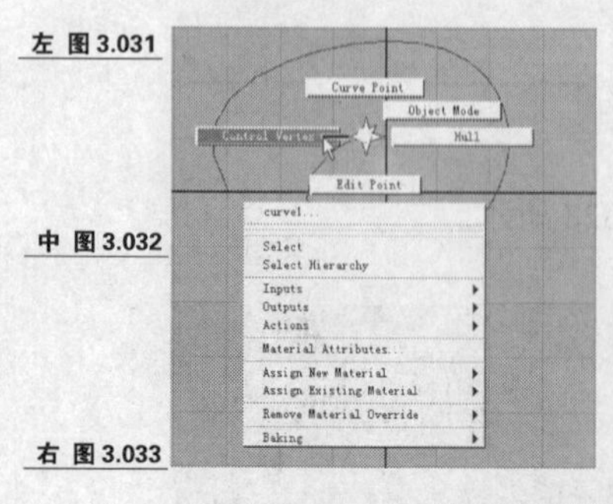

左 图3.031

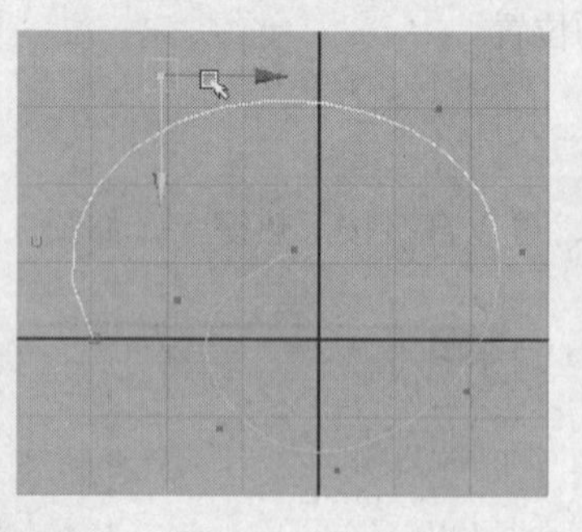

中 图3.032

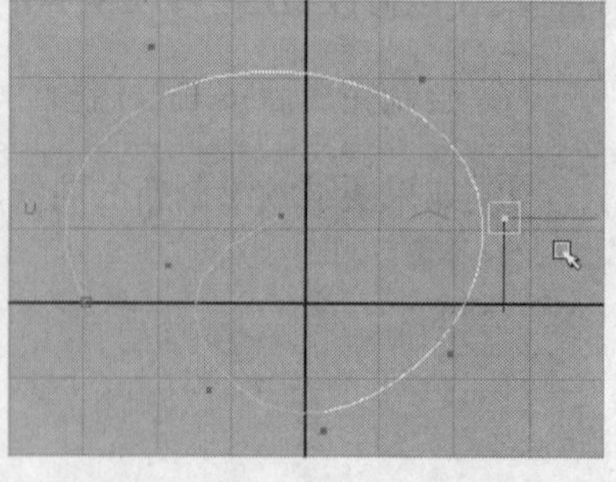

右 图3.033

4. 在 NURBS 曲面上绘制曲线

操作方法。

① 选择要绘制曲线的曲面。

② 单击激活按钮，此时曲面将以网格激活状态显示。

③ 使用 CV 曲线工具在曲面上绘画。

④ 按 Enter 键完成绘制，将曲线创建在曲面上，创建的曲线为曲面曲线，曲线不能单独存在。

⑤ 再次按激活按钮解除曲面的激活状态，如图 3.034 所示。

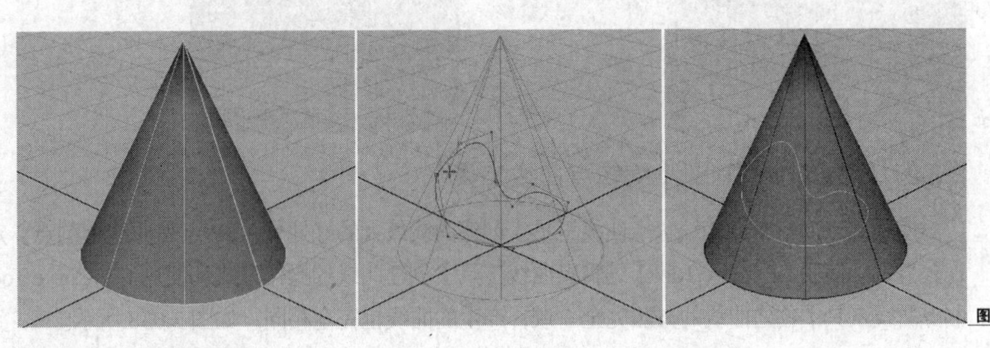

图 3.034

5. 在构造平面上绘制曲线

操作方法。

① 在任意位置创建 Construction Plane【构造平面】。

② 单击激活按钮激活构造平面。

③ 在构造平面上绘制曲线。

④ 按 Enter 键完成绘制。

⑤ 再次按激活按钮解除构造平面的激活状态，如图 3.035 所示。

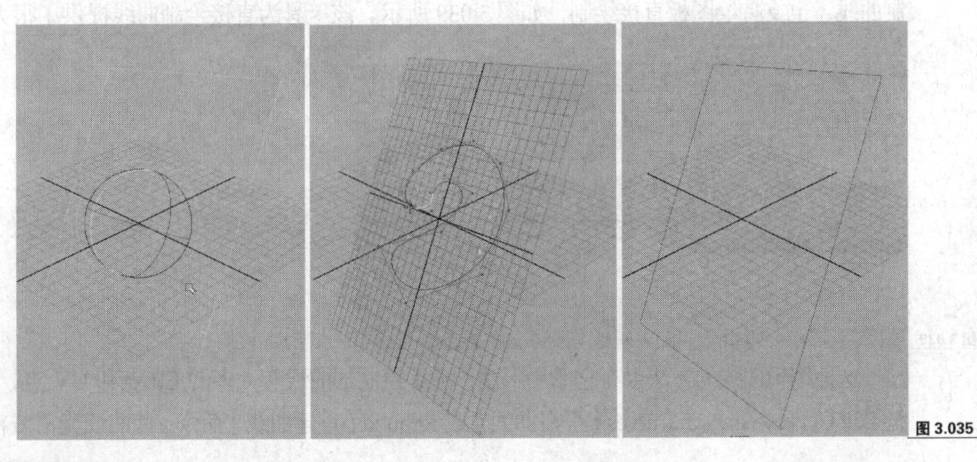

图 3.035

6. CV 曲线绘制技巧

我们知道，NURBS 的最大特点是能创建出光滑曲线。如果要绘制一条硬角曲线，那么有两种方法可以实现。

- 选择 1° 曲线可以直接绘制出硬角曲线，如图 3.036 所示。

- 选择 3° 曲线，在绘制的过程中，在曲线拐角处连续单击 3 次，使 3 个 CV 点在一处重合，这样即可得到硬角曲线，如图 3.037 所示。

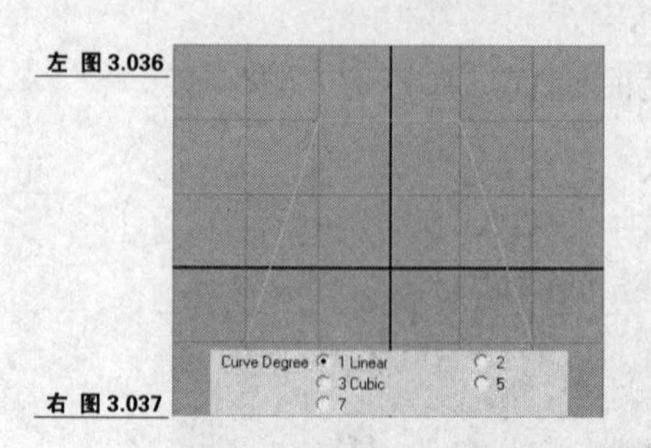

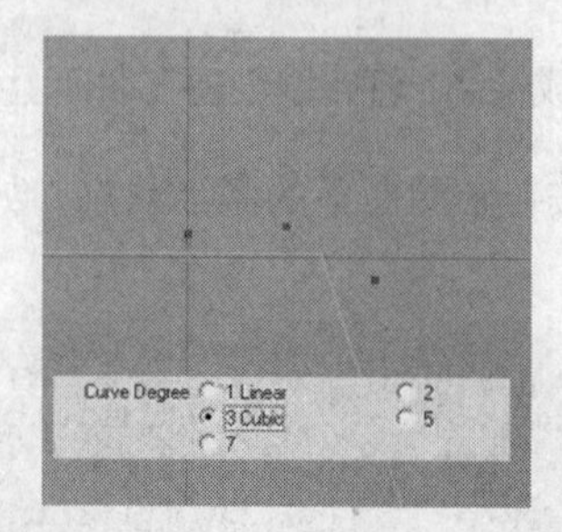

左 图 3.036

右 图 3.037

3.3.2 EP Curve Tool【编辑点曲线工具】

使用 EP Curve Tool【编辑点曲线工具】创建曲线最大的好处是，EP 点是曲线上的点，定位时比较直观。使用 EP Curve Tool【编辑点曲线工具】创建曲线的操作方式和使用 CV Curve Tool【控制点曲线工具】创建曲线的方法完全一致，产生的曲线也完全相同，如图 3.038 所示。

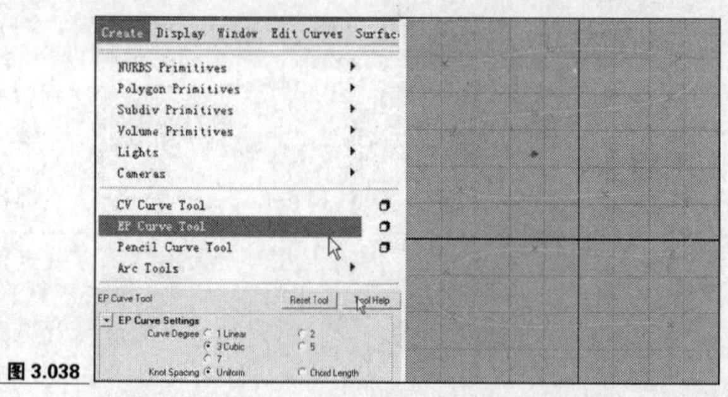

图 3.038

3.3.3 Pencil Curve Tool【铅笔曲线工具】

Pencil Curve Tool【铅笔曲线工具】的直观性更强，使用该工具可以直接在视图中通过鼠标绘制曲线，也支持绘图板直接绘制，如图 3.039 所示。该工具为直接绘制曲线提供了很大的便利。

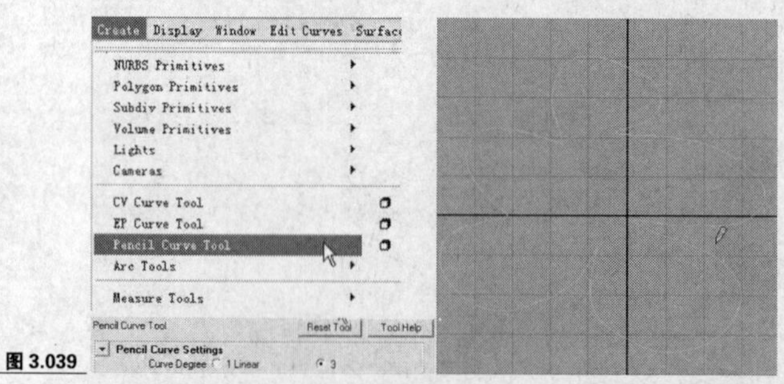

图 3.039

这种编辑曲线的方法也有它的局限性，随手绘制的曲线有太多的 EP 点和 CV 点，一般需要执行 Edit Curves>Smooth Curves【平滑曲线】或 Rebuild【重建曲线】命令，使曲线光滑或精减曲线点。

操作方法。

① 选择 Create>Pencil Curve Tool【创建>铅笔曲线工具】命令。

② 当鼠标指针变成一支小铅笔时，拖动即可画线。

③ 释放鼠标就可以结束画线。

3.3.4 Arc Tool【圆弧工具】

使用 Three Point Circular Arc【三点圆弧】工具和 Two Point Circular Arc【二点圆弧】工具（见图 3.040），可以在视图中创建 NURBS 圆弧曲线。

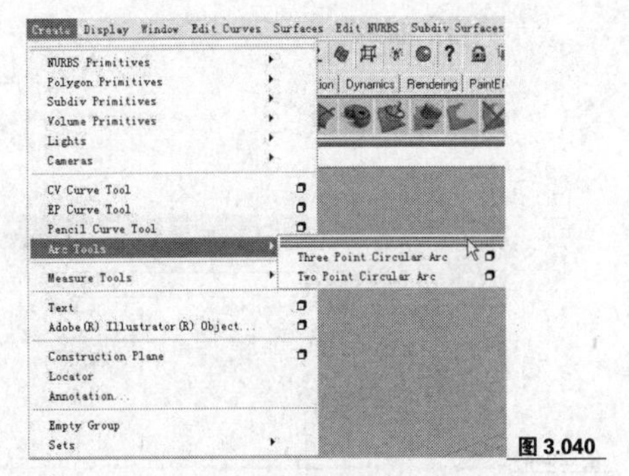

图 3.040

选择 Three Point Circular Arc【三点圆弧】工具，将初始点、圆弧半径和末端点按顺序放置即可创建圆弧，如图 3.041 所示。

选择 Two Point Circular Arc【二点圆弧】工具，放置初始点和末端点即可创建圆弧，如图 3.042 所示。

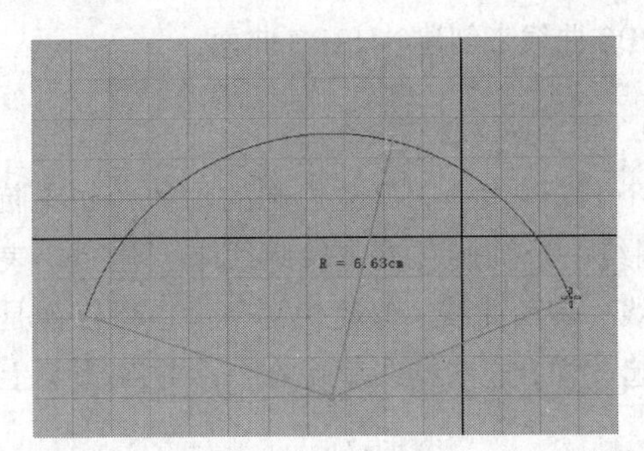

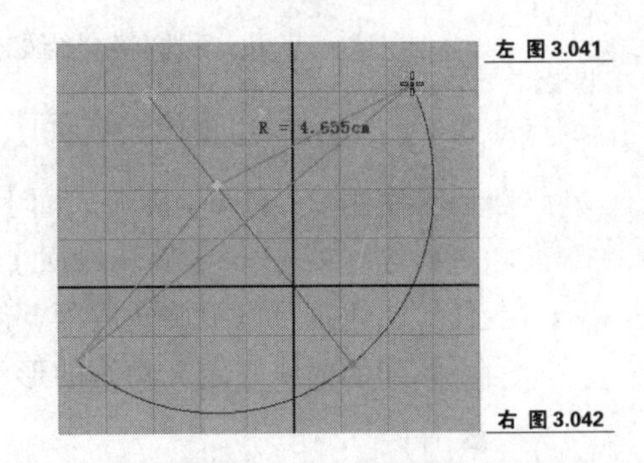

左 图 3.041

右 图 3.042

3.3.5 Text【文本工具】

使用 Text【文本】工具中可以产生 3 种类型的模型，即 NURBS 曲线、NURBS 曲面和多边形面，如图 3.043 所示。

图 3.043

操作方法。

① 单击 Create>Text 命令右侧的❐按钮，打开文本选项设置窗口。

② 在 Text【文本】文本框中输入文字，如 Maya。

③ 单击 Font【字体】右侧的下三角按钮，从弹出的下拉列表中选择 Select【选择】选项，

打开系统的文本选择器。

④ 设置字体、字形、大小，然后单击确定按钮。

⑤ 选择文本的 Type【类型】，然后单击 Apply【指定】按钮即可创建文本，如图 3.044 所示。

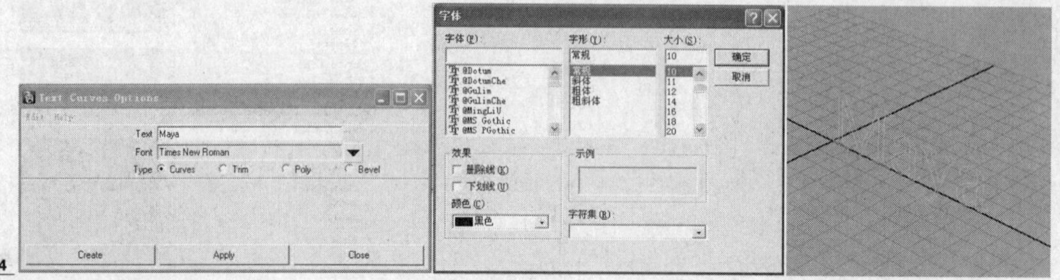

图 3.044

3.4 创建 NURBS 曲面

在这一节里，我们将介绍如何通过 NURBS 曲线来创建 NURBS 曲面。

3.4.1 Revolve【旋转成面】

使用 Revolve【旋转成面】命令，我们可以创建一些比较规则的物体，如花瓶和玻璃杯等。Revolve【旋转成面】是指通过围绕一个轴旋转一个轮廓线来创建一个表面，任何曲线都可以被旋转成面，包括自由曲线、表面曲线、修建边界等。也可以说是创建一系列的曲线来定义物体的形状，然后一起放样，这些曲线就像在一个框架上蒙上画布一样。

操作方法。

① 在 side 视图中使用 CV 曲线工具创建一条轮廓线。

② 对 NURBS 曲线进行调整，如图 3.045 所示。

③ 选择曲线，然后选择 Surfaces>Revolve【曲面>旋转成面】命令，创建旋转曲面，如图 3.046 所示。

选择 Revolve【旋转成面】命令后，打开的窗口中有很多参数可以设置，通过这些参数可以使相同的 NURBS 曲线旋转成不同的 NURBS 曲面。

参数设置。

Revolve【旋转成面】命令的参数设置窗口如图 3.047 所示。

Axis Preset【预置轴向】: 有 4 种不同方式可以设置旋转轴向，分别是 X、Y、Z 和 Free。X、Y、Z3 种方式是以 *x*、*y*、*z*3 个轴作为旋转轴，如图 3.048 所示。

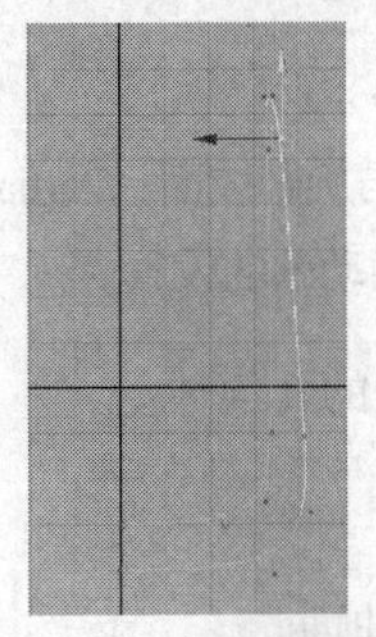

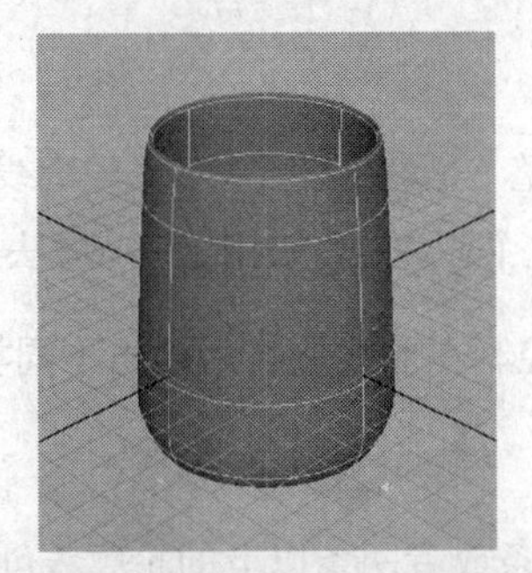

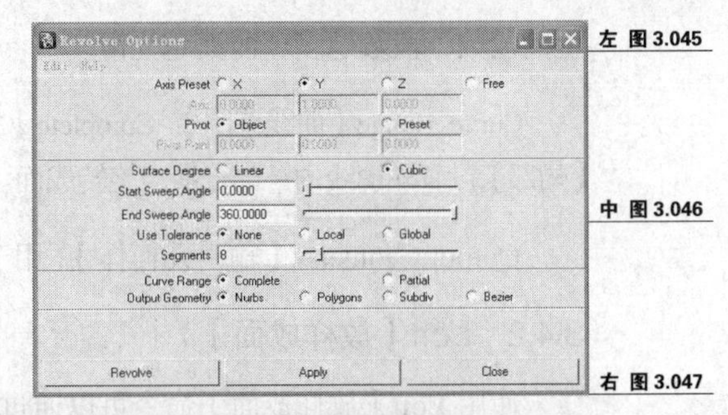

左 图 3.045

中 图 3.046

右 图 3.047

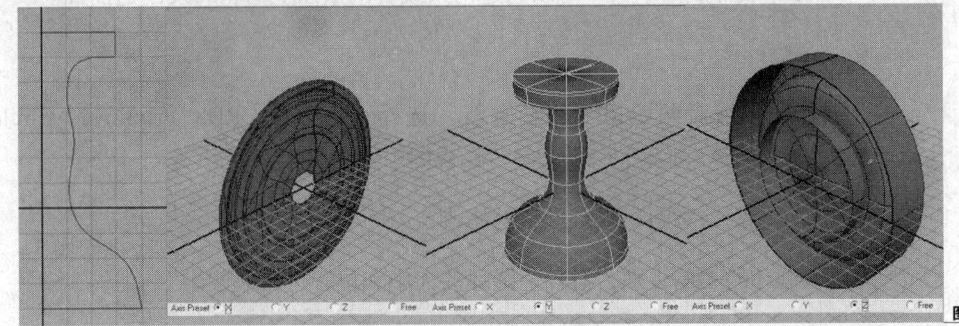

图 3.048

如果选择 Free【自由】, 那么 Axis【轴】的 X、Y、Z 文本框被激活，此时可以输入数字，正值是轴的正方向，负值是轴的负方向，如图 3.049 所示。

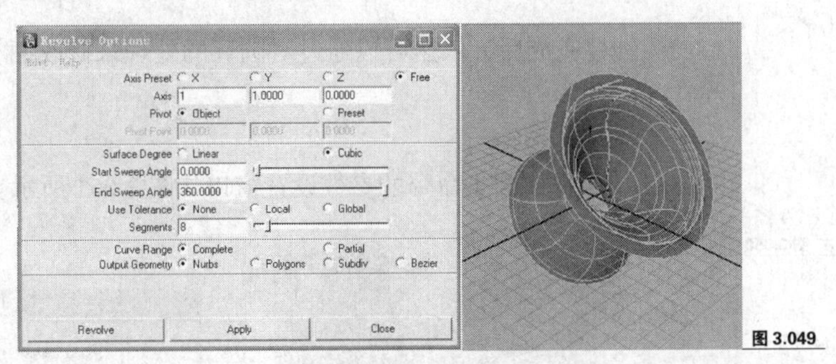

图 3.049

Pivot【枢轴点】: 有两种方式可以控制旋转轴心点的位置，分别为 Object【对象】方式和 Preset【预置】方式。

Object【对象】方式是默认设置，是以曲线自身的轴心位置进行旋转成面操作。

如果选择 Preset【预置】方式，那么下面的 Pivot Point【枢轴点】选项中自定义曲线旋转中心位置的文本框被激活，用户可以自由设置。

Surface Degree【曲面度数】: 该参数主要决定旋转面 V 方向的度数，这里有两种方式，即 Linear 和 Cubic。

Linear【1°】为不光滑的线性曲面。

Cubic【3°】为光滑的连续的曲面。

Start/End Sweep Angle【起始/结束包裹角度】: 设置旋转曲面的起始和结束角度，局部创建曲面。

Use Tolerance【使用公差】: 用于设置旋转的精度，Segments【段数】决定旋转面 V 方向上的段数，段数越多，曲面越光滑。

Curve Range【曲线范围】: Complete【完整】是默认设置，整条轮廓线参与旋转成面：Partial【局部】设置轮廓线的一部分参与旋转成面。这个参数经常被用于一些魔法类的动画的设置。

Output Geometry【输出几何体】: 用于控制在曲线旋转后输出不同类型的几何体。

3.4.2 Loft【放样成面】

使用 Loft【放样成面】命令可以通过两条或者两条以上的轮廓线创建曲面。

操作方法。

① 创建两条或者两条以上的轮廓线。选择 Create>NURBS Primitives>Circle【创建>NURBS 基本几何体>圆环】命令，然后在视图中创建多个圆环。

② 进入点级别，对圆环进行形状的修改。

③ 进入圆环的无题级别，对各个圆环的大小和位置进行修改。

④ 配合 Shift 键从上向下或者从下至上依次选择所有的圆环。

⑤ 选择 Surfaces>Loft【曲面>放样成面】命令，通过放样命令得到酒杯轮廓。

⑥ 创建完成后，依然可以通过对圆环的处理来修改酒杯模型的形状，如图 3.050 所示。

参数设置：

Loft【放样成面】命令的参数设置窗口如图 3.051 所示。

左 图 3.050

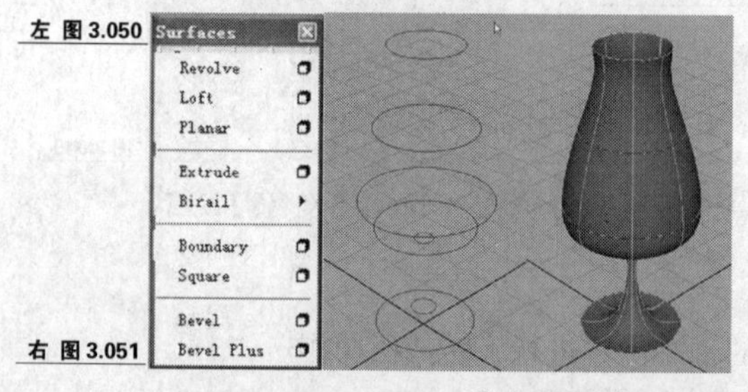

右 图 3.051

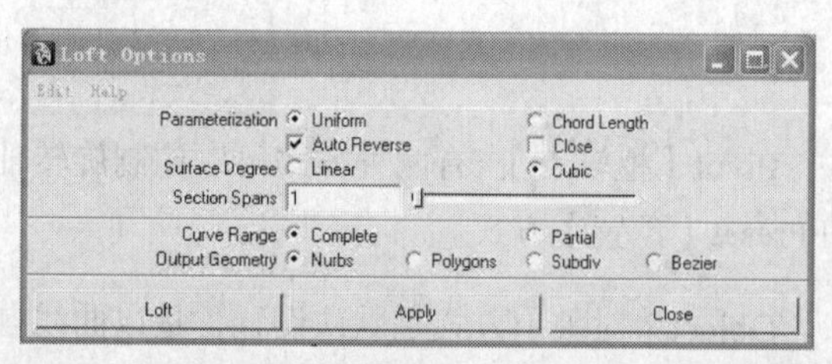

Parameterization【参数化】: 有两种方式可以改变放样曲面的 V 方向的参数值，分别为 Uniform【统一】和 Chord Length【弦长】。

如果选择 Uniform【统一】，那么生成的曲面在 U 方向上的参数值是等距离的。

如果选择 Chord Length【弦长】，那么生成的曲面在 V 方向上的参数值由轮廓线间的距离而定。

Auto Reverse【自动反转】: 在曲线的方向不同时放样，会产生曲面扭曲的现象。如果放样前勾选此复选框，生成的曲面可以自动将方向不一致的曲线，通过反转曲线方向使其方向一致，如图 3.052 所示。

Close【闭合】: 在勾选此复选框后执行放样成面命令时，生成的曲面会在起始选择的轮廓线和结束选择的轮廓线之间的 V 方向上产生闭合，如图 3.053 所示。

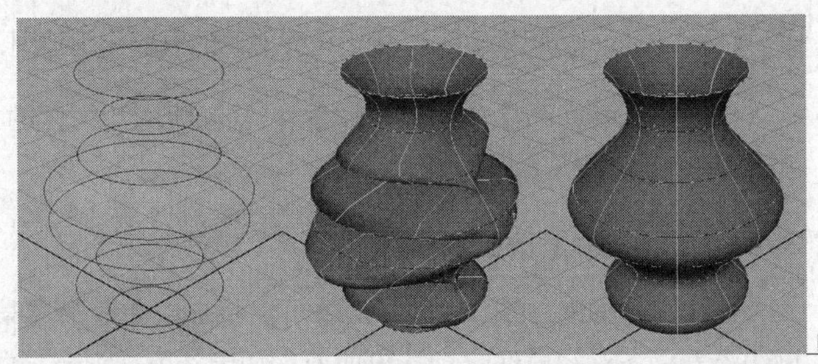

图 3.052

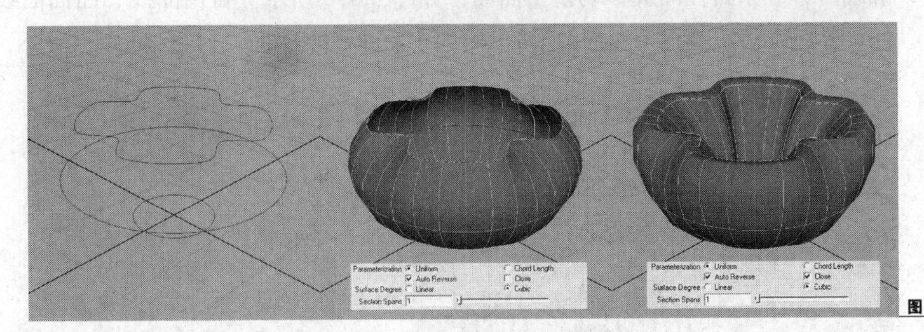

图 3.053

Surface Degree【曲面度数】：用于设置产生的曲面的度数。

Section Spans【截面段数】：设置相邻放样曲线之间所形成的曲面片段数。默认值为 1。

Curve Range【曲线范围】：设置放样曲线的有效作用范围。

Output Geometry【输出几何体】：设置创建的几何体的类型，包括 Nurbs、Polygons【多边形】、Subdiv【细分曲面】及 Bezier【贝塞尔曲面】4 种。

3.4.3 Planar【平面】

通过一条或者多条曲线可以创建剪切平面。在使用 Planar【平面】命令的时候对曲线有一定要求，即曲线必须是封闭路径，而且路径必须是在同一平面内，如图 3.054 所示。

操作方法：

① 选择在同一平面中的封闭曲线路径，可以是一条或者多条，或者是同一平面的等参线。

② 执行 Surfaces>Planar【曲面>平面】命令，创建平面。

参数设置：

Planar【平面】命令的参数设置窗口如图 3.055 所示。

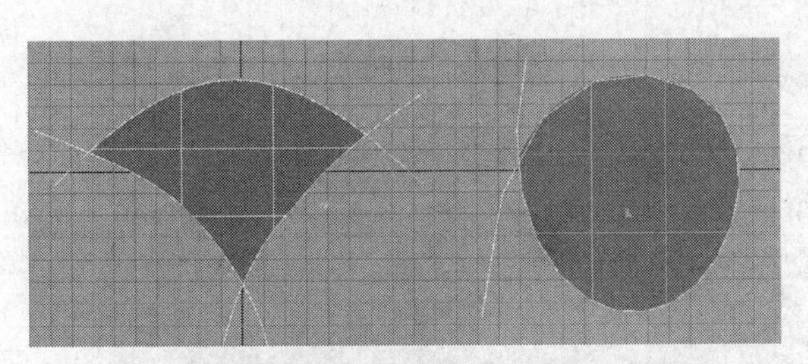

左 图 3.054

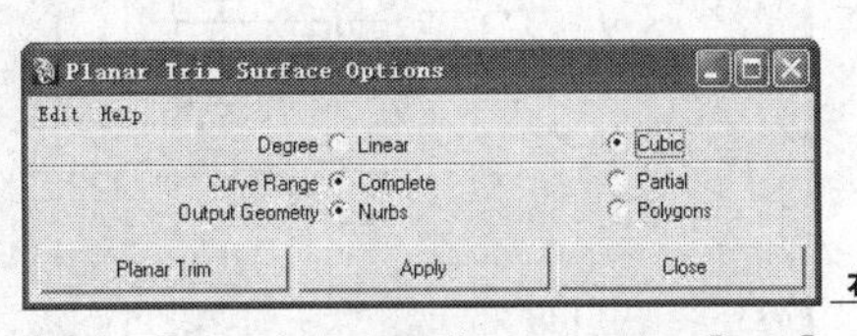

右 图 3.055

Degree【度数】：设置模型的度数，有两种方式，Linear【1°】为不光滑的曲面，Cubic【3°】为光滑的曲面。

Curve Range【曲线范围】：用于设置曲线的有效作用范围，Complete【完整】是默认设置。

Output Geometry【输出几何体】：设置创建的几何体的类型，有两种输出类型，即 Nurbs 和 Polygons。

3.4.4 Extrude【挤出曲面】

使用 Extrude【挤出曲面】命令可以将一条曲线沿着某一个方向挤出曲面或者将一条轮廓线沿着一条路径曲线移动挤出曲面，如图 3.056 所示。自由曲线、曲面曲线、等参线和剪切边界线都可以使用 Extrude【挤出曲面】命令产生曲面。

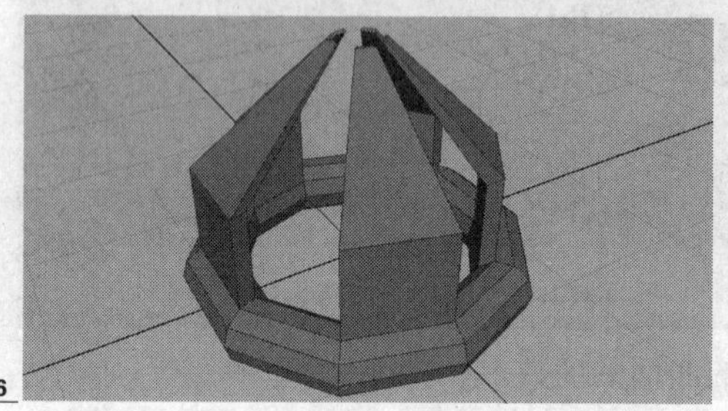

图 3.056

Extrude【挤出曲面】有两种挤出的方法，一种为单方向挤出曲面，另一种为沿着预设路径自由挤出曲面。

1. Distance【单方向】挤出曲面

操作方法。

① 执行 Create>NURBS Primitive>Circle【创建>NURBS 基本几何体>圆形】命令，然后在场景中创建圆形。

② 选择圆形曲线。

③ 单击 Surfaces>Extrude 命令右侧的 ❐ 按钮，打开选项设置窗口。

④ 在窗口中设置 Style【类型】为 Distance【距离】方式。

⑤ 在 Extrude Length【挤出长度】文本框中设置挤出长度。

⑥ 在 Direction Vector 中设置挤出的方向。

⑦ 单击 Extrude【挤出】按钮挤出曲面，如图 3.057 所示。

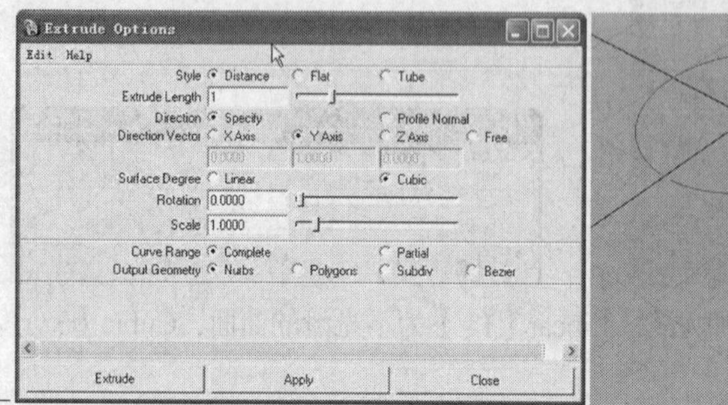

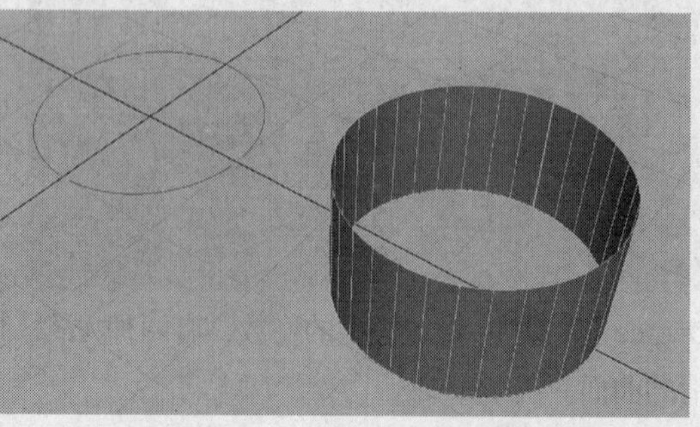

图 3.057

2. Flat【平坦】或 Tube【管状】方式挤出曲面

操作方法。

① 执行 Create>NURBS Primitive>Circle【创建>NURBS 基本几何体>圆形】命令，然后在场景中创建圆形作为轮廓曲线。

② 使用 CV 曲线工具在前视图的原点位置向上绘制曲线作为挤出路径。

③ 选择要作为轮廓的曲线环，按住 Shift 键选择作为路径的曲线。

④ 打开 Surfaces>Extrude【曲面>挤出曲面】命令的参数设置窗口。设置挤出类型为 Flat【平坦】或 Tube【管状】，最后挤出曲面，参数设置及最终效果如图 3.058 所示。

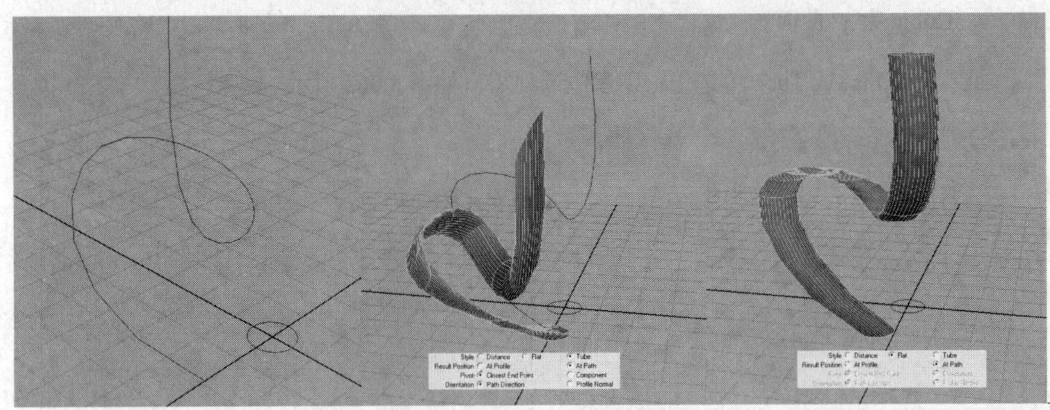

图 3.058

参数设置。

Extrude【挤出曲面】命令的参数设置窗口如图 3.059 所示。

Style【类型】：提供了 3 种挤出类型，分别为 Distance【距离】、Flat【平坦】和 Tube【管状】，如图 3.060 所示。

Extrude Options
Edit Help
Style ○ Distance ○ Flat ● Tube
Result Position ● At Profile ○ At Path
Pivot ● Closest End Point ○ Component
Orientation ○ Path Direction ● Profile Normal
Rotation 0.0000
Scale 1.0000
Curve Range ● Complete ○ Partial
Output Geometry ● Nurbs ○ Polygons ○ Subdiv ○ Bezier
Extrude Apply Close

左 图 3.059

Style ○ Distance ○ Flat ● Tube

右 图 3.060

- Distance【距离】方式是指轮廓曲线沿指定的方向挤出曲面，这种挤出方式只需要一条轮廓曲线就可以进行挤出。
- Flat【平坦】方式是指轮廓曲线沿路经曲线平行移动挤出曲面，曲面不会根据路经的弯转变化而变化。
- Tube【管状】方式是指轮廓曲线沿路经移动的同时进行旋转，以保证与路经曲线的方向相切。

如果选中 Distance 单选钮，则参数选项窗口如图 3.061 所示。

Extend Length【挤出长度】：选择距离类型后可以修改此项，用于设置挤出曲面的长度。

Direction【方向】：选择距离类型后可以修改此项，有以下两种类型可供选择。

- Profile Normal【轮廓法线】：根据轮廓曲线的法线方向挤出曲面，如果轮廓曲线不是共平面的，则将使用平均法线。
- Specify【指定方向】：自定义挤出曲面的方向。

Surface Degree【曲面度数】：设置挤出曲面的度数，有以下两种方式。

- Linear 为 1° 曲面。
- Cubic 为 3° 曲面。

如果选中 Flat 或 Tube 单选钮，则参数选项窗口如图 3.062 所示。

左 图 3.061

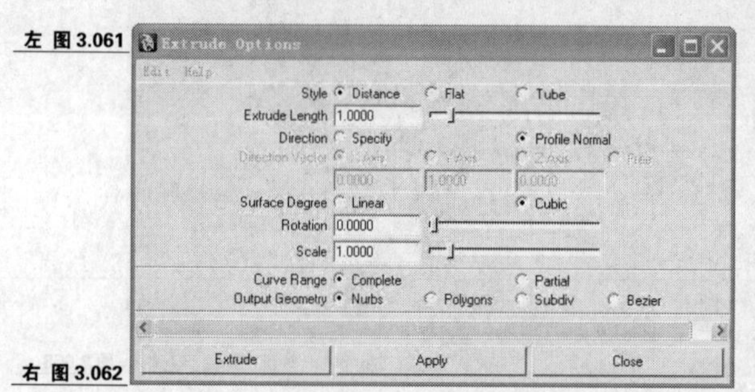

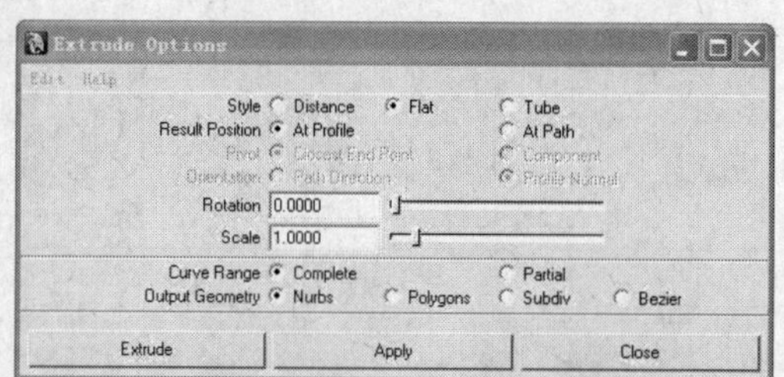

右 图 3.062

Result Position【最终位置】：决定曲面挤出的位置，有两种方式，即 At Profile【轮廓】和 At Path【路经】。

- At Profile【轮廓】：在轮廓曲线的位置挤出曲面。
- At Path【路经】：在路经曲线的位置挤出曲面。

Pivot【枢轴点】：在选中 Tube（管状）单选钮时可以使用此项，可以根据曲线的枢轴点选择不同的方式，挤出不同的曲面效果。有以下两种类型。

- Closest End Point【最近的末点】：用路径上最靠近轮廓曲线边界盒中心的端点作为枢轴点。
- Component【元素】：使用每条轮廓曲线各自的枢轴点进行挤压。

Orientation【方向】：用于设置挤出曲面的方向，选中管状单选钮时可以使用此项，有以下两种类型。

- Path Direction【路径方向】：沿路径曲线方向挤出曲面。
- Profile Normal【轮廓法线】：沿轮廓曲线的法线方向挤出曲面。

Rotation【旋转】：在轮廓曲线挤出曲面时，设置此项可以产生自身旋转效果。

Scale【放缩】：在轮廓曲线挤出曲面时，设置此项可以产生自身缩放效果。

Curve Range【曲线范围】: 用于设置轮廓线和路径线的有效作用范围。

- Complete【完整】: 将使用曲线的所有范围挤出曲面。
- Partial【局部】: 若选中此单选钮，可以在曲面通道标签下的 SubCurve 节点属性中控制轮廓线和路径的作用范围。

Output Geometry【输出几何体】: 设置创建不同类型的几何体。

3.4.5 Birail【围栏】

使用单轨围栏工具时需要有一条轮廓曲线和两条路径曲线，轮廓曲线的首尾两端必须分别与两条路径曲线相交。

选择 Surface>Birail Tools【曲面>围栏工具】命令，可以使用两条轨道曲线以及一条或多条轮廓曲线创建一个表面。菜单中的数目是可以沿轨道曲线使用的轮廓曲线的数目，Birail 1 是指使用一条轮廓曲线，Birail 2 是指使用两条轮廓曲线，Birail 3+是指使用 3 条或多条轮廓曲线。

1. 使用 Birail 1 Tool【单轨围栏工具】

操作方法。

① 使用 CV 曲线或 EP 曲线工具在场景中绘制出两条路径曲线，如图 3.063 所示。

② 使用 CV 曲线或 EP 曲线工具绘制轮廓曲线。绘制的时候可以使用快捷 C 或者捕捉曲线按钮，将轮廓曲线的首尾分别锁定在两条路径曲线上，如图 3.064 所示。

③ 在没有选择任何曲线的情况下，选择 Surfaces>Birail>Birail 1 Tool【曲面>围栏>单轨围栏】命令，鼠标指针变为指示箭头。

④ 按照帮助栏的提示，先单击作为轮廓线的曲线，然后单击两条路径曲线（见图 3.065），这样即可自动获得曲面，如图 3.066 所示。

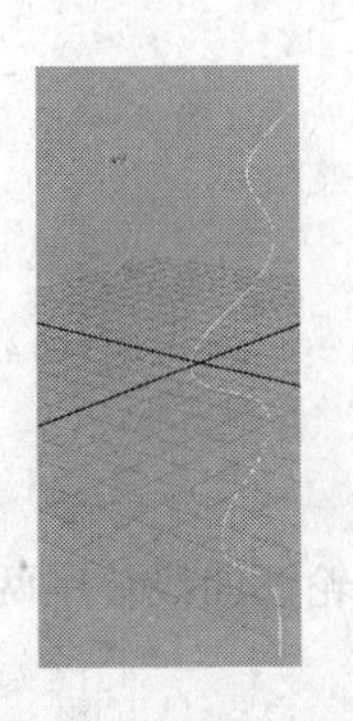

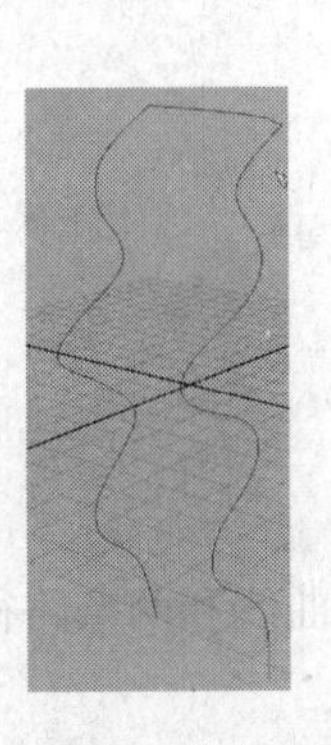

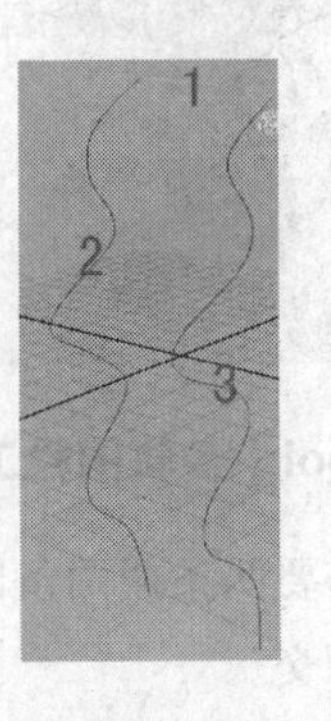

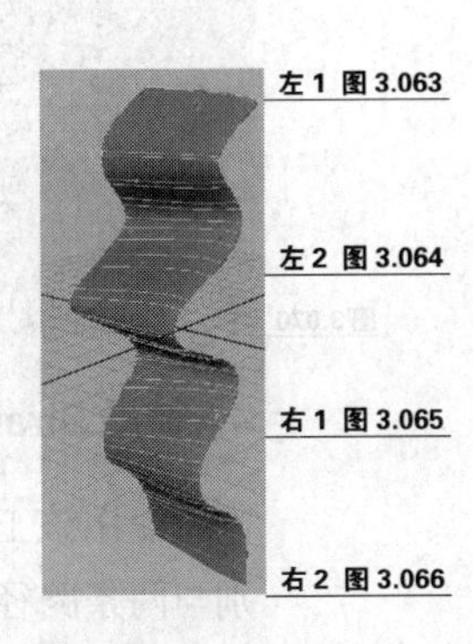

左 1 图 3.063

左 2 图 3.064

右 1 图 3.065

右 2 图 3.066

观察发现，自动生成的曲面段数分布不均匀，反过来检查曲面和生成曲面的 3 条曲线的参数，如图 3.067 所示。

通过观察我们发现，在绘制 3 条曲线时，CV 点的数量不一致，因此曲线的段数不一致。在生产曲面的时候，便导致了曲面的结构线分布不均匀。

在没有删除历史记录的情况下，选择两条路径曲线，打开 Edit Curves>Rebuild Curve【编辑曲线>重建曲线】命令的选项设置窗口，设置曲线范围和段数，然后单击 Rebuild 按钮重建曲线，使两条曲线段数一致，如图 3.068 所示，最后的得到曲面如图 3.069 所示。

轮廓曲线的参数
第一条路径曲线的参数
第二条路径曲线的参数
曲面的参数

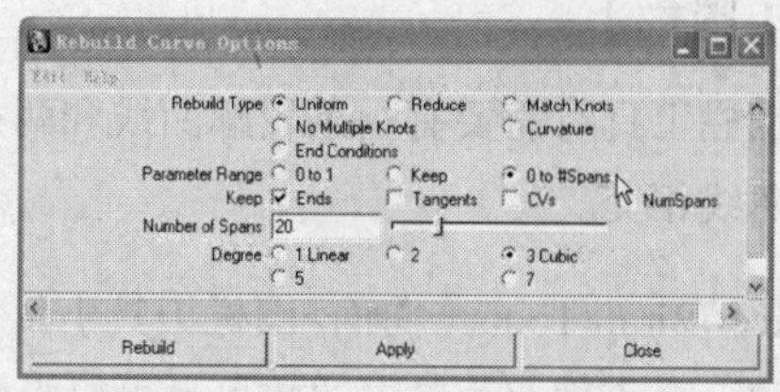

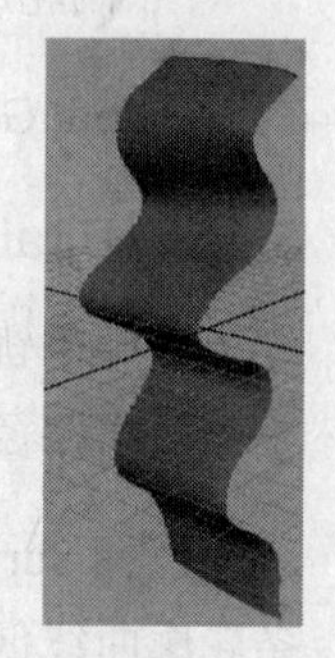

左 图3.067
中 图3.068
右 图3.069

2. 使用 Birail 2 Tool【双轨围栏工具】

需要两条轮廓曲线和两条路径曲线，两条轮廓曲线的首尾必须分别与两条路径曲线相交。

操作方法。

① 使用 CV 曲线工具或者 EP 曲线工具在场景中先绘制两条轮廓曲线，再绘制两条路径曲线。可以使用 Edit Curves>Rebuild Curve【编辑曲线>重建曲线】命令对曲线重建，从而得到段数一致的曲线。

② 在没有选择任何曲线的情况下，选择 Surfaces>Birail>Birail 2 tool【曲面>围栏>双轨围栏工具】命令，然后先分别选择两条轮廓曲线，再选择两条路径曲线，这时会自动创建曲面，如图 3.070 所示。

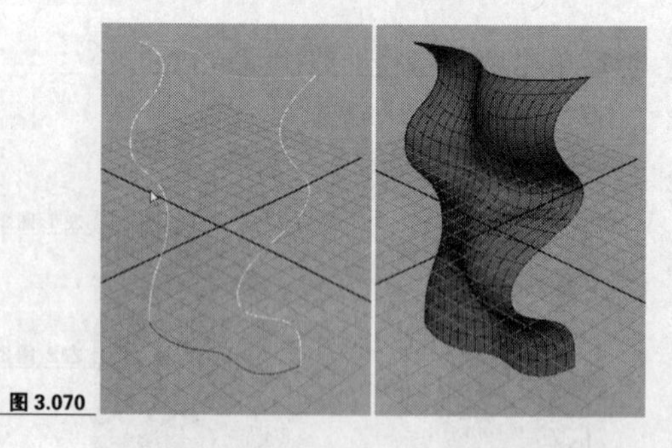

图 3.070

3. 使用 Birail 3+Tool【多轨围栏工具】

使用该工具时需要两条或两条以上轮廓曲线和两条路径曲线，轮廓曲线首尾两端必须分别与两条路径曲线相交。

操作方法。

① 使用 CV 曲线工具或者 EP 曲线工具绘制两条或两条以上轮廓曲线和两条路径曲线。

② 选择刚刚绘制的曲线，执行 Edit Curves>Rebuild Curve【编辑曲线>重建曲线】命令

对曲线重建，得到段数一致的曲线。

③ 在没有选择任何曲线的情况下，选择 Surfaces>Birail>Birail 3 + Tool【曲面>围栏>多轨围栏工具】命令，先依次选择所有的轮廓曲线，然后按 Enter 键，再选择两条路径曲线，这样便会自动创建曲面，如图 3.071 所示。

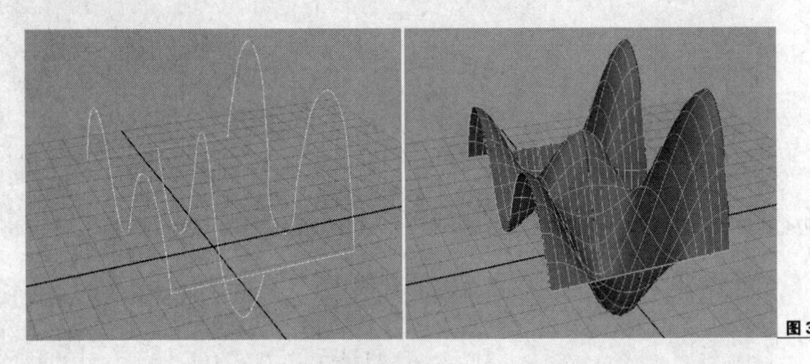

图 3.071

参数设置。

Birail【围栏】选项中 3 种围栏方式的参数设置窗口非常相似，Birail 2 Tool【双轨围栏工具】的参数比较多，因此我们用 Birail 2 Tool【双轨围栏工具】的参数窗口进行分析，如图 3.072 所示。

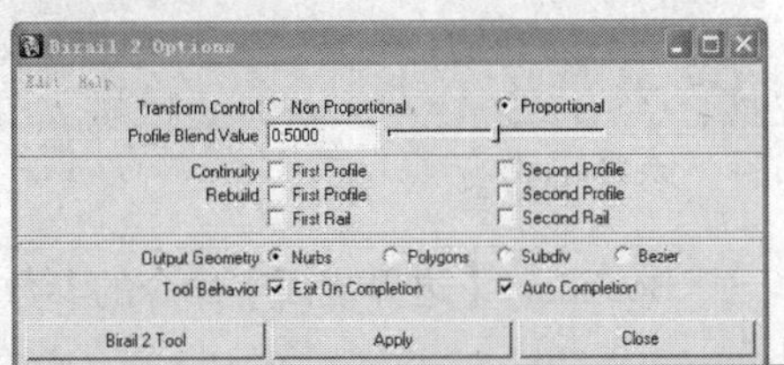

图 3.072

Transform Control【变换控制】：用于设置轮廓曲线扫描的方式，有 Non Proportional【不成比例】方式和 Proportional【成比例】方式两种，Proportional【成比例】方式是默认设置。

Profile Blend Value【轮廓融合值】：只有使用 Birail 2【双轨】工具时，此参数才有效，用于设置两条轮廓曲线对曲面的影响力。

Continuity【连续性】：该选项使曲面切线保持连续性。

Rebuild【重建】：在使用围栏工具创建曲面前可以对轮廓曲线和路径曲线进行重建。

Out Put Geometry【输入几何体】：设置创建的几何体的类型，包括 Nurbs、Polygons、Subdiv 和 Bezier。

Tool Behaviour【工具状态】：用于设置创建完曲面后停止对当前工具的使用，还是继续使用当前工具创建曲面。

3.4.6 Boundary【边界成面】

使用 Boundary【边界成面】命令可以通过 3 条或者 4 条边界曲线生成曲面。边界曲线不必相交在一起，可以是不闭合的路径曲线或是交叉曲线。边界曲线定义了表面的轮廓，路径曲线定义了交叉点，如图 3.073 所示。需要注意的是，选择曲线的顺序不同，产生的曲面不同，如图 3.074 所示。尽管在选取曲线时不需要特定的次序，但是我们推荐以对边的次序选取曲线。这就是说，选取的第 2 条曲线应该和第 1 条曲线是平行的。这样一来，可以控制哪一对曲线将被修改和定位，这样它们的终点将和第 2 个“曲线对”的终点相匹配。记住一点，选取的第 1 条曲线定义创建的表面的 U 方向。

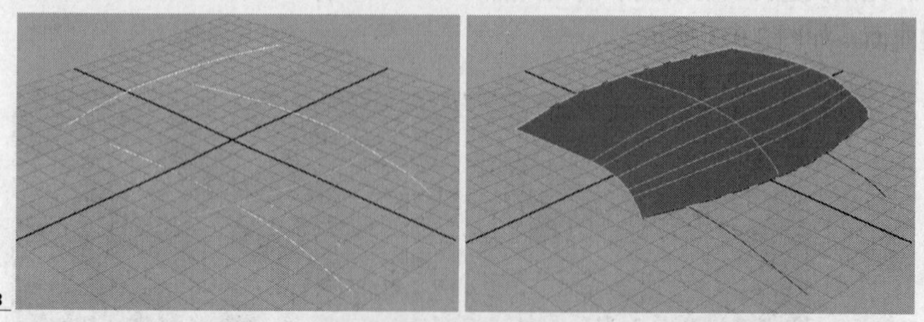

图 3.073

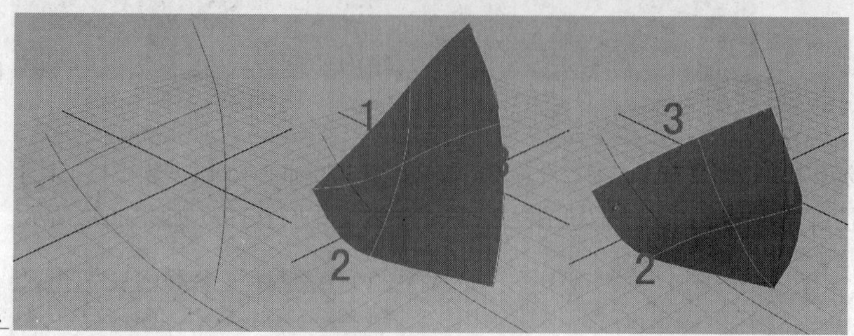

图 3.074

参数设置。

Boundary【边界成面】命令的参数设置窗口如图 3.075 所示。

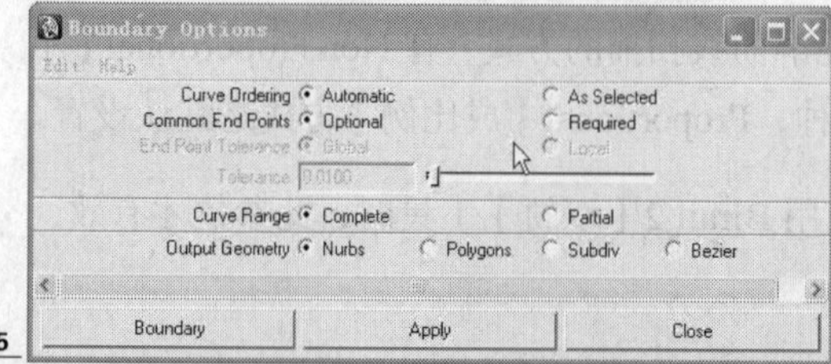

图 3.075

Curve Ordering【定义曲线的次序】中有两个选项。

- Auromatic【自动】：根据默认设置创建曲面，是系统默认的设置。
- As Selected【选择】：根据选择顺序创建曲面。

Common End Points【共同端点】：在边界表面生成之前，用于决定终点是否应当匹配。下设两个选项。

- Optional【随意】：选中此单选钮，在端点不匹配的情况下也会生成曲面。
- Required【必须】：选中此单选钮，只有在端点匹配的情况下才会生成曲面。

Curve Range【曲线范围】：Complete【完整】表示使用整条曲线制作表面，Partial【局部】表示只使用曲线的局部制作表面。

Out Put Geometry【输入几何体】：设置创建不同类型的几何体。

3.4.7 Square【方形成面】

使用方形工具创建三边或四边边界表面，边界表面的相邻边保持连续性。操作时必须选择 4 条边界表面曲线来定义表面边界的轮廓。表面曲线可以是等位结构线、表面曲线、剪切边或自由曲线。自由曲线不能赋予切线，它们创建的结果表面与边界表面的特点类似。所选的所有的曲线都必须是交叉的。选择曲线，使下一条选择的曲线与当前曲线相交，所生成的曲线根据所选的第一条曲线的不同而不同，因为第 1 条曲线设置表面的应地第 2 条曲线设置表面的 V 方向。

操作方法。

① 在场景中创建一个 NURBS 模型，进入曲面的等参线模式。

② 选择适合的等参线。

③ 执行 Edit NURBS>Detach Surfaces 命令，将曲面断开。重复执行该命令，将曲面完全断开。

④ 删除中间的片面。

下面我们尝试使用 Square【方形成面】命令填补刚才出现的空缺。

① 选取空缺周围曲面边界的等参线。

② 执行 Square【方形成面】命令，创建曲面，空缺即可被填补，整个过程如图 3.076 所示。

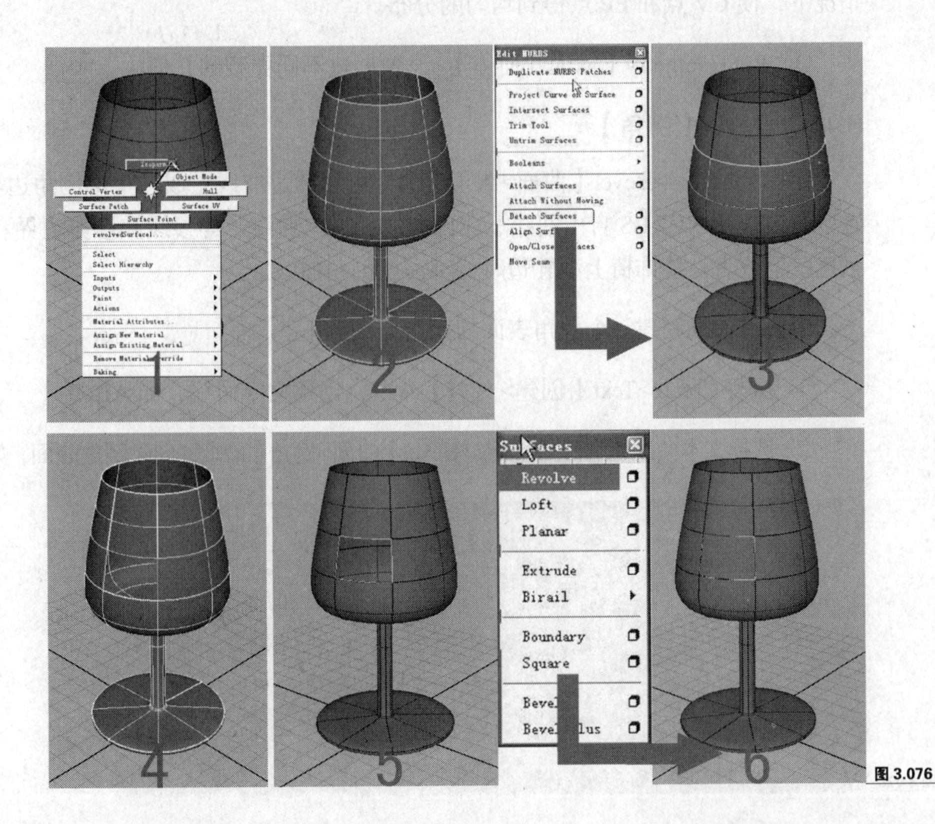

图 3.076

参数设置。

Square【方形成面】命令的参数设置窗口如图 3.077 所示。

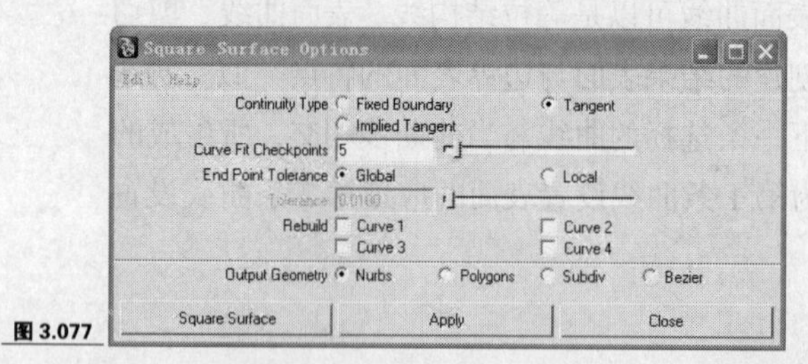

图 3.077

Continuity Type【连续性类型】：用来设置生成曲面的切线类型，共有 3 种类型。

- Fixed Boundary：不保证曲面的连续性。
- Tangent：由所选的曲线创建平滑且连续的表面。当此单选钮处于被选中状态时，可以使用 Curve Fit Checkpoints 选项，它用来设置要创建的正方形表面的精度。
- Implied Tangent：依据曲线所在平面的法线创建曲面的切线。

Curve Fit Checkpoints【曲线适配核对点】：用于设置要创建的连续性曲面的等参线的数量，值越高，曲面越光滑。

End Point Tolerance【端点公差】：用于设置形成曲面的公差值。

Rebuild【重建】：在创建曲面前可以对曲线进行重建，可以保持在曲线光滑程度不变的情况下，使 CV 点和 EP 点得到均匀的分布。

Out Put Geometry【输入几何体】：设置创建不同类型的几何体。

3.4.8　Bevel【倒角】

使用 Surfaces>Bevel【曲面>倒角】命令可以通过曲线生成一个带倒角边界的突起表面，这些曲线包括 NURBS 自由曲线、曲面曲线、文本曲线、等参线和修剪边界。当在建筑物上创建壁架或者在装饰椅上滚轧边时，都需要倒角曲线。

用一条曲线创建一个倒角表面的操作方法如下。

① 执行 Create>Text【创建>文本】命令，创建文字曲线，如 ABC。

② 选择文本曲线，执行 Surfaces>Bevel【曲面>倒角】命令，创建倒角曲面，如图 3.078 所示。

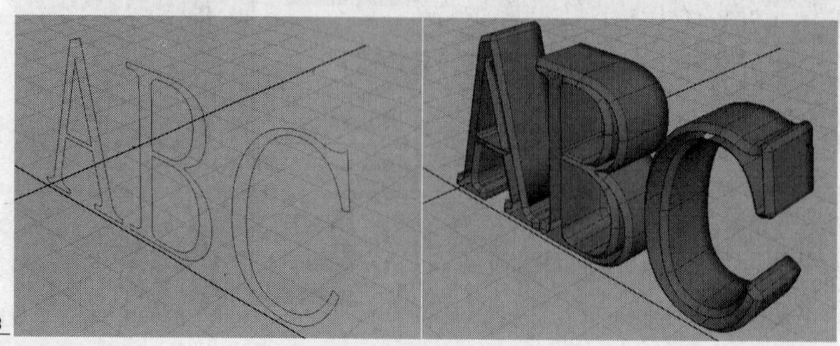

图 3.078

使用等参线创建一个倒角表面的操作方法如下。

① 选中原有模型，单击鼠标左键，进入等参线级别，选择需要执行倒角命令的等参线。

② 执行 Surfaces>Bevel【曲面>倒角】命令，创建倒角曲面，如图 3.079 所示。

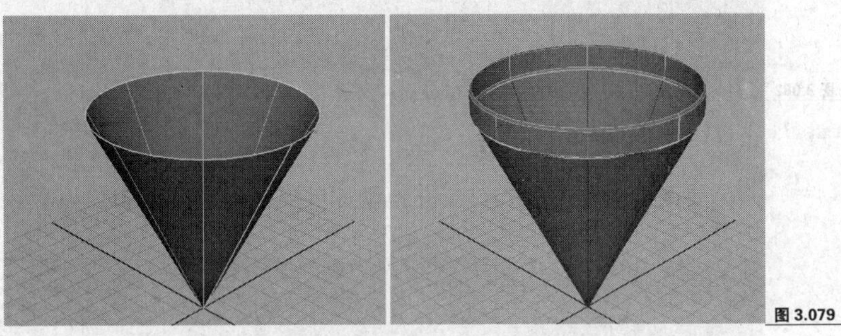

图 3.079

在创建完倒角之后，通过操作器可以交互地调节倒角数值，非常直观方便。单击 Show Manipulator【显示操作器】的图标，并单击通道盒中倒角曲线的标题，倒角曲线的操作器即可显示出来，如图 3.080 所示。

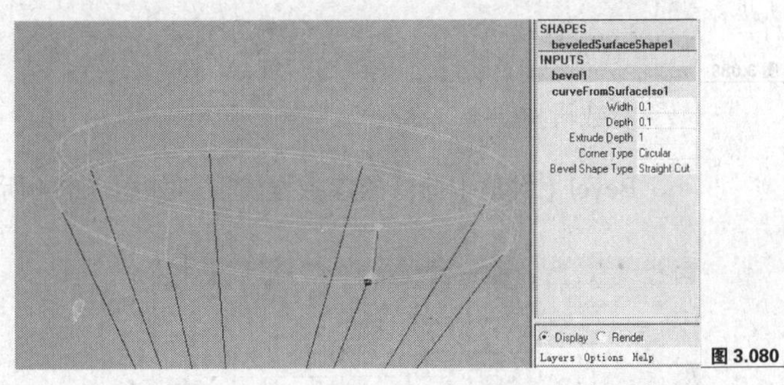

图 3.080

要互动地编辑倒角的单位，单击并拖动操作器手柄即可。帮助栏中显示每个倒角单位的当前测量值。

（1）改变倒角高度

高度点操作器手柄与通道盒中的 Extrude Depth 选项相关。要改变倒角的高度，可单击并拖动高度点操作器手柄，如图 3.081 所示。

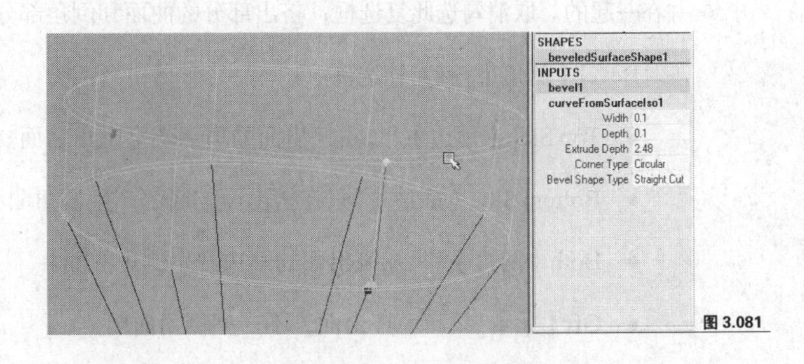

图 3.081

（2）改变倒角宽度

要改变倒角的宽度，单击并拖动宽度点操作器手柄就可以了，如图 3.082 所示。

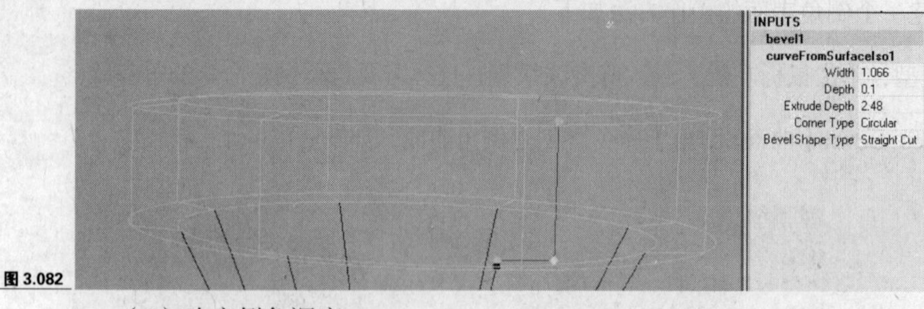

图 3.082

（3）改变倒角深度

要改变倒角深度，单击并拖动深度点操作器手柄就可以了，如图 3.083 所示。

图 3.083

参数设置。

Bevel【倒角】命令的参数设置窗口如图 3.084 所示。

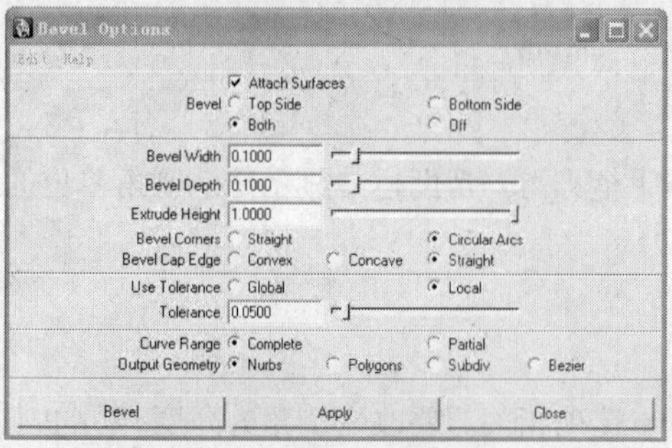

图 3.084

Attach Surfaces【合并曲面】：勾选此复选框创建曲面时，曲面的挤出部分和倒角部分是合并在一起的。取消勾选此复选框，挤出部分的曲面和倒角部分的曲面是分离的不同曲面模型。

Bevel【倒角】：有 4 种选项。

- Top Side【顶边】：只在挤出面的顶部产生倒角曲面。
- Bottom Side【底边】：只在挤出面的底部产生倒角曲面。
- Both【两边】：只在挤出面的两边产生倒角曲面。
- Off【无】：只产生挤出面，不产生倒角曲面。

Bevel Width【倒角宽度】：设置倒角的宽度。

Bevel Depth【倒角深度】：设置倒角的垂直深度。

Extrude Height【挤出面高度】：设置挤出曲面的长度。

Bevel Corners【倒角拐角】：用于设置倒角时形成倒角曲面的折角形态，有直型和圆弧型。

Bevel Cap Edge【倒角盖边】：设置倒角部分的形状。有 3 种类型，即 Convex【凸型】、Concave【凹型】和 Straight【直型】。

Use Tolerance【使用公差】：用于控制倒角的精度，有两种类型，分别是全局和局部。

Curve Range【曲线范围】：和其他 NURBS 命令一样，用于在创建曲面后控制曲线的有效范围。可以用操作器交互调节或在通道栏中输入数值调节。

Out Put Geometry【输入几何体】：设置创建不同类型的几何体。

3.4.9 Bevel Plus【倒角插件】

Bevel Plus【倒角插件】命令在早期 Maya 版本中是一种插件，它的用法和 Bevel【倒角】命令非常相似。使用 Bevel Plus【倒角插件】命令不仅可以产生挤出面和倒角面，还可以在倒角面处产生截面，从而将曲面盖住，非常适合制作文字模型，如图 3.085 所示。

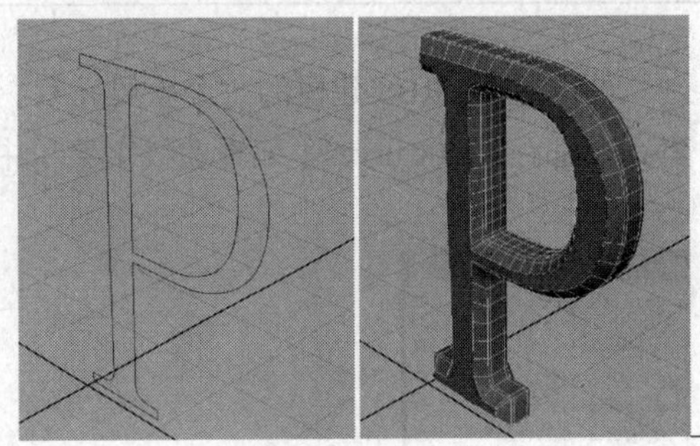

图 3.085

参数设置。

Bevel Plus【倒角插件】命令的参数设置窗口如图 3.086 所示。

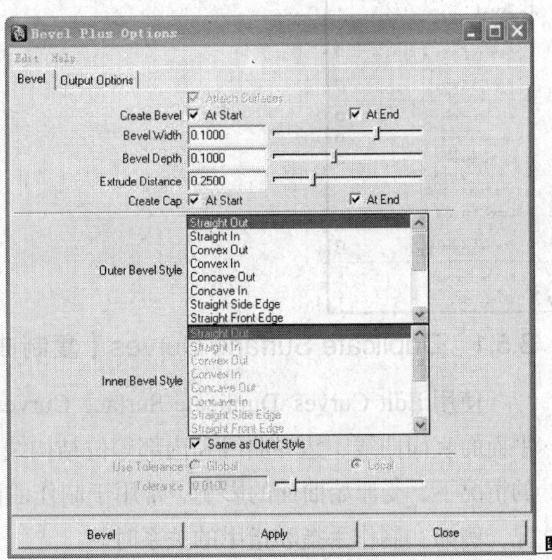

图 3.086

Attach Surfaces【合并曲面】：在 Output Options【输出选项】选项卡中勾选 NURBS 选项时才可以使用。

Create Bevel【创建倒角】：At start【在开始处】和 At End【在结束处】复选框用于控制在什么位置生成倒角模型。

Bevel Width【倒角宽度】：设置倒角的宽度。

Bevel Depth【倒角深度】：设置倒角的垂直深度。

Extrude Distance【挤出距离】：设置挤出面的长度。

Create Cap【创建盖】：At start【在开始处】和 At End【在结束处】复选框用于控制生成的倒角模型的前后两侧是否产生截面。

Outer Bevel Style 和 Inter Bevel Style：用于控制各种倒角曲面的形状效果。

3.5 NURBS 曲线的编辑

曲线是 NURBS 建模的一个重要元素。本章所关注的也正是各种各样的曲线编辑工具。其命令都在 Edit Curves【编辑曲线】菜单中，如图 3.087 所示。

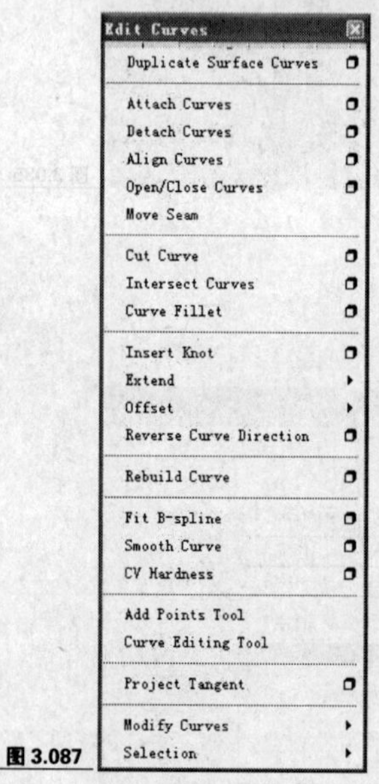

图 3.087

3.5.1 Duplicate Surface Curves【复制曲面曲线】

使用 Edit Curves>Duplicate Surface Curves【编辑曲线>复制曲面曲线】命令可以把现存平面的表面曲线、边界曲线和内部等位结构线转换成 3D 曲线。新的曲线在不删除历史记录的情况下，受原始曲面的影响，常用于制作曲面上新的放样曲面。有许多需要复制曲线的情况，例如，制作手指和指甲的关系时。

一些动画师使用具有变形器的 Duplicate Curves。例如，可以在角色眉毛处复制等位结构线，然后用变形器变形复制体和相应的眼眉。

操作方法。

① 创建一个 NURBS 球体，并且打开 Window>Outliner【视窗>视图大纲】，观察场景中只有一个物体，即 nurbsSphere。

② 选中 NURBS 球体，单击鼠标左键，选择 Isoparm【等参线】编辑方式。

③ 在曲面上选择要复制的参考线。单击标准线即可使其显示为黄色实线，过渡线则显示为黄色虚线。配合 Shift 键可同时选择多条 Isoparm【等参线】。

④ 执行 Edit Curves>Duplicate Surface Curves【编辑曲线>复制曲面曲线】命令。

⑤ 产生新的 NURBS 曲线。它们是独立的新物体，并不是依附在表面的曲面曲线，在 Outliner 中观察到的效果如图 3.088 所示。

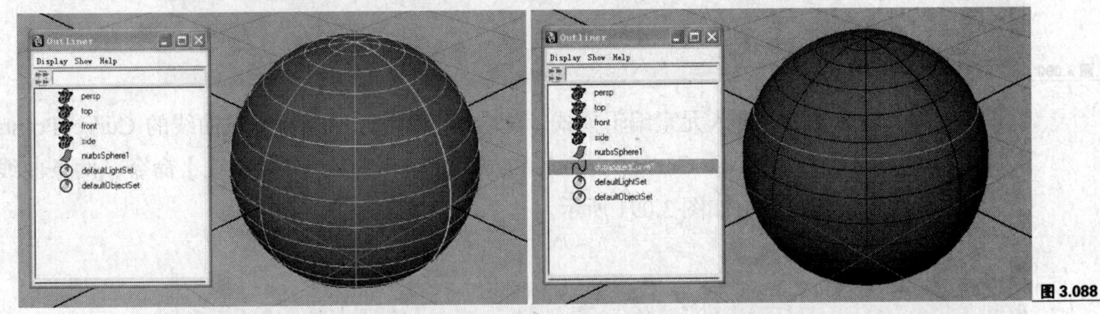

图 3.088

选择新曲线，然后在通道栏中展开 INPUTS 下的 Curve From Surface Iso#节点参数：

Min/Max Value【最小值/最大值】：设置曲线有效范围。

Isoparm Value【参数值】：定义复制的 NURBS 曲线沿 U 向或 V 向的位置。可以在通道栏中，用鼠标中键在视图中拖动调节。

Isoparm Direction【等参线方向】：有 U 向和 V 向两个方向，定义复制的 NURBS 曲线是 U 向还是 V 向。

Duplicate Surface Curves【复制曲面曲线】命令的参数设置窗口如图 3.089 所示。

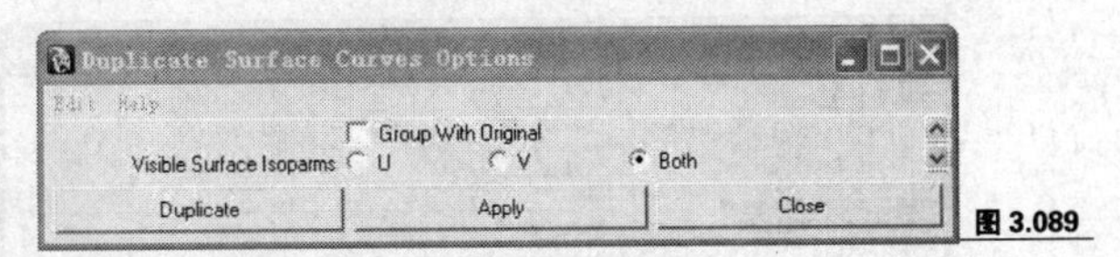

图 3.089

Group With Original【和原曲面建组】：此复选框在默认情况下是取消选中的，这样产生的复制曲线将是一个独立的物体，用曲面的世界空间解释，由原始曲面的变换坐标产生。如果将它打开，产生的复制曲线将成为原曲面的子物体，用曲面的自身空间解释。

Visible Surface Isoparms【可视的曲面等参线】：这是针对选择整个曲面进行操作时起作

用的，确定是复制所有 U 向或 V 向的参考线，还是复制全部的参考线。如果单独选择 Isoparms【等参线】，则这个设置不起作用。

3.5.2 Attach Curves【合并曲线】

使用 Edit Curves>Attach Curves【编辑曲线>合并曲线】命令可以通过连接两条曲线的终点来创建一条曲线。

直接使用 Attach Curves【合并曲线】命令连接曲线的操作方法如下。

- 直接连接。在场景中创建两条曲线，执行 Edit Curves>Attach Curves【编辑曲线>合并曲线】命令，两条曲线相邻的端点将连接，如图 3.090 所示。

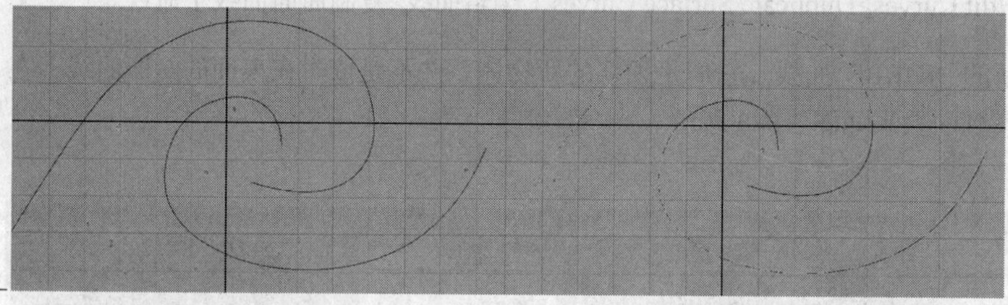

图 3.090

- 指定端点连接。进入元素编辑模式，配合 Shift 键分别选择两条曲线的 Curve Points【曲线点】，执行 Edit Curves>Attach Curves【编辑曲线>合并曲线】命令，两条曲线在指定位置合并，如图 3.091 所示。

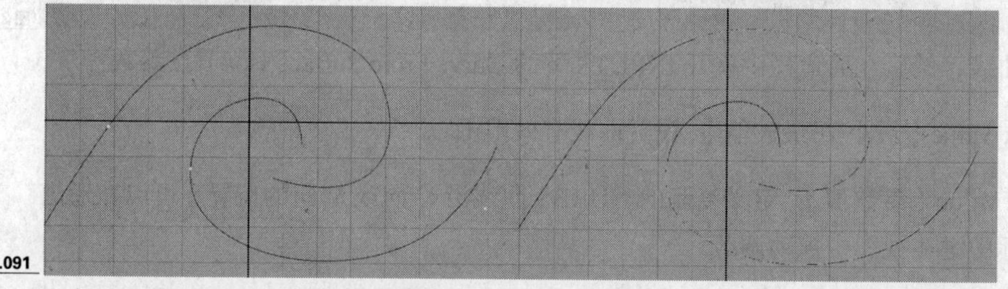

图 3.091

使用工具方式连接曲线的操作方法如下。

① 在 Attach Curves【合并曲线】工具窗口的 Edit【编辑】菜单中选择 As Tool【工具方式】命令，将合并曲线修改为工具操作方式，如图 3.092 所示。

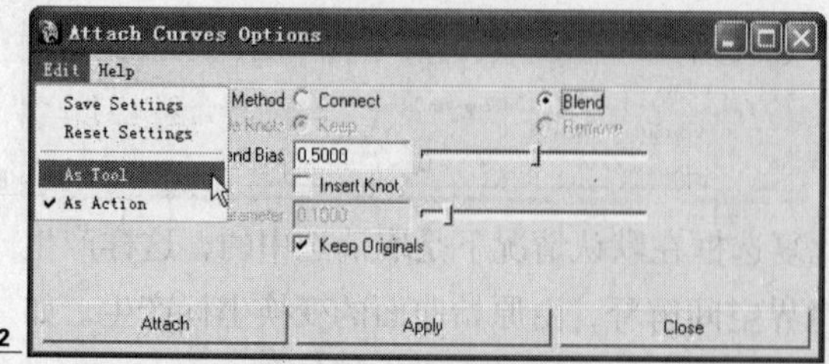

图 3.092

② 单击 Apply【应用】按钮，在视图中选择第一条曲线并拖动，设置第一个点的位置，选择第二条曲线并拖动即可设置第二个点的位置，然后合并曲线，如图 3.093 所示。

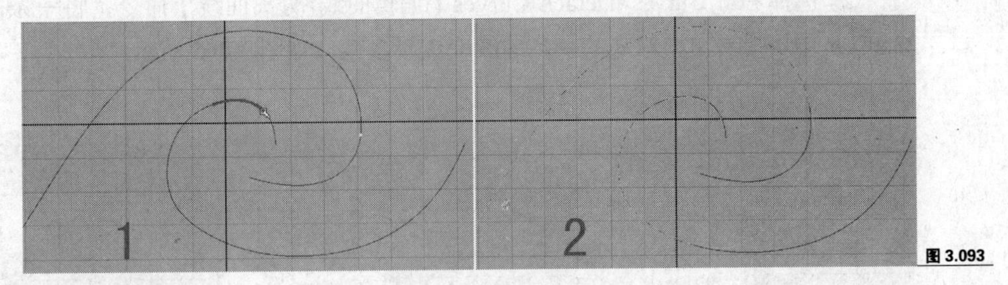

图 3.093

参数设置。

Attach Curves【合并曲线】命令的参数设置窗口如图 3.094 所示。

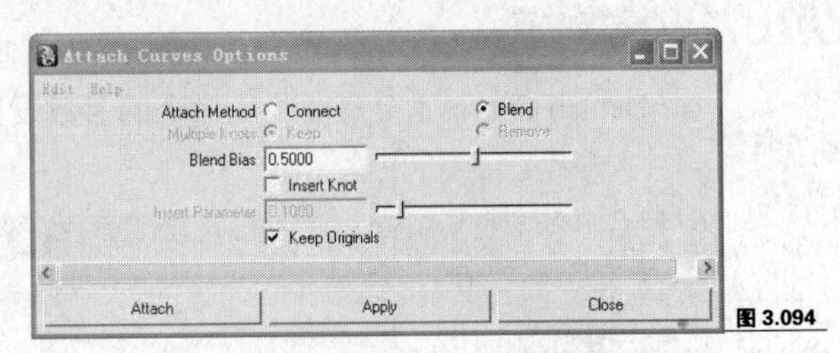

图 3.094

Connect【连接】：简单连接，不考虑新曲线在结合点的平滑过渡情况，因此可能产生硬过渡。

Blend【融合】：可以使两条曲线在合并处产生连续性，会有点变形，变形可以用 Blend Bias【融合基数】来控制。

Multiple Knots【复合结构点】：在使用 Connect【连接】方式时有效，控制是否保留合并处的重复结构点。默认为 keep【保留】方式，合并后的曲线形态不变。使用 Remove 方式合并曲线时，会改变曲线形态。

Blend Bias【融合基数】：在使用 Blend【融合】方式时有效，用于精细调整结合点的曲率。

Insert Knot【插入节点】：在使用 Blend【融合】方式时有效，在两条曲线的合并处分别添加一个 EP 点，从而使合并后的曲线形态大致不变。通过调整 Insert Parameter 的值，可以设置插入的 EP 点与两端点的距离，值越大，合并后的曲线越光滑；值越小，原始形态越保持不变。

Keep Originals【保持原始】：当勾选此复选框时，合并曲线会产生一条新的曲线，从而保留原始曲线。

3.5.3 Detach Curves【分离曲线】

使用 Edit Curves>Detach Curves【编辑曲线>分离曲线】命令可以把一条曲线分成两条曲线或者打开一个当前封闭曲线。

操作方法。

① 选择要断开的曲线，进入元素编辑模式，选择曲线的 Curve Points【曲线点】。如果想断开多个点，则在按住 Shift 键的同时单击曲线上要断开的位置。

② 选择 Edit Curves>Detach Curves【编辑曲线>分离曲线】命令，将一条曲线断开。在 Outliner 中可以看出，原来的一条曲线变成了多条，如图 3.095 所示。

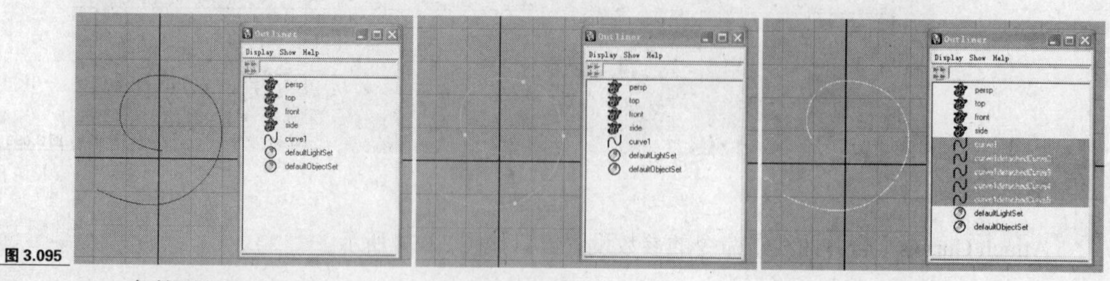

图 3.095

参数设置。

Detach Curves【分离曲线】命令的参数设置窗口如图 3.096 所示。

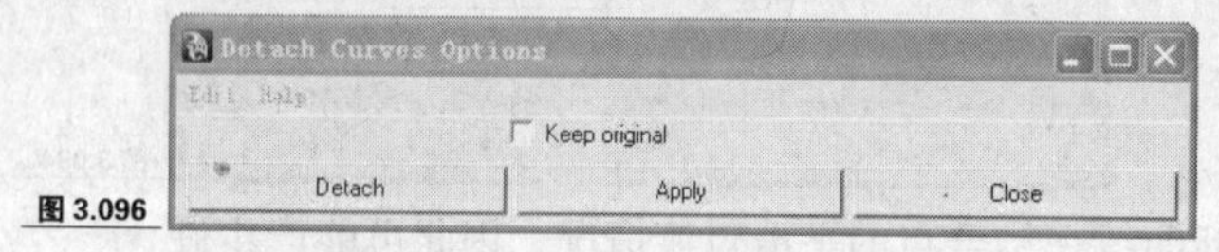

图 3.096

Keep Orignal【保留原始】: 默认取消选中，如果勾选此复选框，那么在执行 Detach Curves【分离曲线】命令分离曲线时，会产生新的分离曲线，而保留原始曲线。

3.5.4 Align Curves【对齐曲线】

使用 Align Curves【对齐曲线】命令可以使两条曲线对齐。曲线的对齐不单单是指两条曲线的端点对齐，曲线上的任意点都可以对齐。曲线对齐后所产生的连续方式有 3 种，即位置连续、切线连续和曲率连续，如图 3.097 所示。

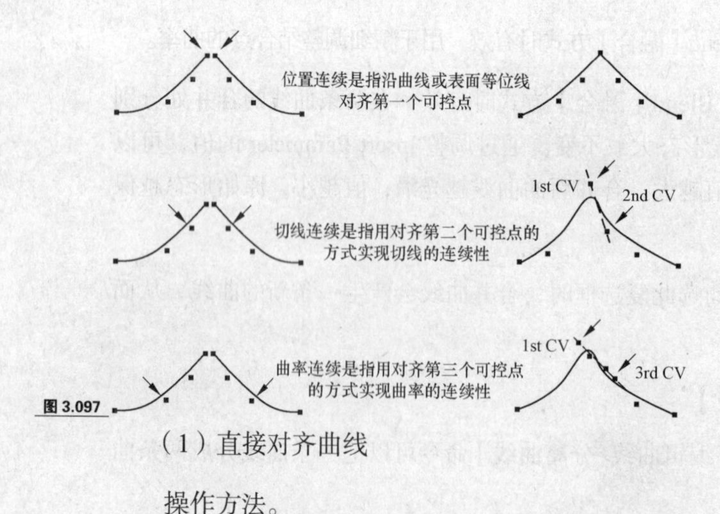

图 3.097

（1）直接对齐曲线

操作方法。

① 选择第一条曲线，按住 Shift 键的同时加选第二条曲线。

② 执行 Edit Curves>Align Curves【编辑曲线>对齐曲线】命令，将两条曲线最近的端点对齐，如图 3.098 所示。

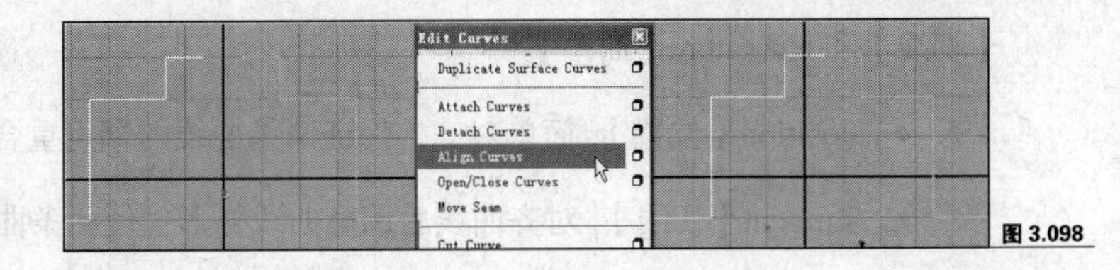

图 3.098

（2）在指定位置对齐曲线

操作方法。

① 在场景中选择要对齐的曲线。

② 按 F8 键或者单击鼠标右键，进入曲线的元素编辑模式。

③ 在第一条曲线上选择 Curve Point【曲线点】，然后定义位置。

④ 按住 Shift 键的同时，在第二条曲线上加选第二个 Curve Point【曲线点】，然后定义第二条曲线对齐的位置。

⑤ 执行 Edit Curves>Align Curves【编辑曲线>对齐曲线】命令，如图 3.099 所示。

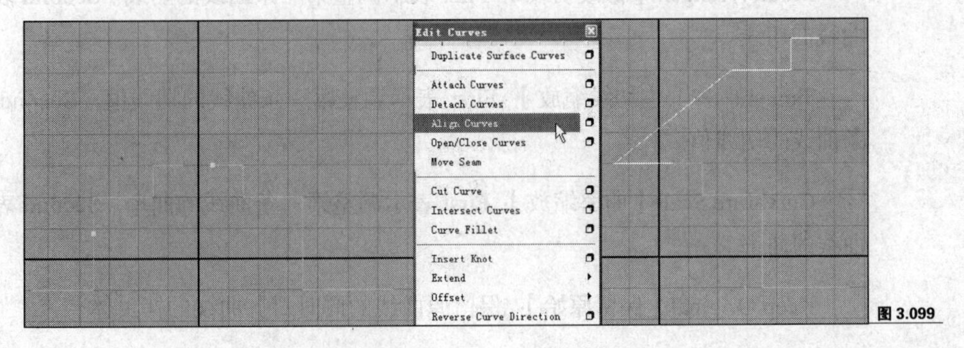

图 3.099

参数设置。

Align Curves【对齐曲线】命令的参数设置窗口如图 3.100 所示。

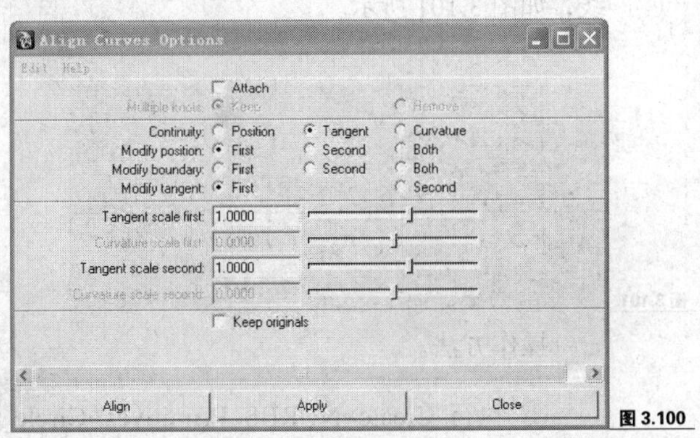

图 3.100

Attach【合并】：默认为取消勾选状态，如果勾选此复选框，那么两条曲线会合并，形成一条曲线。

Multiple Knots【复合结构点】：用于控制合并曲线后的多余节点。

Continuity【连续性】：提供 3 种连续方式来对齐曲线，分别为 Position【位置】、Tangent

【切线】和 Curvature【曲率】。

- Position【位置】：简单对齐，保证两条曲线的端点重合。
- Tangent【切线】：对齐曲线后调整曲线外形，使两条曲线对齐端的切向方向一致。
- Curvature【曲率】：对齐曲线后调整曲线外形，使两条曲线对齐端的曲率一致。

Modify position【改变位置】：在对齐曲线时，改变某条曲线的位置来配合对齐。

First 表示将第一条曲线全部移动到第二条曲线上。Second 表示将第二条曲线全部移动到第一条曲线上。Both 表示移动两条曲线，使两条曲线上的点在中途相符合。

Modify boundary【改变轮廓线】：此项不是使曲线整体位移以配合对齐，而是修改曲线外形来配合对齐，此参数指明修改哪条曲线的外形来配合对齐。

First 表示将第一条曲线上被选中的点移动到第二条曲线上。Second 表示将第二条曲线上被选中的点移动到第一条曲线上。Both 表示移动两条曲线上被选中的点。

Modify Tangent【修改切线】：First 表示调整第一条曲线的切线。Second 表示调整第二条曲线的切线。

Tangent Scale【切线缩放】：First 表示调整第一条曲线的切线值。Second 表示调整第二条曲线的切线值。

Curvature Scale【曲率缩放】：First 表示调整第一条曲线的曲率。Second 表示调整第二条曲线的曲率。

Keep Original【保留原始】：保留原曲线的同时对齐曲线的拷贝体。

3.5.5 Open/Close Curves【开放/闭合曲线】

使用 Edit Curves>Open/Close Curves【编辑曲线>开放/闭合曲线】命令可以打开或闭合曲线，如图 3.101 所示。

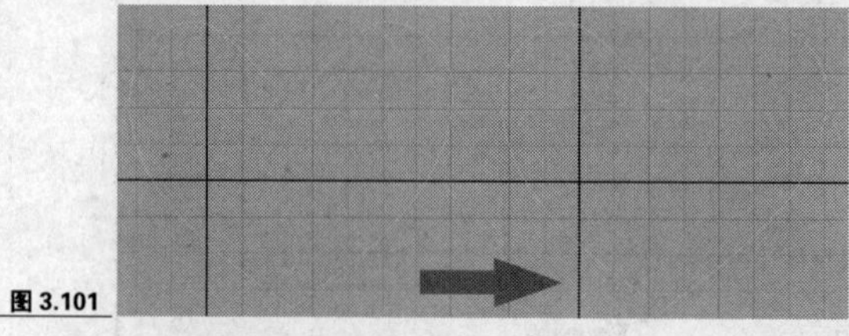

图 3.101

操作方法。

① 执行 Create>NURBS Primitives>Circle【创建>NURBS 基本几何体>圆环】命令，在场景中创建一条圆环曲线。

② 执行 Edit Curves>Open/Close Curves【编辑曲线>开放/闭合曲线】命令，将曲线由封闭状态修改为开放状态。

③ 执行 Edit Curves>Open/Close Curves【编辑曲线>开放/闭合曲线】命令，将曲线由开

放状态修改为封闭状态，如图 3.102 所示。

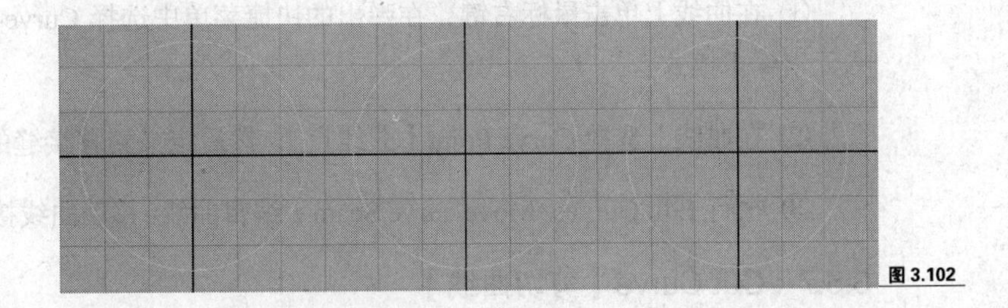

图 3.102

参数设置。

Open/Close Curves【开放/闭合曲线】命令的参数设置窗口如图 3.103 所示。

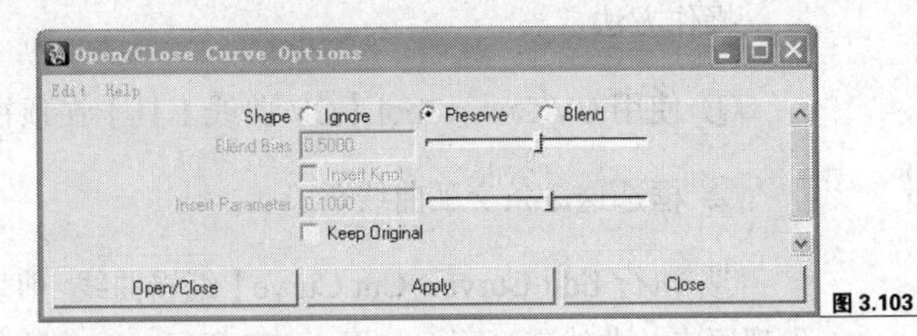

图 3.103

Shape【形状】：用于设置打开或闭合曲线后曲线的形状。

- Ignore【忽略】：不保持曲线的原始形状。
- Preserve【保持】：加入一些 CV 点，尽量保持曲线的原始形状。
- Blend【融合】：若选中此单选钮，可以通过 Blend Bias 参数来调整曲线开放或封闭后的形状。

Insert Knot【插入结构点】：闭合曲线时，会在曲线闭合处插入点，以保证曲线的原始形状。

Keep Original【保留原始】：用于设置是否保留原曲线。若勾选此复选框，则产生新的曲线并保留原曲线，否则直接对原曲线操作。

3.5.6 Move curve Seam【移动曲线接缝】

使用 Edit Curves>Move curve Seam【编辑曲线>移动曲线接缝】命令可以将一条封闭曲线的起始点移动到指定位置，从而解决放样后模型扭曲的问题，如图 3.104 所示。只有封闭且参数为 Uniform（统一）类型的曲线才能使用 Move curve Seam 命令。

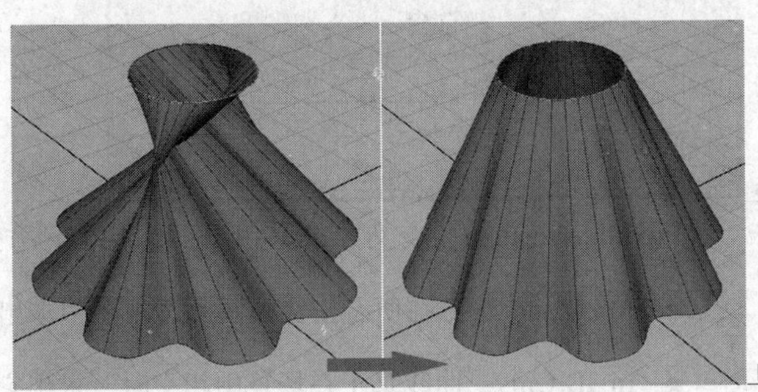

图 3.104

操作方法：

① 在曲线上单击鼠标右键，在弹出的快捷菜单中选择 Curve Point【曲线点】命令，进入元素编辑模式。

② 在曲线上选择 Curve Point【曲线点】，然后定义转移接缝的位置。

③ 执行 Edit Curves>Move curve Seam【编辑曲线>移动曲线接缝】命令。

3.5.7 Cut Curve【剪切曲线】

使用 Edit Curves>Cut Curve【编辑曲线>剪切曲线】命令可以在曲线相互接触、交叉的位置剪切曲线。

操作方法。

① 使用 CV Curve Tool【CV 曲线工具】在顶视图中绘制 2 条交叉曲线。

② 框选这 2 条交叉曲线。

③ 执行 Edit Curves>Cut Curve【编辑曲线>剪切曲线】命令，观察 Outliner【视图大纲】，发现原来的曲线变形了，如图 3.105 所示。

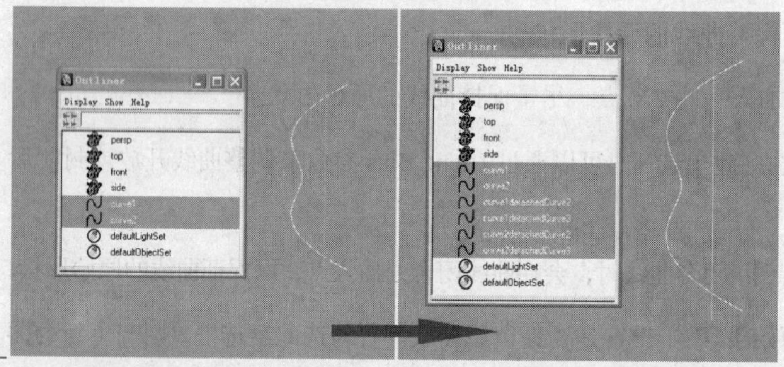

图 3.105

参数设置。

Cut Curve【剪切曲线】命令的参数设置窗口如图 3.106 所示。

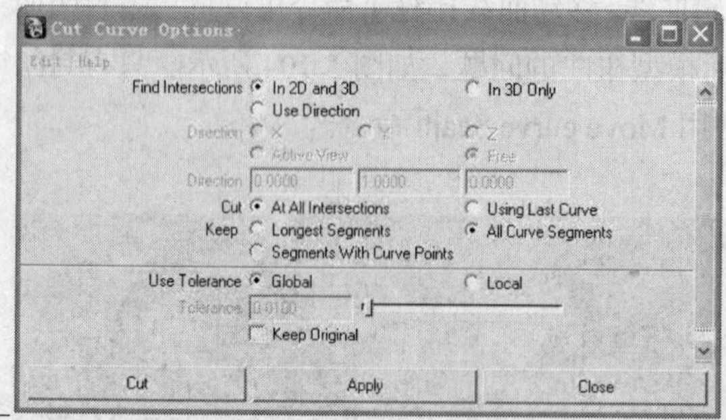

图 3.106

Find Intersections【交叉方式】：用于设置用何种方式定义曲线交叉点。

- In 2D and 3D：在所有正交视图和透视图中求出投影交叉点。
- In 3D Only：曲线真正在场景中相交时，求出它们的交叉点。

● Use Direction【使用方向】：通过指定的方向投影形成交叉点。

Direction【方向】：该选项中有 5 种确定投影的方式。

● X、Y、Z：设置从哪一个轴向上投影交叉点。

● Active View【活动视图】：根据当前激活的摄影机视图投影交叉点。

● Free【自由】：若选中此单选钮，可以在参数设置窗口中的 Direction 参数下根据场景坐标系自由地设置投影角度，从而产生交叉点。

Cut【剪切】：用于控制曲线的剪切方式。

● At All Intersections【全部交叉处】：将选择的曲线在交叉处全部剪切分离。

● Using Last Curve【使用最终曲线】：只剪切最后选择的那条曲线。

Keep【保留】：用于设置最终保留与删除剪切得到的曲线，有以下 3 种类型。

● Longest Segments【最长一段】：只保留最长的一条曲线，短的将被删除。

● All Curve Segments【全部曲线段】：将所有线段保留。

● Segments With Curve Points【根据曲线点分段】：按照选择的曲线点进行分段保留。

3.5.8 Intersect Curves【交叉曲线】

使用 Edit Curves >Intersect Curves【编辑曲线>交叉曲线】命令可以在两条或多条独立曲线的接触或交叉处创建曲线定位点。Intersect Curves 命令常与剪切曲线、分离曲线以及 Snap to Point【吸附到点】命令一起使用，如图 3.107 所示。

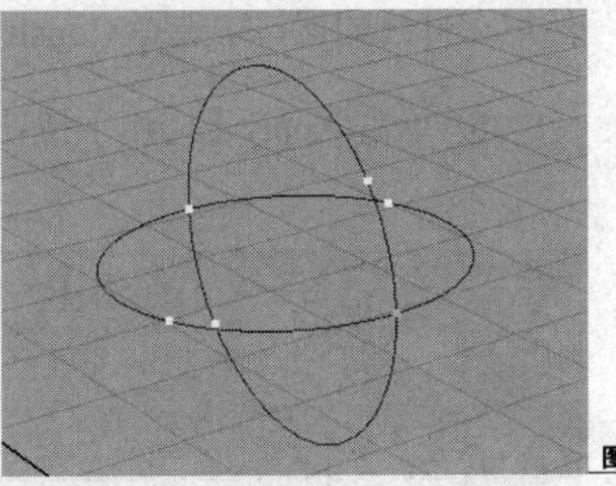

图 3.107

操作方法。

① 选择两条或者两条以上的交叉曲线。

② 执行 Edit Curves>Intersect Curves【编辑曲线>交叉曲线】命令，产生交叉点。

参数设置。

Intersect Curves【交叉曲线】命令的参数设置窗口如图 3.108 所示。

Intersect【交叉】：用于控制曲线产生交叉的方式，有以下两种方式。

● All Curves【全部曲线】：为所有选择的曲线创建交叉点。

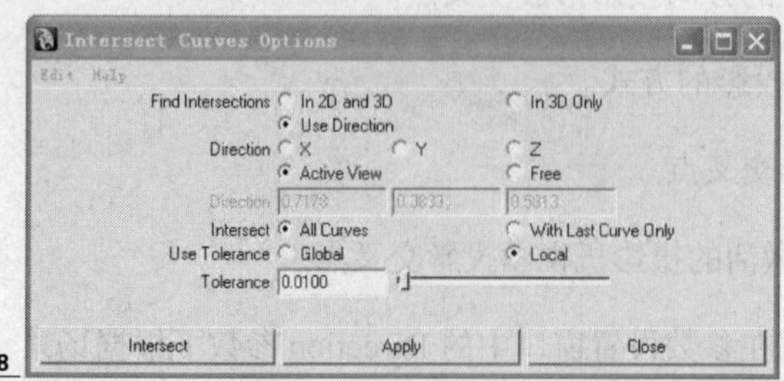

图 3.108

- With Last Curve Only【仅对最终曲线】：仅为最后选择的曲线创建交叉点，这样便不会在其他曲线之间产生交叉点。

Use Tolerance【使用公差】：用于控制产生交叉点的精度，有两种公差方式，即全局和局部。

3.5.9 Curve Fillet【曲线圆角】

使用 Edit Curves>Curve Fillet【编辑曲线>曲线圆角】命令可以在两条 NURBS 曲线或者两条表面曲线之间创建一个“圆角”。

有两种方式可以构建曲线圆角。使用 Circular 和 Freeform Circular 方式可以创建圆弧形圆角，使用 Freeform Circular 方式可以创建自由圆角，对形状有更多的控制。

1. 创建 Circular【圆形】圆角

操作方法。

① 选择同一平面上的两条曲线。

② 单击 Edit Curves>Curve Fillet【编辑曲线>曲线圆角】命令右侧的属性编辑按钮❐，然后在打开的窗口中选择 Construction【构造方式】中的 Circular【圆形】方式。

③ 单击 Apply【应用】按钮即可创建圆角曲线，如图 3.109 所示。

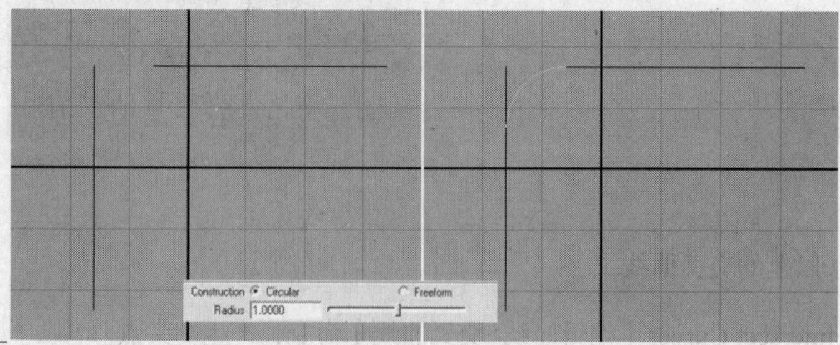

图 3.109

2. 创建 Freeform【自由】圆角

操作方法。

① 选择要创建倒角的两条曲线。

② 单击 Edit Curves>Curve Fillet【编辑曲线>曲线圆角】命令右侧的属性编辑按钮❐，

选择 Construction【构造方式】中的 Freeform【自由】方式。

③ 如果想更多地控制圆角形状，可以勾选 Blend Control【融合控制】复选框。单击 Apply【应用】按钮即可创建自由圆角曲线。

④ 在工具栏中选择显示操纵器工具或者按快捷键 T，使用操纵器工具选择圆角曲线，然后在通道栏中展开 Inputs【输入】下的 Fill Curve 节点，这时便可以在视图中用操纵器来控制圆角的形态，如图 3.110 所示。

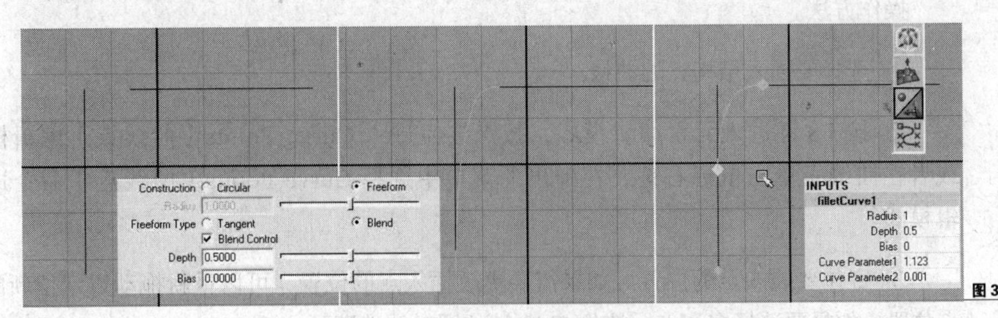

图 3.110

参数设置。

Curve Fillet【曲线圆角】命令的参数设置窗口如图 3.111 所示。

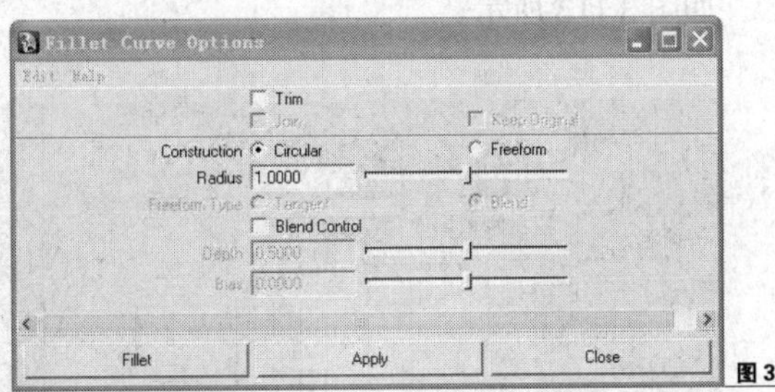

图 3.111

Trim【剪切】：默认为取消勾选状态，这样将在不影响原始曲线的前提下创建一个圆角曲线。若勾选此复选框，将会对原曲线进行剪切处理。

Join【连接】：取消勾选此复选框时，产生的圆角曲线和原始曲线是分离的线段；当勾选此复选框后，产生的圆角曲线将和原曲线连在一起，从而得到一条整线。

Keep Original【保留原始】：如果勾选此复选框，使用曲线圆角命令会产生新曲线，保留原始曲线。

Construction【构造方式】：提供两种构造方式，圆形为默认方式，自由方式将产生自由形态的圆角。

当选择 Circular 方式时，下面的 Radius【半径】值可以调节圆角的大小。

当选择 Freeform【自由】方式时，下面的 Freeform Type【自由类型】选项被激活。

- Tangent【切线】：圆角曲线以相切的方式和原始曲线相连。
- Blend【融合】：圆角顶点接近选择点或两条曲线端点的中点。

Blend Control【融合控制】：若勾选此复选框，可以设置下面两个参数。

- Depth【深度】：控制圆角曲线的弯曲深度，值越小，越接近直线。
- Bias【基数】：设置圆角曲线的左右倾斜度，控制曲线偏向于哪条曲线。

3.5.10 Insert Knot【插入结构点】

如果很难修改曲线区域或等位结构线区域，可以使用 Edit Curves>Insert Knot【编辑曲线>插入结构点】命令来提高曲线的性能。

操作方法。

① 选择要插入结构点的曲线。

② 按 F8 键进入元素编辑模式，按点按钮进入 Curve Points【曲线点】编辑模式，或者在曲线上单击鼠标右键，在弹出的菜单中选择 Curve Points【曲线点】命令进入编辑模式。

③ 定位要插入点的位置。如果需要更改插入点的位置，可以重新拖动以定位新的插入点位置；如果要选择多个点，按住 Shift 键的同时加选即可。

④ 执行 Edit Curves>Insert Knot【编辑曲线>插入结构点】命令，在曲线上插入结构点，如图 3.112 所示。

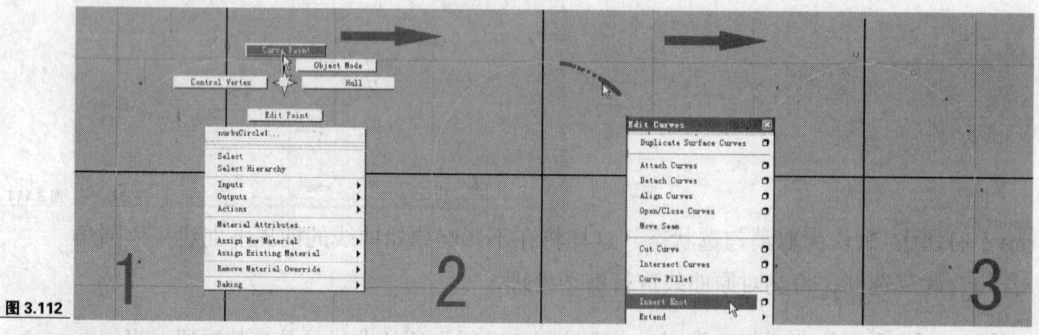

图 3.112

参数设置。

Insert Knot【插入结构点】命令的参数设置窗口如图 3.113 所示。

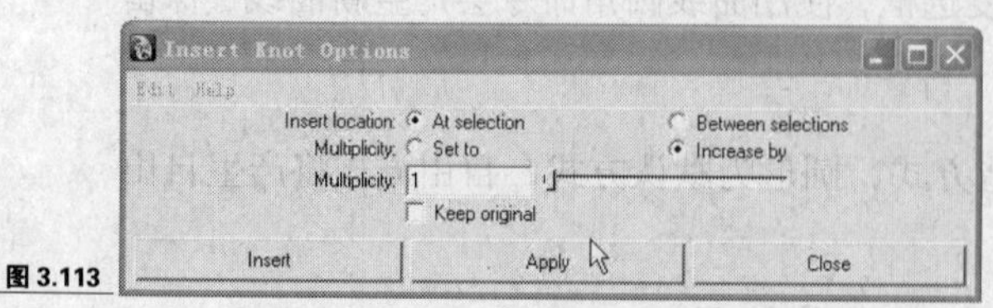

图 3.113

Insert location【插入位置】：设置插入点的位置。

- At selection【在选择处】：在选择的曲线点处插入点。
- Between selections【在选择之间】：在选择的多个曲线点之间插入点。

Multiplicity【复合系数】：控制一次插入多个点，用下面的滑块设置点的数量。

- Set to【设置到】：选择这种方式时，将按照下面的绝对数值进行点的插入，如在一个点处插入 3 个点，选择 Set to 后会在此处最终产生 3 个点(包括原点)。

- Increase by【递增由】: 将按照下面的绝对数值插入新的点，如在一个点处插入 3 个节点，选择 Increase by 后会在此处插入 3 个新的点（不包括原点）。

Keep original【保留原始】: 若勾选此复选框，将保留原始曲线，从而产生一条新的曲线，可以直接使用操纵器调节插入点的位置。

3.5.11 Extend【延伸】

选择 Edit Curves>Extend>Extend Curve 【编辑曲线>延伸>延伸曲线】命令可以延伸一条曲线，如曲线和表面曲线。例如，延伸旋转的面时，可以用 Revolve 操作延伸曲线。

1. Extend Curve【延伸曲线】

操作方法。

① 选择要延伸的曲线。

② 单击 Edit Curves>Extend>Extend Curve【编辑曲线>延伸>延伸曲线】命令右侧的属性编辑按钮❐，在打开的窗口中设置需要的参数。

③ 单击 Extend 按钮。在默认状态下，曲线在末端延伸一个单位，如图 3.114 所示。

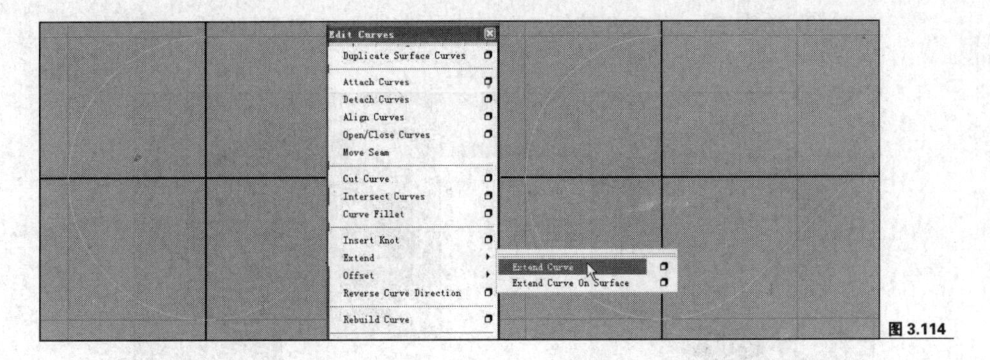

图 3.114

参数设置。

Extend Curve【延伸曲线】命令的参数设置窗口如图 3.115 所示。

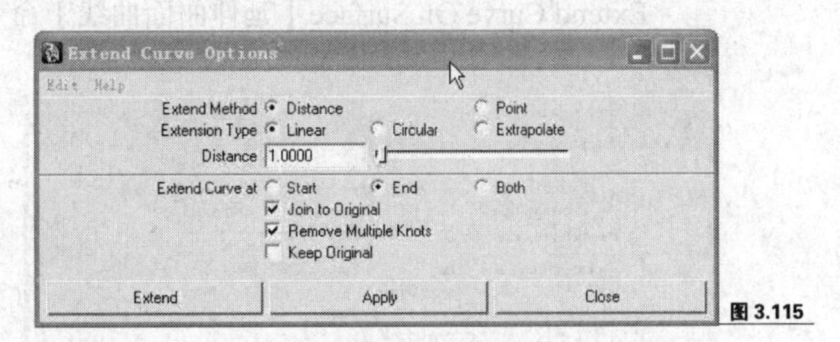

图 3.115

Extend Method【延伸方式】: 设置曲线的延伸方式，包括 Distance 和 Point 两种。

- Distance【距离】: 可以输入一个数值，用以设置曲线延伸的长度。

- Point【点】：使曲线延伸到指定的位置。

Extension Type【延伸类型】：分为 Linear【线性】、Circular【圆弧】和 Extrapolate【外插法】3 种类型。Linear【线性】沿直线延伸；Circular【圆弧】按延伸的弧度延伸；Extrapolate【外插法】表示沿曲线的切线延伸。

Extend Curve at【延伸点】：包括起始点、终点或两者兼具。

Join to Original【与原始曲线相连】：勾选此复选框，可以使延伸出的曲线和原始曲线结合成一条曲线。

Remove Multiple Knots【去处复合结构点】：删除重合的结构点。

Keep Original【保留原始】：若勾选此复选框，将保留原始曲线，产生新曲线，这样可以用操纵器交互控制曲线延伸。

2. Extend Curve On Surface【延伸曲面曲线】

操作方法。

① 选择表面曲线。

② 打开 Edit Curves>Extend>Extend Curve On Surface【编辑曲线>延伸>延伸曲面曲线】命令的参数设置窗口，然后进行参数设置。

③ 单击 Extend CoS 按钮，延伸曲面曲线，如图 3.116 所示。

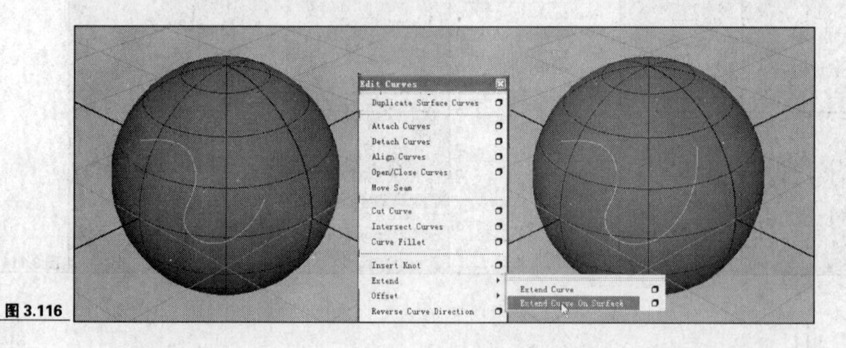

图 3.116

设置参数。

Extend Curve On Surface【延伸曲面曲线】命令的参数设置窗口如图 3.117 所示。

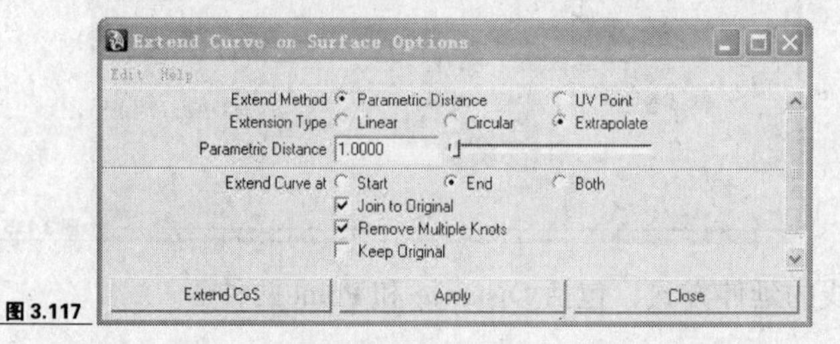

图 3.117

我们发现这个参数设置窗口和 Extend Curve【延伸曲线】命令的参数设置窗口非常相似，

只是将 Point【点】选项换为了 UV Point【UV 点】选项。

UV Point【UV】：可以在 UV Point To Extend To 文本框中设置延伸的方向。选择 Create>Measure Tools>Parameter Tool 命令，可以使用实际的 UV 参数值定义曲线的延伸。拖动表面，然后释放鼠标，在指示器处即可显示 UV 坐标。

3.5.12 Offset【偏移】

使用 Edit Curves>Offset>Offset Curve 命令可以创建一条与所选曲线平行的曲线或等位结构线。

操作方法。

① 选择需要偏移的曲线。

② 执行 Edit Curves>Offset>Offset Curve【编辑曲线>偏移>偏移曲线】命令，以默认的偏移距离（1.0）创建曲线。

③ 要想交互地改变默认偏移距离，则选择显示操纵器工具，这样即可在原始曲线上显示一个 Length Point 操纵器，如图 3.118 所示。

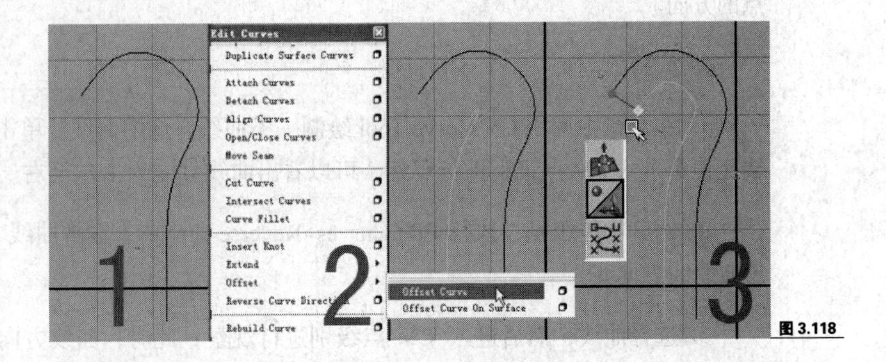

图 3.118

参数设置。

Offset Curve【偏移曲线】命令的参数设置窗口如图 3.119 所示。

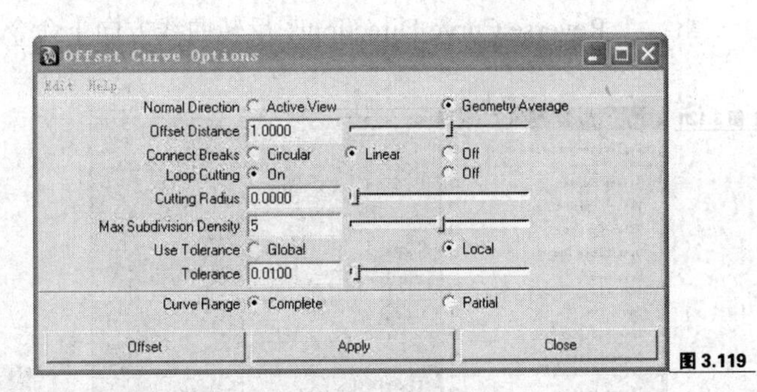

图 3.119

Normal Direction 项目下有两个选项，即 Active View【当前视图】和 Geometry Average【几何平均值】。使用 Geometry Average【几何平均值】方式进行操作比较直观，是以法线为标准定位偏移曲线。Active View【当前视图】考虑的是摄像机视图的方向，如图 3.120 所示。

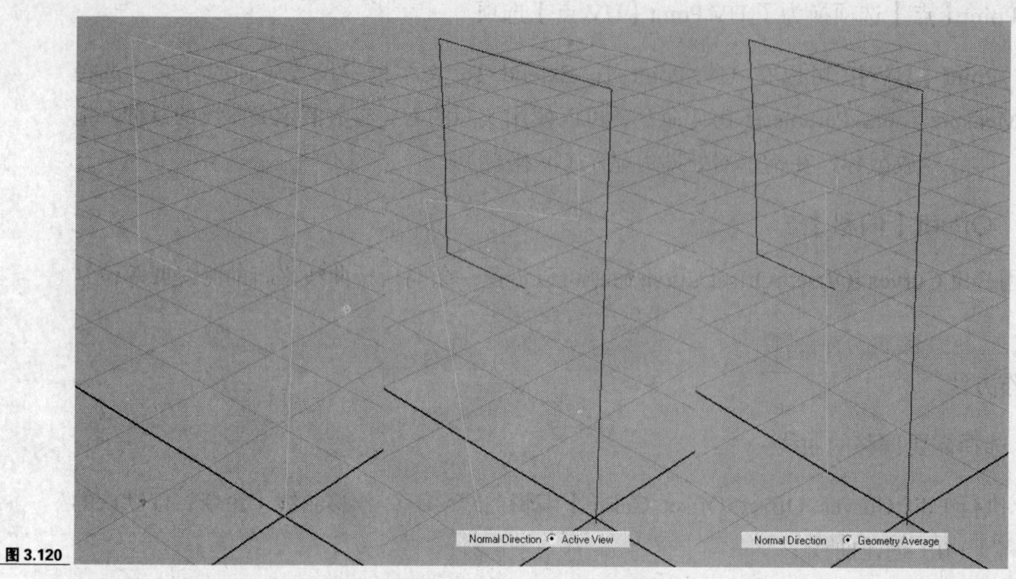

图 3.120

3.5.13 Reverse Curve Direction【反转曲线方向】

使用 Edit Curves>Reverse Curves【编辑曲线>反转曲线方向】命令可以反转曲线上 CV 点的方向。

操作方法。

① 在场景中使用 CV Curve Tool 绘制一条曲线。选中曲线，单击鼠标右键，通过弹出的快捷菜单进入 CV 点级别进行观察，可以看出曲线方向为由左至右。

② 回到物体级别，执行 Edit Curves>Reverse Curves【编辑曲线>反转曲线方向】命令，反转曲线方向。

③ 选择曲线，然后进入 CV 点级别进行观察，此时，曲线方向已经变为由右至左，如图 3.121 所示。

参数设置。

Reverse Curve Direction【反转曲线方向】命令的参数设置窗口如图 3.122 所示。

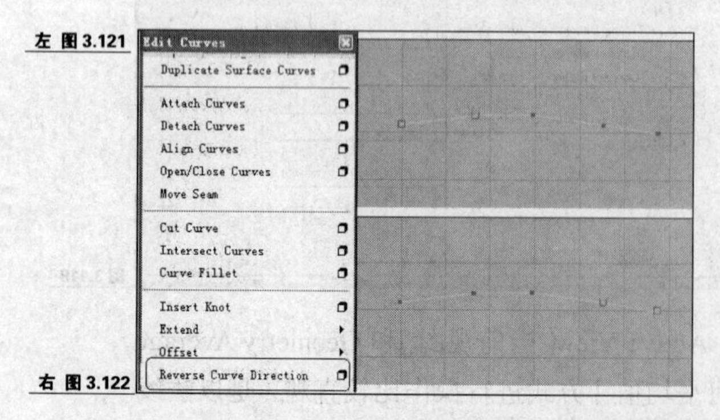

左 图 3.121

右 图 3.122

该窗口中只有一个 Keep Original【保留原始】选项。如果勾选 Keep Original【保留原始】复选框，那么在执行完反转操作之后，原始曲线仍然被保留。

3.5.14 Rebuild Curve【重建曲线】

使用 Edit Curves>Rebuild Curve【编辑曲线>重建曲线】命令可以重建一条 NURBS 曲线或者表面曲线，以减少数据的计算或者构建平滑曲线。

操作方法。

① 在场景中使用 CV Curve Tool 绘制一条曲线，然后进入属性编辑面板，观察曲线参数。

② 打开 Edit Curves>Rebuild Curve【编辑曲线>重建曲线】命令的参数设置窗口，然后进行参数设置，按 Rebuild 按钮进行曲线重建。

③ 观察 NURBS 曲线重建前后的参数变化，如图 3.123 所示。

参数设置。

Rebuild Curve【重建曲线】命令的参数设置窗口如图 3.124 所示。

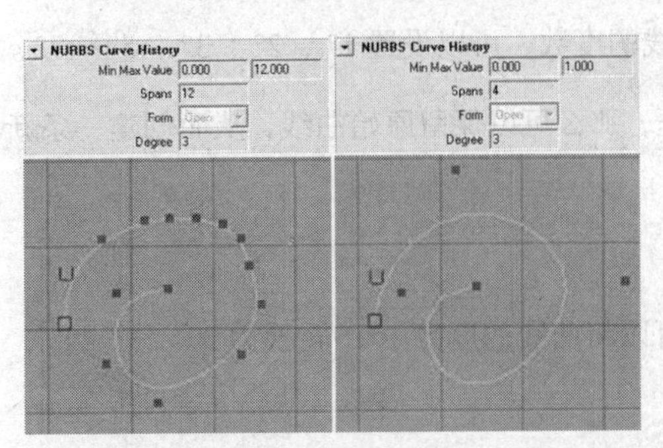

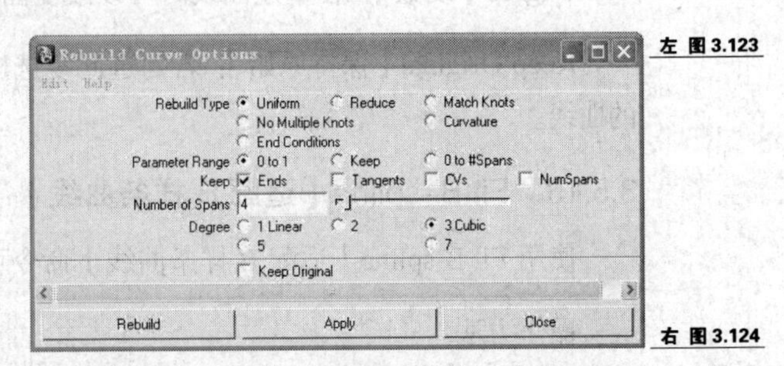

左 图 3.123

右 图 3.124

Rebuild Type【重建类型】：用于设置曲线的重建类型，包括 Uniform【统一】、Reduce【精简】、Match Knots【匹配结构点】、No Multiple Knots【无复合结构点】、Curvature【曲率】和 End Conditions【末端条件】6 种。

- Uniform【统一】：选中 Uniform 单选钮可以通过统一的参数设置重建一条曲线。
- Reduce【精简】：选中 Reduce【精简】单选钮时，参数窗口会发生变化，由 Tolerance【公差】值来决定重建曲线的简化程度，公差值越大，删除的段数越多。

当选中 Reduce【精简】单选钮时，参数窗口底部会出现 Use Tolerance 项目,选择 Global 将使用 Maya 参数设置窗口中的全局公差值；选择 Local，通过设置 Positional Tolerance【位置公差】值自定义公差。

- Match Knots【匹配结构点】：针对两条不同段数的曲线进行段数匹配，按照最后选择的曲线点数来重建先选择的曲线。
- No Multiple Knots【无复合结构点】：将曲线上的附加结构点删除，仍保持原曲线的段数。
- Curvature【曲率】：使用此方式重建曲线时，可以在曲线度数和形状不变的情况下，插入更多的 Edit Point【编辑点】，以获得更多的段数。

可以使用 Positional Tolerance【位置公差】值来设置段数，公差值越小，插入的编辑点越多。

- End Conditions【末端条件】：在曲线的终点指定或去除重合点。

Parameter Range【参数范围】：重建曲线时有 3 种方式可以修改曲线范围。

- 0 to 1：若选中此单选钮，那么在曲线重建后，它的范围为 0～1。
- Keep【保留】：若选中此单选钮，那么在曲线重建后，它的范围保持不变，与原始曲线相同。
- 0 to #Spans【0 到段数】：若选中此单选钮，那么在曲线重建后，它的范围由重建后的曲线段数决定，曲线范围为 0 到段数。

Keep【保留】：用于控制曲线重建后，保留原始曲线的内容。

Number of Spans【段数】：使用 Uniform【统一】方式重建曲线时，可以设置段数，段数越多，EP 点和 CV 点的数量越多，形状越接近原始曲线。

Degree【度数】：在重建曲线时可以改变曲线的度数，可以设置 1°、2°、3°、5°、7°。

Keep Original【保持原始】：若勾选此复选框，那么可以保留原始曲线，从而创建一条新的曲线。

3.5.15　Fit B-spline【适配 B 样条曲线】

使用 Fit B-spline【适配 B 样条曲线】命令可以将曲线的度数由 1° 转换为 3°。

操作方法。

① 在场景中创建 1° 曲线。

② 执行 Edit Curves>Fit B-spline【编辑曲线>适配 B 样条曲线】命令，进行曲线转换。观察结果，曲线由 1° 转换为 3°，如图 3.125 所示。

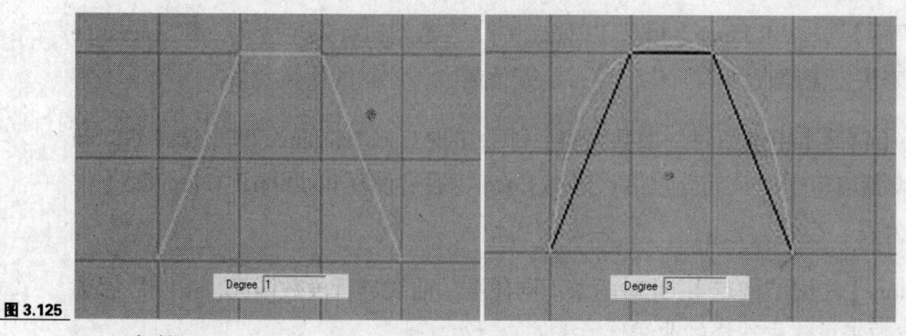

图 3.125

参数设置。

Fit B-spline【适配 B 样条曲线】命令的参数设置窗口如图 3.126 所示。

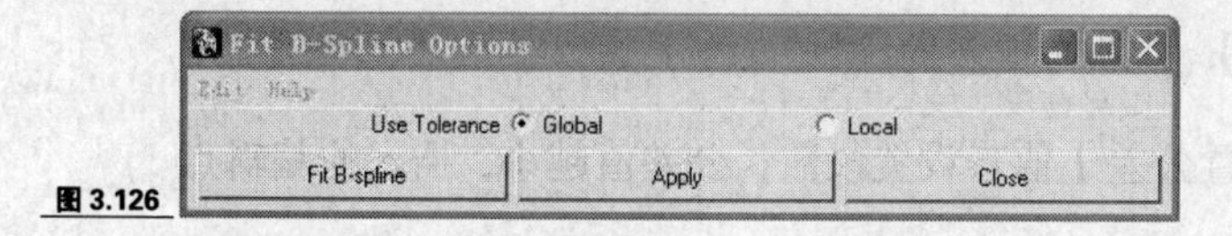

图 3.126

Use Tolerance【使用公差】选项中有两个选项，即 Global【全局】和 Local【局部】，可以进行转化适配。

3.5.16 Smooth Curve【平滑曲线】

前面的内容中提到创建曲线时，我们可以使用 Pencil Tool【铅笔工具】进行简单而直观的绘制，但是由于绘制时产生的凹凸和抖动，使用 Pencil Tool【铅笔工具】创建的曲线是不平滑的。使用 Smooth Curve【平滑曲线】命令，我们可以对曲线进行平滑处理，从而使曲线变得更加平滑，如图 3.127 所示。

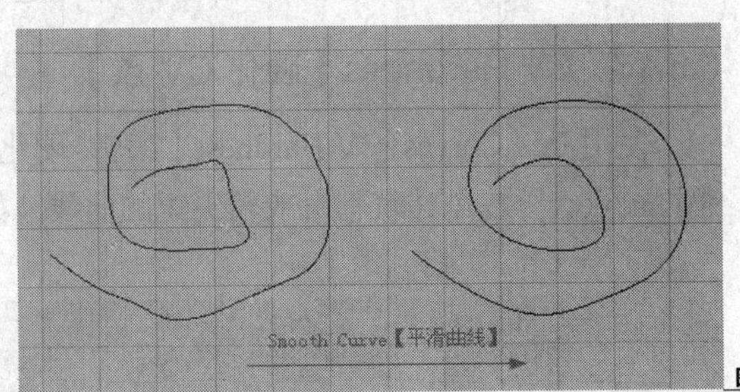

图 3.127

操作方法。

① 新建场景，使用 Pencil Tool【铅笔工具】绘制一条曲线。

② 选中曲线，使用 Smooth Curve【平滑曲线】命令对曲线进行整体平滑处理，如图 3.128 所示。

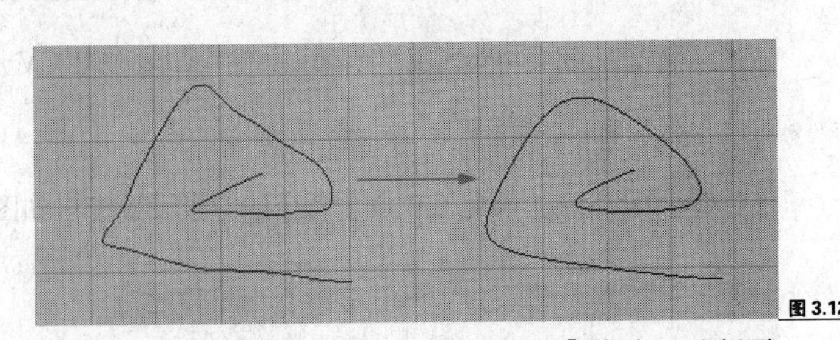
图 3.128

③ 选中曲线，单击鼠标右键，通过弹出的快捷菜单进入 CV【控制点】模式。选择需要平滑的 CV【控制点】，使用 Smooth Curve【平滑曲线】命令对曲线进行局部平滑处理，如图 3.129 所示。

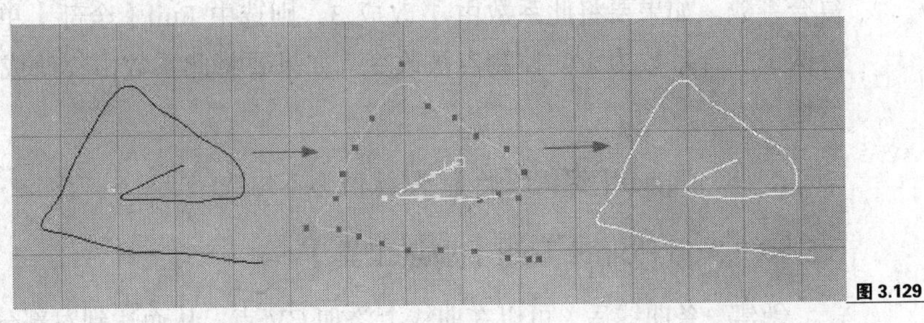
图 3.129

参数设置。

Smooth Curve【平滑曲线】命令的参数设置窗口如图 3.130 所示。

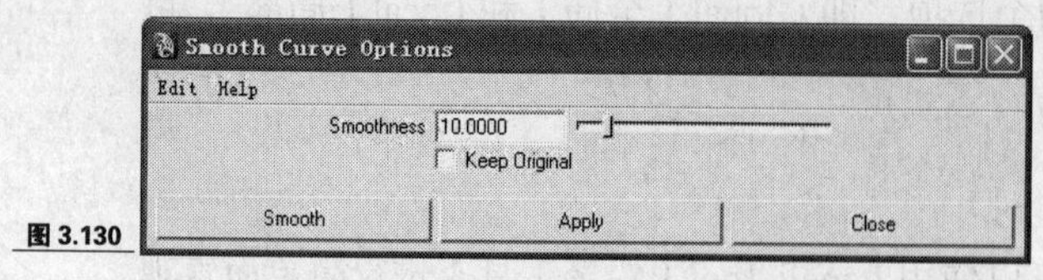

图 3.130

Smoothness【平滑度】：设置曲线的平滑程度，如果参数值接近 0，那么平滑程度较小。默认参数值为 10，平滑程度适中。

Keep Original【保留原始】：若勾选此复选框，则保留原始曲线，这样便于对比处理后的曲线与原始曲线之间的区别，默认为取消勾选状态。

3.5.17 CV Hardness【硬化 CV 点】

使用 Edit Curves>CV Hardness【编辑>硬化 CV 点】命令可以调整 CV 点的硬度。通过调整可控点，可以创建较平滑或较尖锐的曲线，如图 3.131 所示。

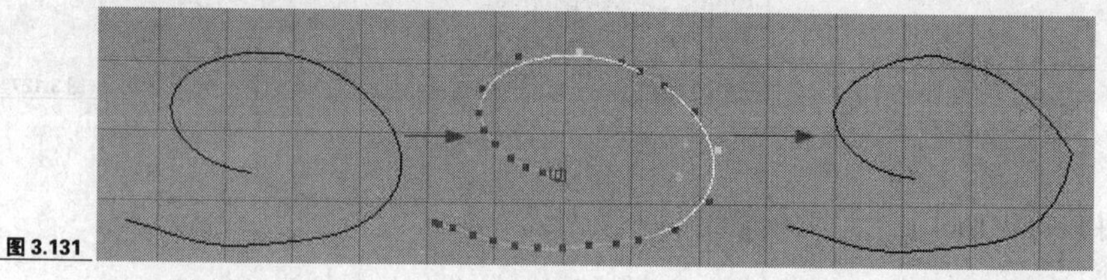
图 3.131

操作方法。

① 在场景中创建 NURBS 曲线，然后进入曲线的元素编辑模式，选择需要硬化的 CV 点。

② 执行 Edit Curves>CV Hardness【编辑曲线>硬化 CV 点】命令，使选中的 CV 点进行硬化。

参数设置。

CV Hardness【硬化 CV 点】命令的参数设置窗口如图 3.132 所示。

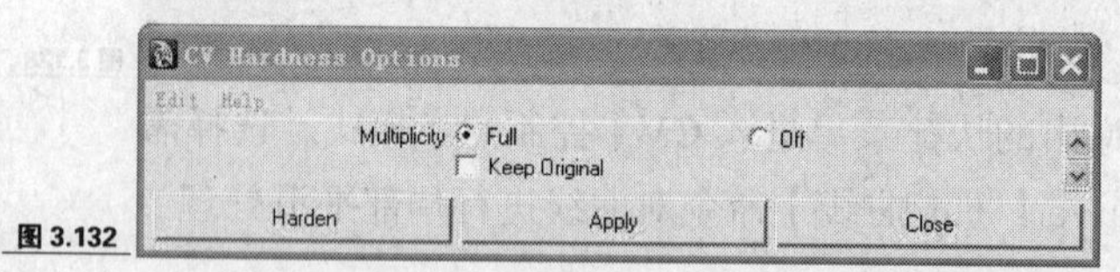

图 3.132

Multiplicity【复合系数】：默认情况下，一个 3° 曲线在创建后，末点将拥有值为 3 的复合系数。如果要将此系数由 1 改成 3，则选中 Full【全部】单选钮，这样每条边上至少有两个复合系数为 1 的控制点被改变。如果要将此系数由 3 改成 1，则选中 Off【关闭】单选钮。

Keep Original【保留原始】：默认值为不勾选。

3.5.18 Add Points Tool【加点工具】

创建一条曲线后，可以在曲线上添加 CV 点，从而达到对部分曲线进行更精确的控制的目的。使用 Edit Curves>Add Points Tool 命令可以为曲线或表面曲线添加 CV 点或者编辑点，如图 3.133 所示。

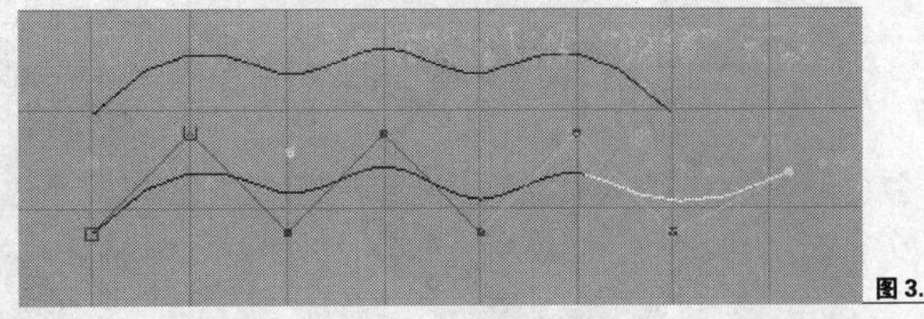

图 3.133

操作方法。

① 选择已经创建完成的 NURBS 曲线。

② 选择 Edit Curves>Add Points Tool 命令。

③ 曲线变为可编辑状态，此时即可添加新的可控点，操作完毕后，按 Enter 键。

3.5.19 Curve Editing Tool【曲线编辑工具】

选择 Edit Curves>Curve Editing Tool【曲线编辑工具】命令可以用便捷的操纵器改变曲线的形状，如图 3.134 所示。

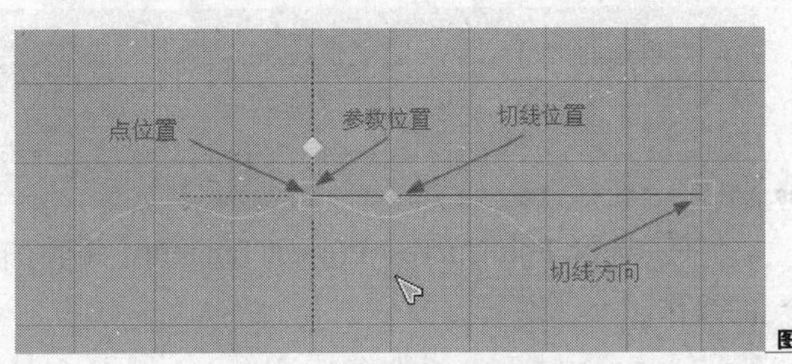

图 3.134

操作方法。

① 在场景中创建 NURBS 曲线。

② 选择 Edit Curves > Curve Editing Tool【编辑曲线>曲线编辑工具】命令。

③ 单击想修改的曲线以显示曲线编辑操纵器，它有几个操纵器手柄，如图 3.134 所示。

④ 拖动激活的操纵器手柄，以编辑曲线的点的位置和切线的方向。

3.5.20 Project Tangent【投射切线】

使用 Edit Curves>Project Tangent【编辑曲线>投射切线】命令可以在曲线的终点修改曲线的切线，使它和表面的切线或者两条其他交叉曲线的切线一致。使用这种方法可以调整曲线的曲率以匹配表面的曲率或者两条曲线交叉处的曲率。

投射曲线的切线到表面的操作方法。

① 选择用于投射切线的表面，然后选择想修改的曲线。

② 选择 Edit Curves>Project Tangent【编辑曲线>投射切线】命令，完成投射曲线的切线到表面的操作，如图 3.135 所示。

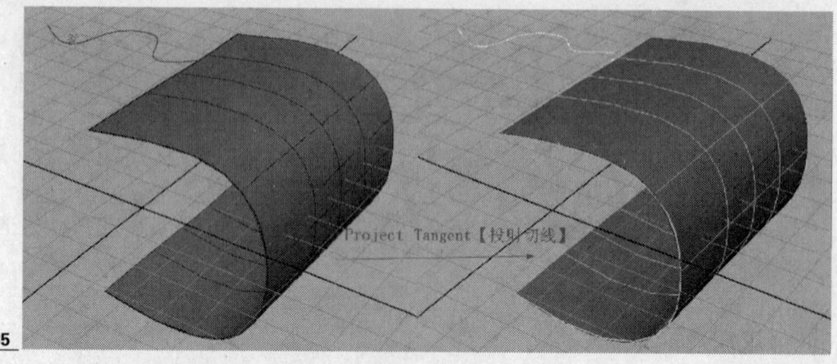

图 3.135

投射切线到曲线的操作方法。

① 在投射曲线切线时，要确认需要投射切线的曲线的终点是否位于其他曲线的交点，操作时可以使用捕捉按钮 或者快捷键 C 进行锁定。

② 选择想投射切线的曲线，然后在按住 Shift 键的同时选择其他的曲线。

③ 最后选择的曲线决定了投射的方向（绿色高亮显示），如图 3.136 所示。

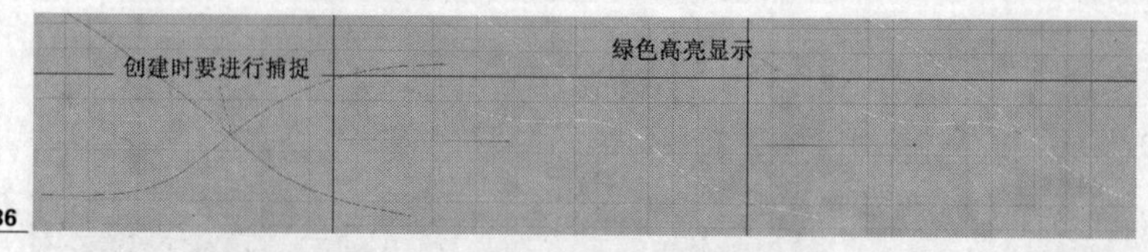

图 3.136

④ 选择 Edit Curves>Project Tangent【编辑曲线>投射切线】命令，完成投射切线到曲线的操作。

参数设置。

Project tangent【投射切线】命令的参数设置窗口如图 3.137 所示。

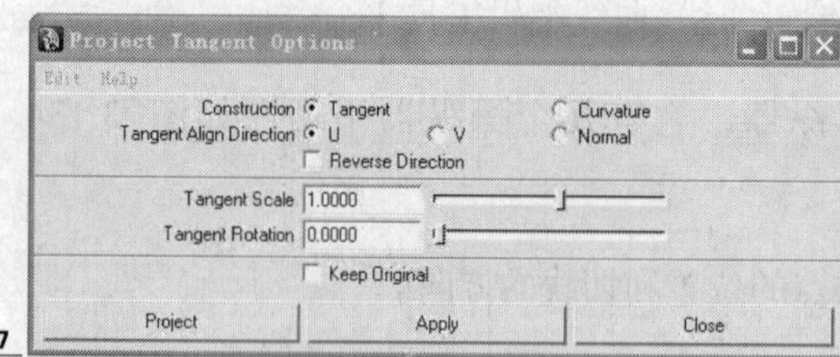

图 3.137

Construction【构造方式】：有 Tangent【切线】和 Curvature【曲率】两种方式。如果选择 Curvature【曲率】方式，那么窗口中会增加 Curvature Scale【曲率比例】选项，并且在使用操纵器时也会增加此项调节手柄。

Tangent Align Direction【切线对齐方向】：设置要对齐的不同切线的方向。

- U：曲面的 U 向或第 1 条相交曲线（操作中选择的第 2 条曲线）。
- V：曲面的 V 向或第 2 条相交曲线（操作中选择的第 3 条曲线）。
- Normal【法线】：曲线的法线对齐到曲面或两条曲线的垂线上。一旦曲线垂直于曲线，将不再相切。

Reverse Direction【反转方向】: 反转相切的方向。

Tangent Scale【切线放缩】: 调节切线的影响力。

Tangent Rotation【切线旋转】: 调节切线的角度。

Keep Original【保持原始】: 勾选此复选框，可以保留原始曲线，创建一条新的相切曲线。

3.5.21 Modify Curves【修改曲线】

Modify Curves【修改曲线】命令下还设有 Lock Length【锁定长度】、Unlock Length【解除长度锁定】、Straighten【拉直】、Smooth【平滑】、Curl【卷曲】、Blend【弯曲】和 Scale Curvature【曲率比例】6 个命令。

1. Lock Length【锁定长度】

操作方法。

① 在场景中使用 CV 或 EP 曲线工具绘制一条 NURBS 曲线。

② 选择 NURBS 曲线，执行 Edit Curves>Modify Curves>Lock Length【编辑曲线>修改曲线>锁定长度】命令锁定选择的曲线。

③ 进入组元编辑模式，选择 CV 点然后使用移动工具尝试编辑曲线形状。观察发现，曲线的长度已经无法改变，并且曲线形状节点上添加了 Lock Length 属性项，如图 3.138 所示。

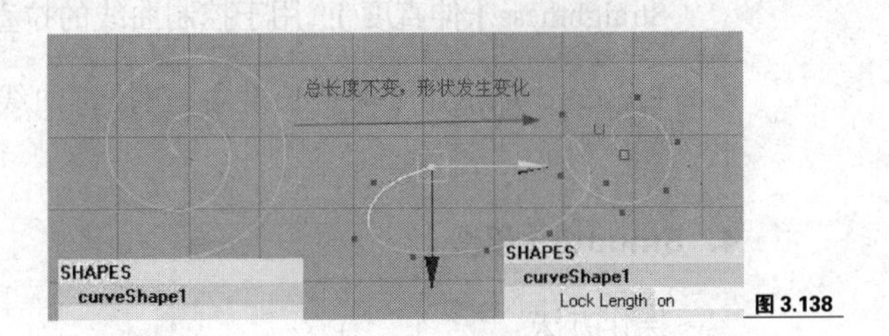

图 3.138

2. Unlock Length【解除锁定长度】

操作方法。

① 选择要解除长度锁定的曲线。

② 执行 Edit Curves>Modify Curves>Unlock Length【编辑曲线>修改曲线>解除长度锁定】命令，或者在曲线的形状节点参数中将 LockLength 设置为 off，如图 3.139 所示。

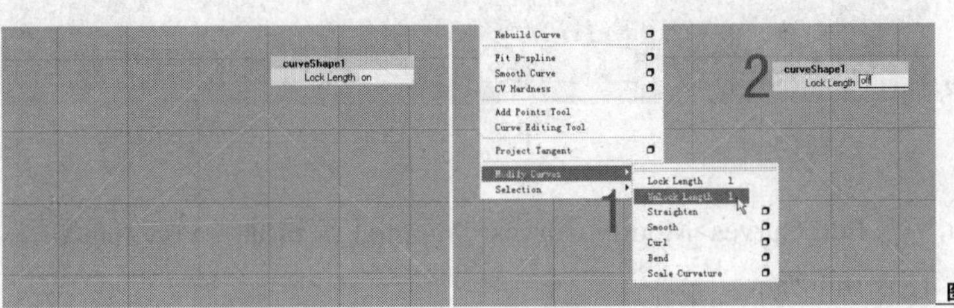

图 3.139

3. Straighten【拉直】

操作方法。

① 选择 NURBS 曲线。

② 执行 Edit Curves>Modify Curves>Straighten【编辑曲线>修改曲线>拉直】命令，得到如图 3.140 所示的效果。

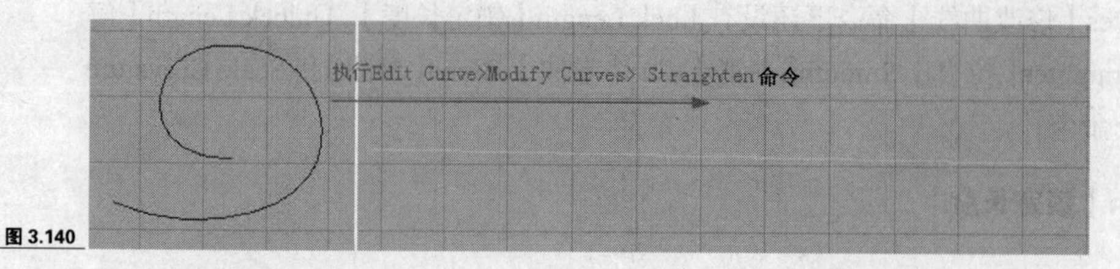

图 3.140

参数设置。

Edit Curves>Modify Curves>Straighten【编辑曲线>修改曲线>拉直】命令的参数设置窗口如图 3.141 所示。

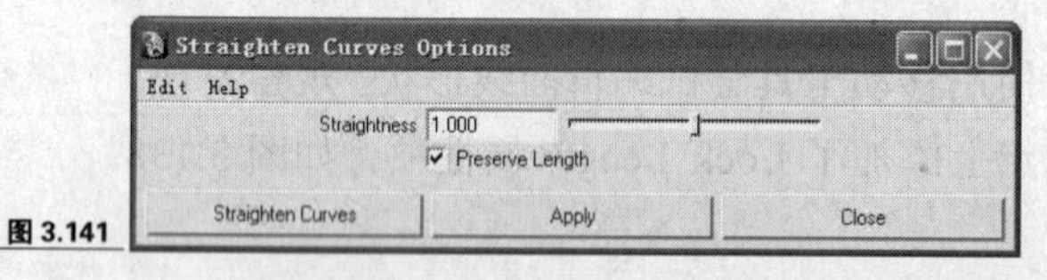

图 3.141

Straightness【伸直度】：用于控制曲线的拉直程度。

Preserve Length【保持长度】：在拉直曲线时用于保持曲线的原有长度，默认为勾选状态。

4. Smooth【平滑】

操作方法。

① 选择 NUBRBS 曲线。

② 执行 Edit Curves>Modify Curves>Smooth【编辑曲线>修改曲线>平滑】命令，使曲线得到平滑效果，如图 3.142 所示。

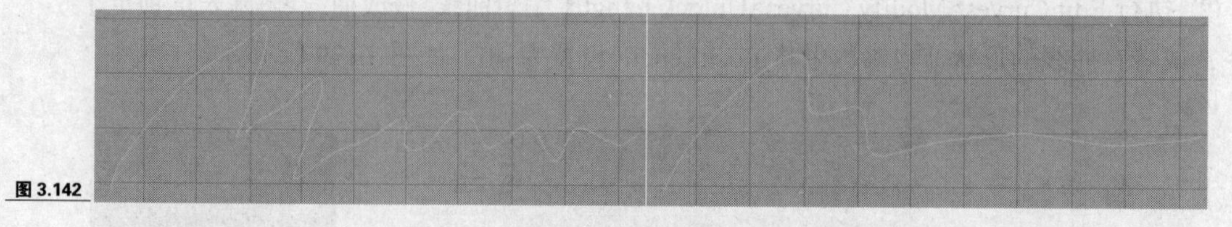

图 3.142

参数设置。

Edit Curves>Modify Curves>Smooth【编辑曲线>修改曲线>平滑】命令的参数设置窗口如图 3.143 所示。

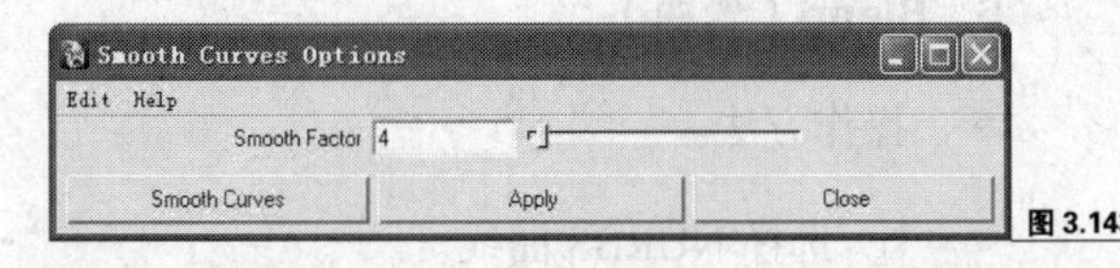

图 3.143

Smooth Factor（平滑度）：用于控制曲线的平滑程度。

5. Curl【卷曲】

操作方法。

① 选择 NURBS 曲线。

② 执行 Edit Curves>Modify Curves>Curl【编辑曲线>修改曲线>卷曲】命令，使曲线得到卷曲效果。

参数设置。

Edit Curves>Modify Curves>Curl【编辑曲线>修改曲线>卷曲】命令的参数设置窗口如图 3.144 所示。

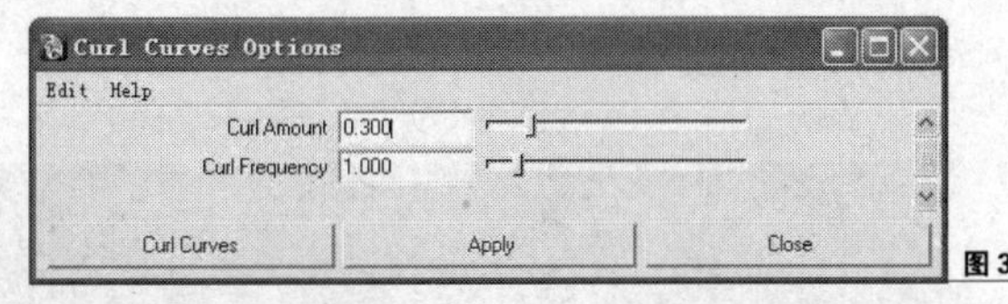

图 3.144

Curl Amount【卷曲度】：用于控制曲线的卷曲程度。

Curl Frequency【卷曲频率】：用于控制曲线的卷曲频率。

不同的 Curl Amount【卷曲度】和不同的 Curl Frequency【卷曲频率】可以得到不同的效果，如图 3.145 所示。

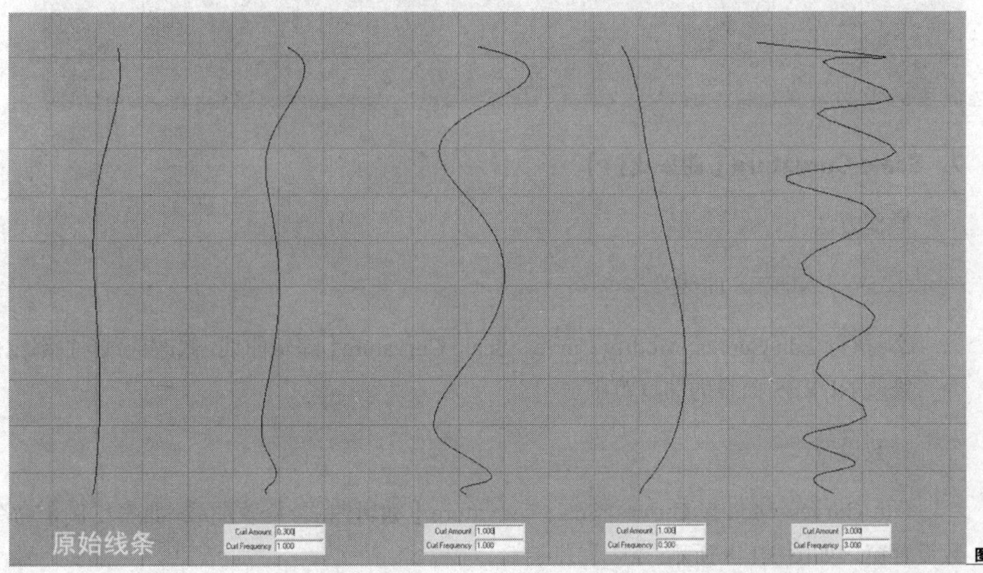

图 3.145

6. Blend【弯曲】

操作方法。

① 选择 NURBS 曲线。

② 执行 Edit Curves>Modify Curves>Blend【编辑曲线>修改曲线>弯曲】命令，使 NURBS 曲线产生弯曲效果。

参数设置。

Edit Curves>Modify Curves>Blend【编辑曲线>修改曲线>弯曲】命令的参数设置窗口如图 3.146 所示。

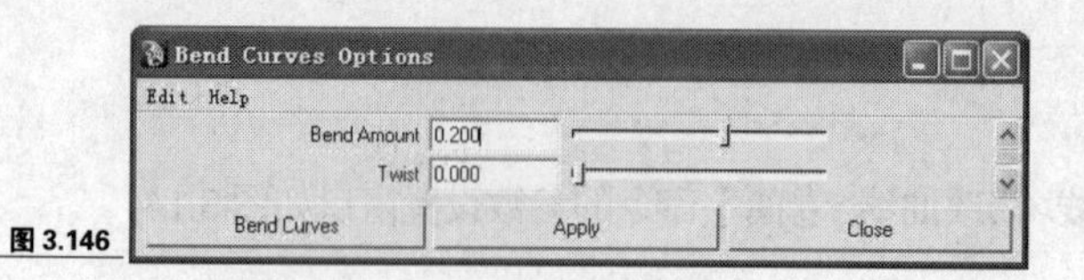

图 3.146

Bend Amount【弯曲度】：用于控制曲线弯曲的程度，不同的数值产生不同的弯曲效果，如图 3.147 所示。

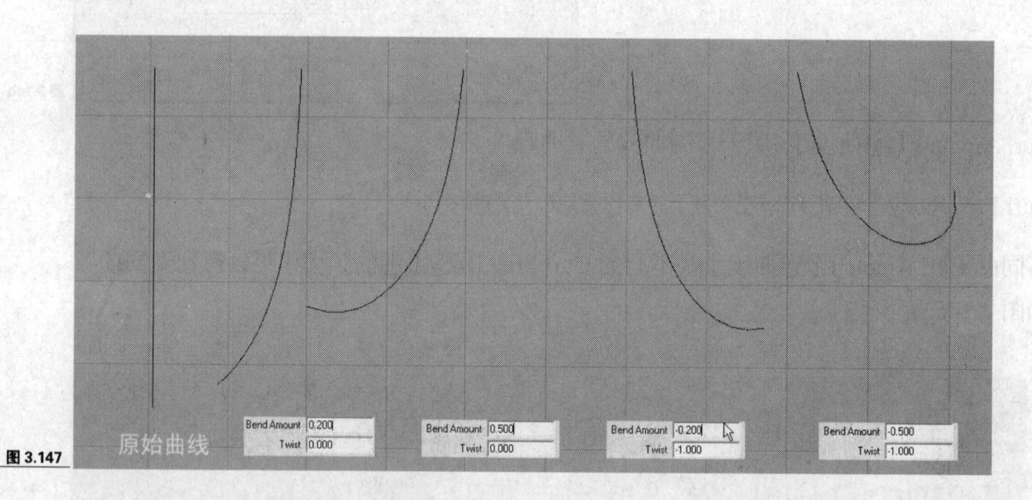

图 3.147

7. Scale Curvature【曲率比例】

操作方法。

① 选择 NURBS 曲线。

② 执行 Edit Curves>Modify Curves>Scale Curvature【编辑曲线>修改曲线>曲率比例】命令，修改 NURBS 曲线的曲率范围。

参数设置。

Edit Curves>Modify Curves>Scale Curvature【编辑曲线>修改曲线>曲率比例】命令的参数设置窗口如图 3.148 所示。

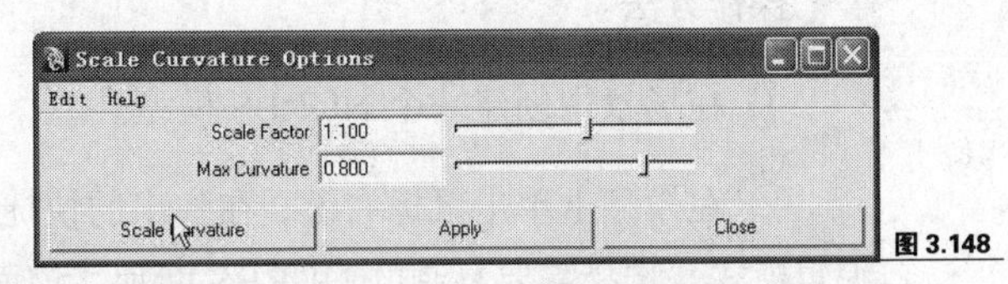

图 3.148

Scale Factor【比例因子】：用于控制曲线的曲率比例。此值为 1 时，原曲线形状不变，大于 1 时，曲线弯曲度加大，小于 1 时，曲线弯曲度减小，此值为 0 时，曲线会变成直线，如图 3.149 所示。

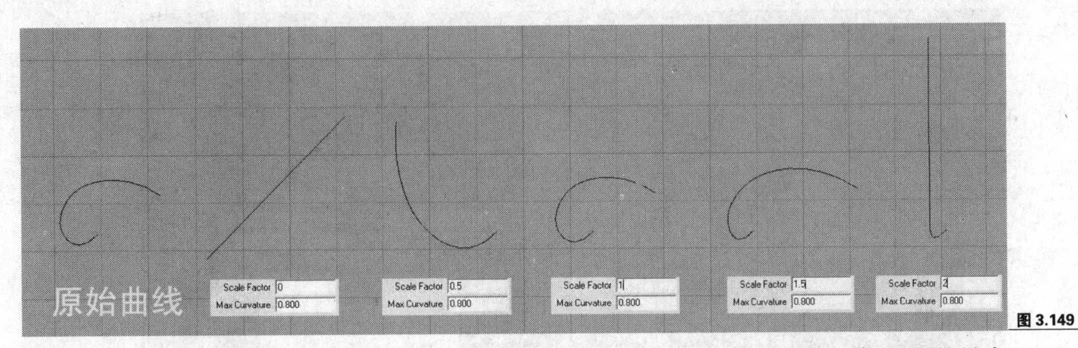

图 3.149

Max Curvature【最多曲率】：用于控制曲线的最大弯曲程度。控制曲线相邻两段的最大夹角。参数值越小，曲率越小，如图 3.150 所示。

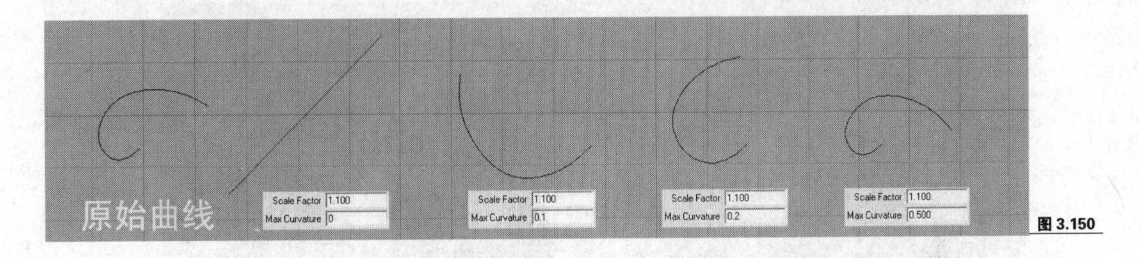

图 3.150

3.6　NURBS 曲面的编辑

直接生成的曲线往往不能完全符合最终要求，这便需要进行进一步的编辑和修改。通过 Edit NURBS 菜单可以对曲面作各种编辑操作，如复制 NURBS 面片、投射曲线、相交曲面、剪切曲面、还原剪切曲面、使用 Boolean 工具、合并曲面、分离曲面、对齐曲面、开放/闭合曲面、移动曲面接缝、插入等参线、延伸曲面、偏移曲面、反转曲面方向、重建曲面、圆角工具等。本章节中有很多参数都曾经出现在 NURBS 曲线编辑菜单中，这里不再重复讲解。

3.6.1　Duplicate NURBS Patches【复制 NURBS 面片】

使用 Duplicate NURBS Patches【复制 NURBS 面片】命令可以复制一个或多个曲面面片，拷贝体可作为单独的物体。例如，可以从由许多面片构成的曲面中复制一对面片，然后将这对复制的面片作为新物体进行变形和动画。

操作方法。

① 在场景中创建一个 NURBS 模型。

② 在模型上单击鼠标右键，在弹出的快捷菜单中选择 Surface Patch【面片】命令，进入编辑模式。选择需要复制的 NURBS 面片，该面片会以亮黄色显示。

③ 执行 Edit NURBS>Duplicate NURBS Patches【编辑曲面>复制 NURBS 面片】命令即可复制 NURBS 面片，如图 3.151 所示。

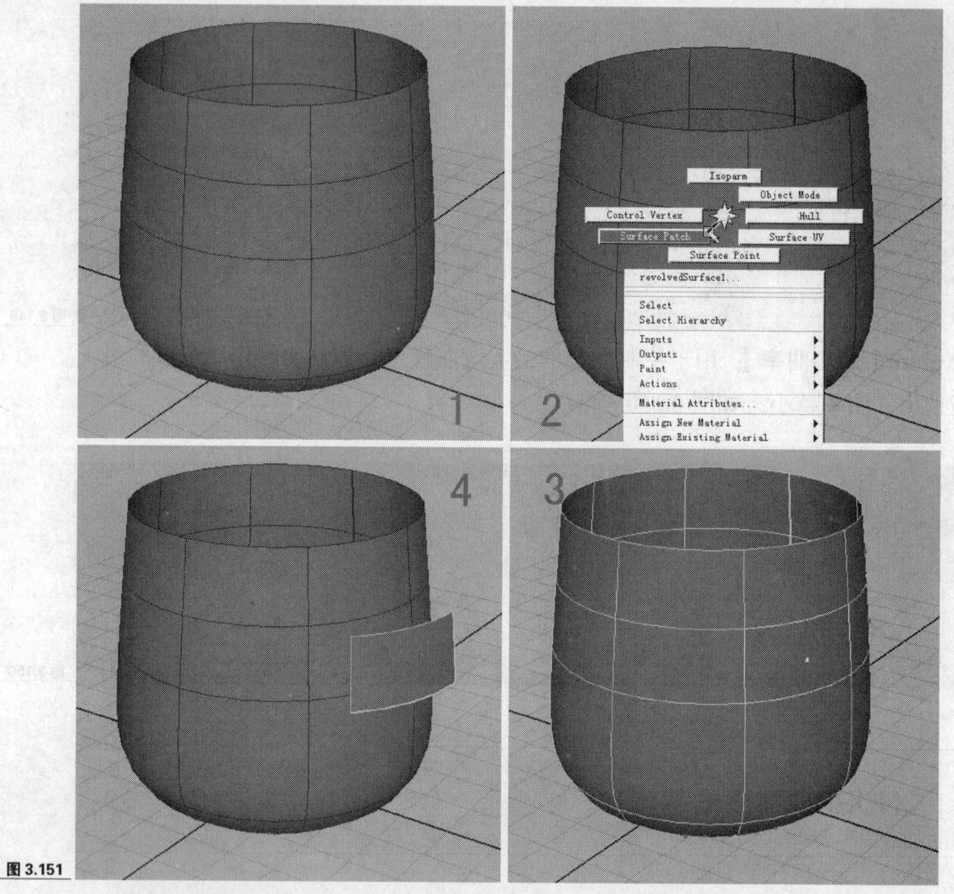

图 3.151

参数设置。

Duplicate NURBS Patches【复制 NURBS 面片】命令的参数设置窗口如图 3.152 所示。

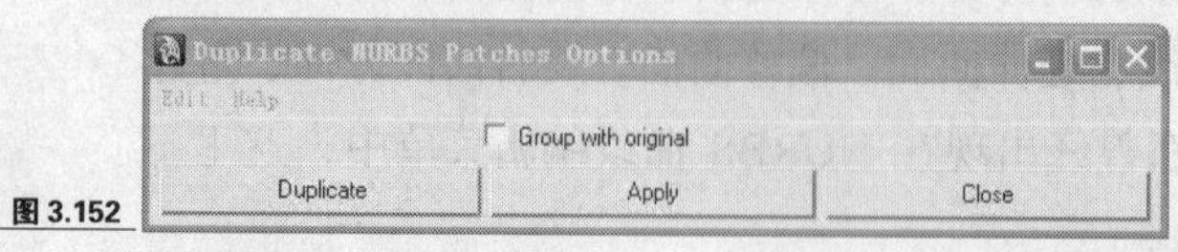

图 3.152

Group with orignal【与原始曲面建组】：如果勾选此复选框，那么复制出的面片是原物体的子物体。如果取消勾选此复选框，那么复制出的面片将独立于原物体存在。

3.6.2 Project Curve On Surface【投射曲线到曲面】

在曲面上创建曲线对于面的修剪、对齐、路径动画或其他任务而言是非常必要的，这些曲线统称为表面曲线。产生表面曲线的方法有如下几种，在曲面上投射曲线、直接在激活的曲面上创建曲线、通过面的相交得到曲线、通过曲面倒角等。

使用 Edit Surfaces>Project Curve On Surface【编辑曲面>投射曲线到曲面】命令把一条曲线或多条曲线投射到表面或表面组上，然后就可以创建表面曲线了。

操作方法。

① 执行 Create>NURBS Primitives>Sphere【创建>NURBS 基本几何体>球体】命令，在场景中创建一个 NURBS 球体作为被投射曲面。

② 打开 Create>Text【创建>文字】命令的参数设置窗口，设置 Type【类型】为 Curve【曲线】，Text【文字】内容为字母 W，作为投射曲线。

③ 调整球体和文字曲线的大小，使球体大于文字曲线，然后调整位置，以便于投射。

④ 选择要投射的曲线文字，按住 Shift 键的同时选择球体，执行 Edit Surfaces>Project Curve On Surface【编辑曲面>投射曲线到曲面】命令，在球体上产生表面曲线，如图 3.153 所示。

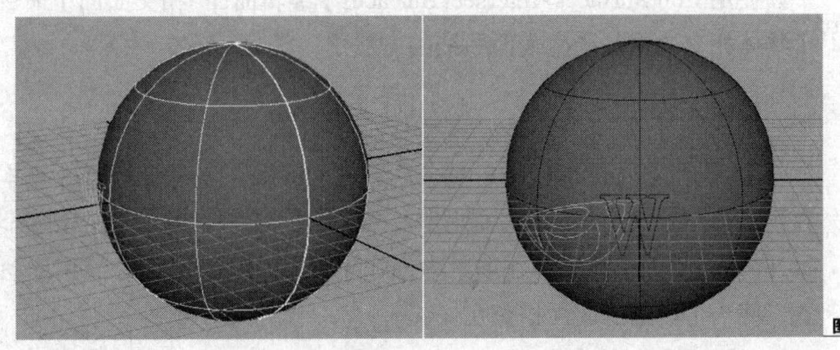

图 3.153

参数设置。

Project Curve On Surface【投射曲线到曲面】命令的参数设置窗口如图 3.154 所示。

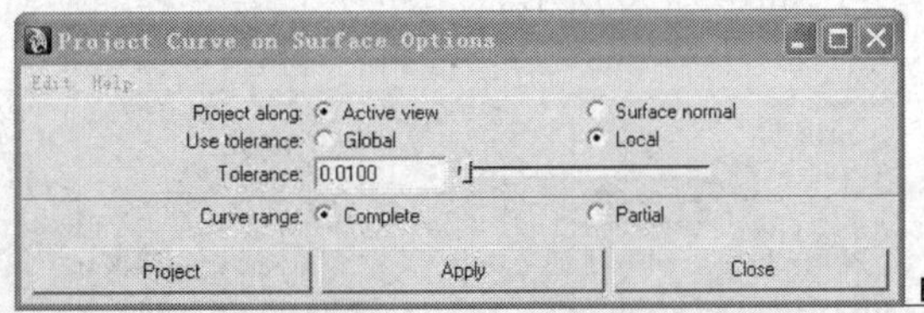

图 3.154

Project along【投射方向】：用于设置曲线投射到曲面上的方式，有 Active view【当前视图】和 Surface normal【曲面法线】两种方式。

- Active view【当前视图】：以当前被激活的视图为标准投射曲线到曲面上。如果激活的视图是前视图、侧视图或顶视图，那么投射到曲面的曲线没有透视变化。如果激活透视图摄影机，那么投射的曲线会根据透视摄影机的变化而变化。该选项为默认值。
- Surface normal【曲面法线】：不会根据激活的视图来决定投射曲线的角度，而是根据曲面法线决定曲线投射的形状，如图 3.155 所示。

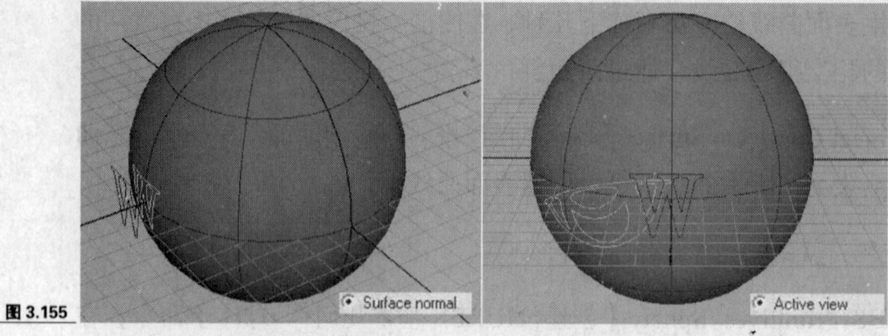

图 3.155

Curve range【曲线范围】：用于设置曲线的投射范围，包括 Complete【完全】和 Partial【局部】两种。

- Complete【弯曲】：将整条曲线投射到表面上。
- Partial【局部】：可以将曲线的一部分投射到表面上。这样就创建了次级曲线（最初是整条曲线），然后可以用操纵器对其进行编辑。

3.6.3 Intersect Surfaces【相交曲面】

使用 Edit Surfaces>Intersect Surfaces【编辑曲面>相交曲面】命令可以使一个物体和另一个物体相交，这是产生表面曲线的方法之一。

操作方法。

① 执行 Create>NURBS Primitives>Cylinder【创建>NURBS 基本几何体>圆柱体】命令，在场景中创建 1 个 NURBS 圆柱体。执行 Create>NURBS Primitives>Plan【创建>NURBS 基本几何体>平面】命令，在场景中创建 1 个 NURBS 平面。使用移动工具调整 2 个模型的位置，使 2 个模型的曲面相交在一起。

② 执行 Edit NURBS>Intersect Surfaces【编辑曲面>相交曲面】命令，求出相交曲线。

③ 使用后面即将讲解的 Trim Tool【剪切工具】命令，我们可以删除交叉曲面的多余部分，如图 3.156 所示。

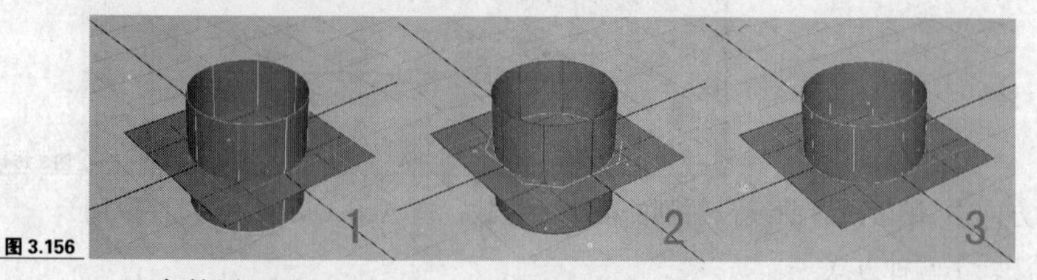

图 3.156

参数设置。

Intersect Surfaces【相交曲面】命令的参数设置窗口如图 3.157 所示。

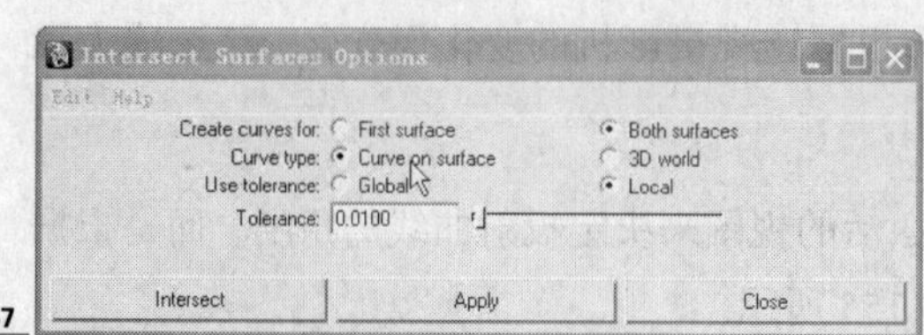

图 3.157

Create curve for【生成曲线于】: 用于设置相交曲线在什么物体上产生，有以下两种类型。

- First surface【第一个曲面】: 在选择的第一个曲面上生成相交曲线。
- Both surfaces【全部曲面】: 在所有曲面上生成相交曲线，如图 3.158 所示。

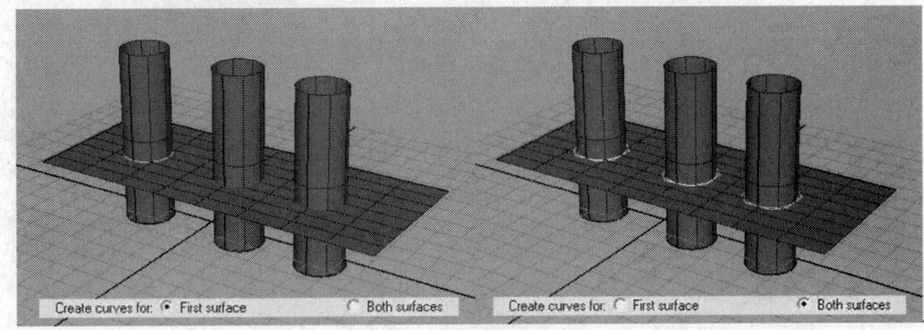

图 3.158

Curve type【曲线类型】: 用于设置生成相交曲线的类型，有以下两种类型。

Curve on surface【曲面曲线】: 得到曲面曲线。

3D world【三维世界】: 得到独立的相交曲线，如图 3.159 所示。

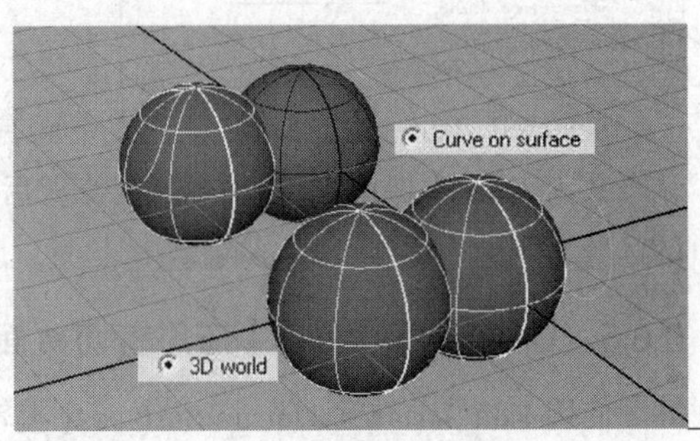

图 3.159

3.6.4 Trim Tool【剪切工具】

使用 Edit Surfaces>Trim Tool【编辑曲面>剪切工具】命令可以修剪模型表面，使其保留需要的特定区域或者删除不需要的区域。

操作方法。

① 剪切表面时，要求 NURBS 曲面上必须有表面曲线。新建场景，使用 Create>NURBS Primitives>Cone【创建>NURBS 几何体>圆锥体】命令创建 NURBS 圆锥体，再使用 Create>NURBS Primitives>Plan【创建>NURBS 基本几何体>平面】命令创建 NURBS 平面。使用移动工具调整两个模型的位置，使两个模型的曲面相交在一起。选中两个模型，执行 Edit NURBS>Intersect Surfaces【编辑曲面>相交曲面】命令，求出相交曲线，如图 3.160 所示。

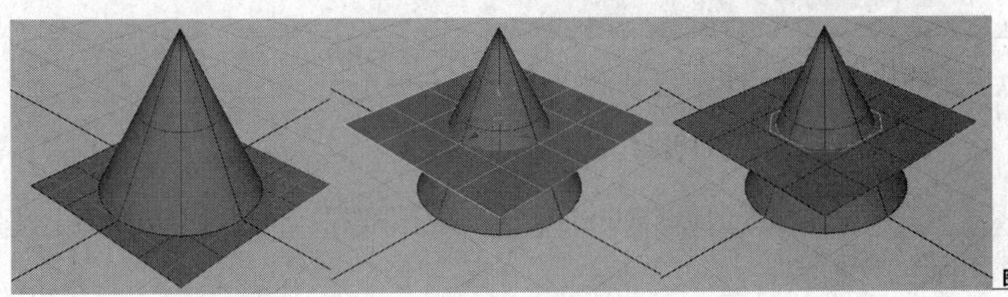
图 3.160

② 选择 Edit Surfaces>Trim Tool【编辑曲面>剪切工具】命令并单击圆锥体，此时模型的曲面以白色虚线框显示。

③ 单击需要保留的部位，以黄色圆点为标记，然后按 Enter 键即可完成剪切，如图 3.161 所示。

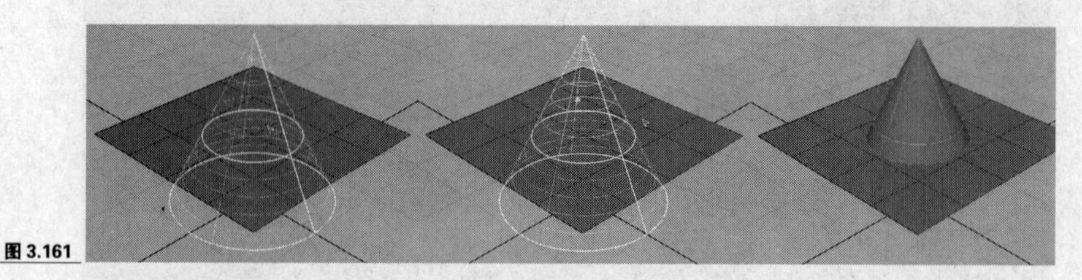

图 3.161

参数设置。

Trim Tool【剪切工具】命令的参数设置窗口如图 3.162 所示。

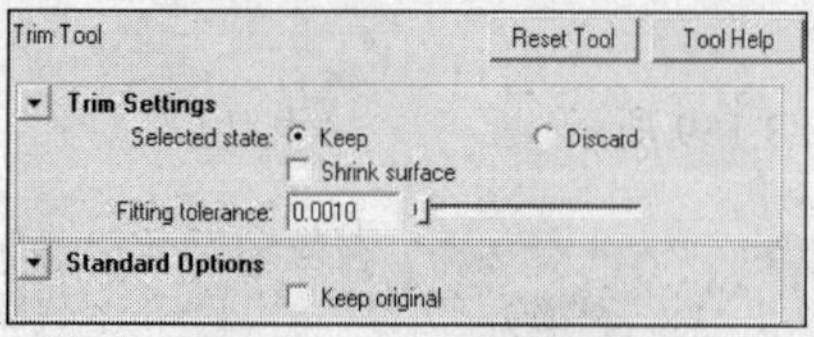

Trim Tool　Reset Tool　Tool Help
Trim Settings
Selected state: Keep　Discard
Shrink surface
Fitting tolerance: 0.0010
Standard Options
Keep original

图 3.162

Selected state 【选择修剪状态】下面有 Keep【保留】和 Discard【去除】两个选项，默认参数为 Keep【保留】。如果想保留修剪后的区域，则选择 Keep【保留】，如果放弃修剪后的区域，则选取 Discard【去除】。

3.6.5 Untrim Surfaces【还原剪切曲面】

使用 Edit Surfaces>Untrim Surfaces【编辑曲面>还原剪切曲面】命令可以撤销前一步的修剪操作，使剪掉的部分恢复。如果一个曲面经过了多次剪切，那么通过 Edit Surfaces>Untrim Surfaces【编辑曲面>还原剪切曲面】命令可以逐步对曲面进行还原，也可以一次还原为最初的状态，如图 3.163 所示。

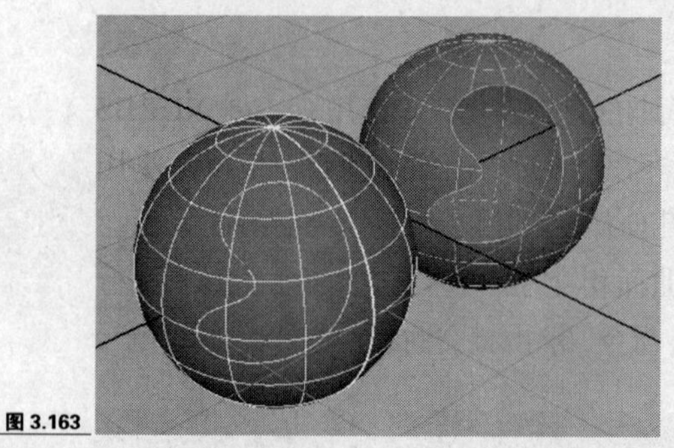

图 3.163

操作方法。

① 选择要还原剪切操作的曲面。

② 执行 Edit Surfaces>Untrim Surfaces【编辑曲面>还原剪切曲面】命令，还原曲面的剪切操作。

3.6.6 Booleans【布尔运算】

Booleans【布尔运算】是一个常用的命令，使用它可以对两个相交的 NURBS 曲面进行并集、差集和交集的计算，操作起来一样的便捷。

操作方法。

① 新建场景，执行 Create>NURBS Primitives>Sphere【创建>NURBS 基本几何体>球体】命令，创建两个 NURBS 球体。使用 Move【移动】命令移动两个球体的位置，使它们相交在一起。在场景空白处单击即可取消对球体的选择。

② 分别执行 Edit Surfaces>Booleans【编辑曲面>布尔运算】子菜单中的 Union【并集】、Subtract【差集】和 Intersect【交集】命令，先选取第一个球体，按 Enter 键，再选取第二个球体，按 Enter 键，完成布尔运算，如图 3.164～图 3.166 所示。

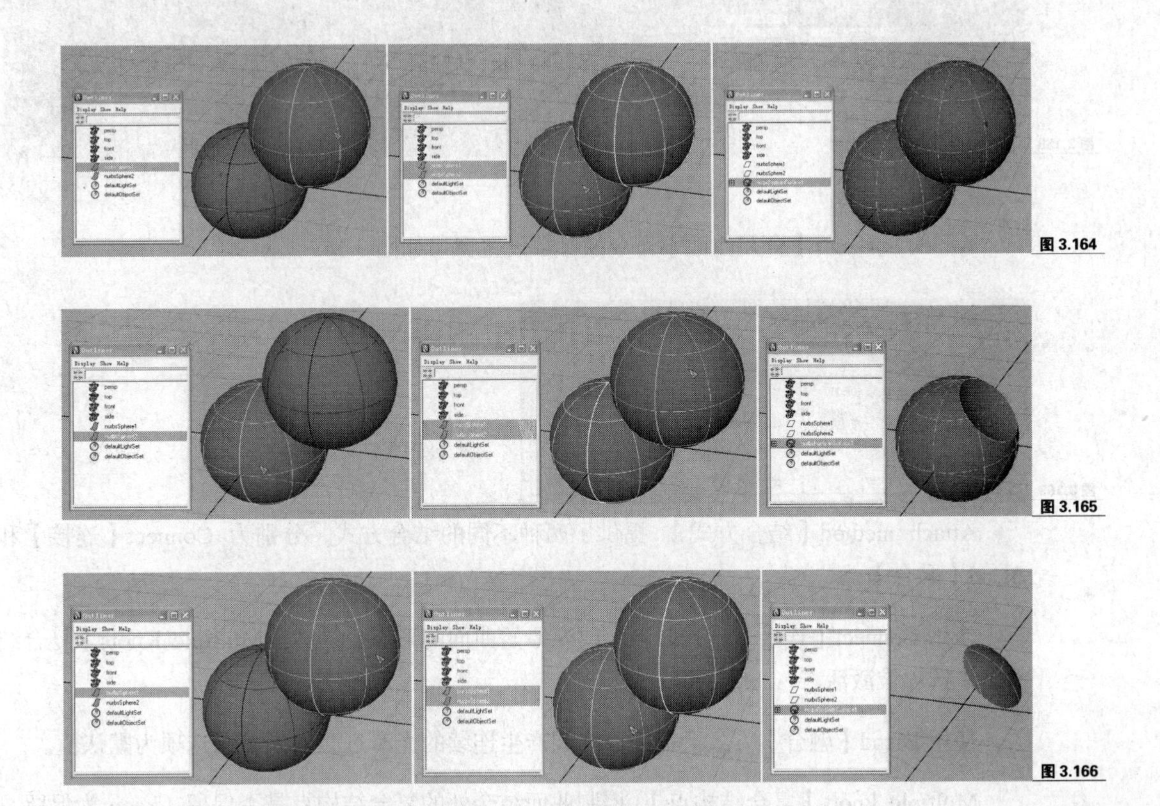

图 3.164

图 3.165

图 3.166

3.6.7 Attach Surfaces【合并曲面】

使用 Edit Surfaces>Attach Surfaces【编辑曲面>合并曲面】命令可以通过连接两个表面的边而创建一个单一的面，创建的面被混合，从而创建较为平滑的连接。

合并曲面的操作方法。

① 在场景中创建两个 NURBS 曲面，然后依次选中两个曲面。

② 执行 Edit Surfaces>Attach Surfaces【编辑曲面>合并曲面】命令合并曲面，如图 3.167 所示。

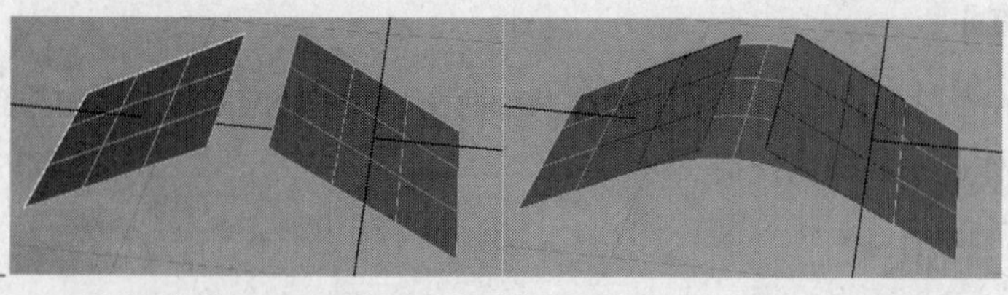
图 3.167

在指定位置合并曲面的操作方式。

① 在场景中创建两个 NURBS 曲面，依次选中两个曲面。进入曲面的 Isoparm【等参线】编辑模式，配合 Shift 键选中指定位置的 Iosparm【等参线】。

② 执行 Edit Surfaces>Attach Surfaces【编辑曲面>合并曲面】命令合并曲面，如图 3.168 所示。

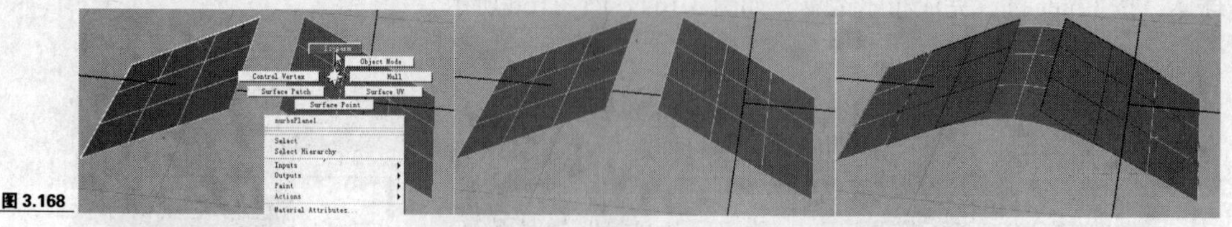
图 3.168

参数设置。

Attach Surfaces【合并曲面】命令的参数设置窗口如图 3.169 所示。

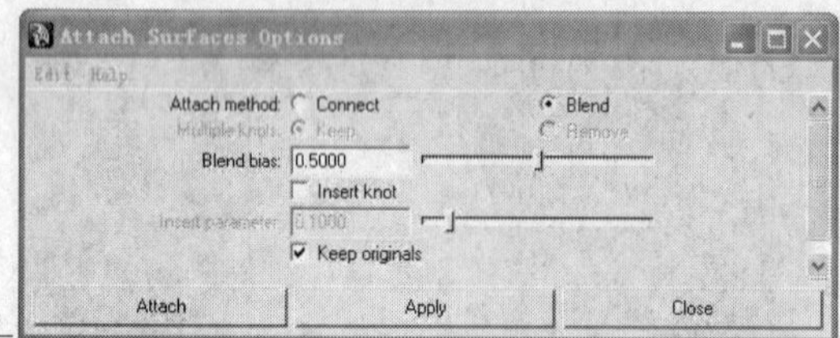

图 3.169

Attach method【结合方式】：提供了两种不同的结合方式，分别为 Connect【连接】和 Blend【融合】。

使用 Connect【连接】方式时不会改变原始曲面的形态，同时，Multiple Knots【复合结构点】选项被激活。

使用 Blend【融合】方式会在曲面之间产生连续的光滑过渡效果，该选项为默认值。

Multiple knots【复合结构点】：控制曲面结合处的复合结构点是否保留，keep 为保留，Remove 为去除。

3.6.8 Detach Surfaces【分离曲面】

使用 Detach Surfaces【分离曲面】命令可以将曲面断开，形成几个独立的曲面。

操作方法。

① 选择需要进行分离操作的 NURBS 曲面。

② 进入曲面编辑模式，选择要分离的 Iosparm【等参线】。

③ 选择 Edit Surfaces>Detach Surfaces【编辑曲面>分离曲面】命令，NURBS 曲面被分成几个独立的曲面，如图 3.170 所示。

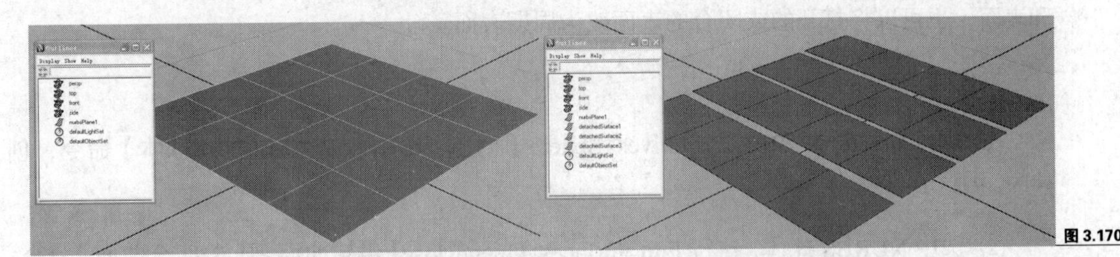

图 3.170

3.6.9 Align Surfaces【对齐曲面】

使用 Align Surfaces【对齐曲面】命令可以将两个曲面按照指定的 Iosparm【等参线】对齐，并且在曲面接缝处保持连续，即完全对齐。

直接对齐曲面的操作方法。

① 依次选择需要对齐的 NURBS 曲面。

② 执行 Edit Surfaces>Align Surfaces【编辑曲面>对齐曲面】命令，将两个曲面对齐，如图 3.171 所示。

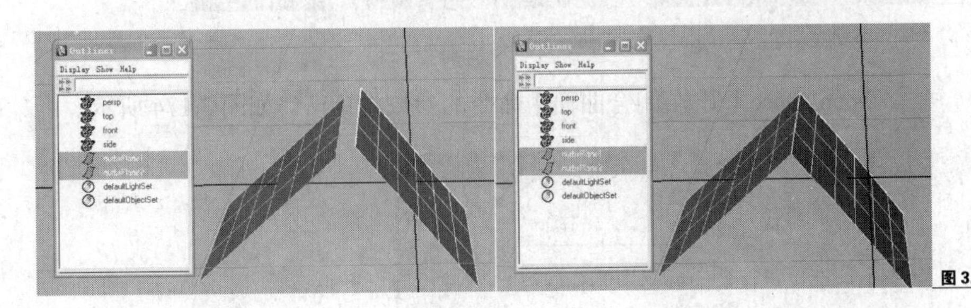

图 3.171

在指定位置对齐曲面的操作方法。

① 选择需要对齐的 NURBS 曲面。

② 进入 Iosparm【等参线】组元编辑模式，在按住 Shift 键的同时分别选择各自边界的 Isoparm【等参线】，来确定曲面之间要对齐的位置。

③ 执行 Edit Surfaces>Align Surfaces【编辑曲面>对齐曲面】命令，将两个曲面按照指定位置对齐，如图 3.172 所示。

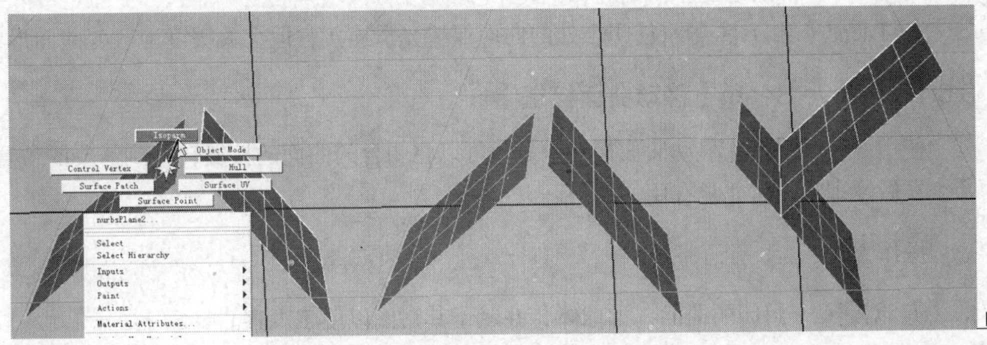

图 3.172

3.6.10 Open/Close Surfaces【开放/闭合】曲面

使用 Edit Surfaces > Open/Close【编辑曲面>开放/闭合曲面】命令可以开放或者闭合曲线和表面，也可以将打开的或闭合的表面改为周期表面。

操作方法。

① 执行 Create>NURBS Primitives>Sphere【创建>NURBS 基本几何体>球体】命令，创建 NURBS 球体。

② 选中 NURBS 球体，执行 Edit Surfaces>Open/Close【编辑曲面>开放/闭合曲面】命令，原本闭合的 NURBS 球体被打开，如图 3.173 所示。

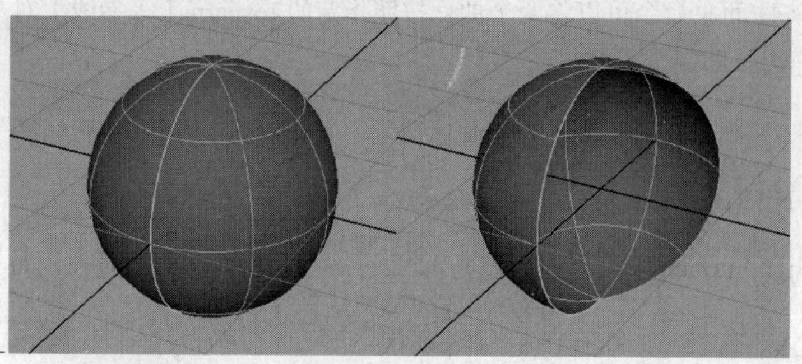

图 3.173

参数设置。

Open/Close【开放/闭合曲面】命令的参数设置窗口如图 3.174 所示。

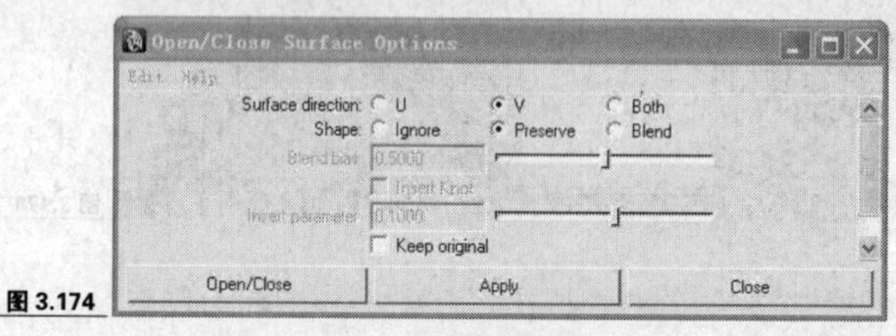

图 3.174

Surface direction【曲面方向】：设置曲面从哪个方向进行开放或封闭操作。有 3 种类型，即 U 表示对 U 方向操作；V 表示对 V 方向操作；Both 表示两个方向同时操作。

Shape【图形】：设置曲面被开放/闭合后的形状变化，有 3 种类型。

- Ignore【忽略】：不考虑曲面形状的变化，直接在起始点开放或闭合曲面。
- Preserve【保护】：尽量保护开口处两侧曲面的形态不发生变化，是默认设置。
- Blend【融合】：尽量使闭合处的曲面保持光滑连接，但会大幅度地改变曲面形状。

3.6.11 Move Seam【移动曲面接缝】

使用 Move Seam【移动曲面接缝】命令可以将闭合的曲面的接缝转移到需要的位置，该命令在做纹理贴图时非常有用。

操作方法。

① 创建一个封闭的曲面，如球体，并赋予其贴图以便于观察。

② 选择球体并进入球体的组元编辑模式，选择 Isoparm【等参线】作为曲面接缝将要移到的位置。

③ 执行 Edit NURBS>Move Seam【编辑曲面>转移接缝】命令，使曲面的接缝转移位置，如图 3.175 所示。

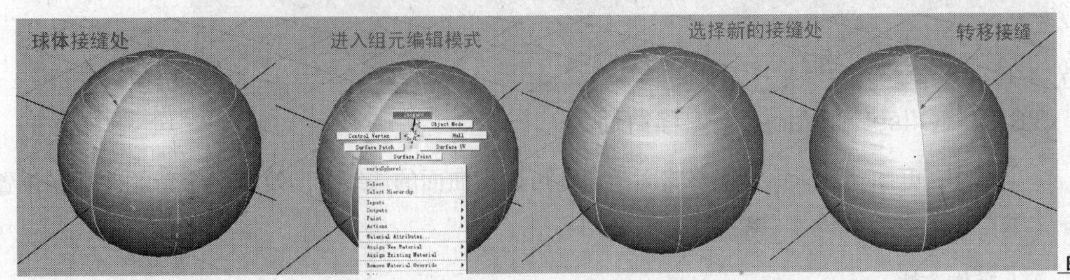

图 3.175

3.6.12 Insert Isoparms【插入等参线】

在修改 NURBS 曲面时，经常需要在适当的地方增加曲面的细分段数，从而可以进行细致的编辑。在不改变曲面形状的前提下，我们可以通过 Insert Isoparms【插入等参线】命令增加模型的细分段数。

操作方法。

① 在场景中执行 Create>NURBS Primitives>Sphere【创建>NURBS 基本几何体>球体】命令，创建 NURBS 球体。单击鼠标右键，在弹出的快捷菜单中选择 Isoparm【等参线】命令，进入曲面的组元编辑模式。

② 将已有的等参线拖曳至需要添加等参线的位置，新的等参线会以黄色虚线显示，配合 Shift 键可以同时选择多条等参线。

③ 执行 Edit NURBS>Insert Isoparms【编辑曲面>插入等参线】命令，黄色虚线处出现了新的等参线，如图 3.176 所示。

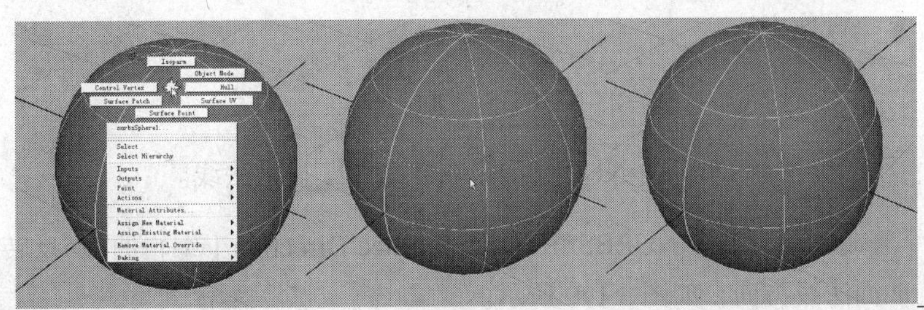

图 3.176

3.6.13 Extend Surfaces【延伸曲面】

Extend Surfaces【延伸曲面】命令与 Extend Curve【延伸曲线】命令相似，使用 Extend Surfaces 命令可以使曲面在 U 向或者 V 向进行延伸。

操作方法。

① 在场景中执行 Create>NURBS Primitives>Plane【创建>NURBS 基本几何体>平面】命令，创建 NURBS 平面。

② 执行 Edit NURBS>Extend Surfaces【编辑曲面>延伸曲面】命令，所选平面得到延伸，如图 3.177 所示。

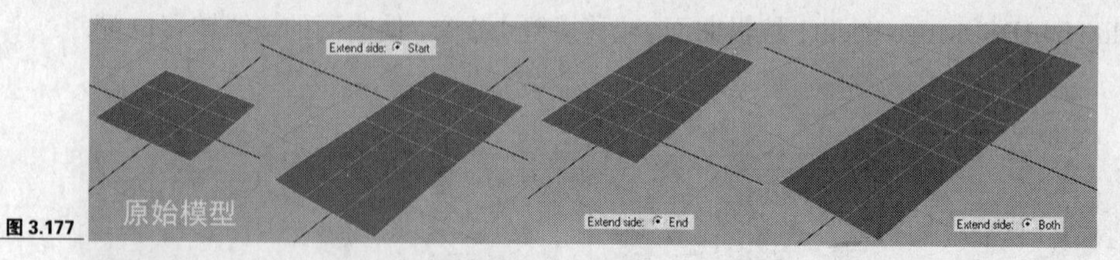

图 3.177

3.6.14 Offset Surfaces【偏移曲面】

使用 Offset Surfaces【偏移曲面】命令可以沿曲面的法线方向复制一个新的曲面，位置上会产生一定的偏移。

操作方法。

① 在场景中执行 Create>NURBS Primitives>Plane【创建>NURBS 基本几何体>平面】命令，创建 NURBS 平面。

② 执行 Edit NURBS>Offset Surfaces【编辑曲面>偏移曲面】命令，产生偏移曲面，如图 3.178 所示。

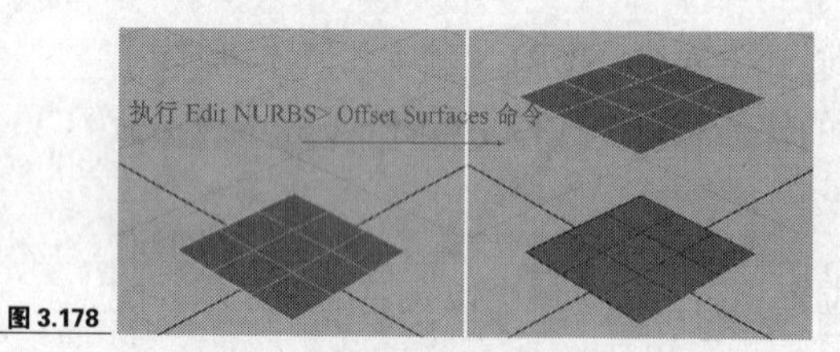

图 3.178

3.6.15 Reverse Surface Direction【反转曲面方向】

使用 Reverse Surface Direction【反转曲面方向】命令可以改变曲面的法线方向，在贴图时经常使用这个命令。

操作方法。

① 选择需要反转的 NURBS 曲面。

② 执行 Display>NURBS>Normal 命令，显示法线。

③ 执行 Edit NURBS>Reverse Surface Direction【编辑曲面>反转曲面方向】命令，反转曲面法线方向，如图 3.179 所示。

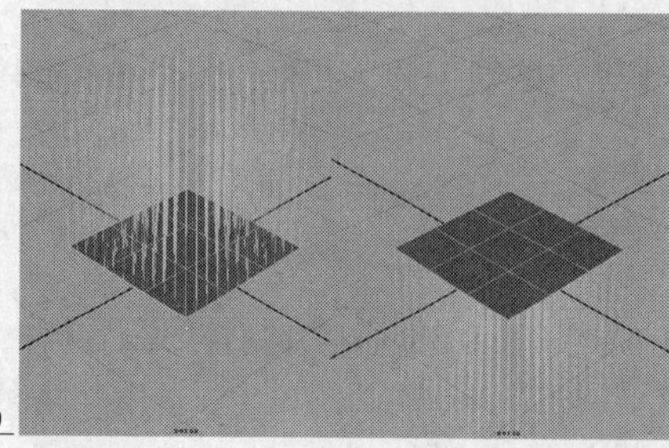
图 3.179

3.6.16 Rebuild Surfaces【重建曲面】

使用 Rebuild Surfaces【重建曲面】命令可以改变曲面的度数，U、V 方向的段数等参数。

操作方法。

① 选择需要重建的 NURBS 曲面。

② 执行 Edit NURBS>Rebuild Surfaces【编辑曲面>重建曲面】命令，使所选曲面得到重建。

参数设置。

Rebuild Surfaces【重建曲面】命令和 Rebuild Curve【重建曲线】命令非常相似。Rebuild Surfaces 命令的参数设置窗口如图 3.180 所示。

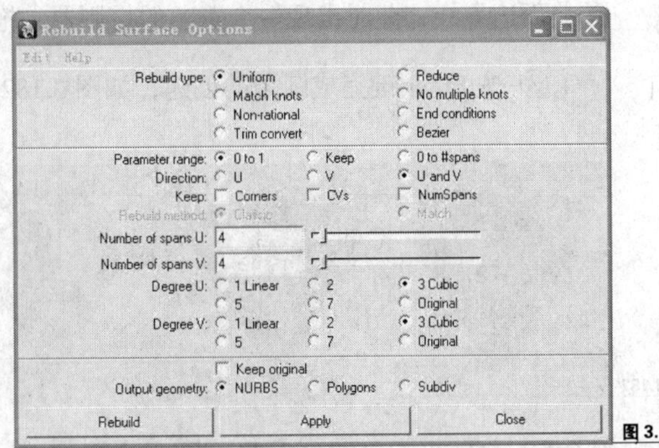

图 3.180

Rebuild type【重建类型】：提供了 8 种重建类型，分别是 Uniform【均匀】、Reduce【精简】、Match knots【匹配结构点】、No multiple knots【无复合结构点】、Non-rational【无理】、End conditions【末点状态】、Trim convert【剪切转化】和 Bezier【贝塞尔】。

Parameter range【参数范围】：在重建曲面时有 3 种方式。

- 0 to 1：将 U、V 参数值的范围定义为 0～1。
- Keep【保留】：重建后曲面，U、V 方向的参数值范围保持不变，与原始曲面相同。
- 0 to #Spans【0 到段数】：曲面重建后，范围为 0 到段数。

Direction【方向】：用于设置沿曲面的哪个方向重建曲面，有 3 个选项，分别为 U 向、V 向和 U、V 向。

Keep【保留】：有 3 种类型。

Number of spans U/V【U/V 向段数】：设置重建曲面后 U 方向和 V 方向上的段数。

Degree U/V【U/V 度数】：设置重建曲面后 U/V 方向上的度数。

3.6.17 Round Tool【圆角工具】

使用 Edit Surfaces>Round Tool 命令可以圆化 NURBS 表面的共享角和共享边，如图 3.181 所示。

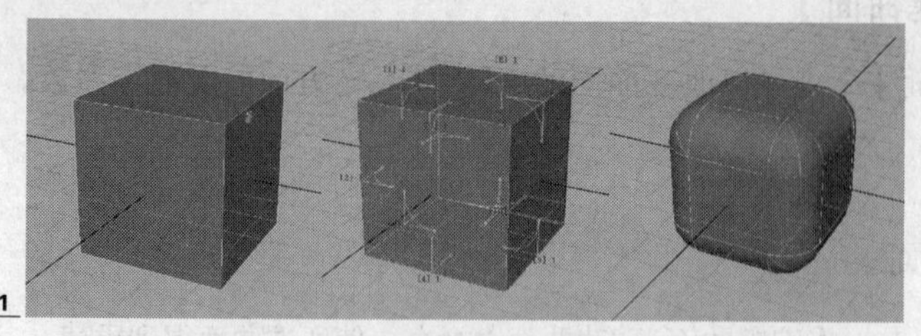
图 3.181

操作方法。

① 单击 Create>NURBS Primitives>Cone【创建>NURBS 基本几何体>圆锥】命令右侧的❐按钮，在打开的窗口中设置 Caps【封盖】为 Bottom【底】，然后创建带底的 NURBS 圆锥体。

② 选择 Edit NURBS>Round Tool【编辑曲面>圆角工具】命令，框选由圆锥和底面组成的曲面边界线，此时出现一个黄色的控制器，拖动即可控制圆角的半径大小。

③ 按 Enter 键完成圆角的创建，如图 3.182 所示。

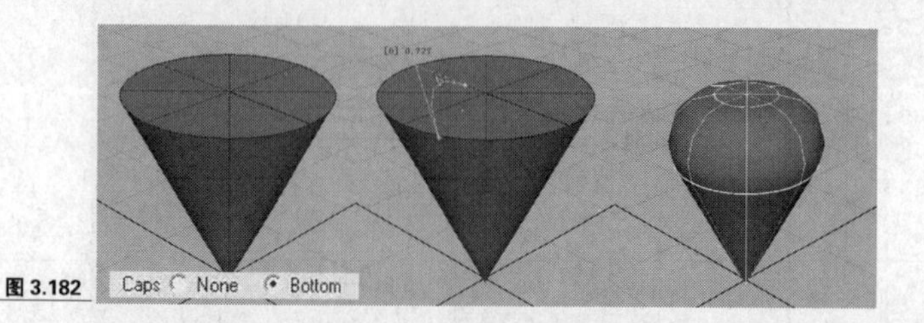

图 3.182

3.6.18 Surface Fillet【曲面圆角】

使用 Surface Fillet【曲面圆角】命令可以快速地创建一个带有圆边的物体或者混合两条边。Surface Fillet【曲面圆角】子菜单中提供了 3 种方式，即 Circular Fillet【环形圆角】、Freeform Fillet【自由圆角】和 Fill Blend Tool【混合圆角工具】。

1. Circular Fillet【环形圆角】

使用 Circular Fillet【环形圆角】命令可以在相交曲面的交叉位置产生环形圆角曲面。

操作方法。

① 执行 Create>NURBS Primitives>Plan【创建>NURBS 基本几何体>平面】命令和 Create>NURBS Primitives>Cyliner【创建>NURBS 基本几何体>圆柱】命令，然后分别创建 NURBS 平面和 NURBS 圆柱，使用 Move【移动】工具使两个物体交叉。

② 执行 Edit NURBS>Circular Fillet>Circular Fillet【编辑曲面>曲面圆角>环形圆角】命令，创建曲面圆角，如图 3.183 所示。

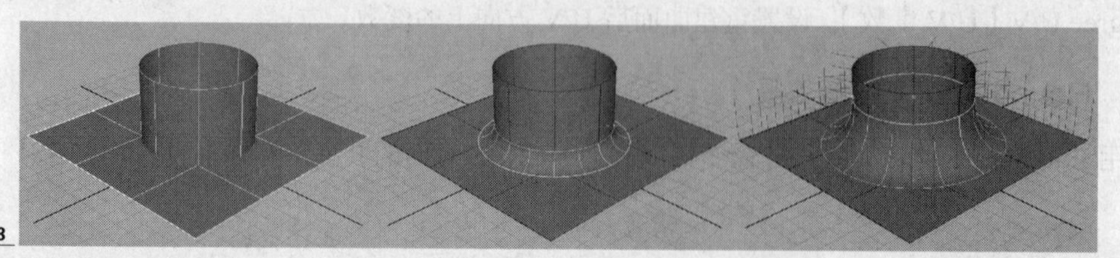
图 3.183

③ 使用操纵器可以在视图中交互修改圆角的效果。移动操纵器中的两个蓝色控制点，可以修改圆角的大小和位置。

参数设置。

Circular Fillet>Circular Fillet【曲面圆角>环形圆角】命令的参数设置窗口如图 3.184 所示。

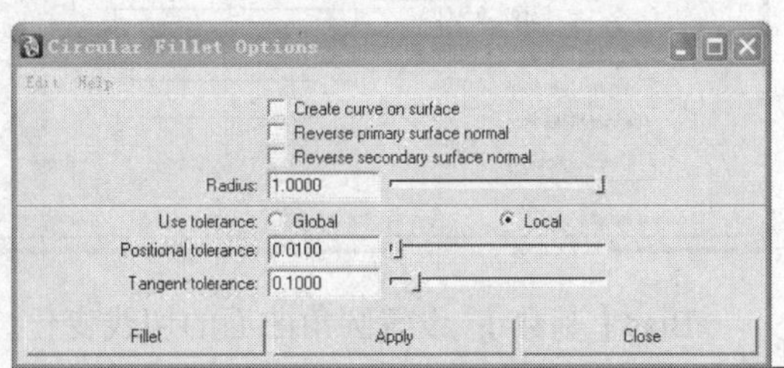

图 3.184

Create curve on surface【创建曲面曲线】: 勾选此复选框可以在曲面的圆角位置产生曲面曲线。

Reverse primary surface normal【反转首选曲面法线】/Reverse secondary surface normal【反转次选曲面法线】: 通过当前参数改变两个曲面的法线方向，从而决定圆角方向，如图 3.185 所示。

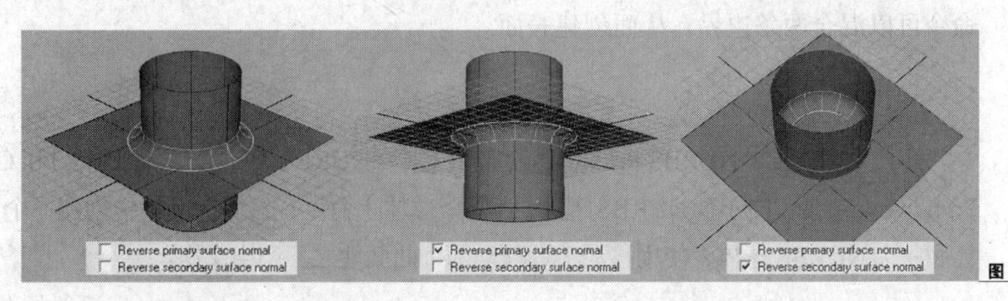

图 3.185

2. Freeform Fillet【自由圆角】

使用 Edit NURBS>Circular Fillet>Freeform Fillet【编辑曲面>圆角工具>自由圆角】命令可以在两条表面曲线、两个表面等位结构线或者修剪边之间创建自由圆角。在创建自由圆角时，曲面之间可以不必相交，选择 Isoparm【等参线】、曲面曲线或者剪切边界线都可以产生自由圆角。

操作方法。

① 在场景中创建两个 NURBS 曲面，使用移动工具使两个曲面不产生交织。

② 进入曲面的组元编辑模式，选择两个曲面边缘的 Isoparm【等参线】，定义圆角位置。

③ 执行 Edit NURBS>Circular Fillet>Freeform Fillet【编辑曲面>圆角工具>自由圆角】命令，创建自由圆角，如图 3.186 所示。

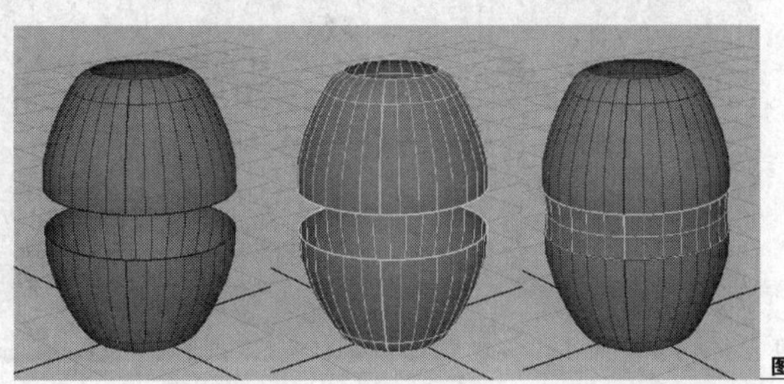

图 3.186

参数设置。

Circular Fillet>Freeform Fillet【曲面圆角>自由圆角】命令的参数设置窗口如图 3.187 所示。

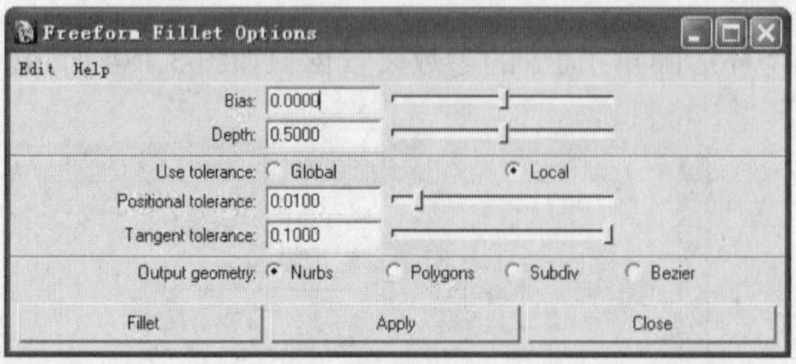

图 3.187

Bias【基数】：设置圆角曲面的切线变化。

Depth【深度】：设置圆角曲面的曲率变化。

3. Fill Blend Tool【混合圆角工具】

使用 Edit Surfaces>Circular Fillet>Fillet Blend Tool【编辑曲面>曲面圆角>混合圆角工具】命令可以混合两条边界，从而创建表面。

操作方法。

① 执行 Create>NURBS Primitives>Cone【创建>NURBS 基本几何体>圆锥】和 Create>NURBS Primitives>Sphere【创建>NURBS 基本几何体>球体】命令，然后在场景中创建一个 NURBS 圆锥体和一个 NURBS 球体，使用移动工具移动两个曲面使之不产生交织。

② 执行 Edit Surfaces>Circular Fillet>Fillet Blend Tool【编辑曲面>曲面圆角>混合圆角工具】命令。

③ 在球体上选择合适的 Isoparm【等参线】，按 Enter 键完成第一条 Isoparm【等参线】的选择。

④ 在圆锥上选择第二条 Isoparm【等参线】，按 Enter 键完成第二条 Isoparm【等参线】的选择，圆角创建完成，如图 3.188 所示。

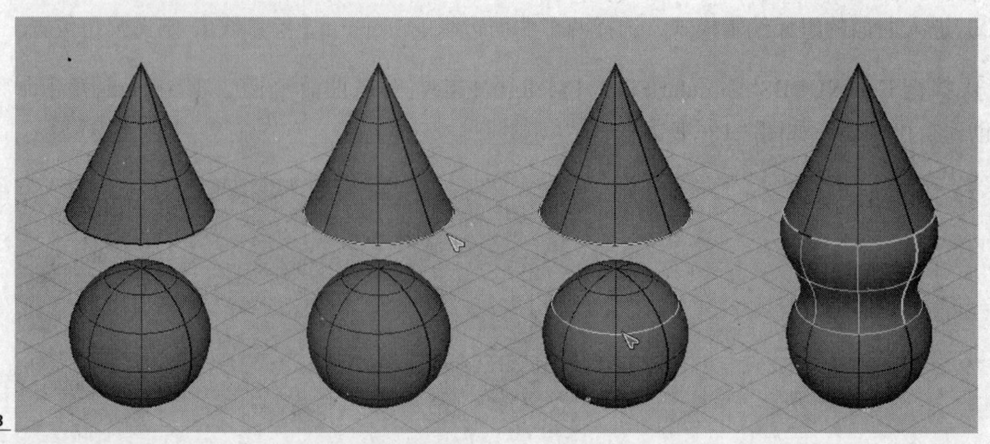

图 3.188

参数设置。

Circular Fillet>Fill Blend Tool【曲面圆角>混合圆角工具】命令的参数设置窗口如图 3.189 所示。

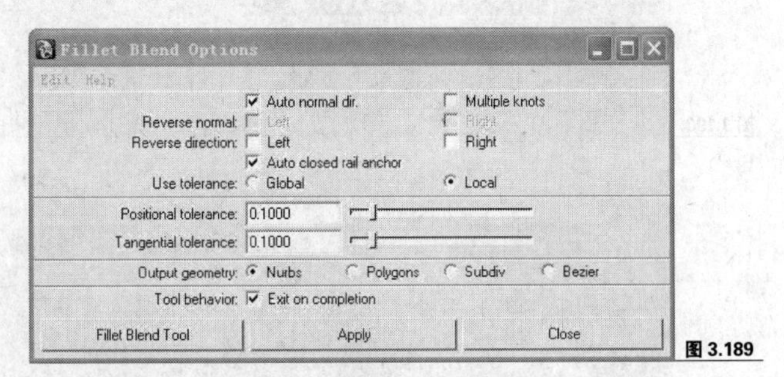

图 3.189

Auto normal dir.【自动法线方向】：若勾选此复选框，系统会自动设置曲面的法线方向，勾选该复选框为默认设置。

Reverse normal【反转法线】：用于反转法线方向。如果取消勾选 Auto normal dir.【自动法线方向】复选框，那么 Reverse normal【反转法线】选项被激活。该选项提供了两个反转参数。

- Left【左】：反转首选曲面的法线方向。
- Right【右】：反转次选曲面的法线方向。

Reverse direction【反转方向】：如果取消勾选 Auto normal dir【自动法线方向】复选框，可以使用此选项纠正圆角曲面的扭转现象。

Auto closed rail anchor【自动靠近轨道锚点】：若勾选此复选框，可以处理两个封闭曲面之间倒角产生的扭曲现象。

3.6.19 Stitch【缝合】

使用 Stitch【缝合】命令可以把多个曲面缝合在一起。缝合曲面的方式有以下 3 种。

- 使用 Stitch Surface Points【缝合曲面点】命令缝合表面上的点。
- 使用 Stitch Edges Tool【缝合边界工具】命令缝合表面的边界。
- 使用 Global Stitch【整体缝合】命令缝合选择的表面。

使用 Stitch Surface Points【缝合曲面点】命令可以通过选择表面点来缝合 NURBS 表面。可以选择的表面点包括编辑点、CV 点和表面边界线上的点。

操作方法。

① 在场景中创建两个 NURBS 平面，进入组元编辑模式。

② 在第一个 NURBS 曲面上选择一个 CV 点，配合 Shift 键在第二个曲面上加选第二个 CV 点。如果选择的是曲面点，则缝合的效果不同。

③ 执行 Edit NURBS>Stitch>Stitch Surface Points【编辑曲面>缝合>缝合曲面点】命令，完成曲面的缝合，如图 3.190 和图 3.191 所示。

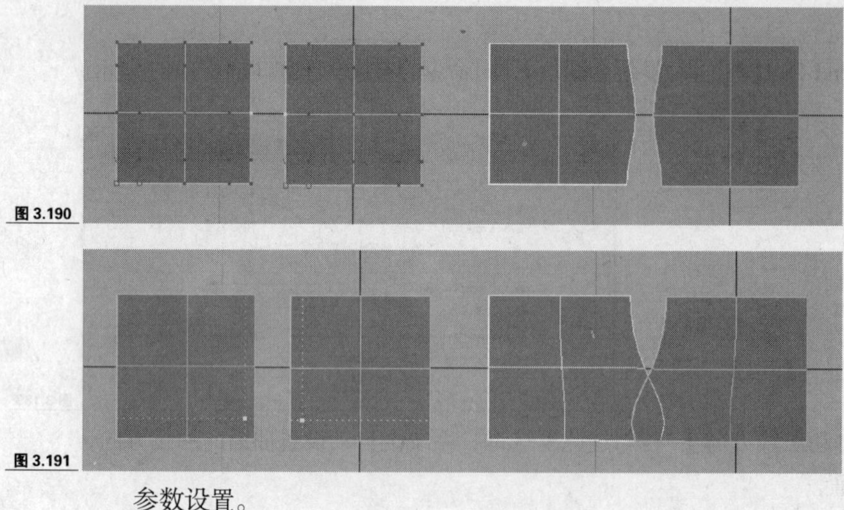

图 3.190

图 3.191

参数设置。

Stitch>Stitch Surface Points【缝合>缝合曲面点】命令的参数设置窗口如图 3.192 所示。

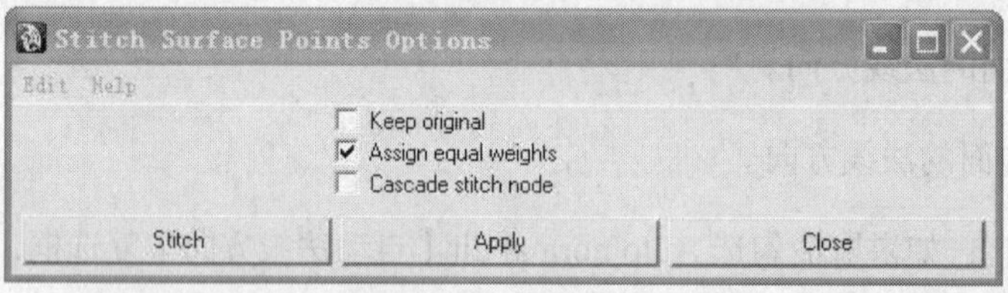

图 3.192

Assign equal weights【指定相等权重】：分配曲面之间的点的相等权重值，使它们在缝合后变动到相同的位置。

Cascade stitch node【重叠缝合节点】：如果勾选此复选框，那么缝合运算将忽略曲面上之前的缝合运算；如果取消勾选此复选框，并且曲面上已经有过缝合运算，那么上一次运算的缝合节点将被使用。

使用 Stitch Edges Tool【缝合边界工具】命令可以沿边界缝合或对齐两个表面。Stitch Edges Tool【缝合边工具】只能缝合曲面边界，其他的曲线不能缝合。

操作方法。

① 在场景中使用 Create>NURBS Primitives>Plan【创建>NURBS 基本几何体>平面】命令创建两个 NURBS 曲面。

② 选择 Edit NURBS>Stitch>Stitch Edges Tool【编辑曲面>缝合>缝合边界工具】命令。

③ 选择第一个曲面的边界线，再选择第二个曲面的边界线，两个曲面产生缝合。

④ 调节蓝色圆点，控制曲面缝合的有效范围。

⑤ 按 Enter 键，完成曲面边界的缝合，如图 3.193 所示。

参数设置。

Stitch>Stitch Edges Tool【缝合>缝合边界工具】命令的参数设置窗口如图 3.194 所示。

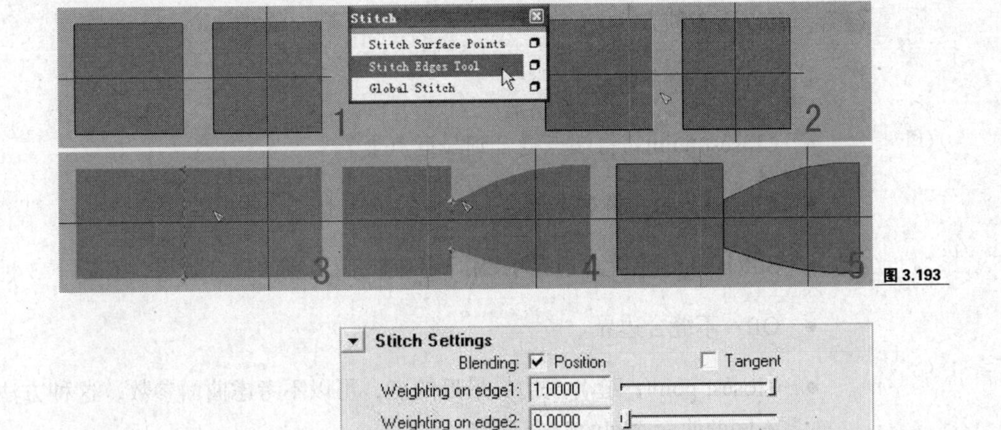

图 3.193

图 3.194

Blending【融合方式】：设置曲面在缝合时，缝合边界的效果。有如下两种方式。

- Position【位置】：只有位置产生缝合。
- Tangent【切线】：缝合曲面时，不仅可以让曲面产生位置缝合，还可以让曲面之间的切线产生连续和光滑效果。

Weighting on edge1/edge2【边缝合权重设置】：用于分别控制两条选择边界的权重变化。

Samples along edge【边界采样】：用于控制缝合时边界的采样精度。

使用 Maya 的 Global Stitch【全局缝合】命令可以缝合两个或多个表面。根据设置的参数的不同，结果表面有位置连贯性、切线连贯性或两种连贯性都有。

操作方法。

① 选择需要全局缝合的曲面。

② 打开 Edit NURBS>Stitch>Global Stitch【编辑曲面>缝合>全局缝合】命令的参数设置窗口，设置参数，单击 Global Stitch【全局缝合】按钮，使曲面全局缝合。

参数设置。

Stitch>Global Stitch【缝合>全局缝合】命令的参数设置窗口如图 3.195 所示。

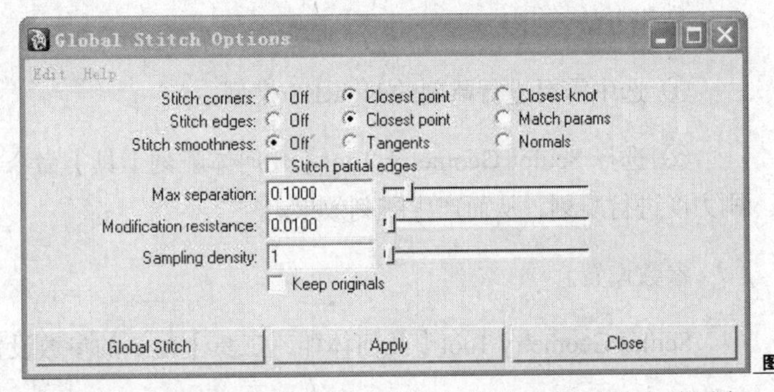

图 3.195

Stitch corners【缝合角点】：用于设置在全局缝合曲面时，边界上的端点以何种方式进行缝合，有以下 3 种方式。

- Off：不缝合角点。
- Closest point：将端点缝合到最近点上。
- Closest knot：将端点缝合到最近的结构上。
- Stitch edges【缝合边界】：用于控制曲面边界的缝合效果，有以下 3 种方式。
- Off：不缝合边界。
- Closest point：缝合离边界最近的点，可以不考虑曲面参数，这种方法经常用于参数不同的曲面之间的缝合。
- Match params：根据曲面和曲面之间的段数一次对应，从而产生曲面缝合。

Stitch smoothness【平滑缝合】：用于控制曲面缝合处的光滑效果，有以下 3 种类型。

- Off：关闭状态。
- Tangents【切线】：曲面边界的缝合处切线一致。
- Normals【法线】：曲面边界的缝合处法线一致。

Stitch partial edges【缝合局部边界】：若勾选此复选框，则可以保证曲面连续且光滑。

Max separation【最大距离】：用于设置曲面在缝合时，边界和角点能够进行缝合的最大距离。距离大于 Max separation 数值时，设置的面不会被缝合。

Modification resistance【修改阻力】：用于设置曲面缝合后的形状，数值越小，缝合后的曲面扭曲变形越严重，但值越大，缝合时曲面边界越可能会产生不光滑现象。

Sampling density【采样密度】：设置曲面缝合时的采样精度。

3.6.20 Sculpt Geometry Tool【几何体雕刻工具】

使用 Sculpt Geometry Tool【几何体雕刻工具】可以通过对可控点进行移动、旋转或缩放操作来改变表面的形状，它可以通过画笔笔画快速地产生相同的效果。雕刻工具提供了 4 种不同的雕刻模式，包括 Push【推】、Pull【拉】、Smooth【平滑】和 Erase【擦除】。

操作方法。

① 选中需要进行雕刻的 NURBS 模型。

② 选择 Sculpt Geometry Tool【几何体雕刻工具】命令，然后使用不同的雕刻模式和笔刷力度进行雕刻，从而产生雕刻效果。

参数设置。

Sculpt Geometry Tool【几何体雕刻工具】命令的参数设置窗口如图 3.196 所示。

Radius(U)：用于设置笔刷的半径大小。

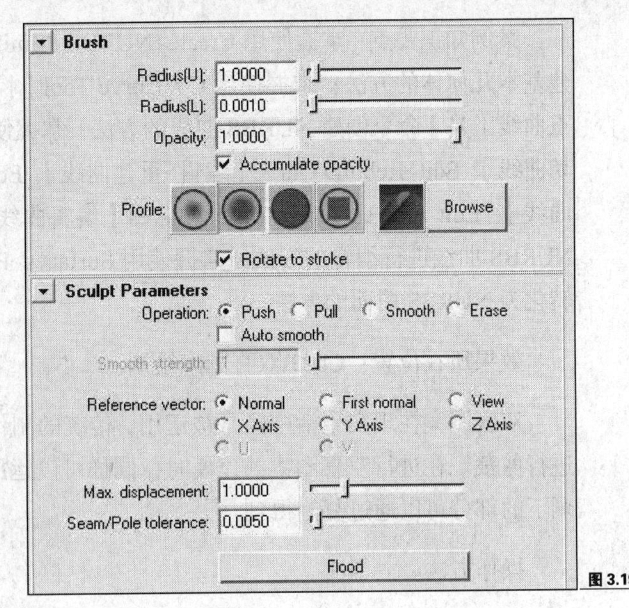

图 3.196

Radius(L)：用于设置笔刷半径的最小值。

Opacity【不透明度】：用于控制笔刷力量的比率。

Profile【形状】：用于选择各种笔刷的图案，从而产生不同的雕刻效果。

Operation【操作】：用于控制笔刷操作的方式，有 4 种方式，即 Push【推】、Pull【拉】、Smooth【平滑】和 Erase【擦除】。

Auto Smooth【自动平滑】：在雕刻的同时对曲面上的笔触进行光滑处理，每画一笔都会自动进行光滑处理。

Reference vector【参考向量】：用于控制模型在雕刻时的推拉方向。

- Normal【法线】：沿曲面法线方向。
- First normal【起点法线】：沿第一笔落点处的曲面法线方向。
- View【视图】：沿激活视图平面的方向。
- X/Y/Z Axis：单独沿 *x*、*y*、*z* 3 个坐标轴的轴向。
- U/V：单独沿 U 方向或 V 方向。

Max displacement【最大位移】：用于设置推拉操作的力度。

3.7 课堂实例

3.7.1 实例 1——双喜图案绘制

案例学习目标：学习利用创建及编辑 NURBS 曲线的方法创建双喜图案。

案例知识要点：掌握使用 Create>NURBS Primitives【创建>NURBS 基本几何体】命令创建基本几何体的方法；掌握使用 CV Curve Tool【控制点曲线工具】和 EP Curve Tool【编辑点曲线工具】命令创建 NURBS 曲线的方法；掌握使用 Edit Curves>Cut Curve【编辑曲线>剪切曲线】、Edit>Rebuild Curve【编辑>重建曲线】、Edit Curves>Attach Curves【编辑曲线>合并曲线】、Edit Curves>Open/Close Curves【编辑曲线>打开/关闭曲线】等编辑曲线的命令对 NURBS 曲线进行编辑的方法；掌握使用 Surfaces>Planar【曲面>平面】命令将 NURBS 曲线转化为 NURBS 曲面的方法。

效果所在位置：Ch03\双喜图案绘制。

双喜图案在现实生活中经常被运用，传统的制作方法是利用对称的方式将纸对折，然后进行剪裁。在进行双喜图案的建模时，同样可以运用这样的特性，只要制作出一半的内容，剩下的部分可以通过复制得到。

操作方法。

1. 导入背景图片

① 执行 File>New File【文件>新建文件】命令，新建一个场景。

② 将鼠标指针移到 Top【顶】视图，按键盘上的空格键，将顶视图全屏显示。

③ 执行 View>Image Plane>Import Image 命令，将本书素材中的第 3 章\Project\sourceimage\double happiness.jpg 导入，作为 Top 视图的背景图，如图 3.197 所示。

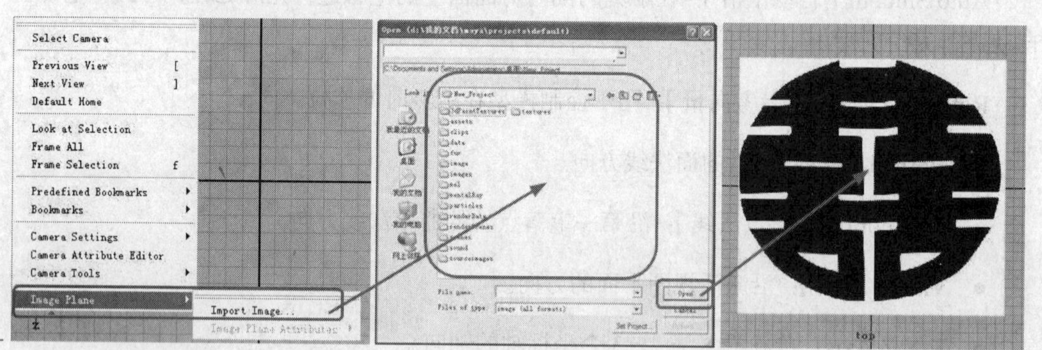

图 3.197

2. 调整背景图片

① 执行 View>Image Plane>Image Plane Attributes>imagePlane 1 命令，打开 Image Plane 参数设置窗口，如图 3.198 所示。

② 修改 Placement Extras 选项组下的 Center 属性值。观察 Top【前】视图，在前视图中，*y* 轴为垂直于视图平面的轴。将背景图片沿着 *y* 轴往内移动一个单位，如图 3.199 所示，背景图片退到了网格后面。

③ 修改 Image Plane Attributes 选项组下的 Color Gain 属性值，可以降低背景图片的亮度，如图 3.200 所示。

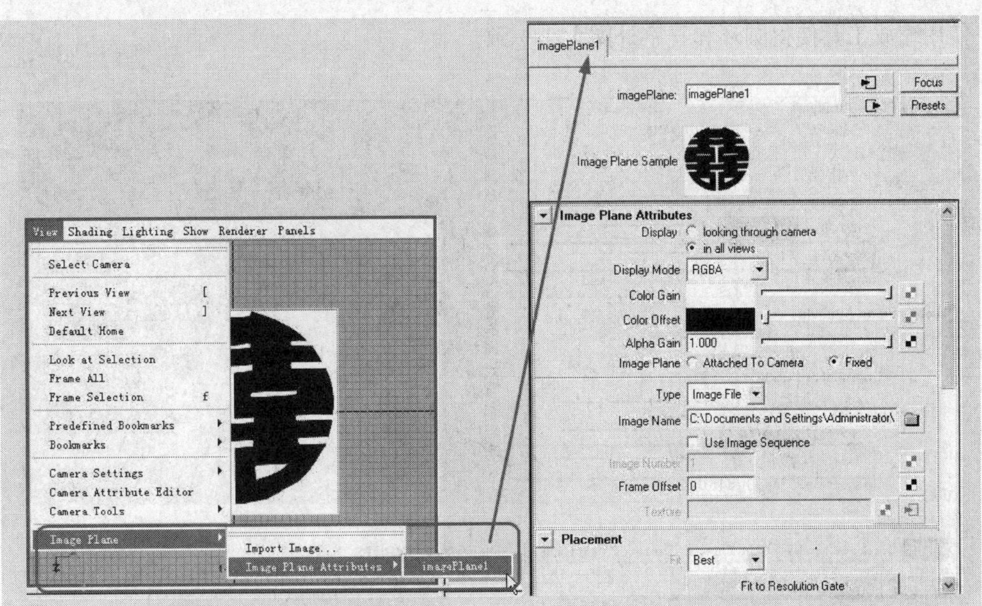

图 3.198

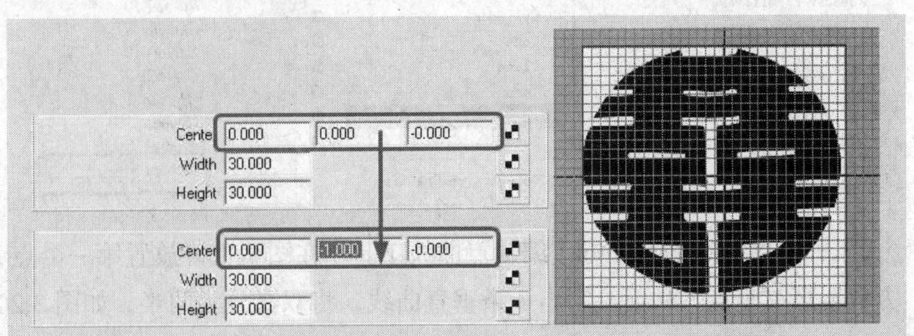

图 3.199

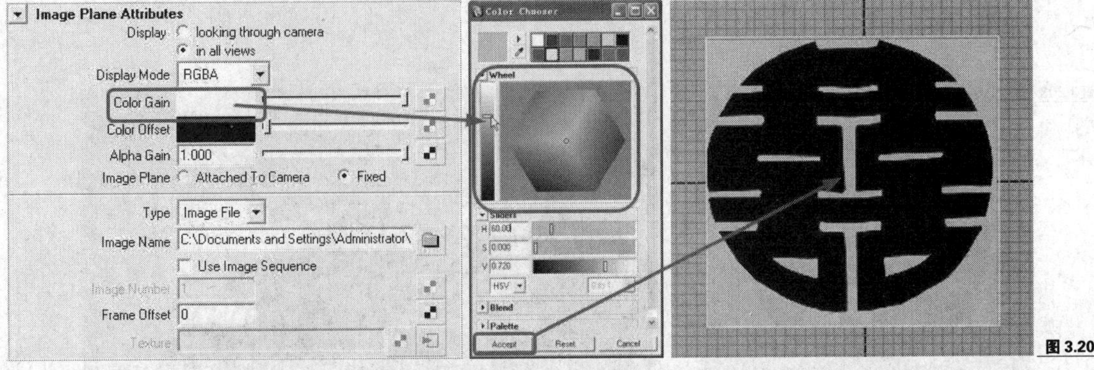

图 3.200

④ 修改Image Plane Attributes选项组下的Alpha Gain属性值，可以降低背景图片的亮度，如图 3.201 所示。

3. 勾勒形状

① 使用 Create>NURBS Primitives>Circle【创建>NURBS 基本几何体>圆环】命令创建圆环。

② 为提高圆环的光滑度，需要增加圆环的 Sections【段数】。设置通道栏底部 INPUTS【输入】节点中的 makeNurbCircle 节点参数，设置 Sections【段数】为 16，如图 3.202 所示。

使用缩放工具使得圆环和喜字外圈大小一致。

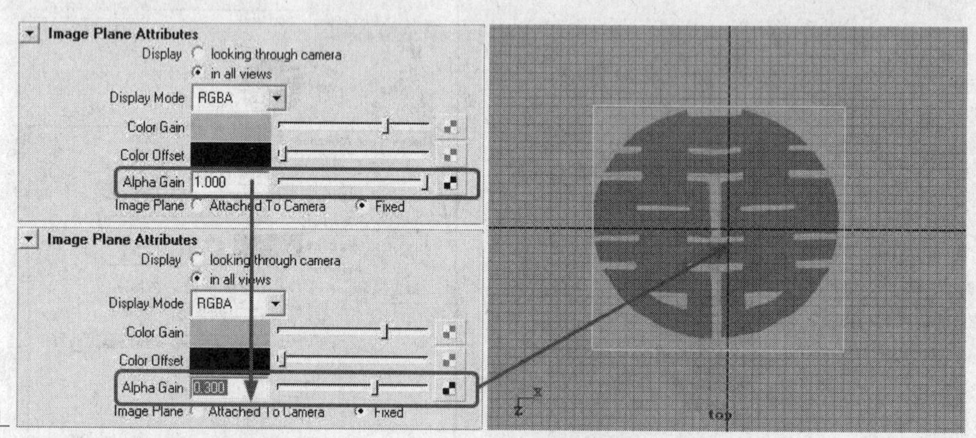

图 3.201

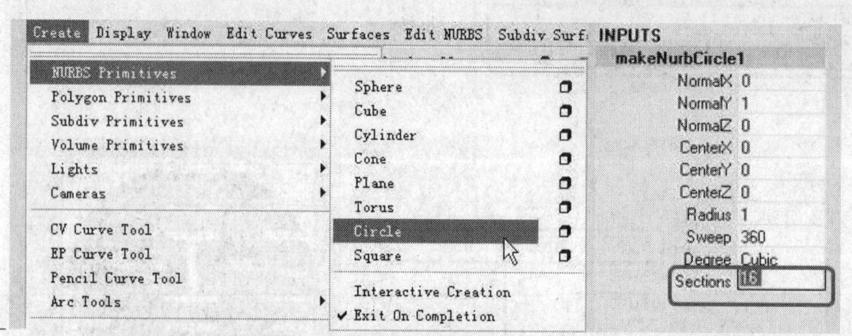

图 3.202

③ 使用 EP Curve Tool【编辑点曲线工具】在图案上方放置第一个点，配合 Shift 键在下方放置第二个点，从而绘制出一条垂直曲线，将双喜分为两半，如图 3.203 所示。

④ 使用 CV Curve Tool【控制点曲线工具】绘制曲线，使其与圆环和 EP 曲线产生交点，如图 3.204 所示。

左 图 3.203

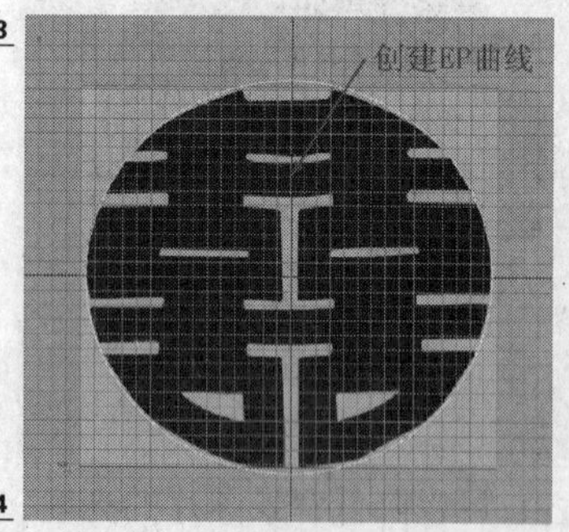

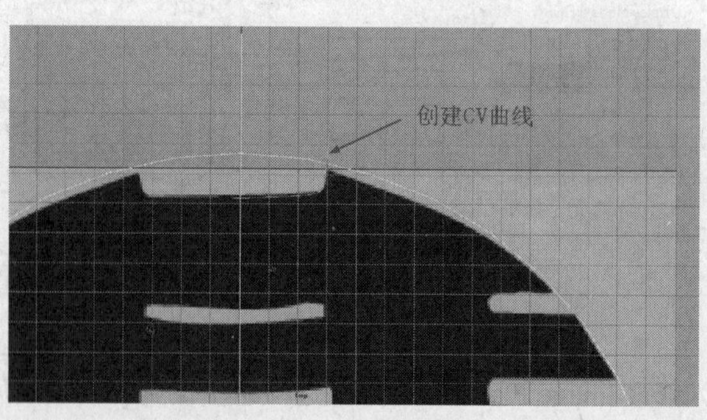

右 图 3.204

⑤ 利用同样的方法将喜字其他的凹陷处使用 CV Curve Tool【控制点曲线工具】勾画出来，如图 3.205 所示。这时，影响了对背景图片的观察，在 Image Plane 参数设置窗口中，将 Image Plane Attributes 选项组下的 Display Mode【显示模式】由 RBG 设置为 None 即可，如图 3.206 所示。

⑥ 选中所有的线条，执行 Edit>Delecte All by Type>History 命令，清除所有的历史记录。在保持选中所有曲线的前提下，执行 Edit Curves>Cut Curve【编辑曲线>剪切曲线】命令，在打开的窗口中观察发现，所有的曲线都被剪断，如图 3.207 所示。

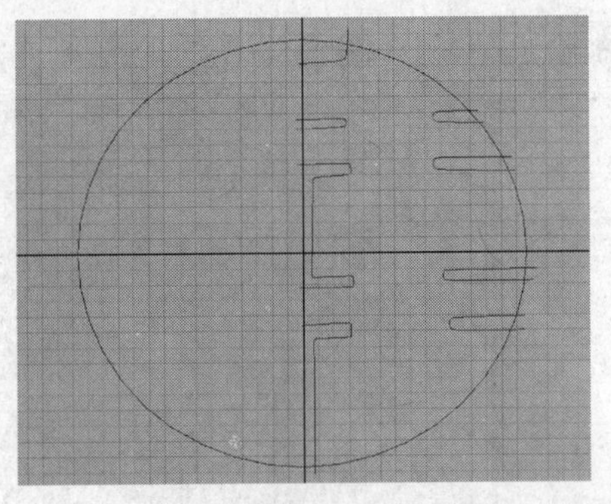

左 图3.205

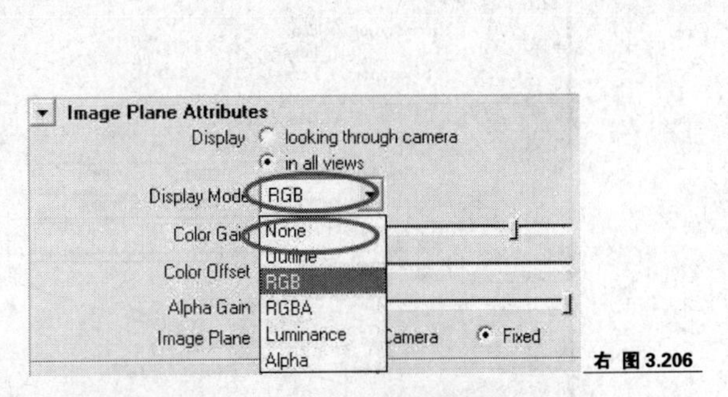

右 图3.206

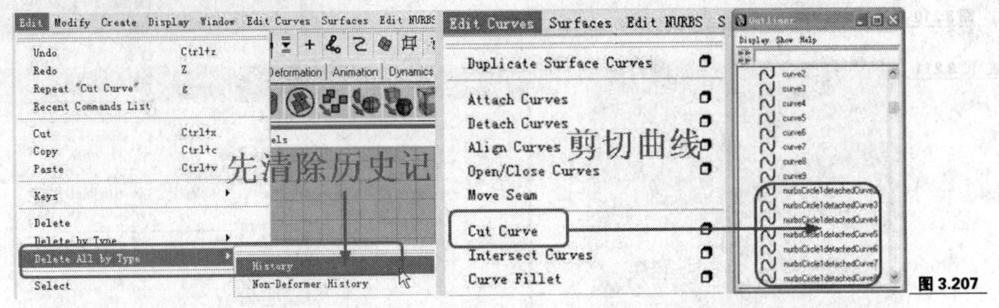

图3.207

⑦ 将剪切后多余的曲线删除，删除后的效果如图3.208所示。

⑧ 选择所有的曲线，执行Edit>Group【编辑>组】命令，将所选曲线建组，如图3.209所示。

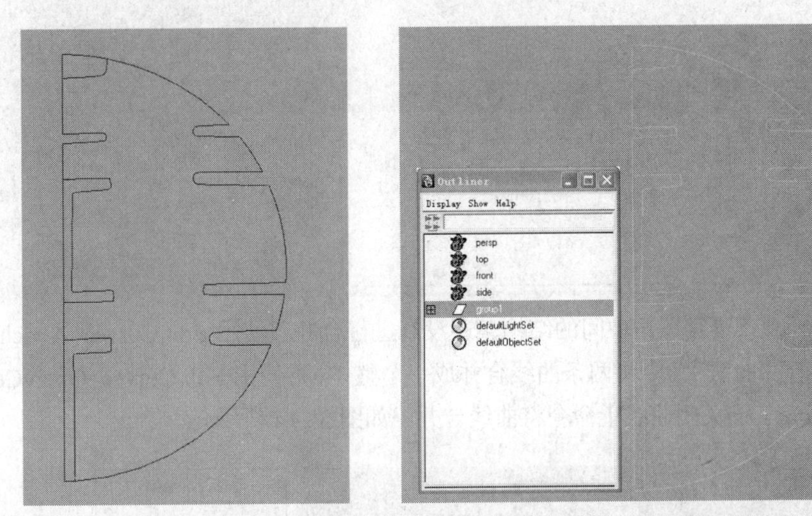

左 图3.208

右 图3.209

⑨ 选择曲线组，打开Edit>Duplicate Special【编辑>特殊复制】命令的参数设置窗口，设置Scale为-1、1、1，沿 x 轴镜像复制曲线组，如图3.210所示。

⑩ 将双喜中间的无用曲线删除，得到如图3.211所示的效果。

⑪ 在创建曲线的过程中经过了多次剪切，产生了很多不同设置的曲线段，为了得到正确的合并效果，需要先重建曲线。选择所有的曲线，打开Edit>Rebuild Curve【编辑>重建曲线】命令的参数设置窗口，按照如图3.212所示的参数设置重建曲线。

⑫ 在场景中选择需要合并的两段曲线，执行Edit Curves>Attach Curves【编辑曲线>合并曲线】命令，对曲线进行合并，如图3.213所示。

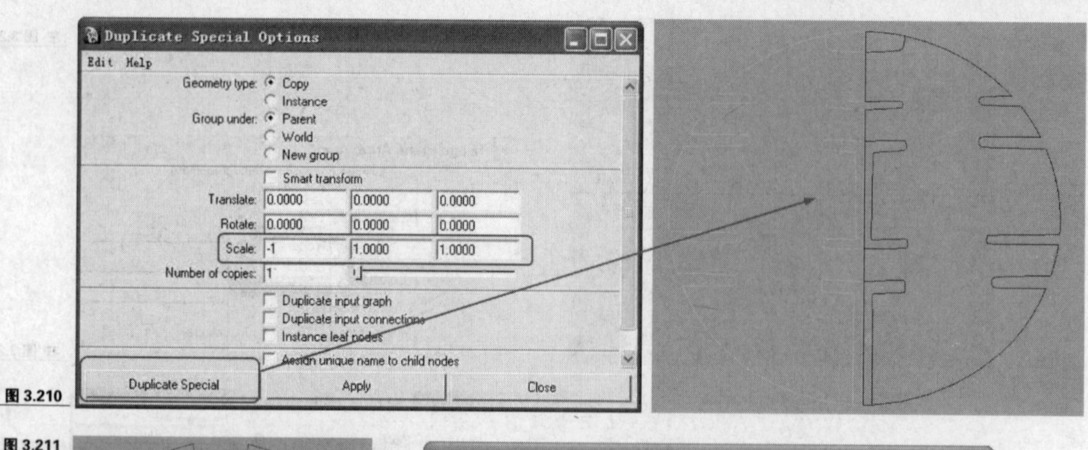

图 3.210

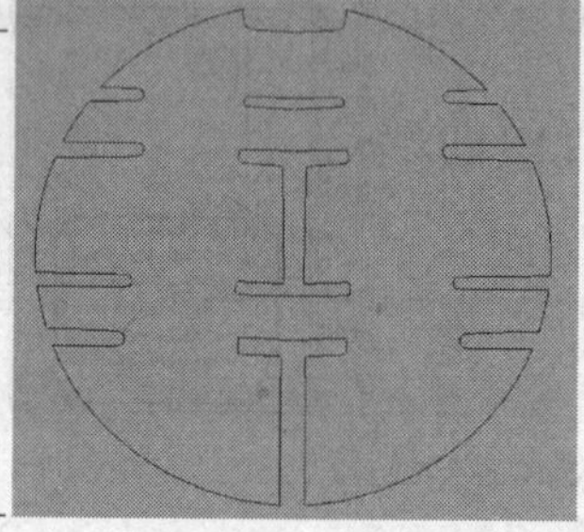

左 图 3.211

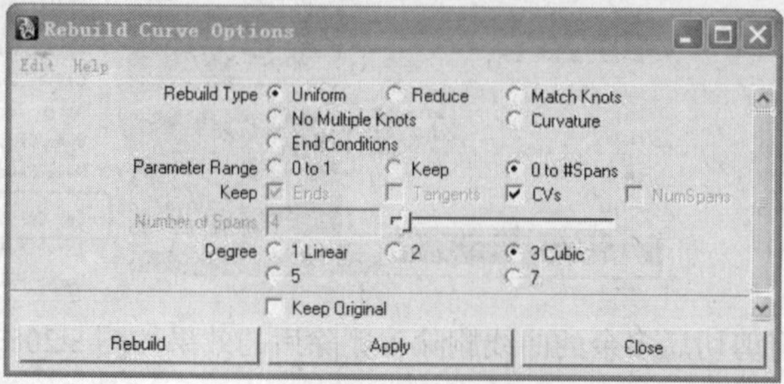

右 图 3.212

图 3.213

⑬ 观察喜字图案中间的结构，还没有进行合并。使用 Edit Curves>Attach Curves【编辑曲线>合并曲线】命令将两条曲线合并成一个整体，再使用 Edit Curves>Open/Close Curves【编辑曲线>打开/关闭曲线】命令将曲线合并，如图 3.214 所示。

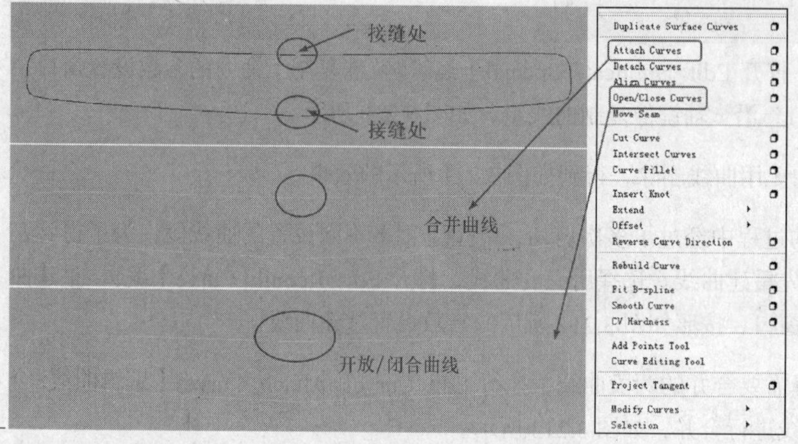

图 3.214

⑭ 使用该方法合并所有曲线，如图 3.215 所示。

⑮ 执行 Create>NURBS Primitives>Square【创建>NURBS 基本几何体>方形】命令，创建方形曲线，完成图案中心位置的制作，如图 3.216 所示。

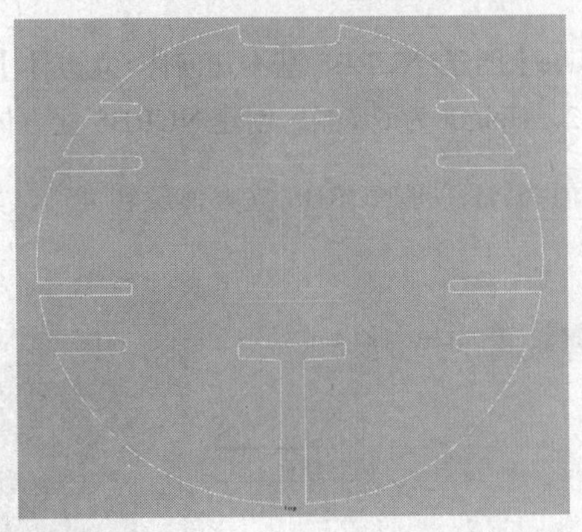

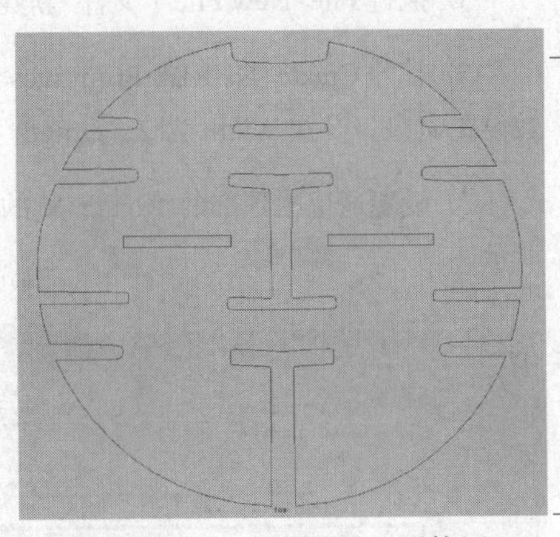

左 图 3.215

右 图 3.216

⑯ 使用 CV Curve Tool【控制点曲线工具】绘制喜字图案最后的一个空缺处，再使用 Edit Curves>Open/Close Curves【编辑曲线>打开/关闭曲线】命令将曲线合并，如图 3.217 所示。

⑰ 选择图案外圈，配合 Shift 键加选其他曲线，然后执行 Surfaces>Planar【曲面>平面】命令，使所选曲线形成 NURBS 曲面，如图 3.218 所示。

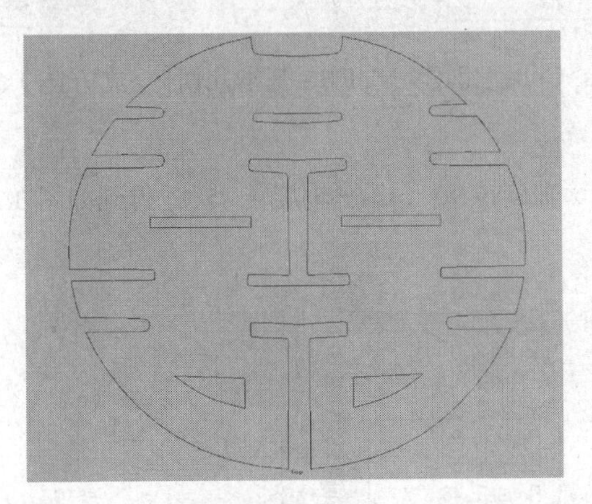

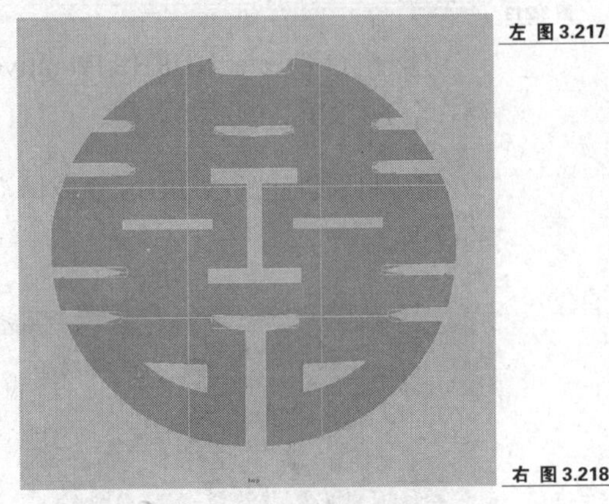

左 图 3.217

右 图 3.218

3.7.2 实例 2——静物组合

案例学习目标：学习利用 NURBS 曲线的创建和编辑方法以及 NURBS 曲面的创建方法得到多个静物的组合效果。

案例知识要点：掌握使用 Create>NURBS Primitives【创建>NURBS 基本几何体】子菜单中的命令创建基本几何体的方法；掌握使用 CV Curve Tool【控制点曲线工具】创建 NURBS 曲线的方法；掌握进入 NURBS 组元编辑模式，利用编辑曲线命令对 NURBS 曲线进行编辑的方法；掌握使用 Surfaces>Revolve【曲面>旋转成面】、Surfaces>Loft【曲面>放样成面】、Surfaces>Planar【曲面>平面】等命令，将 NURBS 曲线转化为 NURBS 曲面的方法。

效果所在位置：Ch03\静物组合。

操作方法。

1. 创建石膏几何体

① 执行 File>New File【文件>新建文件】命令，新建一个场景。

② 打开 Create>NURBS Primitives>Cube【创建>NURBS 基本几何体>立方体】命令的参数设置窗口，设置 Width 为 2，Length 为 2，Height 为 6，然后创建 NURBS 立方体。

③ 设置通道栏顶部的 Rotate Y 的数值为 45，将 NURBS 立方体旋转 45°，如图 3.219 所示。

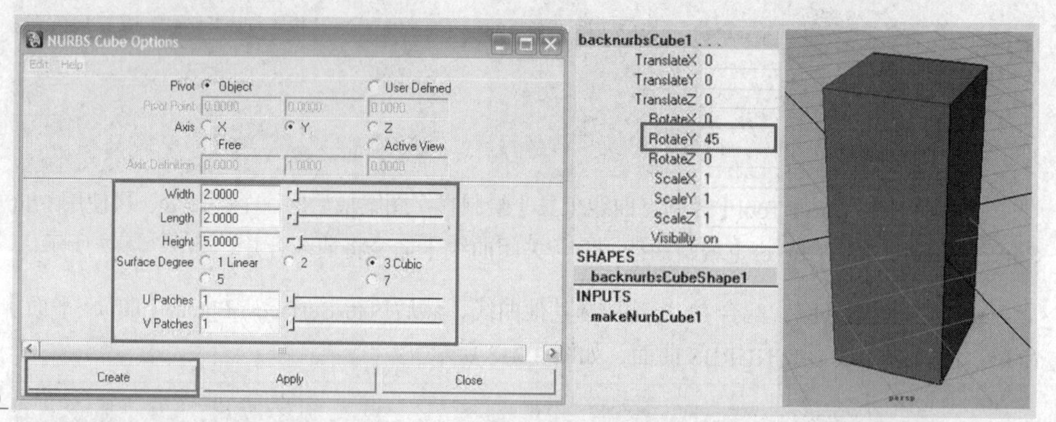

图 3.219

④ 执行 Create>NURBS Primitives>Cube【创建>NURBS 基本几何体>立方体】命令，创建一个 NURBS 立方体。

⑤ 将新创建的 NURBS 立方体沿 x 轴旋转 90°，沿 z 轴旋转 45°，得到如图 3.220 所示的效果。

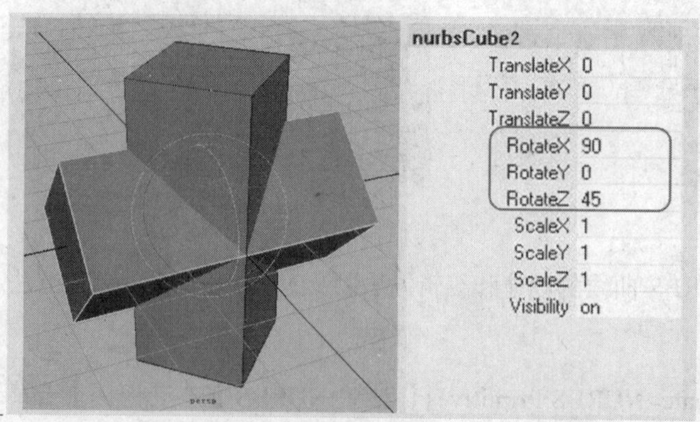

图 3.220

⑥ 打开 Window>Outliner【窗口>视图大纲】，配合 Shift 键选择 nurbsCube1 和 nurbsCube2 两项。执行 Edit>Group【编辑>组】命令，新建一个组，完成对石膏几何体的创建。

⑦ 选中新建的组，按快捷键 Ctrl + H，将这个组隐藏。

2. 创建酒杯

① 最大化 Side【侧】视图。

② 执行 Create>CV Curves Tool【创建>控制点曲线工具】命令，在侧视图中创建酒杯的剖面形状。

③ 选择 CV 曲线，单击鼠标右键，在弹出的快捷菜单中选择 Control Vertex【控制点】命令。使用移动命令调整 CV 点的位置，如图 3.221 所示。

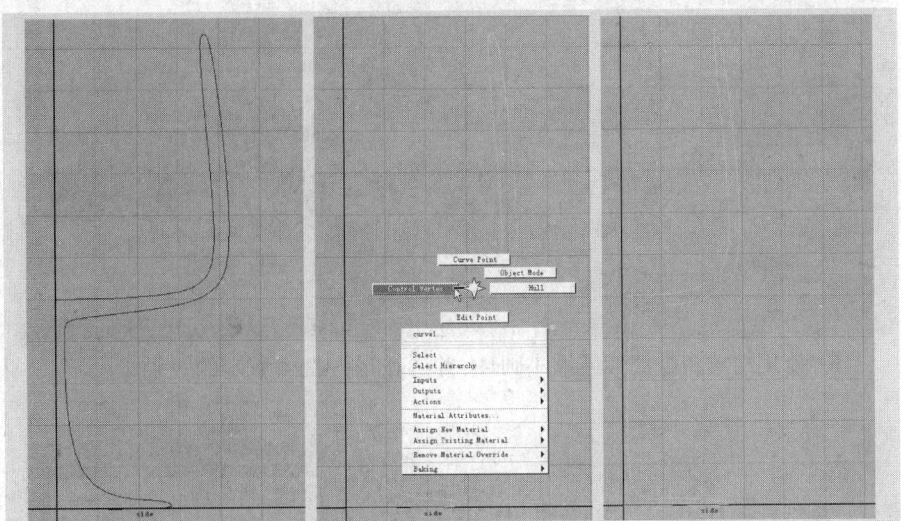

图 3.221

④ 选择曲线，打开 Surfaces>Rovolve【曲面>旋转成面】命令的参数设置窗口，设置如图 3.222 所示的参数，然后将曲线转换为曲面。

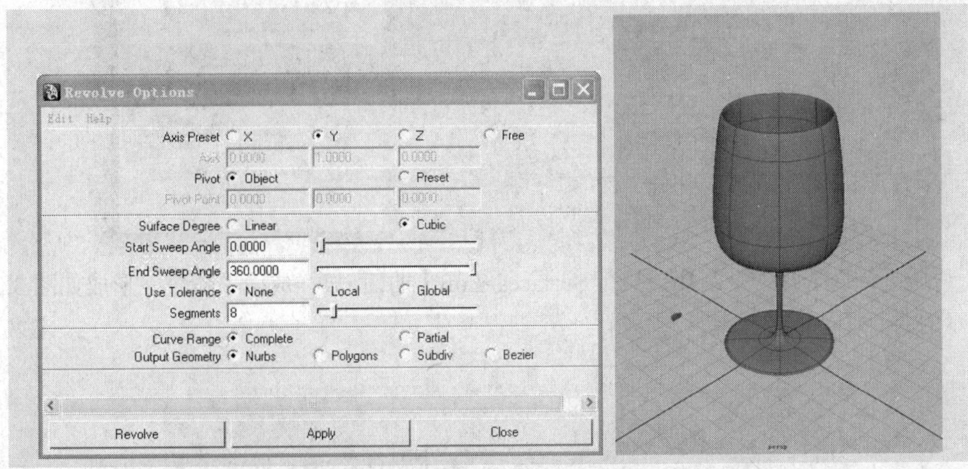

图 3.222

⑤ 选中新建的曲面，按快捷键 Ctrl + H，将这个杯子隐藏。

3. 创建盘子

① 最大化 Top【顶】视图。

② 执行 Create>NURBS Primitives>Circle【创建>NURBS 基本几何体>圆环】命令，创建 NURBS 圆环。

③ 选择 NURBS 圆环，按快捷键 Ctrl + D，复制 3 个圆环。

④ 切换至侧视图，按创建顺序在 y 轴上依次排列 4 个圆环，如图 3.223 所示。

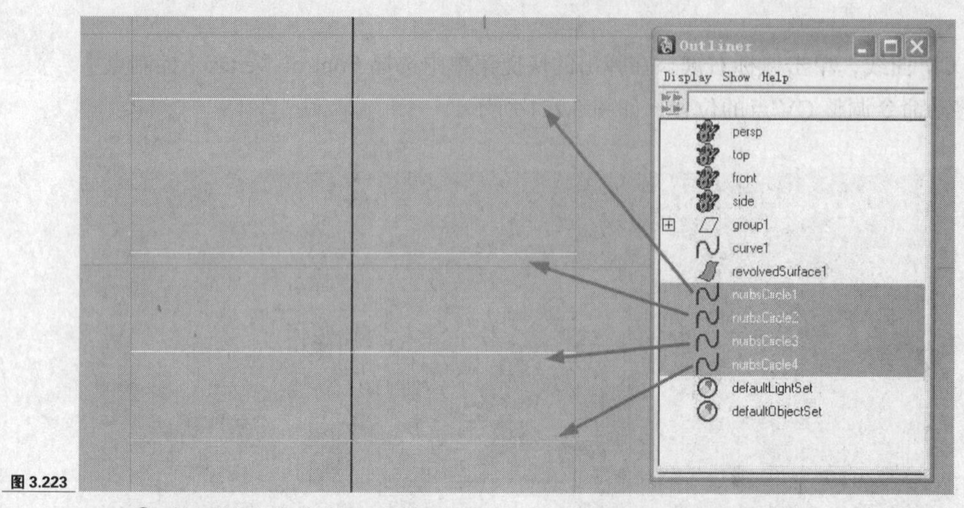

图 3.223

⑤ 使用缩放命令放大或缩小圆环，得到如图 3.224 所示的效果。

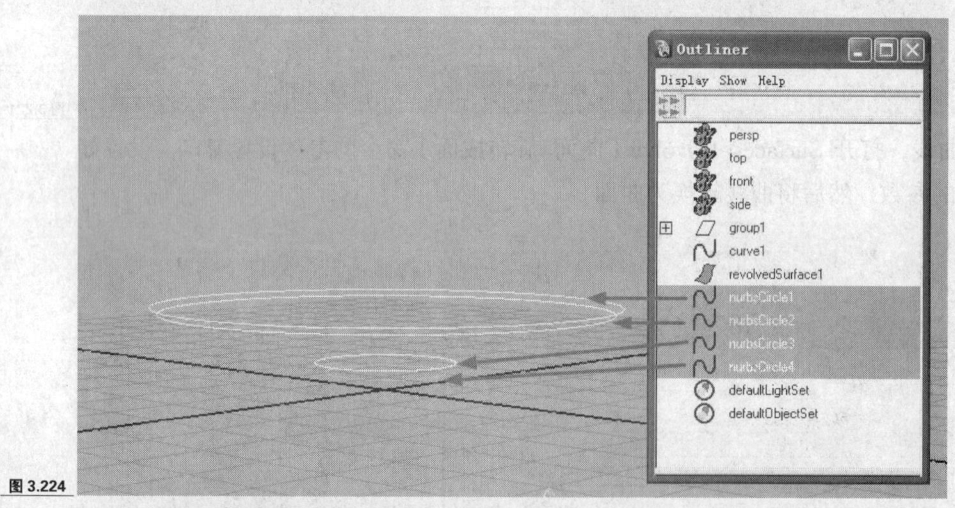

图 3.224

⑥ 依次选择 4 个圆环，执行 Surfaces>Loft【曲面>放样成面】命令，形成如图 3.225 所示的曲面。

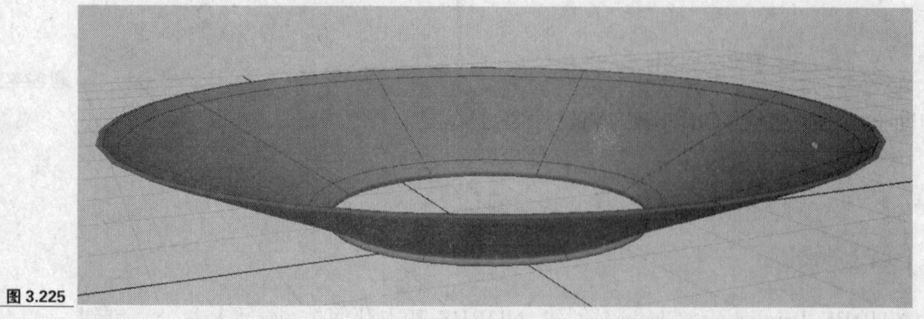

图 3.225

⑦ 选择曲面，按 F8 键进入编辑模式，选择盘子曲面盘底部位的等参线。

⑧ 执行 Surfaces>Planar【曲面>平面】命令创建平面，为盘子封底，从而使其成为一个完整的盘子，如图 3.226 所示。

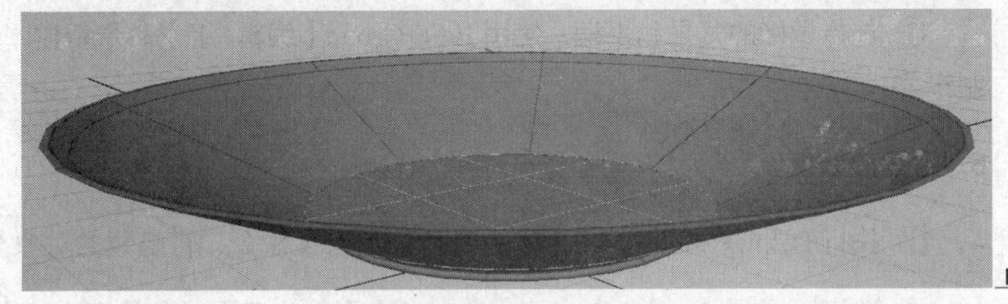

图 3.226

⑨ 打开 Window>Outliner【窗口>视图大纲】，配合 Shift 键选择 loftedSurface 1 和 planarTrimmedSurface 1 两项。执行 Edit>Group【编辑>组】命令，新建一个组，完成盘子的创建。

⑩ 选中新建的组，按快捷键 Ctrl + H，将这个组隐藏。

4. 创建苹果

① 最大化 Side【侧】视图。

② 使用 Create>CV Curves Tool【创建>控制点曲线工具>】命令在侧视图中创建苹果的剖面形状。

③ 选择 CV 曲线，单击鼠标右键，在弹出的快捷菜单中选择 Control Vertex【控制点】命令。使用移动命令调整 CV 点的位置。

④ 选择曲线，执行 Surfaces>Rovolve【曲面>旋转成面】命令，将曲线转换为曲面，如图 3.227 所示。

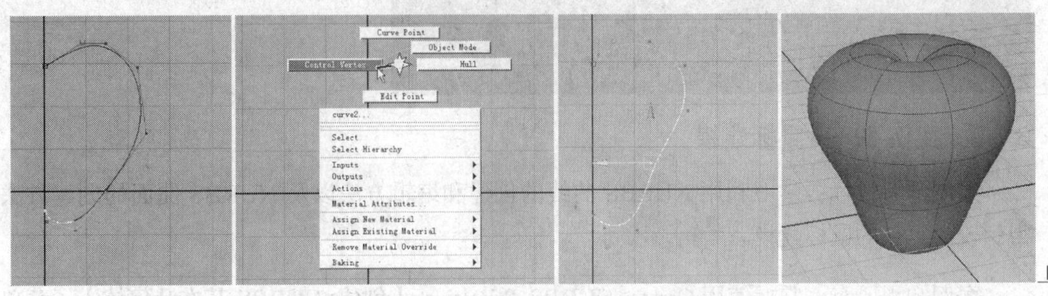

图 3.227

⑤ 按数字键 5 显示实体，取消线框显示。再次进入点编辑模式，调整出苹果的特点。

⑥ 使用步骤②～④所示的方法制作苹果的果柄，并将其移动到合适位置，如图 3.228 所示。

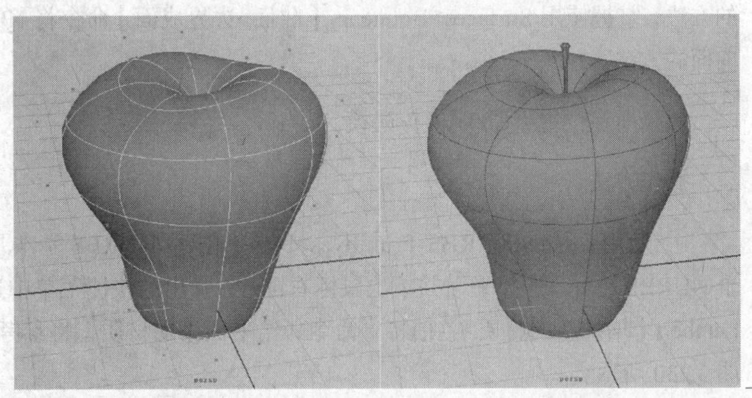

图 3.228

⑦ 选择做好的苹果和果柄，使用 Edit>Group【编辑>组】命令新建一个组，完成苹果的制作。

5. 组建静物组

① 执行 Display>Show>All【显示>显示>所有】命令，将隐藏的对象全部显示出来。

② 选择 Edit>Delete All by Type>History 命令，将所有对象的历史记录删除。

③ 将创建时产生的曲线删除。

④ 使用移动、旋转和缩放命令将石膏几何体、盘子、杯子和苹果按如图 3.229 所示的效果进行摆放。

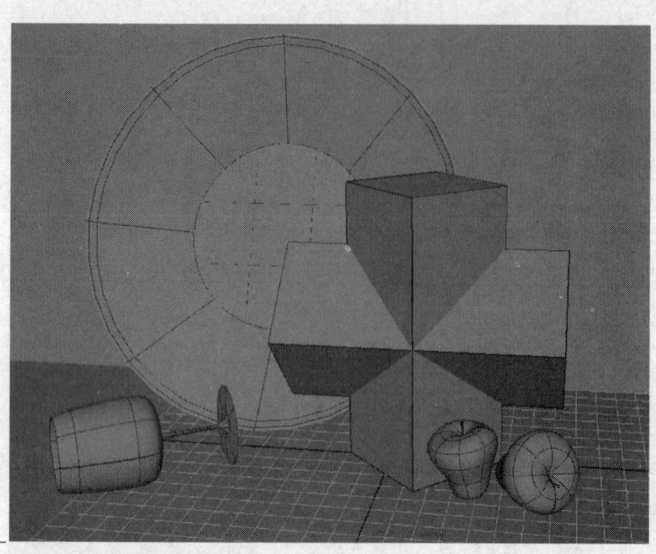

图 3.229

3.7.3 实例 3——鼠标建模

案例学习目标：学习利用 NURBS 曲线的创建和编辑方法以及 NURBS 曲面的创建方法得到较为复杂的鼠标建模。

案例知识要点：掌握使用 Create>NURBS Primitives【创建>NURBS 基本几何体】子菜单中的命令创建基本几何体的方法；掌握使用 CV Curve Tool【控制点曲线工具】创建 NURBS 曲线的方法；掌握进入 NURBS 组元编辑模式，使用编辑曲线命令对 NURBS 曲线进行编辑的方法；掌握使用 Surfaces>Boundary【曲面>边界成面】命令将 NURBS 曲线转化为 NURBS 曲面的方法。

效果所在位置：Ch03\鼠标建模。

操作方法。

① 使用 Create>NURBS Primitives>Plan【创建>NURBS 基本几何体>平面】命令创建一个 NURBS 平面，选择平面并单击鼠标右键，在弹出的快捷菜单中选择 Assign New Material>Lambert【增加新的材质>兰伯特】命令，给平面添加材质，将参考的鼠标图片贴至平面，如图 3.230 所示。

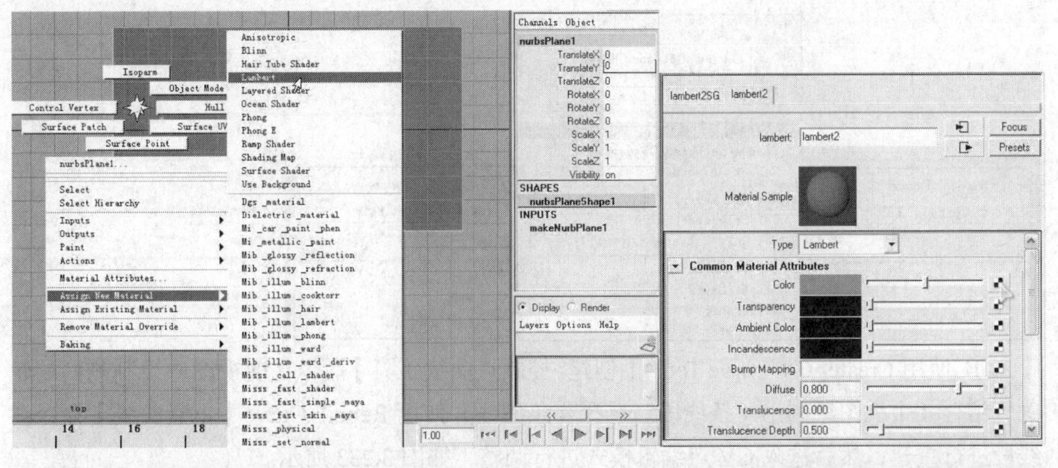

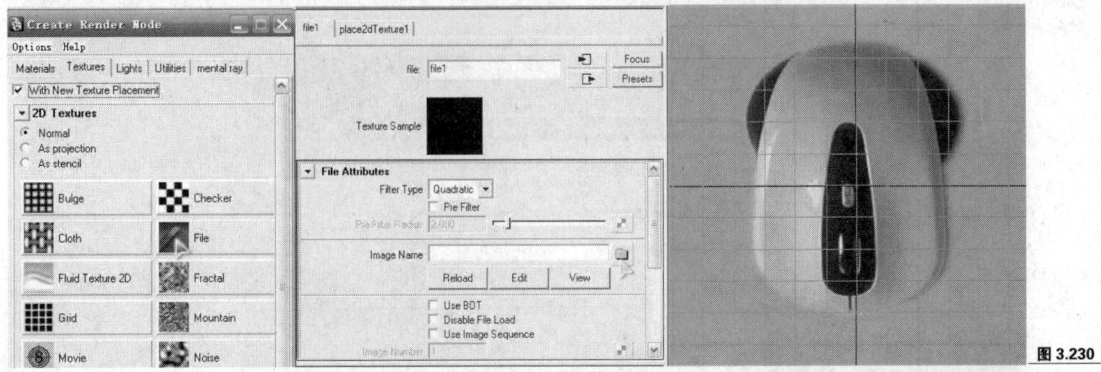

图 3.230

② 利用同样的方法在侧视图和前视图中完成同样的操作，调整平面大小，如图 3.231 所示。

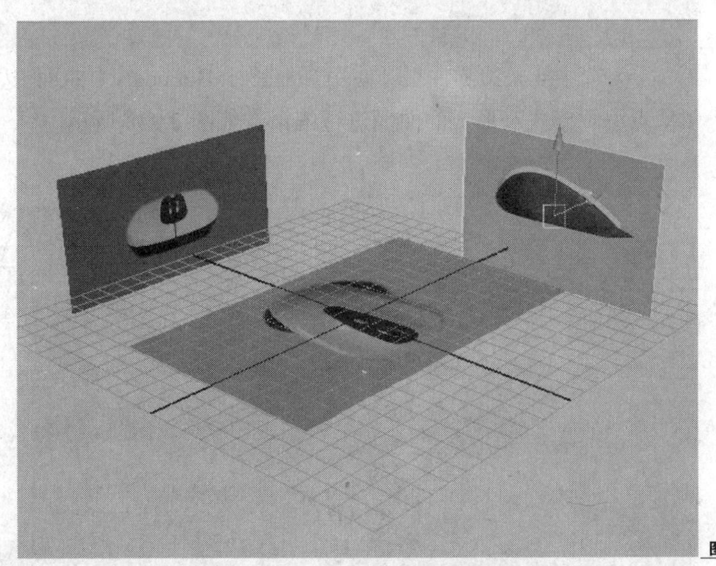

图 3.231

③ 选中场景中的 3 个平面，在通道栏编辑器中单击按钮，新建显示层 layer1。右键单击 layer1 层，在弹出的快捷菜单中选择 Add Selected Objects【增加选择的对象】命令，将选中的 3 个平面加入层 layer1 中。连续两次单击 layer1 前方中间的按钮，显示为 R 字样，如图 3.232 所示，层内的物体以实体方式显示，但不能被选择。

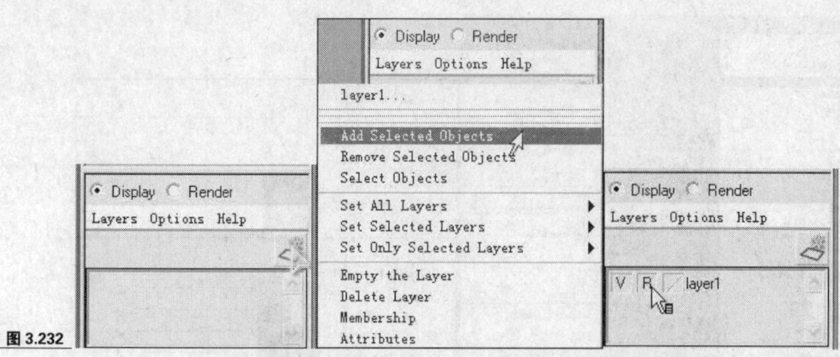

图 3.232

④ 使用 Create>CV Curve Tool【创建>控制点曲线工具】命令在前视图中绘制侧面的轮廓，结合 4 个视图绘制出 4 条线段。选择 4 条曲线并使用 Rebuil Curve【重建曲线】命令对线段进行重建，然后进入 CV 点编辑模式进行调整，如图 3.233 所示。

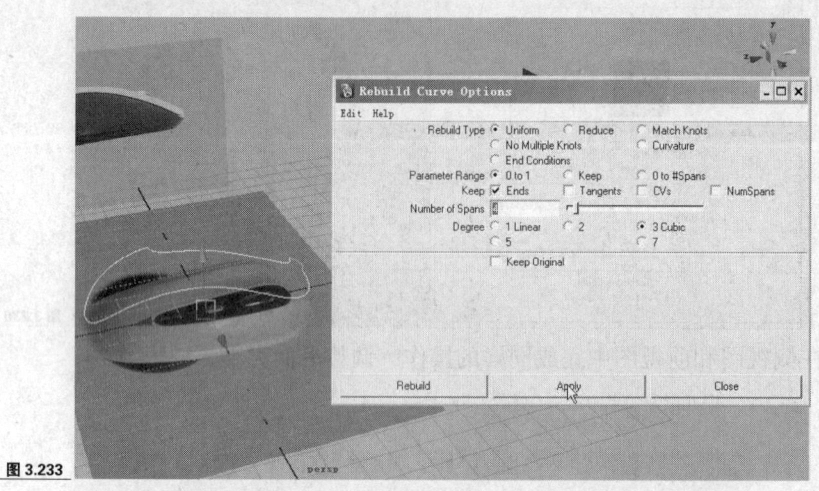

图 3.233

⑤ 选中 4 条边界曲线，使用 Surfaces>Boundary【曲面>边界成面】命令创建曲面。进入 CV 点编辑模式对形成的曲面进行编辑，如图 3.234 所示。

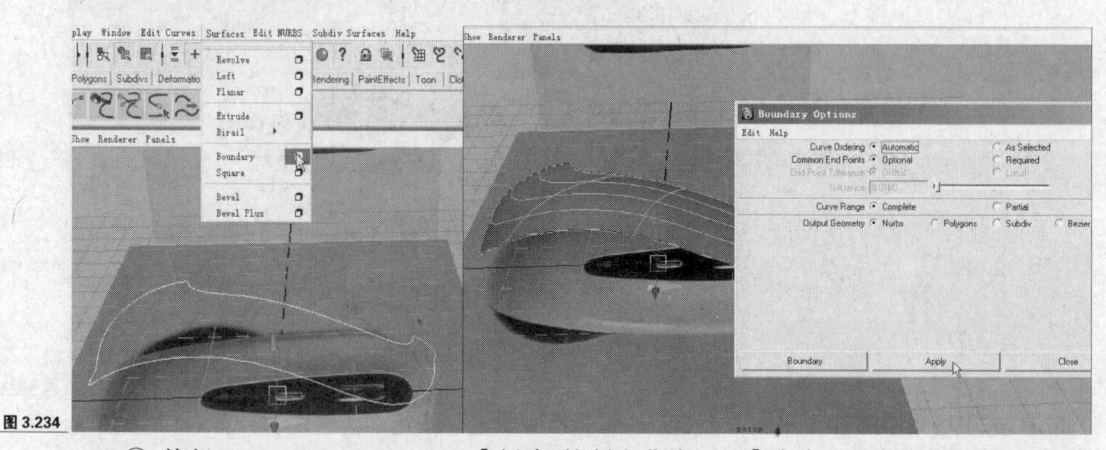

图 3.234

⑥ 执行 Create>CV Curve Tool【创建>控制点曲线工具】命令，绘制鼠标滚轮边缘的 4 条轮廓曲线。执行 Rebuild Curve【重建曲线】命令后，执行 Surfaces>Boundary【曲面>边界成面】命令，最终效果如图 3.235 所示。

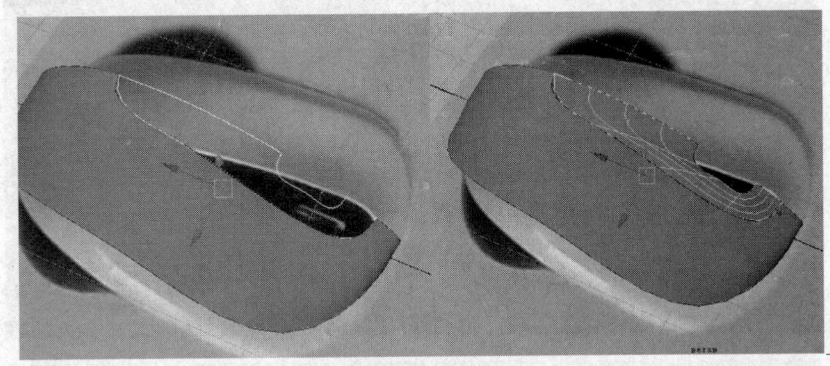

图 3.235

⑦ 选择模型的曲面，执行 Edit>Duplicate Special【编辑>特殊复制】命令，镜像复制模型，然后设置 Scale 参数为-1、1、1，结果如图 3.236 所示。

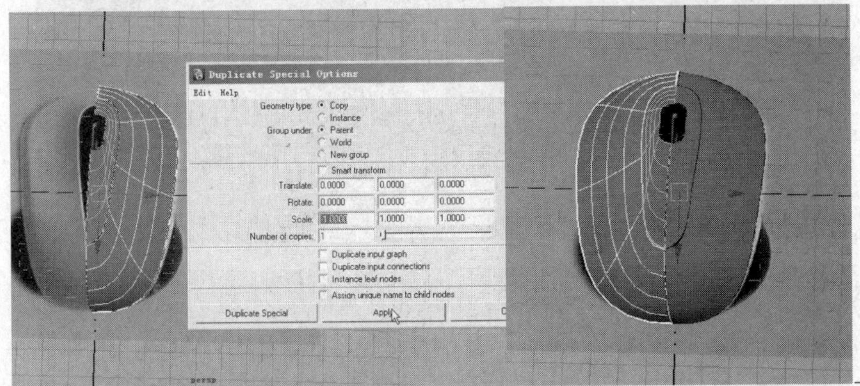

图 3.236

⑧ 选择鼠标的左、右键曲面，然后在 Edit NURBS>Attach Surfaces 命令的参数设置窗口中进行参数设置，如图 3.237 所示。

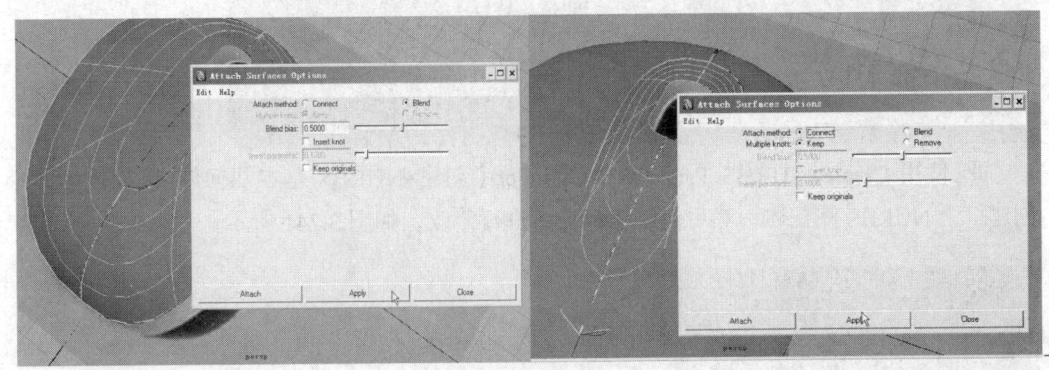

图 3.237

⑨ 执行 Create >CV Curve Tool【创建>控制点曲线工具】命令，绘制鼠标侧面的 4 条曲线。重建曲线后，执行 Surfaces>Boundary【曲面>边界成面】命令，创建曲面，如图 3.238 所示。

⑩ 选择鼠标侧面的曲面和后面的曲面，然后执行 Edit>Duplicate Special【编辑>特殊复制】命令，镜像复制模型，如图 3.239 所示。

⑪ 使用 CV 曲线工具绘制 4 条曲线，选择 4 条曲线并重建曲线，然后执行 Surfaces>Boundary【曲面>边界成面】命令，创建曲面，如图 3.240 所示。

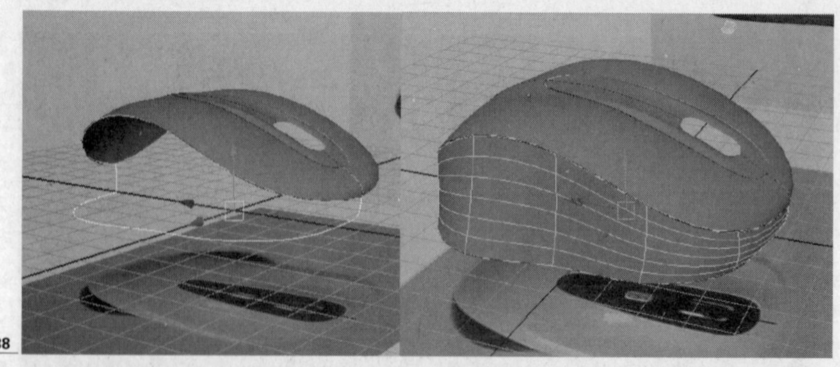
图 3.238

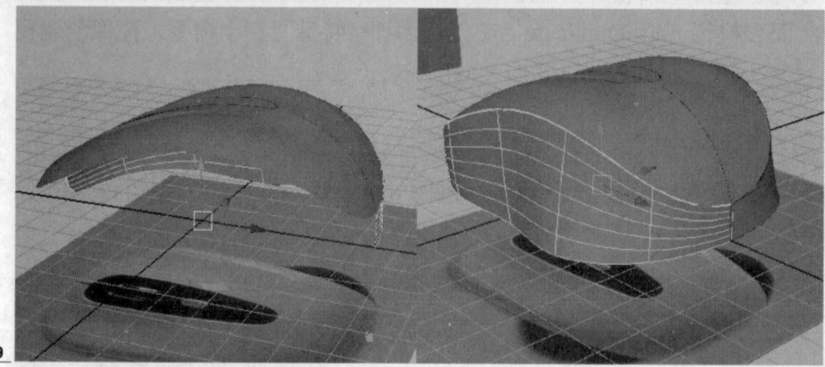
图 3.239

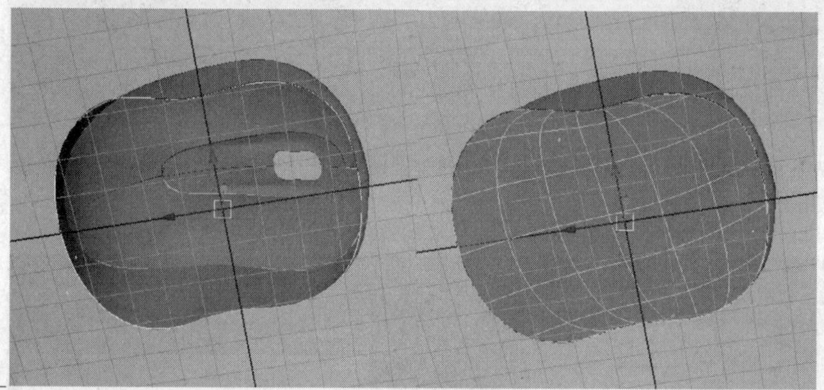
图 3.240

⑫ 使用 Create>NURBS Primitives>Cylinder【创建>NURBS 基本几何体>圆柱体】命令创建一个 NURBS 圆柱体，然后使用缩放工具进行修改，如图 3.241 所示。

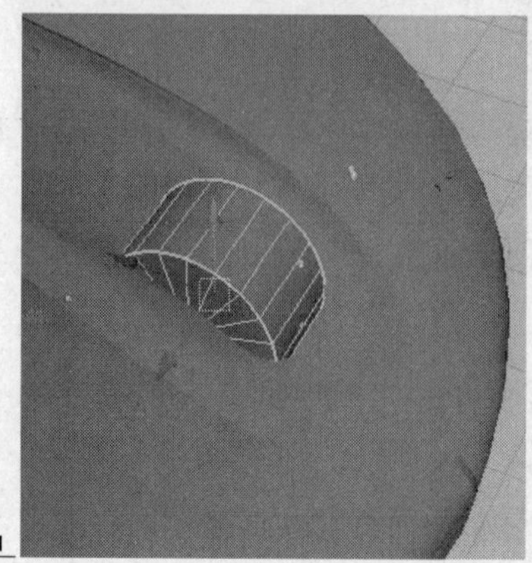
图 3.241

⑬ 选择处理的曲面，选择如图 3.242 所示的等参线，使用 Edit Curves >Duplicate Surface

Curves【编辑曲线>复制曲面曲线】命令复制等参线，并对其进行缩放修改。选择边界的等参线，然后执行 Surfaces>Loft【曲面>放样成面】命令，如图 3.242 所示。

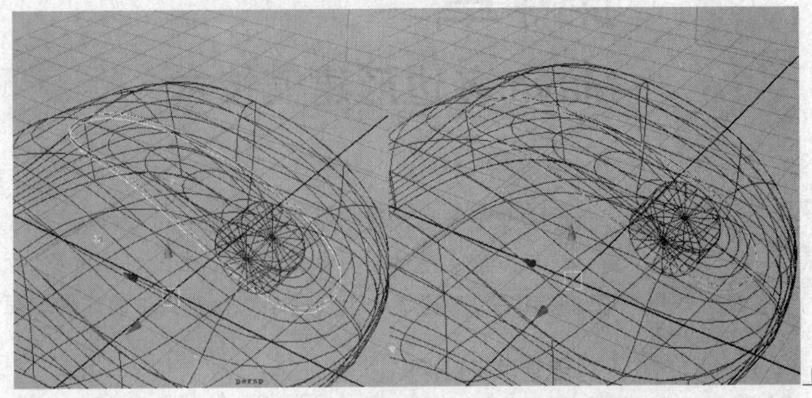

图 3.242

⑭ 进入组元编辑的点编辑模式，对模型进行最终的调整，最终效果如图 3.243 所示。

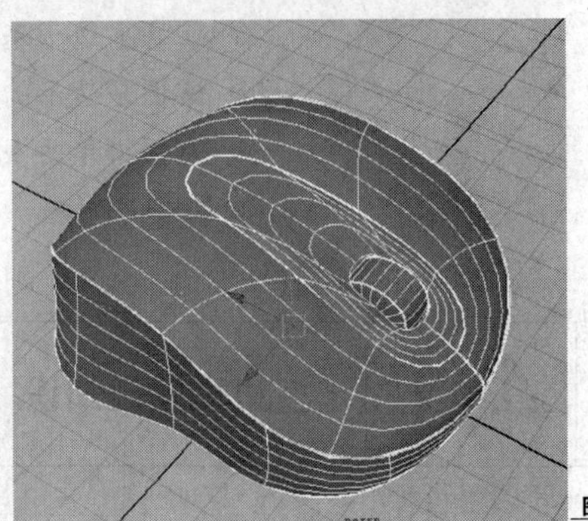

图 3.243

本章小结

通过对本章的学习，读者可以熟练地掌握 NURBS 由点到线、由线到面的建模方法，并结合点、线、面的元素编辑方法可以对复杂模型进行创建。

第4章 Maya 多边形建模技术

本章介绍多边形建模技术的基础知识，通过学习，可以掌握基本的多边形建模方法；通过学习创建多边形曲面和编辑多边形曲面的各项命令，可以掌握多边形建模中由大到小、由粗到细的建模流程。

课堂学习目标

- 掌握多边形基础知识
- 掌握多边形基本几何体的创建方法
- 掌握多边形的编辑方法
- 掌握简单的多边形 UV

4.1 多边形基础知识

在 Maya 中，Polygon【多边形】建模是我们目前最为常用的一种建模方式，它被电影特效、电脑游戏等众多行业广泛运用，如图 4.001 所示。下面我们就多边形知识展开学习。

图 4.001 《精灵鼠小弟》 《阿凡达》

4.1.1 多边形概念

多边形是由一组有序顶点和顶点之间的边构成的 *N* 边形。一个多边形物体是面（多边形面）的集合。

假设三维空间中有多个点，将这些点用线段首尾相连，形成一个封闭空间，填充该封闭空间，就产生一个多边形面。很多这种多边形面在一起，相邻的两个面都有一条公共边，就形成一个空间网架结构，这就是 Polygon 对象，我们称之为多边形。

Polygon【多边形】与 NURBS 的区别：NURBS 对象是参数化的曲面，有严格的 UV 走向，除了剪切边外，NURBS 对象仅有一种四边面的呈现方式；Polygon【多边形】是三维空间中一系列离散的点构成的拓扑结构，可以出现复杂的形态，如图 4.002 所示。

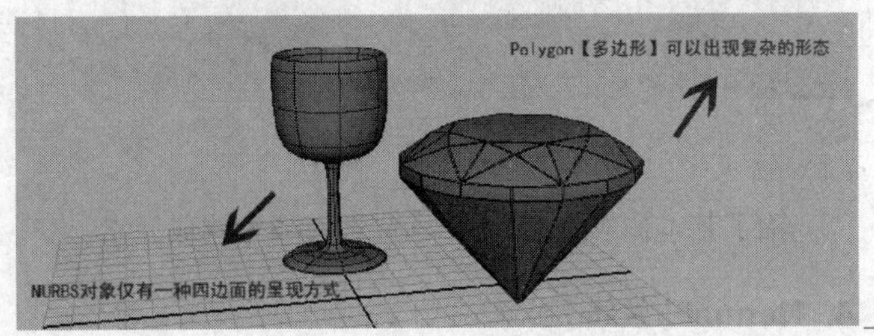

图 4.002

Polygon 组成元素。顶点、边和面是 Polygon 的基本构成元素。选择并修改这些构成元素，即可修改 Polygon 对象。

1. Vertex【顶点】

它是构成多边形对象最基本的元素，是处于三维空间中的一系列点，如图 4.003 所示。

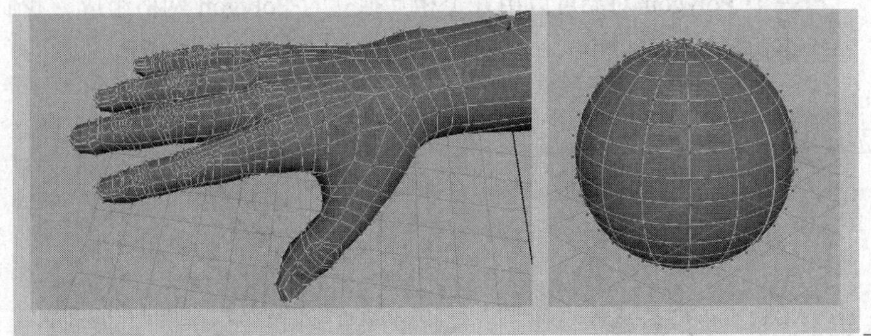

图 4.003

2. Edge【边】

多边形的一条边是由两个有序顶点定义而成的。在多边形模型上，Maya 使用两个顶点之间的一条线段来描述它，如图 4.004 所示。

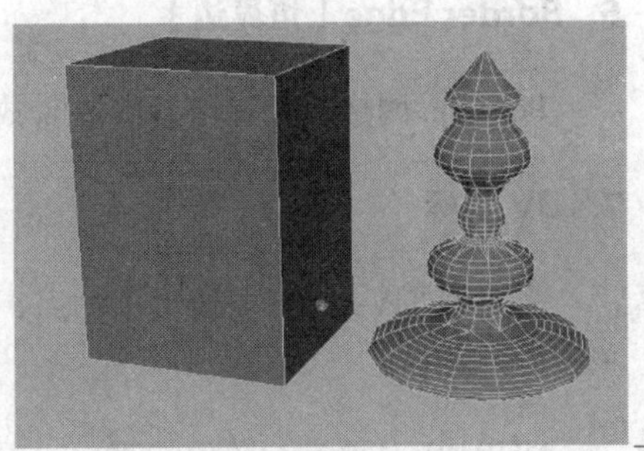

图 4.004

3. Face【面】

将 3 个或 3 个以上的点用直线连接而形成的闭合图形，我们称之为面。一个面是实体基础单位的图形描述，在每个面的中心都有一个点，如图 4.005 所示。

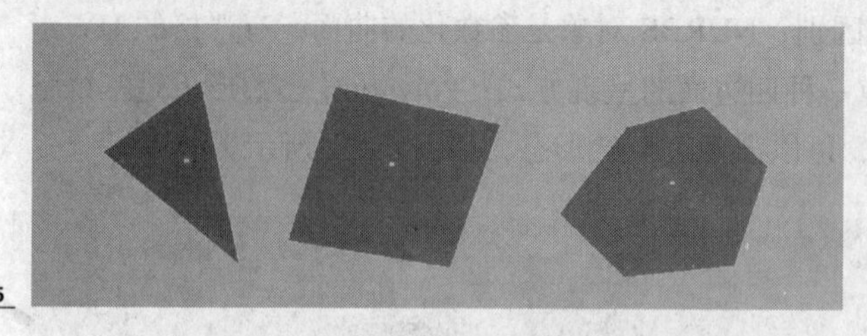

图 4.005

除了基本构成元素，Polygon 还有 4 个构成元素。

4. Normal【法线】

多边形面的方向由顶点的顺序决定。一个多边形面的方向使用一个称为 Normal【法线】的矢量来描述，法线是具有方向的线，并且它总是垂直于多边形的面。法线可以显示在面的中心、顶点，或同时显示在两者上，如图 4.006 所示。法线是一条理论线，它不会在渲染中出现。

5. Shell【壳】

一个 Polygon 对象可以由几个相互独立的 Polygon 网格组成，我们称之为 Shell【壳】。一个多边形物体可以由一个或多个外壳构成，如图 4.007 所示。

左 图 4.006

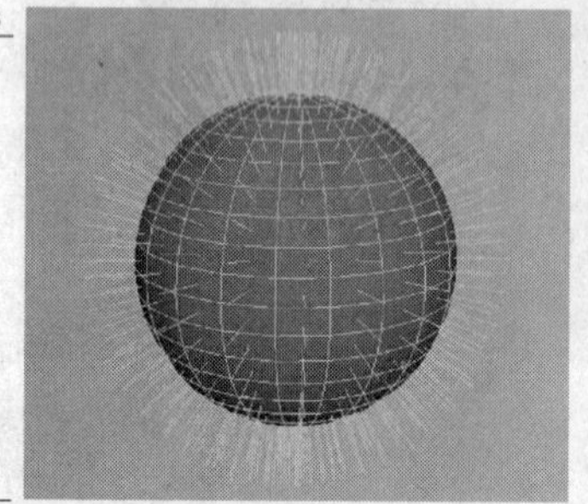

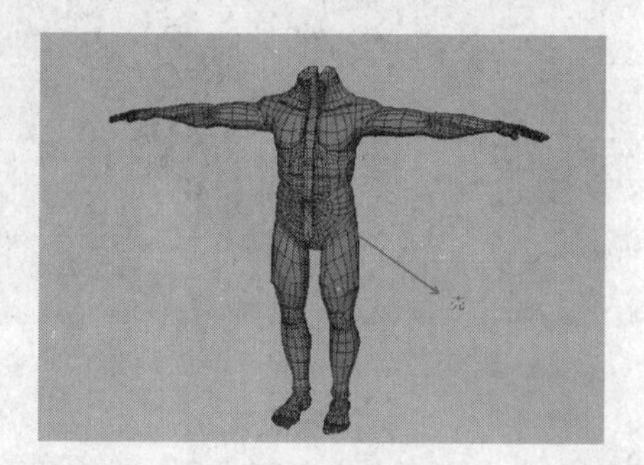

右 图 4.007

6. Border Edge【边界边】

Polygon 网格或壳边缘处的边叫做 Border Edge【边界边】，如图 4.008 所示。

7. UV 坐标

多边形 UVs 是在多边形上的点，用于对面映射纹理。用户通过设置 UVs，可以在多边形上放置纹理。

NURBS 对象是参数化的表面，可以用二维参数来描述，因此 UV 坐标就是其形状描述的一部分，不需要用户专门在三维坐标与 UV 坐标之间建立相对应关系；而多边形是由一系列离散点构成的，是非参数化的，需要人为在三维坐标与 UV 坐标之间建立关联关系。Maya 提供 UV Texture Editor【UV 纹理编辑器】工具对对象进行 UV 编辑，如图 4.009 所示。

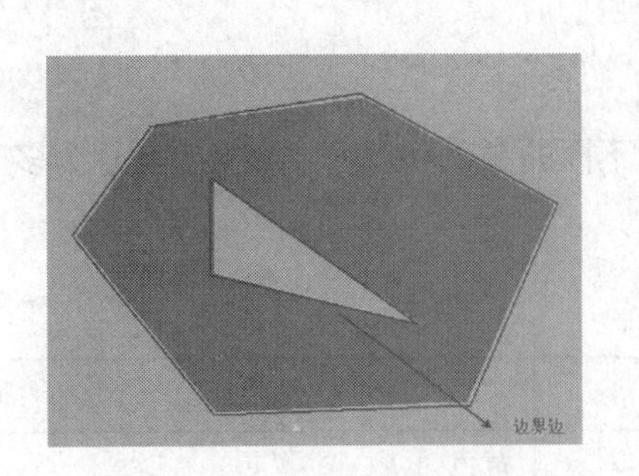

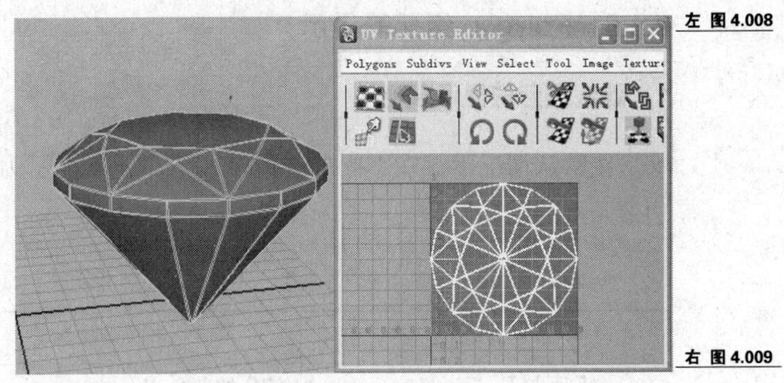

左 图4.008

右 图4.009

4.1.2 Polygon 建模菜单组

访问多边形建模菜单有如下两种方式可以选择。

1. 多边形菜单

在 Maya 状态栏上的菜单组中选择菜单，选择 Polygon 菜单组，切换到多边形菜单。多边形菜单中共有 8 个菜单，分别是 Select【选择】、Mesh【网格】、Edit Mesh【编辑网格】、Proxy【代理】、Normals【法线】、Color【颜色】、Create UVs【创建 UV】与 Edit UVs【编辑 UV】，如图 4.010 所示。

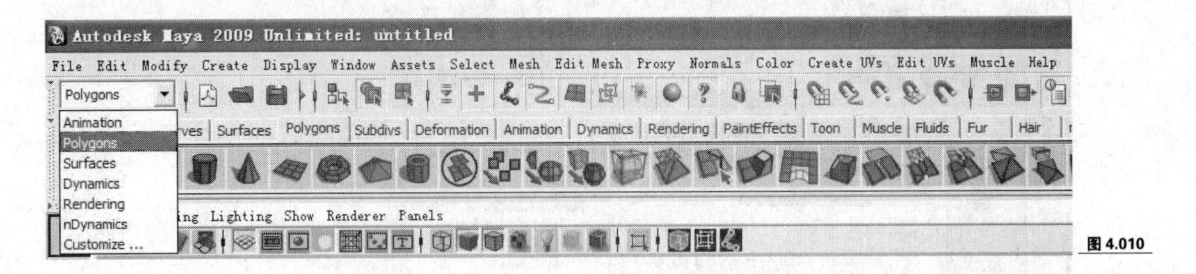

图4.010

2. 快速工具

按住键盘上的空格键，可以显示标记菜单，也可以访问菜单组中的命令，如图 4.011 所示。

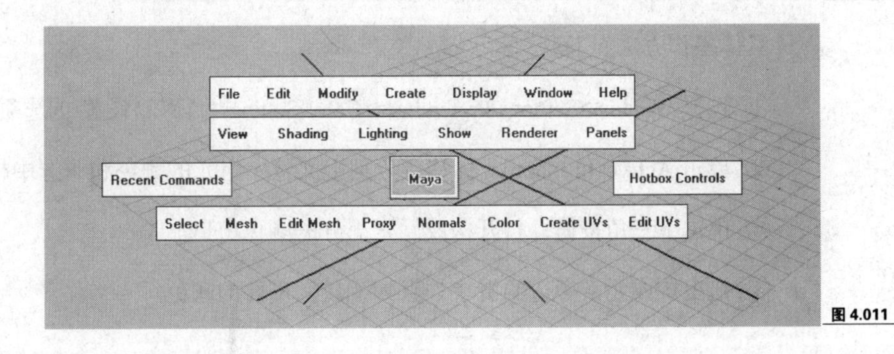

图4.011

4.1.3 Polygon 组元的显示

1. 默认组元的显示颜色

在默认情况下，在不同的选择模式下，元素显示为不同的颜色和尺寸。表 4-1 所示为多边形元素的默认显示。

表 4-1 默认组元的显示颜色

组元	非选择状态	选择状态
Vertex【顶点】	较小的紫色点	黄色
Edge【边】	蓝色线	亮橙色
Face【面】	中心为蓝点	亮橙色
Border Edge【边界边】	粗线	粗线
UV	中等大小的紫色点	亮绿色点

2. 改变选中组元和非选中组元的颜色

用户可以根据个人喜好和工作习惯修改多边形组元的显示颜色，如图 4.012 所示。

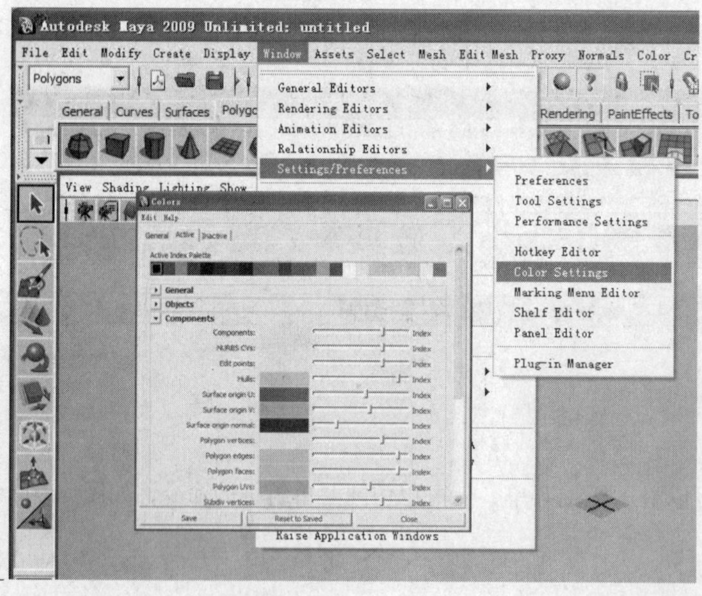

图 4.012

具体操作方法如下。

① 选择 Window>Settings/Preferences>Color Settings【窗口>设置/首选项>颜色设置】选项。

② 单击 Active 和 Inactive 标签，分别定义选中组元的颜色和非选中构成体的颜色。

③ 单击下三角按钮，打开构成元素部分的颜色窗口。

④ 拖曳构成元素旁边的滑块，直到变成所需要的颜色。

4.1.4 有效和无效的 Polygon 几何体

在 Maya 中，多边形可以存在各种不同的空间结构或者拓扑结构。有效的多边形几何体可以具有“规则”拓扑或“不规则”拓扑。一条边或一个顶点不是有效的几何体。规则拓扑意味着用户不能折叠几何体，因此它只能平躺在一个平面上，而没有重叠的部分。

不规则拓扑可以用图 4.013 中的 3 个例子来说明。

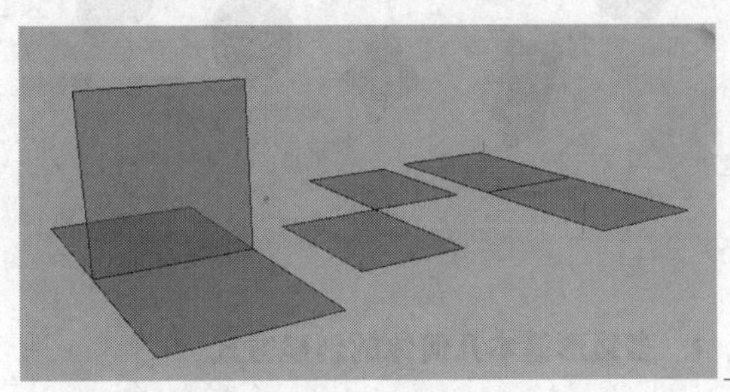

图 4.013

在第一个例子中，形状显示为“T”字形，两个面共享一条边。

在第二个例子（“领结”形）中，两个面共享一个顶点，但没有共享边。注意，当两个三维形状共享一个顶点时（例如，两个立方体在某点相交），也可能产生这种形状。

在第三个例子中，一个形状中有不连续的法线（没有边界边）。

以下的一些操作会产生无效的多边形几何体。

- Edit Mesh>Extrude【编辑网格>挤压】
- Normals>Reverse【法线>不提取几何体】
- Edit Mesh>Merge【编辑网格>融合】
- Delete Face【删除面】
- Collapse【压缩面或边】

4.2 创建多边形

4.2.1 多边形的基本几何体

在 Maya 中，最基本的物体是 primitive【基本几何体】，它们是创建其他复杂物体的基础。

有 12 种多边形几何体，分别是 Sphere【球体】、Cone【圆锥体】、Cylinder【圆柱体】、Cube【立方体】、Plane【平面】、Torus【圆环】、Pyramid【棱锥】、Prism【棱柱】、Pipe【管

状体】、Helix【螺旋体】、Soccer Ball【足球】、PlatonicSolids【柏拉图多面体】，如图 4.014 所示。

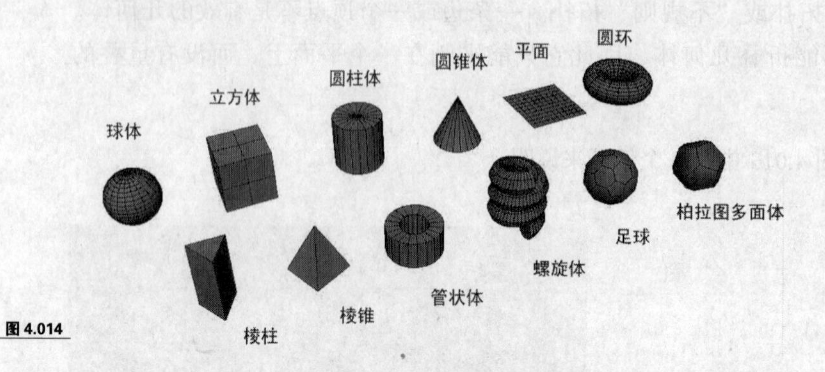

图 4.014

1. 多边形基本几何体的创建方式

用户可以采用以下 2 种方式进行多边形基本几何体的创建。

（1）传统方式

在新建基本对象窗口中设置基本参数，执行命令后，在场景的坐标原点处会出现新的多边形基本几何体，如图 4.015 所示。

（2）交互式操作方式

执行命令后，鼠标处于等待状态，用户需要单击或拖曳鼠标才能创建新的对象。新建基本对象的位置和用户在视图中单击鼠标的位置有关，创建的对象的大小同用户在场景中拖曳鼠标到最终释放鼠标的操作有关，如图 4.016 所示。

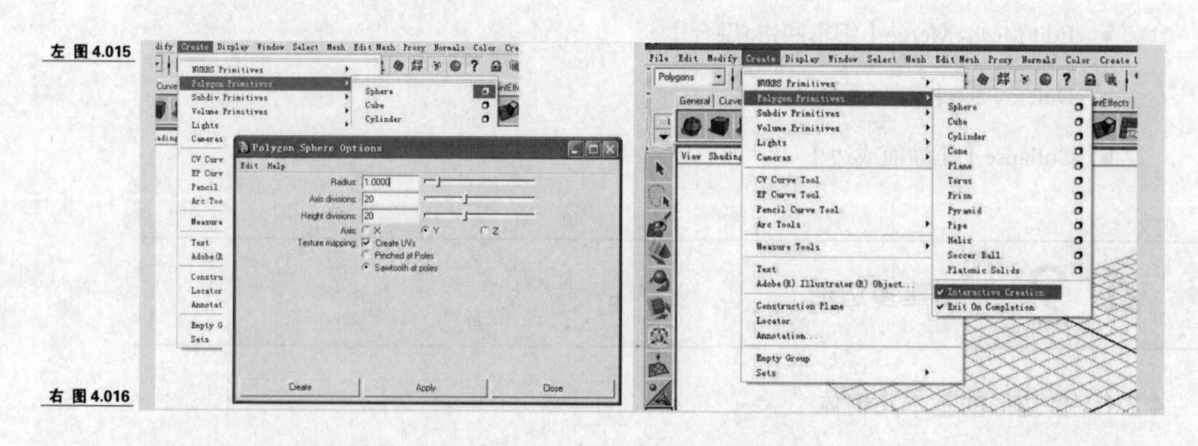

左 图 4.015

右 图 4.016

2. 基本多边形的运用参数

大部分多边形几何体的创建选项都是相同的，下面介绍基本多边形的通用参数。

（1）Radius（半径）

Radius（半径）选项的参数值设置了基本几何体的半径。有此选项的多边形几何体包括球、圆柱体、圆锥、环状体、足球、柏拉图多面体。调整这些基本几何体 Radius 选项的数值，相当于改变没有圆周的几何体（例如，平面或立方体）的宽度数值。

右侧实例中显示了使用默认半径参数值 1 和设置的半径参数值 2 时几何体的变化，如图 4.107 所示。

（2）Axis（轴向）

轴向用于确定基本对象的方向，如图 4.018 所示。

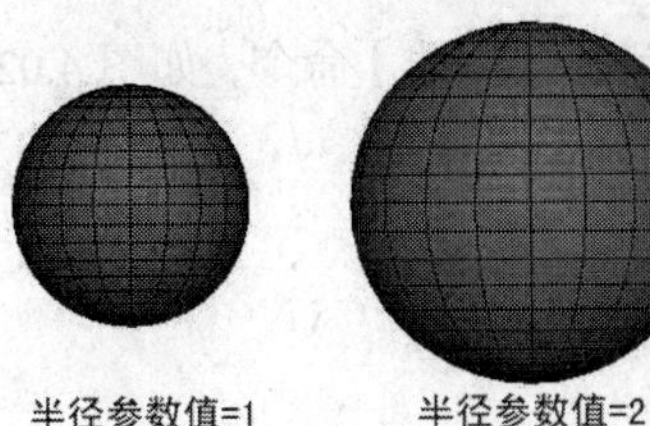

左 图4.017

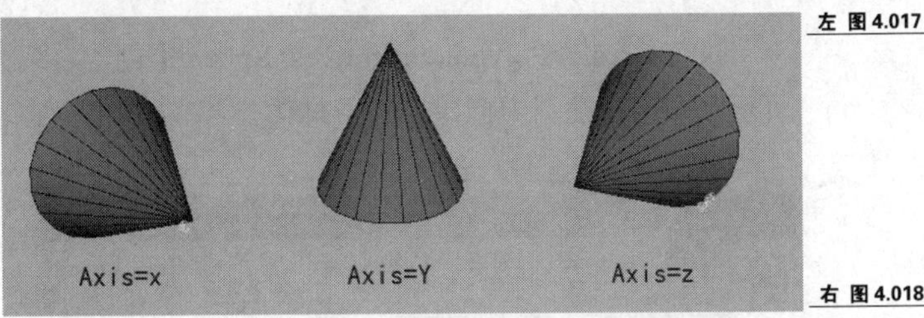

右 图4.018

（3）Divisions（分段数）

所有的基本对象都允许用户在不同的方向上指定对象的分段数，如图 4.019 所示。

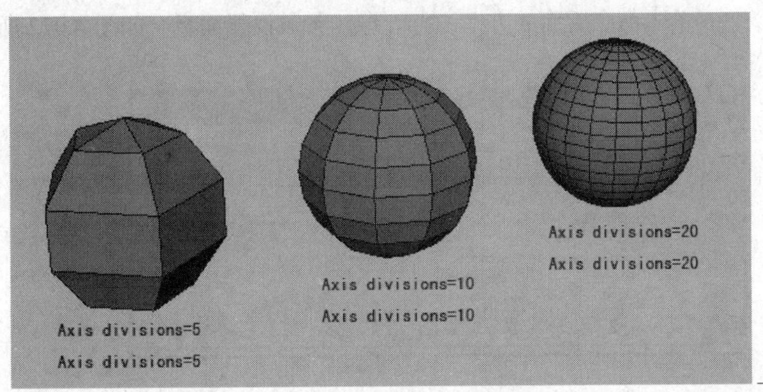

图4.019

（4）Round Cap【圆盖】

这个选项允许给某些几何体的顶面加个圆盖。圆柱体、圆锥体、管状体和螺旋体都有这个选项，如图 4.020 所示。

3. 创建基本几何体

下面创建基本的几何体。

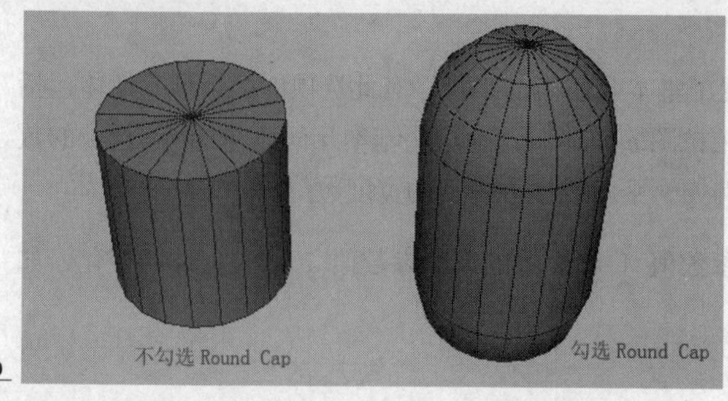

图 4.020

（1）Sphere【球体】

执行 Create>Polygon Primitives>Sphere【创建>多边形基本几何体>球】命令，如图 4.021 所示，即可在视图中创建多边形球体。

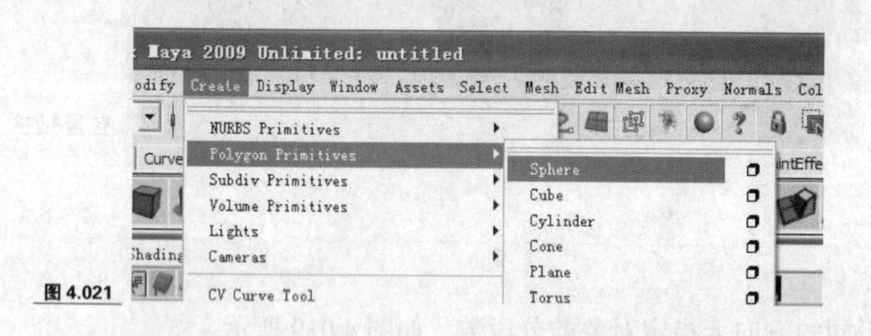

图 4.021

单击命令后面的方框，打开球体参数设置面板，如图 4.022 所示。

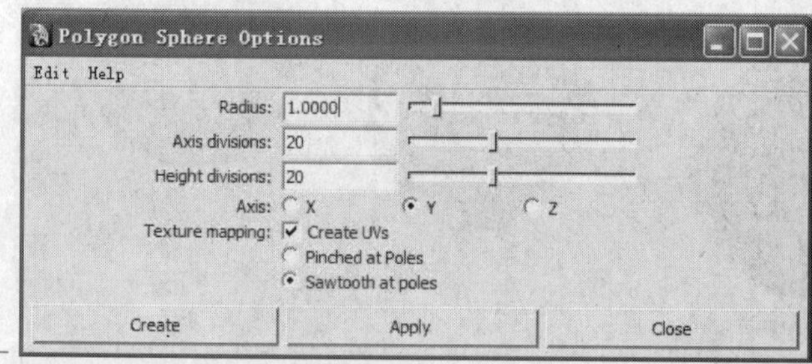

图 4.022

- Radius【半径】：设置球体半径。
- Axis divisions【经向分段数】：设置经向上的分段数。
- Height divisions【纬向分段数】：设置纬向上的分段数。

图 4.023 所示为不同参数的球体。

（2）立方体

执行 Create>Polygon Primitives>Cube【创建>多边形基本几何体>立方体】命令，即可在视图中创建多边形立方体，如图 4.024 所示。

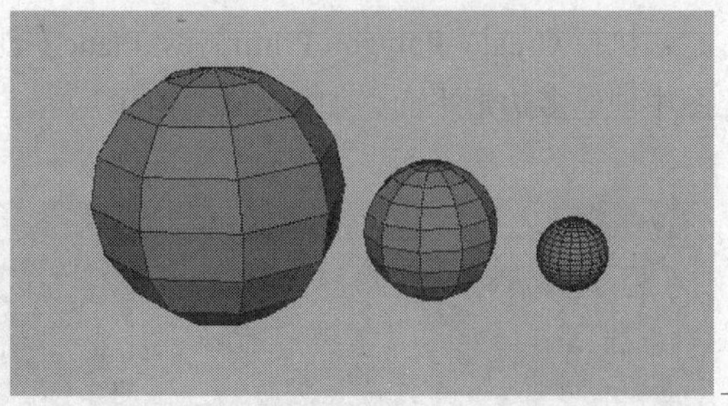
图 4.023

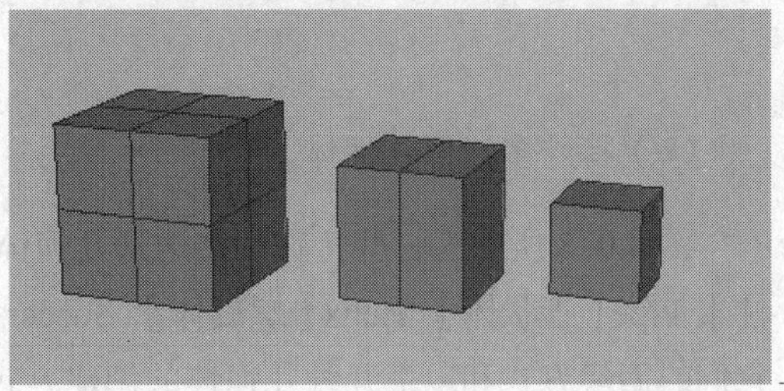
图 4.024

（3）圆柱体

执行 Create>Polygon Primitives>Cylinder【创建>多边形基本几何体>圆柱】命令，即可在视图中创建多边形圆柱体，如图 4.025 所示。

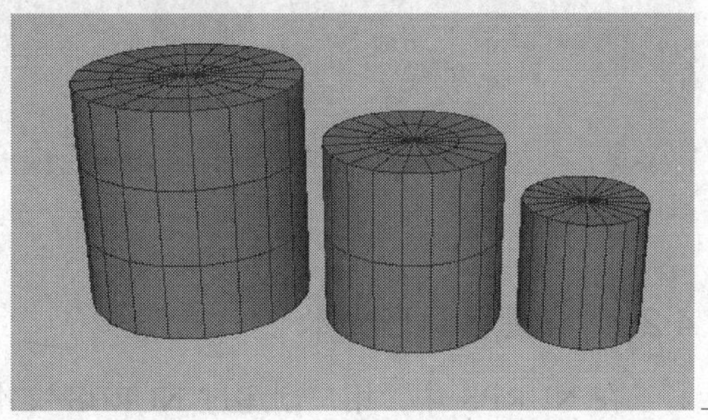
图 4.025

（4）圆锥体

执行 Create>Polygon Primitives>Cone【创建>多边形基本几何体>圆锥】命令，即可在视图中创建多边形圆锥体，如图 4.026 所示。

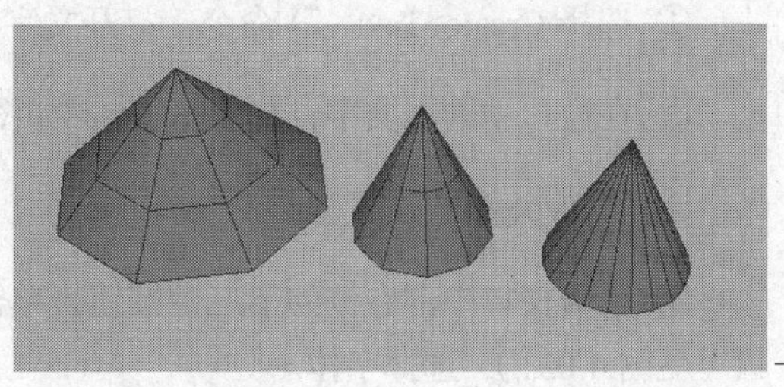
图 4.026

（5）平面

执行 Create>Polygon Primitives>Plane【创建>多边形基本几何体>平面】命令，即可在视图中创建多边形平面，如图 4.027 所示。

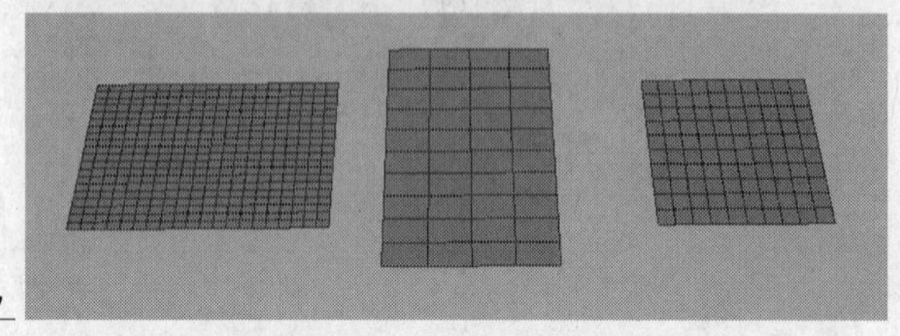

图 4.027

（6）特殊多边形几何体

图 4.028 所示为一些特殊的多边形几何体，如 Torus【圆环】、Pyramid【棱锥】、Prism【棱柱】、Pipe【管状体】、Helix【螺旋体】、Soccer Ball【足球】和 PlatonicSolids【柏拉图多面体】，它们的创建方式和以上几种几何体的创建方式是基本相同的。

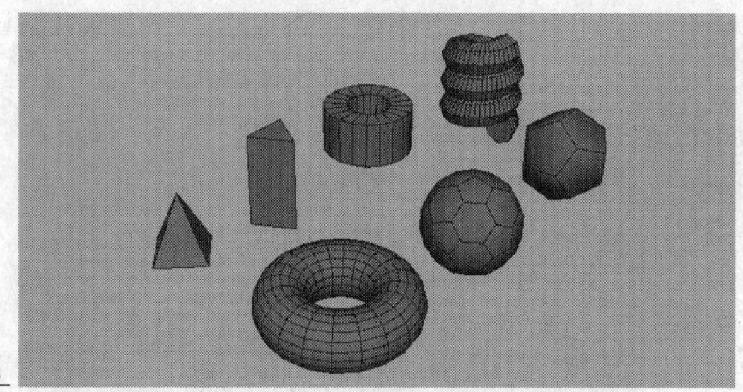

图 4.028

4.2.2 创建多边形文本

在 NURBS 中，用户创建过 NURBS 文本。而在多边形中，用户同样可以创建 Polygon 文本，它们的创建方法基本相同。

1. 创建简单多边形文字

具体操作方法如下。

① 选择 Create>Text> ❐ 命令，打开文字参数定义窗口。

② 在窗口中输入文字，如 Polygon，如图 4.029 所示。

③ 将 Type 参数设置为 Poly 或 Bevel。

④ 单击窗口中部右侧的下三角按钮，单击 Select 按钮（见图 4.030），进入字体定义窗口（见图 4.031），选择字体。

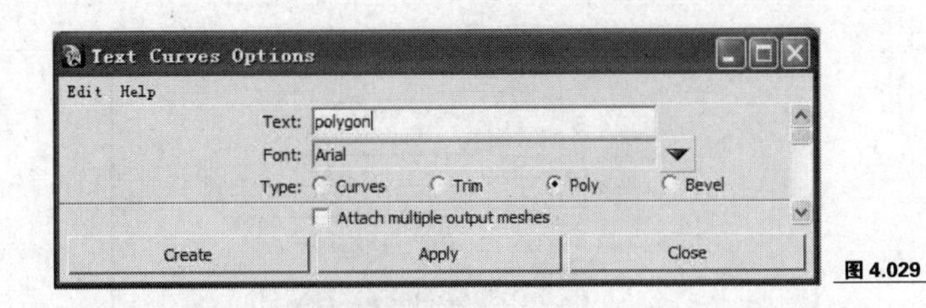

图 4.029

图 4.030

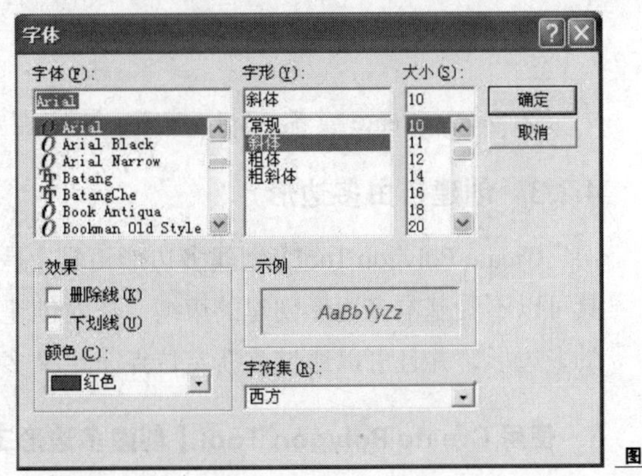

图 4.031

⑤ 单击 Create 或者 Apply 按钮生成文字，如图 4.032 所示。

图 4.032

2. 创建复杂多边形文字

用户可以通过另一个途径创建复杂的多边形文字。在 Maya 8.0 以后的版本中，支持直接读取 Illustrator 的 AI 文件，然后再导入 Maya 中将其转化为曲线或者多边形。

具体操作方法如下。

① 导入 AI 文件的文字，执行 Create>Adobe Illustrator Object 命令，将打开的面板进行如图 4.033 所示的设置。

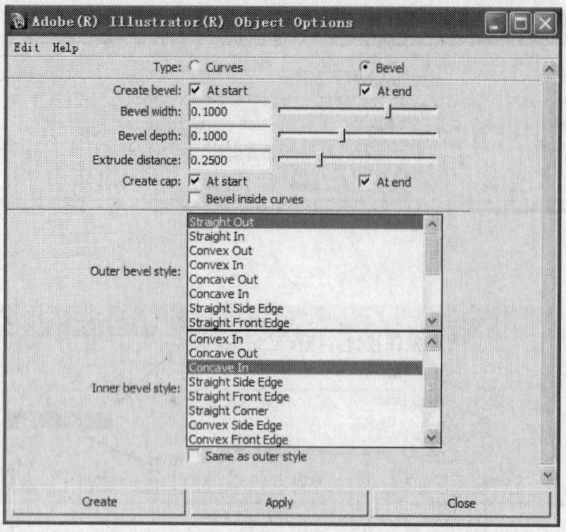

Adobe(R) Illustrator(R) Object Options
Edit Help
Type: Curves Bevel
Create bevel: At start At end
Bevel width: 0.1000
Bevel depth: 0.1000
Extrude distance: 0.2500
Create cap: At start At end
Bevel inside curves
Outer bevel style:
Straight Out
Straight In
Convex Out
Convex In
Concave Out
Concave In
Straight Side Edge
Straight Front Edge
Inner bevel style:
Convex In
Concave Out
Concave In
Straight Side Edge
Straight Front Edge
Straight Corner
Convex Side Edge
Convex Front Edge
Same as outer style
Create
Apply
Close
图 4.033

② 单击 Create 或者 Apply 按钮，指定需要导入的 AI 文件，得到最终效果。

4.2.3 创建自由多边形

Create Polygon Tool【创建多边形工具】是创建多边形的一个重要工具，用户使用这个工具可以不受基本多边形创建的束缚，从而创建出任意形状的多边形。用户还可以创建带有洞的多边形，并且可以通过重新定位点来定义多边形的形状。

1. 使用 Create Polygon Tool【创建多边形工具】创建一个多边形

具体操作方法如下。

① 选择 Mesh>Create Polygon Tool【网格>创建多边形工具】命令，如图 4.034 所示。

Mesh Edit Mesh Proxy Normals Color Create UVs
Combine
Separate
Extract
Booleans
Smooth
Average Vertices
Transfer Attributes
Paint Transfer Attributes Weights Tool
Clipboard Actions
Reduce
Paint Reduce Weights Tool
Cleanup...
Triangulate
Quadrangulate
Fill Hole
Make Hole Tool
Create Polygon Tool
Sculpt Geometry Tool
图 4.034

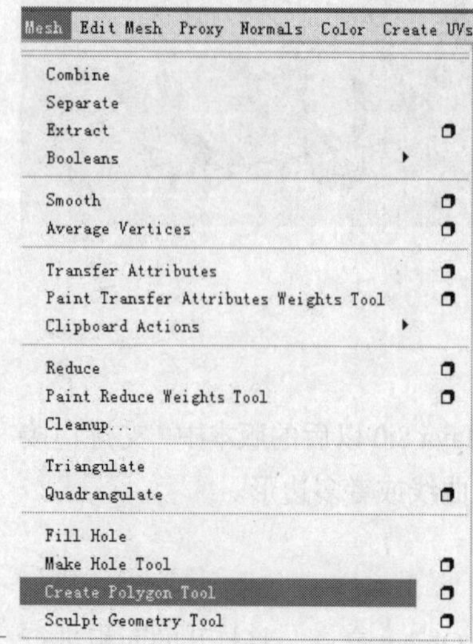

② 在视图中单击鼠标左键放置第一个点或顶点，效果如图 4.035 所示。

③ 单击创建下一个顶点，Maya 将在第一个点和最后一个点之间创建边，如图 4.036 所示。

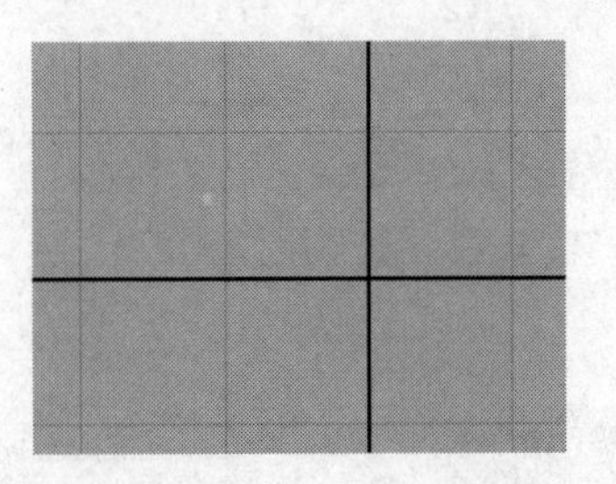

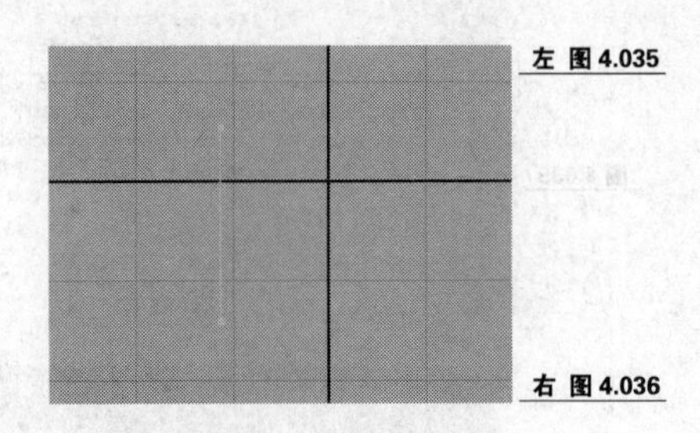

左 图 4.035

右 图 4.036

④ 为闭合多边形，放置另一个顶点，那么虚线会连接第三个顶点，如图 4.037 所示。

⑤ 如果要结束多边形的创建，按 Enter 键确认，效果如图 4.038 所示。

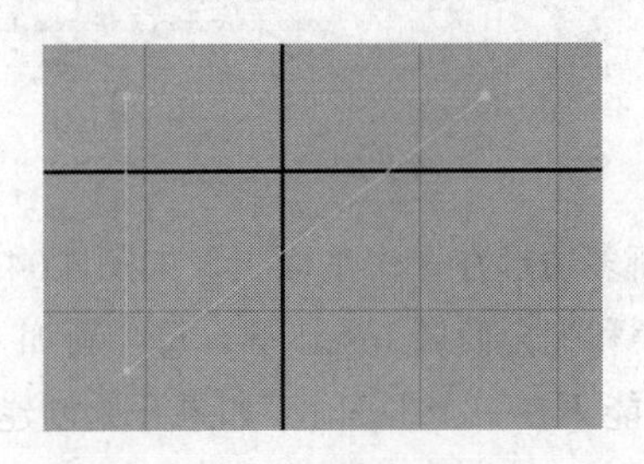

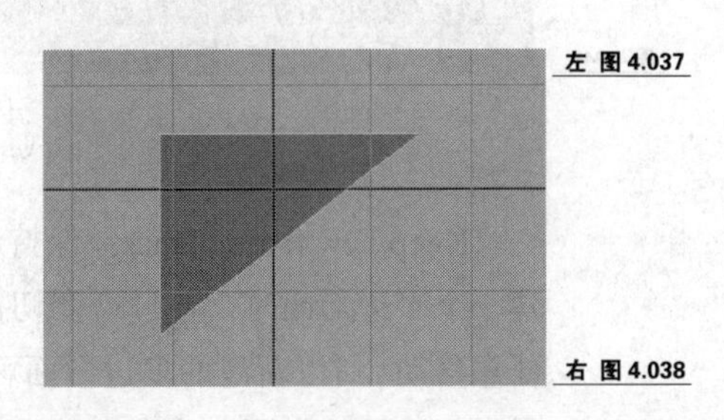

左 图 4.037

右 图 4.038

⑥ 采用下面不同的操作方式，可以结束创建/继续创建/取消上一步创建/修改创建工作。具体操作方法如下。

- 按 Enter 键结束创建操作。
- 按 Y 键结束当前这个创建多边形的操作，并开始新的创建。
- 按 Delete 或 Backspace 键，删除最后定义的顶点。
- 按住鼠标中键并拖曳，修改最后定义顶点的位置。
- 按 Insert 键进入位置修改状态，将最后定义顶点移到适当位置，再按 Insert 键取消修改状态，继续下一步操作。

2. Create Polygon Tool【创建多边形工具】选项

选择 Mesh>Create Polygon Tool>❐命令来显示多边形工具参数设置视窗，如图 4.039 所示。

Divisions【分段数】：指每条边分成的段数，系统默认值为 1，即新建多边形的顶点就是用户用鼠标输入的那些点。这个参数也可以在创建完成后在 Channel Box【通道栏】或者 Attribute Editor【属性编辑器】中修改，名称不再是“Divisions”，而是“Subdivisions”，如图 4.040 所示。

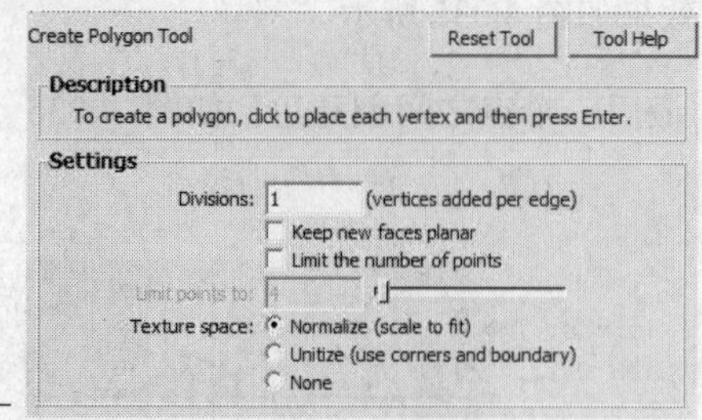

图 4.039

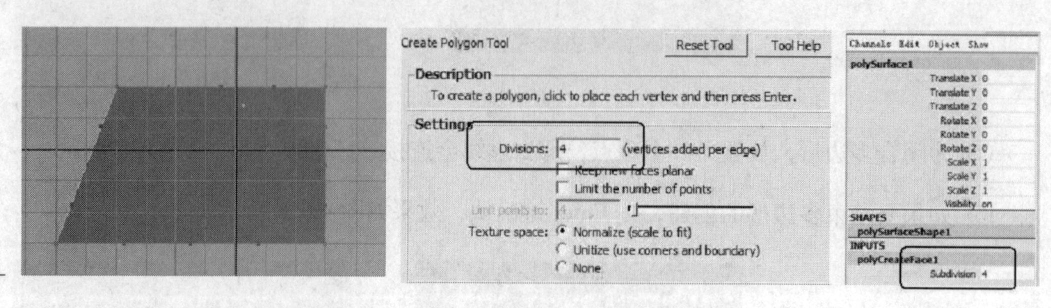

图 4.040

Keep new faces planar：保持新多边形在一个平面上，如图 4.041 所示。一般情况下，新建一个多边形面时，通过视图切换和配合使用 Insert 键，每个新加入的顶点都可以在场景中任意移动，所以新建的多边形面可能不在一个平面上。如果开始创建的时候选择了这个选项，最先创建的 3 个顶点确定在一个平面，以后建立的顶点无论采用什么方式，在创建的过程中都不会离开这个平面。

Limit the number of points：此项的参数值用于设置新的多边形中的顶点数目，如图 4.042 所示。当用户放置的点等于此数目后，Maya 会自动闭合多边形来结束创建，并且用户可以在视图中继续来创建新的多边形，而不用重新选择工具。

左 图 4.041

右 图 4.042

Keep new faces planar

Limit the number of points

3. 使用 Create Polygon Tools 创建一个有洞的多边形

① 选择 Mash>Create Polygon Tool 选项，按需要放置第一个点、第二个点和第三个点。

② 不要按 Enter 键，如图 4.043 所示。

③ 按 Ctrl 键并在面的内部放置点来创建洞，连续放置点来定义洞的形状，如图 4.044 所示。

④ 当放置了足够数目的点后，按 Enter 键来结束创建过程。

⑤ 采用下面不同的操作方式，可以结束创建/继续创建/取消上一步创建/修改创建工作。

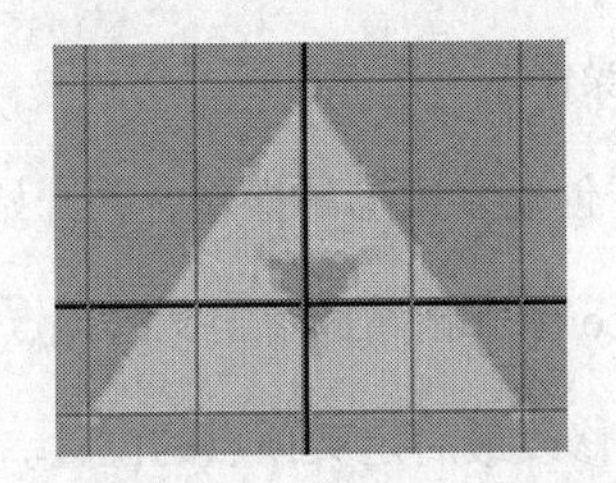

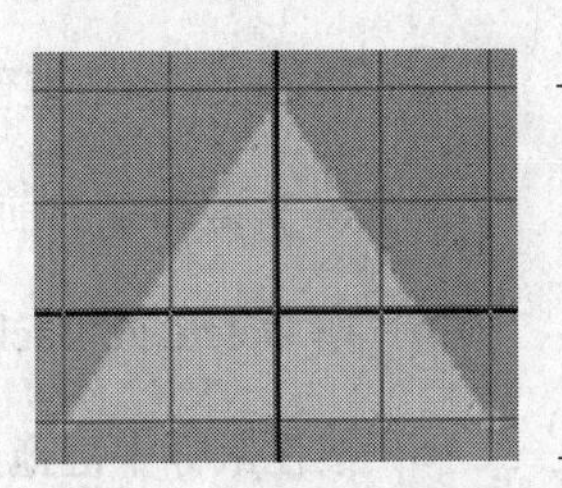

左 图4.043

右 图4.044

具体操作方法如下。

- 按 Enter 键结束创建操作。
- 按 Y 键结束当前这个创建多边形的操作，并开始新的创建。
- 按 Delete 或 Backspace 键，删除最后定义的顶点。
- 按住鼠标中键并拖曳，修改最后定义顶点的位置。
- 按 Insert 键进入位置修改状态，将最后定义顶点移到适当位置，再按 Insert 键取消修改状态，继续下一步操作。
- 按 Ctrl 键，在新延展出的部分中单击鼠标加点，加一个洞。

4. Append to Polygon Tool【扩展多边形工具】

使用 Append to Polygon Tool【扩展多边形工具】可以从现有的多边形向外扩展，Append to Polygon Tool【扩展多边形工具】是以当前多边形的边界边作为向外扩展的起点。该工具在建模的过程中起到了非常重要的作用，它可以作为填洞工具使用。

具体操作方法如下。

① 选择要扩展的多边形，如刚创建的有洞的多边形。

② 选择 Edit Mesh>Append to Polygon Tool【编辑网格>扩展多边形工具】命令，高亮显示的为多边形的边界边，如图 4.045 所示。

③ 单击要向外扩展的边界边，被选择的边作为新建面的第一条边，箭头标出边的方向，如图 4.046 所示。

④ 在场景中可以单击鼠标左键放置一个顶点，也可以选择另一条边界边来扩展多边形，如图 4.047 所示。

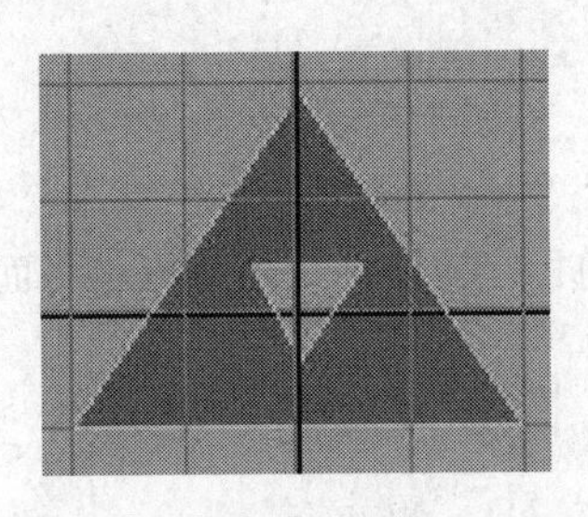

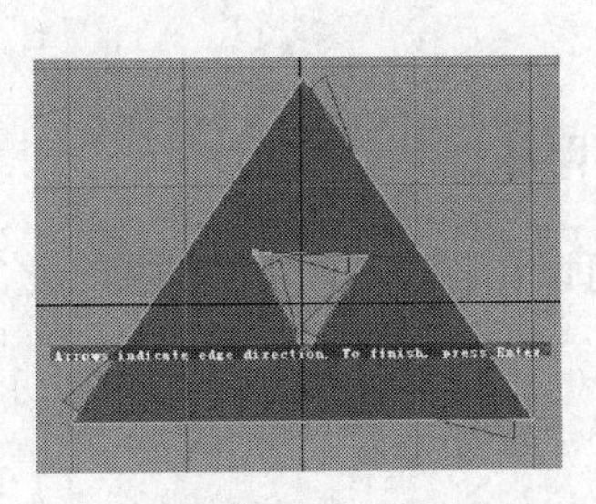

左 图4.045

中 图4.046

右 图4.047

⑤ 采用下面不同的操作方式，可以结束创建/继续创建/取消上一步创建/修改创建工作。具体操作方式如下。

- 按 Enter 键结束创建操作。
- 按 Y 键结束当前这个创建多边形的操作，并开始新的创建。
- 按 Delete 或 Backspace 键，删除最后定义的顶点。
- 按住鼠标中键拖曳，修改最后定义顶点的位置。
- 按 Insert 键进入位置修改状态，将最后定义顶点移到适当位置，再按 Insert 键取消修改状态，继续下一步操作。
- 按 Ctrl 键，在新延展出的部分中单击加点，加一个洞。

4.2.4 转换多边形

1. 将 NURBS 转换为多边形

在实际操作中，用户经常需要在 NURBS 模型与 Polygon 模型之间进行转换。Maya 中提供了这样的命令，使转换前的 NURBS 对象上所存在的纹理指定给转换后的多边形对象。在转换的过程中，NURBS 对象的 UV 也会自动转变成多边形对象的 UV。

具体操作方法如下。

① 选择需要转换的 NURBS 对象，如 NURBS 球体。

② 选择 Modify>Convert>NURBS To Polygons【修改>转换>NURBS 模型转换为多边形模型】命令。

③ 单击 Tessellate 按钮或者 Apply 按钮执行转换操作，如图 4.048 所示。

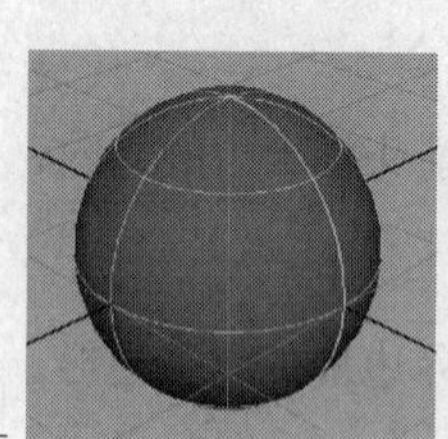

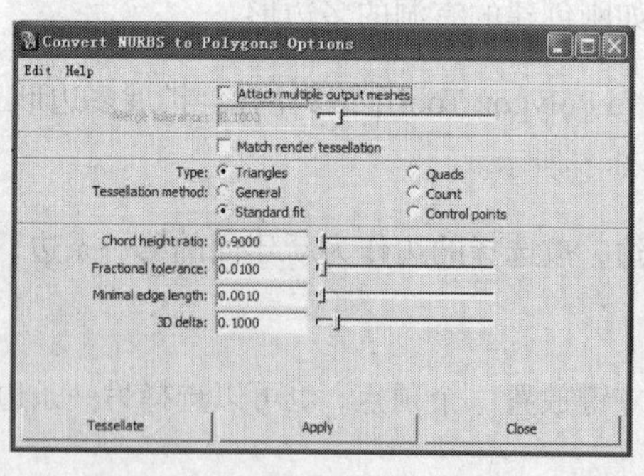

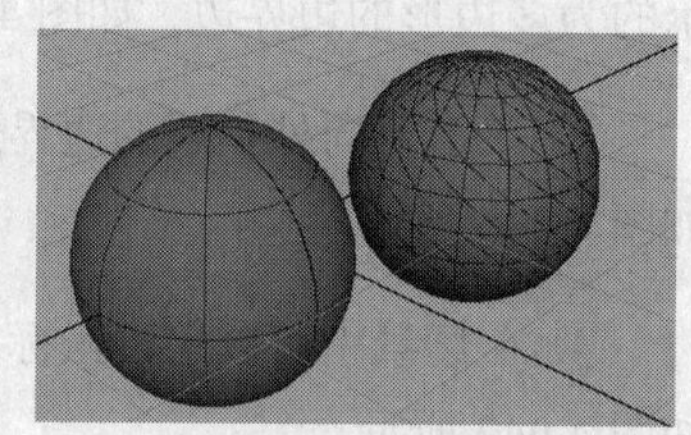

图 4.048

2. 将纹理图案转换成多边形网格

在 Maya 中，用户除了可以在各种不同类型的模型之间相互转换外，还可以将平面图形转换为多边形网格。

具体操作方法如下。

① 创建一个多边形平面。

② 选择 Modify>Convert>Texture to Geometry>❐【修改>转换>纹理转为网格】命令，打开命令设置窗口。

③ 调入纹理图案 Image Properties Input image: Select... ○

④ 单击 Apply and Close 按钮 Apply and Close 执行操作，如图 4.049 所示。

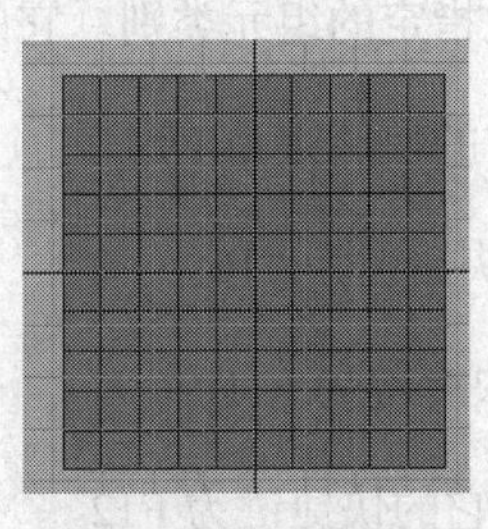

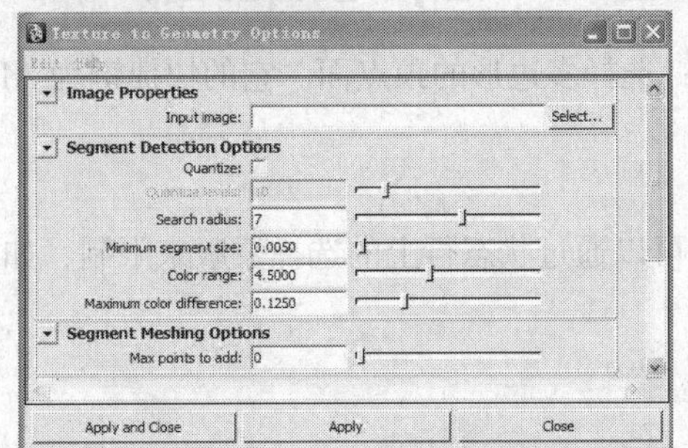

图 4.049

3. 其他类型对象的转化

除了以上的两种转化以外，Subdiv【细分】、Paint Effect【绘画效果】、Fluid【流体】都可以转成多边形。

4.3 编辑多边形

4.3.1 多边形的选择

新版本的 Maya 中专门设置了一个新的菜单 Select，专门放置构成体的选择命令，并把一些有关选择的操作都集中到这个菜单当中，这为用户的操作提供了较大的方便。

1. 使用选择蒙版

选中多边形，可以选择使用的组员有 Vertex【顶点】、Edge【边】、Face【面】、UV 坐标和顶点面。在一般情况下不会同时选择多种组员，而是每次都只对其中的一种进行操作，选择某种特定的组员可以使用选择蒙版。Maya 中多边形组员的选择蒙版可以通过 3 种方式设置，即菜单（快捷键）、状态行设置和标记菜单。

（1）菜单（快捷键）

菜单（快捷键）设置选择蒙版，如图 4.050 所示。

图 4.050 所示为 Select 菜单的一部分，是多边形组员选择的过滤蒙版，菜单中同时列出了快捷键。

Select>Object/Component：选择上一次指定的组元类别。它的快捷键为 F8。

Select>Vertex：选择多边形的顶点。它的快捷键为 F9。

Select>Edge：选择多边形的边。它的快捷键为 F10。

Select>Face：选择多边形的面。它的快捷键为 F11。

Select>UV：选择多边形的 UV 坐标。它的快捷键为 F12。

Select>Vertex Face：选择多边形的顶点面。它的快捷键为 Alt+F9。

（2）状态行设置

选择多边形组员也可以通过状态行上的选择蒙版来限制，如图 4.051 所示。

左 图4.050

Select　Mesh　Edit Mesh　Proxy　Normals	
Object/Component	F8
Vertex	F9
Edge	F10
Face	F11
UV	F12
Vertex Face	Alt+F9

右 图4.051

（3）标记菜单

在大多数情况下，使用标记菜单限制选择组员类别是最快捷的一种方式，如图 4.052 所示。

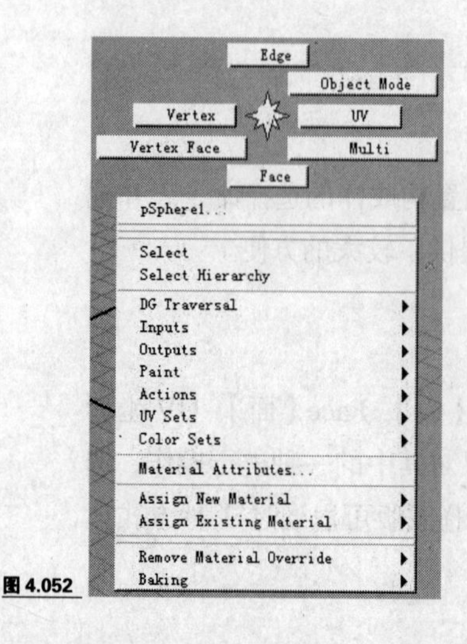

图 4.052

2. 增加和减少选择

选择 Select>Grow Selection Region【选择>增加选择】命令，可以在原来选择组员集合的基础上增加选择元素的数目，或选择 Shrink Selection Region【减少选择】命令来减少选择元素的数目，如图 4.053 所示。

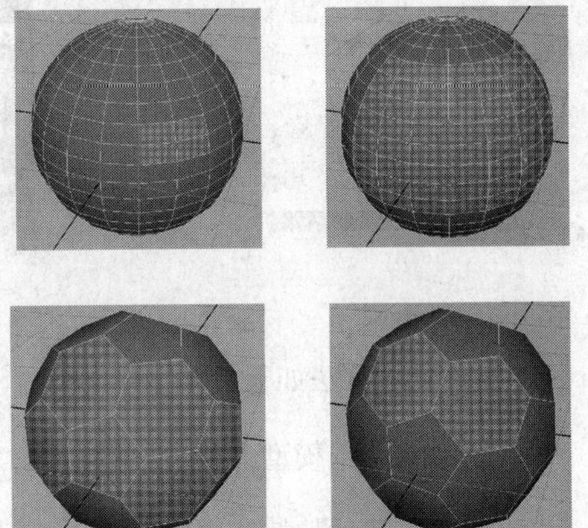

图 4.053

增加选择集元素的快捷键是 Shift+>，减少选择集的快捷键是 Shift+<。

增/减选择集的操作也可以通过右键菜单实现。按住 Ctrl 键的同时单击鼠标右键，在弹出的快捷菜单中就包含了 Shrink Selection 和 Grow Selection 这两条命令，如图 4.054 所示。

图 4.054

（1）选择边界

选择 Select>Select Selection Boundary 命令，可以将现在已经选择区域的边界元素单独选择出来。这种方法对面、顶点、边和 UV 选择集都适用，如图 4.055 所示。

选择当前选择集的边界的操作可以通过右键菜单实现。按住 Ctrl 键的同时单击鼠标右键，在弹出的快捷菜单中包含 Selection Boundary 这条命令，如图 4.056 所示。

（2）转换选择为其他组元类型

在建模过程中，用户经常会遇到这样的问题。用户想选择多边形的部分顶点，但是顶点位置不容易选中，这时就想到如果已选择了多边形的某种组元（如顶点），能够把它转换为另一种组元（如面）就好了。在 Maya 中，用户可以在 Select>Convert Selection【选择>转换选择】的子菜单中选择，在多边形的面、边、顶点和 UV 坐标之间自由转换。

左 图 4.055

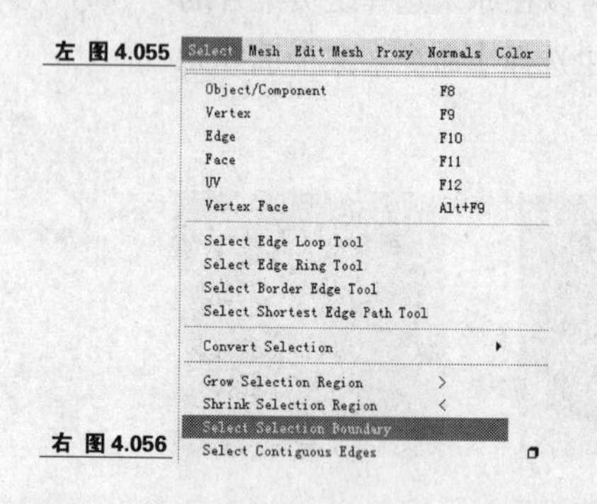

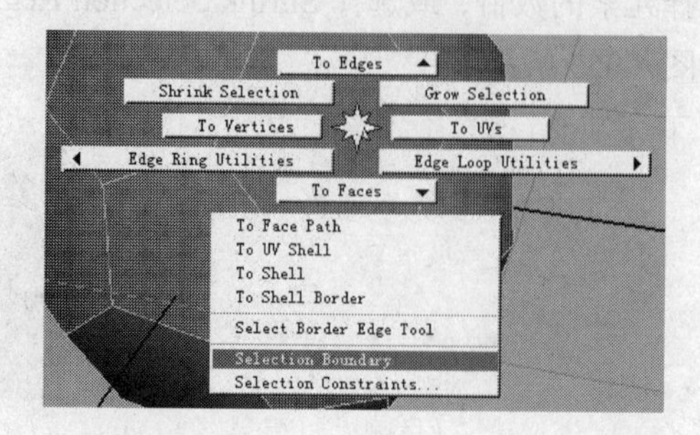

右 图 4.056

具体操作方法如下。

① 在多边形模型上单击鼠标右键。

② 在弹出的快捷菜单中选择 Face【面】命令，这样就可以在多边形上进行构成面的选择，如图 4.057 所示。

③ 选择 Select>Convert Selection>To Vertices【选择>转换选择>转为顶点】命令，如图 4.058 所示。

执行这一命令后，虽然场景中被选中的区域没有发生变化，但是选中的元素却由构成面转化成了顶点，如图 4.059 所示。

左 图 4.057

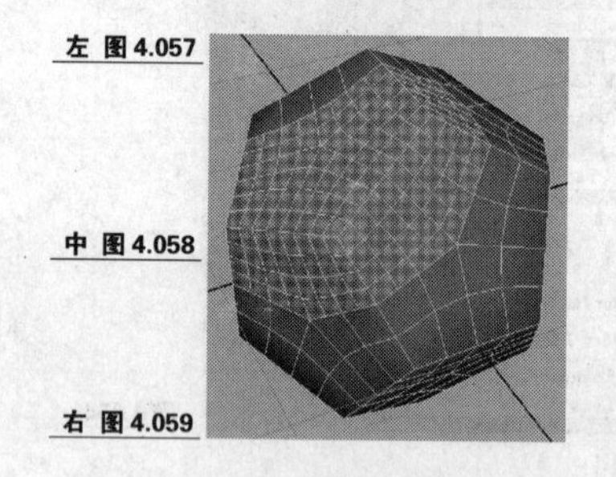

中 图 4.058

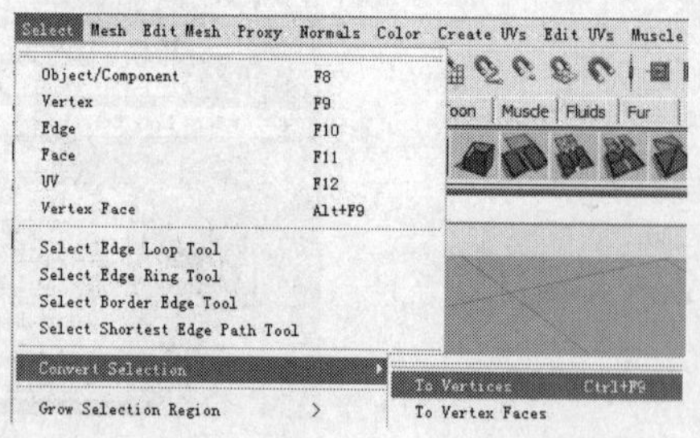

右 图 4.059

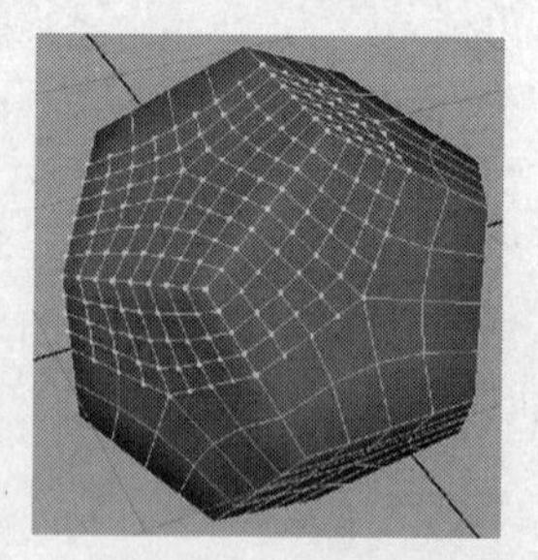

④ 按住 Ctrl 键的同时右键单击多边形模型，在弹出的快捷菜单中选择即可，如图 4.060 所示。

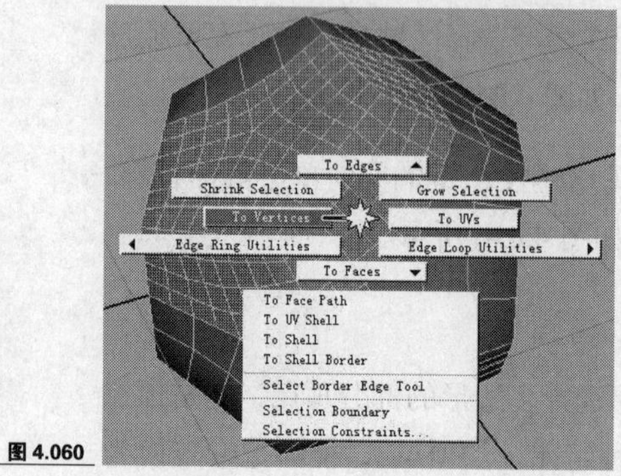

图 4.060

4.3.2 编辑多边形组元

1. 设置全局工具选项

（1）预设多边形构成面拾取方式

选取多边形面时，用户都是通过点选面中心的点的位置来操作的，而实际上，还可以将拾取方式改为点取多边形构成面上任意的点。

具体操作方法如下。

① 选择 Window>Settings/Preferences【窗口>设置/选项】命令，如图 4.061 所示。

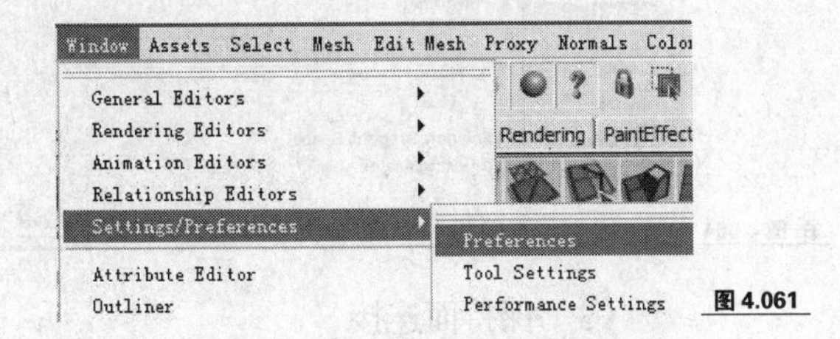

图 4.061

② Polygon Selection【多边形选项】栏里有 Select faces with【选择面使用】选项。Center【中心】为系统默认的中心拾取方式。Whole face【整个面】为整个面上任意点都能拾取到多边形构成面，如图 4.062 所示。

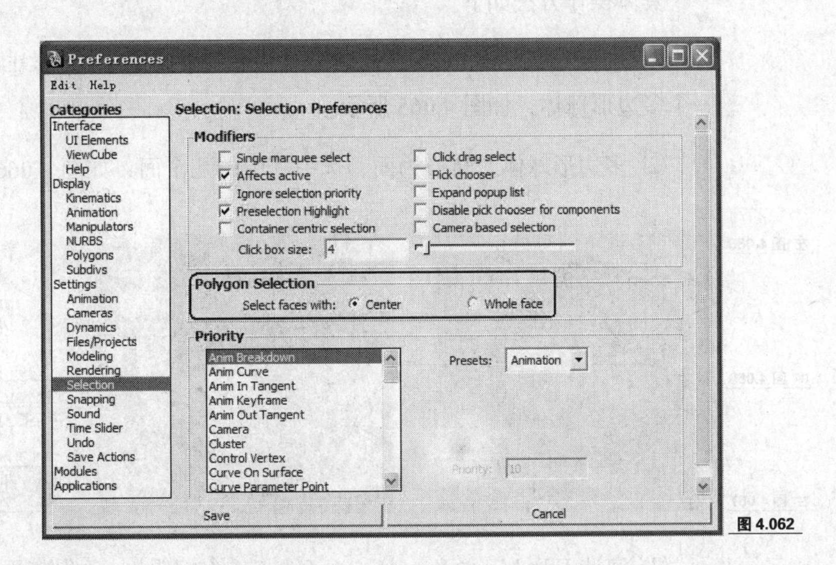

图 4.062

（2）单面设置

具体操作方法如下。

① 选择 Window>Settings/Preferences【窗口>设置/选项】命令。

② 在 Settings 选项组中选择 Modeling 选项，展开模型参数设置。

窗口的右栏中有一组多边形控制属性 Polygons，其中 Create meshes single sided 为单面设置，系统默认状态下此复选框是不勾选的。勾选此复选框后，所创建的多边形对象均为单面，如图 4.063 所示。在属性面板中 Attribute Editor>Render Stats>Double Sided 的渲染属性是不勾选的，如图 4.064 所示。

左 图 4.063

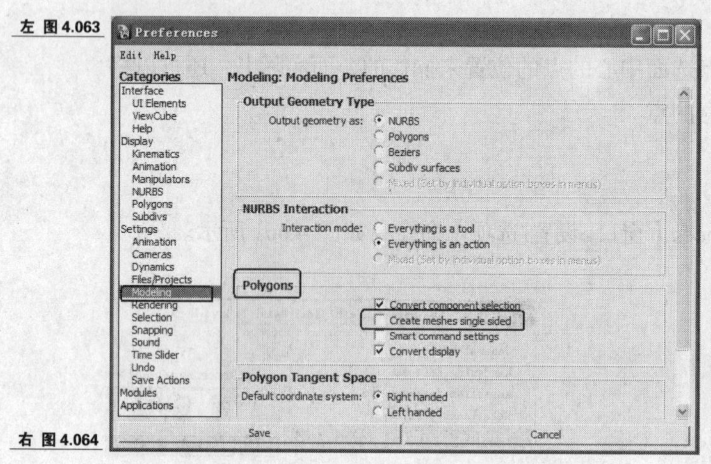

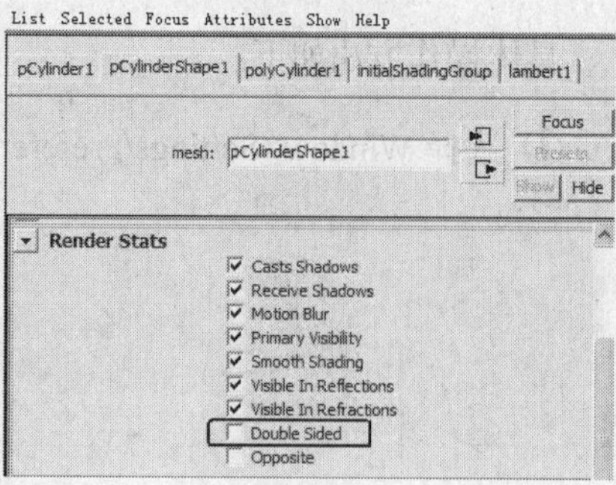

右 图 4.064

（3）保持面连接

在进行多边形编辑时，保持面连接是一个非常重要的选项。选择 Edit Mesh>Keep Faces Together【编辑网格>保持面连接】命令，用户可以通过一个例子来了解它的重要性。

具体操作方法如下。

① 选择 Create>Polygon Primitives>Sphere【创建>多边形基本几何体>球体】命令，创建一个多边形球体，如图 4.065 所示。

② 多边形球体，转换为面，选中其中的几个面，如图 4.066 所示。

左 图 4.065

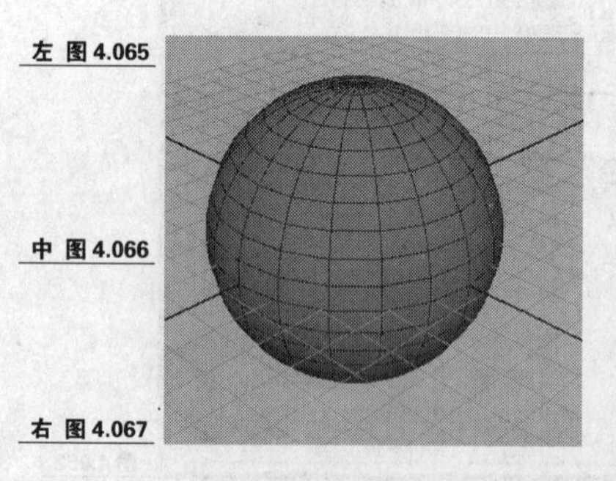

中 图 4.066

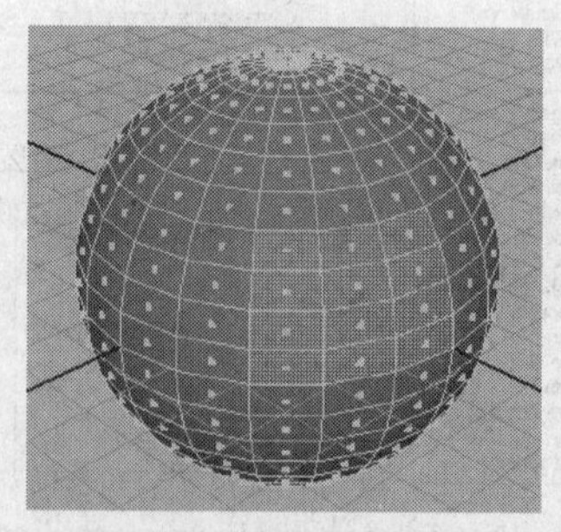

右 图 4.067

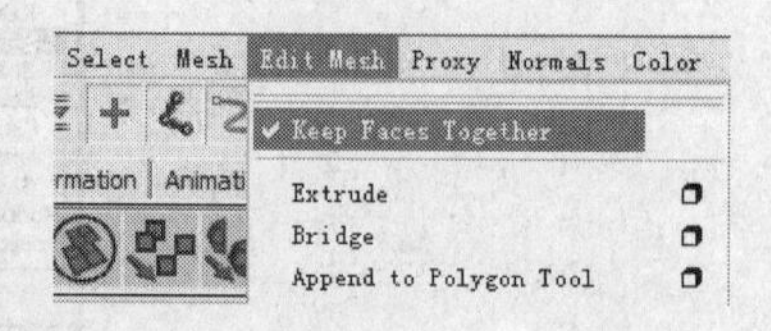

③ 勾选 Edit Mesh>Keep Faces Together【编辑网格>保持面连接】选项，如图 4.067 所示，然后对选中的小球的面进行 Extrude【挤出】操作，结果如图 4.068 所示，形成一个完整的体块。

④ 取消勾选 Edit Mesh>Keep Faces Together【编辑网格>保持面连接】选项，对选中的小球的面进行 Extrude【挤出】操作，结果如图 4.069 所示，挤压的每个小面都成为一个独立的体块。

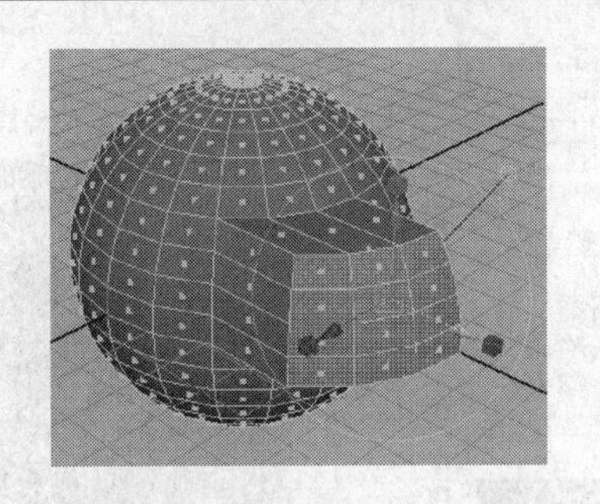

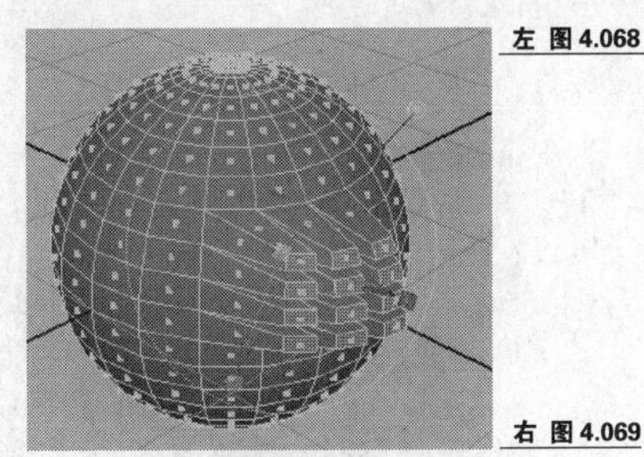

左 图 4.068

右 图 4.069

4.3.3 操作多边形组元

用户可以通过移动、缩放、旋转多边形的组元来改变多边形的形状。

1. 变换多边形组元

具体操作方法如下。

① 选择多边形的一组顶点，如球体。

② 选择【移动】、【缩放】或【旋转】命令。

③ 拖曳操作手柄，观察球体的变化，如图 4.070 所示。

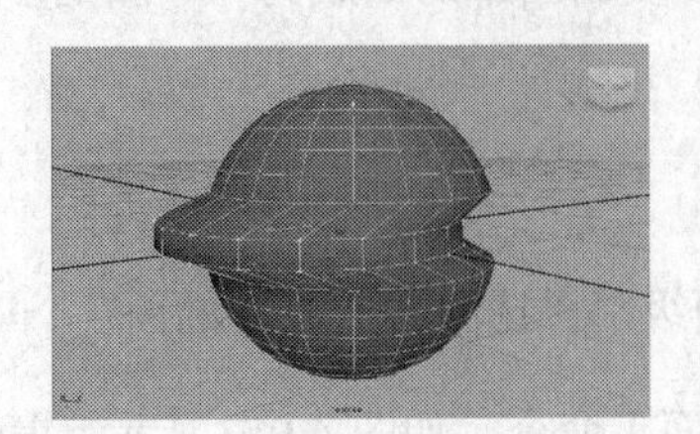

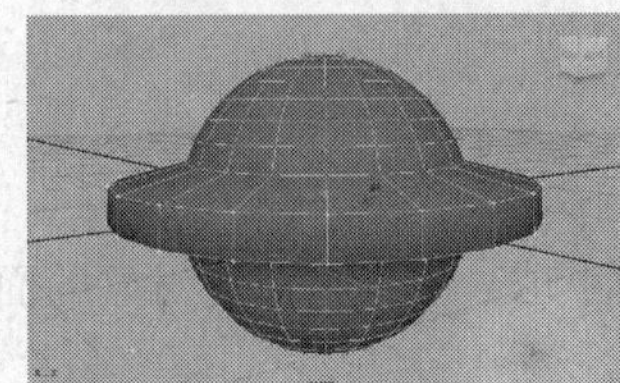

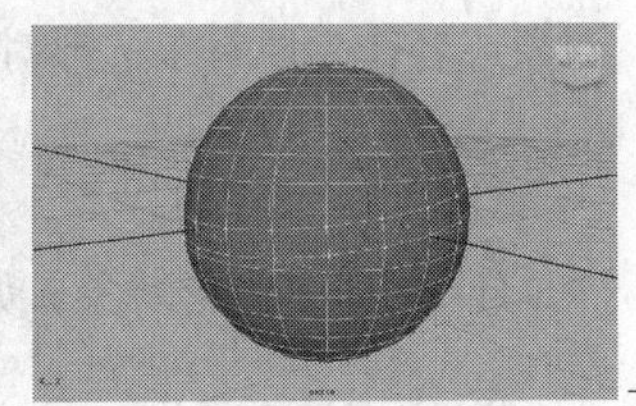

图 4.070

2. 使用 Transform Component【变换组元】

变换组元命令可以给多边形组元加入构造历史节点，记录对多边形组元所进行的各项操作。用户可以通过选择并删除此节点来消除对多边形组元进行的操作，该命令使用起来非常方便。

具体操作方法如下。

① 新建多边形球体，转换为面模式，选中其中的一些面。

② 选择 Edit Mesh>Transform Component【编辑网格>变换组元】命令。

③ 这时出现变换操作手柄，拖曳操作手柄来移动、缩放、旋转组元达到需要的效果，如图 4.071 所示。

变换组元操作手柄上除有移动、旋转、缩放指示器外，还有附加指示器。它也是变换操作手柄的组成部分，该指示器显示为从轴点引出一条直线，并且末端有个圆环。这个指示器用来实现局部操作与整体操作的切换，如图 4.072 所示。

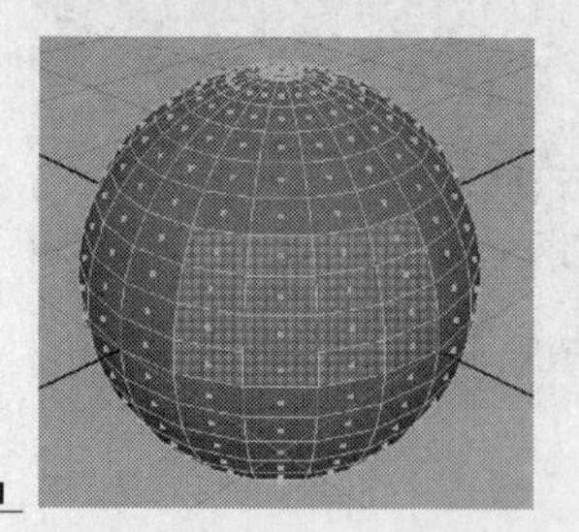

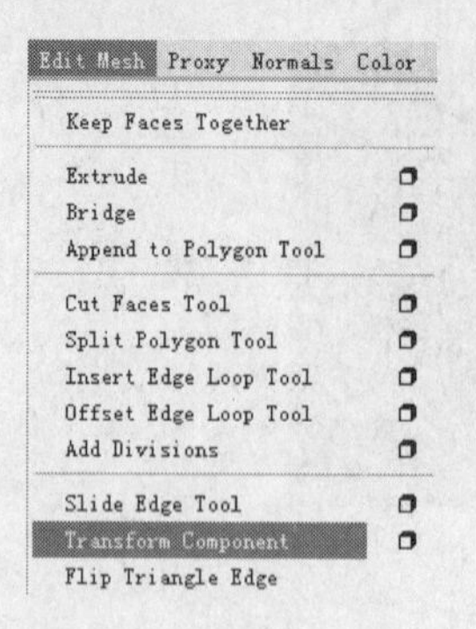

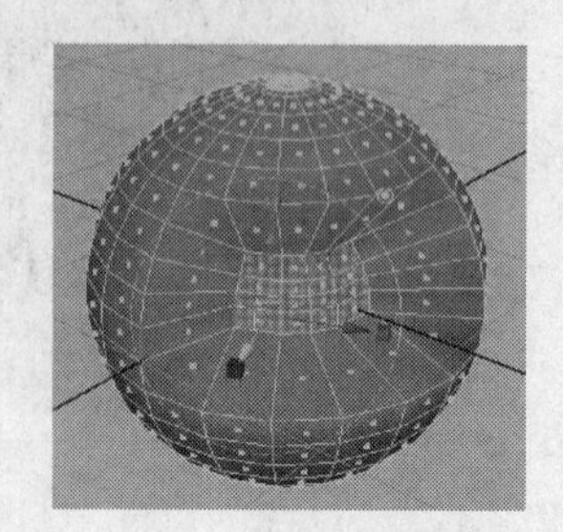

图 4.071

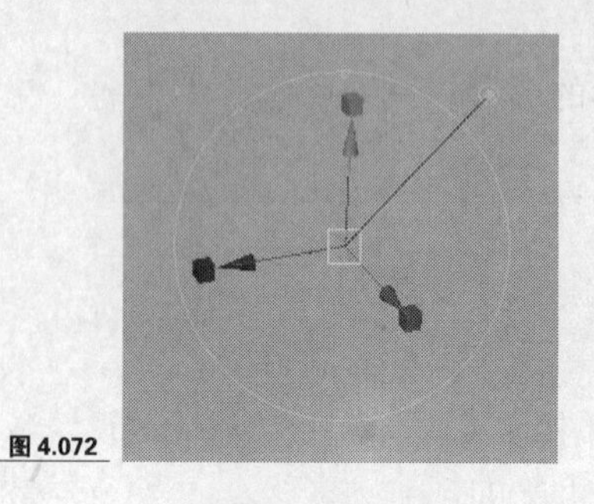

图 4.072

3. 复制多边形构成面

用户可以复制一个多边形对象的一组面，并且可以使复制出来的面成为一个新的多边形对象或者作为原有多边形对象的一个部分。

具体操作方法如下。

① 创建多边形对象，如小球，进入多边形对象的面级别，选中需要复制的面。

② 选择 Edit Mesh>Duplicate Face【编辑网格>复制面】命令，如图 4.073 所示。复制出来的多边形构成面形成了一个新的多边形对象，如图 4.074 所示。

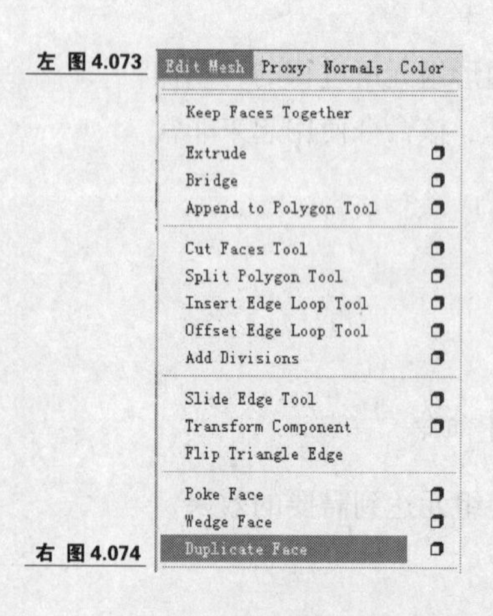

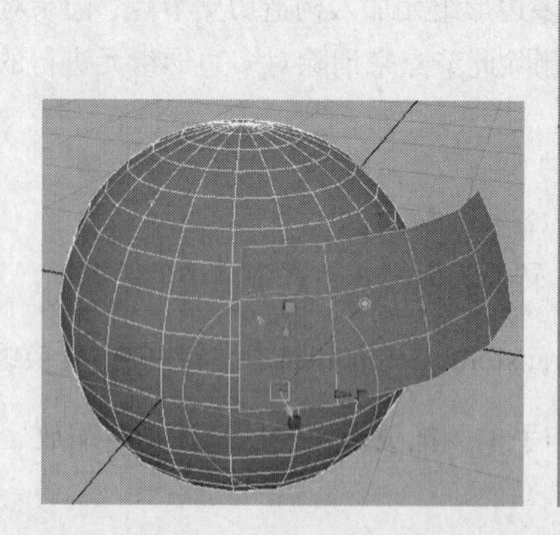

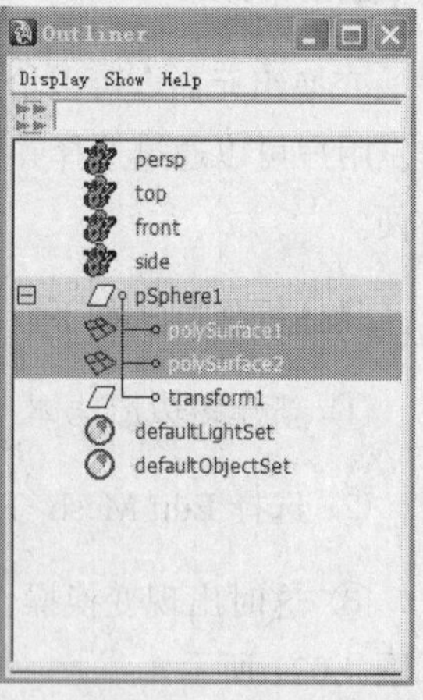

左 图 4.073

右 图 4.074

③ 若取消选中 Separate duplicated faces【分离复制面】复选框，则复制出来的多边形构成面不会分离成新的多边形对象，如图 4.075 所示。

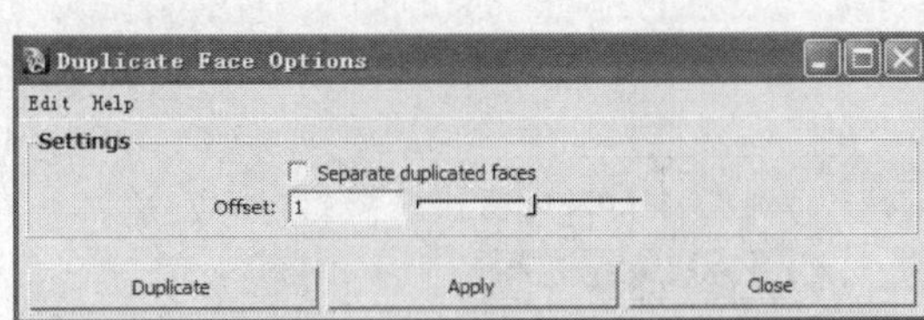

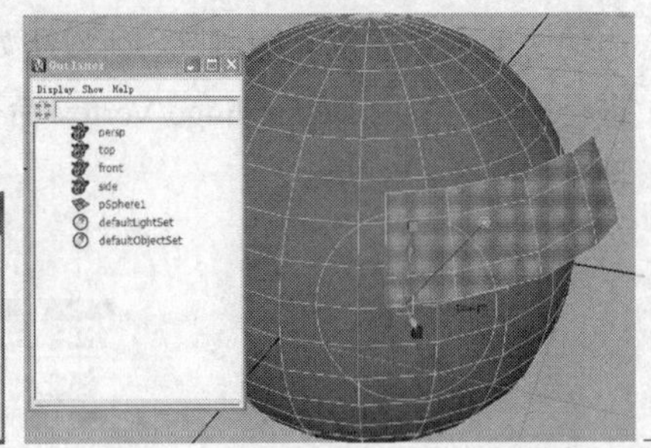

图 4.075

4. 删除多边形组元

用户可以使用 Backspace 键、Delete 键、Delete Edge/Vertex 命令删除多边形的组元，但是删除不同的组元会有不同的结果产生。

（1）删除多边形构成面

① 选择一组要删除的面。

② 使用键盘上的 Backspace 键或 Delete 键来删除选择的构成面。

需要注意的是，多边形物体的最后一个面是不能删除的，如图 4.076 所示。

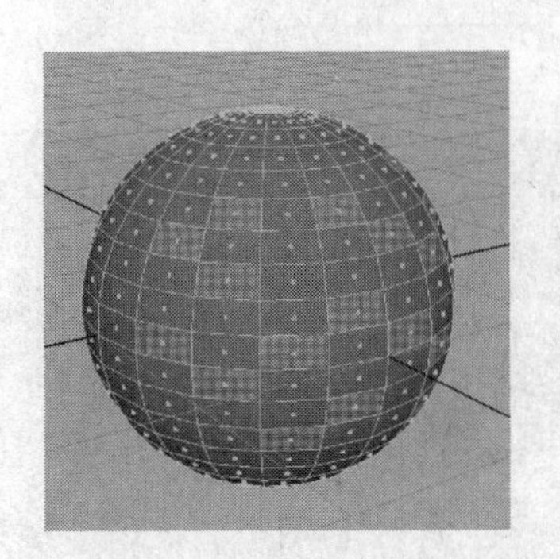

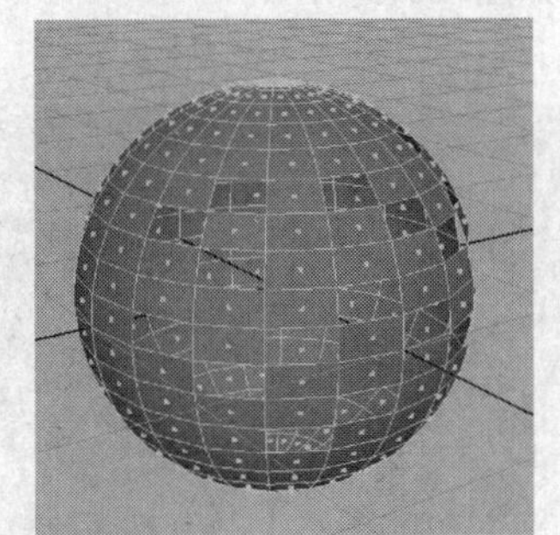

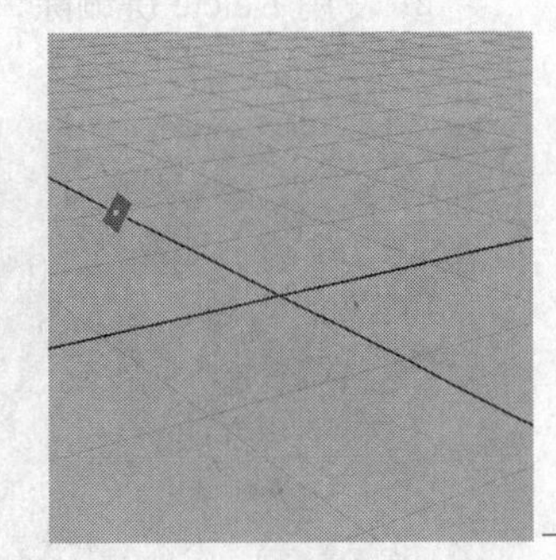

图 4.076

（2）删除边

① 选择一组要删除的边。

② 使用键盘上的 Backspace 键或 Delete 键删除选择的构成边，如图 4.077 所示。

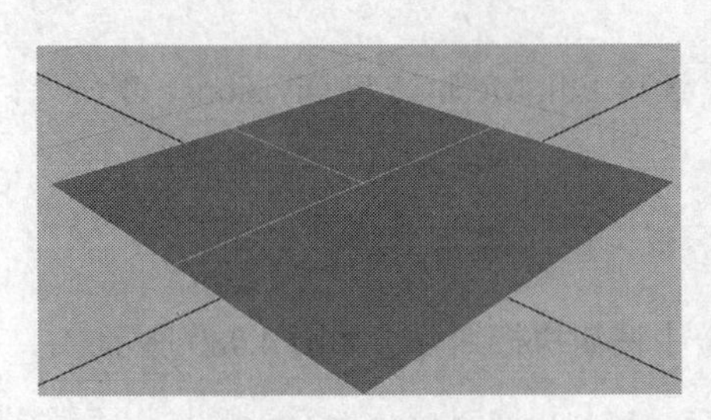

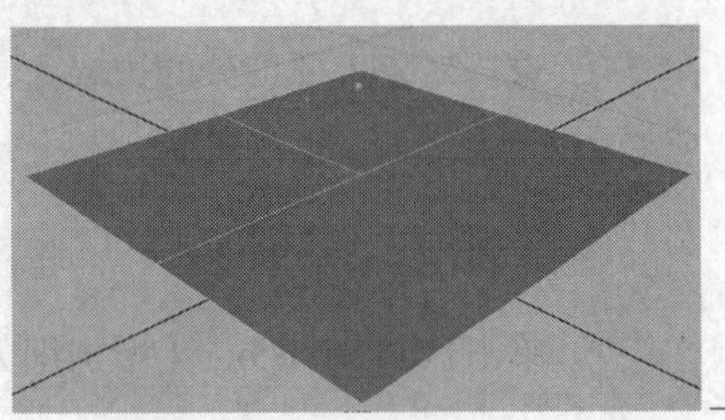

图 4.077

使用键盘上 Backspace 键或 Delete 键删除时，删除的并不彻底，因为边被删除，而构成边的两个顶点并没有被删除，所以更好的删除方法是使用 Edit Mesh>Delete Edge/Vertex 命令进行删除。使用 Delete Edge/Vertex 命令时，除了边被删除外，边上的两个端点也会被自动清理，如图 4.078 所示。

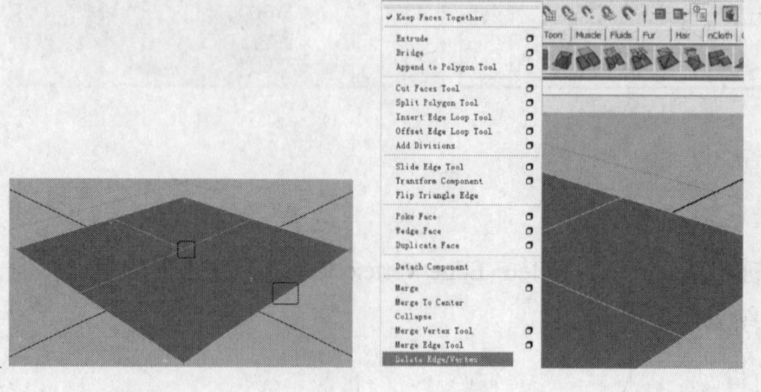

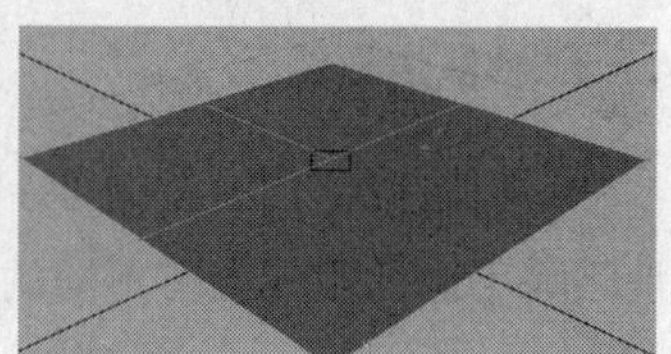

图 4.078

（3）删除顶点

① 选择一组要删除的顶点。

② 使用 Delete 键删除，如图 4.079 所示。

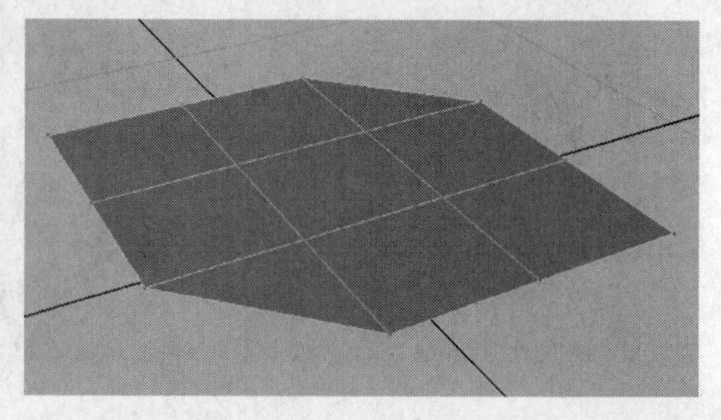

图 4.079

4.3.4　细分多边形构成体

1. 将多边形细分成三边面和四边面

具体操作方法如下。

① 选择对象上要细分的边或面，选择 Edit Mesh>Add Divisions> ❐ 命令，打开细分命令参数。

② 设置细分命令参数。

③ 单击 Add Divisions【增加细分】按钮执行细分，如图 4.080 所示。

图 4.081 所示为设置细分命令面板，细分操作参数选项如下。

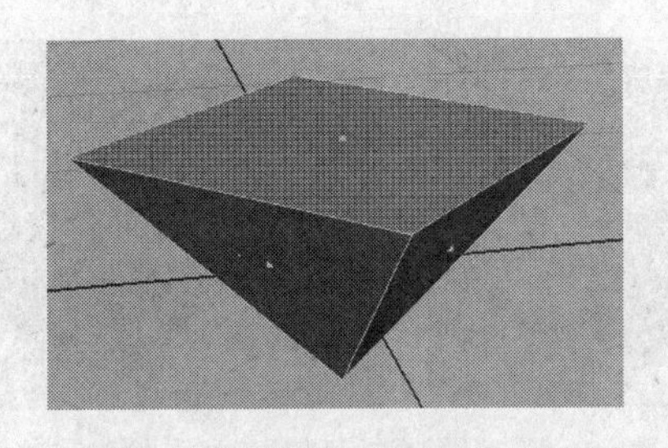

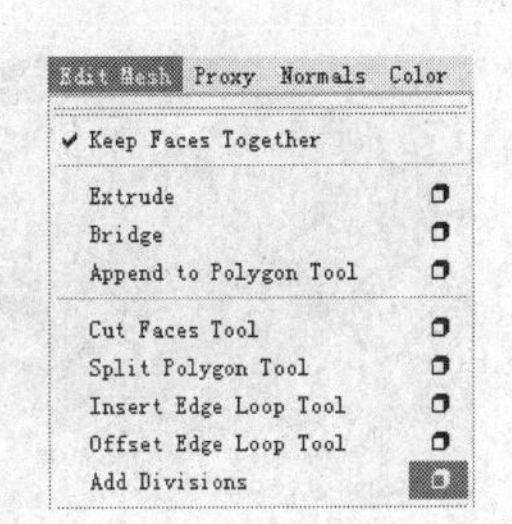

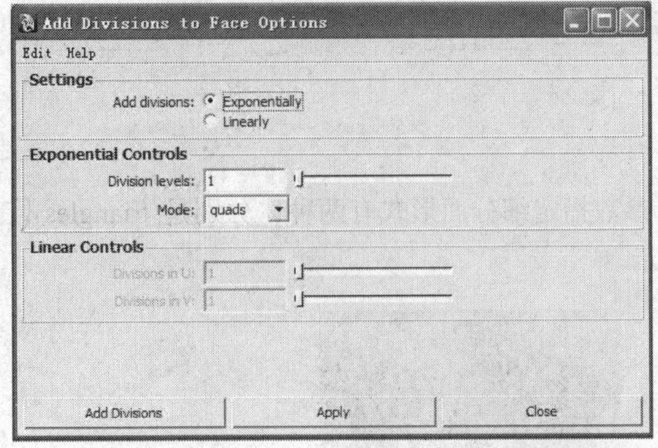

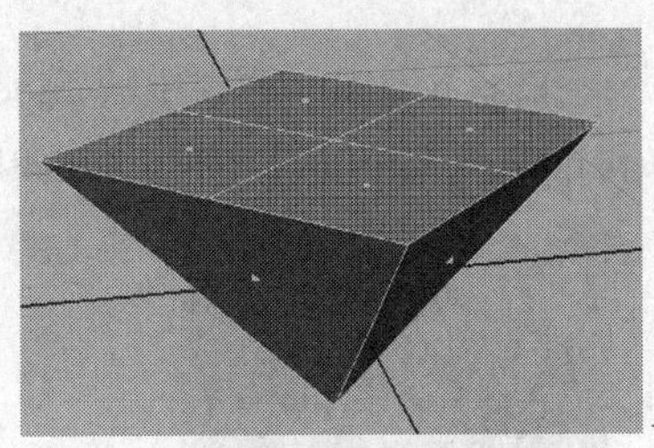

图 4.080

Add Divisions to Face Options
Edit Help
Settings
Add divisions: Exponentially
Linearly
Exponential Controls
Division levels: 1
Mode: quads
Linear Controls
Divisions in U: 1
Divisions in V: 1
Add Divisions
Apply
Close

图 4.081

① Add divisions 参数。

- Exponentially【指数】用递归的方式定义来指定 Division Levels【细分级数】，每一级都是在上一级细分结果的基础上再次细分，这样细分的面数呈几何级数，而不是连续变化，如图 4.082 所示。

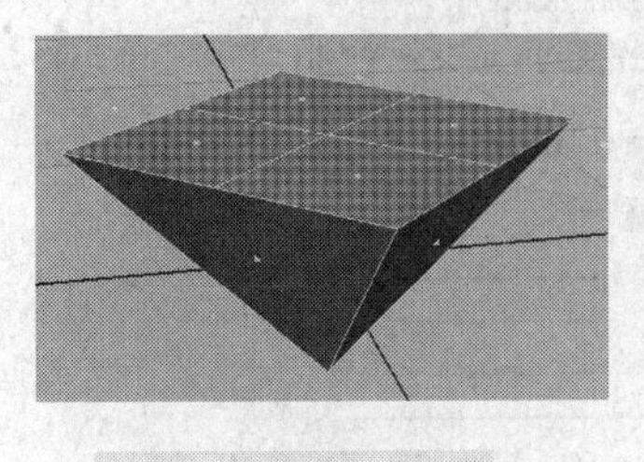

Division levels: 1

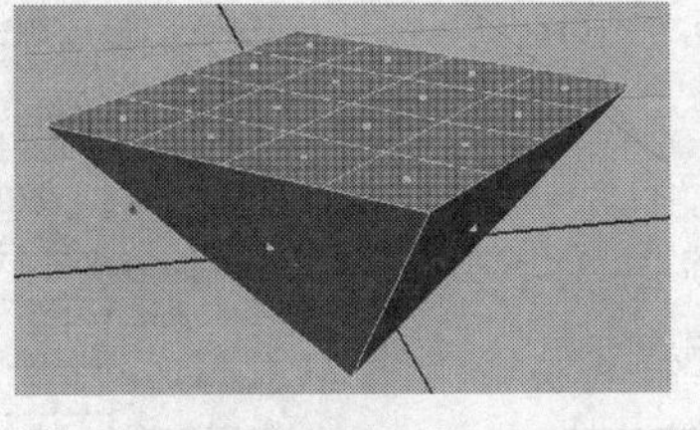

Division levels: 2

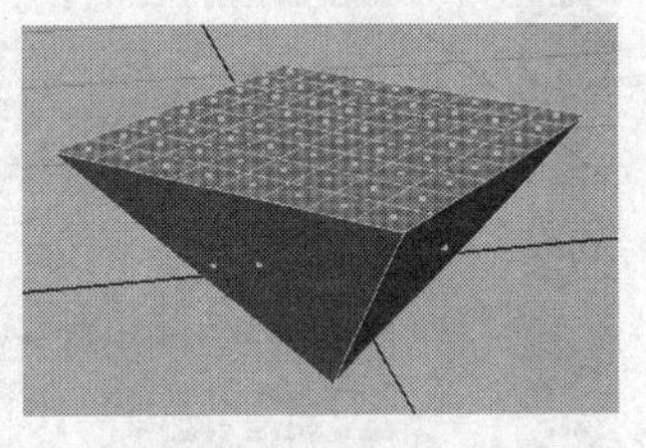

Division levels: 3

图 4.082

- Linearly【线形】方式和 Exponentially【指数】方式不同，它指定的是绝对分段数，用户可以指定多边形对象 U 方向分的段数，V 方向分的段数，如图 4.083 所示。

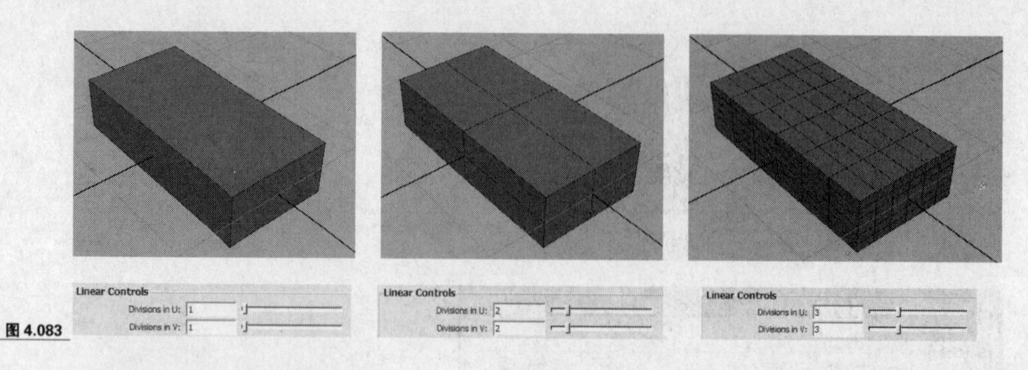

图 4.083

② Mode 细分面形式。

Exponentially 模式中的 Mode 参数指定细分面形式有两种，分别是 triangles【三边面】和 quads【四边面】，如图 4.084 所示。

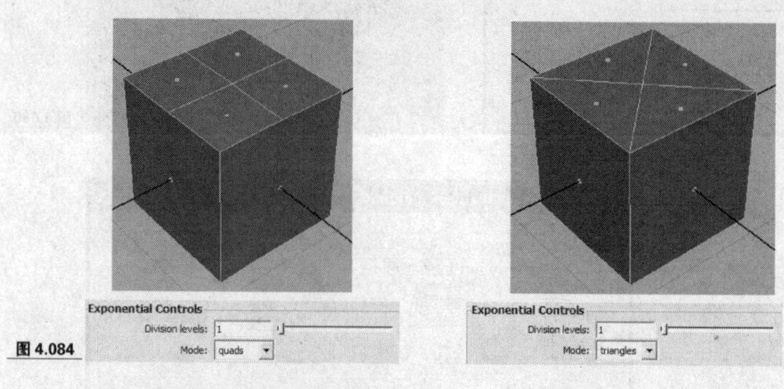

图 4.084

2. 用画笔对多边形面细分

具体操作方法如下。

① 选择一个多边形。

② 双击工具栏中的选择工具，或者选择 Edit>Paint Selection Tool【编辑>选择画笔】命令，打开设置面板，如图 4.085 所示。

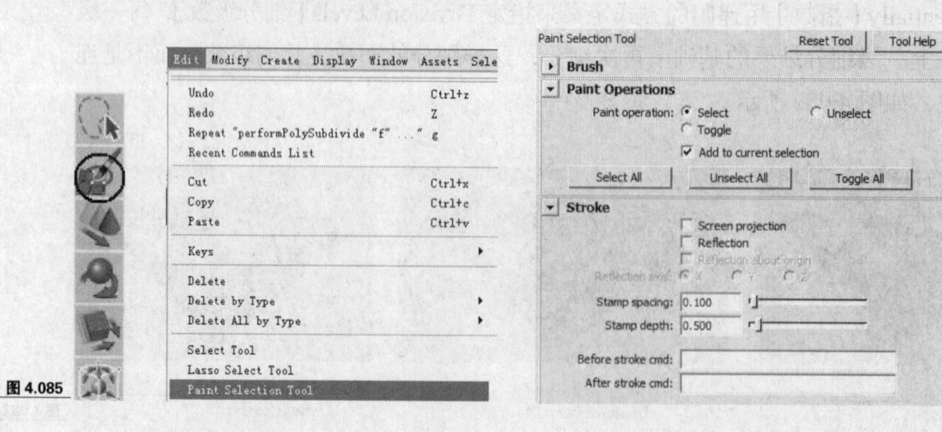

图 4.085

③ 在 Paint Operations 选项组中取消选中 Add to current selection 复选框，如图 4.086 所示。

④ 在状态行选择多边形构成面选择蒙版，如图 4.087 所示。

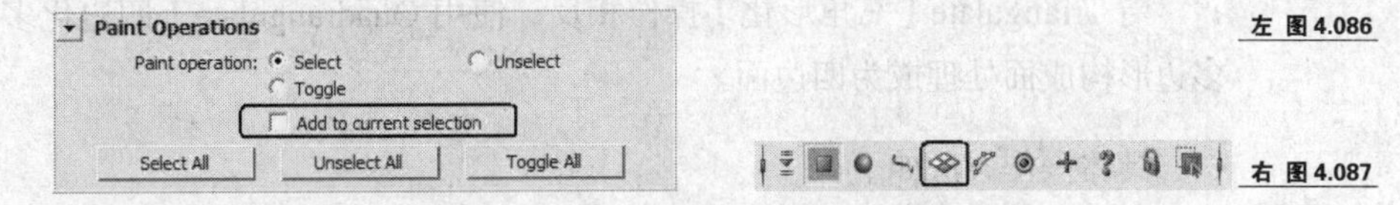

左 图 4.086

右 图 4.087

⑤ 在 Paint Selection Tool【选择画笔工具】设定窗口中展开 Stroke 选项组，在 After stroke cmd 文本框中输入 polySubdivideFacet -dv 1 -m 0 -ch 1，如图 4.088 所示。

⑥ 使用笔刷工具选择需要细分的面，释放鼠标后，画笔所经过的面被自动细分成若干个四边面，如图 4.089 所示。

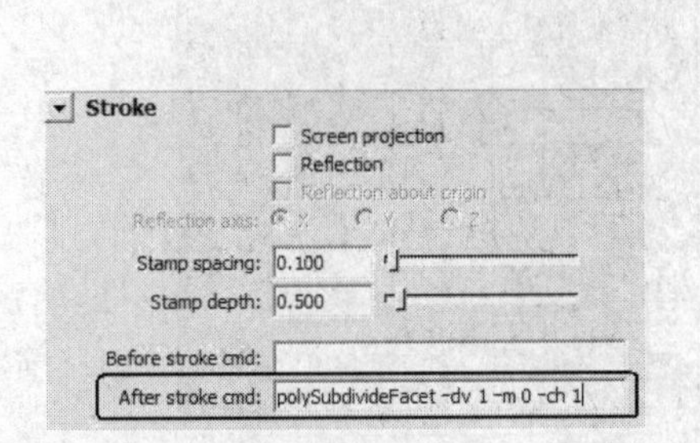

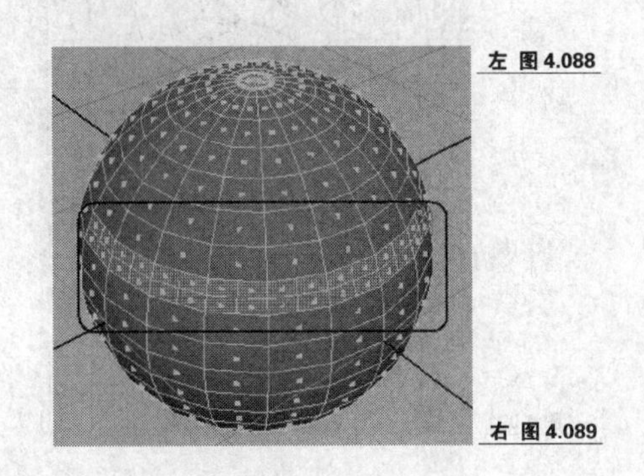

左 图 4.088

右 图 4.089

4.3.5 三角形化和四边形化多边形

1. 三角形化多边形

在建模过程中难免出现多边形面，而使用 Triangulate【三角形化】操作可以把多边形分解成三角形，这样就可以确保所有的多边形面都是平面。

具体操作方法如下。

① 选择需要三角形化的面。

② 选择 Mesh>Triangulate【网格>三角形化】命令，所选择的面都转化成三边面，如图 4.090 所示。

图 4.090

2. 四边化多边形

与 Triangulate【三角形化】操作相反，使用 Quadrangulate【四边化多边形】操作可以把多边形构成面处理成为四边面。

具体操作方法如下。

① 选择要处理的面。

② 选择 Mesh>Quadrangulate【网格>四边化多边形】命令，即可完成四边化多边形，如图 4.091 所示。

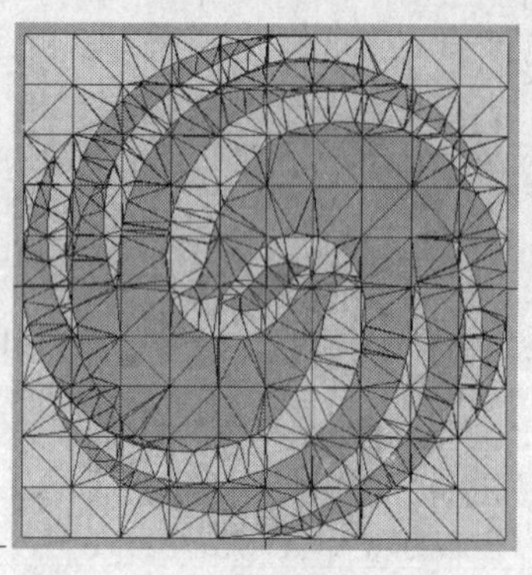

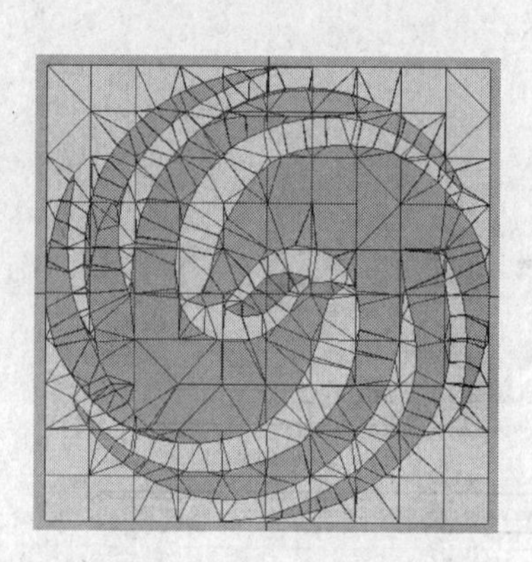

图 4.091

4.3.6 通过绘画编辑多边形

1. 雕刻操作

具体操作方法如下。

① 选择 Create>Polygon Primitives>Plane>❐【创建>多边形基本几何体>平面】命令，打开参数设置面板，参数如图 4.092 所示，单击 Create 按钮或者 Apply 按钮创建多边形平面。

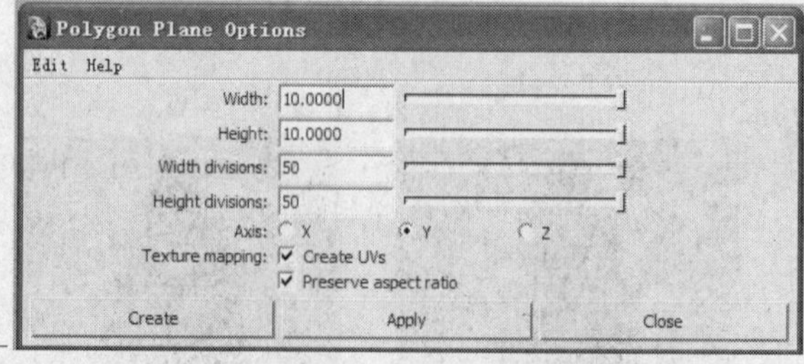

图 4.092

② 选择 Mesh>Sculpt Geometry Tool【网格>几何体雕刻工具】命令，打开其参数设置面板，参数如图 4.093 所示。

③ 在多边形对象上进行雕刻操作，效果如图 4.094 所示。

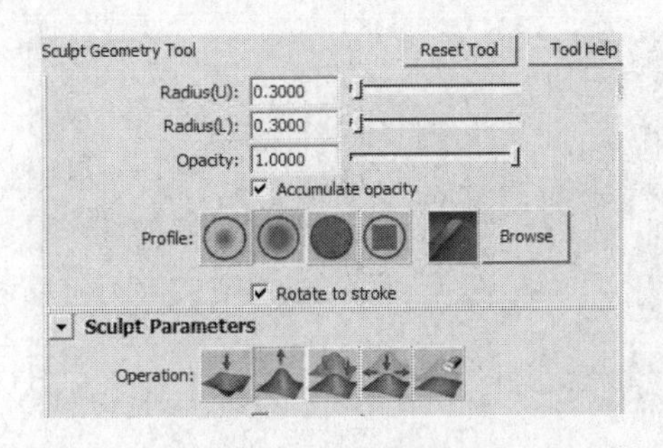

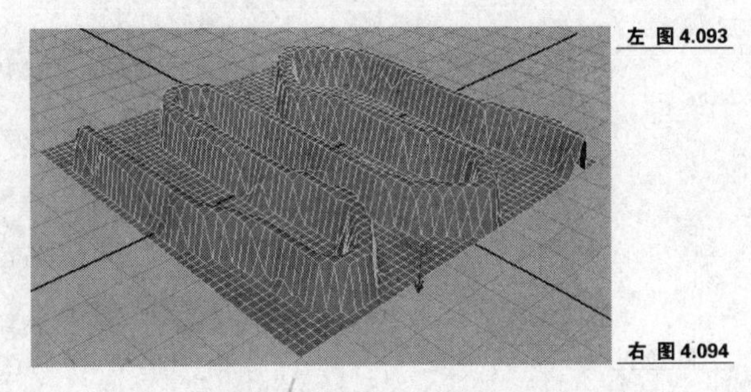

左 图 4.093

右 图 4.094

2. Sculpt Geometry Tool 多边形【几何体雕刻工具】参数设置

Sculpt Geometry Tool 工具是 Maya 画笔工具之一，它的基本使用方法和 NURBS 的雕刻工具的一样。

Sculpt Geometry Tool 工具可以通过快捷键来设置参数。

- 按住 B 键的同时拖曳鼠标左键可以放大/缩小笔触。
- 按住 M 键的同时拖曳鼠标左键可以调节笔触深度。
- 按住 U 键的同时单击鼠标左键，在弹出的标记菜单中可以选择操作类型。

在几何体雕刻工具参数设置面板上，用户也可以进行雕刻工具的设置。

用户可以选择的雕刻操作方式如图 4.095 所示。

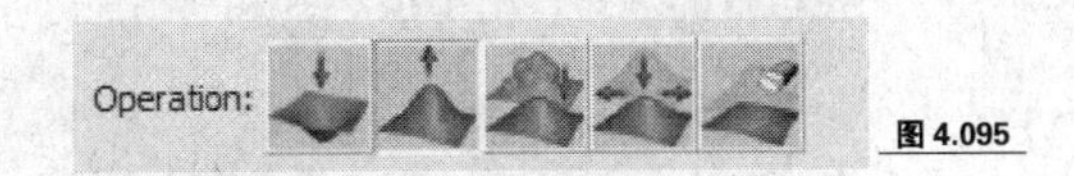

图 4.095

① Push【推】。

② Pull【拉】。

③ Smooth【平滑】。

④ Relax【松弛】。

⑤ Erase【擦除】。

- Push/Pull【推/拉】。

用户可以指定一个基准方向，以这个方向为水平面，在多边形上执行 Push【推】或 Pull【拉】操作，如图 4.096 所示。

- Smooth【平滑】。

平滑方式是在表面上绘画，它用来平滑多边形的凹凸表面，如图 4.097 所示。

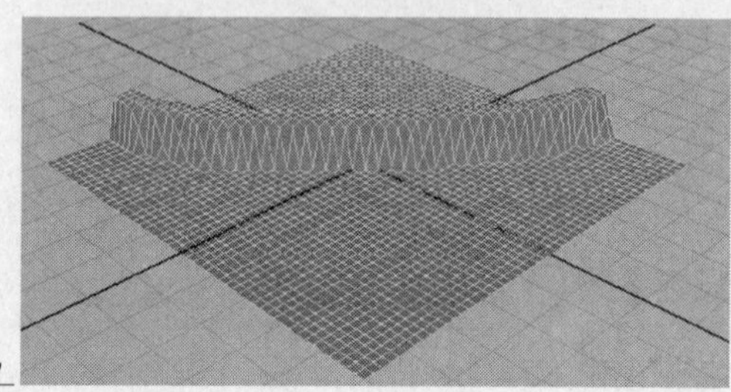
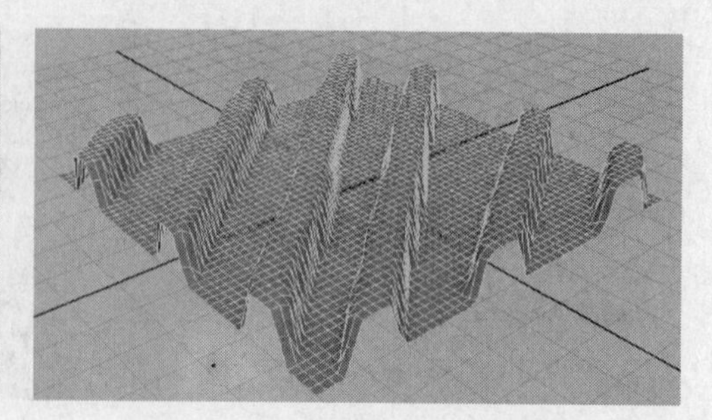

图 4.096

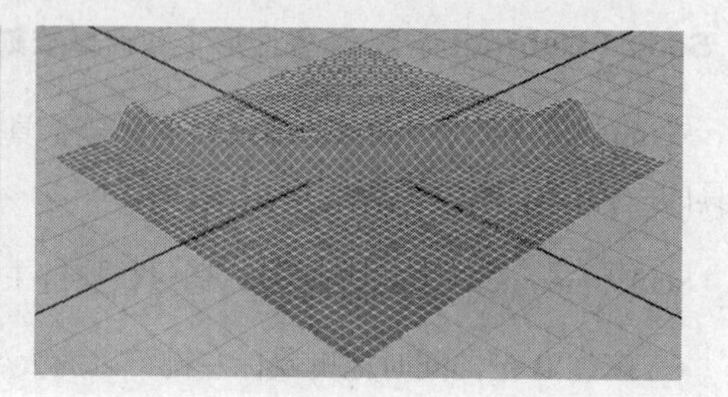

图 4.097

● Relax【松弛】。

Relax【松弛】用来松弛网格，效果如图 4.098 所示。

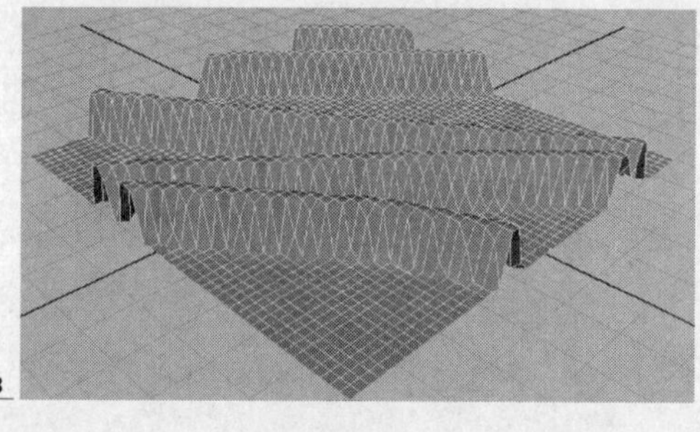
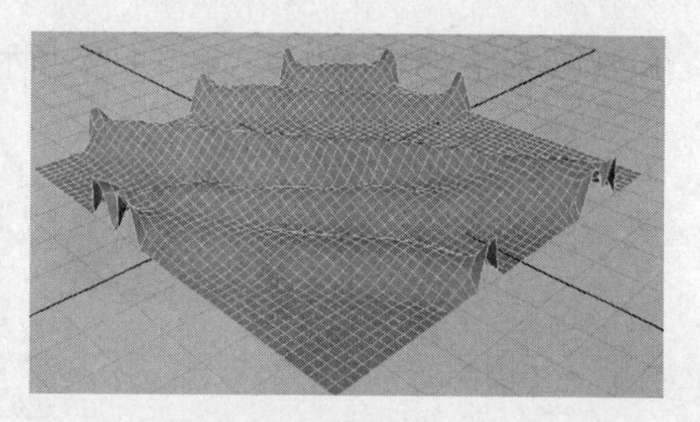

图 4.098

● Erase【擦除】。

Erase【擦除】也就是橡皮工具，用来消除之前做过的模型雕刻痕迹，如图 4.099 所示。

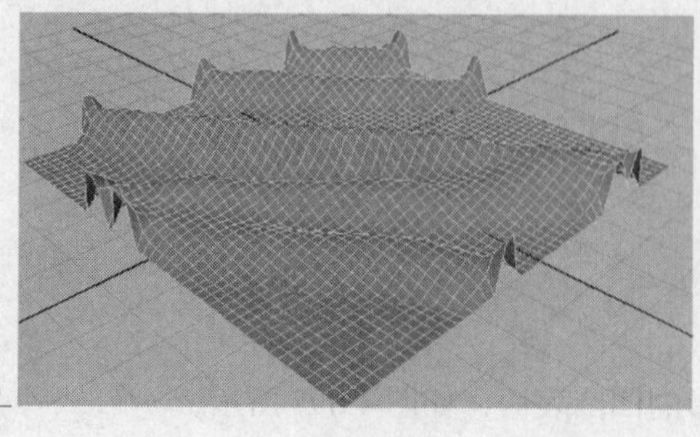
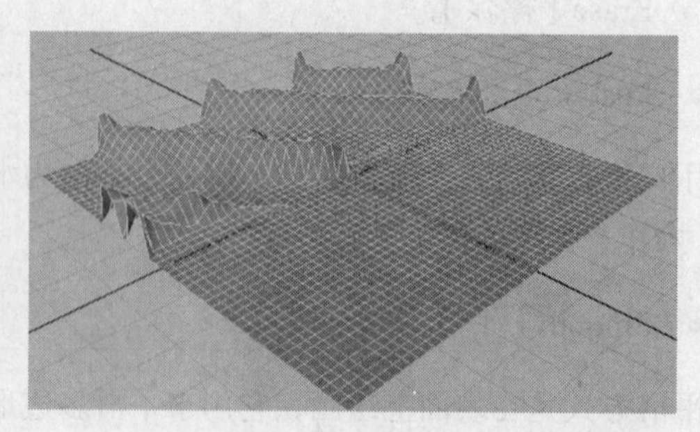

图 4.099

4.3.7 融合多边形定点和边界边

融合工具使用的频率非常高，它是调整多边形网络拓扑结构的重要工具，其中包含了多边形顶点融合和多边形边界融合。多边形顶点融合可以将一个多边形网络结构中的两个或多个顶点合并在一起。多边形边界融合可以将一个多边形网络结构中的两条或多条边界合并在一起。

1. 顶点融合

具体操作方法如下。

① 选中同一多边形中的需要融合的顶点。

② 选择 Edit Mesh>Merge> ❐【编辑网格>融合】命令，打开设置面板。

③ 单击 Merge 按钮完成合并，效果如图 4.100 所示。

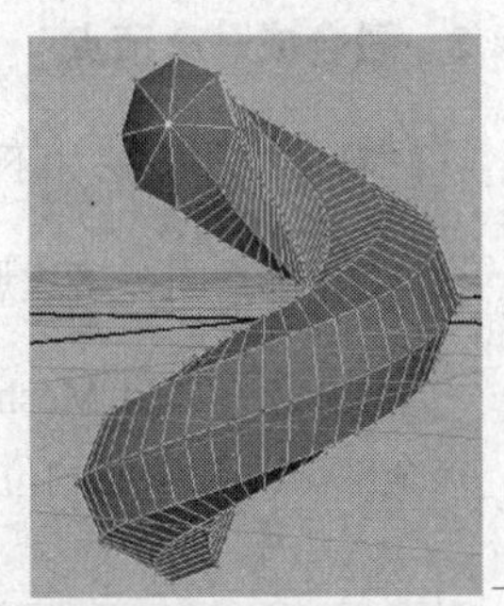

图 4.100

如果用户选择的是多个顶点融合，就要调整 Threshold【阈值】选项，如图 4.101 所示。在融合顶点时，距离小于阈值数值的顶点会被融合在一起，而距离大于阈值数值的顶点不会被融合在一起。

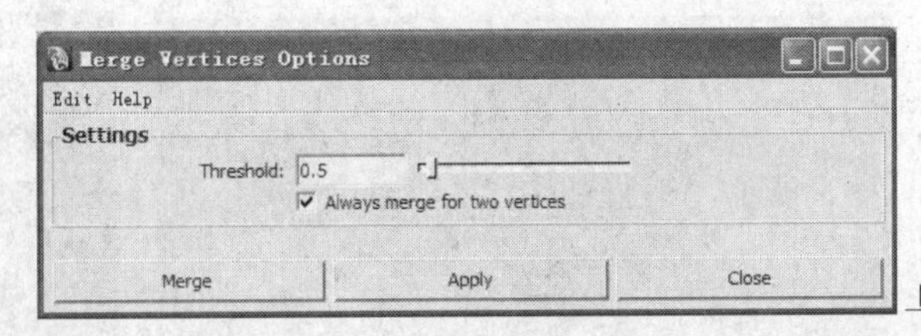

图 4.101

2. 边融合

具体操作方法如下。

① 选择同一多边形中需要融合的边。

② 选择 Edit Mesh>Merge> ❐ 命令，打开设置面板，如图 4.102 所示。

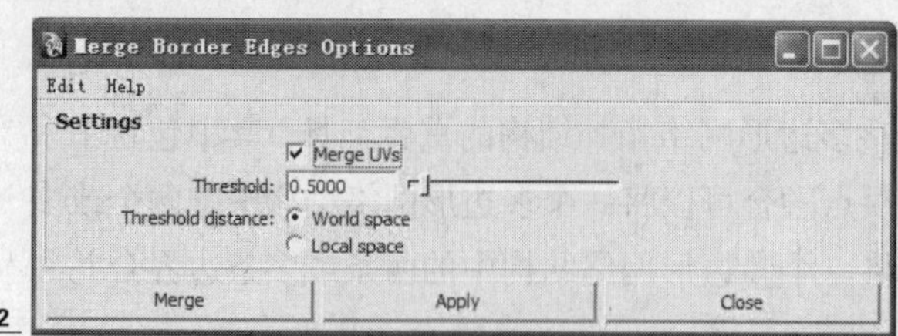

图 4.102

③ 单击 Merge 按钮或者 Apply 按钮，选中的边就融合在一起了，如图 4.103 所示。

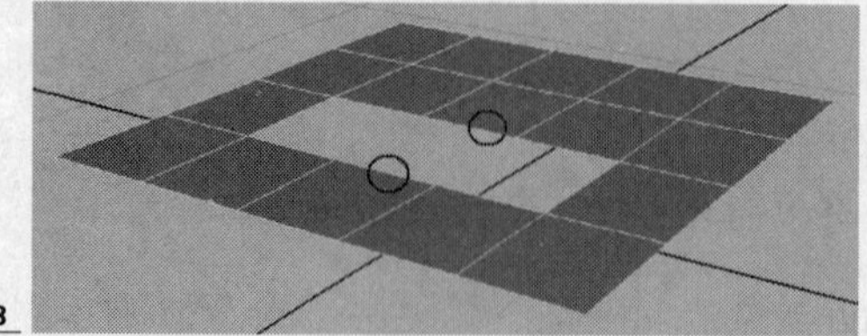
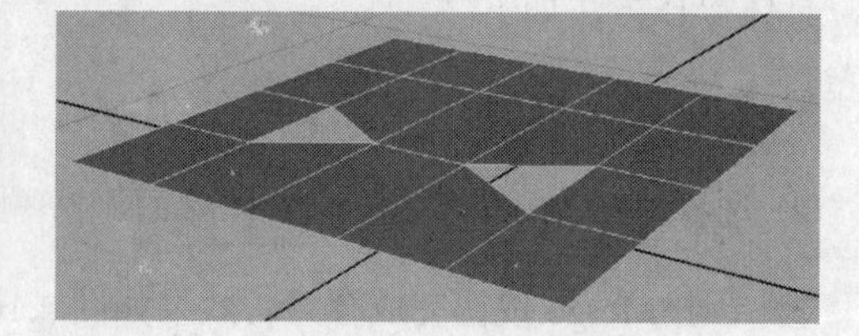
图 4.103

3. 融合成一个顶点

具体操作方法如下。

① 选择同一多边形中的面、边或多个顶点。

② 选择 Edit Mesh>Merge to Center【编辑网格>融合到中心】选项，则选中的面、边、点全部融合到中心的位置，效果如图 4.104 所示。

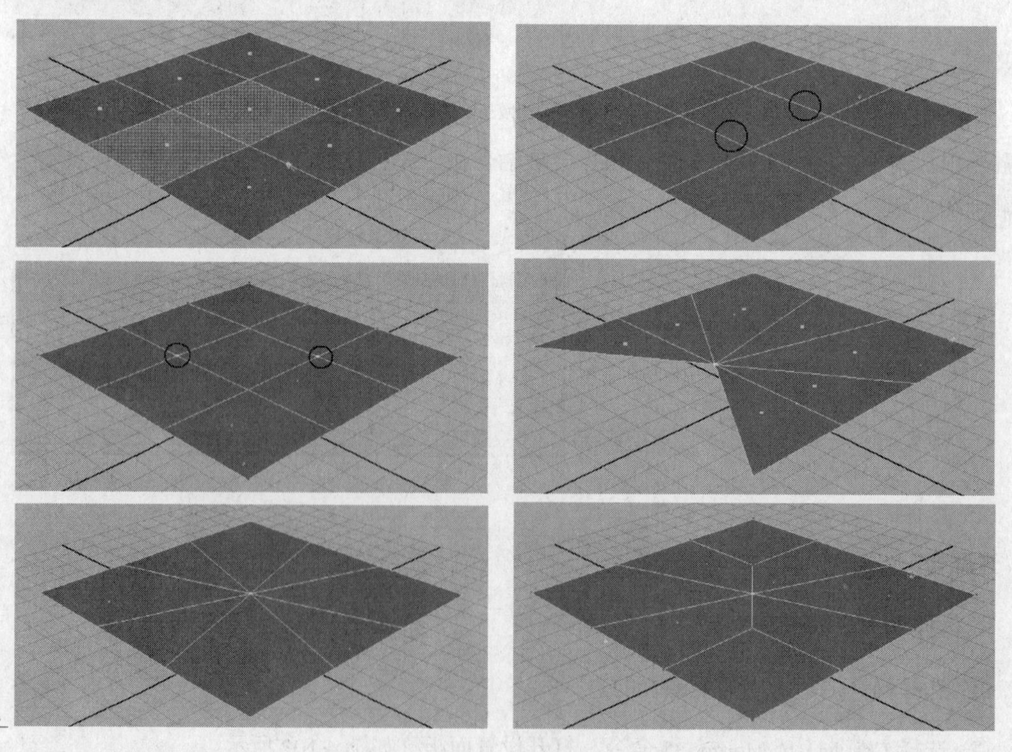
图 4.104

4. Merge Edge Tool【融合边工具】

Merge Edge Tool【融合边工具】有 3 种不同的融合模式，如图 4.105 所示。

① Create between first and second edge【在第一条边和第二条边之间创建边】。

② First edge selected becomes new edge【第一条选择的边将变成新的边】。

③ Second edge selected becomes new edge【第二条选择的边将变成新的边】。

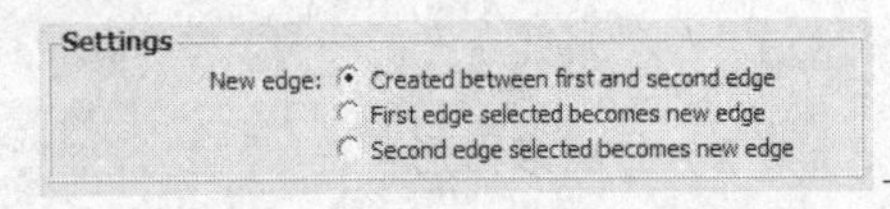

图 4.105

具体操作方法如下。

① 选择 Edit Mesh>Merge Edge Tool【编辑网格>融合边工具】命令。

② 根据命令栏提示，拾取要融合的第一条边界边，与之可融合的边变为紫色带箭头显示。

③ 单击鼠标左键选择带紫色标记的第二条边，即可完成融合。过程如图 4.106 所示。

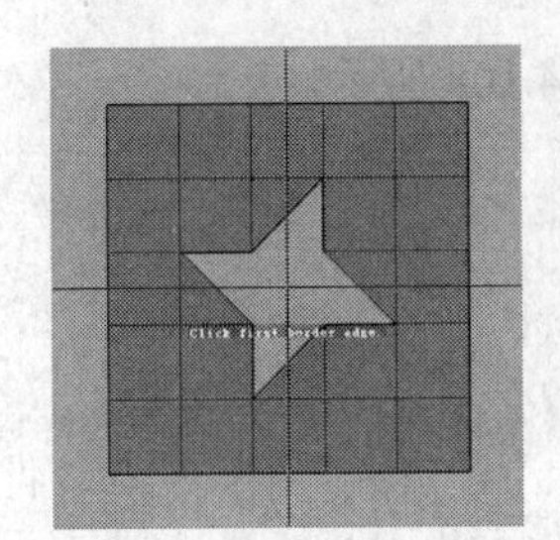

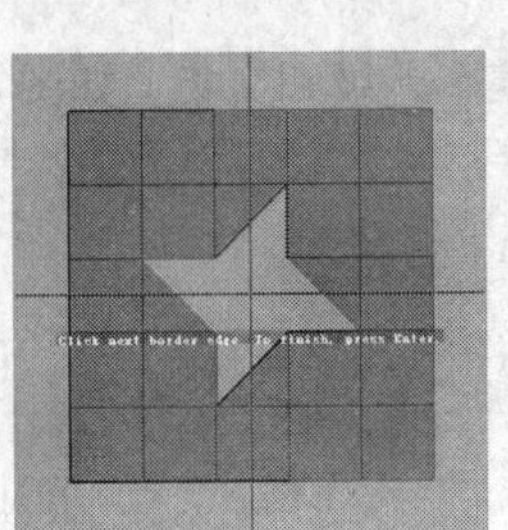

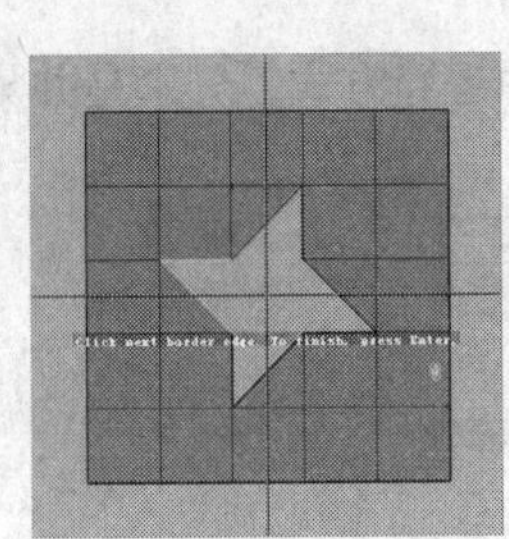

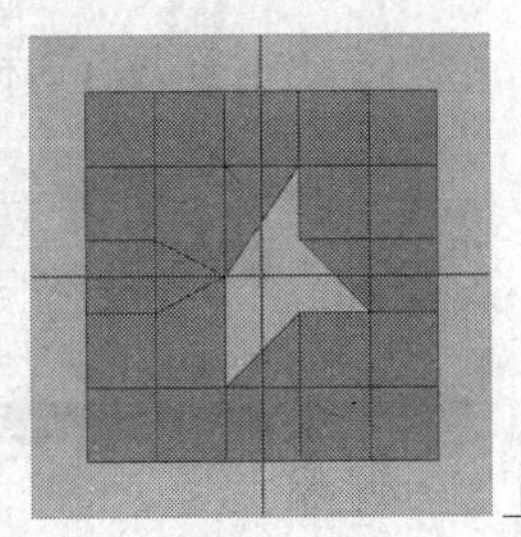

图 4.106

4.3.8 多边形模型修改

创建了多边形之后，并不能将其直接用于复杂的模型创建中，因此还需要配合一些命令来进行模型修改。

1. 合并和分离多边形网格

（1）合并多个多边形对象

执行 Mesh>Combine【网格>合并】命令可以将几个不同的多边形对象合并成为一个单独的对象。

具体操作方法如下。

① 选择需要合并的多边形对象，如立方体。

② 选择 Mesh>Combine【网格>合并】命令，即可将两个多边形对象合并成一个对象，

如图 4.107 所示。

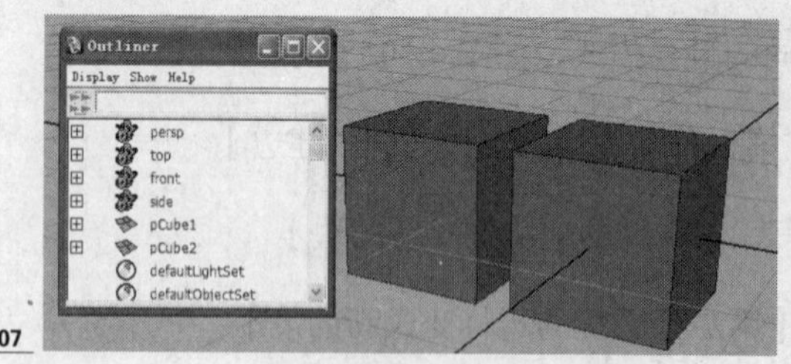

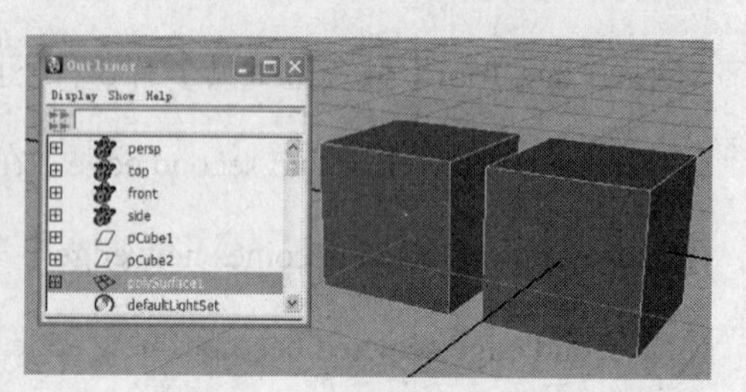

图 4.107

（2）分离多边形

执行 Mesh>Separate 【网格>分离】命令，可以把多边形对象中没有公共边的多边形面分离成几个单独的对象。

具体操作方法如下。

① 选择要分离的对象。

② 执行 Mesh>Separate 【网格>分离】命令。

（3）布尔运算

布尔运算共有 3 种运算方式，分别是并集、差级和交集，如图 4.108 所示。

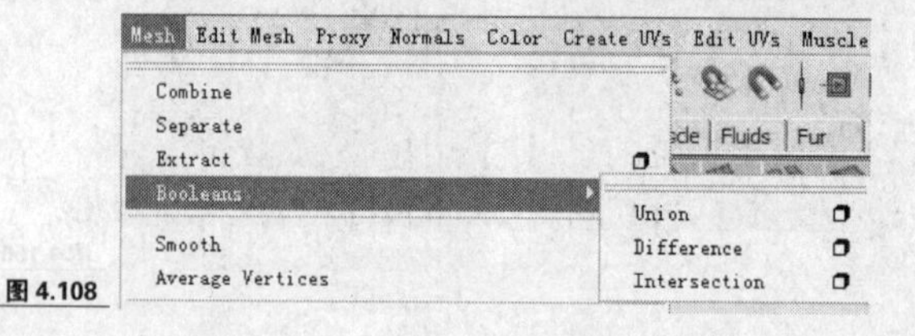

图 4.108

Union【并集】：就是计算出两个几何体合在一起的状态，如图 4.109 所示。

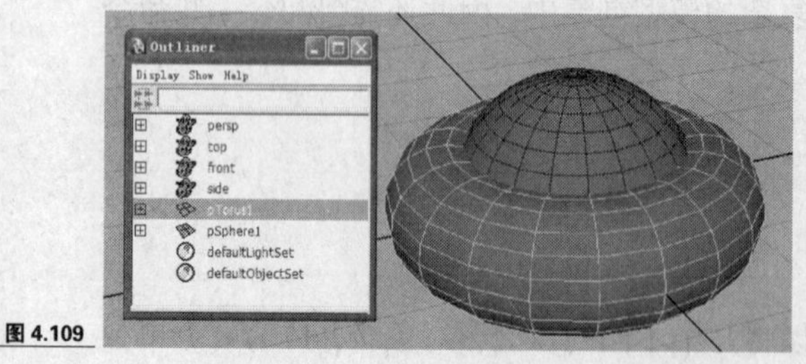

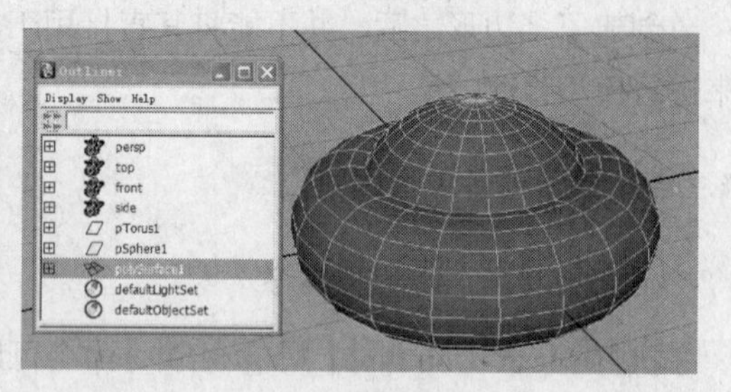

图 4.109

Difference【差集】：从第一个对象中减去第二个对象，计算结果与选择顺序有关，如图 4.110 所示。

Intersection【交集】：只保留第一个对象与第二个对象公共的部分，如图 4.111 所示。

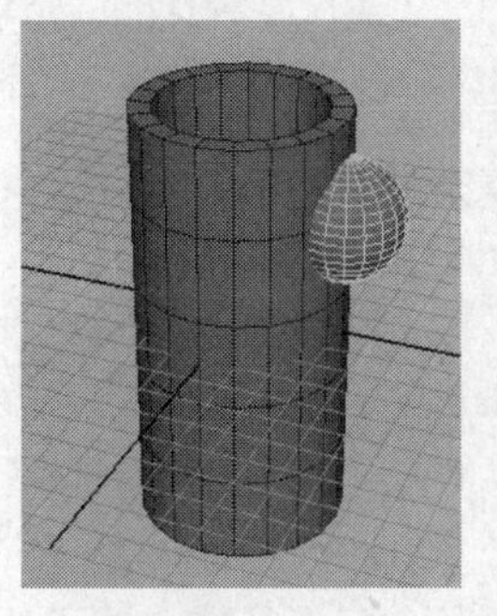
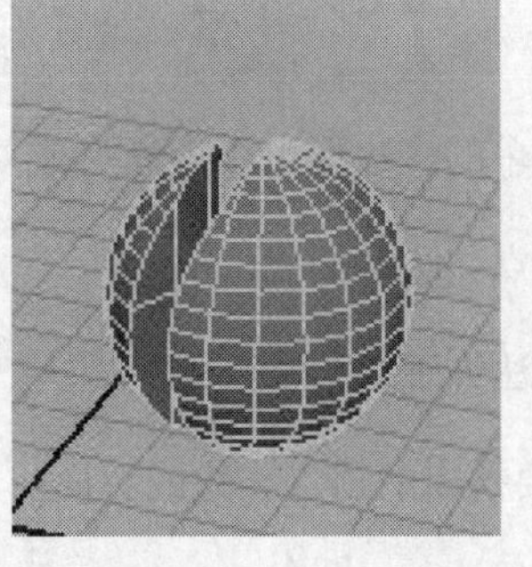
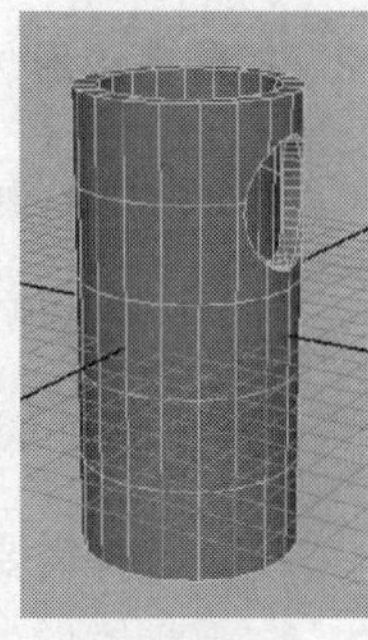

图 4.110

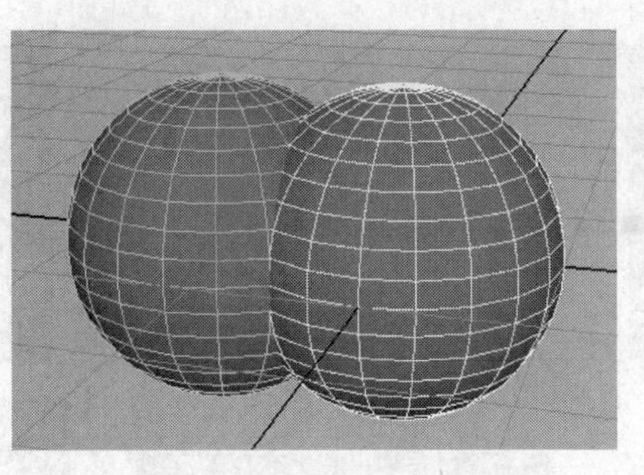
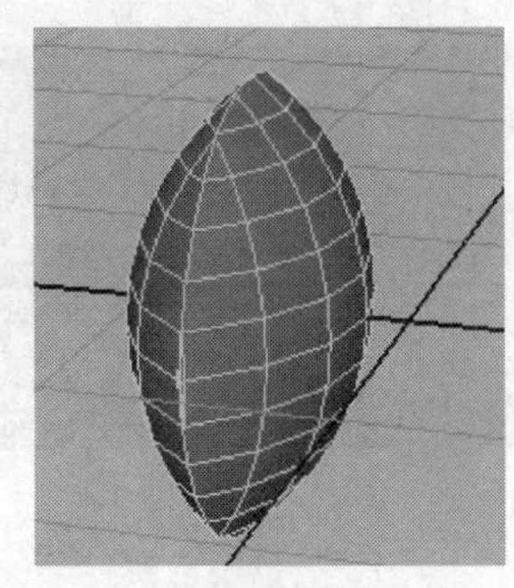

图 4.111

（4）Extract【提取】多边形对象

Extract【提取】是从一个多边形对象上选择一部分面，然后将它们从原对象上分离出来。

具体操作方法如下。

① 选择多边形对象（如平面）中需要提取的面。

② 选择 Mesh>Extract【网格>提取】命令，如图 4.112 所示，可以将选取的面从原有的多边形对象上分离出来，如图 4.113 所示。

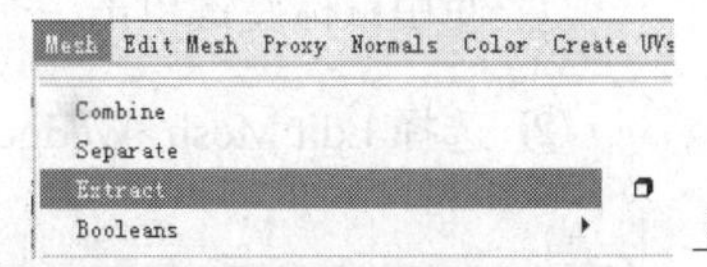

图 4.112

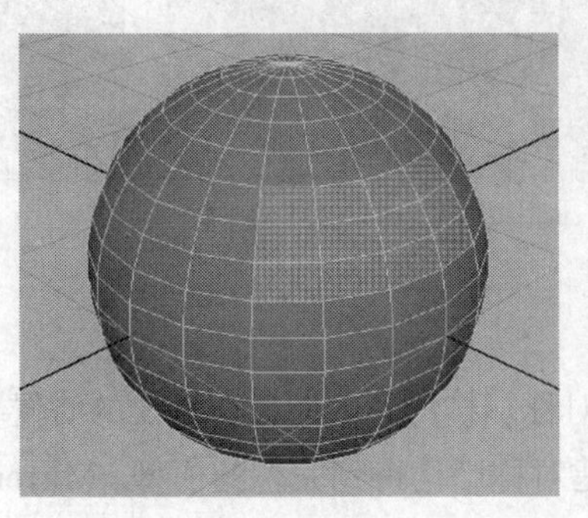
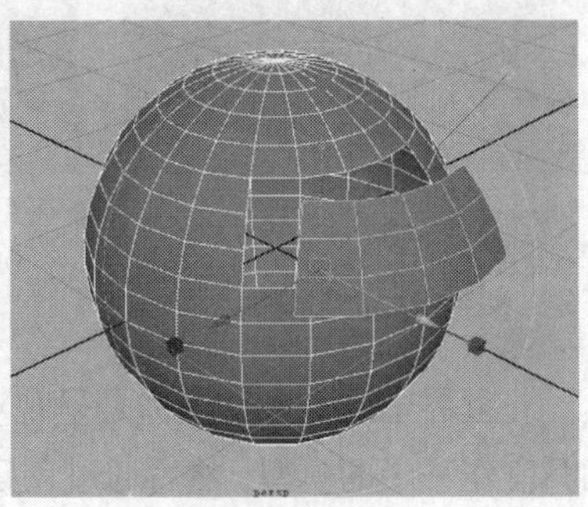

图 4.113

2. 扩展多边形

通过扩展简单的多边形可以逐渐形成复杂的多边形。

（1）挤压顶点、边和面

具体操作方法如下。

① 选择需要挤出的顶点、边或者面。

② 选择 Edit Mesh>Extrude【编辑网格>挤出】命令，如图 4.114 所示。

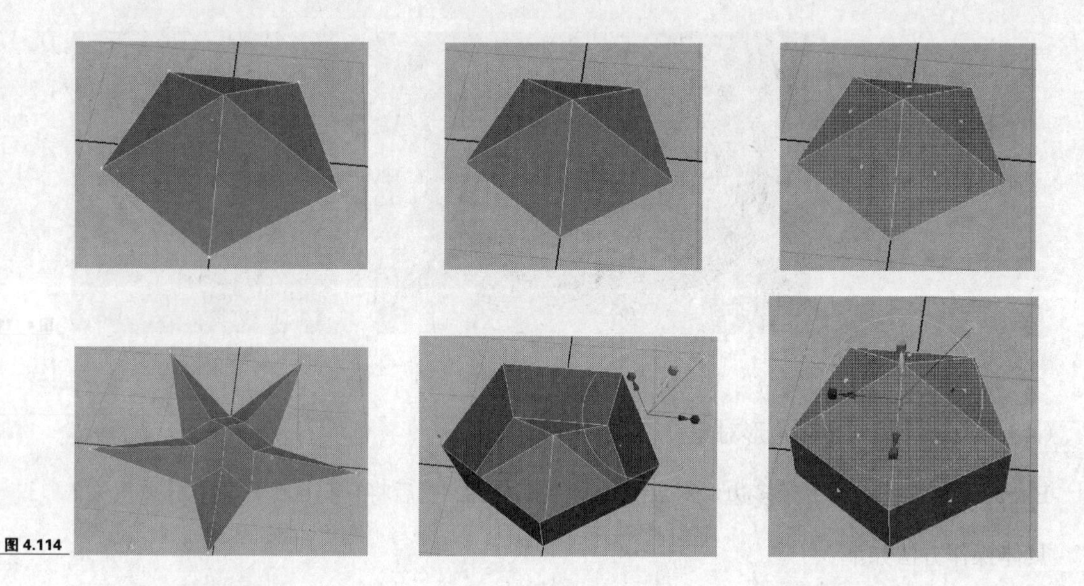

图 4.114

（2）Wedge Faces【楔形面】挤压

具体操作方法如下。

① 使用鼠标左键单击一个面，然后按住 Shift 键的同时选中面上的一条边。

② 选择 Edit Mesh>Wedge Faces【编辑网格>楔形面】命令，如图 4.115 所示。

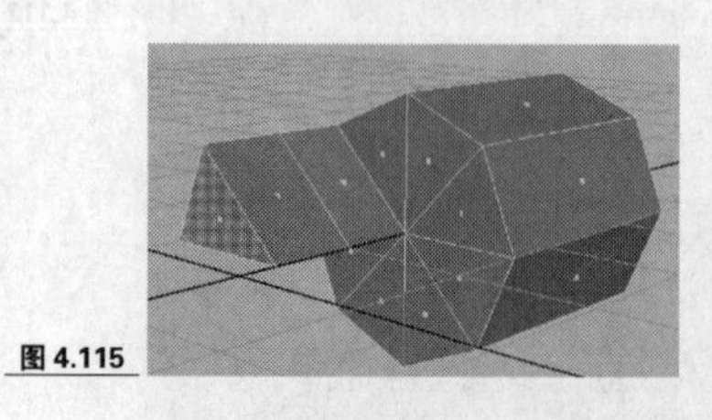
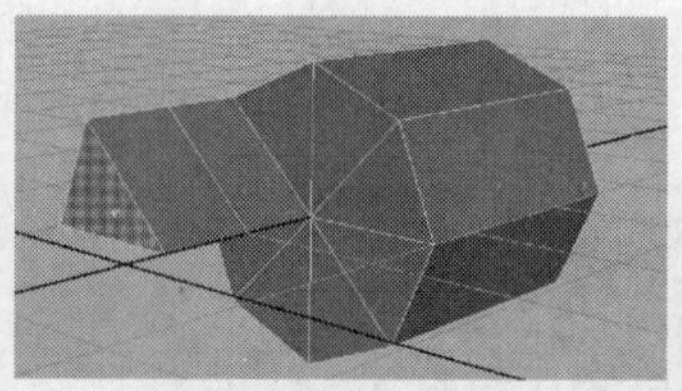
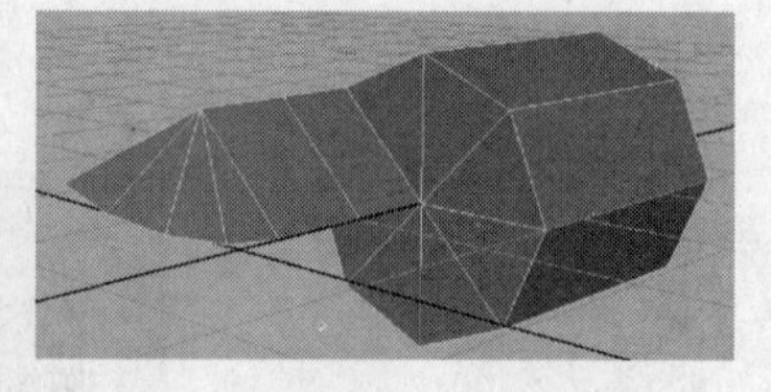

图 4.115

3. 创建对称结构

世界上的很多物体都是呈现对称结构的，因此，在建模的时候，用户可以利用这一特点只制作一半的模型，然后通过创建对称结构得到完整的模型。Mirror Geometry【镜像几何体】工具和 Mirror Cut【镜像剪切】工具可以帮助用户减少工作量来创建对称结构。

（1）Mirror Geometry【镜像几何体】

具体操作方法如下。

① 选择需要镜像的多边形对象。

② 选择 Mesh>Mirror Geometry>❐【网格>镜像几何体】选项，打开其设置参数面板，然后在其中进行参数设置。

③ 单击 Mirror 按钮或者 Apply 按钮进行镜像操作，如图 4.116 所示。

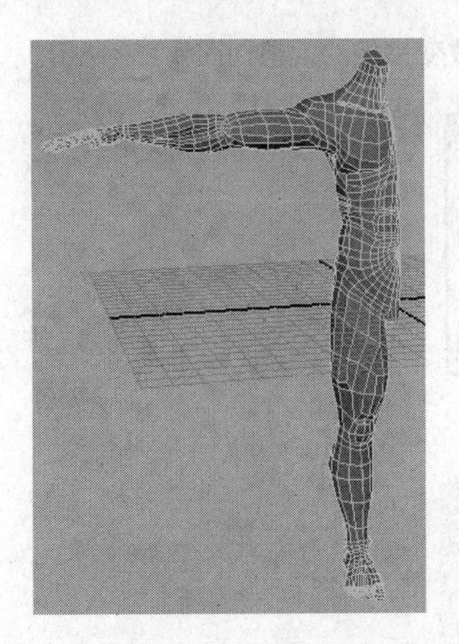

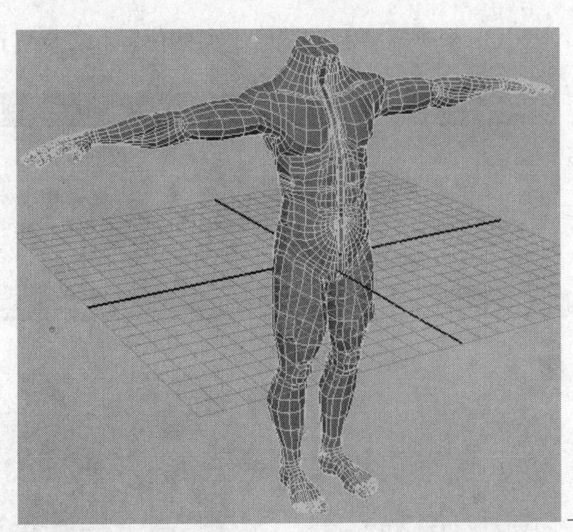

图 4.116

设置面板参数如图 4.117 所示。

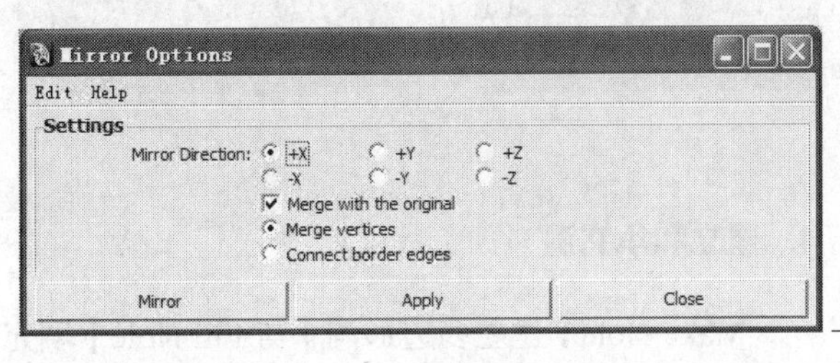

图 4.117

- Mirror Direction【镜像方向】。

用来设置镜像的方向，它们都是沿着世界坐标轴的方向。例如，+X 表示沿着 x 轴的正方向进行镜像，–X 表示沿着 x 轴的负方向进行镜像，以此类推。

- 融合设置。

Merge with the original：镜像对象与原对象合并。

Merge vertices：顶点合并。

Connect border edges：边合并。

（2）Mirror Cut【镜像剪切】

Mirror Cut【镜像剪切】是非常灵活的创建对称结构的工具，它可以指定任意方向为镜像方向，任意位置为镜像中心。

具体操作方法如下。

① 选择需要镜像的几何体。

② 选择 Mesh>Mirror Cut>❐【网格>镜像剪切】选项，打开其设置面板，如图 4.118 所示。

③ 根据需要调整镜像平面的位置和方向，改变镜像的效果如图 4.119 所示。

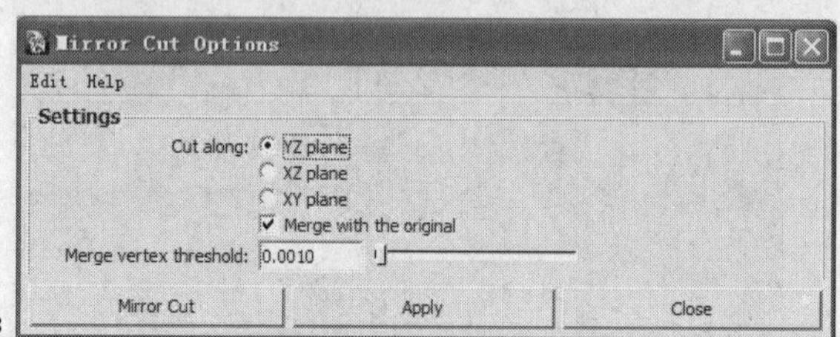

图 4.118

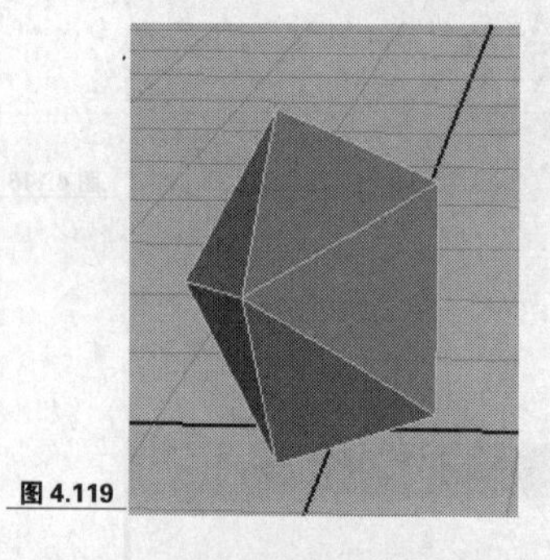
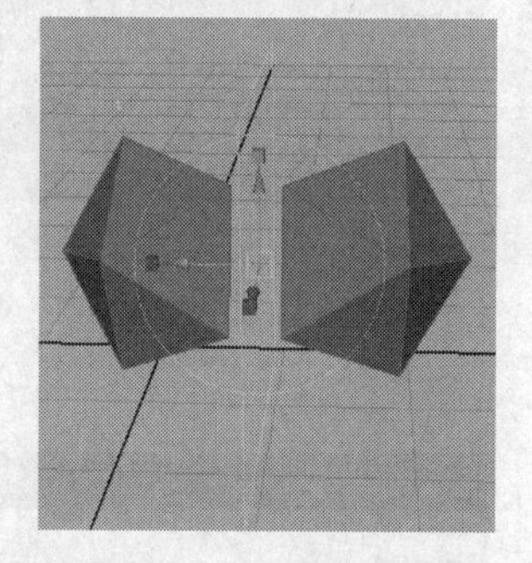

图 4.119

4. 建立和填充洞

Make Hole【建立多边形洞】与 Fill Hole【填充多边形洞】是一组命令，其中，一个用来在多边形上建立一个洞，一个用来填充多边形上的洞。

（1）Make Hole【建立多边形洞】

具体操作方法如下。

① 建立一个立方体，选择需要开洞的面。

② 选择 Edit Mesh>Duplicate Face>❐【编辑网格>复制表面>命令参数】命令。

③ 取消选中 Separate Duplicated faces【分离复制的面】选项，单击 Duplicate 按钮，并且使它稍微偏离立方体平面。

④ 选择 Mesh>Make Hole Tool【网格>建立多边形洞】命令，用户可以根据命令栏上的

提示先选择想要建立洞的面，然后选择复制的参考面。

⑤ 按 Enter 键建立多边形洞，如图 4.120 所示。

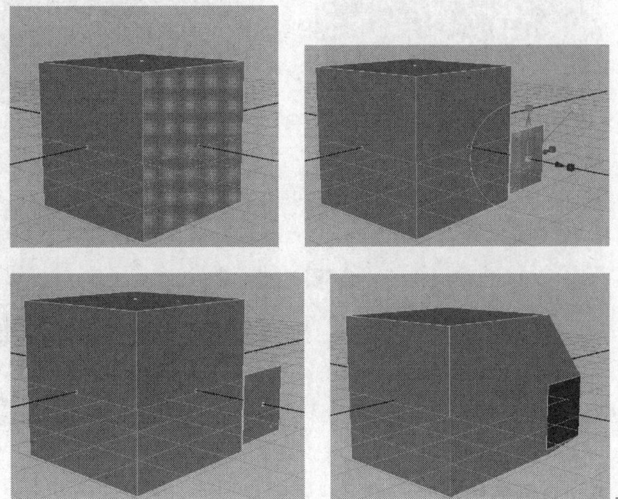

图 4.120

（2）Fill Hole【填充多边形洞】

具体操作方法如下。

① 使用刚开洞的模型，选择需要填充洞的边。

② 选择 Mesh>Fill Hole【网格>填充多边形洞】选项，多边形上的洞被填充好，如图 4.121 所示。

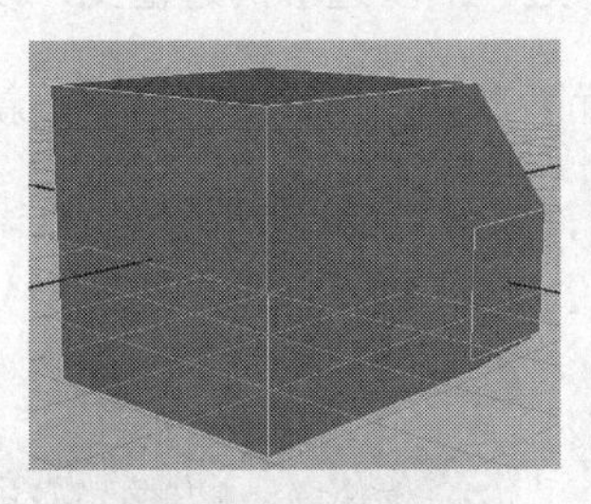

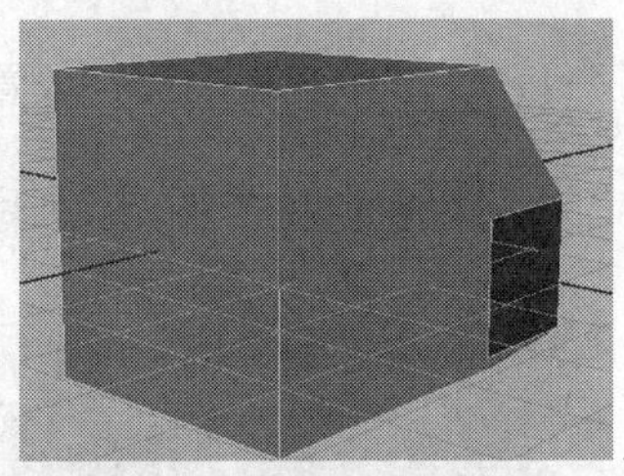

图 4.121

（3）使用 Append to Polygon Tool 工具填充多边形洞

具体操作方法如下。

① 使用刚开洞的模型。

② 选择 Edit Mesh>Append to Polygon Tool【编辑网格>扩展多边形工具】命令。这时多边形对象的边界边都会显示为粗线高亮模式。

③ 拾取洞口的一条边。

④ 拾取其他的边，直到粉红色把洞口堵住。

⑤ 按 Enter 键，模型的开洞被填充，如图 4.122 所示。

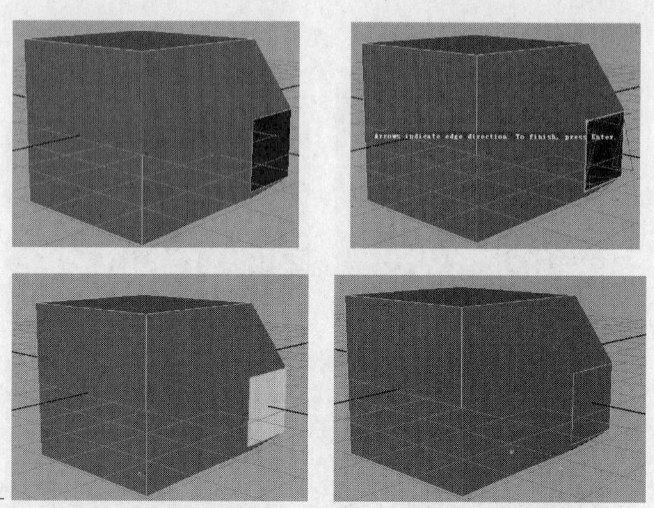

图 4.122

5. 分割多边形

适当地添加顶点和线可以给多边形对象添加丰富的细节，在 Maya 中提供了多种工具来实现这一操作。

（1）Split Polygon Tool【切分多边形】

具体操作方法如下。

① 选择 Edit Mesh>Split Polygon Tool【编辑网格>切分多边形】选项。

② 选中要分割的第一条边，沿多边形的边拖曳，改变新顶点的位置。

③ 选中其他的边，放置第二个顶点，出现第一条新边。

④ 按 Enter 键结束操作，如图 4.123 所示。

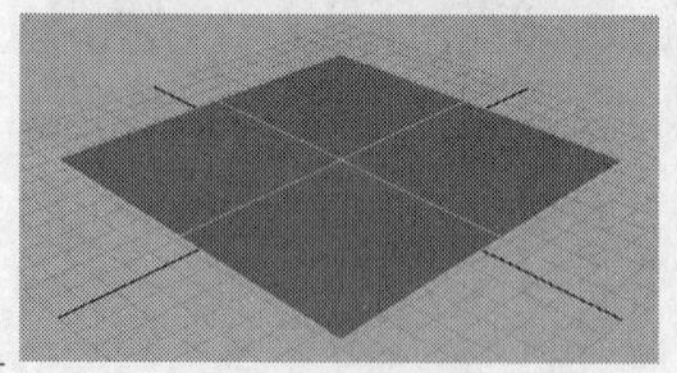
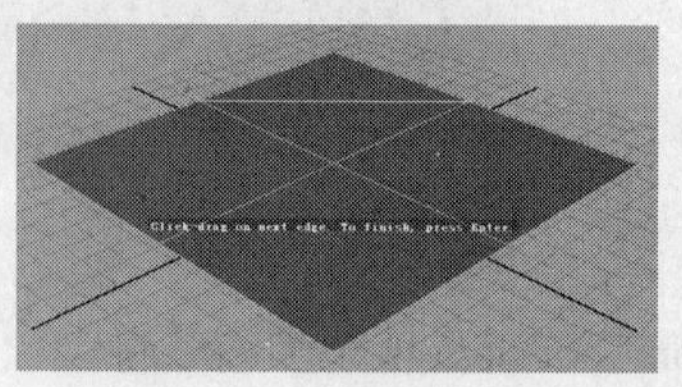

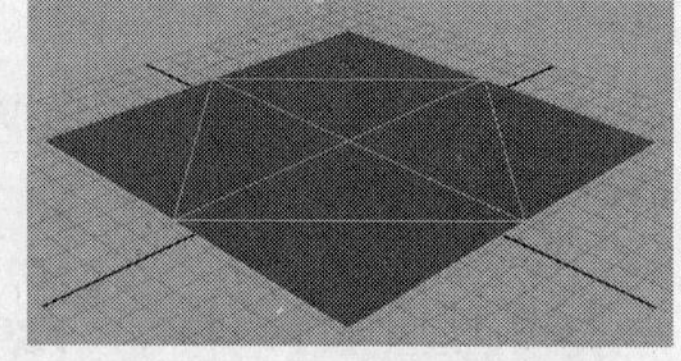

图 4.123

（2）Detach Component【切分共享顶点】

具体操作方法如下。

① 选择要进行分割的顶点或边。

② 选择 Edit Mesh>Detach Component【编辑网格>分离组元】命令，得到如图 4.124 所示的结果。

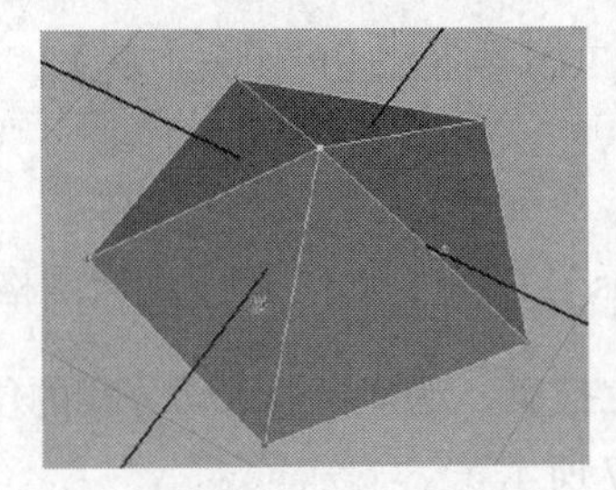
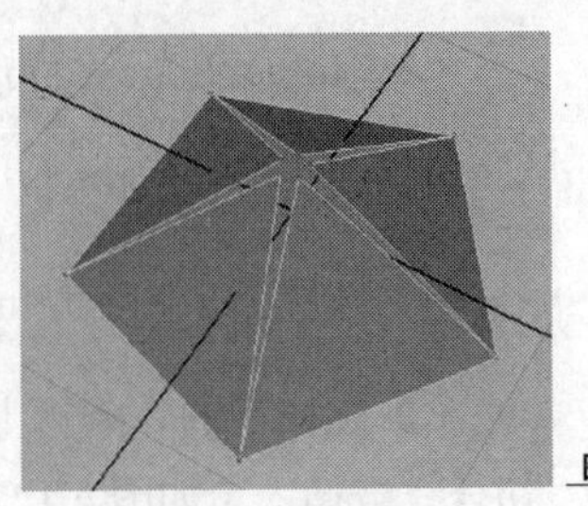

图 4.124

（3）Cut Faces Tool【剪切面工具】

Cut Faces Tool【剪切面工具】像是一把锋利的刀，它可以一次剪切一组面。

具体操作方法如下。

① 选择同一多边形中的多个面。

② 选择 Edit Mesh>Cut Faces Tool【编辑网格>剪切面工具】命令。

③ 按住鼠标左键在所选择的构成面上移动将形成一条直线，此直线将会把所选择的构成面剪切开，如图 4.125 所示。

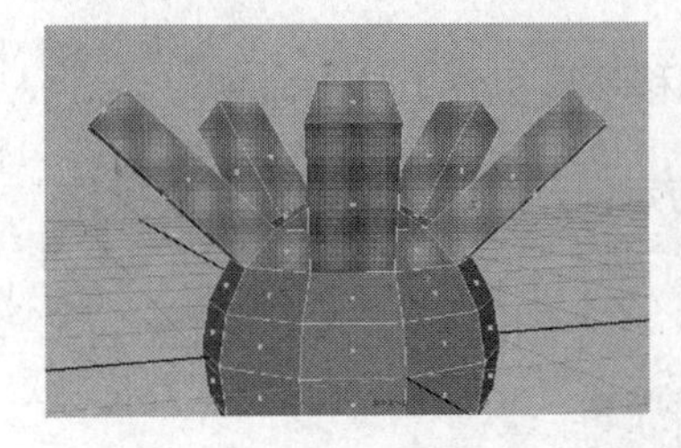
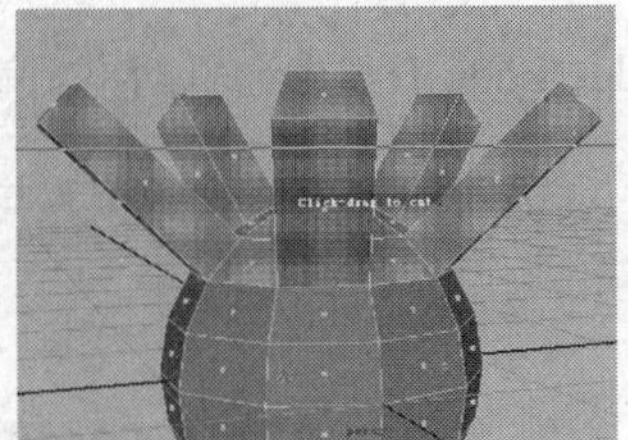
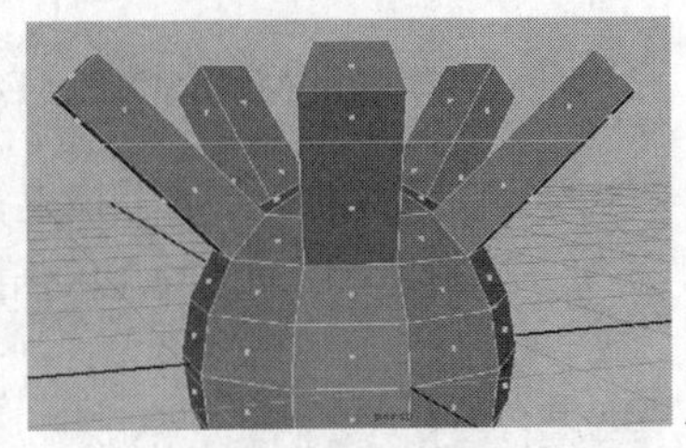

图 4.125

（4）Poke Face【刺分面】

Poke Face【刺分面】可以在面上形成一个与该面其他所有顶点相连接的新顶点，而且这个新顶点的位置可以通过手柄操控。

具体操作方法如下。

① 选择需要的面，再选择 Edit Mesh>Poke Face【编辑网格>刺分面】命令。

② 使用操纵器调整新的顶点的高度与位置，如图 4.126 所示。

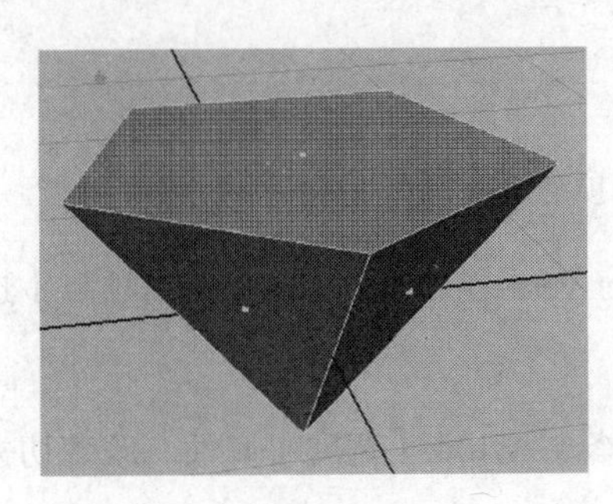
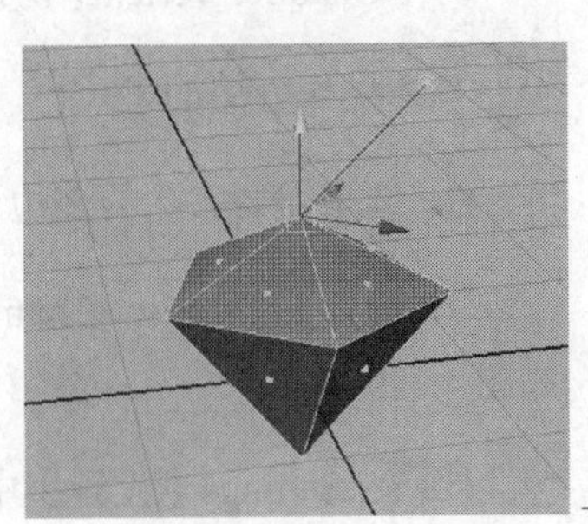

图 4.126

（5）Insect Edge Loop Tool【插入环形切分工具】

具体操作方法如下。

① 选择 Edit Mesh>Insert Edge Loop Tool【编辑网格>插入环形切分工具】命令。

② 在模型的一条边上拖曳，观察新插入切分线的位置与走向，释放鼠标完成操作，新切分线被插入，如图 4.127 所示。

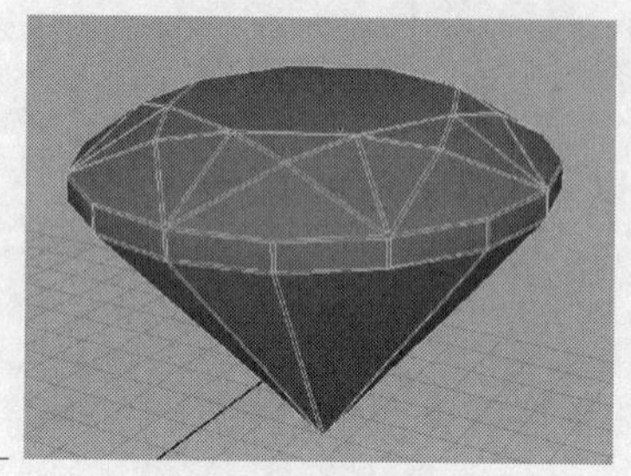
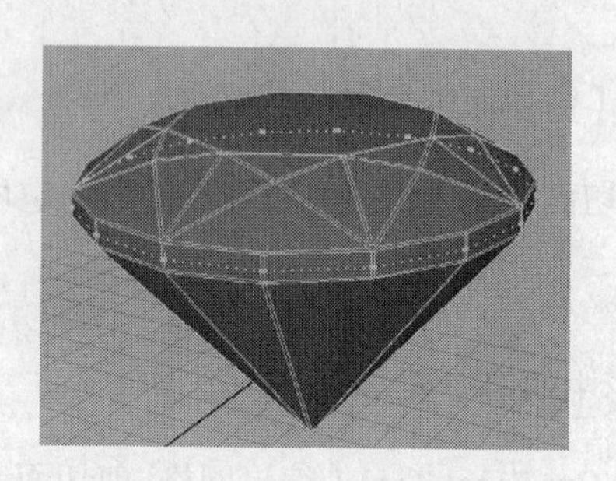

图 4.127

（6）Offset Edge Loop Tool【偏移环形切分工具】

具体操作方法如下。

① 选择 Edit Mesh>Offset Edge Loop Tool【编辑网格>偏移环形切分工具】命令。

② 在模型的一条边上拖曳，观察新插入切分线的位置与走向，然后释放鼠标完成操作，新切分线被插入，如图 4.128 所示。

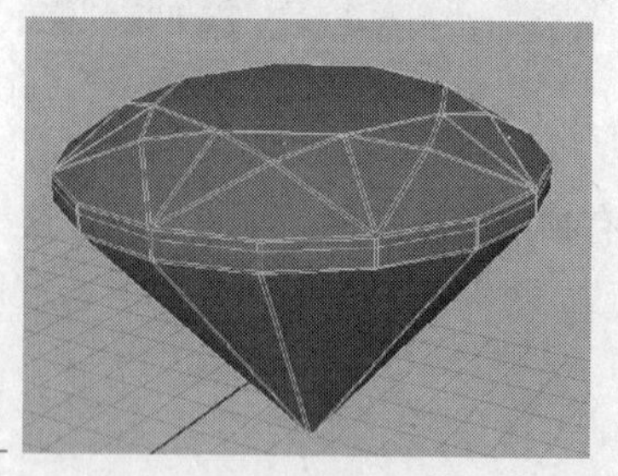
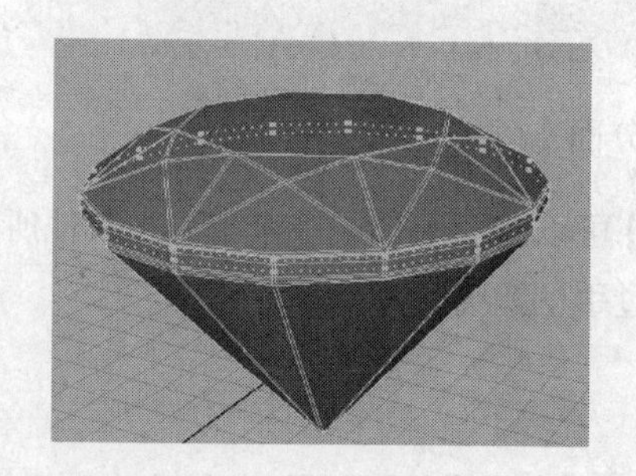

图 4.128

（7）Chamfer Vertex【切顶点】

具体操作方法如下。

① 选中需要去除的多边形顶点。

② 选择 Edit Mesh>Chamfer Vertex>❒【编辑网格>切顶点】选项，打开其属性编辑器，如图 4.129 所示。

③ 在 Settings【设置】中修改 Width【宽度】属性，改变切去部分的大小，如图 4.130 所示。

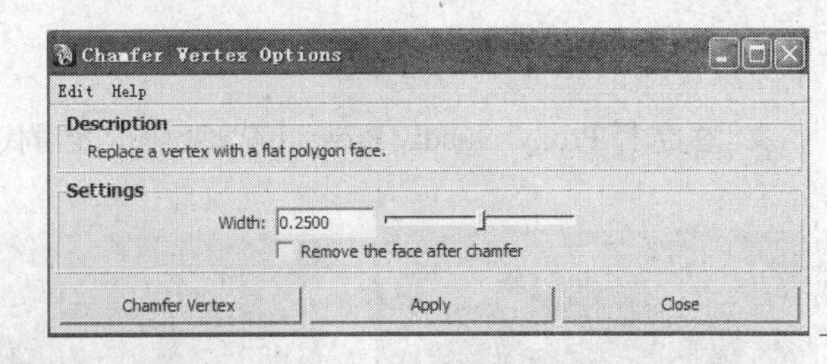

图 4.129

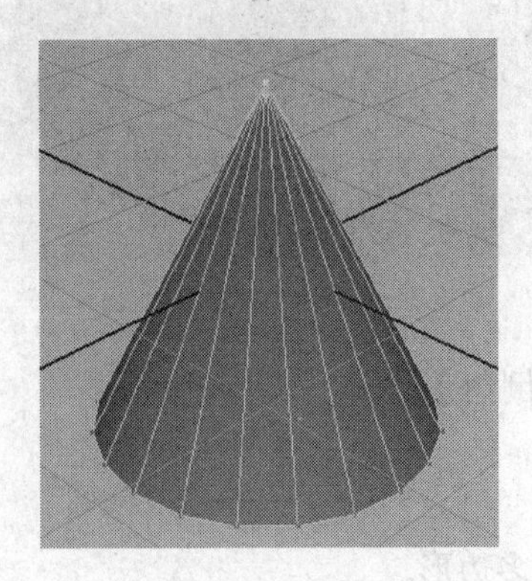

图 4.130

6. 光滑处理多边形

多边形的构成模式决定了多边形模型的外形会比较硬。Maya 中也提供了可以让用户光滑处理多边形的工具，如 Smooth【平滑】、Subdiv Proxy【细分光滑代理】和 Bevel【多边形倒角】。

（1）Smooth【平滑】

具体操作方法如下。

① 选择需要平滑的顶点、面或边。

② 选择 Mesh>Smooth【网格>平滑】命令，效果如图 4.131 所示。

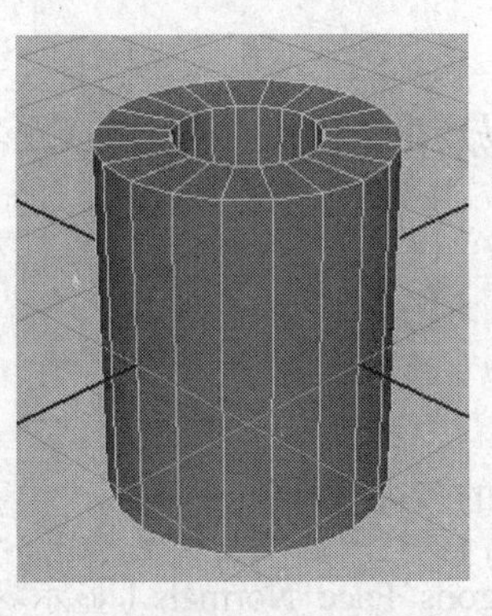
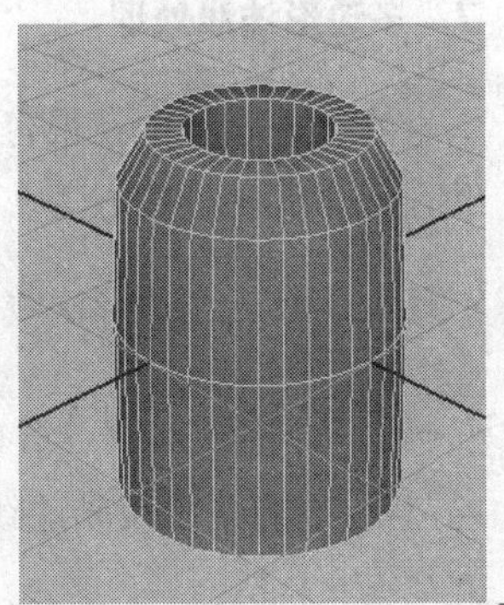
图 4.131

（2）Subdiv Proxy【细分光滑代理】

具体操作方法如下。

① 选择需要平滑的多边形。

② 选择 Proxy>Subdiv Proxy【代理>细分光滑代理】命令，效果如图 4.132 所示。

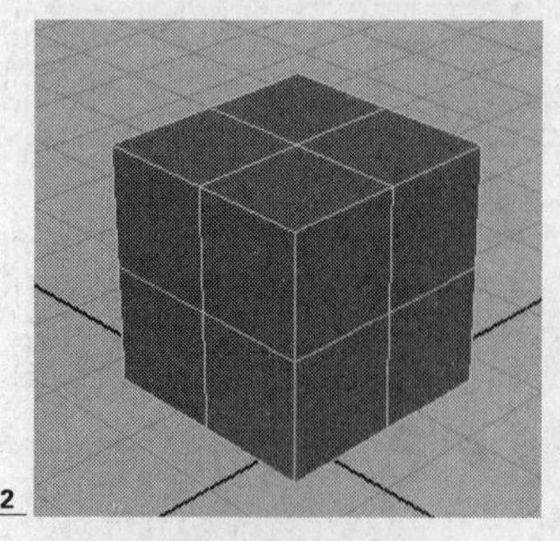

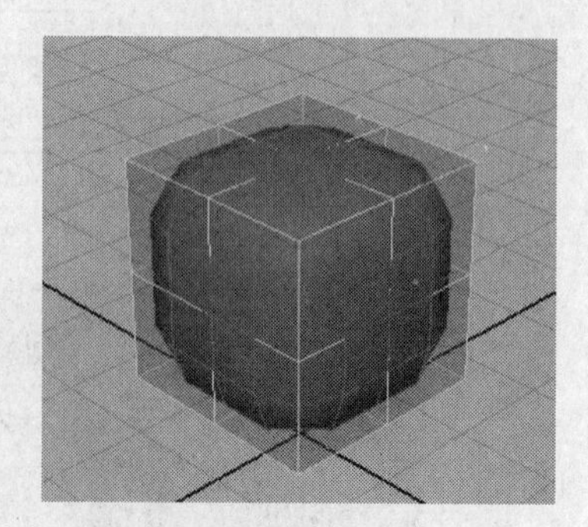

图 4.132

（3）Bevel【多边形倒角】

具体操作方法如下。

① 选择需要平滑的多边形。

② 选择 Edit Mesh>Bevel【编辑网格>多边形倒角】命令，效果如图 4.133 所示。

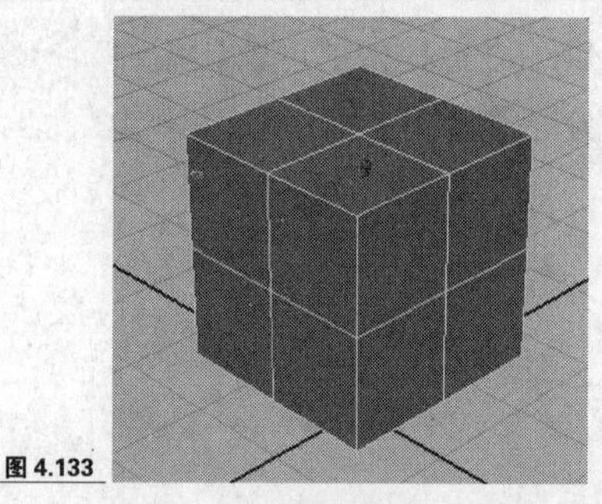

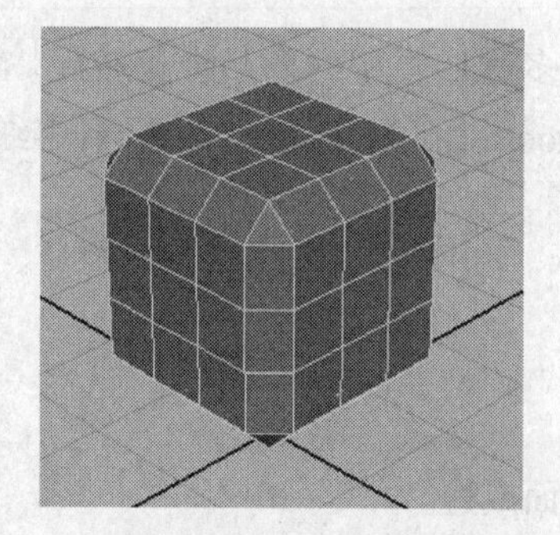

图 4.133

7. 多边形法线处理

在建模过程中，很容易产生法线朝向混乱的问题。为了解决这一问题，Maya 为用户提供了以下几种处理方法。

（1）反转多边形法线

具体操作方法如下。

① 选择需要反转法线的多边形对象。

② 选择 Display>Polygons>Face Normals【显示>多边形>面法线】选项，使多边形对象的法线显示出来。

③ 选择 Normals>Reverse【法线>反转】选项，如图 4.134 所示。

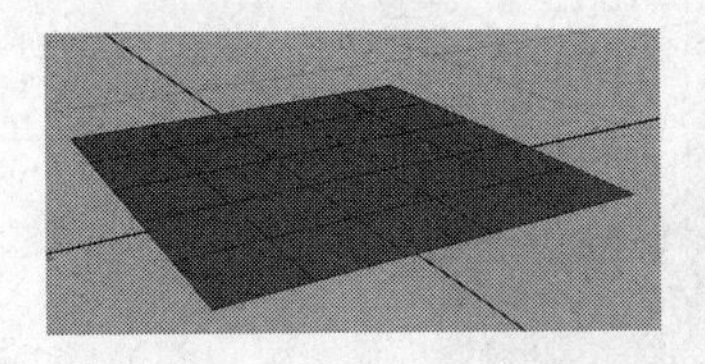 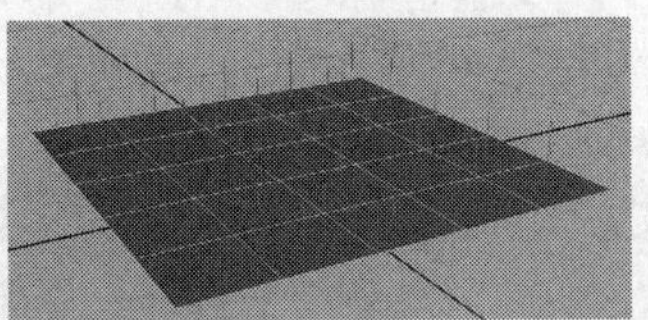 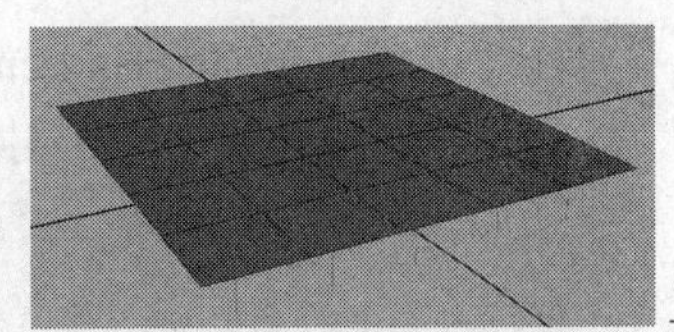

图 4.134

（2）统一法线

具体操作方法如下。

① 选择多边形对象。

② 选择 Normals>Conform【法线>一致】命令，结果如图 4.135 所示。

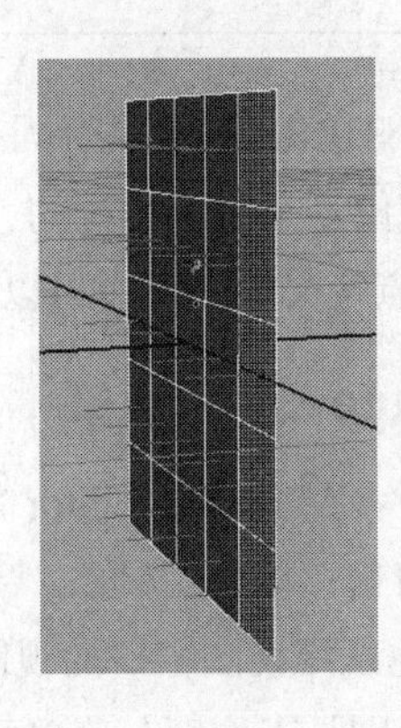 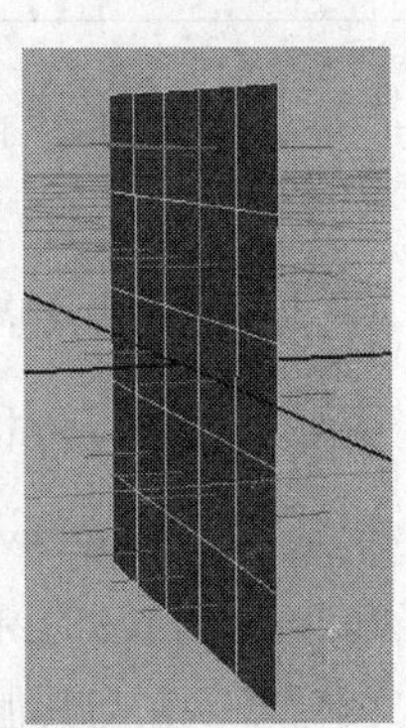

图 4.135

（3）软化和硬化多边形的边

① 软化多边形的边。

具体操作方法如下。

a. 选择多边形对象。

b. 选择 Normals>Soften Edge【法线>软化边】命令，结果如图 4.136 所示。

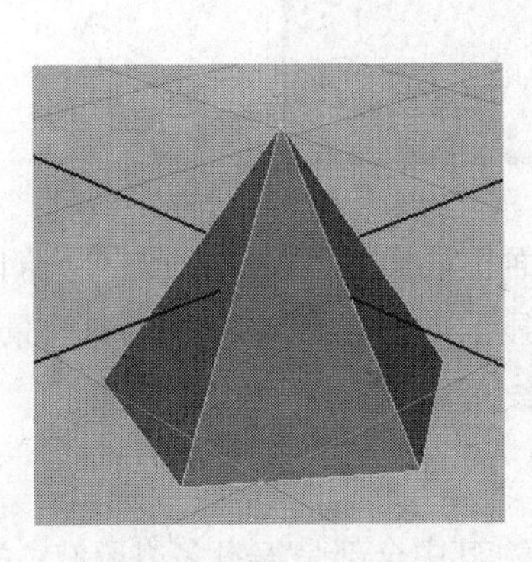 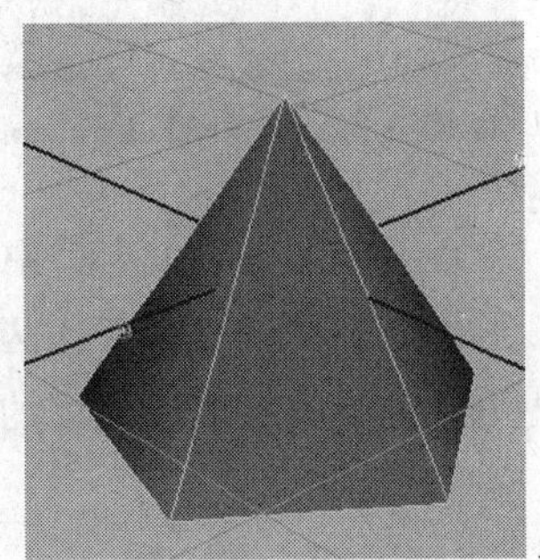

图 4.136

② 硬化多边形的边。

具体操作方法如下。

a. 选择多边形对象。

b. 选择 Normals>Harden Edge【法线>硬化边】命令，结果如图 4.137 所示。

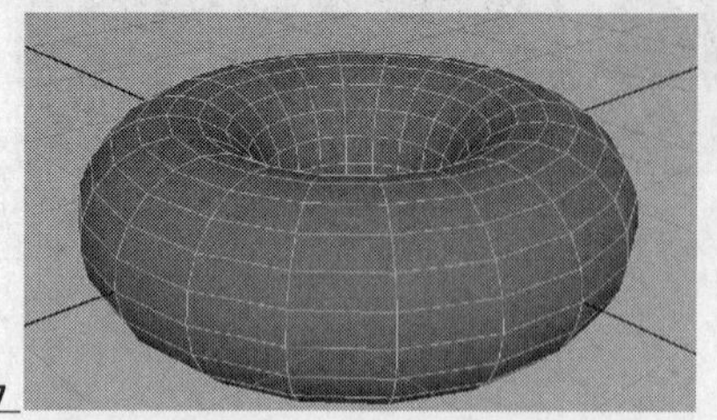
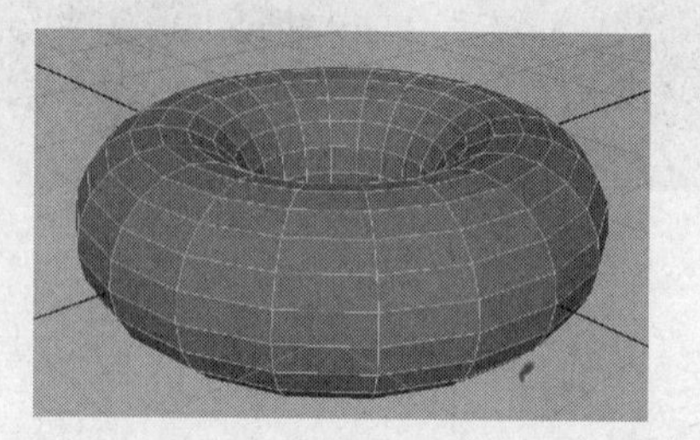

图 4.137

4.4 多边形 UV

多边形不像 NURBS 表面具有固有的 2D 坐标。多边形必须使用映射的方法来获取合理的 UV 坐标，UV 信息是基于二维的，是一个平面，水平元素的纹理贴图是由 U 点定义的，垂直元素是由 V 点定义的，用户可以在 UV Texture Editor 中看到并编辑。

4.4.1 UV Texture Editor 窗口

执行 Window>UV Texture Editor 命令，用户可以打开 UV Texture Editor 窗口。UV Texture Editor 有自己的窗口菜单与工具条，工具条实现的功能基本上能在菜单中找到。作为一个视图窗口，它与其他三维视图窗口的视图操作方法基本相同。整个 UV Texture Editor 窗口分为 3 个大的部分，分别是工作区、菜单区和工具区，如图 4.138 所示。

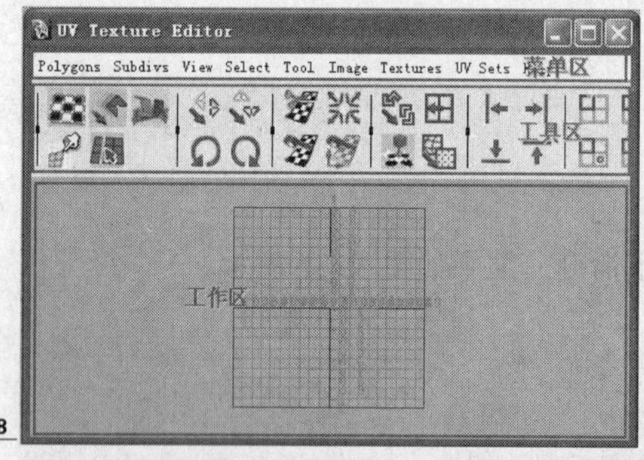

图 4.138

工作区是整个窗口中面积最大的区域，它在整个窗口的最下部，用来观察和编辑 UV 工作的主要区域。工作区显示内容通常包含背景和前景两个部分。背景是当前选中的多边形对象的材质所使用的纹理图片，前景为线框形式，显示的是当前选中的多边形展成的平面。

菜单区在窗口的最上部，其中全部是编辑多边形 UV 的命令，与 Edit UVs 菜单中的命令相同。

工具区中包含了一些命令图标，这些命令图标都可以在 Polygons 菜单中找到相应的命令。

为多边形模型建立 UV 集就是一个将三维模型展开成为平面的过程，在 Maya 中有 4 种方式可以为多边形模型建立 UV 集，分别是按平面方式展开、按圆柱方式展开、按球形方式展开和自动展开。

在 UV Texture Editor 窗口可以使用如下快捷方式进行操作。

A 键：显示所有的 UV。

F 键：最大化显示所选择的 UV。

Alt 键+鼠标右键：缩放视图。

鼠标中键滚轮：缩放视图。

Alt 键+鼠标中键：移动视图。

4.4.2 Planar Mapping【平面投射】

Planar Mapping【平面投射】就是把物体的 UVs 沿着平面的方式进行投射。

具体操作方法如下。

① 选择多边形模型，用户可以选择整个物体，也可以选择部分表明创建 UV。

② 单击 Create UVs>Planar Mapping【创建 UV>平面投射】命令，为选中的面创建 UV，如图 4.139 所示。

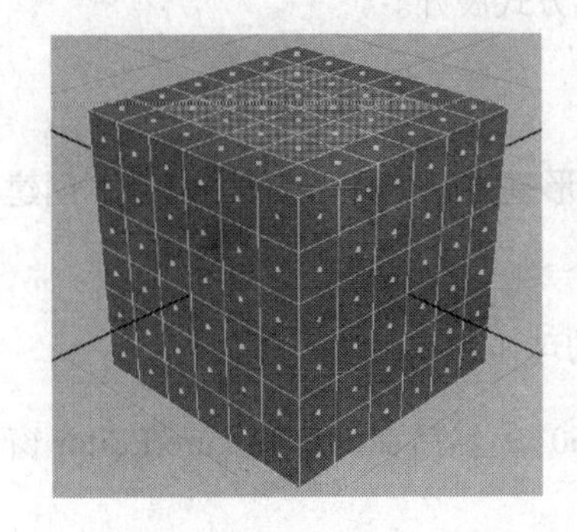

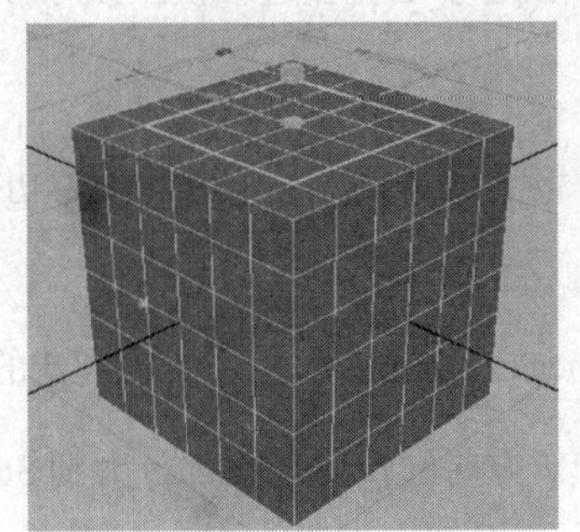

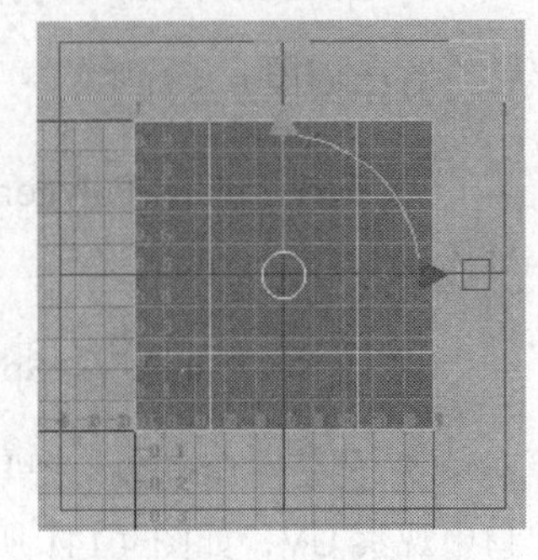

图 4.139

4.4.3 Cylindrical Mapping【圆柱投射】

Cylindrical Mapping【圆柱投射】是将多边形模型按圆柱方式展开。

具体操作方法如下。

① 选择 Create>Polygon Primitives>Cylinder【创建>多边形基本几何体>圆柱体】命令，创建圆柱体。

② 选择 Create UVs>Cylindrical Mapping 命令，为创建的圆柱体创建 UV。

③ 调整操作手柄，将投射范围扩大到 360°，然后在 UV Texture Editor 窗口中观察 UV，如图 4.140 所示。

图 4.140

4.4.4 Spherical Mapping【球形投射】

Spherical Mapping【球形投射】是将多边形模型按球形方式展开。

具体操作方法如下。

① 选择 Create>Polygon Primitives>Sphere【创建>多边形基本几何体>球体】命令，创建球体。

② 选择 Create UVs>Spherical Mapping 命令，为创建的球体创建 UV。

③ 调整操作手柄，将 UV 方向的投射范围都扩大到 360°，然后在 UV Texture Editor 窗口中观察 UV，如图 4.141 所示。

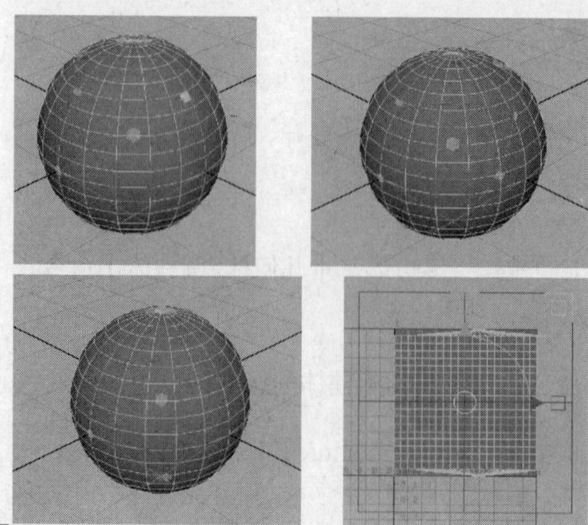

图 4.141

4.4.5 Automatic Mapping【自动投射】

Automatic Mapping【自动投射】是将多边形的 UV 点沿多个角度继续投射，形成多块 UV。

具体操作方法如下。

① 选择 Create>Polygon Primitives>Sphere【创建>多边形基本几何体>球体】命令，创建球体。

② 单击 Create UVs>Automatic Mapping 命令，为创建的球体创建 UV。

③ 在 UV Texture Editor 窗口中观察 UV，如图 4.142 所示。

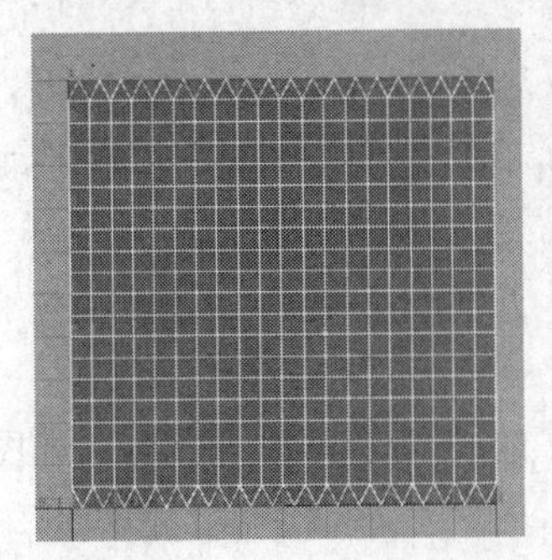
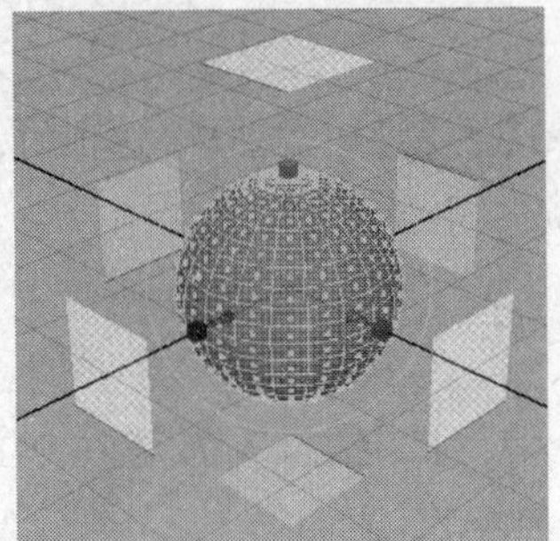
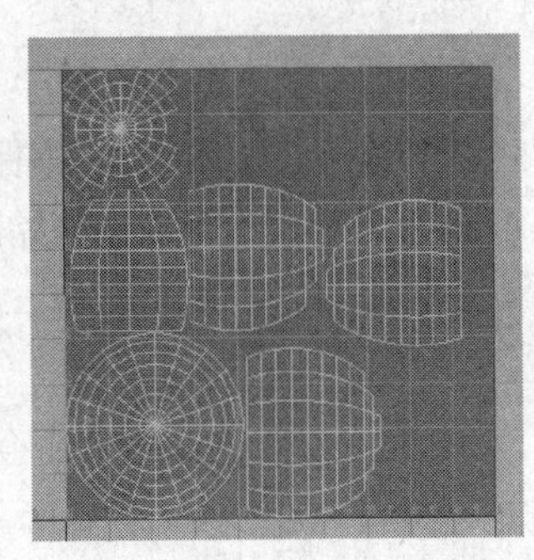

图 4.142

4.4.6 编辑 UV

在 Polygon 菜单组中有一个专门的菜单栏 “Edit UVs”，用户可以利用该菜单栏编辑 UV，如图 4.143 所示。

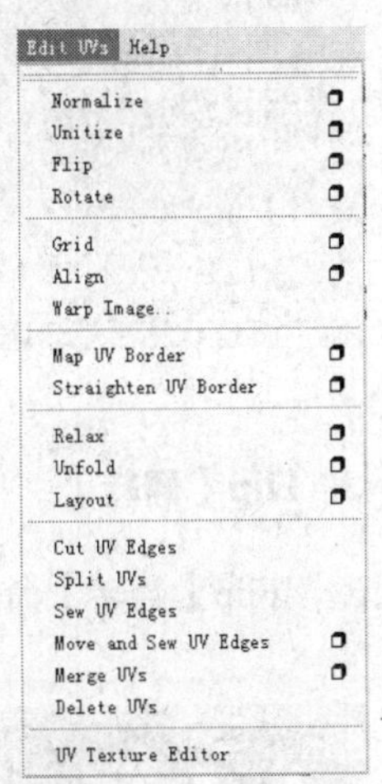

图 4.143

1. Normalize【标准】

在 UV Texture Editor 窗口中，坐标系 0-1 之间的纹理空间才是有效值，而模型展开 UV 之后往往会超出 0-1 的范围，这时就可以使用 Normalize【标准】命令，使模型的 UV 自动分配到 0-1 的纹理空间中。Normalize【标准】的设置参数如图 4.144 所示。

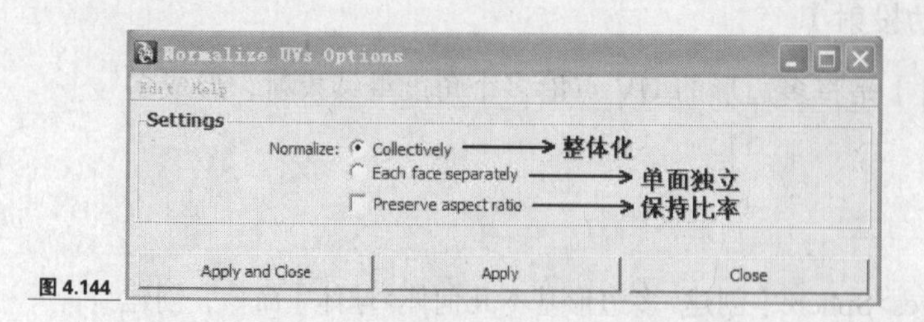

图 4.144

Collectively【整体化】: 这个选项是 Maya 的默认选项，是将选定物体的每个面作为一个整体进行 UV 编辑。

Each face separately【单面独立】: 选择该选项时，是将选定物体的每个面分别进行 UV 编辑。

Preserve aspect ratio【保持比率】: 勾选这个选项时，在进行 UV 编辑的过程中，U 向与 V 向总是会进行等比例的缩放，不会产生变形。

2. Unitize【统一化】

Unitize【统一化】命令使得指定的 UV 放置在 0-1 的纹理空间的边界上，如图 4.145 所示。

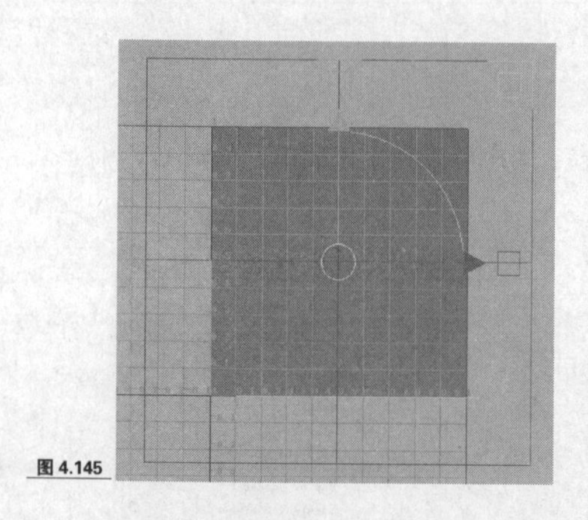
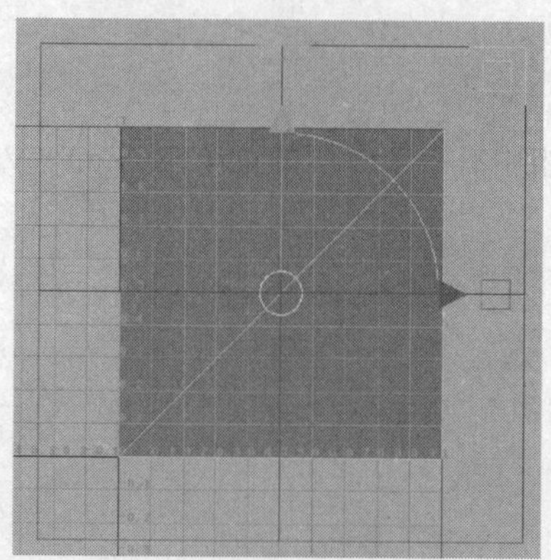
图 4.145

3. Flip【翻转】

Flip【翻转】命令可以将 UV 在水平和垂直方向上进行翻转，如图 4.146 所示。

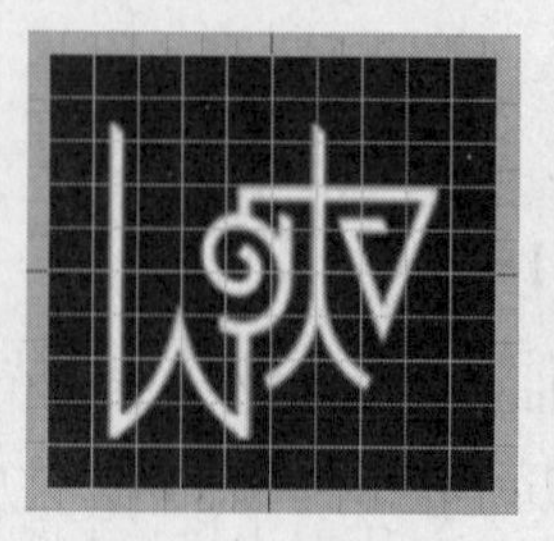
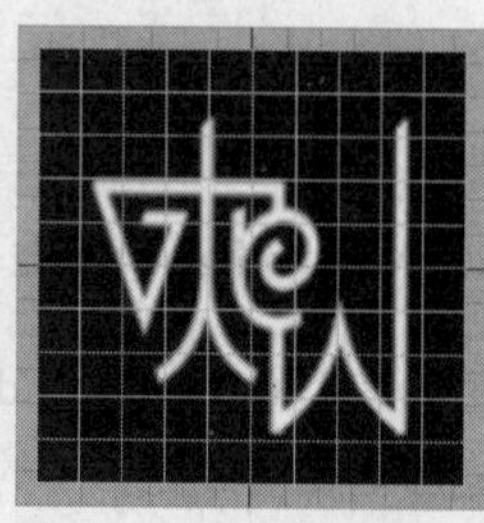
图 4.146

4. Rotate【旋转】

Rotate【旋转】命令可以将 UV 根据设置的旋转角度进行旋转，如图 4.147 所示。

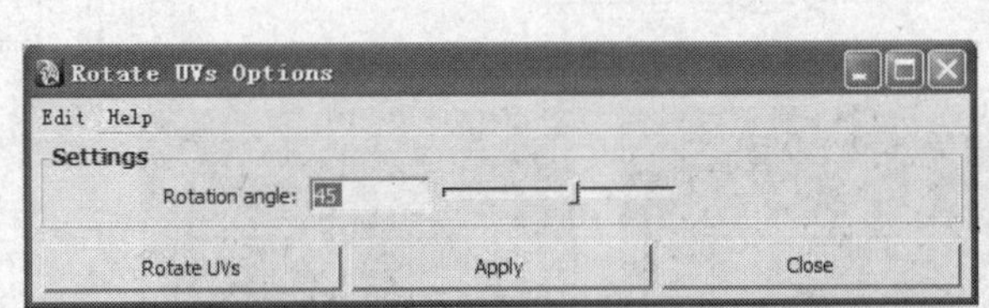

图 4.147

5. Grid【栅格】

Grid【栅格】命令可以对当前选择的 UV 重新进行分配，新的 UV 点会自动吸附到最近的栅格交叉点或者栅格中央，如图 4.148 所示。

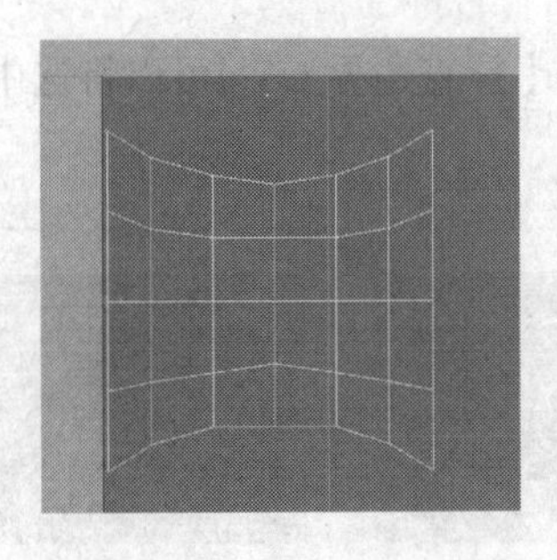

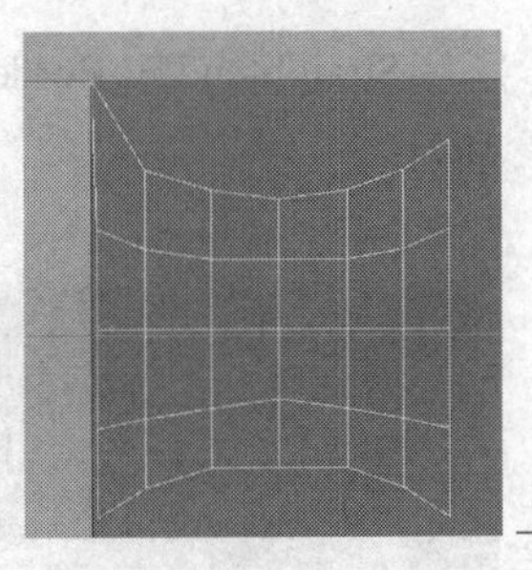

图 4.148

6. Align【对齐】

Align【对齐】命令可以将选中的 UV 点沿着 U 方向或者 V 方向进行对齐。在参数设置窗口中，对齐的方式有 4 种，如图 4.149 所示。

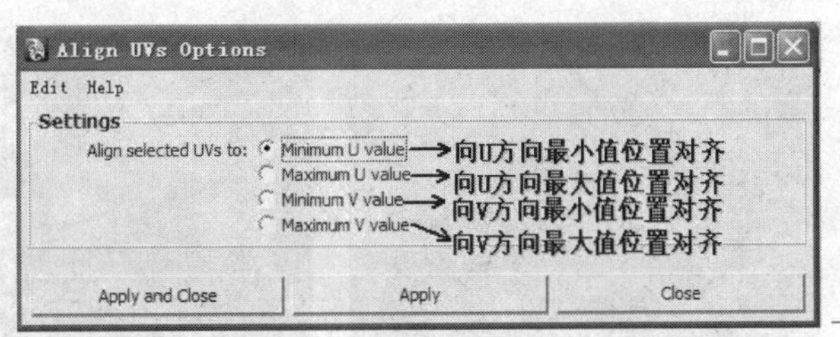

图 4.149

7. Map UV Border【UV 边界映射】

Map UV Border【UV 边界映射】命令可以在参数设置面板中将选择的 UV 点的边界规定为圆形或者方形，如图 4.150 所示，最终效果如图 4.151 所示。

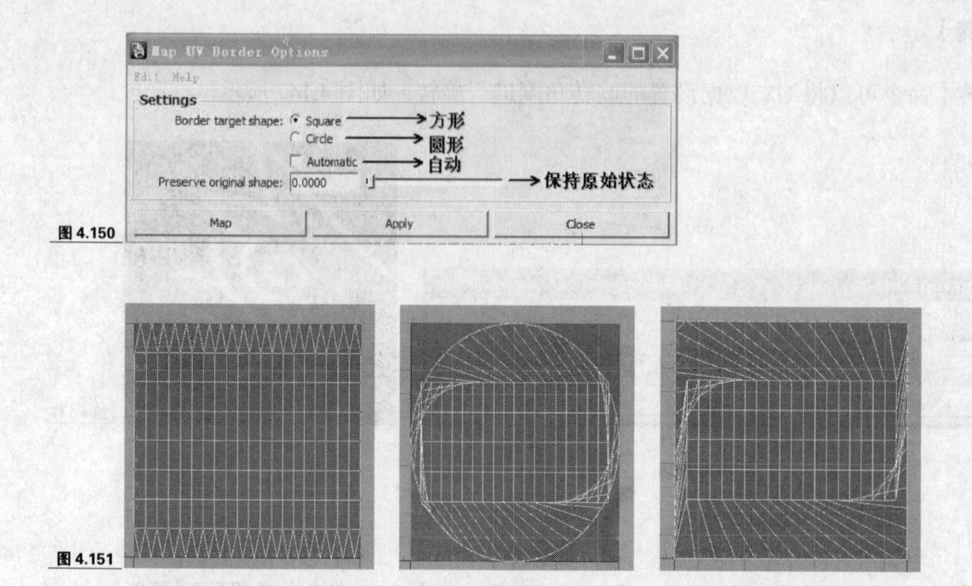

图 4.150

图 4.151

8. Straighten UV Border【拉直边界 UV】

Straighten UV Border【拉直边界 UV】可以将选中的边界 UV 点进行拉升处理，如图 4.152 所示。

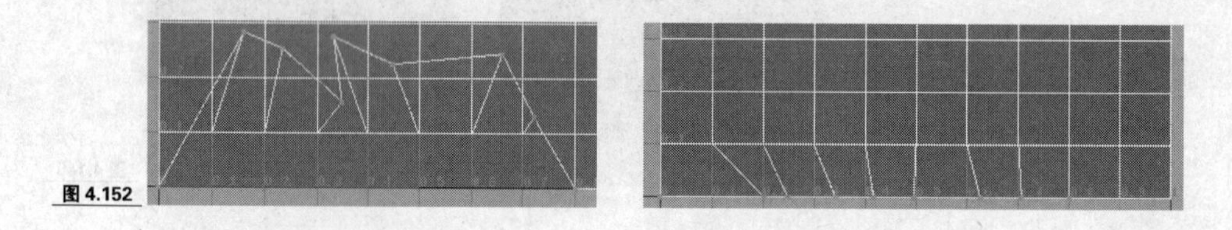

图 4.152

9. Relax【松弛】

在展开 UV 之后，有一些 UV 点会缠绕在一起，这时使用 Relax【松弛】命令，可以使 UV 更加平坦，如图 4.153 所示。

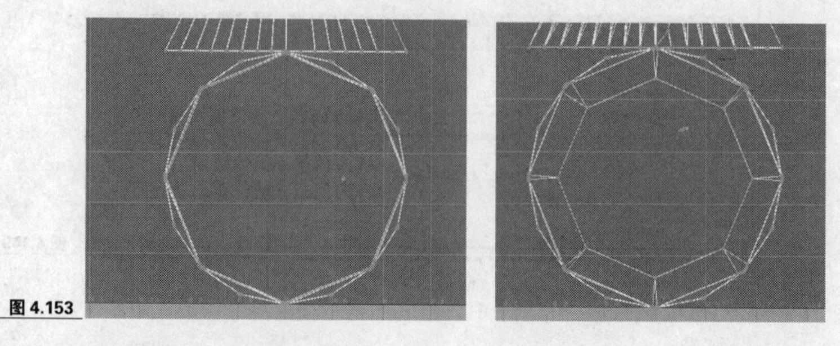

图 4.153

10. Unfold【展开】

使用 Unfold【展开】命令可以使 UV 按照规划好的边界平均拉伸展开，并且重叠的地方消失。

11. Layout【布局】

Layout【布局】命令可以将重叠的 UV 自动分层。

12. Cut UV Edges【剪切边线 UV】

Cut UV Edges【剪切边线 UV】命令就像是一把剪纸的剪刀，它可以对已经选择变形的 UV 进行切割，如图 4.154 所示。

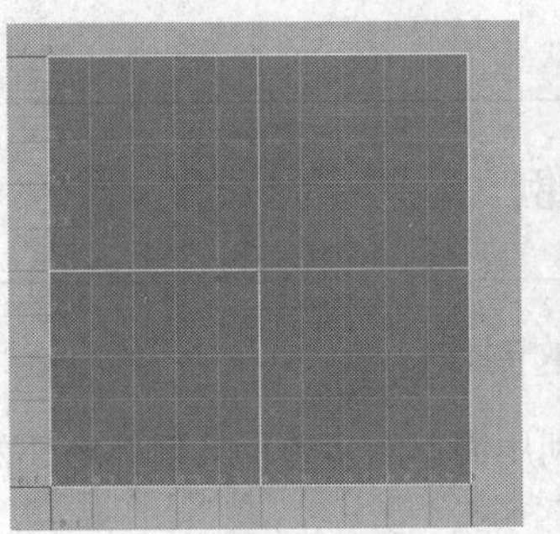
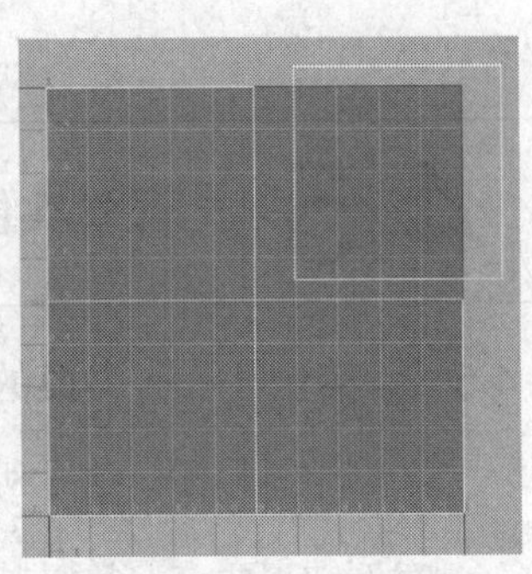

图 4.154

13. Split UVs【分离 UV】

Split UVs【分离 UV】命令可以将 UV 沿着与之相邻的边进行分离，如图 4.155 所示。

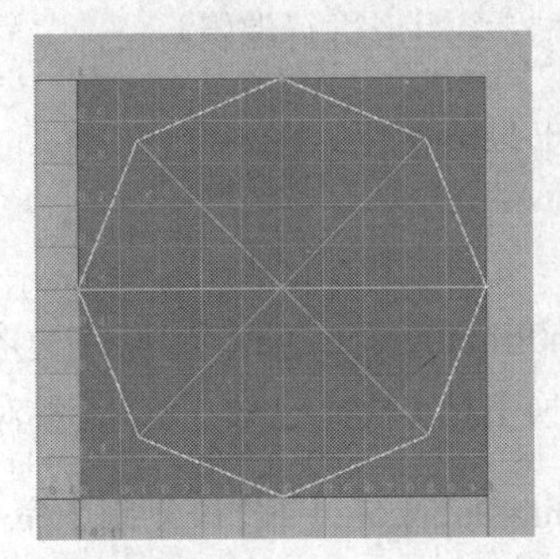
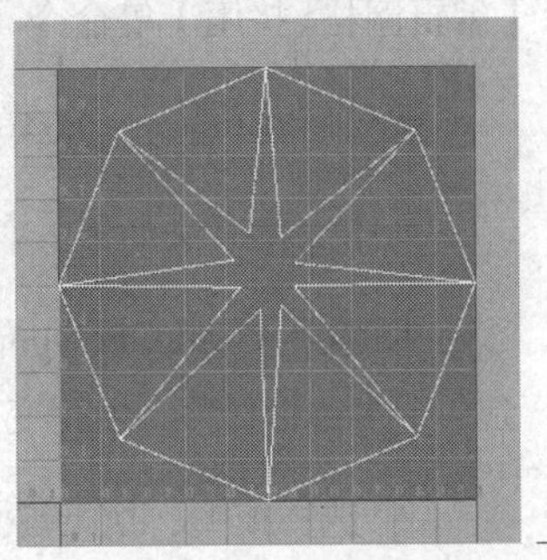

图 4.155

14. Sew UV Edges【缝合 UV 边线】

Sew UV Edges【缝合 UV 边线】像是缝纫用的针，它可以将选择边线的 UV 进行缝合。

15. Move and Sew UV Edge【移动并缝合 UV 边线】

Move and Sew UV Edge【移动并缝合 UV 边线】命令与 Sew UV Edges【缝合 UV 边线】非常相似。不同的是，在使用移动并缝合 UV 边线命令时，可以使较小的 UV 移动并缝合在较大的 UV 上。

16. Merge UVs【融合 UV】

Merge UVs【融合 UV】与 Sew UV Edges【缝合 UV 边线】命令也比较相似，但也有不同点。在使用 Sew UV Edges【缝合 UV 边线】命令时，所有的 UV 都会被缝合。而使用 Merge UVs【融合 UV】命令时，只有在规定距离范围内的 UV 才会被缝合。

17. Delete UVs【删除UV】

要删除不必要的UV点时，使用Delete UVs【删除UV】命令。

18. UV Sanpshot【UV快照】

UV Sanpshot【UV快照】命令可以把UV拓扑结构图导出，然后使用其他绘图软件对其进行纹理的绘制。

4.5 课堂实例

4.5.1 实例1——书桌的制作

案例学习目标：学习利用简单的多边形几何体搭建的方法得到较为复杂的书桌建模。

案例知识要点：掌握Create>Polygon Primitives>Cube【创建>多边形基本体>立方体】、Create>Polygon Primitives>Torus【创建>多边形基本体>圆环】等命令，创建基本几何体。掌握Edit Mesh>Bevel【编辑网格>倒角】、Edit Mesh>Insert Edge Loop Tool【编辑网格>添加环行线】、Edit Mesh>Append To Polygon Tool【编辑网格>添加多边形工具】、Edit Mesh>Extrude【编辑网格>挤压】等命令，对多边形进行编辑。

效果所在位置：Ch04\书桌的制作。

具体操作方法如下。

① 执行Create>Polygon Primitives>Cube【创建>多边形基本体>立方体】命令，在场景中创建一个多边形对象，使用变换工具（快捷键W、R）调整对象的位置和大小，如图4.156所示。

② 选择模型，执行Edit>Duplicate【编辑>复制】命令，复制出一个新的立方体，并沿x轴旋转90°，如图4.157所示。

左 图4.156

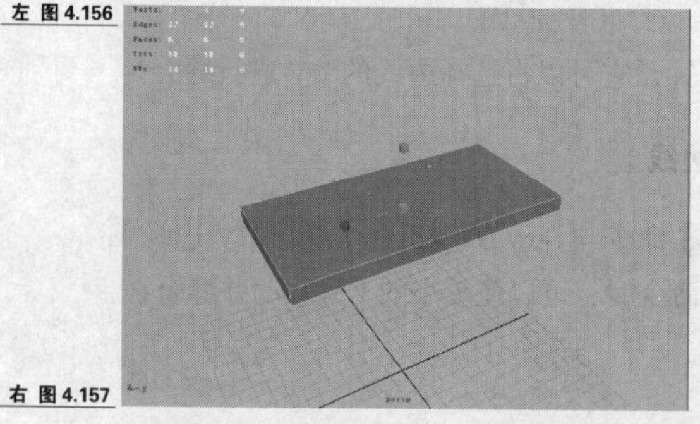

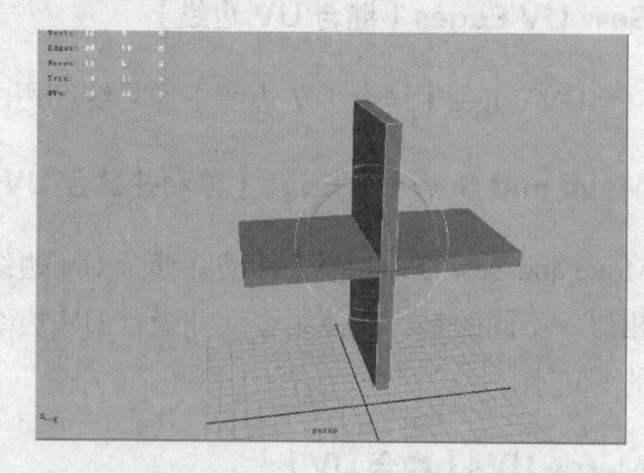

右 图4.157

③ 使用变换工具（快捷键 W、R）调整方体的位置和大小，制作桌腿，如图 4.158所示。

④ 选择桌腿模型，执行 Edit>Duplicate【编辑>复制】命令，复制出另一边的桌腿，并

使用移动工具 W 将其移动到另一边，如图 4.159 所示。

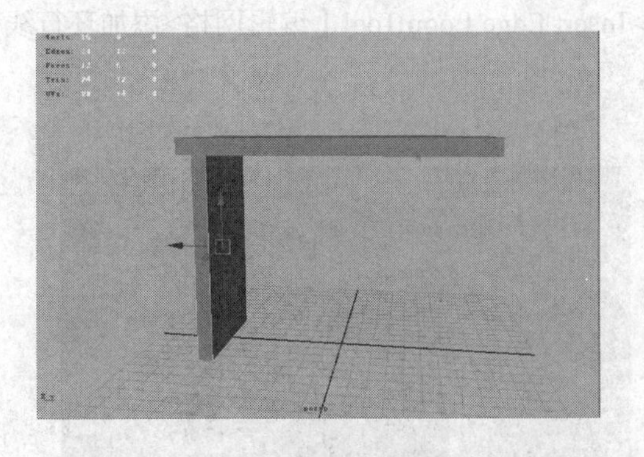

左 图 4.158

右 图 4.159

⑤ 下面开始对桌面和桌腿添加细节，首先选择桌面模型，在物体属性中更改 Subdivisions Height 为 4，如图 4.160 所示，或者执行 Edit Mesh>Insert Edge Loop Tool【编辑网格>添加环行线】命令手动添加环线。

⑥ 在模型上单击鼠标右键进入组元编辑模式下的边编辑模式，选择如图 4.161 所示的线段，使用移动工具 W 向外拖拉。

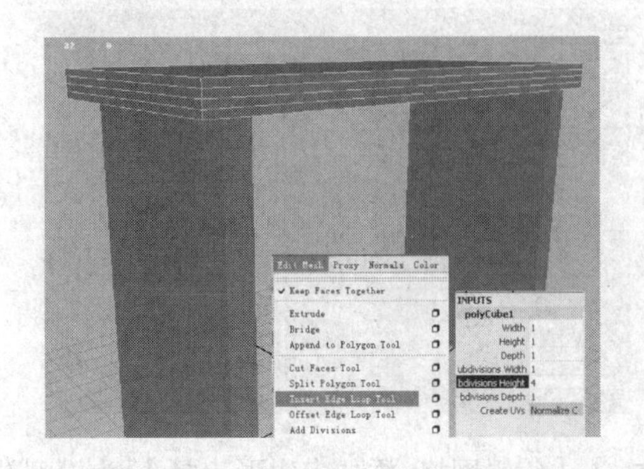

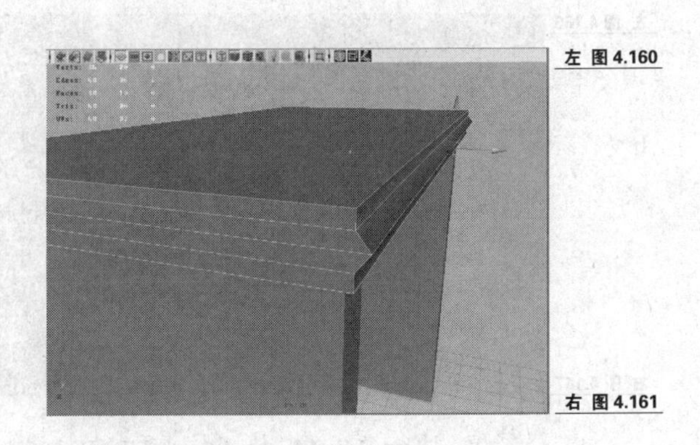

左 图 4.160

右 图 4.161

⑦ 选择另外两条线段，使用同样的方法向外拖拉，此目的是得到一个弧形的面，如图 4.162 所示。

⑧ 在模型上单击鼠标右键进入组元编辑模式下的边编辑模式，选择到所有的边界边，如图 4.163 所示。

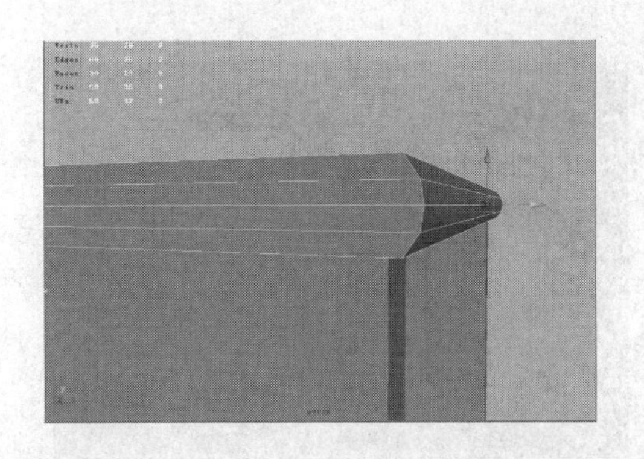

左 图 4.162

右 图 4.163

⑨ 执行 Edit Mesh>Bevel【编辑网格>倒角】命令，为桌面创建倒角，如图 4.164

所示。

⑩ 选择左边桌腿模型，执行 Edit Mesh>Insert Edge Loop Tool【编辑网格>添加环行线】命令，为模型添加结构线，如图 4.165 所示。

左 图 4.164

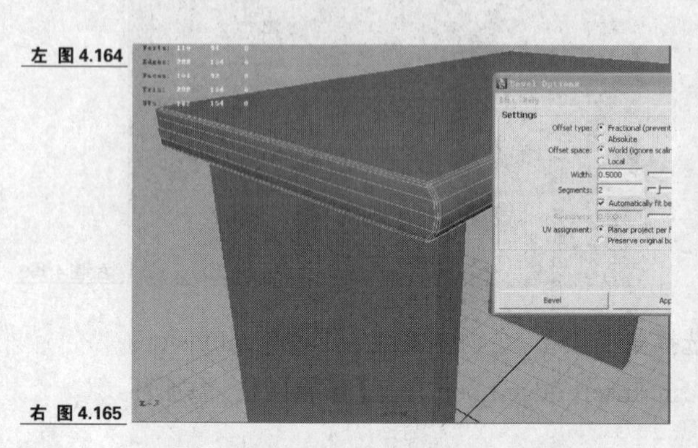

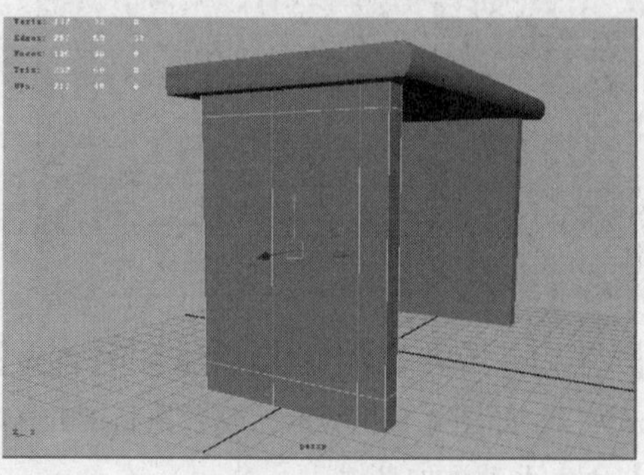

右 图 4.165

⑪ 在模型上单击鼠标右键进入组元编辑模式下的面编辑模式，选择如图 4.166 所示的面，执行 Edit>Delete【创建>删除】，如图 4.167 所示。

左 图 4.166

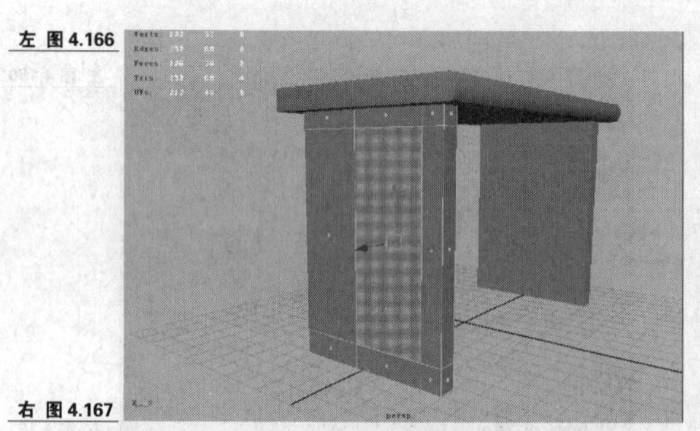

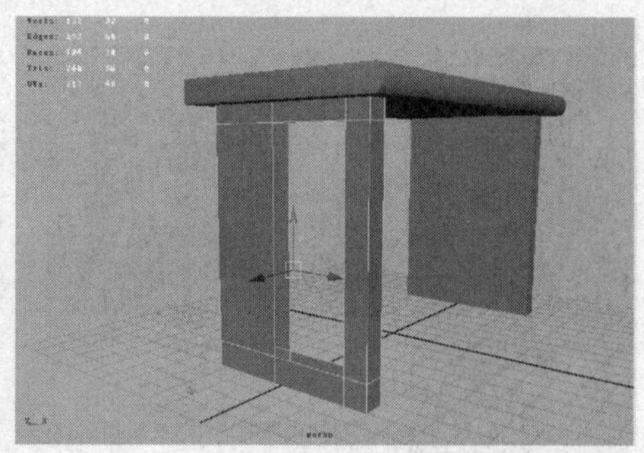

右 图 4.167

⑫ 执行 Edit Mesh>Append To Polygon Tool【编辑网格>添加多边形工具】，为模型补全缺口，使用 Append To Polygon Tool 工具依次单击相对应的两条边，按 Enter 键结束操作，生成如图 4.168 所示的面，其他面也用此方法补全。

⑬ 在模型上单击鼠标右键进入组元编辑模式下的边编辑模式，选择模型中左边所有的边，执行 Edit Mesh>Bevel【编辑网格>倒角】命令，为模型创建倒角，如图 4.169 所示。

左 图 4.168

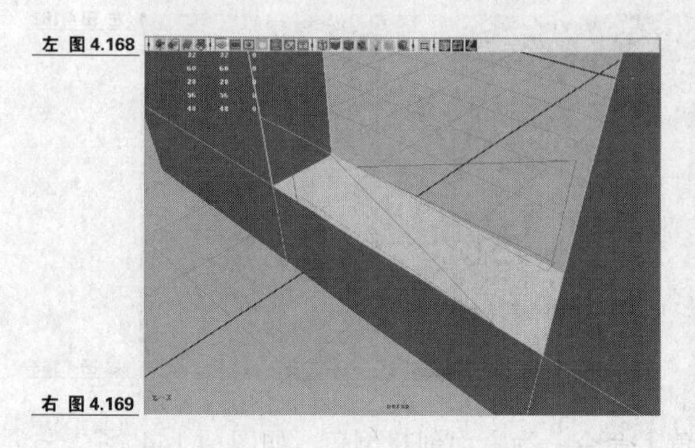

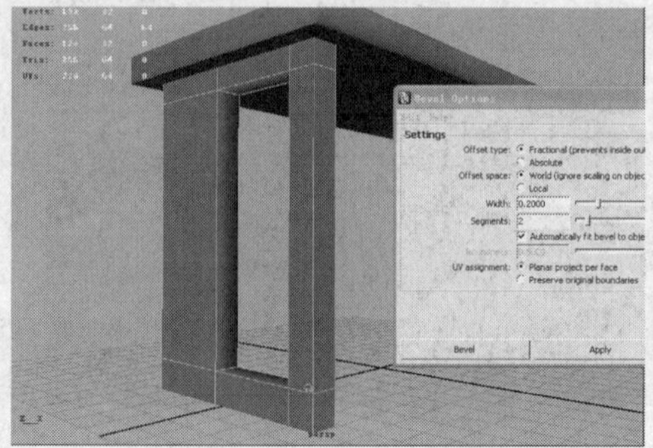

右 图 4.169

⑭ 在模型上单击鼠标右键进入组元编辑模式下的边编辑模式，选择右边桌腿的所有边，执行 Edit Mesh>Bevel【编辑多边形>倒角】命令，为模型创建倒角，如图 4.170 所示。

⑮ 执行 Create>Polygon Primitives>Cube【创建>多边形基本体>立方体】命令，在场景中创建一个多边形对象。然后在模型上单击鼠标右键进入组元编辑模式下的面编辑模式，选择如图 4.171 所示的面，将其删除。

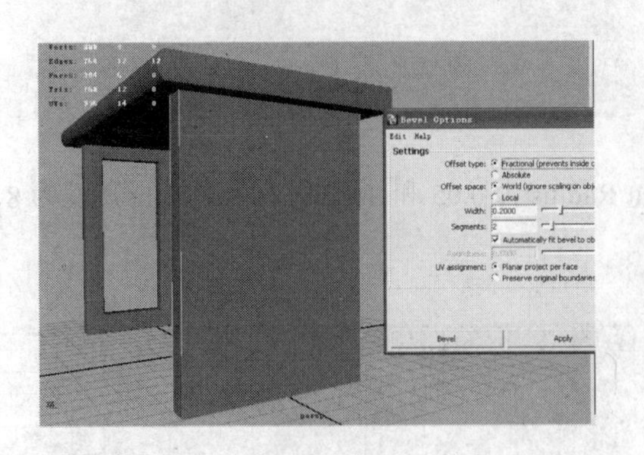

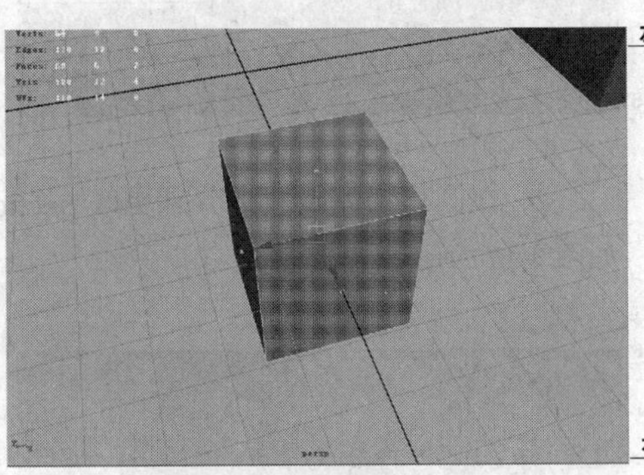

左 图4.170

右 图4.171

⑯ 在模型上单击鼠标右键进入组元编辑模式下的面编辑模式，选择所有的面，执行 Edit Mesh>Extrude【编辑网格>挤压】命令，如图 4.172 所示，注意挤压厚度。

⑰ 观察挤压出的模型上有两个点比较突出，与其他点不平行，这时选择这两个点，使用缩放工具 R 在 z 轴向缩放，使之与其他点平行，如图 4.173 所示。

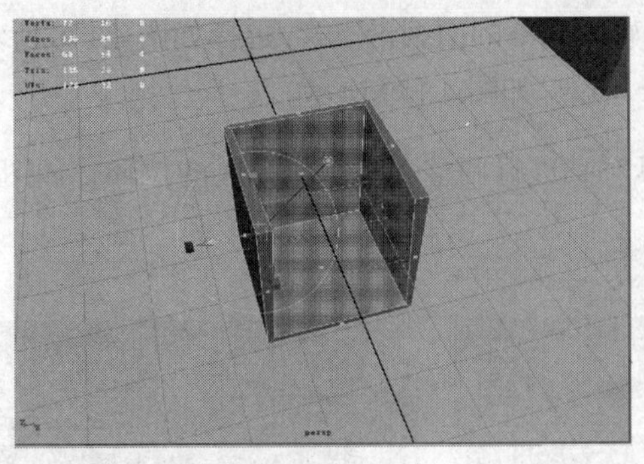

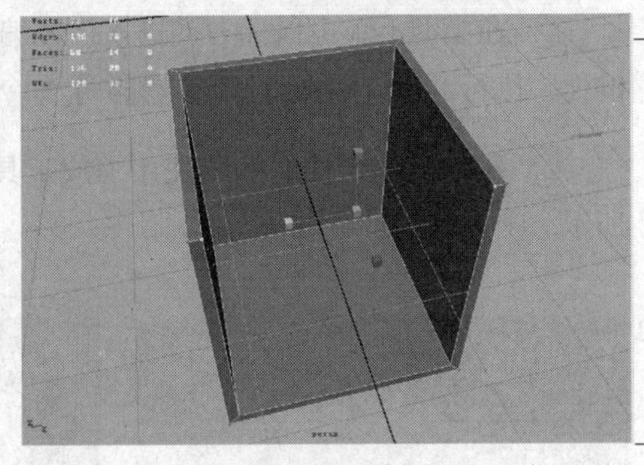

左 图4.172

右 图4.173

⑱ 在模型上单击鼠标右键进入组元编辑模式下的边编辑模式，选择模型所有的边，执行 Edit Mesh>Bevel【编辑多边形>倒角】命令，为模型创建倒角，如图 4.174 所示。

⑲ 选择模型移动到桌底，然后使用缩放工具 R 对模型进行比例调整，如图 4.175 所示。

⑳ 选择模型，执行 Edit>Duplicate【编辑>复制】命令，复制出模型，使用旋转工具沿 y 轴对模型旋转 180°，再使用缩放工具 R 对模型进行缩放，来制作抽屉，如图 4.176 所示。

㉑ 执行 Create>Polygon Primitives>Torus【创建>多边形基本体>圆环】命令，在场景中创建一个多边形圆环对象。

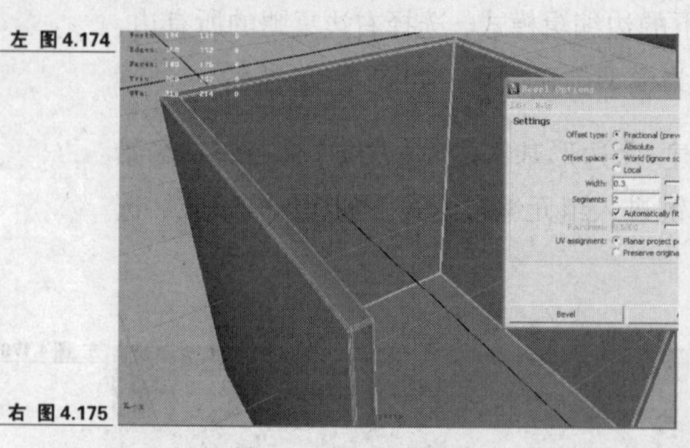
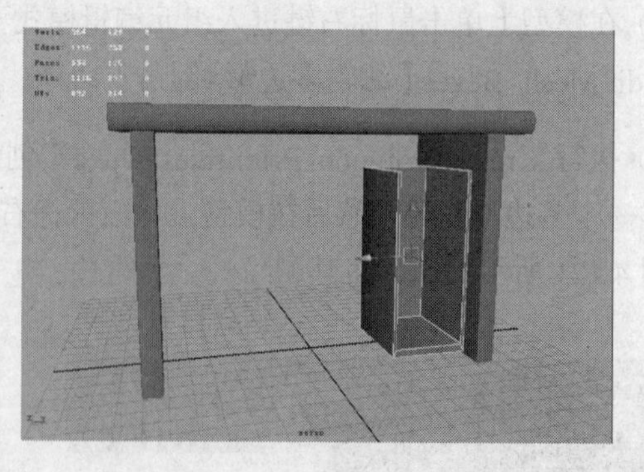

左 图 4.174
右 图 4.175

㉒ 在圆环物体属性中分别更改 Section Radius 为 0.05 和 Subdivisions Height 属性为 8，如图 4.177 所示。

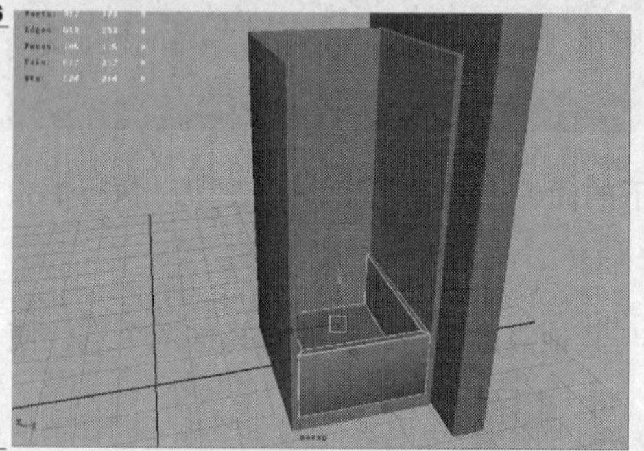
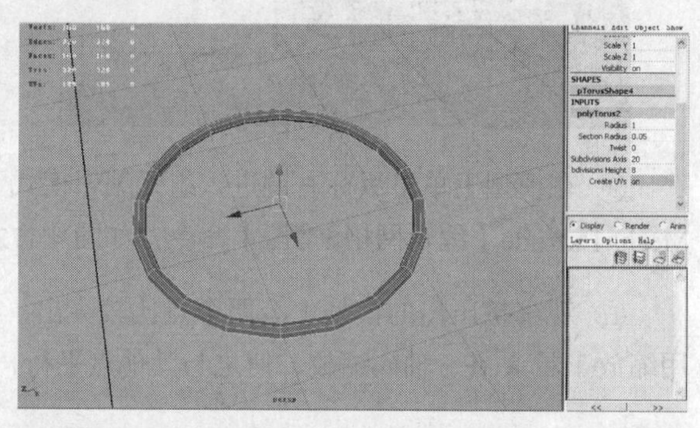

左 图 4.176
右 图 4.177

㉓ 在模型上单击鼠标右键进入组元编辑模式下的面编辑模式，选择如图 4.178 所示圆环的面，执行 Edit>Delete【编辑>删除】命令，效果如图 4.179 所示。

㉔ 移动圆环至抽屉处，使用缩放工具对其进行调整，来制作抽屉的拉环，如图 4.180 所示。

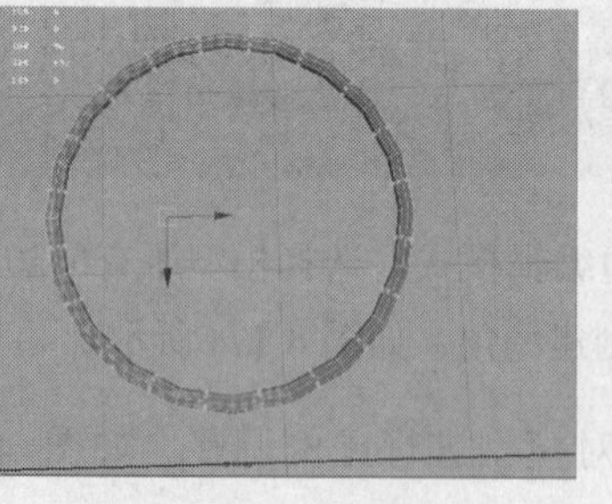
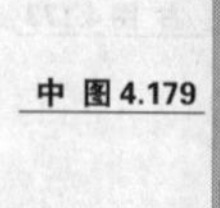
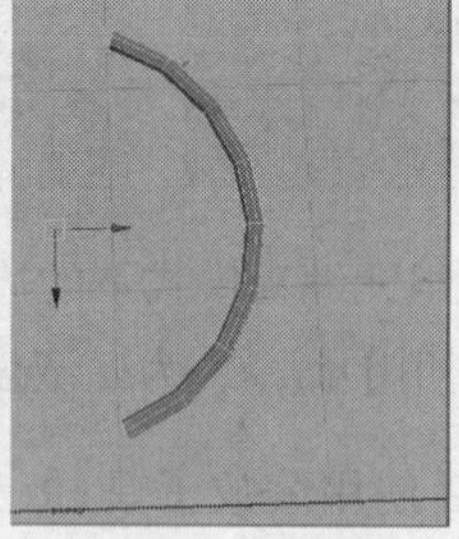
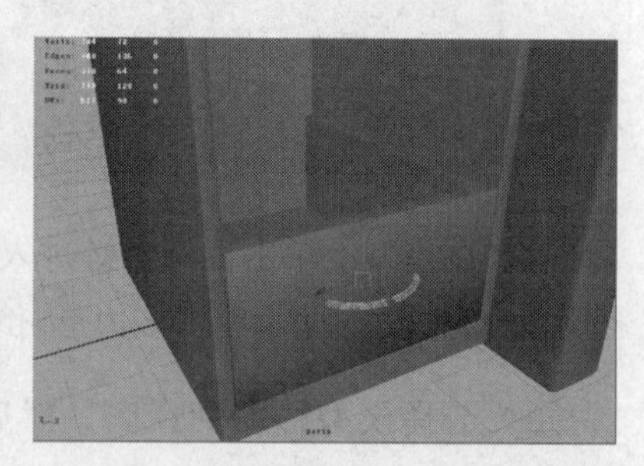

左 图 4.178
中 图 4.179
右 图 4.180

㉕ 选择抽屉和拉环，执行 Edit>Duplicate【编辑>复制】命令，依次复制出几个抽屉，并向上移动，如图 4.181 所示。

㉖ 抽屉最终效果如图 4.182 所示。

㉗ 选择桌面模型，执行 Edit>Duplicate【编辑>复制】命令，使用移动工具和缩放工具对复制出的模型进行调整，来制作抽屉上部的结构，如图 4.183 所示。

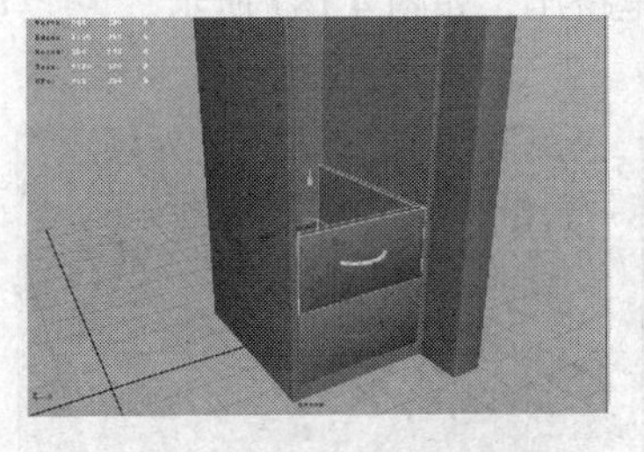
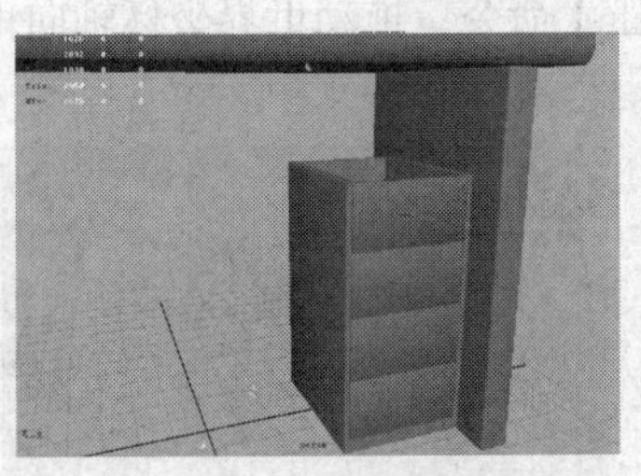

左 图 4.181
中 图 4.182
右 图 4.183

㉘ 可对所有模型的比例再次进行调整，以达到最好，完成如图 4.184 所示的书桌模型的制作。

图 4.184

4.5.2 实例 2——显示器的制作

案例学习目标：学习利用简单的多边形几何体搭建的方法得到较为复杂的显示器建模。

案例知识要点：掌握 Create>Polygon Primitives>Cube【创建>多边形基本体>立方体】、Create>Polygon Primitives>Plane【创建>多边形基本体>平面】等命令，创建基本几何体。掌握 Edit Mesh>Bevel【编辑网格>倒角】、Edit Mesh>Insert Edge Loop Tool【编辑网格>添加环行线】、Edit Mesh>Append To Polygon Tool【编辑网格>添加多边形工具】、Edit Mesh>Extrude【编辑网格>挤压】等命令，对多边形进行编辑。

效果所在位置：Ch04\显示器的制作。

具体操作方法如下。

① 执行 Create>Polygon Primitives>Cube【创建>多边形基本体>立方体】命令，在场景中创建一个多边形对象。然后使用缩放工具 R，将立方体调整为显示器屏幕大小，如图 4.185 所示。

② 执行 Edit Mesh>Insert Edge Loop Tool【编辑网格>添加环行线】命令，为模型添加环线，勾勒出显示器的边框，如图 4.186 所示。

③ 在模型上单击鼠标右键进入组元编辑模式下的面编辑模式，选择中间的面，执行 Edit

Mesh>Extrude【编辑网格>挤压】命令，拖动世界坐标轴向里挤压，如图 4.187 所示。

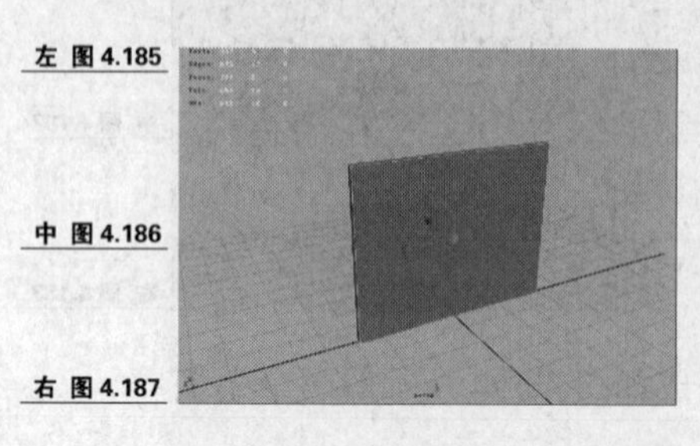
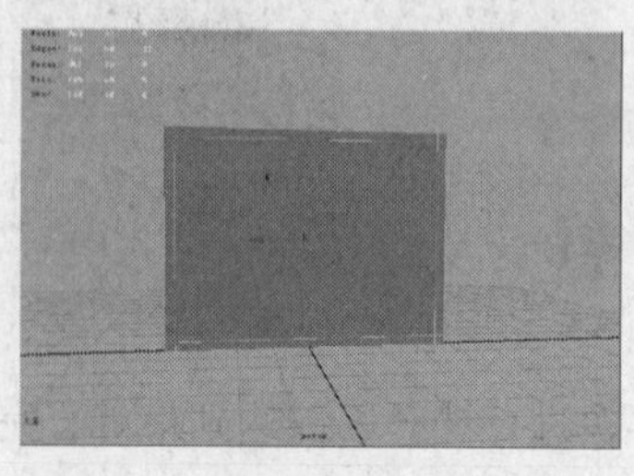
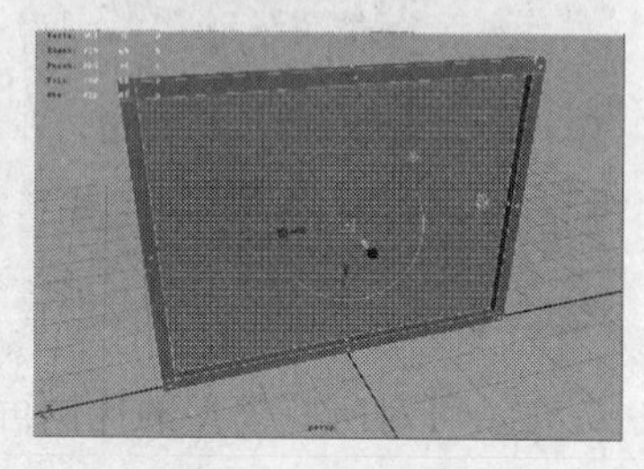

左 图 4.185
中 图 4.186
右 图 4.187

④ 当挤压完成时，使用 Extrude 工具对挤压的面进行缩放，如图 4.188 所示。

⑤ 在模型上单击鼠标右键进入组元编辑模式下的边编辑模式，选择所有的边，执行 Edit Mesh>Bevel【编辑多边形>倒角】命令，如图 4.189 所示，为模型添加倒角，效果如图 4.190 所示。

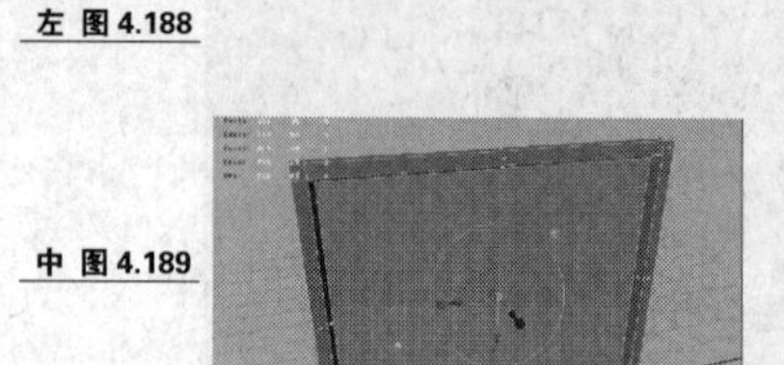
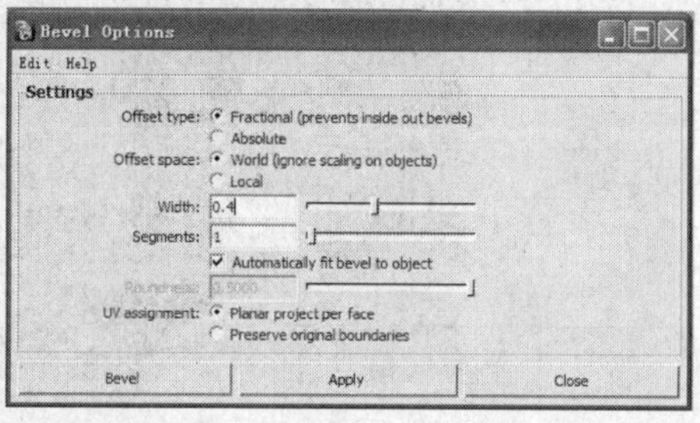

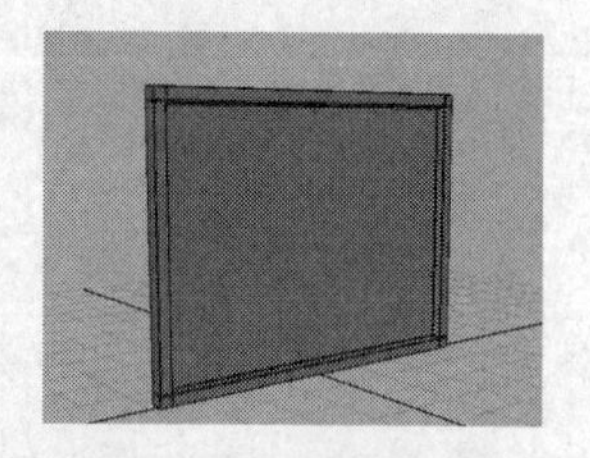

左 图 4.188
中 图 4.189
右 图 4.190

⑥ 执行 Create>Polygon Primitives>Plane【创建>多边形基本体>平面】命令，在场景中创建一个多边形对象，如图 4.191 所示。

⑦ 使用快捷工具（W，E，R），对新创建的面片模型进行调整，来制作显示器的液晶屏，最终如图 4.192 所示。

⑧ 执行 Create>Polygon Primitives>Cube【创建>多边形基本体>立方体】命令，在场景中创建一个多边形对象，如图 4.193 所示。

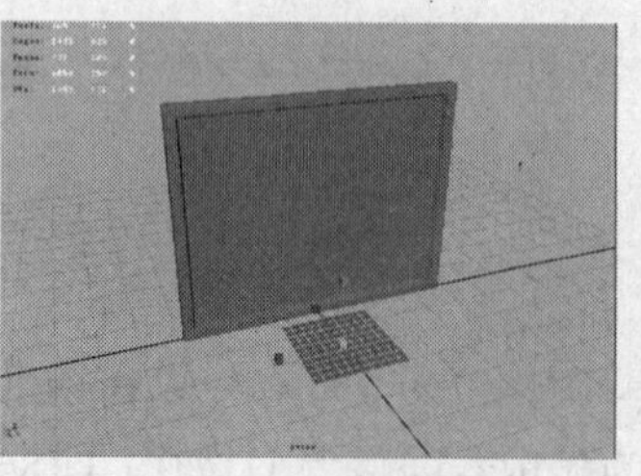
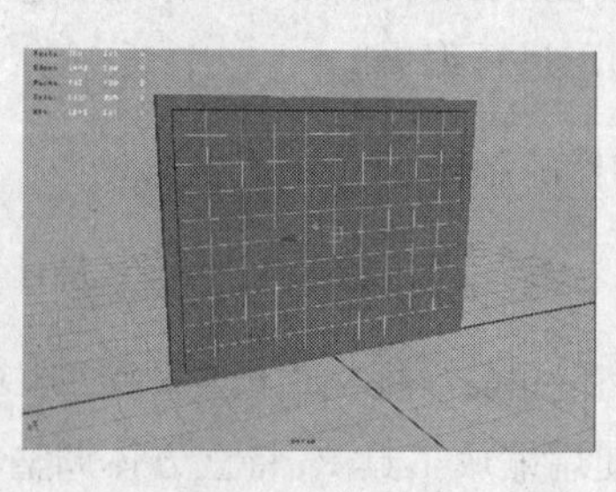
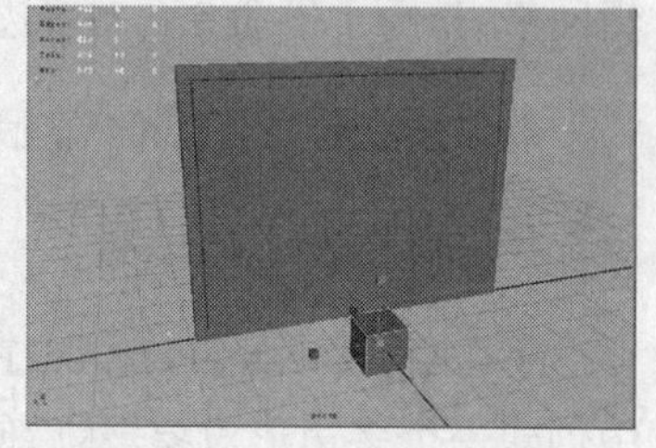

左 图 4.191
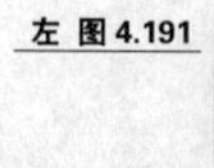
中 图 4.192
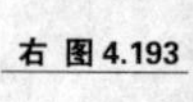
右 图 4.193

⑨ 使用快捷工具（W，E，R），对新创建的立方体模型进行调整，大小比显示器边框略小，来制作显示器的后盖，如图 4.194 所示。

⑩ 在模型上单击鼠标右键进入组元编辑模式下的面编辑模式，选择后盖前面的面，执行 Edit>Delete【创建>删除】命令，如图 4.195 所示。

⑪ 选择显示器后盖模型后面的所有点，使用缩放工具R进行整体缩放，从而使后盖形成一个梯形，如图4.196所示。

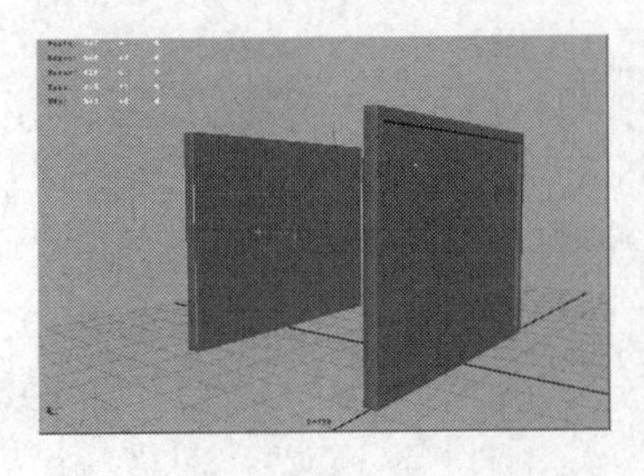

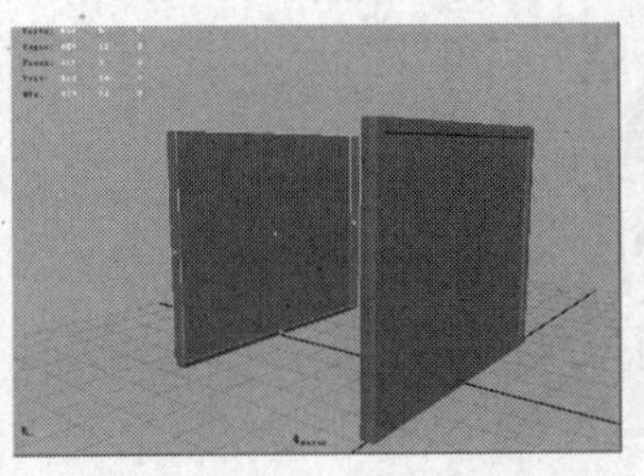

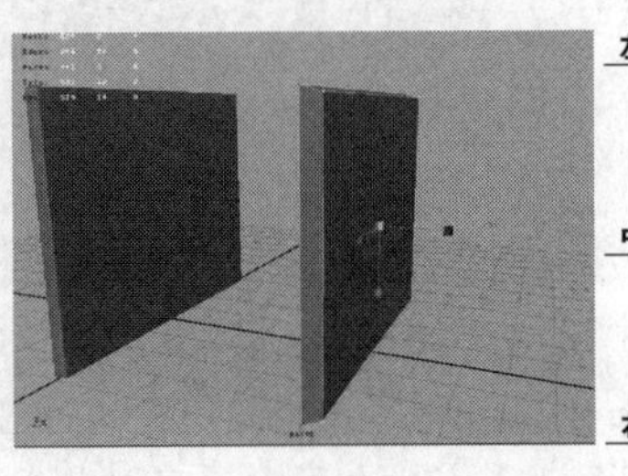

左 图4.194

中 图4.195

右 图4.196

⑫ 执行 Edit Mesh>Insert Edge Loop Tool【编辑网格>添加环行线】命令，为模型添加环线，如图4.197所示。

⑬ 在模型上单击鼠标右键进入组元编辑模式下的面编辑模式，选择如图 4.198 所示的面，执行 Edit Mesh>Extrude【编辑网格>挤压】命令，挤压出后盖的突起部分。

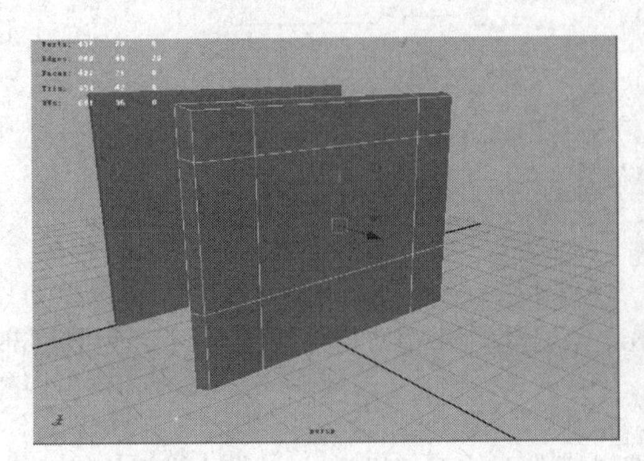

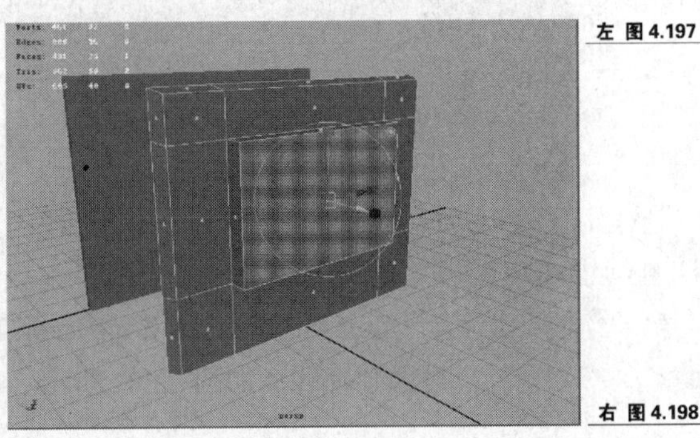

左 图4.197

右 图4.198

⑭ 在模型上单击鼠标右键进入组元编辑模式下的边编辑模式，选择所有的边，执行 Edit Mesh>Bevel【编辑网格>倒角】命令，为模型添加倒角，如图4.199所示。

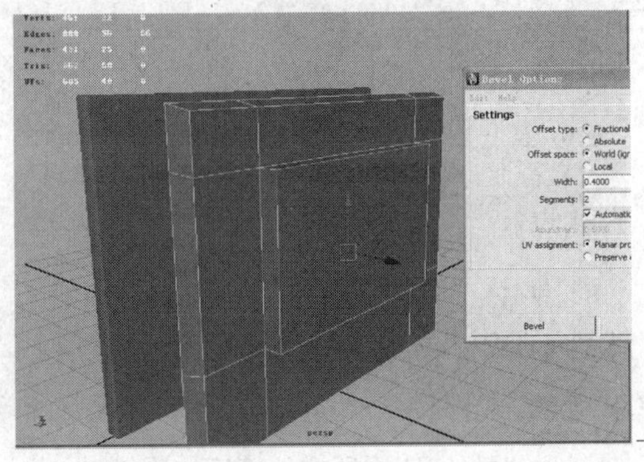

图4.199

⑮ 执行 Create>Polygon Primitives>Cube【创建>多边形基本体>立方体】命令，在场景中创建一个多边形对象。然后使用缩放工具R对模型进行缩放，调整形状，来制作散热部位模型，如图4.200所示。

⑯ 选择立方体，按键盘上 Ctrl+A 组合键，打开物体属性，在“polyCube”属性下将 Subdivisions Width 设置为101，Subdivisions Height 设置为61，如图4.201所示。

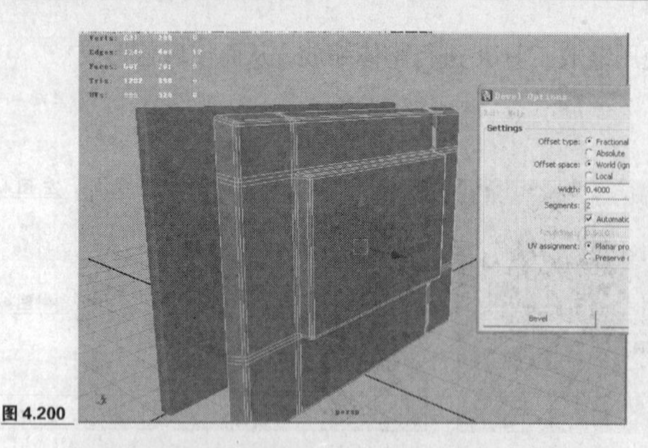

图 4.200

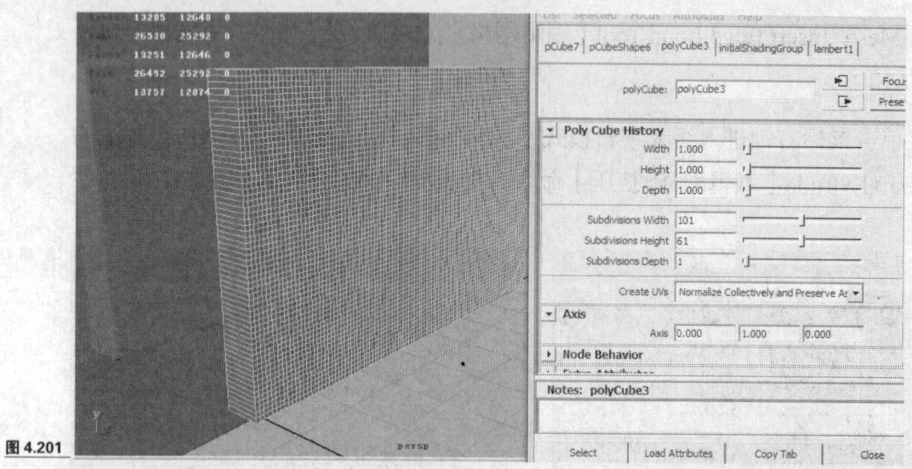

图 4.201

⑰ 执行 Edit Mesh>Insert Edge Loop Tool【编辑网格>添加环行线】命令，为散热部位模型向外部分添加环线，如图 4.202 所示。

⑱ 在模型上单击鼠标右键进入组元编辑模式下的面编辑模式，在散热部位模型上每隔一个面选择一个面，如图 4.203 所示。

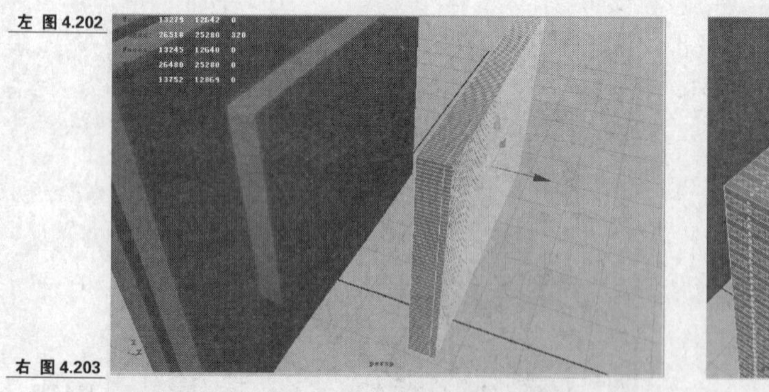

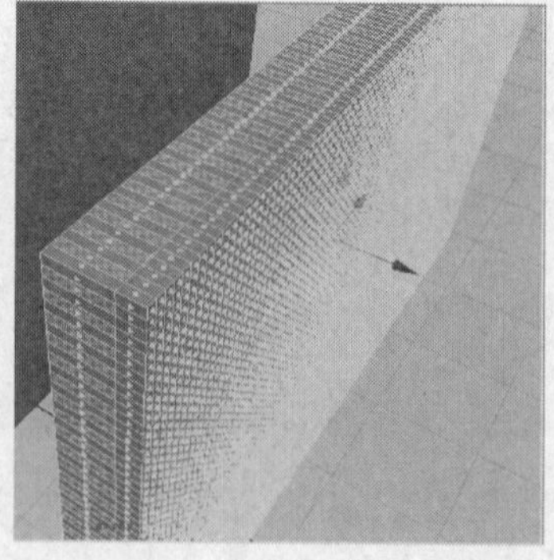

左 图 4.202

右 图 4.203

⑲ 选择完四周所有的面后，执行 Edit Mesh>Extrude【编辑网格>挤压】命令，挤压出散热部位模型的散热空，如图 4.204 所示。

⑳ 散热孔制作完成后，将视图转到侧视图，将散热器靠里面的面全部框选，执行 Edit>Delete【创建>删除】命令，删除所选择的面，以减少模型面数，并且这部分也是我们看不到的，如图 4.205 所示。

左 图4.204

右 图4.205

㉑ 使用移动工具 W 和缩放工具 R 对散热器进行位置和比例的调整，如图 4.206 所示。

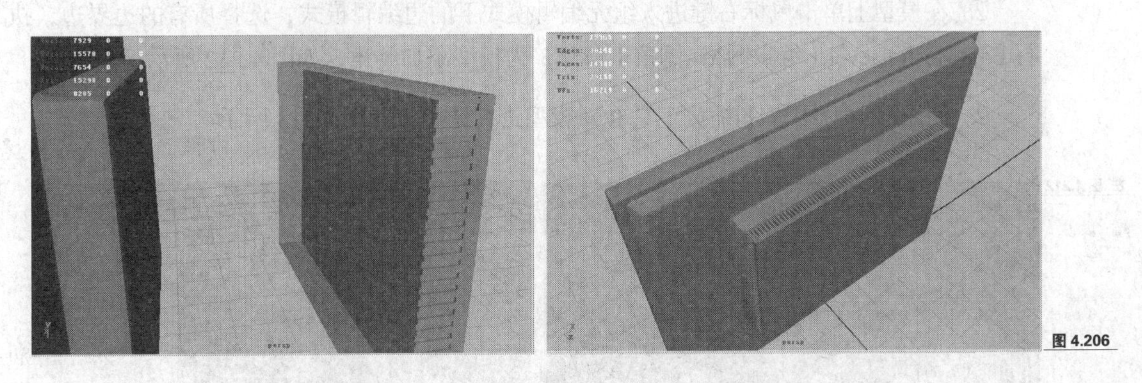

图4.206

㉒ 执行 Create>Polygon Primitives>Cube【创建>多边形基本体>立方体】命令，在场景中创建一个多边形对象，并使用缩放工具 R 对模型进行缩放，来制作显示器的支撑结构，如图 4.207 所示。

㉓ 选择模型，在通道栏中将物体属性的 Subdivisions Height 设置为 7，如图 4.208 所示。

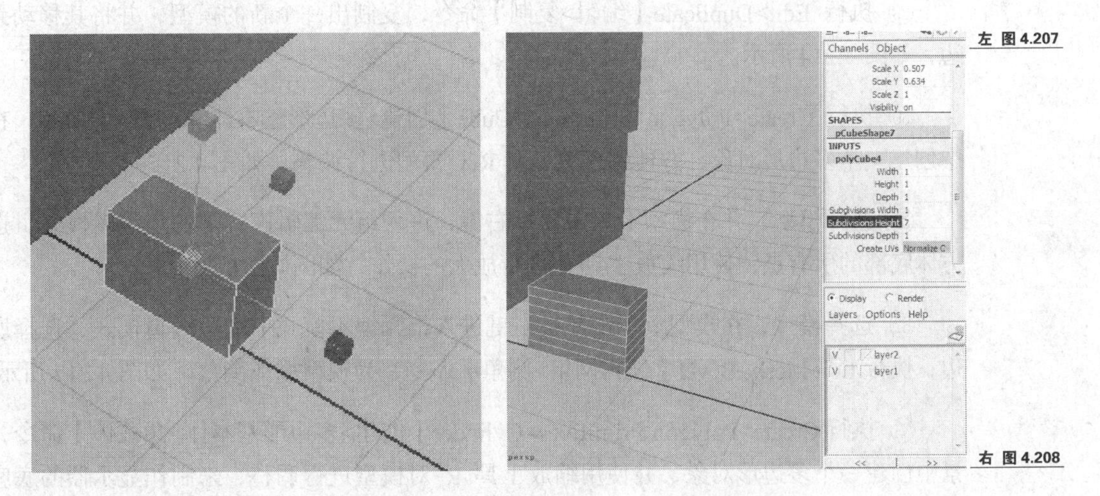

左 图4.207

右 图4.208

㉔ 将视图转到 Side 视图，然后在模型上单击鼠标右键进入组元编辑模式下的点编辑模

式，先选择中间的点，使用移动工具 W 向外拖拉，如图 4.209 所示。（注意，选择点的时候需要框选，这样才能选择到两边的点。）

㉕ 依次选择两边的点，先框选一边的点，然后按住键盘上的 Shift 键加选另外一边的点，并使用移动工具 W 进行拖动，目的是把这个面调整为一个弧形，如图 4.210 所示。

㉖ 下面依次调整其他的点，最终效果如图 4.211 所示。

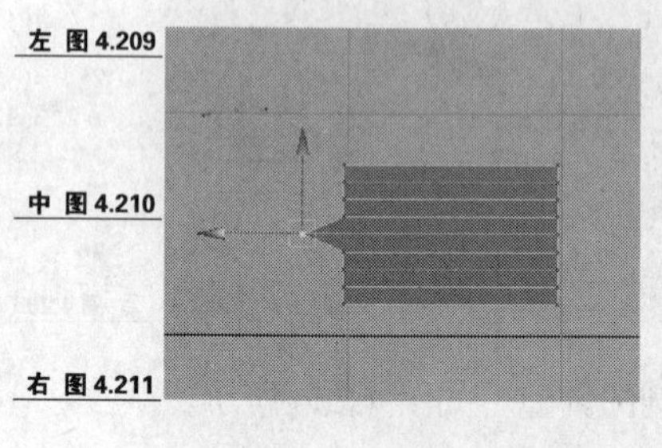
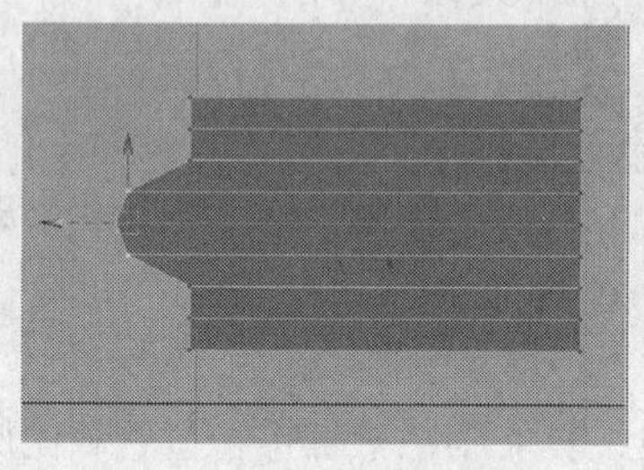
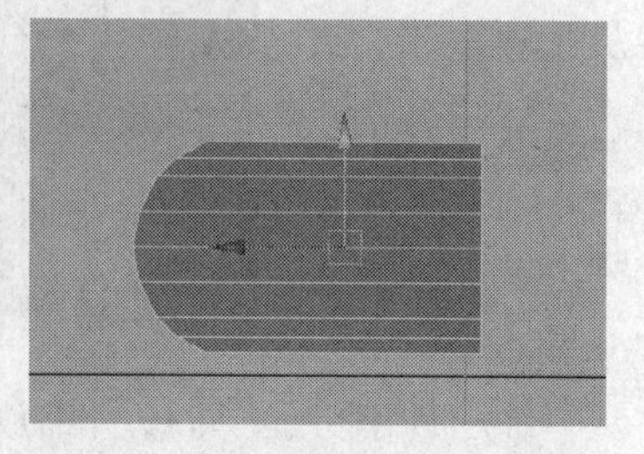

左 图4.209

中 图4.210

右 图4.211

㉗ 在模型上单击鼠标右键进入组元编辑模式下的边编辑模式，选择所有的边界边，执行 Edit Mesh>Bevel【编辑网格>倒角】命令，为模型添加倒角，如图 4.212 所示。

㉘ 使用移动工具 W 和缩放工具 R 对模型进行调整，如图 4.213 所示。

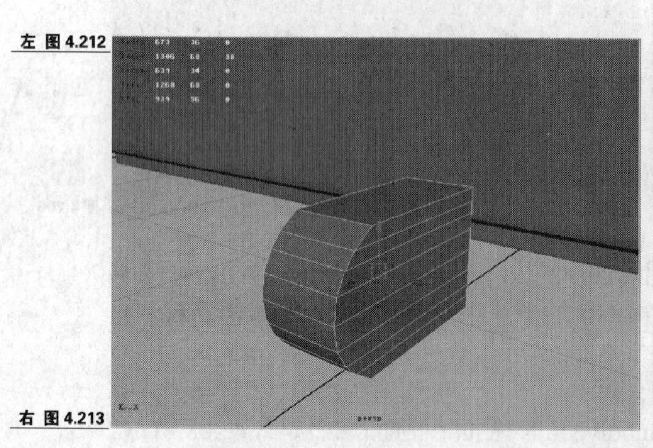
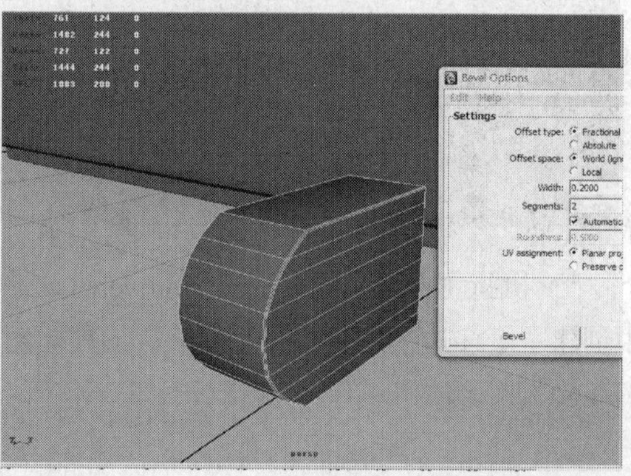

左 图4.212

右 图4.213

㉙ 执行 Edit>Duplicate【编辑>复制】命令，复制出一个新的模型，并将其移动到另一边，如图 4.214 所示。

㉚ 执行 Create>Polygon Primitives>Cube【创建>多边形基本体>立方体】命令，在场景中创建一个多边形对象，并使用缩放工具 R 对模型进行调整，如图 4.215 所示。

㉛ 选择模型，并在模型上单击鼠标右键，进入组元编辑模式下的点编辑模式，选择立方体底部的所有点，使用缩放工具 R 进行放大的操作，如图 4.216 所示。

㉜ 选择模型，在模型上单击鼠标右键进入组元编辑模式下的边编辑模式，选择所有的边，执行 Edit Mesh>Bevel【编辑网格>倒角】命令，为模型添加倒角，如图 4.217 所示。

㉝ 执行 Create>Polygon Primitives>Cylinder【创建>多边形基本体>圆柱体】命令，在场景中创建一个多边形对象，并使用缩放工具 R 对模型进行调整，来制作显示器的底座，如图 4.218 所示。

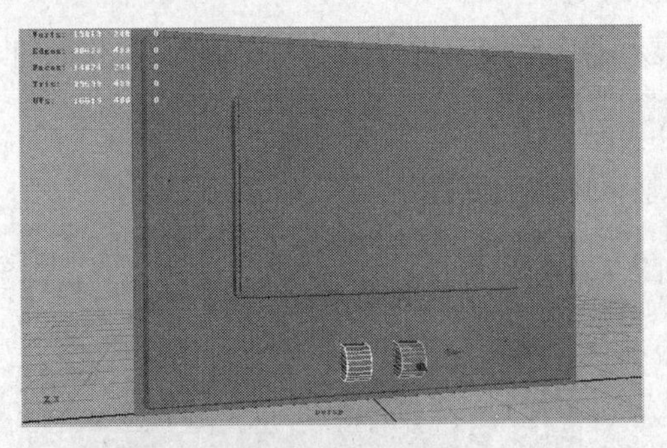

左 图4.214

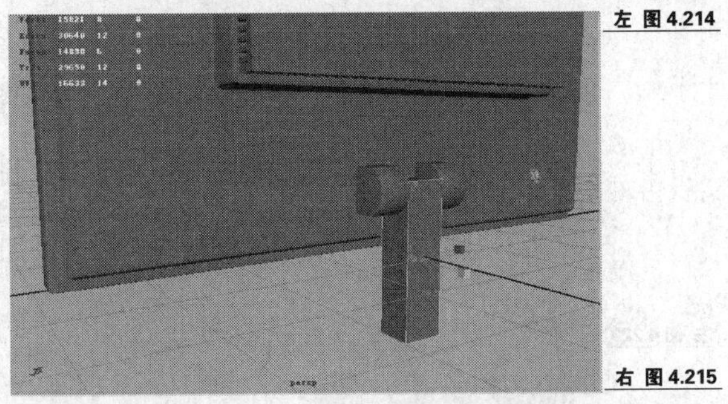

右 图4.215

左 图4.216

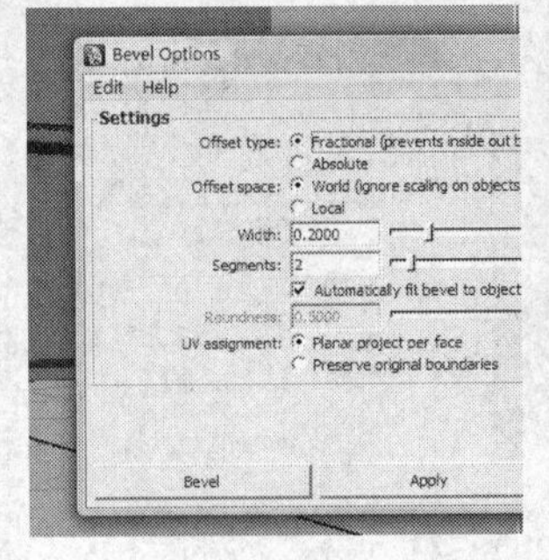

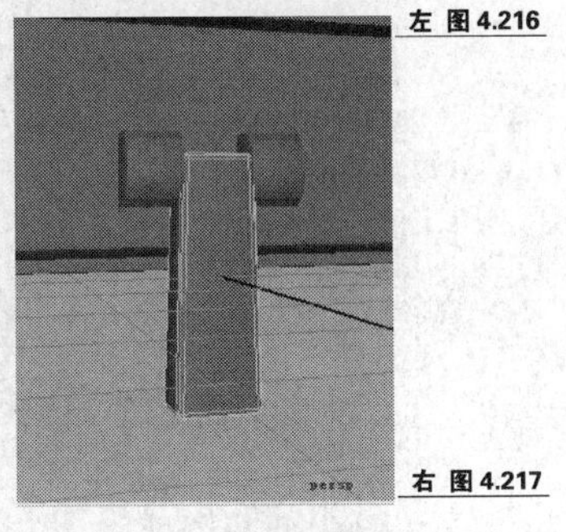

右 图4.217

㉞ 选择模型，在通道栏模型属性中将 Subdivisions Caps 属性设置为 2，如图 4.219 所示。

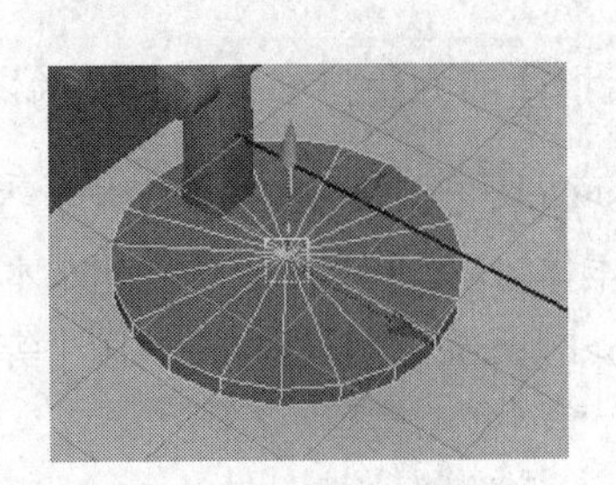

左 图4.218

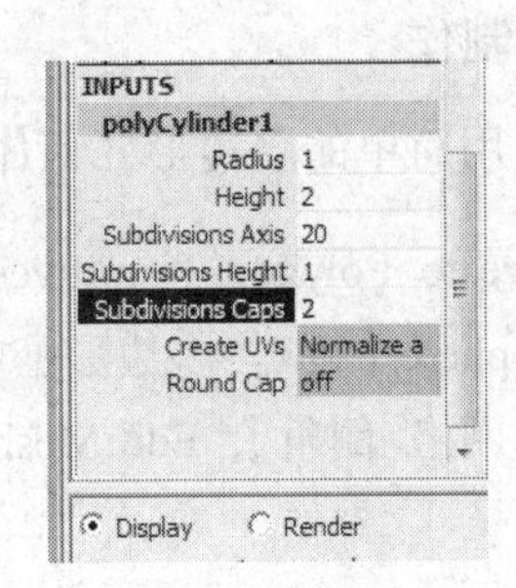

中 图4.219

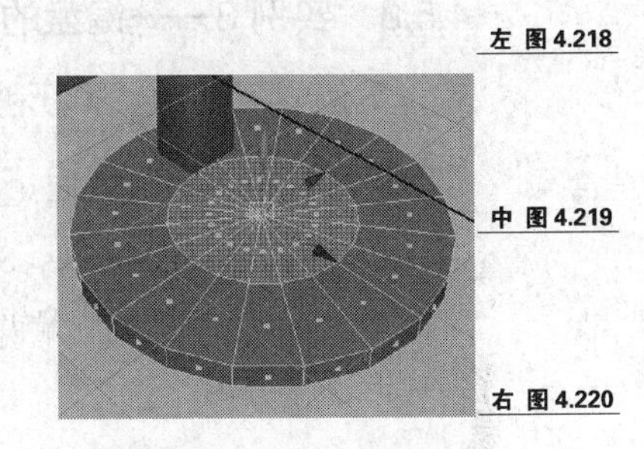

右 图4.220

㉟ 选择模型，并在模型上单击鼠标右键进入组元编辑模式下的面编辑模式，选择如图 4.220 所示的面（注意，不要多选择面，选择完要检查一下），执行 Edit Mesh>Extrude【编辑网格>挤压】命令，如图 4.221 所示。

㊱ 在模型上单击鼠标右键进入组元编辑模式下的边编辑模式，选择如图 4.222 所示的边，执行 Edit Mesh>Bevel【编辑多边形>倒角】命令，为模型添加倒角。

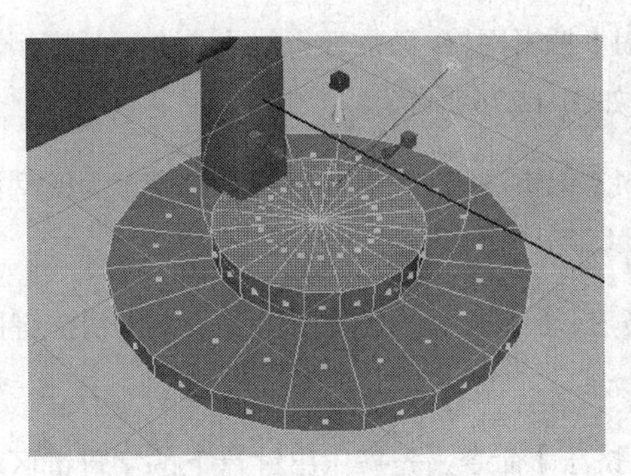

左 图4.221

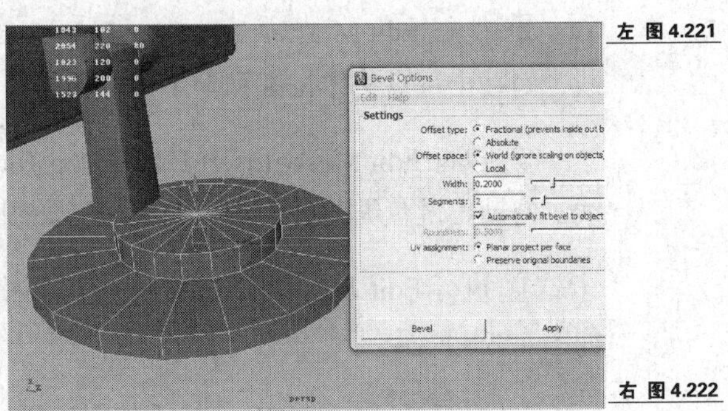

右 图4.222

㊲ 使用移动工具 W 和缩放工具 R 对显示器底座模型进行位置和比例的调整，如图 4.223 所示。

㊳ 可对模型各部位比例进行进一步调整，以达到完善。

㊴ 显示器模型制作完成，最终效果如图 4.224 所示。

左 图 4.223

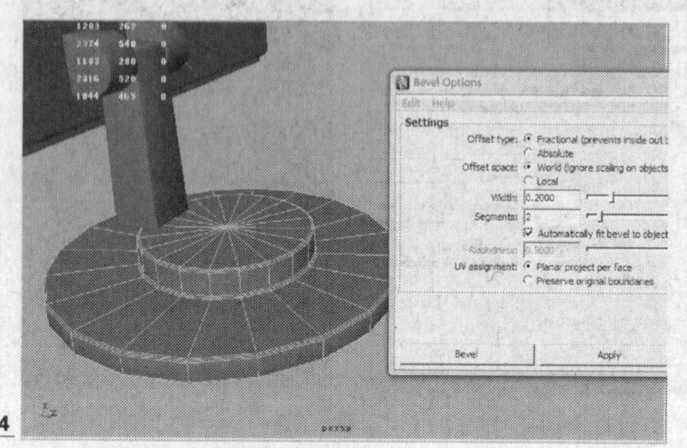

右 图 4.224

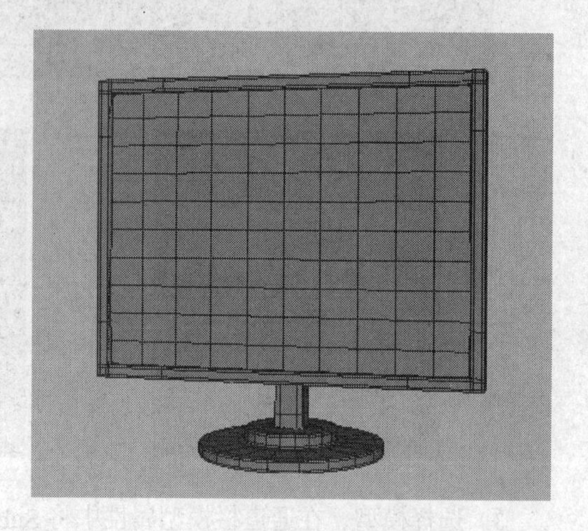

4.5.3 实例 3——键盘的制作

案例学习目标：学习利用简单的多边形几何体搭建的方法得到较为复杂的键盘建模。

案例知识要点：掌握 Create>Polygon Primitives>Cube【创建>多边形基本体>立方体】、Create>Polygon Primitives>Sphere【创建>多边形基本体>球体】等命令，创建基本几何体。掌握 Edit Mesh>Bevel【编辑网格>倒角】、Edit Mesh>Extrude【编辑网格>挤压】等命令，对多边形进行编辑。

效果所在位置：Ch04\键盘的制作。

具体操作方法如下。

① 执行 Create>Polygon Primitives>Cube【创建>多边形基本体>立方体】命令，在场景中创建一个多边形对象。然后使用缩放工具 R 将立方体调整为键盘大小，如图 4.225 所示。

② 执行 Edit Mesh>Insert Edge Loop Tool【编辑网格>添加环行线】命令，为模型添加环线，勾勒出键盘整体按键和上下边的区域，如图 4.226 所示。

③ 执行 Edit Mesh>Insert Edge Loop Tool【编辑网格>添加环行线】命令，为模型添加环线，勾勒出键盘纵向的大致分布区域，如图 4.227 所示。

④ 执行 Edit Mesh>Extrude【 编辑网格>挤压】命令，先挤压出键盘上的快捷键区域，如图 4.228 所示。

⑤ 执行 Edit Mesh>Extrude【编辑网格>挤压】命令，先挤压出键盘上的字母键区域，如

图 4.229 所示。

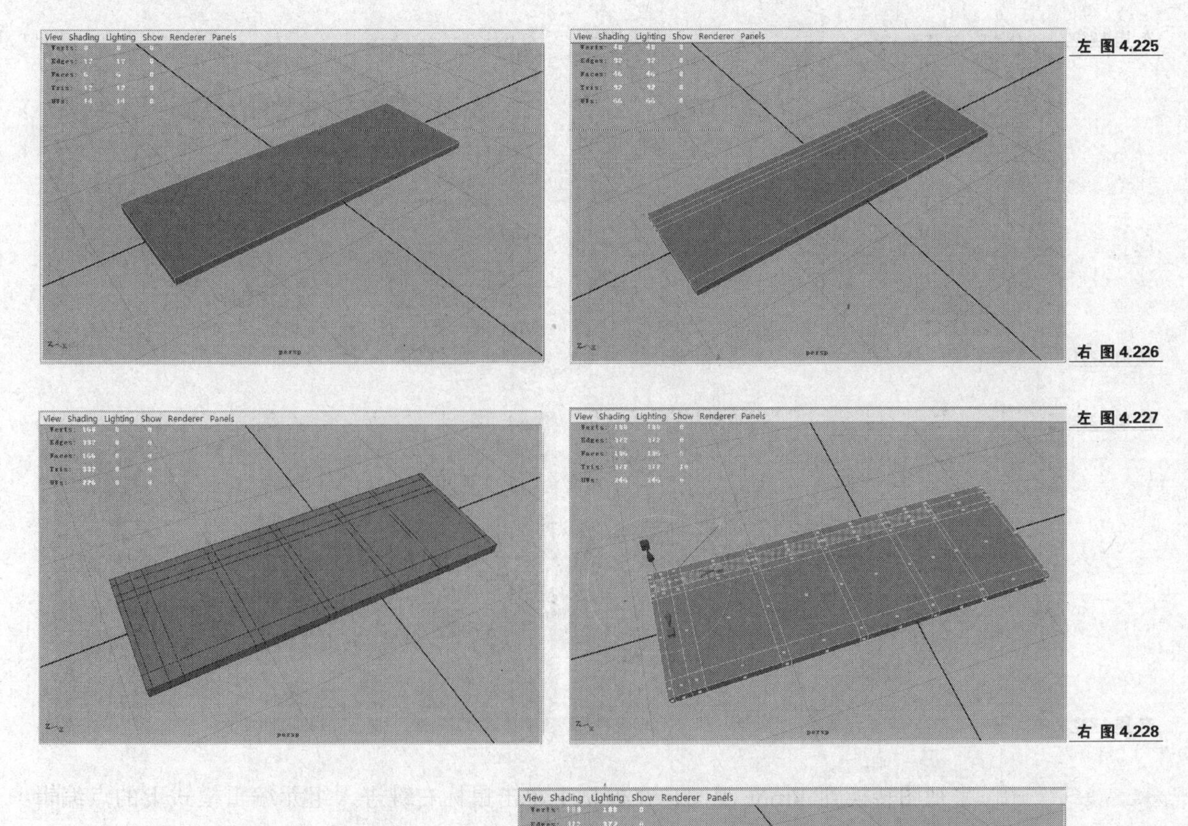

左 图 4.225

右 图 4.226

左 图 4.227

右 图 4.228

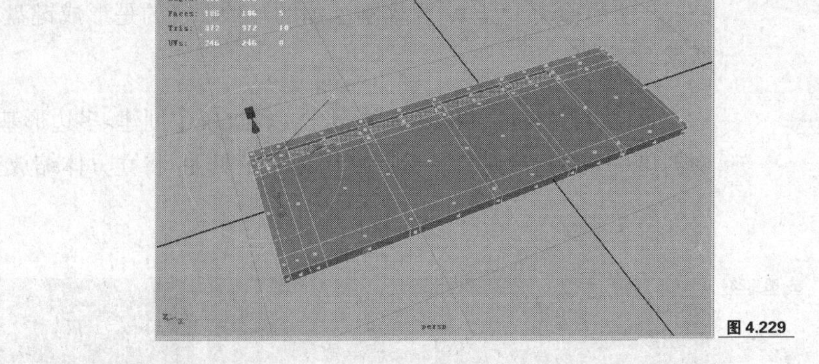

图 4.229

⑥ 执行 Edit Mesh>Insert Edge Loop Tool【编辑网格>添加环行线】命令，为模型添加环线，勾勒出键盘上的方向键和数字键的大致分布区域，如图 4.230 所示。

⑦ 执行 Edit Mesh>Extrude【编辑网格>挤压】命令，先挤压出键盘上的方向键和数字键区域，如图 4.231 所示。

⑧ 在模型上单击鼠标右键进入组元编辑模式。

⑨ 选择键盘底部的点，使用移动工具 W 拖动所选择的点，如图 4.232 所示（注意拖动不要太大）。

⑩ 执行 Edit Mesh>Insert Edge Loop Tool【编辑多边形>添加环行线】命令，为模型添加

环线，如图 4.233 所示。

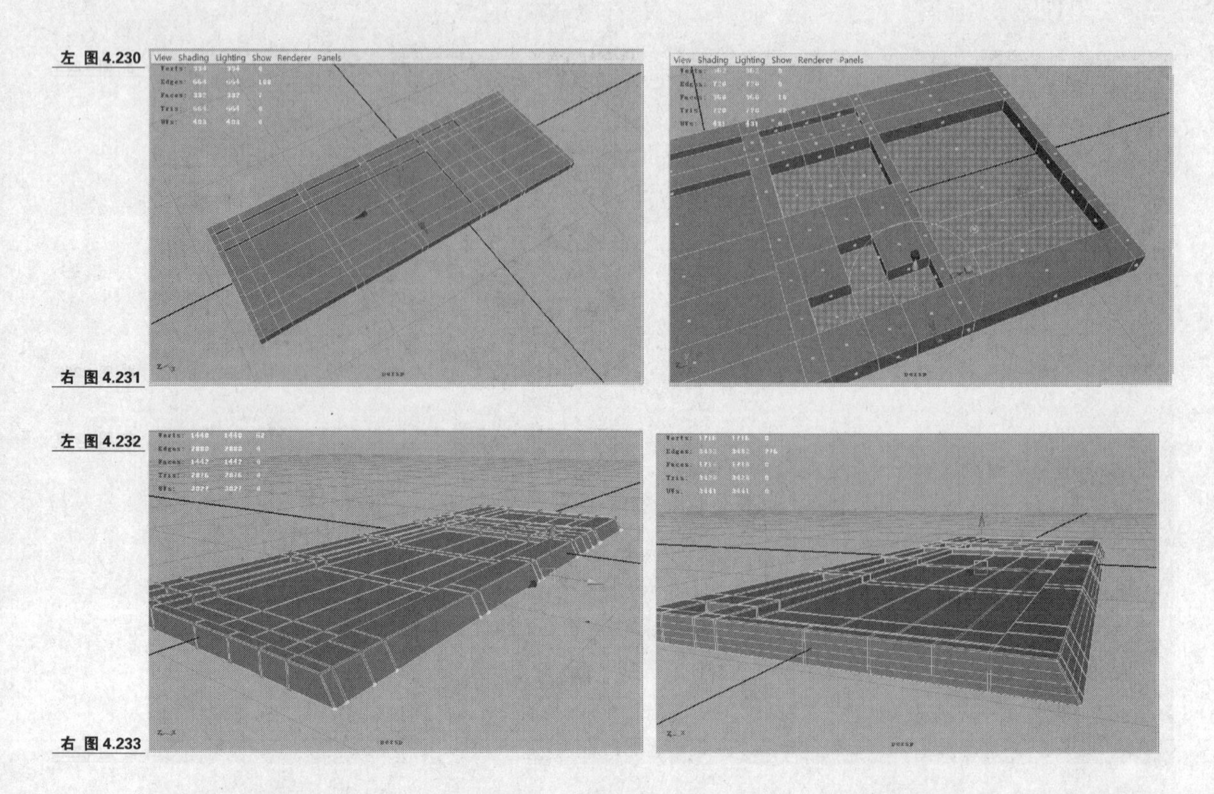

左 图4.230

右 图4.231

左 图4.232

右 图4.233

⑪ 将视图转换到 Front 视图，在模型上单击鼠标右键进入组元编辑模式下的点编辑模式，使用移动工具 W 调整刚添加的环线，目的是形成键盘下部的弧形形态，如图 4.234 所示。

⑫ 执行 Create>Polygon Primitives>Cube【创建>多边形基本体>立方体】命令，在场景中创建一个多边形对象。然后使用缩放工具 R 将立方体缩放至键盘按键大小，如图 4.235 所示。

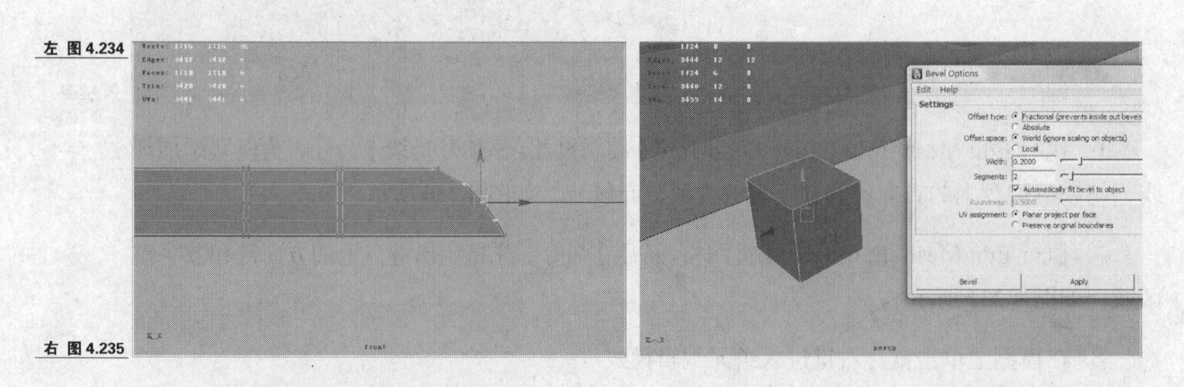

左 图4.234

右 图4.235

⑬ 在模型上单击鼠标右键进入组元编辑模式下的边编辑模式，选择模型上所有的边，执行 Edit Mesh>Bevel【编辑网格>倒角】命令，为模型添加倒角，如图 4.236 所示。

⑭ 开始将按键摆放在相应的位置上，在过程中使用 Edit>Duplicate【编辑>复制】命令

来复制新的按键，长度不同按键使用缩放工具 R 进行调整，如图 4.237 所示。

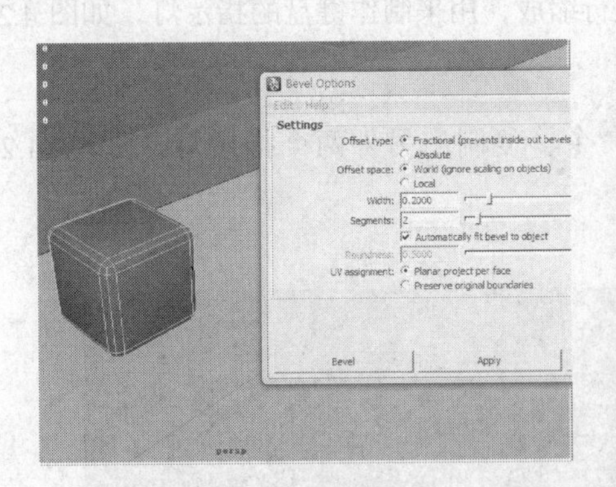

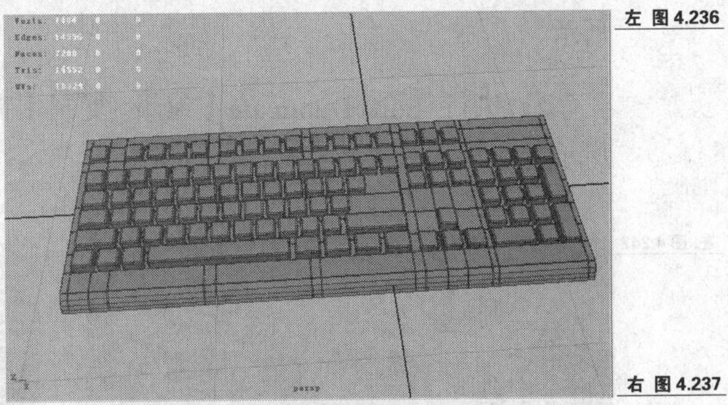

左 图 4.236

右 图 4.237

⑮ Enter【回车】键的制作。执行 Create>Polygon Primitives>Cube【创建>多边形基本体>立方体】命令，在场景中创建一个多边形对象。然后使用缩放工具 R 将立方体缩放至键盘按键大小，如图 4.238 所示。

⑯ 执行 Edit Mesh>Insert Edge Loop Tool【编辑多边形>添加环行线】命令，为模型添加环线，如图 4.239 所示。

左 图 4.238

右 图 4.239

⑰ 在模型上单击鼠标右键进入组元编辑模式下的面编辑模式，选择模型上如图 4.240 所示的面，执行 Edit Mesh>Extrude【编辑网格>挤压】命令。

⑱ 在模型上单击鼠标右键进入组元编辑模式下的边编辑模式，选择模型上所有的边，执行 Edit Mesh>Bevel【编辑网格>倒角】命令，为模型添加倒角，如图 4.241 所示。

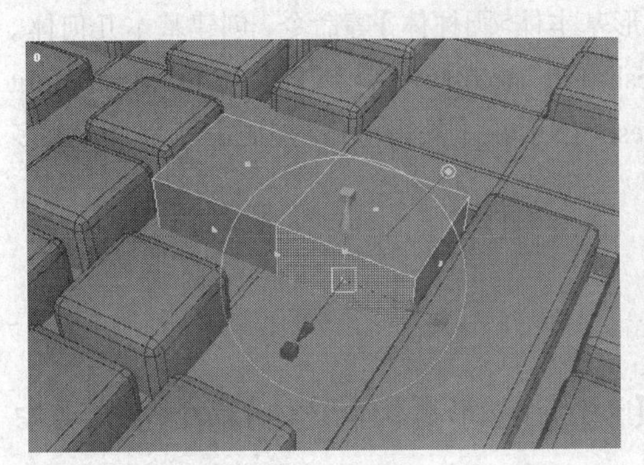

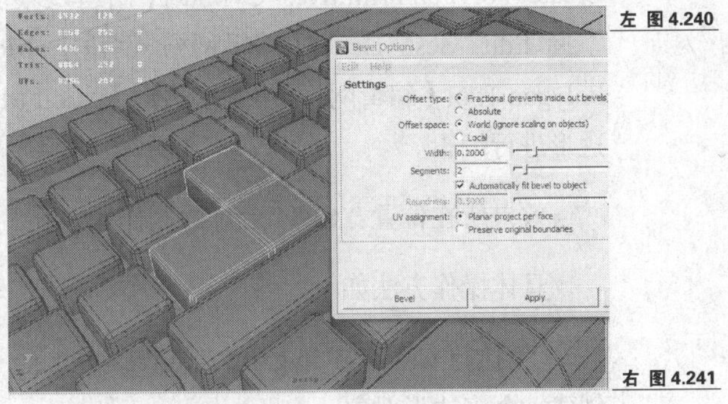

左 图 4.240

右 图 4.241

⑲ 执行Create>Polygon Primitives>Sphere【创建>多边形基本体>球体】命令，在场景中创建一个多边形对象。然后使用缩放工具R进行缩放，用来制作键盘的指示灯，如图4.242所示。

⑳ 执行Edit>Duplicate【编辑>复制】命令，复制出另外两个指示灯，如图4.243所示。

左 图4.242

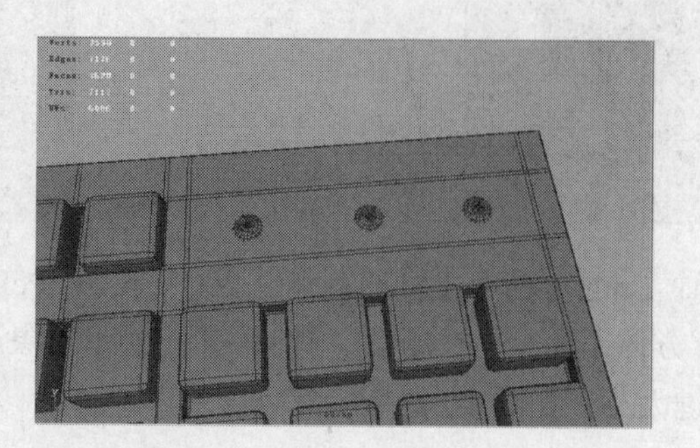

右 图4.243

㉑ 键盘模型制作完成，最终效果如图4.244所示。

图2.244

4.5.4 实例4——台灯的制作

案例学习目标：学习利用简单的多边形几何体挤压和搭建的方法得到较为复杂的台灯模型。

案例知识要点：掌握Create>Polygon Primitives>Sphere【创建>多边形基本体>球体】、Create>Polygon Primitives>Cylinder【创建>多边形基本体>圆柱体】等命令，创建基本几何体。掌握Edit Mesh>Bevel【编辑网格>倒角】、Mesh>Fill Hole【网格>补洞】、Edit Mesh>Split Polygon Tool【编辑网格>切割多边形】、Edit Mesh>Extrude【编辑网格>挤压】等命令，对多边形进行编辑。

效果所在位置：Ch04\台灯的制作。

具体操作方法如下。

① 执行Create>Polygon Primitives>Sphere【创建>多边形基本体>球体】命令，在场景中创建一个多边形对象。

② 使用变换工具（快捷键 W、R）调整对象的位置和大小，在模型上单击鼠标右键进入组元编辑模式下的面编辑模式，选择下半球所有的面，并执行 Edit>Delete【创建>删除】命令删除面，如图 4.245 所示。

③ 选中模型，使用缩放工具（快捷键 R）把剩下的半圆调整为灯罩形状的椭圆形，如图 4.246 所示。

④ 在模型上单击鼠标右键进入组元编辑模式下的面编辑模式，选择所有的面，执行 Edit Mesh>Extrude【编辑多边形>挤压】命令，然后拖动世界坐标轴向里挤压，为灯罩增加厚度，如图 4.247 所示。

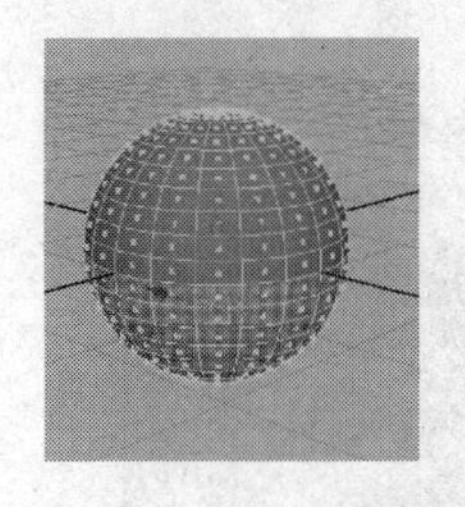

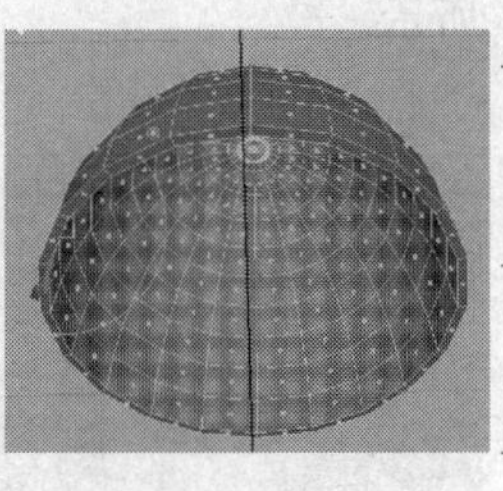

左 图 4.245

中 图 4.246

右 图 4.247

⑤ 选择灯罩模型顶部的面，执行 Edit>Delete【创建>删除】命令删除面，如图 4.248 所示。

⑥ 选择灯罩模型顶部的边界边，执行 Edit Mesh>Extrude【编辑网格>挤压】命令，如图 4.249 所示。

⑦ 执行 Mesh>Fill Hole【网格>补洞】命令，为模型补全缺口。执行 Edit Mesh>Split Polygon Tool【编辑网格>自由加线工具】命令，为新补全的面连接结构线，如图 4.250 所示。

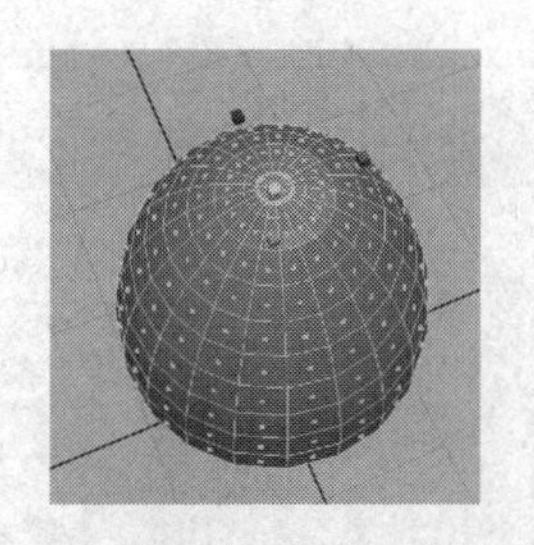

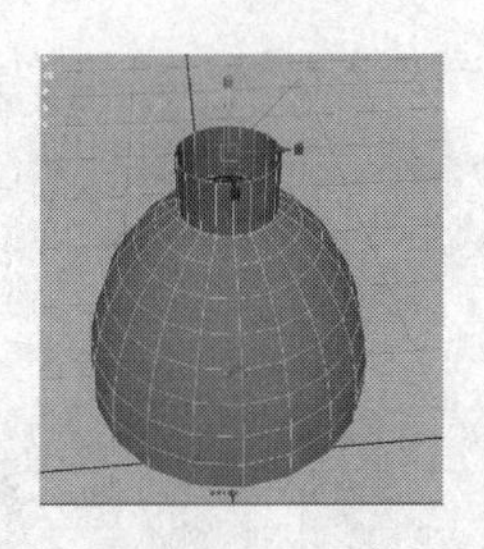

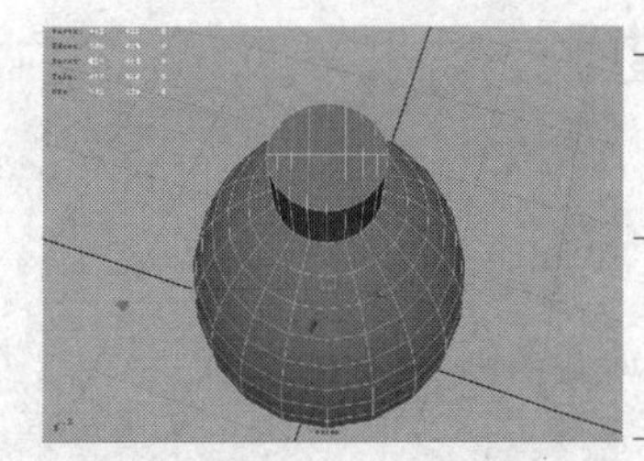

左 图 4.248

中 图 4.249

右 图 4.250

⑧ 执行 Edit Mesh>Bevel【编辑网格>倒角】命令，为所选结构线处制作倒角，如图 4.251 所示。

⑨ 执行 Create>Polygon Primitives>Cylinder【创建>多边形基本体>圆柱体】命令，在场景中创建一个圆柱体，并且在物体属性中将 Subdivisions Axis 设置为 51，如图 4.252 所示。

⑩ 在圆柱体底部使用 Edit Mesh>Insert Edge Loop Tool【编辑网格>添加环行线】命令，为模型添加一条环行结构线，选择如图 4.253 所示的部分面，执行 Edit Mesh>Extrude【编辑网格>挤压】命令。

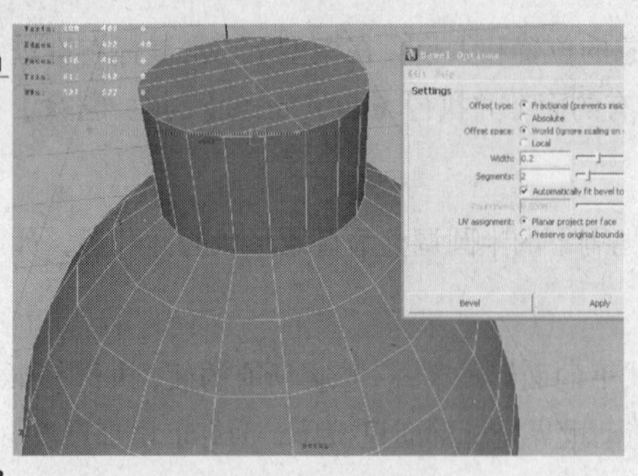

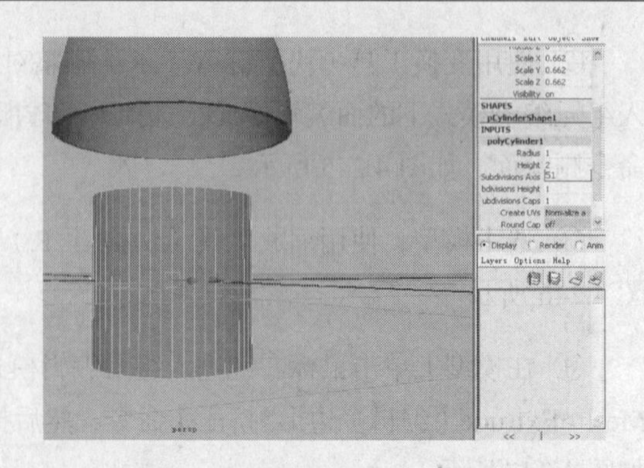

左 图 4.251
右 图 4.252

⑪ 选择圆柱体顶端的面，执行 Edit>Delete【创建>删除】命令删除面，如图 4.254 所示。

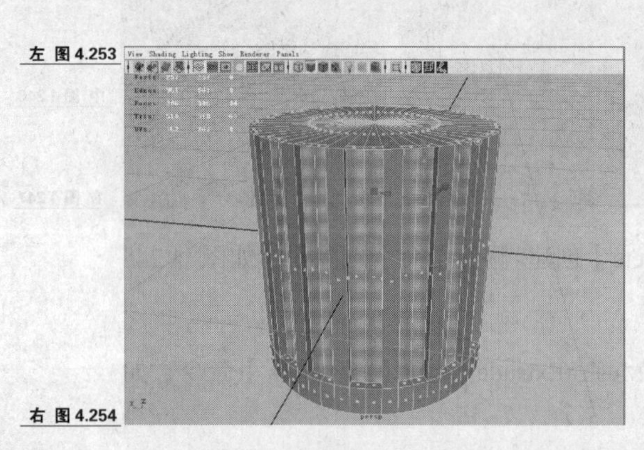

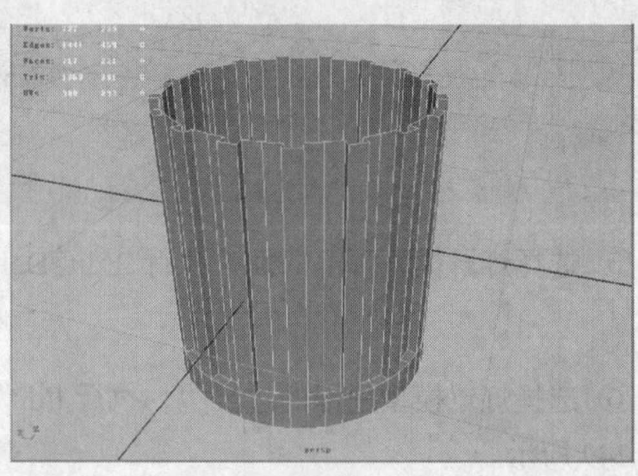

左 图 4.253
右 图 4.254

⑫ 选择圆柱体的所有点，使用缩放工具 R 进行缩放。选择底部顶点，使用移动工具 W 向上移动形成一个弧形，生成灯座，如图 4.255 所示。

⑬ 调整灯座整体大小，让其与灯罩相结合，如图 4.256 所示。

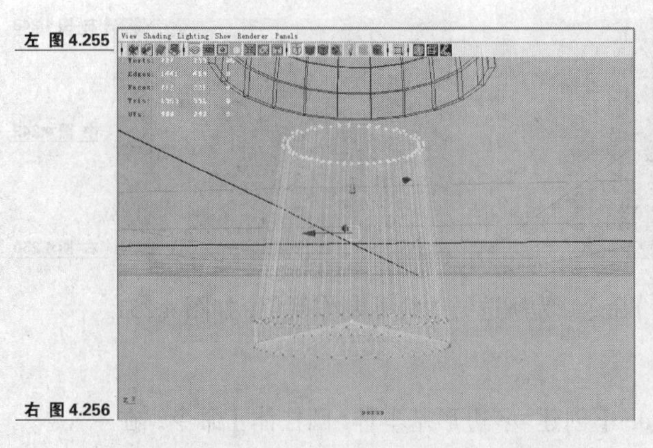

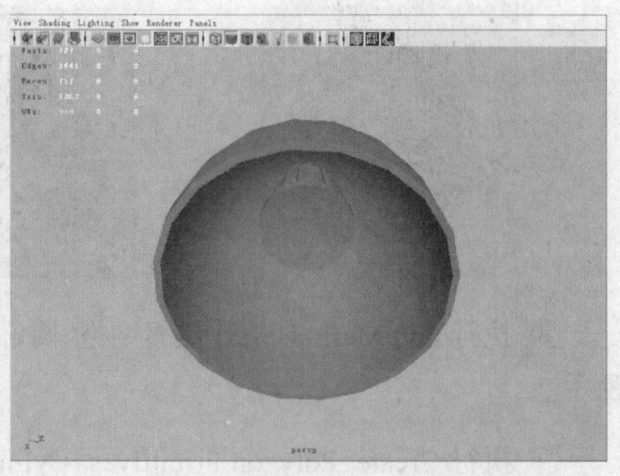

左 图 4.255
右 图 4.256

⑭ 制作台灯底座，执行 Create>Polygon Primitives>Sphere【创建>多边形基本体>球体】命令，在场景中创建一个多边形对象。

⑮ 在模型上单击鼠标右键进入组元编辑模式下的点编辑模式，选择圆形下部一半的点，然后使用缩放工具 R，在 y 轴方向进行单轴向的缩放，形成一个平整的底部，如图 4.257 所示。

⑯ 选择整个台灯底座模型，再次使用缩放工具 R 对整个模型进行 y 轴方向的缩放，对底座的形状进行调整，如图 4.258 所示。

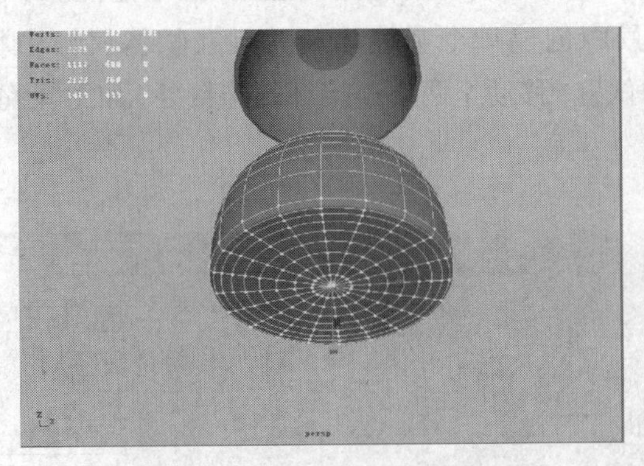

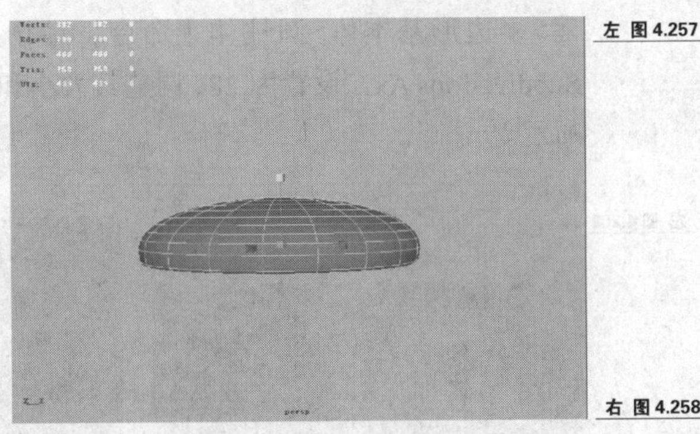

左 图4.257

右 图4.258

⑰ 依然采用制作灯罩的方法，在底座顶端删除部分面。选择模型的边界边，再执行 Edit Mesh>Extrude【编辑网格>挤压】命令，如图 4.259 所示。

⑱ 执行 Mesh>Fill Hole【网格>补洞】命令，为模型补全缺口。使用 Edit Mesh>Split Polygon Tool【编辑网格>切割多边形】命令，为新补全的面连接结构线，如图 4.260 所示。

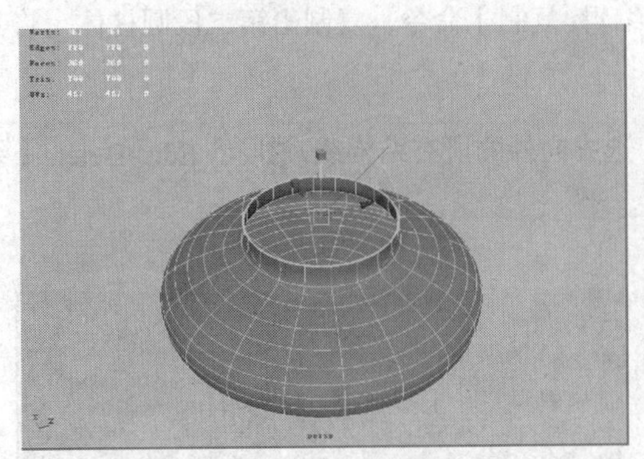

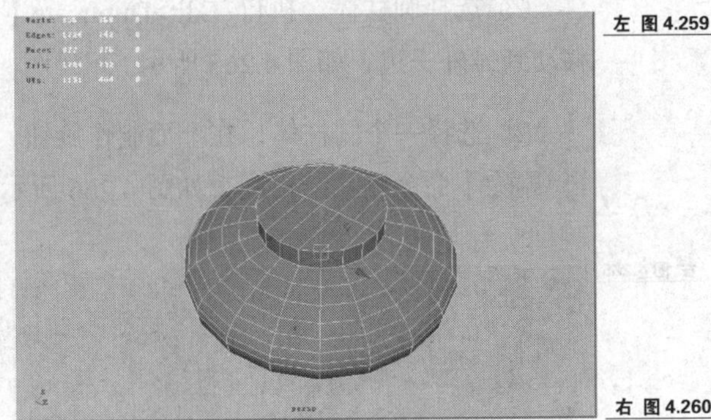

左 图4.259

右 图4.260

⑲ 执行 Edit Mesh>Bevel【编辑网格>倒角】命令，为所选结构线处制作倒角，如图 4.261 所示。

⑳ 下面制作台灯的连接杆，执行 Create>Polygon Primitives>Cube【创建>多边形基本体>立方体】命令，并使用缩放工具 R 进行形态的调整，如图 4.262 所示。

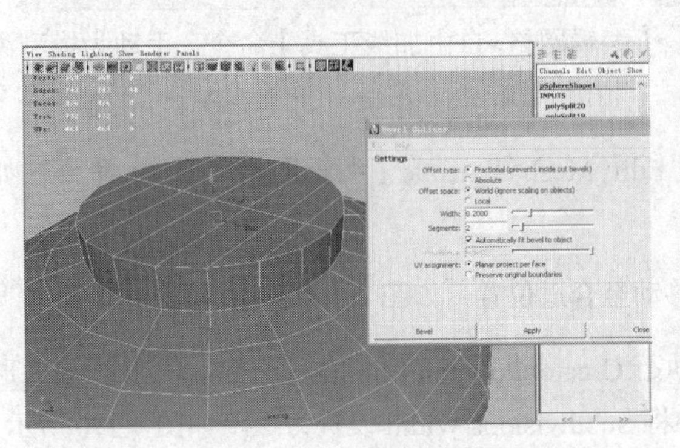

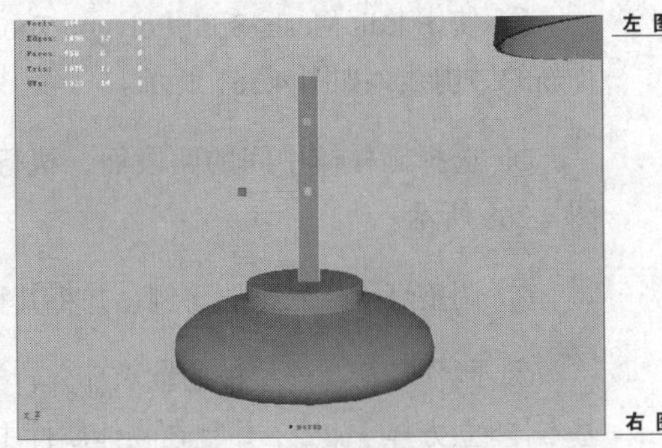

左 图4.261

右 图4.262

㉑ 选择生成的立方体，执行 Edit>Duplicate【编辑>复制】命令，复制出第二段立方体，

并调整其位置和角度，如图 4.263 所示。

㉒ 下面制作连接杆之间的轴承部分，执行 Create>Polygon Primitives>Cylinder【创建>多边形基本体>圆柱体】命令，在场景中创建一个圆柱体，并且在物体属性中将 Subdivisions Axis 设置为 28，调整其大小和位置，移动至两端连接杆的连接处，如图 4.264 所示。

左 图 4.263

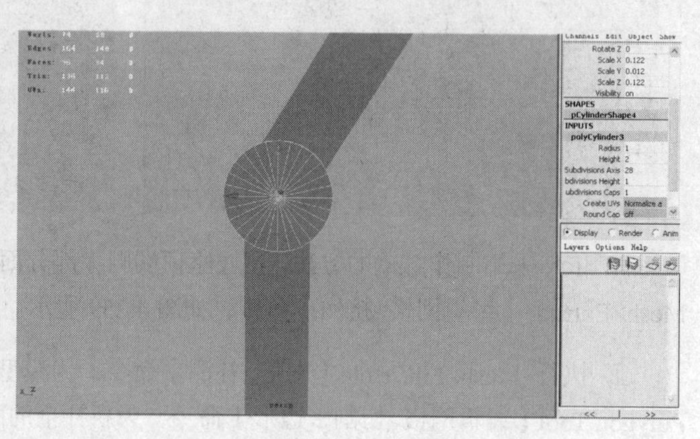

右 图 4.264

㉓ 选择圆柱体，执行 Edit>Duplicate【编辑>复制】命令，复制出第二段圆柱体，将其移动到另外一边，如图 4.265 所示。

㉔ 选择一个圆柱体，在上面制作旋钮，选中向外的所有结构线，执行 Edit>Delete【编辑>删除】命令删除结构线，如图 4.266 所示。

左 图 4.265

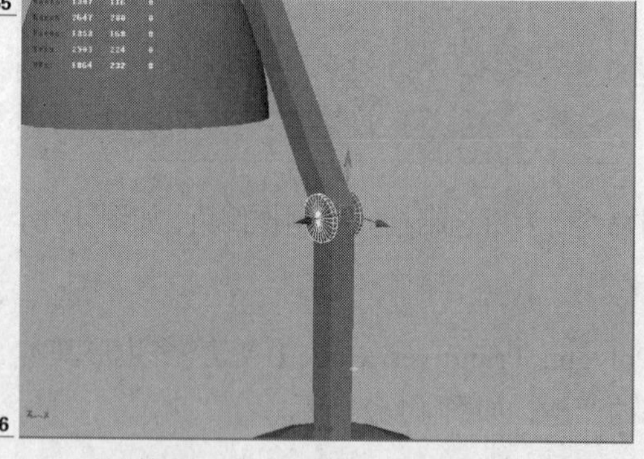

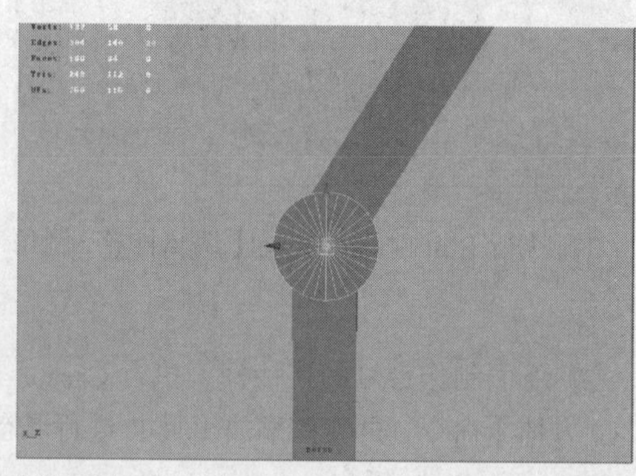

右 图 4.266

㉕ 使用 Edit Mesh>Split Polygon Tool【编辑网格>自由加线工具】命令，手动为模型添加新的结构线，如图 4.267 所示。

㉖ 选择圆柱体中间的两段面，执行 Edit Mesh>Extrude【编辑网格>挤压】命令，如图 4.268 所示。

㉗ 调整灯罩与底座的比例，并将其移动至合适位置，如图 4.269 所示。

㉘ 制作灯罩与连接杆的轴承部分，执行 Create>Polygon Primitives>Cube【创建>多边形基本体>立方体】命令，并且在物体属性中将 Subdivisions Width 设置为 28，如图 4.270 所示。

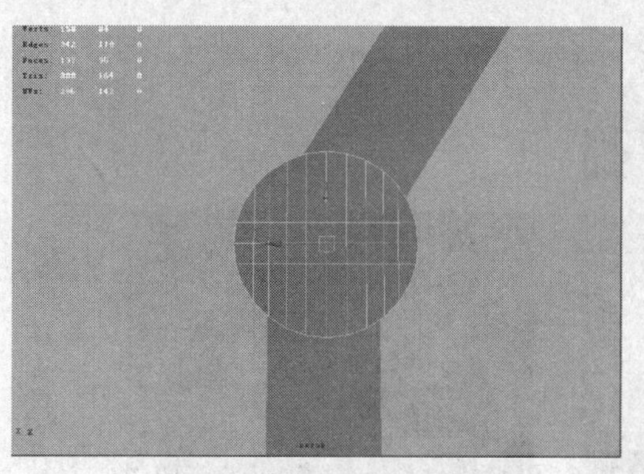

左 图 4.267

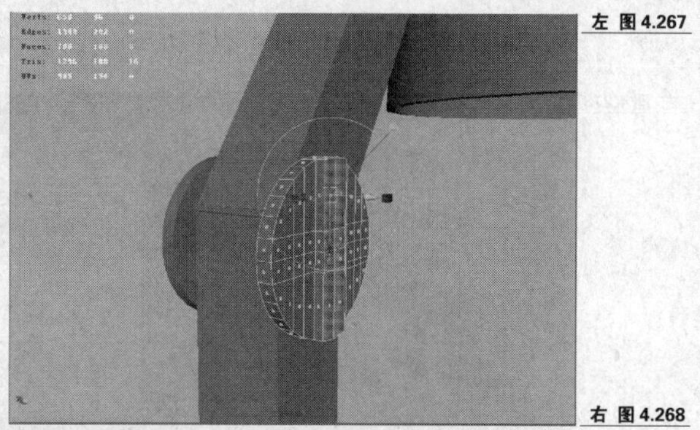

右 图 4.268

左 图 4.269

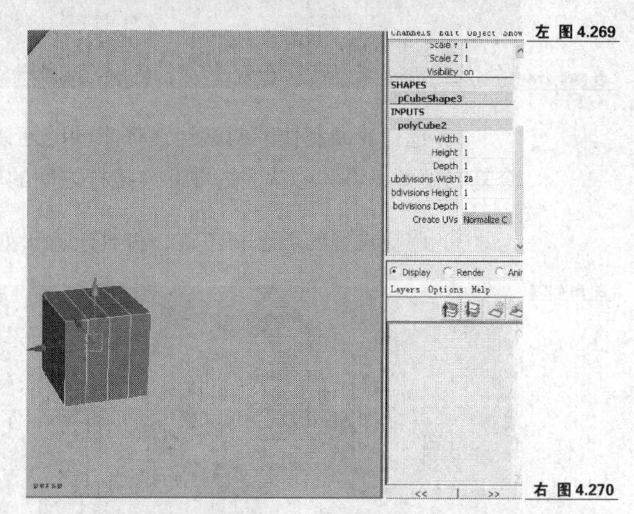

右 图 4.270

㉙ 使用缩放工具 R 对立方体进行调整，然后在模型上单击鼠标右键进入组元编辑模式下的点编辑模式，调整立方体形状，如图 4.271 所示。

㉚ 将立方体移动至灯罩和连接杆的连接处，再次调整立方体的形态和位置，如图 4.272 所示。

㉛ 在立方体上单击鼠标右键进入组元编辑模式下的边编辑模式，选择所有的边界边，执行 Edit Mesh>Bevel【编辑网格>倒角】命令，为所选结构线处制作倒角，如图 4.273 所示。

图 4.271

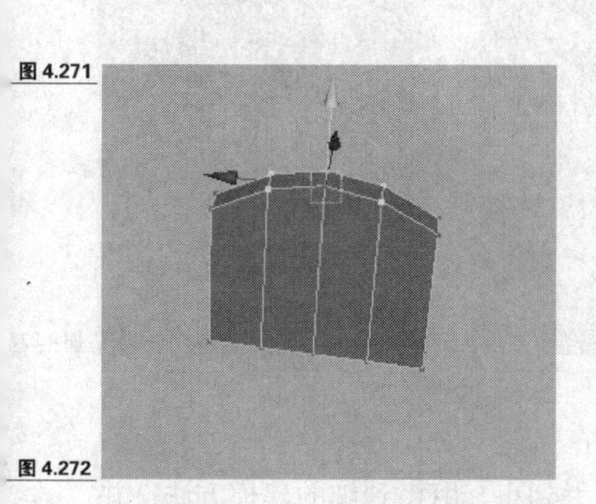

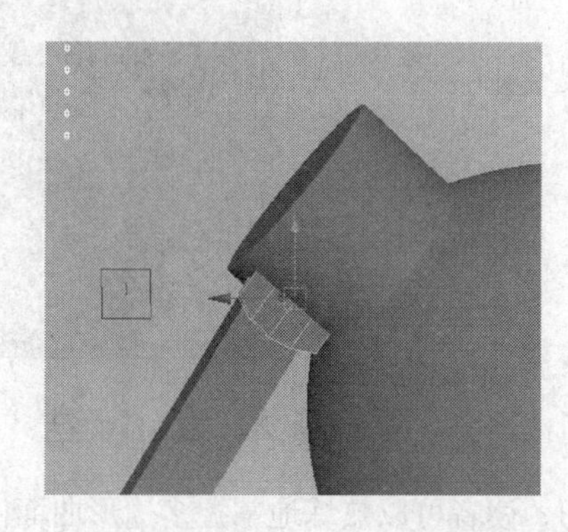

图 4.272

㉜ 选择立方体，执行 Edit>Duplicate【编辑>复制】命令，复制出第二个立方体，将其

移动到另外一边，如图 4.274 所示。

左 图 4.273

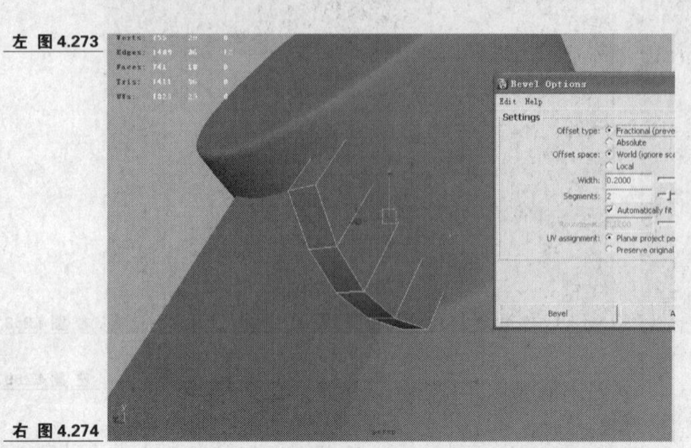

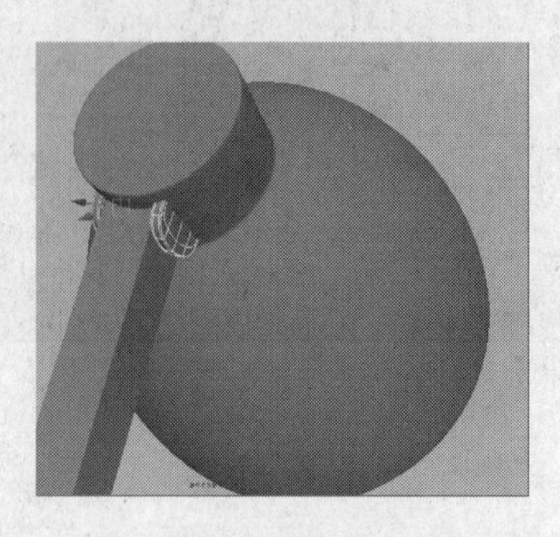

右 图 4.274

㉝ 选择前面制作的两端连接杆之间的连接轴承，执行 Edit>Duplicate【编辑>复制】命令复制模型，将其移动到灯罩和连接杆之间的轴承处，如图 4.275 所示。

㉞ 调整模型的形态和位置，将其放置于如图 4.276 所示的位置。

左 图 4.275

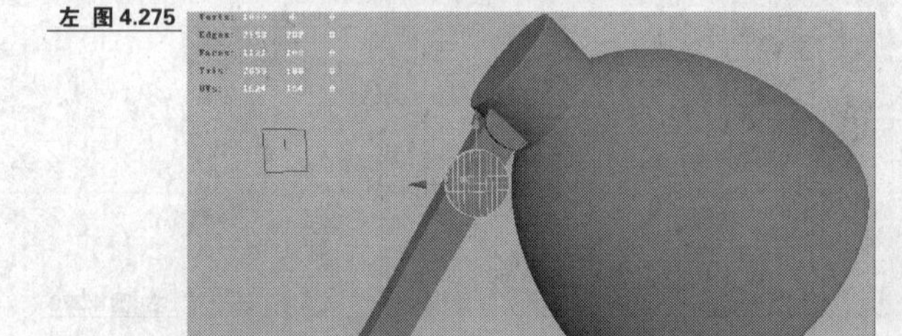

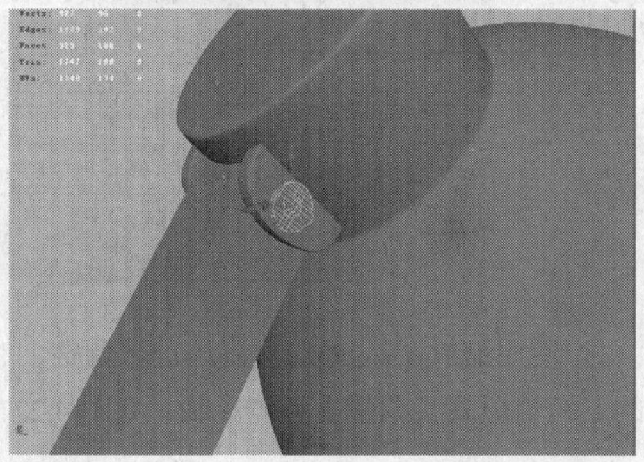

右 图 4.276

㉟ 最终可以为其他部位添加导角，以便使表面平滑，至此台灯模型制作完成，如图 4.277 所示。

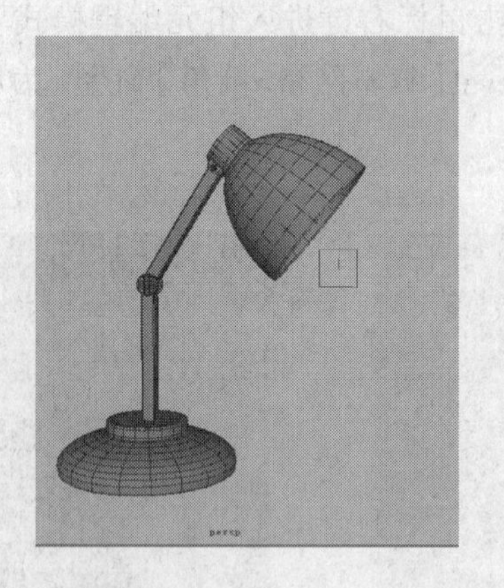

图 4.277

本 章 小 结

通过本章的学习，读者可以熟练地掌握多边形曲面由大到小、由粗到细的建模方法，并且通过变形、增/减细节等编辑方法可以对复杂模型进行创建。

第5章

Maya 细分曲面建模技术

本章介绍了细分曲面建模技术的基础知识，读者通过对本章的学习，可以掌握基本的细分曲面建模方法以及建模流程。

课堂学习目标

◈ 掌握细分曲面建模的基础知识
◈ 掌握细分曲面建模的编辑方法
◈ 掌握细分曲面建模的操作命令

5.1 细分曲面建模基础

Subdiv Surfaces【细分曲面】建模是一种新的建模方式，它兼具 NURBS 和 Polygon 的优点，得到了广泛的运用。

5.1.1 Subdiv 的特性

Subdiv Surfaces【细分曲面】建模有很多优于传统的 NURBS 或多边形建模的功能。

- Subdiv Surfaces【细分曲面】模型与 NURBS 模型一样，具有光滑的表面。多边形曲面的控制点一定在曲面或者曲线上，而细分曲面的控制点不一定在表面上，如图 5.001 所示。

图 5.001

- Subdiv Surfaces【细分曲面】模型的拓扑结构与 Polygon 模型一样，具有完整性。细分曲面和 Polygon 模型一样有任意的拓扑结构，而 NURBS 模型由多个四边形构成，容易产生裂缝，如图 5.002 所示。

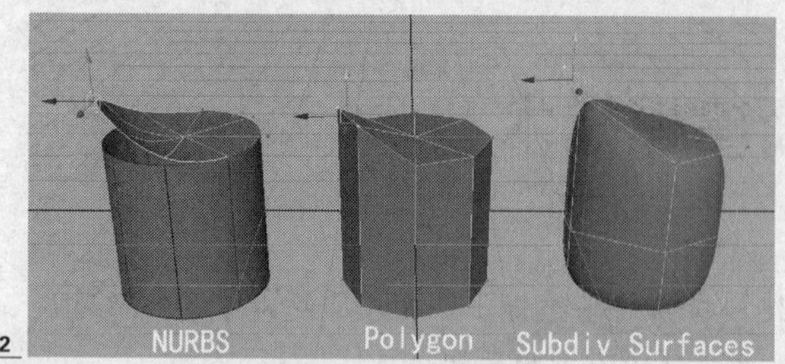

图 5.002

- Subdiv Surfaces【细分曲面】模型的显示方式与 NURBS 模型非常相似，可以使用快捷键 1、2、3 显示模型精度，如图 5.003 所示。

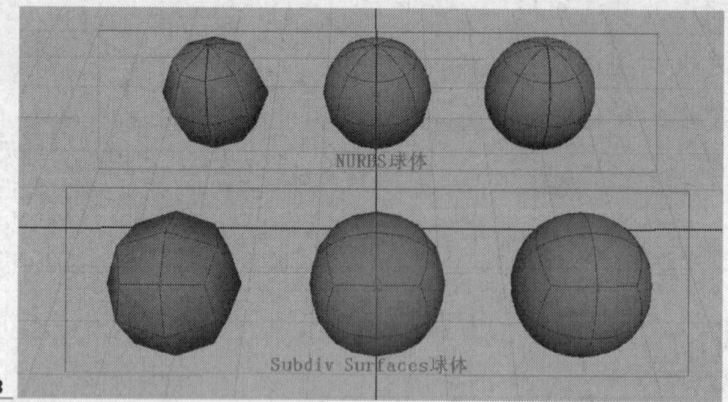

图 5.003

- Subdiv Surfaces【细分曲面】模型的 UV 编辑方式与 Polygon 模型类似。NURBS 模型的 UV 固定不可编辑，Polygon 模型可以随意地编辑 UV。

5.2 创建细分模型

创建细分模型可以通过两个途径来实现，一个是直接创建的方式，另一种方式是通过其他类型的模型进行转换。

5.2.1 创建基本细分几何体

在 Maya 中可以通过 Create【创建】命令直接创建细分曲面模型，也可以直接在工具架上单击快捷图标来创建细分模型。可创建的对象有 Sphere【球体】、Cube【立方体】、Cylinder【圆柱体】、Cone【锥体】、Plane【平面】和 Torus【圆环】，如图 5.004 所示。

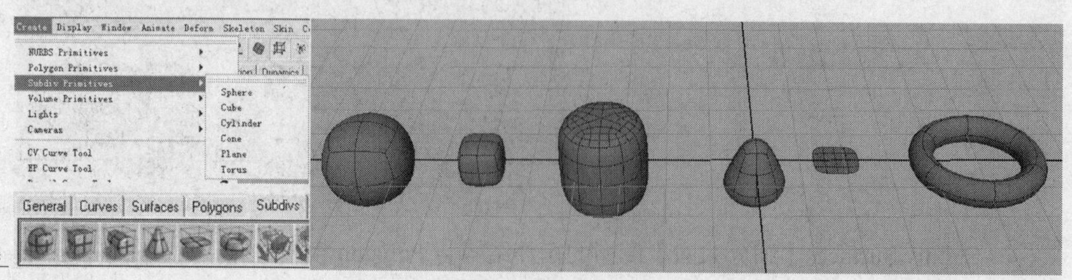

图 5.004

5.2.2 转化细分模型

在 Maya 中可以通过现有的 NURBS 模型或者 Polygon 模型，执行 Modify>Convert>NURBS to Subdiv /Polygons to Subdiv【修改>转换>NURBS 转换为细分/多边形转换为细分】命令，得到细分模型，如图 5.005 所示。

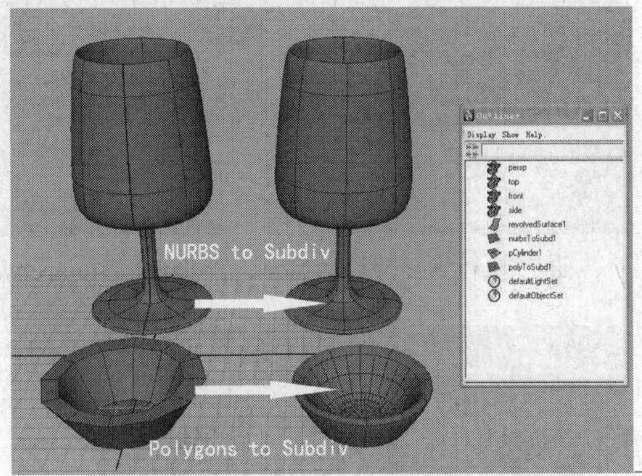

图 5.005

5.3 编辑细分模型

Subdiv Surfaces【细分曲面】模型有两种组元编辑方式，一种是 Subdiv 细分组元编辑模式，另一种是 Polygon【多边形】代理组元编辑模式。

1. Subdiv 细分组元编辑模式

选择细分模型，单击鼠标右键，弹出标记菜单，如图 5.006 所示。其中，Vertex【顶点】、Edge【边】、Face【面】、UV 组元模式和 Polygon 模式下的基本相同，如图 5.007 所示。

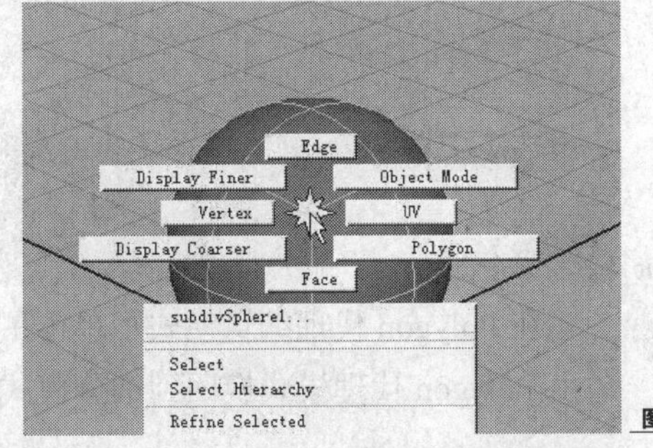

图 5.006

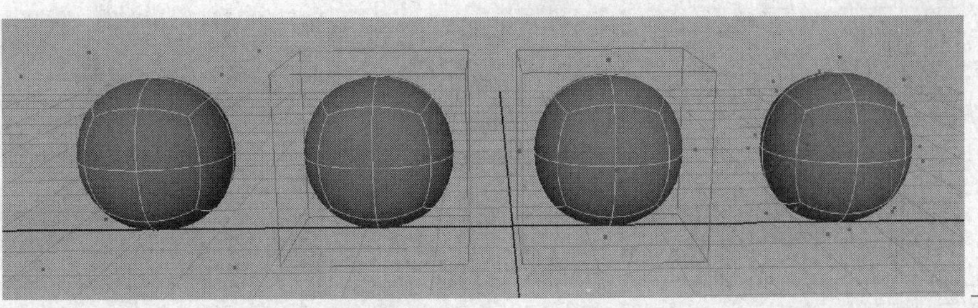

图 5.007

通过观察通道栏，每个细分面有 Level 0 和 Level 1 两个水平细节，Level 0 代表基础网格。通过执行 Refine Selected【细分选择】，可以在较粗糙水平上的被选择元素上增加细分面区域的细节数量，如图 5.008 所示，最高级别可以达到 13 级。

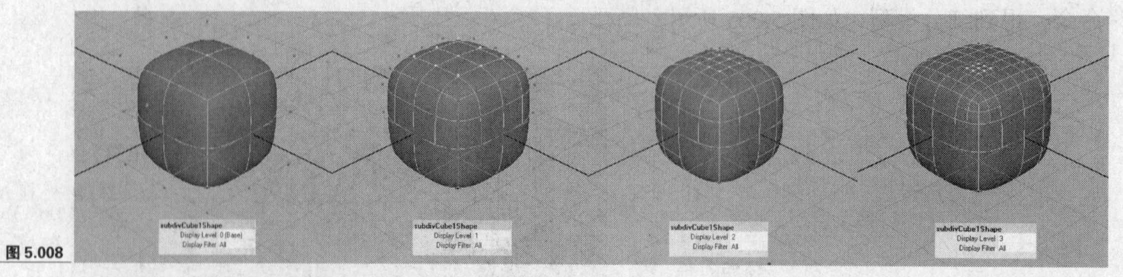

图 5.008

通过执行 Subdiv Surfaces>Collapse Hierarchy 命令可以塌陷层级，如图 5.009 所示。

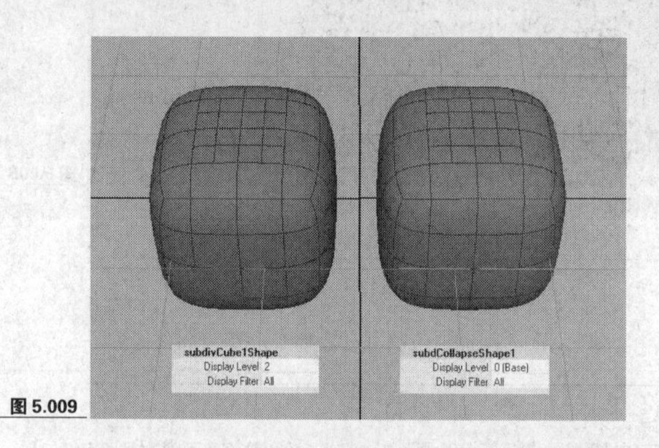

图 5.009

2. Polygon【多边形】代理组元编辑模式

选择细分模型，单击鼠标右键，在弹出的标记菜单中选择 Polygon【多边形】代理模式。在该模式中可以使用多边形编辑命令对细分曲面进行操作，如图 5.010 所示，对细分模型执行 Edit Mesh>Extrude【编辑网格>挤出】命令。

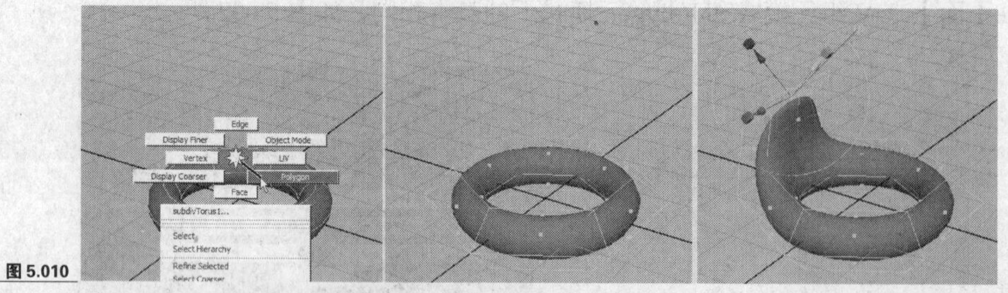

图 5.010

在 Polygon 代理编辑模式下单击鼠标右键，在弹出的标记菜单中选择 Standard 命令，对象由 Polygon 代理模式换回到细分模式，如图 5.011 所示。

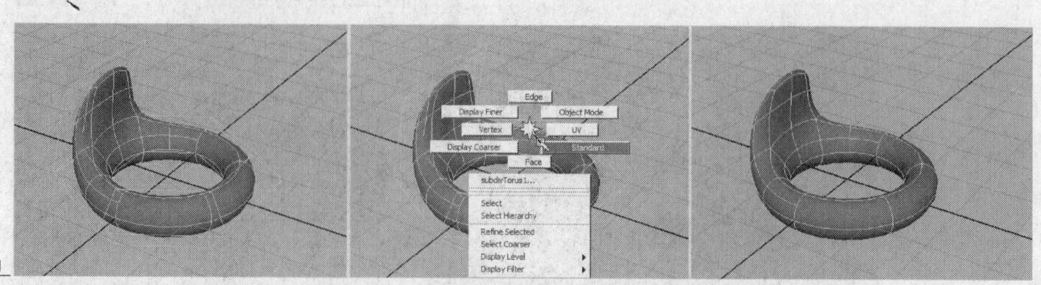

图 5.011

5.3.1 Full Crease Edge/Vertex【完全褶皱边/点】

Full Crease Edge/Vertex【完全褶皱边/点】命令用来形成细分曲面的硬边效果。

操作方法。

① 新建场景，创建细分球体。

② 选择细分球体，单击鼠标右键，在弹出的标记菜单中选择 Edge【边】。

③ 执行 Subdiv Surfaces>Full Crease Edge/Vertex【细分曲面>完全褶皱边/点】命令，产生硬边效果，如图 5.012 所示。

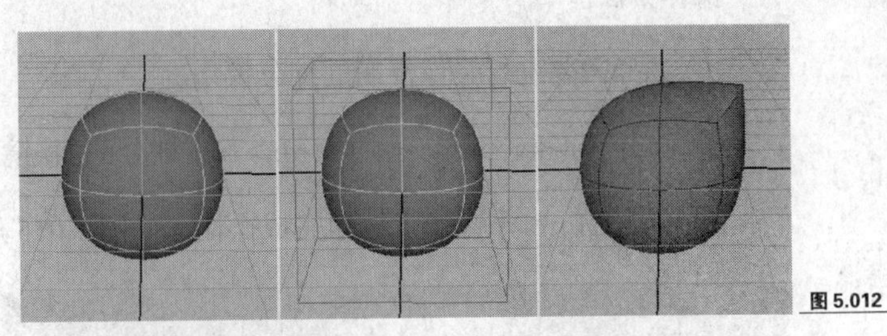

图 5.012

5.3.2 Partial Crease Edge/Vertex【局部褶皱边/点】

Partial Crease Edge/Vertex【局部褶皱边/点】命令用来产生较柔和的褶皱边效果。

操作方法。

① 新建场景，创建细分球体。

② 选择细分球体，单击鼠标右键，在弹出的标记菜单中选择 Edge【边】。

③ 执行 Subdiv Surfaces>Partial Crease Edge/Vertex【细分曲面>局部褶皱边/点】命令，产生硬边效果，如图 5.013 所示。

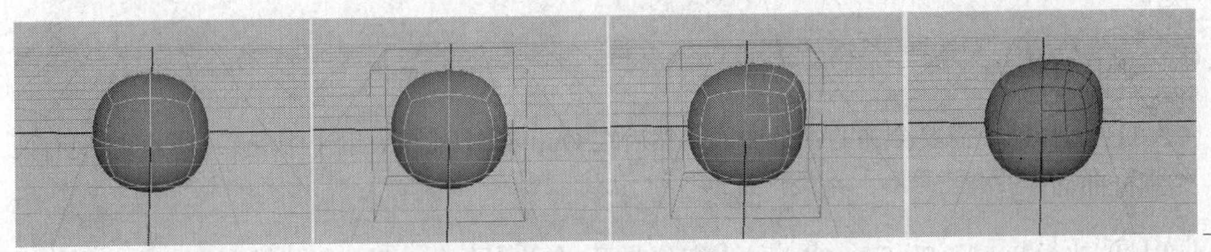

图 5.013

5.3.3 Uncrease Edge/Vertex【去除褶皱边/点】

使用 Uncrease Edge/Vertex【去除褶皱边/点】命令可以去除由 Full Crease Edge/Vertex【完全褶皱边/点】命令或 Partial Crease Edge/Vertex【局部褶皱边/点】命令产生的褶皱边。

操作方法。

① 选择需要去除褶皱边的细分模型，单击鼠标右键，在弹出的标记菜单中选择 Edge【边】。

② 执行 Subdiv Surfaces> Uncrease Edge/Vertex【细分曲面>去除褶皱边/点】命令，则原本的褶皱边效果被取消，如图 5.014 所示。

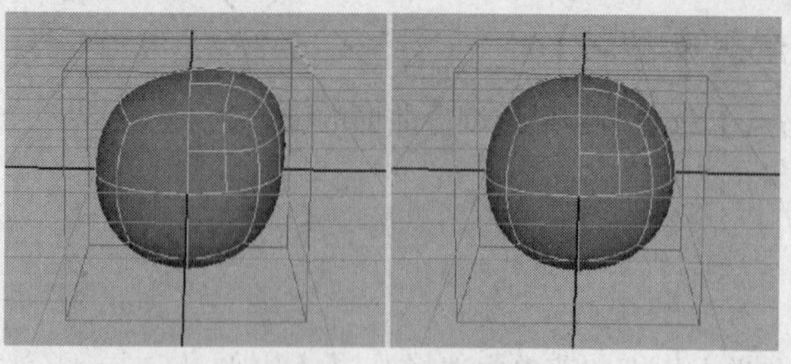

图 5.014

5.3.4　Mirror【镜像】细分曲面

使用 Mirror【镜像】命令可以镜像复制细分模型。

操作方法。

① 选择需要进行镜像复制的细分模型。

② 打开 Subdiv Surfaces > Mirror > ❐【细分曲面>镜像】命令选项设置窗口，选择轴向。

③ 单击 Mirror【镜像】按钮完成操作，如图 5.015 所示。

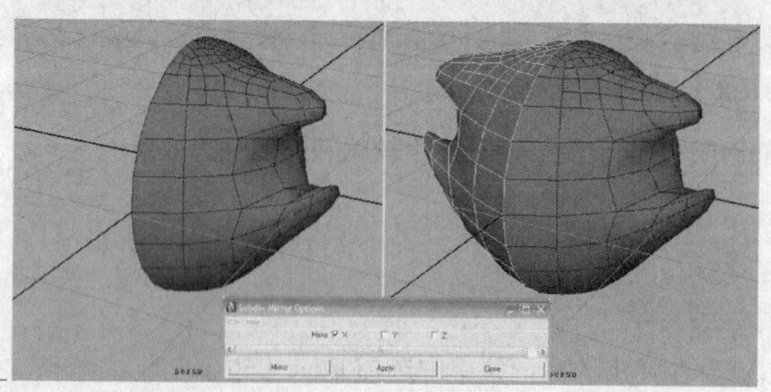

图 5.015

5.3.5　Attach【合并】细分曲面

Attach【合并】细分曲面命令用于将两个细分模型合并在一起，从而形成一个新的细分模型。

操作方法。

① 选择两个需要合并的细分曲面，然后在 Outliner【视图大纲】中观察，场景中现有两个细分曲面。

② 执行 Subdiv Surfaces>Attach【细分曲面>合并】命令，两个细分模型合二为一，观察 Outliner【视图大纲】，场景中出现新的细分曲面，如图 5.016 所示。

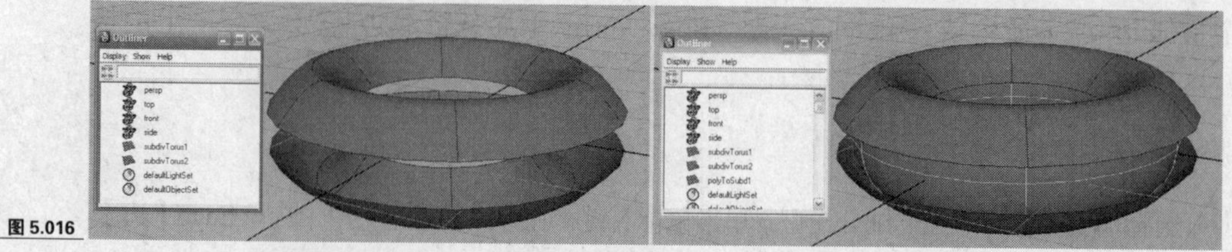

图 5.016

5.3.6　Collapse Hierarchy【塌陷层级】

使用 Collapse Hierarchy【塌陷层级】命令可以将细分模型的细分级别降低。

操作方法。

① 选择需要进行塌陷层级的细分模型，假设细分模型的层级数为 4。

② 打开 Subdiv Surfaces > Collapse Hierarchy> ❐【细分曲面>塌陷层级】命令选项设置窗口，然后进行参数设置。设置 Number of Levels 的数值为 3，那么原来的 0、1 级被合并为层级 0，原来的层级 2 被降为层级 1，原来的层级 3 被降为层级 2。

③ 单击 Collapse Hierarchy 按钮，完成塌陷层级操作。

5.3.7 细分组元选择操作

细分面是由点、边和面构成的。要修改表面，我们可选择这些元素并对其进行变换。

选择转换操作命令如下。

Convert Selection to Faces：将选择的组元转换成面的选择。

Convert Selection to Edges：将选择的组元转换成边的选择。

Convert Selection to Vertices：将选择的组元转换成点的选择。

Convert Selection to UVs：将选择的组元转换成 UVs 的选择。

Refine Selected Components：将选择的细分组元细分层级。

Select Coarse Components：将高细分层级选择的组元转换为低细分层级选择的组元。

Expand Select Components：扩展选择组元的区域。

5.4 课堂实例

5.4.1 实例——手机的制作

案例学习目标：学习利用细分曲面建模技术得到手机建模。

案例知识要点：掌握 Modify>Convert>Polygons to Subdiv【修改>转换>多边形转换为细分模型】命令，将 Polygon 模型转换为 Subdiv 细分模型；Subdiv Surfaces>Full Crease Edge/Vertex【细分曲面>完全褶皱边/点】命令用于产生硬边效果。

效果所在位置：Ch05\手机的制作。

1. 手机 Polygon 模型的制作

① 执行 Create > Polygon Primitives > Cube【创建>多边形基本几何体>立方体】命令，在场景中创建一个多边形立方体，设置立方体的基本属性如图 5.017 所示，做出手机的基本形状。

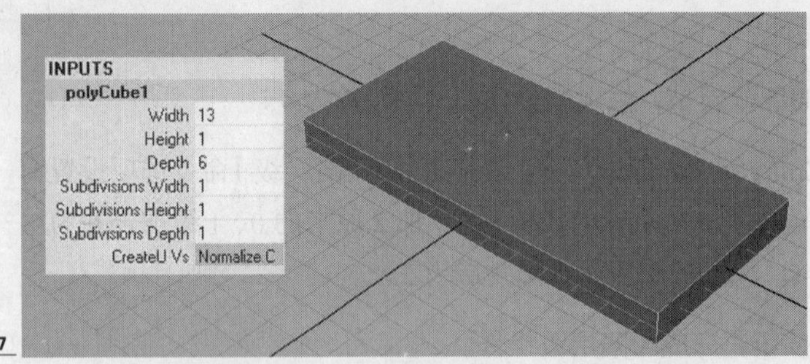

图 5.017

② 选择模型，然后单击鼠标右键，选择组元编辑模式下的 Face【面】编辑模式，选择模型最上方的面，执行 Edit Mesh >Extrude【编辑网格>挤出】命令，向内缩小面。再一次执行 Edit Mesh >Extrude【编辑网格>挤出】命令向下挤压，制作凹槽，如图 5.018 所示。

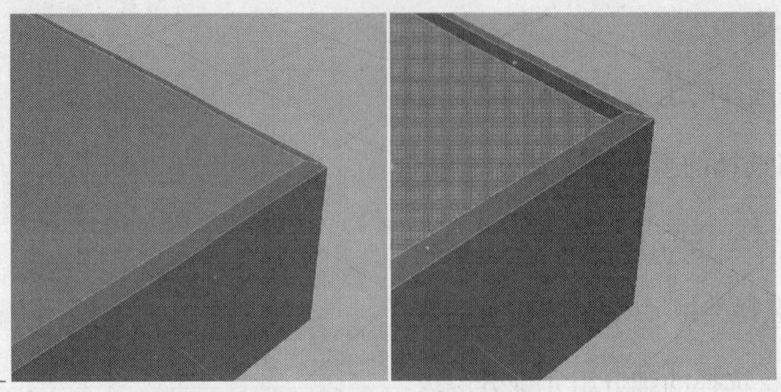

图 5.018

③ 不取消选择的情况下再次执行挤出命令，向内缩小面，制作凹槽宽度，再次重复挤出命令向上挤出，凹槽被完整地制作出来，如图 5.019 所示。

图 5.019

④ 回到模型物体级别，执行 Insert Edge Loop Tool【添加环行线】命令为机身添加细节，划分出屏幕区域和按钮区域，如图 5.020 所示。

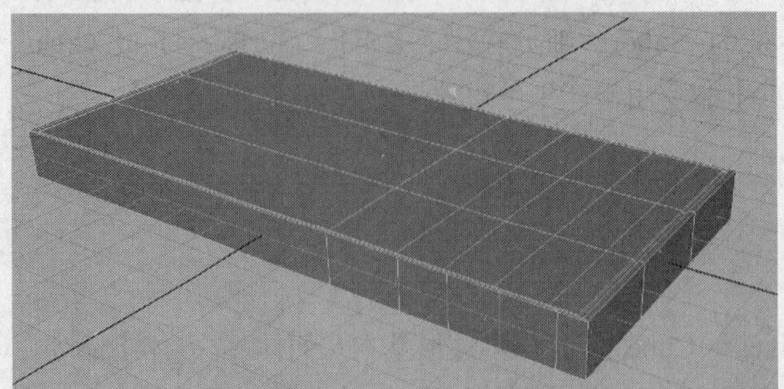

图 5.020

⑤ 取消选择 Edit Mesh>Keep Faces Together【编辑网格>保持面连接】命令，选择模型，然后单击鼠标右键，选择组元编辑模式下的 Face【面】编辑模式，选择代表手机按键的面，执

行 Edit Mesh>Extrude【编辑网格>挤出】命令，先缩小选择面，再一次执行挤出命令将按钮挤出，如图 5.021 所示。

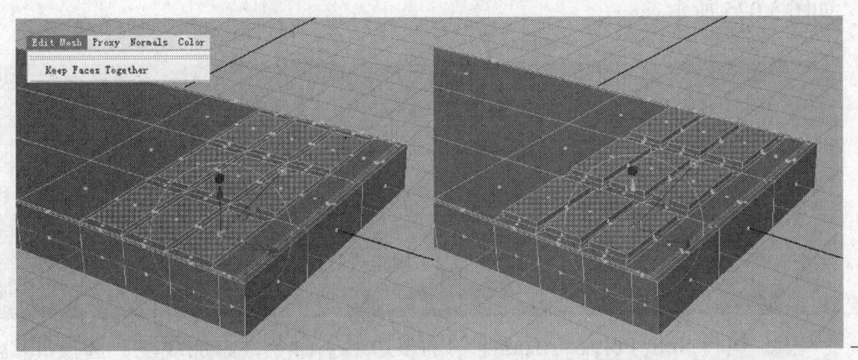

图 5.021

⑥ 执行 Insert Edge Loop Tool【添加环形线】命令，给模型添加环形边。进入模型面编辑模式，选择如图 5.022 所示的 4 个面，执行 Edit Mesh>Extrude【编辑网格>挤出】命令，挤压方法和步骤 5 相同，然后调整到适当的大小。

图 5.022

⑦ 进入组元编辑模式下的 Edge 编辑模式，选择模型侧面的 4 条边，执行 Edit Mesh> Bevel【编辑网格>倒角】命令进行倒角，效果如图 5.023 所示。进入 Inputs 菜单，选择 PolyBevel1，可以调整 Offset 的数值，直至所需的倒角效果。

图 5.023

⑧ 制作手机导航按钮。选择模型，然后单击鼠标右键，选择组元编辑模式下的 Edge【边】编辑模式，选择如图 5.024 所示的边，然后按 Delete【删除】键将它删除。

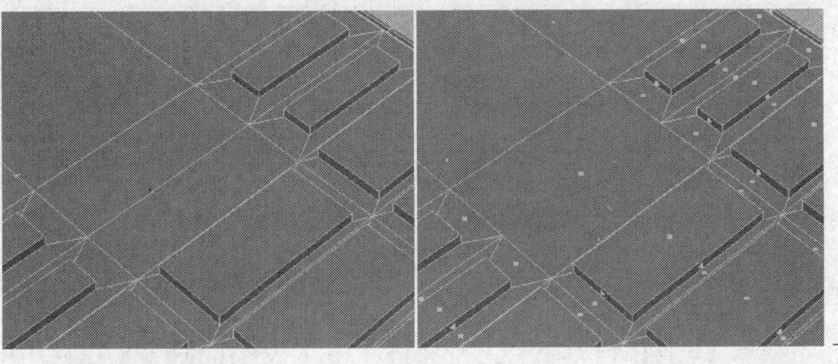
图 5.024

⑨ 选择组元编辑模式下的 Face【面】编辑模式，选择如图 5.025 所示的面。执行 Edit Mesh>Extrude【编辑网格>挤出】命令先缩小选择面，再一次执行挤出命令将按钮向上挤出，如图 5.025 所示。

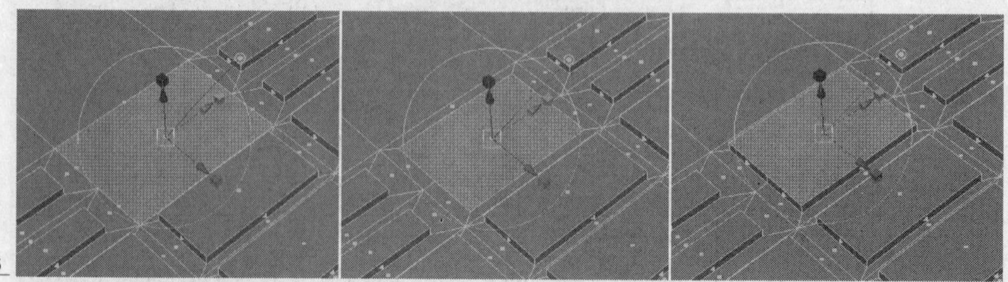
图 5.025

⑩ 执行 Split Polygon Tool【切割多边形】命令，添加线段，选择如图 5.026 所示的面，执行 Edit Mesh>Extrude【编辑网格>挤压】命令，把面向内并向下挤压，制作听筒效果。

图 5.026

⑪ 调整手机屏幕。执行 Split Polygon Tool【切割多边形】命令，添加线段，如图 5.027 所示，得到较好的屏幕分割。

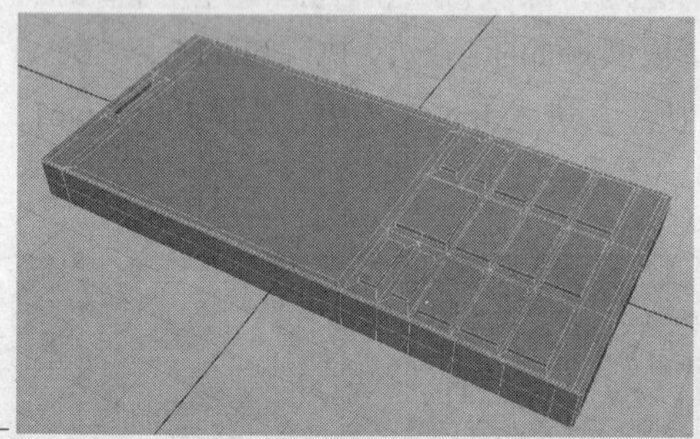
图 5.027

2. 转换细分模型编辑手机

① 选择刚刚制作好的 Polygon 模型，执行 Modify>Convert>Polygons to Subdiv【修改>转换>多边形转换为细分模型】命令，将 Polygon 模型转换为 Subdiv 细分模型，如图 5.028 所示。

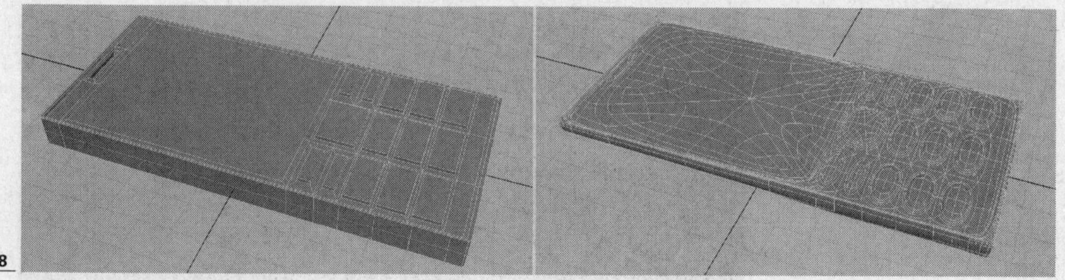
图 5.028

② 在细分编辑模式下，在模型上单击鼠标右键，在弹出的菜单中选择 Edge【边】命令，

进入细分模型的边组元编辑模式，选择数字按钮对应的底部线，如图 5.029 所示。

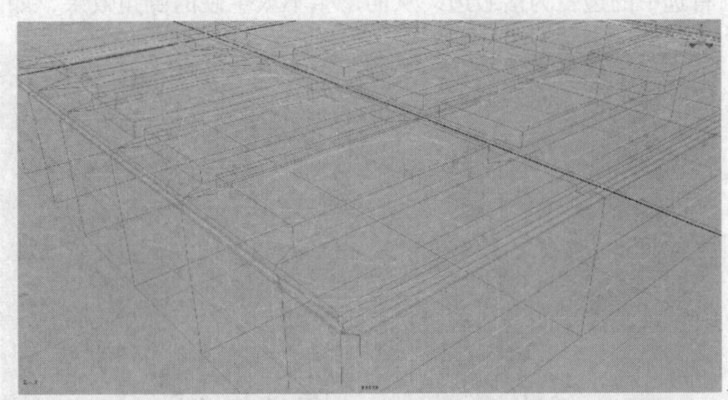

图 5.029

③ 执行 Subdiv Surfaces>Full Crease Edge/Vertex【细分曲面>完全褶皱边/点】命令，将选中的边变为褶皱边，产生硬边效果，如图 5.030 所示。

图 5.030

④ 重复步骤②和步骤③，将按钮区其他的按钮都转换为褶皱边，如图 5.031 所示。

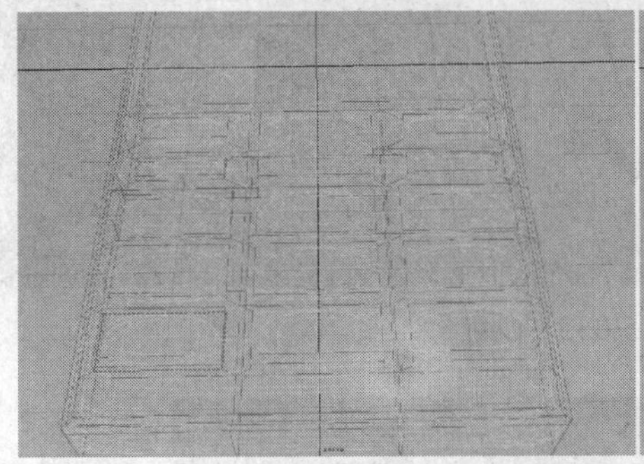

图 5.031

⑤ 在细分编辑模式下，在模型上单击鼠标右键，在弹出的菜单中选择 Edge【边】命令，进入细分模型的边组元编辑模式，然后选择数字按钮对应的顶部线，如图 5.032 所示。

图 5.032

⑥ 执行 Subdiv Surfaces>Partial Crease Edge/Vertex【细分曲面>局部褶皱边/点】命令，将选中的边变为褶皱边，从而产生不太生硬的倒角效果，如图 5.033 所示。

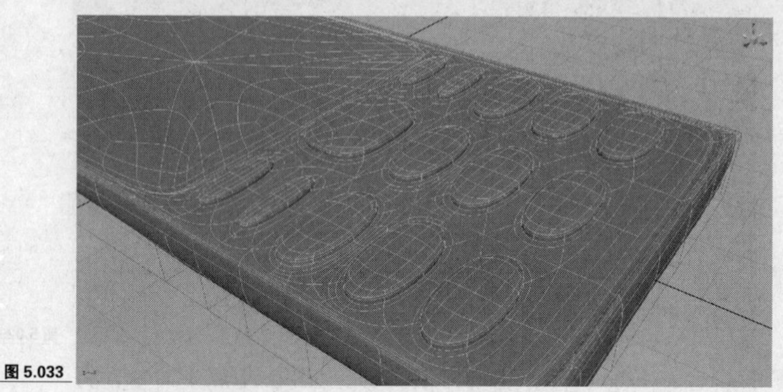

图 5.033

3. 多边形代理模式

在细分模型上单击鼠标右键，选择弹出菜单中的 Polygon【多边形】命令，将细分模型转换到多边形代理模式，这样就可以执行多边形修改命令。

① 在代理模型上单击鼠标右键，在弹出的菜单中选择 Face【面】命令，进入面的组元编辑模式，如图 5.034 所示。

图 5.034

② 选中手机按钮上部的面，如图 5.035 所示。

图 5.035

③ 执行 Edit Mesh>Extrude【编辑网格>挤压】命令，向上挤压按钮表面并缩小，制作按钮的过渡感，如图 5.036 所示。

④ 最终的效果如图 5.037 所示。

图 5.036

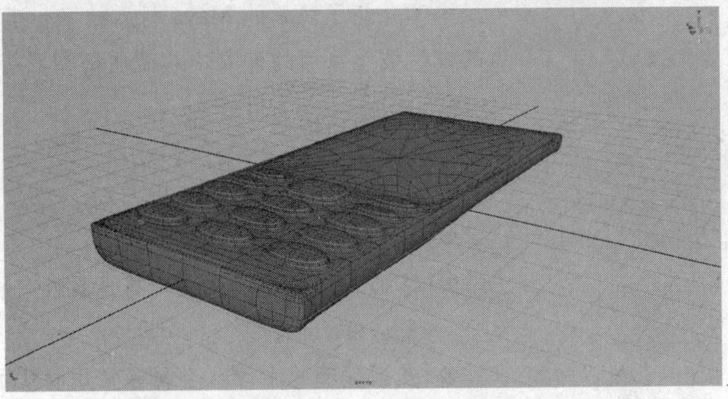
图 5.037

本 章 小 结

通过本章的学习，读者可以熟练地掌握不同于 NURBS 与 Polygon 的细分曲面建模方式和建模流程。该方法本身的灵活操纵方式可以为模型提供更好的光滑度与细节。

第6章
Maya 材质技术

本章介绍了简单的Maya材质技术，读者通过对本章的学习，可以使单调的模型披上华丽的外衣，从而使模型具有真实的感觉。

课堂学习目标

- ◈ 掌握材质编辑器的使用方法
- ◈ 掌握材质的基本类型
- ◈ 掌握材质的通用属性、高光属性、折射率和反射率等重要参数的设置方法
- ◈ 掌握玻璃、木纹、金属等常用材质的制作方法

6.1 材质的概述

同样的球体模型，因为材质的不同能显示出玻璃球、泥巴球、小钢珠等不同的材质效果，这得益于Maya强大的材质系统。Maya不但可以为模型制作材质，甚至还可以为毛发、粒子等制作材质，最终得到绚烂的效果，如图6.001所示。

图 6.001

6.2 材质编辑器

Maya 中提供了两种材质编辑器窗口，一种为 Multilister【多重列表】窗口，另一种为

Hypershade【材质超图】窗口，如图 6.002 所示。虽然这两种窗口都可以为材质的编辑提供操作，但是 Multilister【多重列表】窗口为早期版本使用的编辑器，Hypershade【材质超图】窗口是最新的材质编辑器，它提供了更加便捷的操作方式。

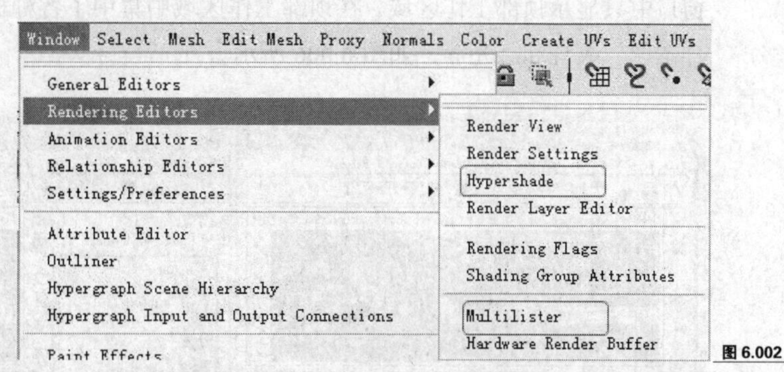

图 6.002

执行 Window>Rendering Editors>Hypershade【窗口>渲染编辑器>材质超图】命令，打开 Hypershade【材质超图】窗口，如图 6.003 所示。

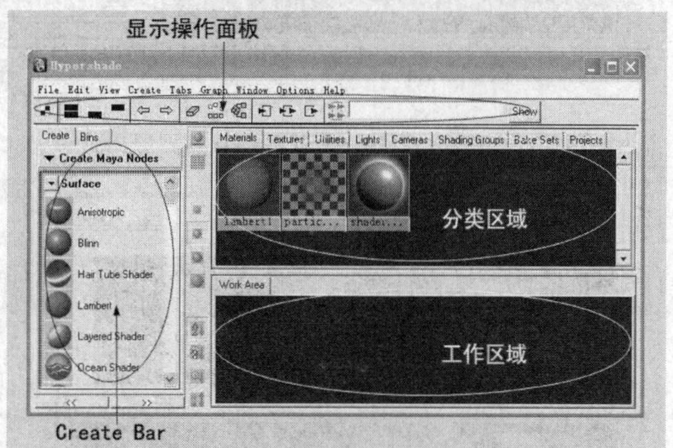

图 6.003

Hypershade【材质超图】窗口一共分为 4 个大的部分，分别为显示操作面板、Create Bar、分类区域和工作区域。

显示操作面板中集合了多个显示命令和查看命令，如图 6.004 所示。

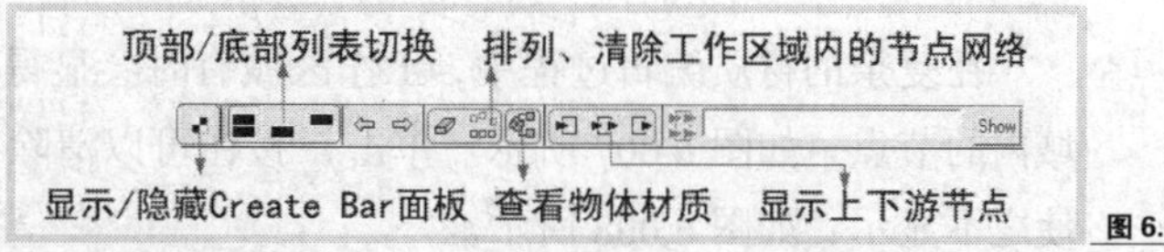

图 6.004

（1）显示/隐藏 Create Bar 面板

单击显示/隐藏Create Bar面板按钮，可以将Create Bar面板进行显示或隐藏。Create Bar面板中集合了材质、纹理、灯光、Utilities 和 mental ray 等材质控制点。通过显示 Create Bar 面板，可以快速地创建所需节点。通过隐藏 Create Bar 面板，可以扩大分类区域和工作区域的面积，便于复杂的材质操作，如图 6.005 所示。

（2）顶部/底部列表切换

、与3 个按钮构成了切换按钮组，用来控制顶部工作区域和底部工作区域的显示和隐藏。单击■按钮可以在 Hypershade【材质超图】窗口中同时显示顶部和底部的工作区域。单击▂按钮可以在 Hypershade【材质超图】窗口中只显示底部工作区域，这样就可以便捷地查看节点网络图、编辑材质网络节点和制作材质。单击▔按钮可以在 Hypershade【材质超图】窗口中只显示顶部工作区域，在顶部工作区域中集中了各种标签，用户可以方便地观察材质样本球、纹理和灯光等，如图 6.006 所示。

图 6.005

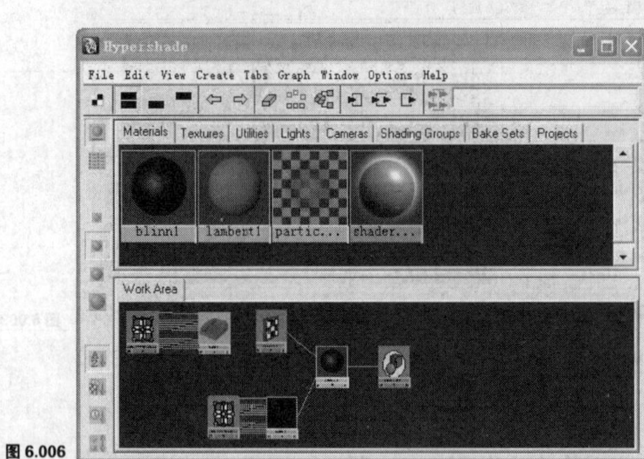

图 6.006

（3）排列、清除工作区域中的节点网络

在复杂的材质编辑过程中，工作区域有时会显得杂乱，单击按钮可以重新排列工作区域内的节点，如图 6.007 所示。单击按钮可以清除 Work Area【工作区域】中的所有节点，使之不显示，如图 6.008 所示。

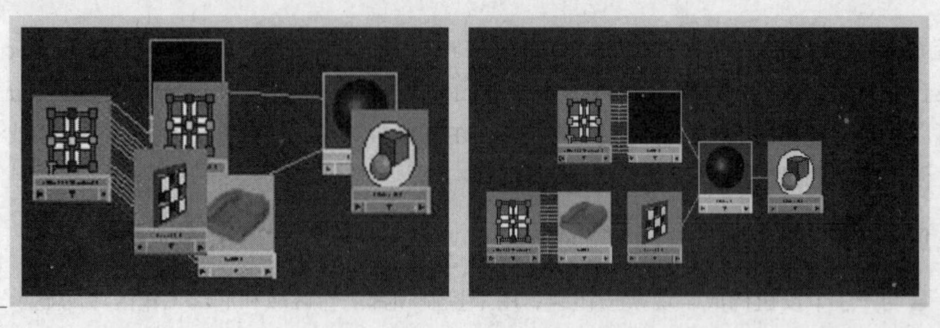

图 6.007

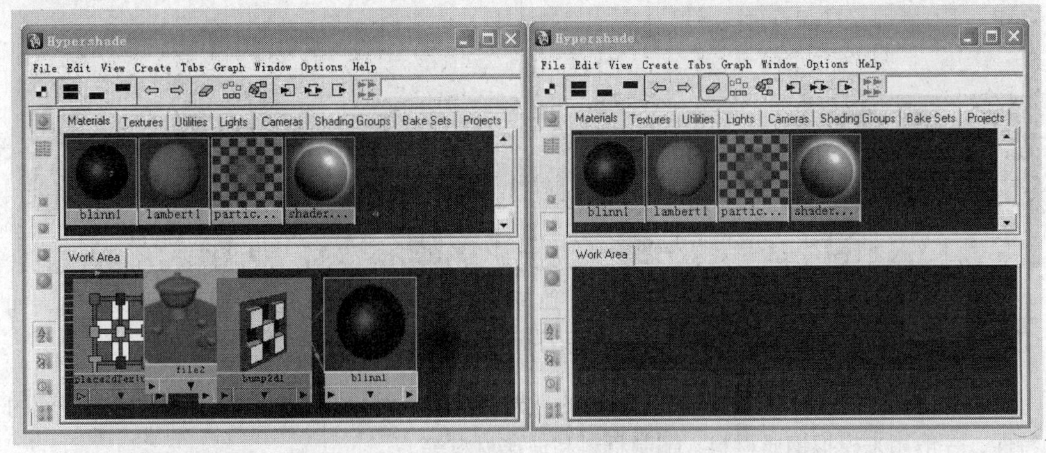

图 6.008

（4）查看对象材质

单击查看对象材质按钮，可以在 Work Area【工作区域】中显示出选择物体的材质，如图 6.009 所示。

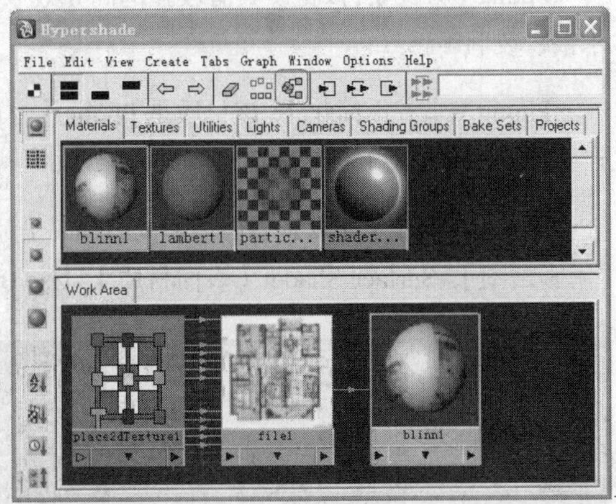

图 6.009

（5）显示上/下游节点

显示上/下游节点按钮组一共由 3 个按钮构成，分别是显示上游节点按钮、显示上下游节点按钮和显示下游节点按钮。单击显示上游节点按钮可以显示出所选材质的上游节点。单击显示上下游节点按钮可以显示出所选材质的上下游节点。单击显示下游节点按钮可以显示出所选材质的下游节点，如图 6.010 所示。

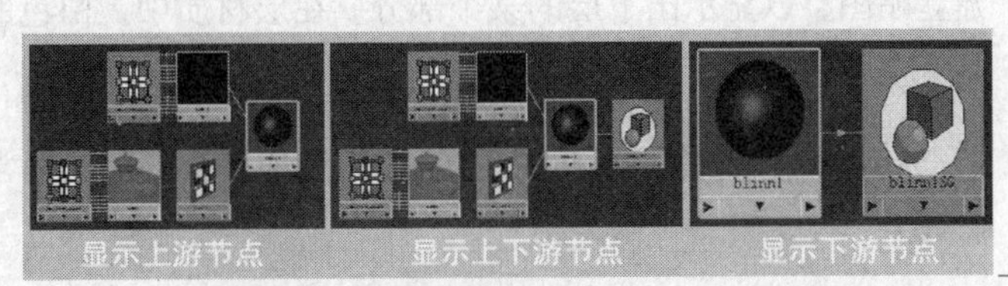

图 6.010

6.2.1 材质的基本类型

Maya 提供了很多不同的材质来体现丰富的效果，常用的材质有 Anisotropic、Blinn、Lambert、Phong 和 Phong E。这 5 种材质虽然有不同的高光形态，但有相同的表面体积效果，有相同的颜色、透明、环境、白炽和凹凸等选项，如图 6.011 所示。

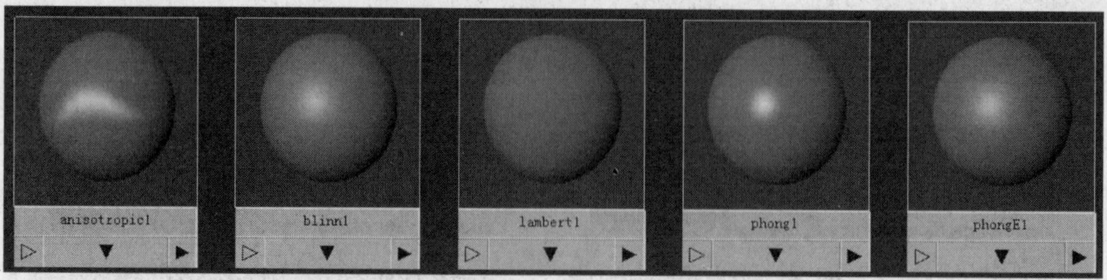

图 6.011

Anisotropic【各向异性】：该材质具有独特的镜面高光属性，适合模拟凹凸的表面，如 CD 表面、毛发、丝绸等。它的高光部分呈月牙形状且具有方向性。

Blinn【布林】：该材质可以产生柔和的高光和镜面反射，它具有金属表面和玻璃表面的特性，一般用来模拟钢质材料、铜制材料和玻璃材料等。

Lambert【兰伯特】：该材质为 Maya 的默认材质，表面没有高光和反射效果，适用于模拟不反光的表面，如墙壁、木纹等。

Phong【方氏】：该材质具有较强的高光效果，用来模拟具有非常亮的高光点的材质，如水银、玻璃等。

Phong E【方氏简化】：该材质是 Phong【方氏】的简化形式，操控更加便捷。它一样能产生 Phong【方氏】材质所能产生的效果。

Maya 中还有 4 种没有表面体积的材质，分别是 Layered Shader【层材质】、Shading Map【阴影贴图】、Surface Shader【表面材质】、Use Background【背景材质】，如图 6.012 所示。

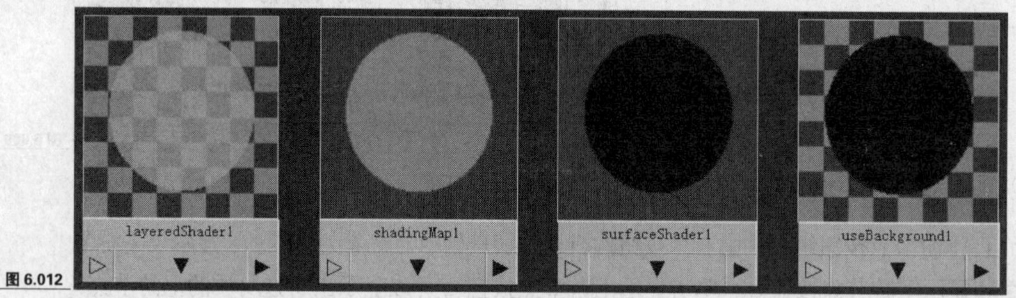

图 6.012

Layered Shader【层材质】：它可以将不同的材质节点合成在一起。每一层都具有自己的属性，每种材质都可以单独设计，然后连接到分层底纹上。用户可以调整上层的透明度或者建立贴图，以显示出下层的某个部分。在层材质中，白色的区域是完全透明的，黑色的区域是完全不透明的。

Shading Map【阴影贴图】：给表面添加一个颜色，通常应用于非现实或二维卡通以及阴影效果。

Surface Shader【表面材质】：给材质节点赋以颜色。和 Shading Map【阴影贴图】非常相似，它除了有颜色以外，还有透明度、辉光度和光洁度。因此，在目前的卡通材质制作中较多地选择 Surface Shader【表面材质】。

Use Background【背景材质】：一般用作合成的单色背景。

Maya 中还有 3 种材质，分别为 Hair Tube Shader【头发管状材质】、Ocean Shader【海洋材质】和 Ramp Shader【渐变材质】，如图 6.013 所示。

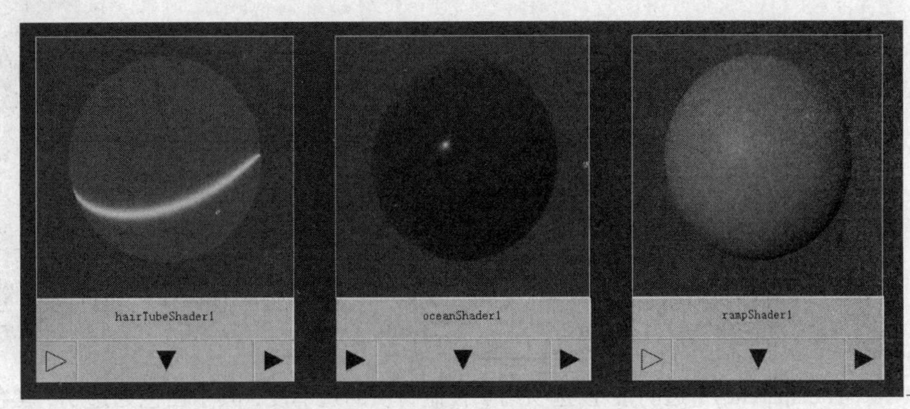

图 6.013

Hair Tube Shader【头发管状材质】：专门用来制作头发效果。

Ocean Shader【海洋材质】：用于制作海洋表面，用户可以根据时间的变化产生海洋表面波浪动画。

Ramp Shader【渐变材质】：渐变材质较为常用，适用于模拟金属、玻璃、卡通和国画等效果。

6.2.2 材质的属性设置

材质的属性中有通用属性、高光属性、材质的折射和折射率属性。

1. 通用属性

在常用的表面材质 Anisotropic【各向异性】、Blinn【布林】、Lambert【兰伯特】、Phong【方氏】和 Phong E【方氏简化】中，都有共同的属性设置，分别是 Color【颜色】、Transparency【透明】、Ambient Color【环境色】、Incandescence【白炽】、Bump Mapping【凹凸贴图】、Diffuse【漫反射】和 Translucence【半透明】，如图 6.014 所示。

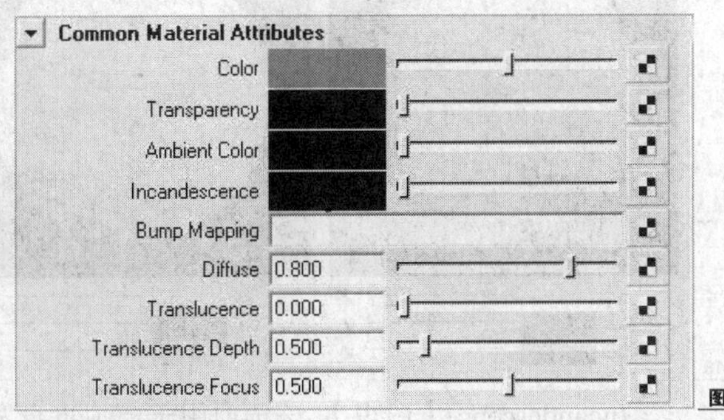

图 6.014

Color【颜色】：该选项用于控制材质的颜色，默认值为灰色。单击 Color 后的灰色色块，打开拾色器窗口，在窗口中可以拾取所需颜色，如图 6.015 所示。使用鼠标左键单击颜色选项后面的按钮，打开 Create Render Node【创建渲染节点】窗口，在其中用户可以为材质的颜色指定一个程序纹理或一张纹理贴图，如图 6.016 所示。

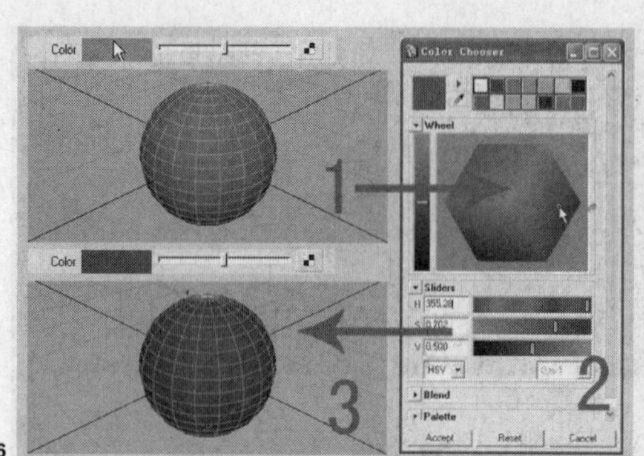

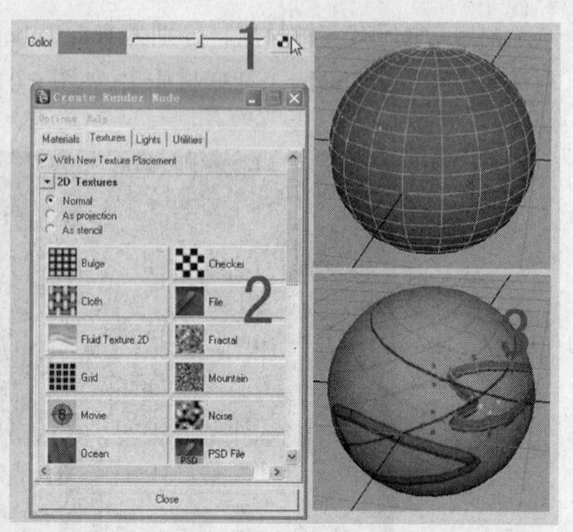

左 图6.015

右 图6.016

Transparency【透明】：该选项用于控制材质的透明度，其中白色为透明，黑色为不透明，如图 6.017 所示。

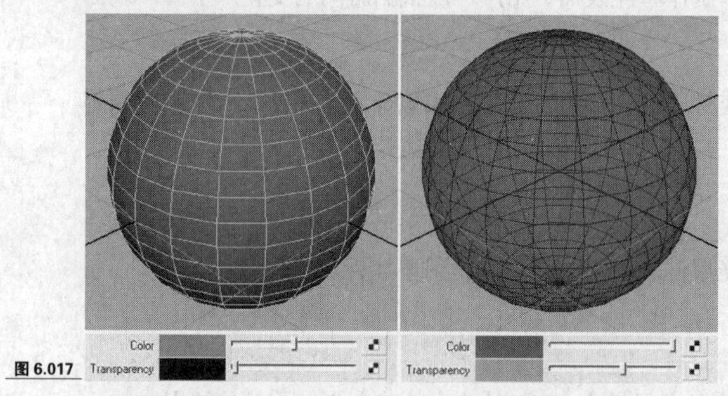

图 6.017

Ambient Color【环境色】：该选项用于控制对象受周围环境的影响，默认值为黑色，效果如图 6.018 所示。

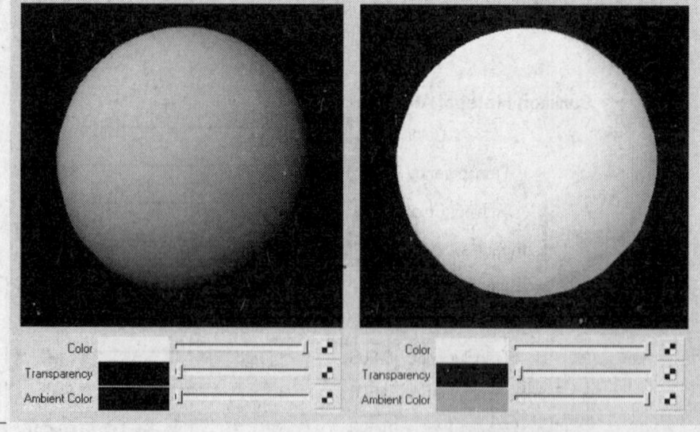

图 6.018

Incandescence【白炽】：该选项用于模拟自身发光效果，这是一种假的发光效果，在渲染时不会影响周围的对象，不能作为光源使用，如图 6.019 所示。

Bump Mapping【凹凸贴图】：该选项用于控制对象表面产生凹凸效果，这是一种假的凹凸效果，渲染后观察模型边缘依然是平滑的，效果如图 6.020 所示。

左 图6.019

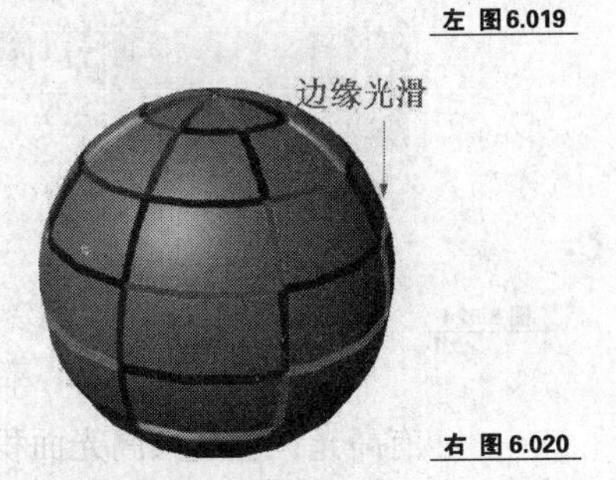

右 图6.020

Diffuse【漫反射】：该选项用于控制对象反射的强弱效果。

Translucence【半透明】：该选项用来制作对象的透光效果。

2. 高光属性

高光属性决定了材质的高光形状、强度等属性。

Anisotropic【各向异性】：该选项的高光属性较多，产生月牙状高光效果，如图 6.021 所示。

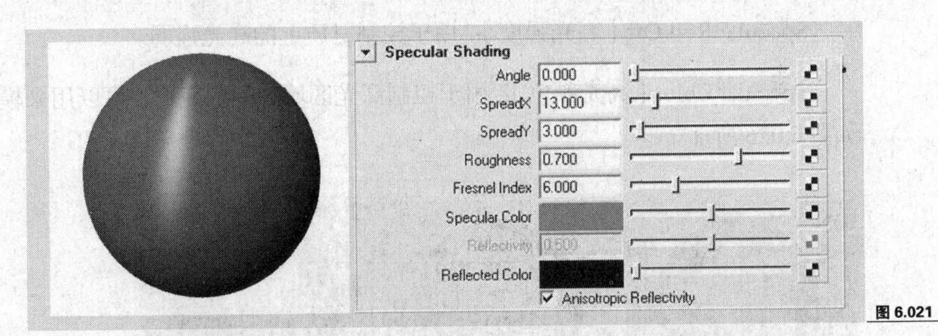

图 6.021

Angle【角度】：用来控制高光的角度方向，如图 6.022 所示。

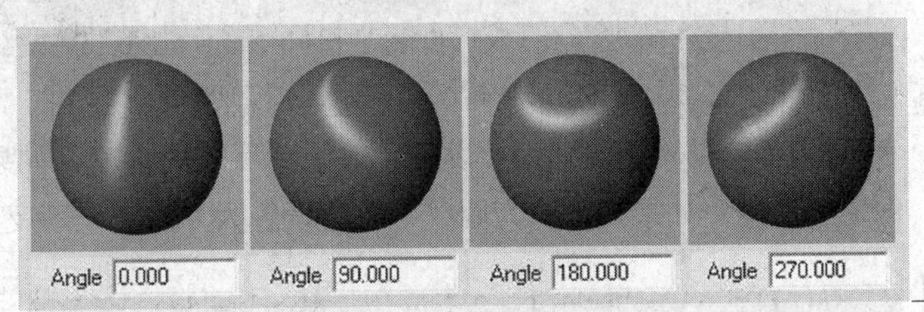

图 6.022

Spread X/Spread Y【伸展 X/Y】：该选项用来控制高光在 x 和 y 方向上的延展长度，如图 6.023 所示。

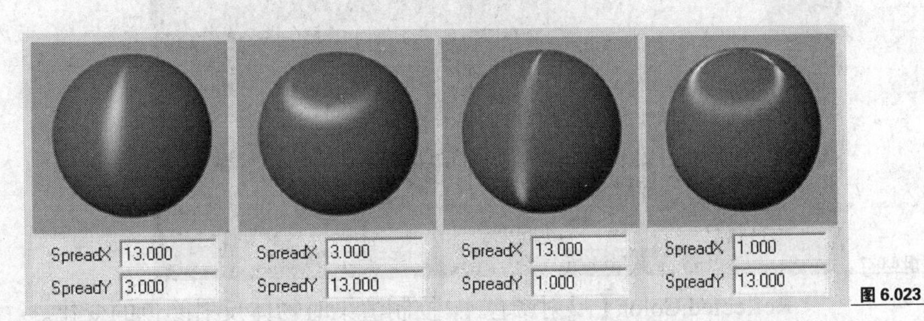

图 6.023

Blinn【布林】：该选项经常使用，其高光属性较好掌握，渲染速度较快，如图 6.024 所示。

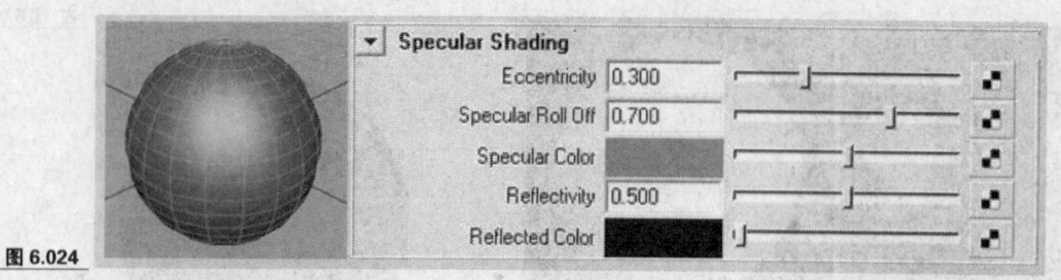

图 6.024

Eccentricity【偏心率】：该选项用于控制高光面积大小，默认值为 0.3。当该值为 0 时没有高光，值越大高光面积越大，如图 6.025 所示。

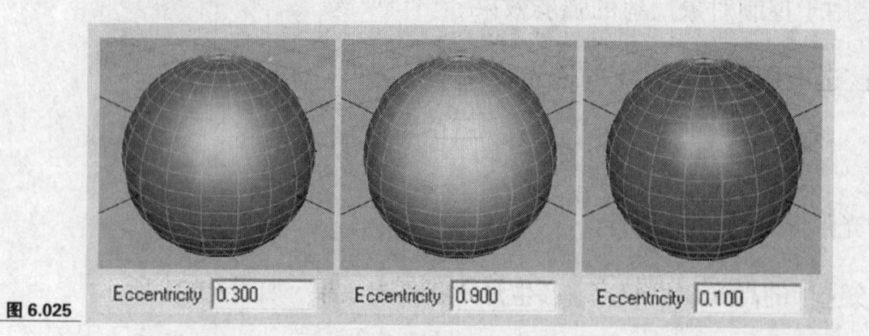

图 6.025

Specular Roll Off【高光强度】：用于控制材质上的高光强弱。

Specular Color【高光颜色】：用于控制高光区域的颜色变化，可以用来模拟光源的颜色，如图 6.026 所示。

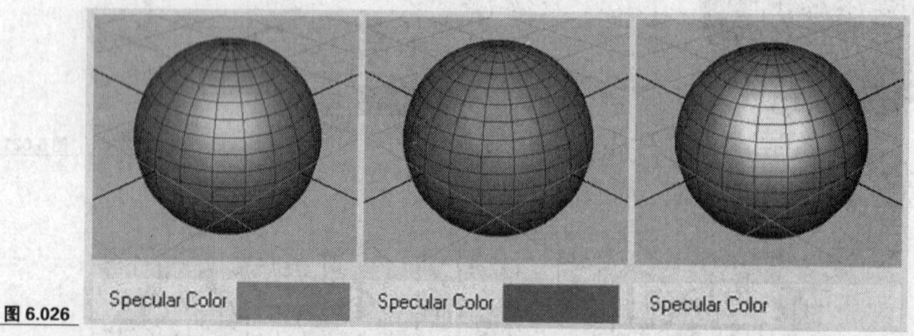

图 6.026

Reflectivity【反射率】：设置反射周围环境的强度，如果模拟物为镜子，数值设置为 1 时完全反射。如果模拟物为墙壁，数值设置为 0 时完全不反射，如图 6.027 所示。

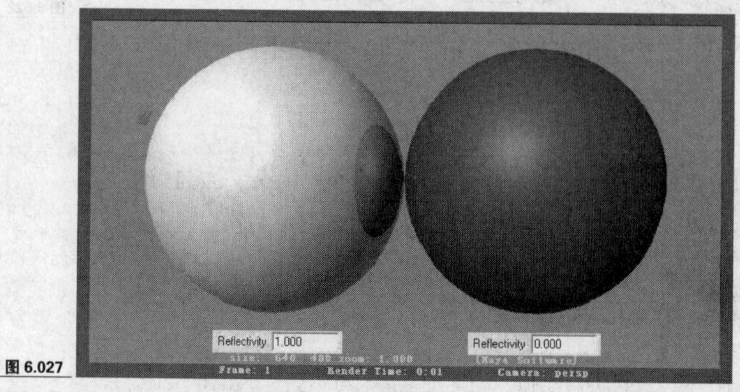

图 6.027

Reflected Color【反射颜色】：控制渲染时物体反射颜色的变化。

Lambert【兰伯特】：该材质没有高光，所以没有高光属性。

Phong【方氏】：该高光属性中有 Cosine Power【余弦指数】，用来控制高光体积的大小，如图 6.028 所示。

图 6.028

Phong E【方氏简化】：该选项的高光部分处理得比 Phong【方氏】更加柔和，增加了更多的高光选项，如图 6.029 所示。

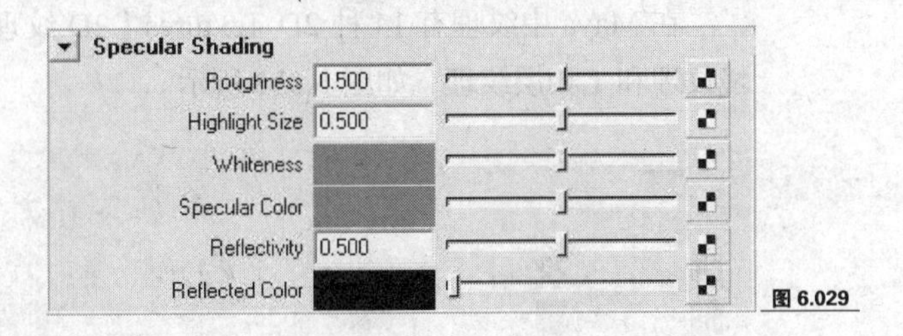

图 6.029

3. 折射和折射率

当控制渲染透明对象时，光线跟踪的选项设置集中在 Raytrace Options 选项组，如图 6.030 所示。

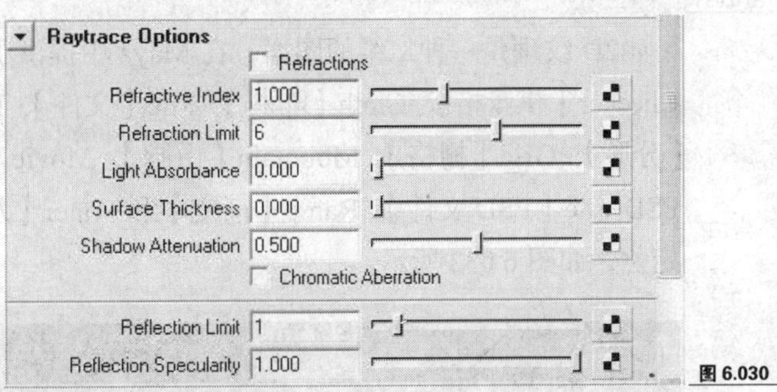

图 6.030

Refractions【折射】：只有勾选了该选项，材质才会产生折射。

Refractive Index【折射率】：光线穿过透明对象所产生的弯折变化。自然界中不同的透明物体有不同的折射率，例如，真空为 1.000 0，冰为 1.309 0，玻璃为 1.500 0，石英为 11.644 0，蓝宝石为 1.770 0，水晶为 2.000 0，钻石为 2.417 0。

Refraction Limit【折射限制】：光线穿过透明对象产生折射的最大次数，默认数值为 6。在设置玻璃时，折射次数要达到 9，但超过 10 后，效果就会不明显。

Light Absorbance【吸光率】：控制对象表面吸收光的能力。如果数值为负值，就会产生吸光效果。

Surface Thickness【表面厚度】：在单面模型渲染时，该数值可以设置模型厚度。

Shadow Attenuation【阴影衰减】：控制透明对象产生光线追踪阴影的聚焦效果。

Chromatic Aberration：勾选此选项在进行光线跟踪运算时，光线透过透明对象以不同角度折射。

Reflection Limit【反射限制】：控制物体被反射的最大次数，默认值为 1。

Reflection Specularity：用于避免反射内容的高光区域产生锯齿闪烁效果。

6.3 纹理贴图

在 Maya 中纹理有 14 种 2D Textures【2D 纹理】、13 种 3D Textures【3D 纹理】、5 种环境纹理和 1 种层纹理，如图 6.031 所示。

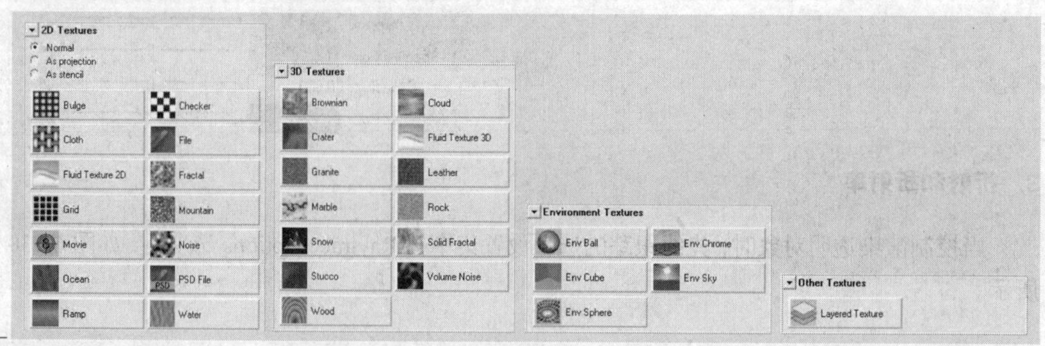

图 6.031

2D 纹理是一种二维的图案，在 Maya 中提供了 14 种二维纹理，分别为 Bulge【凸出】、Checker【棋盘格】、Cloth【布料】、File【文件】、Fluid Texture 2D【二维流体纹理】、Fractal【分形】、Grid【栅格】、Mountain【山脉】、Movie【电影】、Noise【噪波】、Ocean【海洋】、PSD File【PSD 文件】、Ramp【渐变】和 Water【水流】，可以根据模型的 UV 坐标进行贴图定位，如图 6.032 所示。

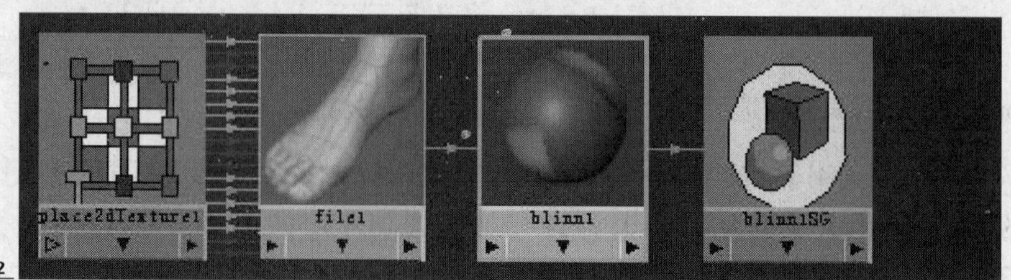

图 6.032

Bulge【凸出】：可以通过 U Width 和 V Width 来控制黑白间隙，多数用来制作凹凸纹理。

Checker【棋盘格】：和下棋时的棋盘相似，为黑白方格交错的模式，通过 Color1 和 Color2 可以调整黑白图案为彩色图案，该纹理多数用来检查多边形 UV 分布是否均匀合理。

Cloth【布料】：3 种颜色相交织，用来模拟纺织品的效果。

File【文件】：这是最为常用的 2D 纹理，它可以读取计算机中的图片文件作为模型的贴图，使用起来非常便捷。

Fluid Texture 2D【二维流体纹理】：可以用来模拟 2D 流体纹理。

Fractal【分形】：表现为黑白相间的不规则纹理，用于模拟岩石、墙壁等材质。

Grid【栅格】：用来模拟有规律性变化的材质，如纱窗、马赛克墙面等。

Mountain【山脉】：用来模拟山脉表面的纹理，通过属性的调整，可以制作出雪冠的效果。

Movie【电影】：该选项和 File【文件】相似，可以从计算机中读取数据来作为模型贴图。不同的是 Movie【电影】导入的是视频文件。

Noise【噪波】：这是利用噪波函数生成的程序纹理，随机性较大。

Ocean【海洋】：用来表现海水的纹理。

PSD File【PSD 文件】：可以导入 PSD 格式的文件，还可以较好地利用 PSD 格式的图层特效与 Maya 进行交互。

Ramp【渐变】：产生渐变效果。

Water【水流】：用来表现水波纹效果。

3D 纹理是三维程序贴图，可以根据 3D 坐标对模型进行贴图定位，如图 6.033 所示。Maya 中提供了 13 种 3D 纹理贴图，分别为 Brownian【布朗】、Cloud【云雾】、Crater【坑洼】、Fluid Texture 3D【3D 流体纹理】、Granite【花岗岩】、Leather【皮纹】、Marble【大理石】、Rock【岩石】、Snow【雪】、Solid Fractal【实体分形】、Stucco【灰泥】、Volume Noise【体积噪波】、Wood【木纹】。

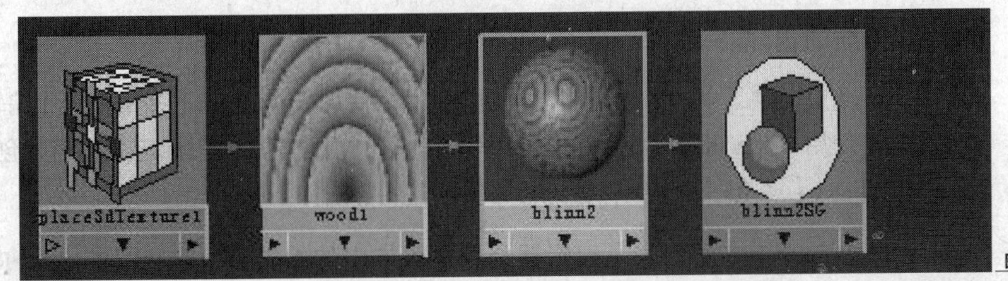

图 6.033

Brownian【布朗】：用来表现岩石、墙面、地面等效果，它和噪波效果有一些相似。

Cloud【云雾】：用于表现云层、天空效果。

Crater【坑洼】：用来表现不平整的地面、外星球表面等材质效果。

Fluid Texture 3D【3D 流体纹理】：它和 2D 流体纹理的作用大致相同，用来模拟流体效果。

Granite【花岗岩】：用来表现花岗岩的纹理效果。

Leather【皮纹】：用来表现皮衣、皮鞋、皮包等皮质物品的效果。

Marble【大理石】：表现大理石特有的纹理。

Rock【岩石】：表现岩石表面的效果。

Snow【雪】：表现雪花覆盖表面的纹理。

Solid Fractal【实体分形】：表现为黑白相间的不规则纹理。

Stucco【灰泥】：表现水泥墙等效果。

Volume Noise【体积噪波】：表现随机纹理或者作为凹凸贴图使用。

Wood【木纹】：表现木头的纹理效果。

环境纹理常常用来模拟物体所处的环境。

环境纹理有 5 个选项，分别为 Env Ball【环境球】、Env Chrome【镀环境】、Env Cube【环境体】、Env Sky【环境天空】、Env Sphere【环境球体】。

Env Ball【环境球】：用来模拟球形环境。

Env Chrome【镀环境】：用来模拟天空和地面来作为反射环境。

Env Cube【环境体】：使用 6 个面围成的立方体来模拟反射环境。

Env Sky【环境天空】：用来模拟天空的反射效果。

Env Sphere【环境球体】：可以使用贴图的方式直接把图片贴到一个球上，从而模拟物体所处的环境。

使用 Layered Texture【层纹理】可以混合其他纹理，它使用起来就像 Photoshop 的图层一样便捷。

6.3.1 材质的创建

在 Maya 中提供了多种方法来创建材质，例如，使用 Multilister【多重列表】编辑器进行材质创建，使用 Hypershade【材质超图】编辑器进行材质创建，使用标记菜单直接创建材质。使用 Multilister【多重列表】编辑器进行材质创建的方法如下。

① Multilister【多重列表】编辑器是较早版本中的编辑器，执行 Window>Rendering Editors>Multilister【窗口>渲染编辑器>多重列表】命令，可以打开多重列表编辑器。

② 执行 Multilister【多重列表】窗口的菜单中的 Edit>Create【编辑>创建】命令，可以打开 Create Render Node【创建渲染节点】窗口。

③ Create Render Node【创建渲染节点】窗口中提供了所有材质，单击所需材质按钮，如 Blinn 按钮，则创建了布林材质，在多重列表窗口中可以看到新的布林材质，如图 6.034 所示。

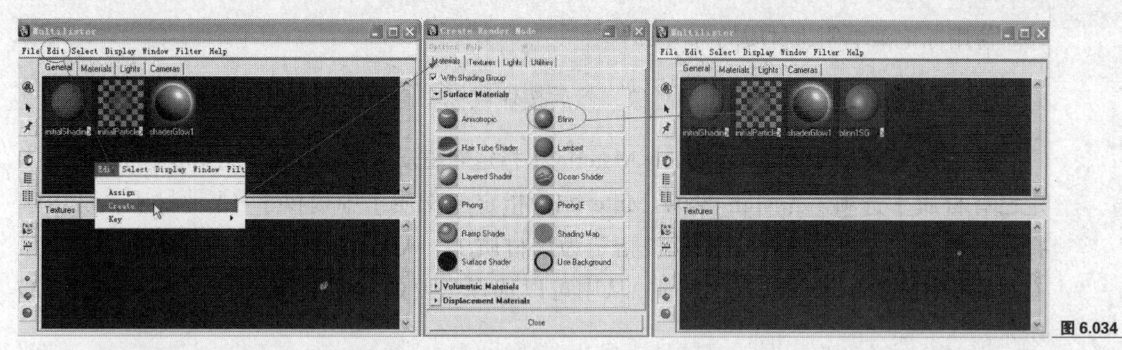

图 6.034

使用 Hypershade【材质超图】编辑器进行材质创建的方法如下。

① Hypershade【材质超图】编辑器是较新版本中出现的编辑器，执行 Window>Rendering Editors> Hypershade【窗口>渲染编辑器>材质超图】命令，可以打开材质超图编辑器。

② 执行 Hypershade【材质超图】窗口的菜单中的 Create>Materials>Blinn【创建>材质>布林】命令，在 Hypershade 窗口中创建了一个新的 Blinn 材质，如图 6.035 所示。

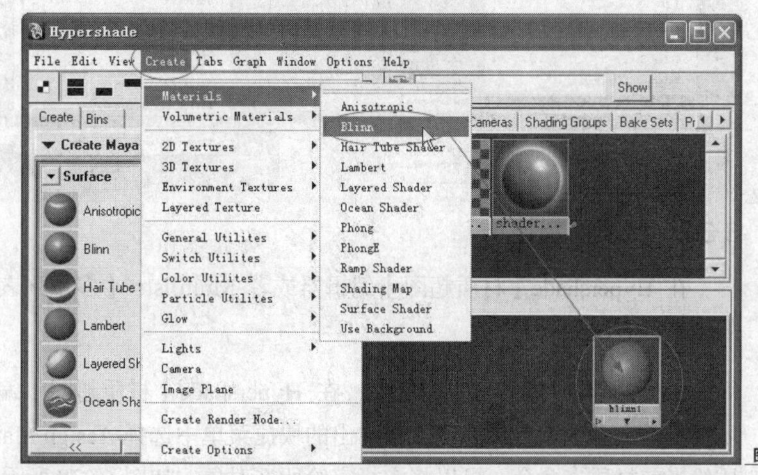

图 6.035

使用 Hypershade【材质超图】编辑器进行材质创建的时候还可以使用这样的方法，打开 Hypershade【材质超图】编辑器，在 Create Bar 面板中可以直接单击不同按钮来创建不同类型的节点，如图 6.036 所示。

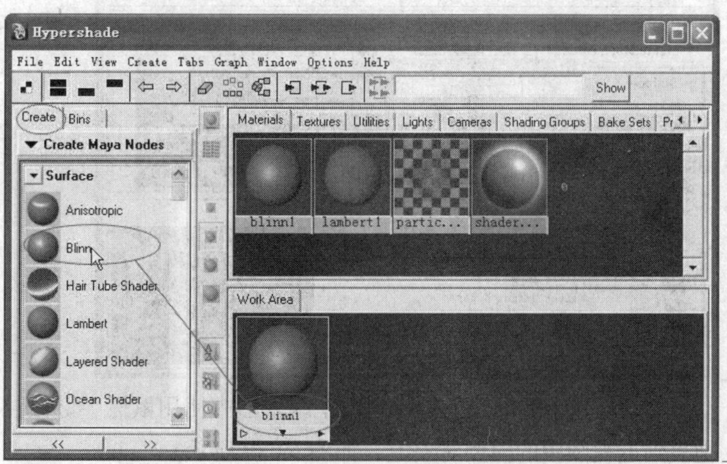

图 6.036

使用标记菜单创建材质的方法如下。

① 选中需要进行材质创建的对象，然后按住鼠标右键不放显示出标记菜单。

② 在标记菜单中有 Assign New Material【指定新材质】和 Assign Existing Material【指定已有材质】选项。Assign New Material【指定新材质】中提供了 12 种材质，从中选择所需的材质，则选中的对象就被指定为该材质了。Assign Existing Material【指定已有材质】中显示了场景已有的材质，从中可以选择需要的材质给所选的对象，如图 6.037 所示。

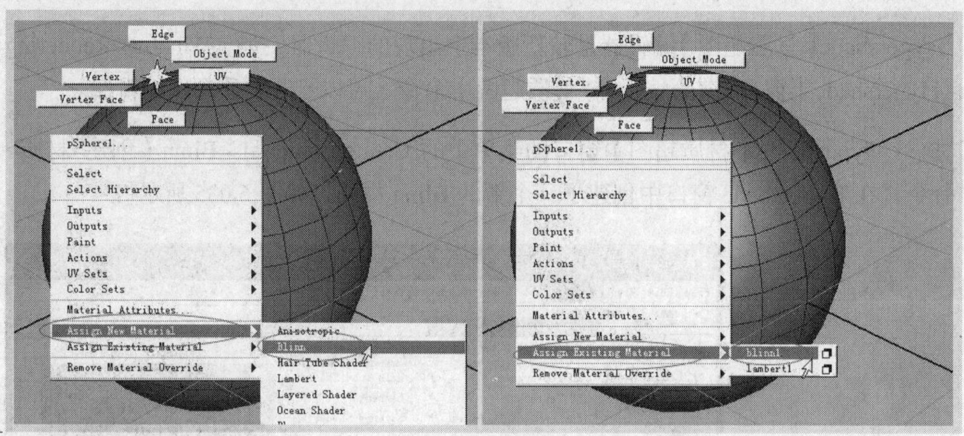

图 6.037

6.3.2 材质的指定

在 Hypershade【材质超图】编辑器或者 Multilister【多重列表】编辑器中可以进行材质的指定，方法如下。

① 选择需要指定材质的对象，在 Hypershade【材质超图】编辑器中将鼠标指针放在材质样本球上并单击鼠标右键，在弹出的快捷菜单中选择 Assign Material To Selection【指定材质给当前材质】命令，可以将它指定给所选对象，如图 6.038 所示。

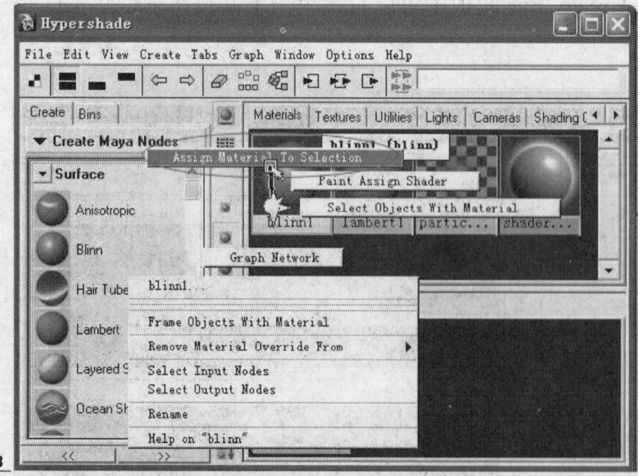

图 6.038

② 在 Hypershade【材质超图】编辑器中使用鼠标中键按住所需材质样本球，然后将它拖曳到透视图中的模型对象上，如图 6.039 所示。

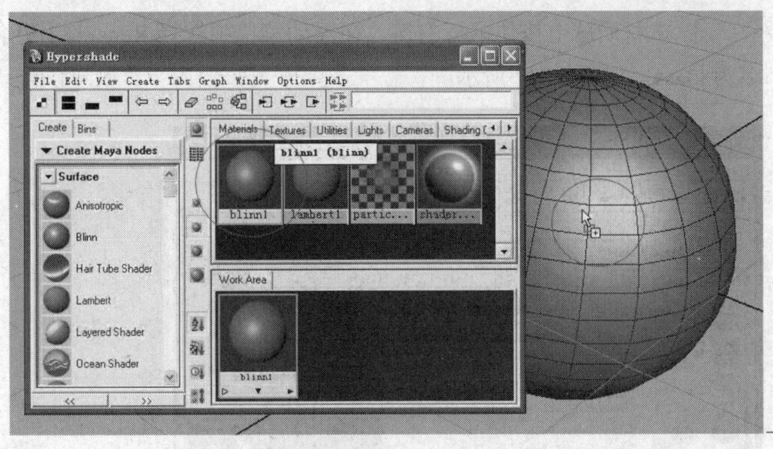

图 6.039

6.4 课堂实例

6.4.1 实例 1——透明材质的制作

案例学习目标：学习制作透明材质，并理解基本的节点概念。

案例知识要点：掌握 Create Maya Nodes【创建 Maya 节点】命令，创建材质；设置 Specular Shading【高光】选项组中的选项，修改材质高光属性；设置 Raytrace Options【光线跟踪选项】选项组中的选项，进行光线跟踪选项的设置；使用 General Utilities 选项组中的 Sampler Info【采样信息】和 Ramp【渐变】节点设置材质渐变效果。

效果所在位置：Ch06\透明材质的制作。

操作方法。

① 打开本书素材中提供的“透明材质.mb”场景文件，在这个场景中已经创建了简单的模型并且调试了合适的灯光照明方案，如图 6.040 所示。

② 执行 Window>Rendering Editors>Hypershade【窗口>渲染编辑器>超图】命令，打开超图窗口。在超图窗口左侧的 Create Maya Nodes【创建 Maya 节点】列表框中选择 Bliin 材质球，即可在操作区中出现 bliin1 材质球，如图 6.041 所示。

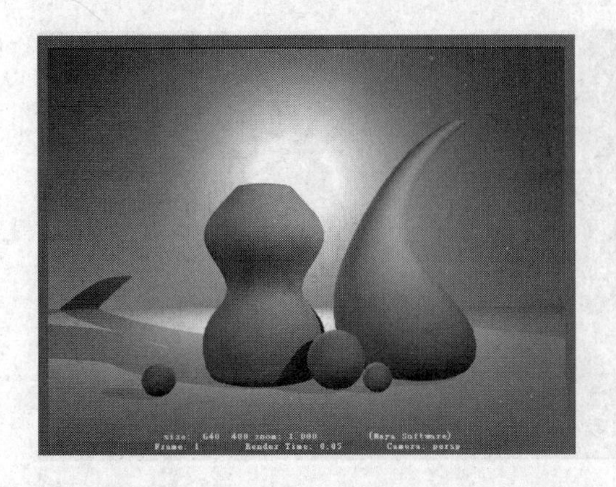

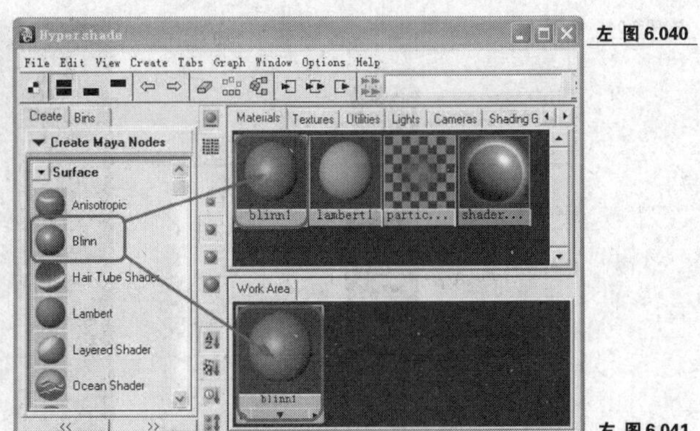

左 图 6.040

右 图 6.041

③ 在材质球上按住鼠标右键，在浮动菜单中选择 Rename【更名】命令，将材质球重命名为 glass，如图 6.042 所示。

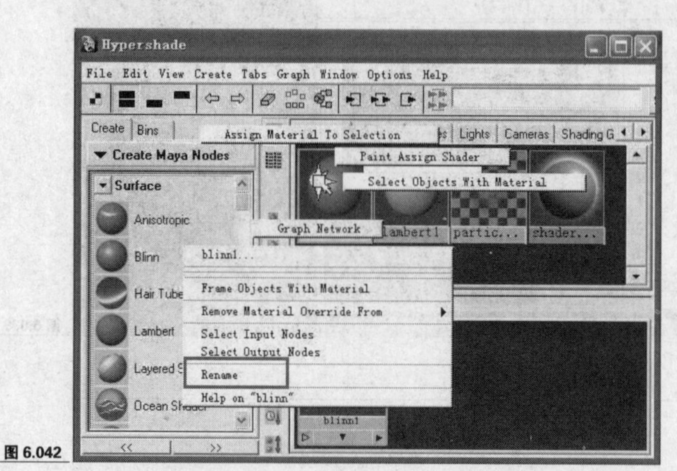

图 6.042

④ 使用鼠标中键将材质球拖曳至场景中的平面上后释放鼠标，将 glass 材质赋予场景中的葫芦形的玻璃器皿，如图 6.043 所示。

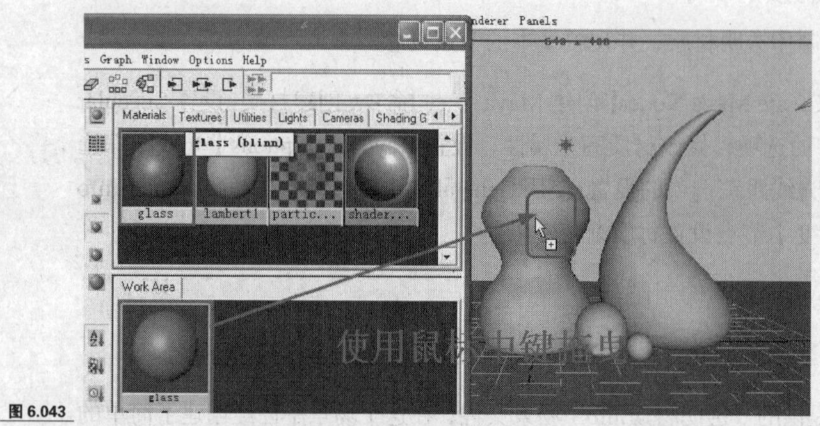

图 6.043

⑤ 为了得到玻璃的效果，用户需要对玻璃材质进行透明处理。在 Hypershade 窗口中双击 glass 材质球，打开 glass 材质的属性窗口，将 Color【颜色】设置为黑色，Transparency【透明】设置为白色，如图 6.044 所示。

⑥ 单击按钮对场景进行渲染，得到透明效果，如图 6.045 所示。

左 图 6.044

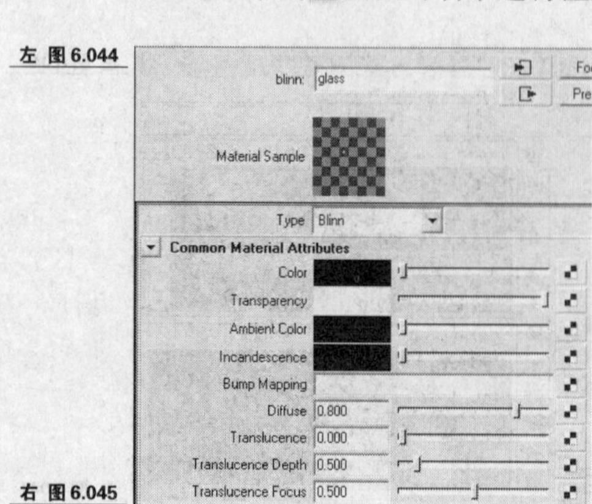

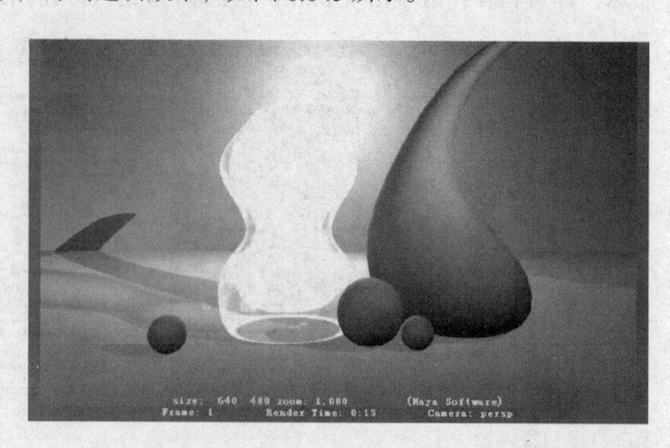

右 图 6.045

⑦ 在 glass 材质的属性窗口中，将材质的 Specular Shading【高光】选项组中的选项进行设置。结合玻璃的属性特征，将默认的 Eccentricity【偏心率】0.3 缩小，设置为 0.03，将高光的区域缩小；将 Specular Roll Off【高光强弱】由默认的 0.7 设置为 1.5，将高光的亮度提高；将 Specular Color【高光颜色】选项由默认的灰色设置为白色，如图 6.046 所示。

⑧ 单击按钮对场景进行渲染，和设置的数值一样，glass 材质的高光亮度较高，高光面积较小，高光的颜色为白色，如图 6.047 所示。

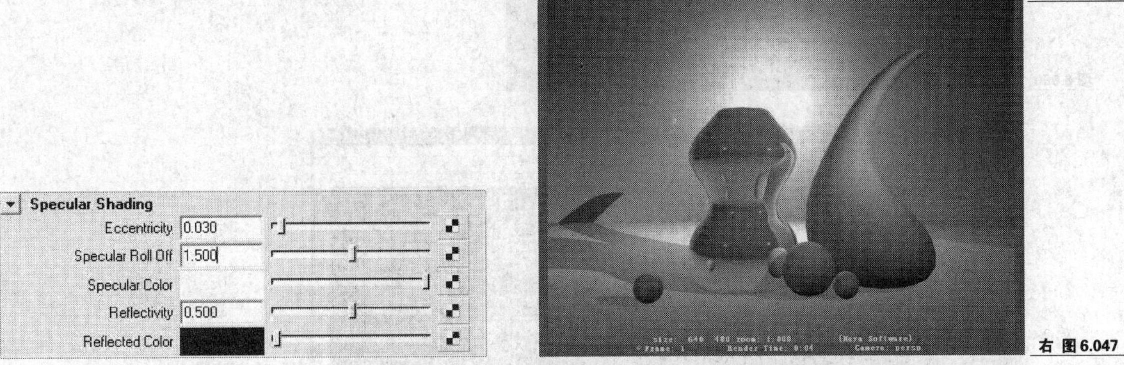

左 图 6.046

右 图 6.047

⑨ 在 glass 材质的属性窗口中展开 Raytrace Options【光线跟踪选项】选项组，勾选 Refractions【折射】复选框，打开光线跟踪选项的开关。根据玻璃的特性，设置 Refractive Index【折射率】为 1.4，将 Refraction Limit【折射限制】设置为 10，如图 6.048 所示。

⑩ 在状态栏中单击渲染设置按钮，在 Maya Software 中展开 Raytracing Quality 选项组，勾选 Raytracing 复选框，打开光线跟踪总开关，并将 Refractions 设置为 10，如图 6.049 所示。

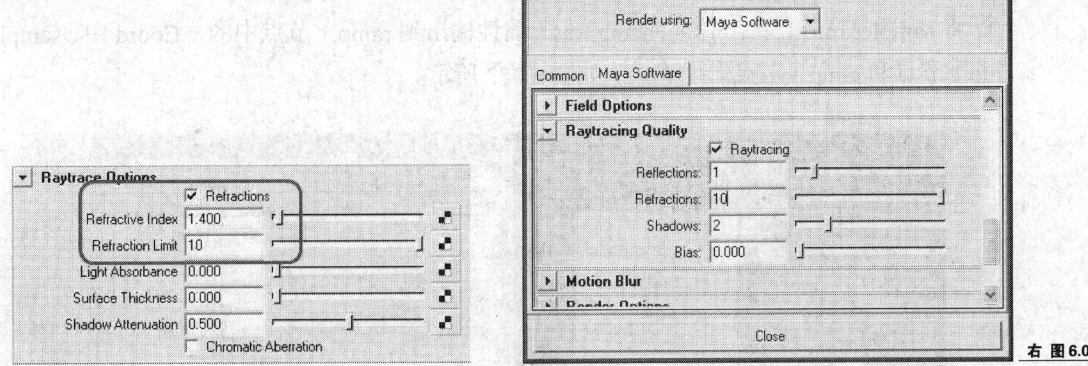

左 图 6.048

右 图 6.049

⑪ 进行渲染，效果如图 6.050 所示。观察渲染结果，玻璃从中间至边缘的透明变化效果不明显，还需要进行设置。

⑫ 在超图窗口中的 General Utilities 选项组中找到 Sampler Info【采样信息】和 Ramp【渐变】节点，使用鼠标中键将这两个节点拖曳至工作区域，出现 sampler Info 1 和 ramp1 两个节点，如图 6.051 所示。

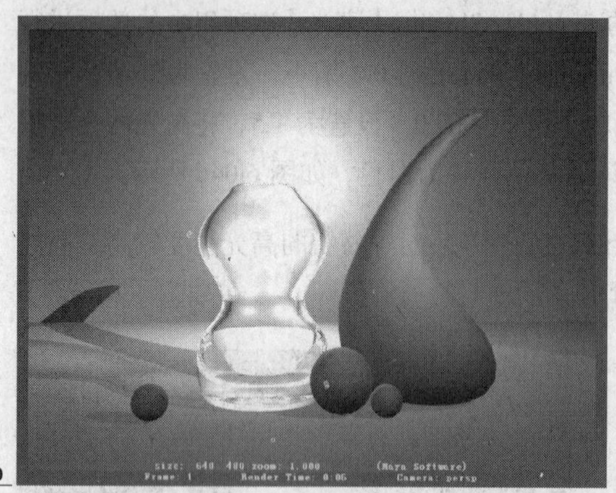

图 6.050

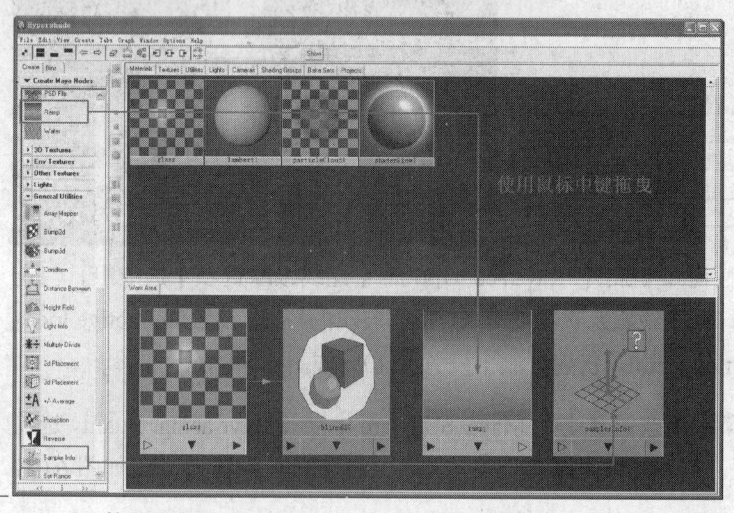

图 6.051

⑬ 使用鼠标中键将 Sampler Info【采样信息】拖曳至 Ramp【渐变】节点上，然后在标记菜单中选择 Other 命令，打开关联编辑器窗口。选择右侧输出属性中显示的 sampler Info 1 节点中的 Facing Ratio【面比率】，然后选择左侧输入属性中显示的 ramp 1 节点中的 v Coord 项，将 sampler Info 1 节点中的 Facing Ratio 属性输出到 ramp 1 节点中的 v Coord 中，sampler Info 1 节点和 ramp 1 节点产生连接，如图 6.052 所示。

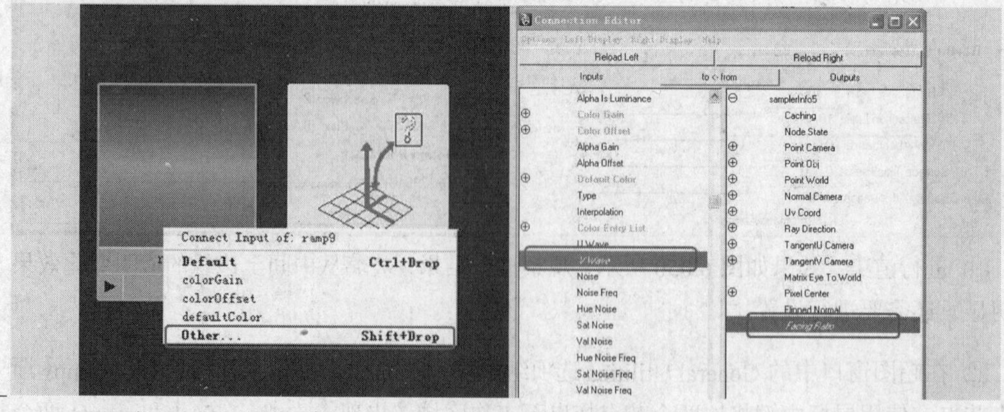

图 6.052

⑭ 双击 ramp 1 节点，在 ramp 1 的属性设置窗口中设置 Interpolation【渐变方式】为 Smooth【光滑】，设置上方为白色，下方为黑色，如图 6.053 所示。

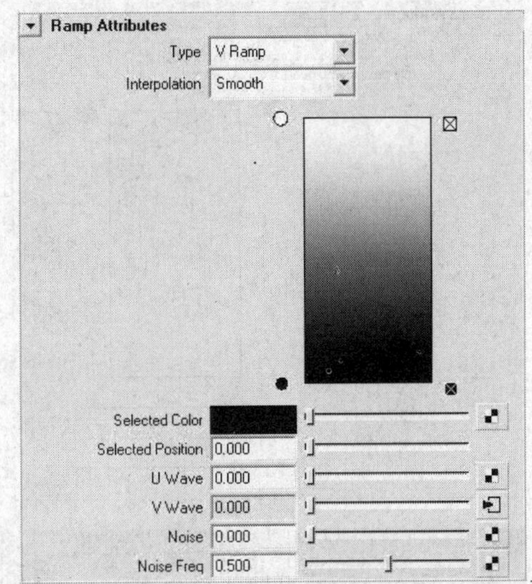

图 6.053

⑮ 选择 ramp 1 节点，使用鼠标中键将 ramp 1 节点拖曳至 glass 材质球上，在弹出的快捷菜单中选择 transparency【透明】命令，这样就添加了玻璃材质的渐变效果，如图 6.054 所示。

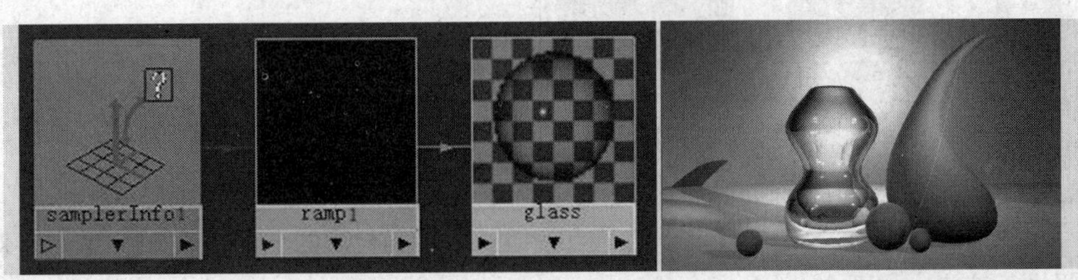

图 6.054

⑯ 使用同样的方法可以为玻璃制作反射变化。在超图窗口中的 General Utilities 选项组中再次拖曳 Ramp【渐变】节点至超图工作区，创建 ramp 2 节点，使用步骤⑬中的方法将 sampler Info 1 节点的 Facing Ratio【面比率】属性连接到 ramp 2 节点的 VCoord 属性中，如图 6.055 所示。

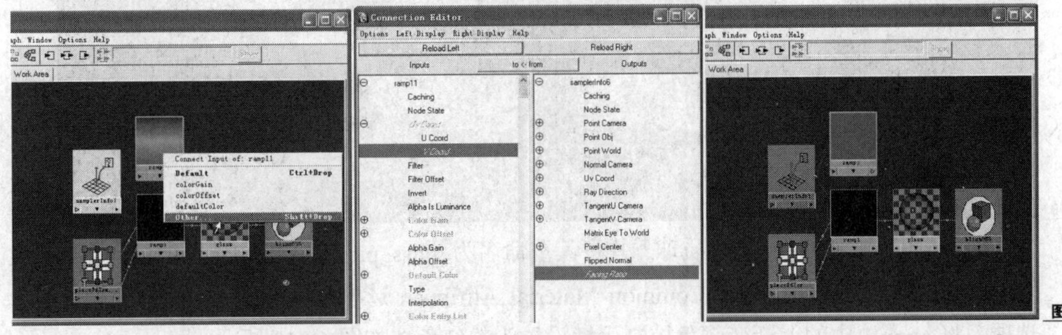

图 6.055

⑰ 双击 ramp2 节点，打开 ramp 2 节点的属性窗口，设置 Interpolation【渐变方式】为 Linear【线性】，设置上方为灰色，下方为白色，如图 6.056 所示。

⑱ 使用鼠标中键拖曳 ramp 2 节点至 glass 材质属性窗口中 Specular Shading 选项组中的 Reflectivity【反射率】上，然后释放鼠标，将 ramp 2 节点连接到 glass 材质的 Reflectivity 上，如图 6.057 所示。

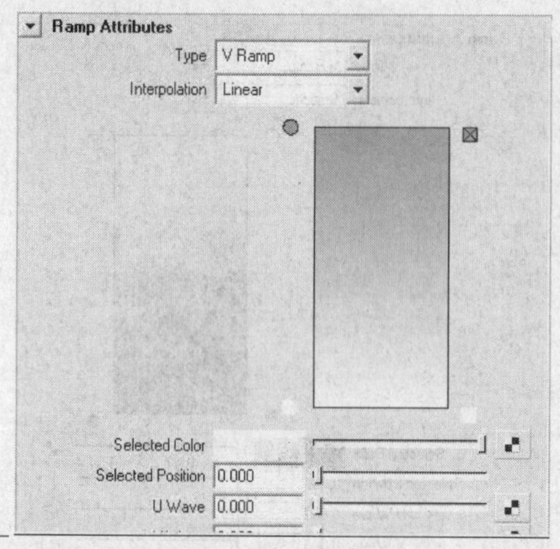

图 6.056

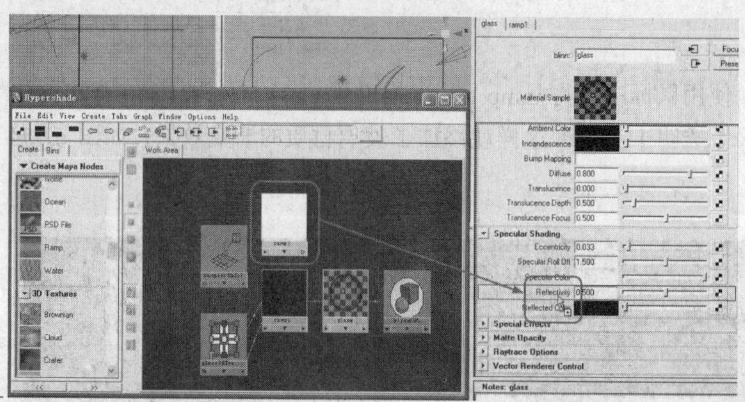

图 6.057

⑲ 观察超图，单击展开上下游节点按钮，展开材质的全部输入/输出节点，对材质效果进行渲染，如图 6.058 所示。

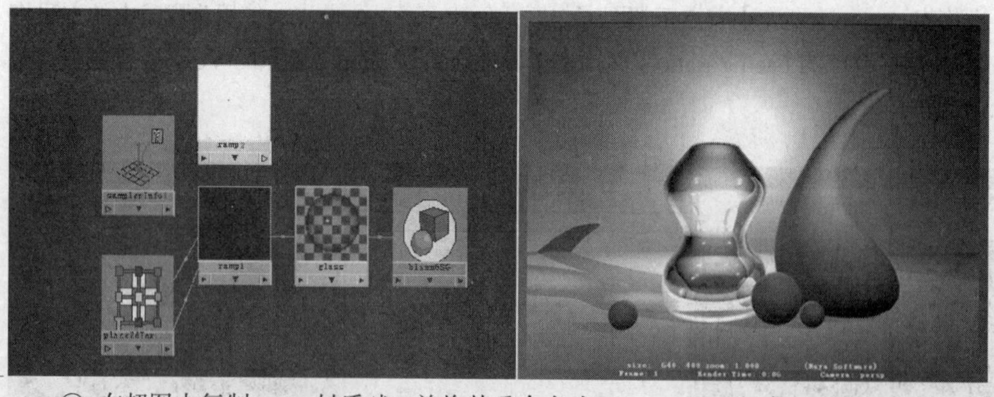

图 6.058

⑳ 在超图中复制 glass 材质球，并将其重命名为 glass_pink，双击 glass_pink 材质球，设置 glass_pink 材质属性窗口中 Common Material Attributer 选项组中的 Transparency【透明】选项，将 ramp 1 中的上渐变颜色控制手柄设置为粉红色，如图 6.059 所示。

㉑ 使用鼠标中键将 glass_pink 材质球拖曳至场景中的球体上后，释放鼠标，渲染场景的效果如图 6.060 所示。

㉒ 使用同样的方法复制材质球，进行颜色的修改，并将材质球赋予场景中的玻璃器皿，渲染场景的效果如图 6.061 所示。

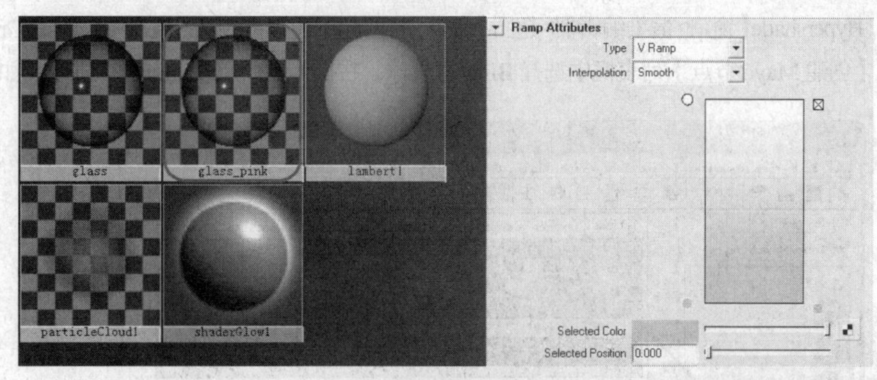

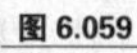
图 6.059

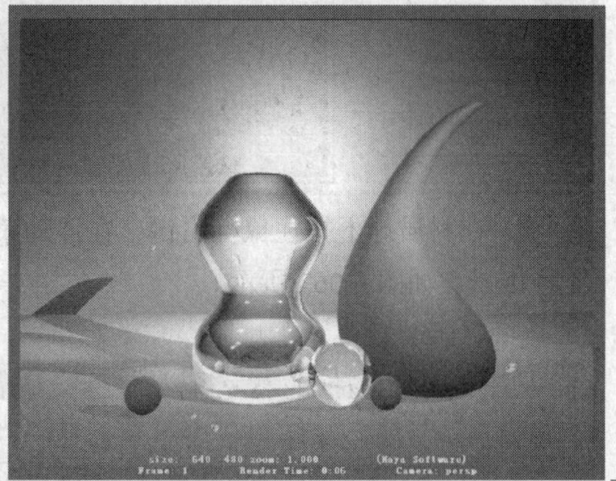

图 6.060

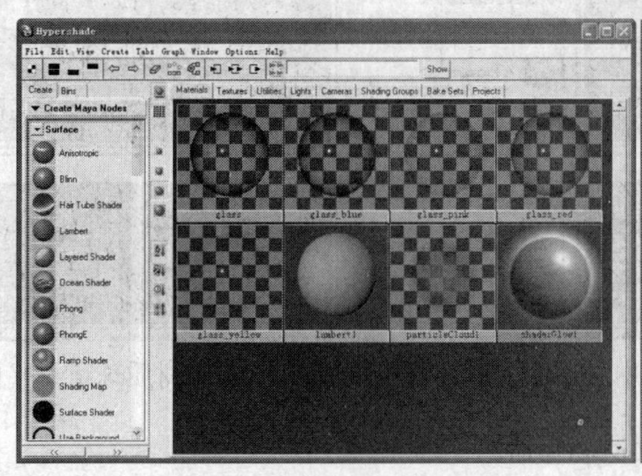

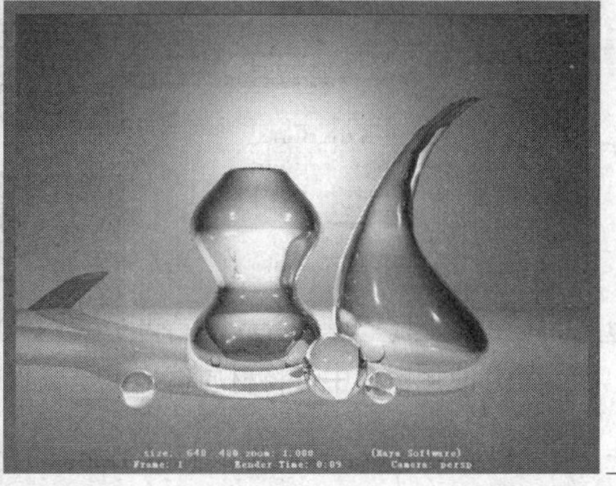

图 6.061

6.4.2 实例 2——木纹质感制作

案例学习目标：学习制作木纹质感，并理解基本的节点概念。

案例知识要点：掌握 Create Maya Nodes【创建 Maya 节点】命令，创建材质；掌握 Create Render Node【创建渲染节点】窗口中 Texture【纹理】选项卡中的 3D Texture 选项组中使用 3D 木纹程序纹理的方法创建材质；设置 Specular Shading【高光】选项组中的选项，修改材质高光属性；设置 Bump Mapping，制造凹凸效果。

效果所在位置：Ch06\木纹质感制作。

操作方法。

① 为了衬托金属材质的质感，首先需要创建地面材质。执行 Window>Rendering Editors>

Hypershade【窗口>渲染编辑器>超图】命令，打开超图窗口。在超图窗口中左侧的 Create Maya Nodes【创建 Maya 节点】列表框中选择 Bliin 材质球，在操作区中出现 bliin1 材质球，如图 6.062 所示。

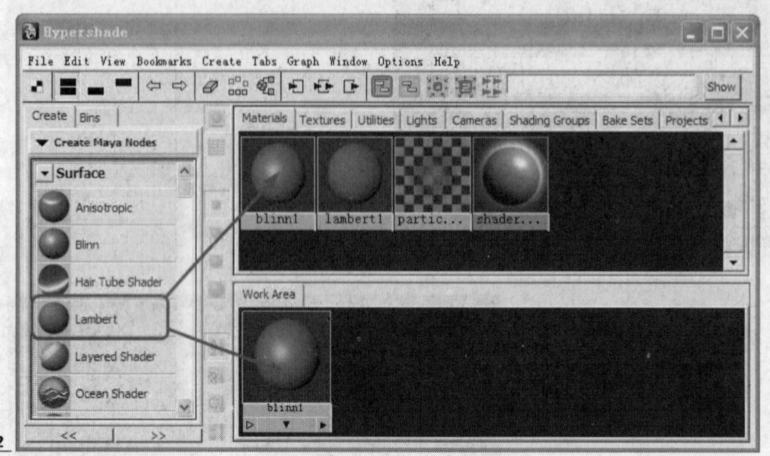

图 6.062

② 在材质球上按住鼠标右键，在浮动菜单中选择 Rename【更名】命令，将材质球重命名为 floor，如图 6.063 所示。

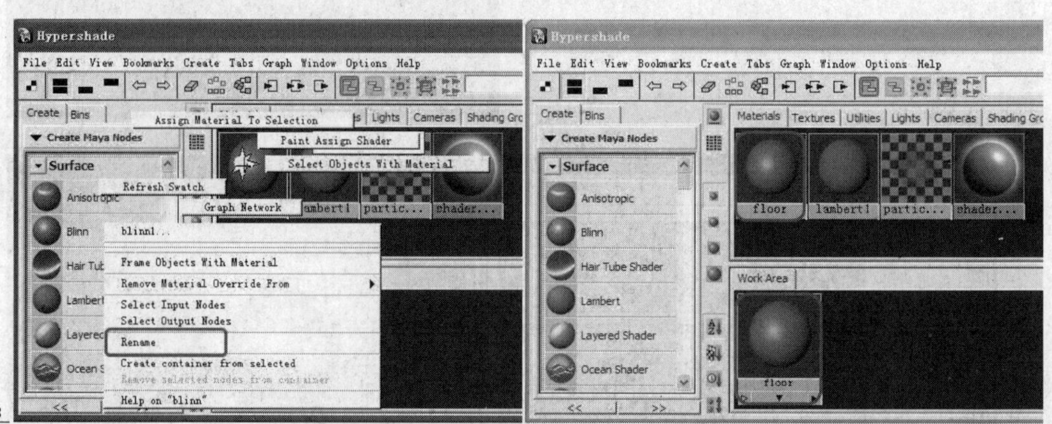

图 6.063

③ 使用鼠标中键将材质球拖曳至场景中的平面上后，释放鼠标，将 floor 材质球赋予平面。

④ 双击 floor 材质球，打开 floor 的材质编辑器。

⑤ 单击 Color【颜色】选项右侧的 按钮，打开 Create Render Node【创建渲染节点】窗口，然后在 Texture【纹理】选项卡中的 3D Textures 选项组中，单击 Wood 按钮，创建系统提供的 3D 木纹程序纹理，如图 6.064 所示。

⑥ 对场景进行渲染，得到的效果如图 6.065 所示。

⑦ 双击 floor 材质球，打开 Wood 的材质编辑器，设置 Filler Color【纹理之间的颜色】为（H：26.5，S：0.25，V：0.75），Vein Color【木纹颜色】为（H：20，S：0.2，V：0.55）；Randomness【随机】为 0.5，Age【木纹年纪】为 25，Grain Contrast【木纹颗粒的颜色深度】为 0.22，Grain Spacing【木纹颗粒的数量】为 0.015。在 Noise Attributes 选项组中设置 Amplitude X【木纹在 X 方向上的噪波程度】为 0.1，Amplitude Y【木纹在 Y 方向上的噪波程度】为 0.1，Ratio【木纹的噪波频率】为 0.5，如图 6.066 所示。

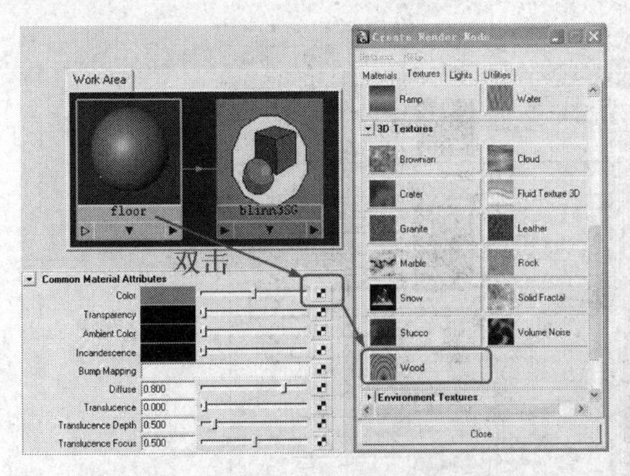

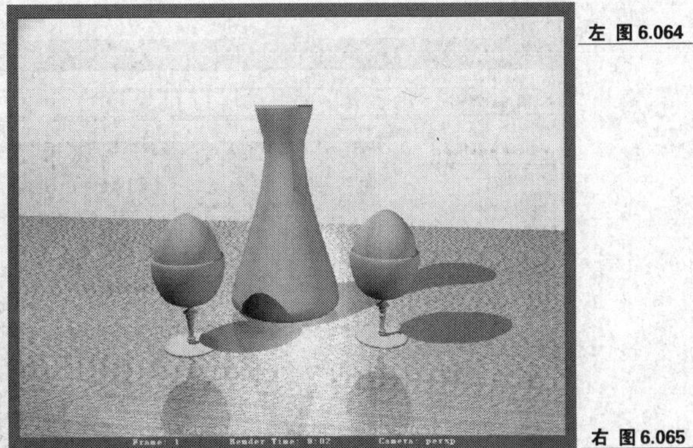

左 图6.064

右 图6.065

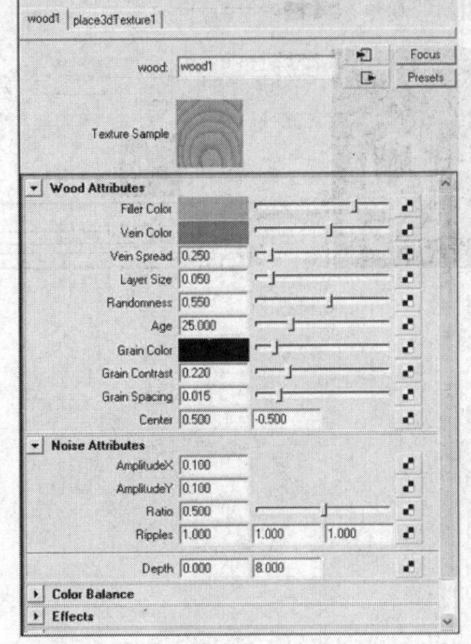

图6.066

⑧ 通过观察渲染图片，发现木纹过小，需要重新进行修改。在超图窗口中，双击Wood纹理的3D坐标，打开其属性编辑器，在其中修改参数，如图6.067所示。

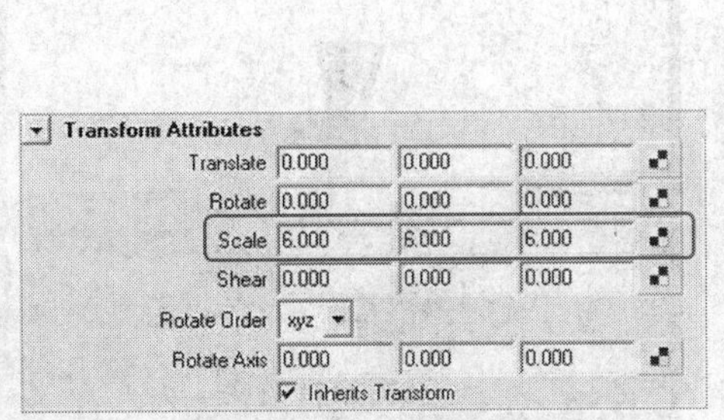

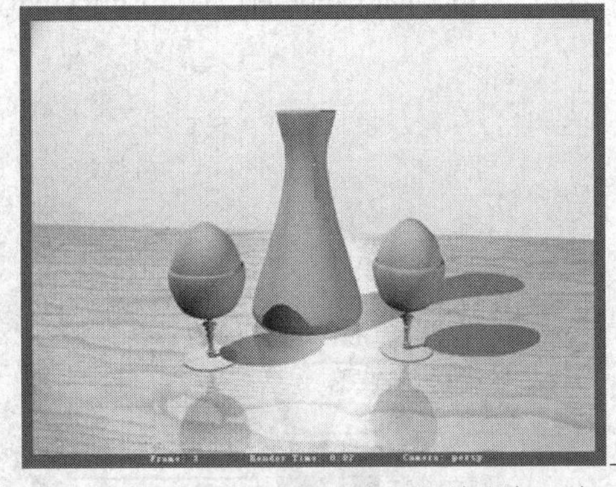

图6.067

⑨ 使用鼠标中键将Wood纹理拖曳至floor材质的Bump Mapping上后，释放鼠标，如图6.068所示。

⑩ 通过观察在属性编辑器中产生的bump3d【3D凹凸】节点，设置Bump Depth【凹凸深度】为0.4，效果如图6.069所示。这时场景中的渲染效果变得立体了很多，如图6.070所示。

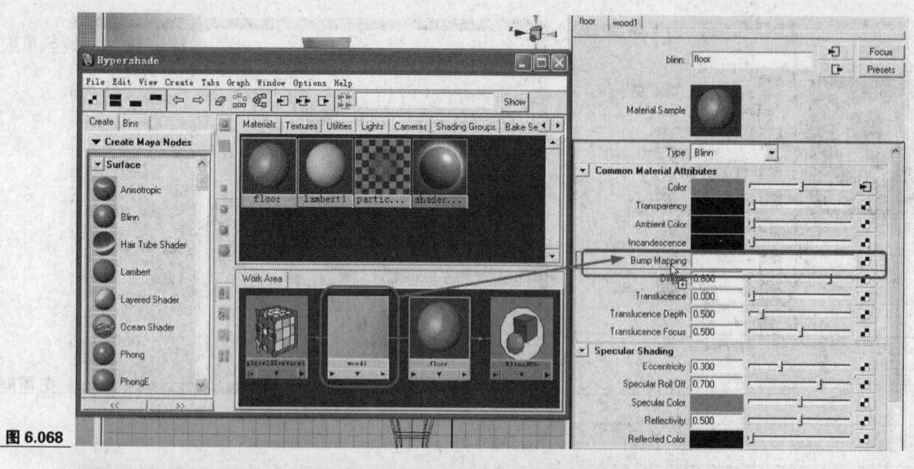
图 6.068

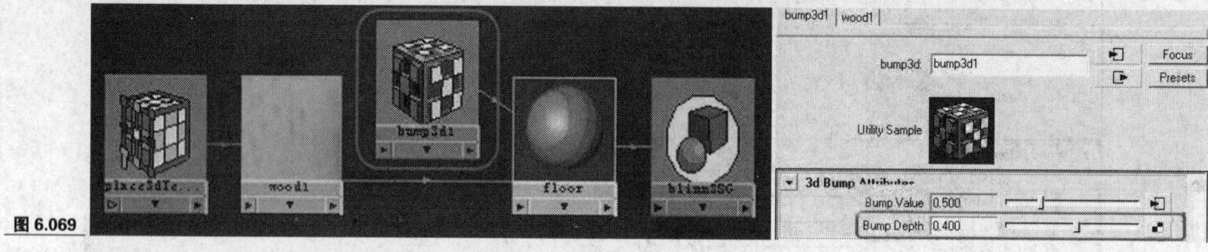

图 6.069

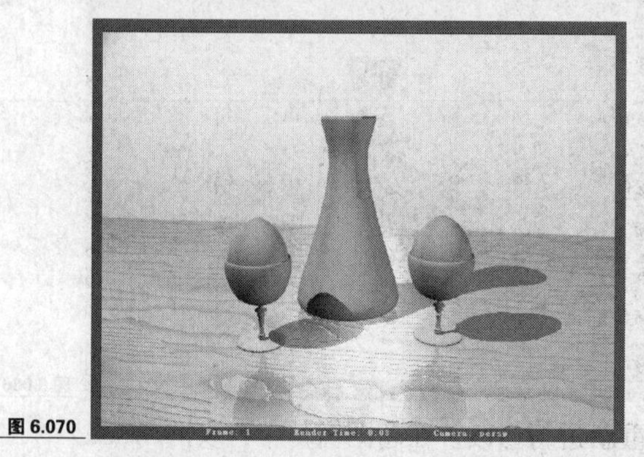
图 6.070

⑪ 修改一下 floor 材质的高光和反射效果，即设置 Eccentricity 为 0.08，Specular Roll Off 为 0.5，Specular Color 为白色，Reflectivity 为 0.15，从而得到较好的效果，如图 6.071 所示。

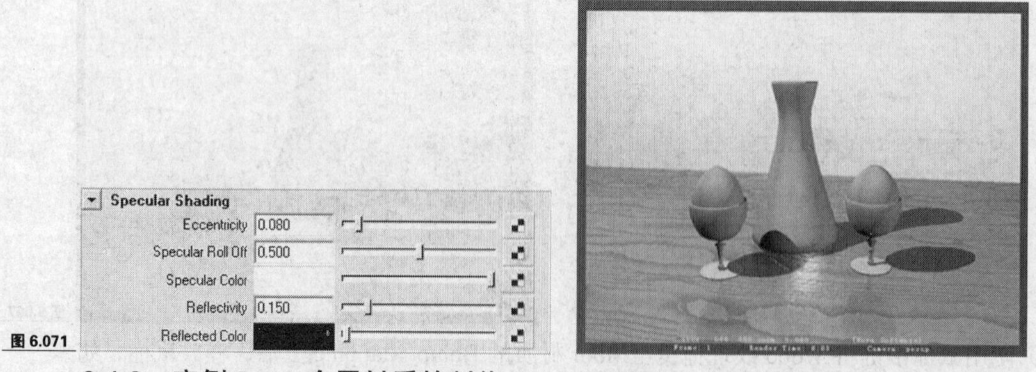

图 6.071

6.4.3　实例 3——金属材质的制作

案例学习目标：学习制作金属，并理解基本的节点概念。

案例知识要点：掌握 Create Maya Nodes【创建 Maya 节点】命令，创建材质；设置 Specular

Shading【高光】选项组中的选项，修改材质高光属性；设置 Bump Mapping，制造凹凸效果。

效果所在位置：Ch06\金属材质的制作。

在上一个实例中，我们已经制作了地板的木纹效果，场景中还有金属模型的材质没有制作，下面来制作金属材质效果。

操作方法。

在超图窗口中创建一个 Blinn 材质，并重命名为 Metal。单击展开上下游节点按钮，在工作区域中显示 Metal 材质的网络结构，如图 6.072 所示。

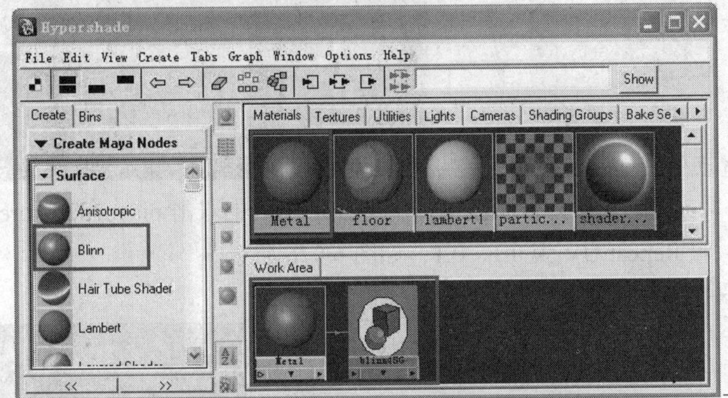

图 6.072

① 双击 Metal 材质球，打开 Metal 的属性通道栏，将材质的 Specular Shading【高光】选项组中的设置进行修改。将 Eccentricity【偏心率】设置为 0.35；将 Specular Roll Off【高光强弱】设置为 1，将高光的亮度提高；将 Specular Color【高光颜色】设置为白色，如图 6.073 所示。

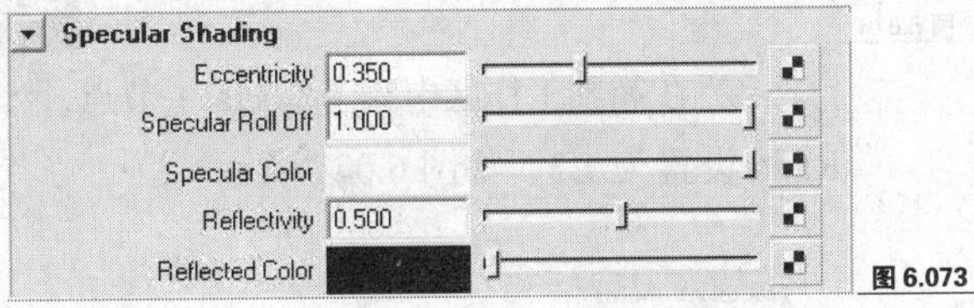

图 6.073

② 单击 Reflectrd Color【反射颜色】选项后的按钮，打开 Create Render Node【创建渲染节点】窗口，在 Environment Textures【环境纹理】选项组中双击 Env Sphere【环境球】按钮，创建一个反射环境节点，如图 6.074 所示。

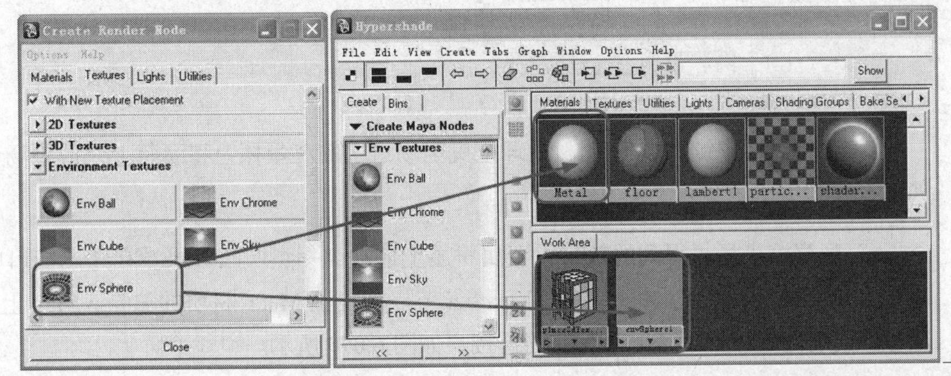

图 6.074

③ 在工作区中双击 env Sphere 1 节点，进入属性通道栏，单击 Image 选项后面的 按钮，然后在打开的 Create Render Node【创建渲染节点】窗口中双击 Fractal 按钮，节点网络如图 6.075 所示。

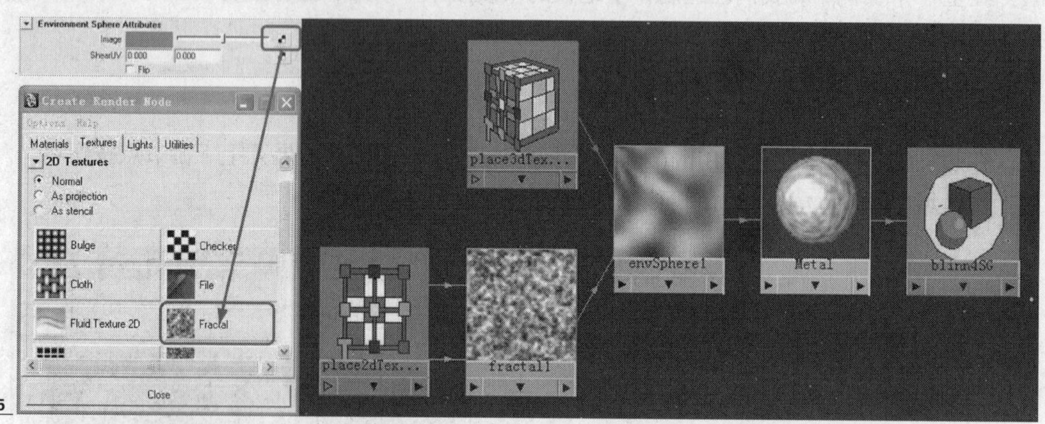

图 6.075

④ 为了降低噪波的密度，在工作区中双击 place2dTexture 2 节点，进入属性通道栏，设置 Repeat UV 为 0.1、0.1，如图 6.076 所示。

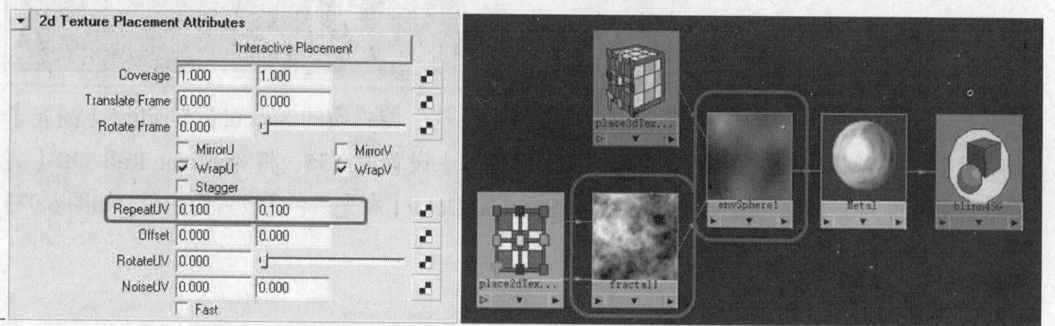

图 6.076

⑤ 在超图工作区中双击 fractal 1 节点，然后在属性通道栏中将 Ratio 设置为 0.7，Frequency Ratio 设置为 1.3，如图 6.077 所示。

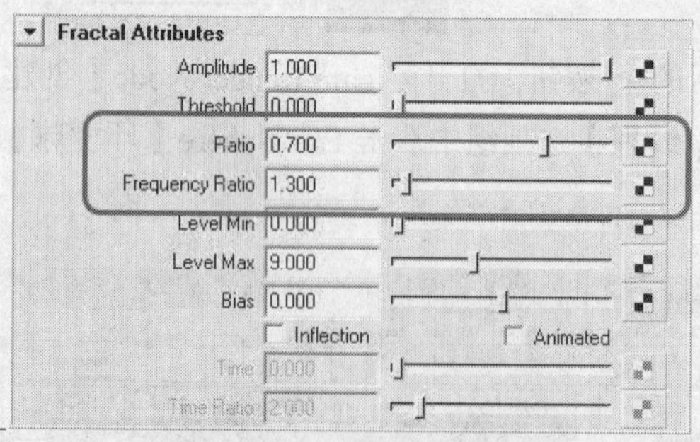

图 6.077

⑥ 使用鼠标中键将 Metal 材质球拖曳至场景中的鸡蛋杯上和酒瓶上，渲染场景，效果如图 6.078 所示。

⑦ 观察渲染场景得到的效果，金属材质上还缺少一点凹凸效果。在超图窗口中创建一个新的 leather 节点，使用鼠标中键将 leather 节点拖曳至 Metal 材质的 Bump Map 上后，释放鼠标，创建由 leather 至 Metal 材质的连接，如图 6.079 所示。

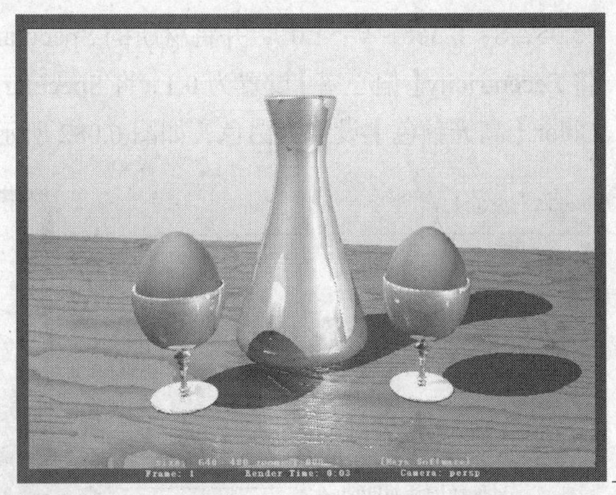

图 6.078

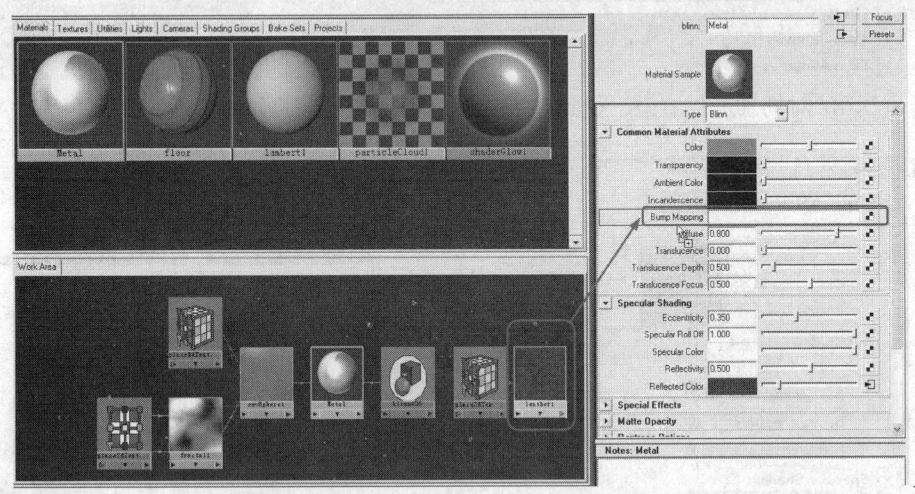

图 6.079

⑧ 双击 leather 1 节点进入属性通道栏，设置 Cell Color 为黑色，Crease Color 为白色，Cell Size 为 1，如图 6.080 所示。

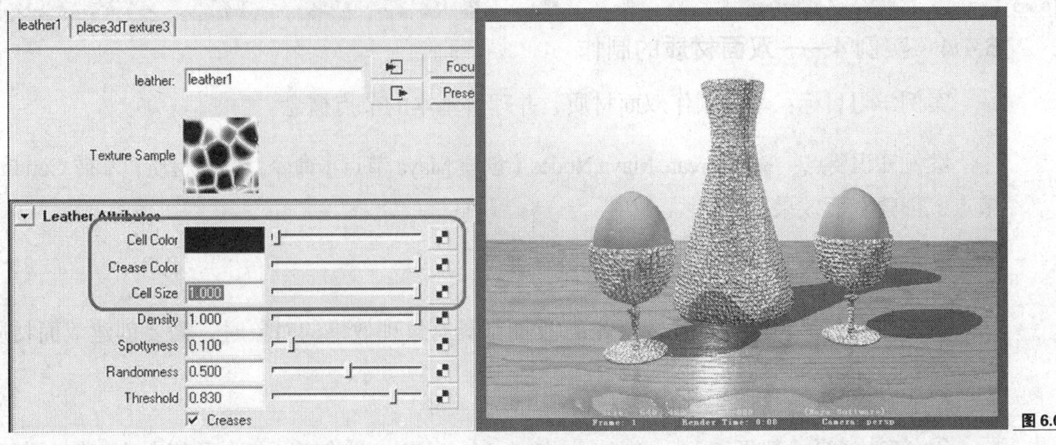

图 6.080

⑨ 通过观察可以发现，金属的凹凸感过于强烈，双击 bump3d 2 节点，在属性通道栏中将 Bump Depth 的值设置为 0.01，渲染的最终效果如图 6.081 所示。

⑩ 添加鸡蛋材质，完成画面效果。在超图窗口中创建 Blinn 材质，双击该材质，然后在属性通道栏中进行参数设置。双击 Color【颜色】选项后的色块，打开调色板，将其设为（H:

35.35，S：0.366，V：1.0），并将材质的 Specular Shading【高光】选项组中的设置进行修改。将 Eccentricity【偏心率】设置为 0.1，将 Specular Roll Off【高光强弱】设置为 0.3，将 Specular Color【高光颜色】设置为白色，如图 6.082 所示。

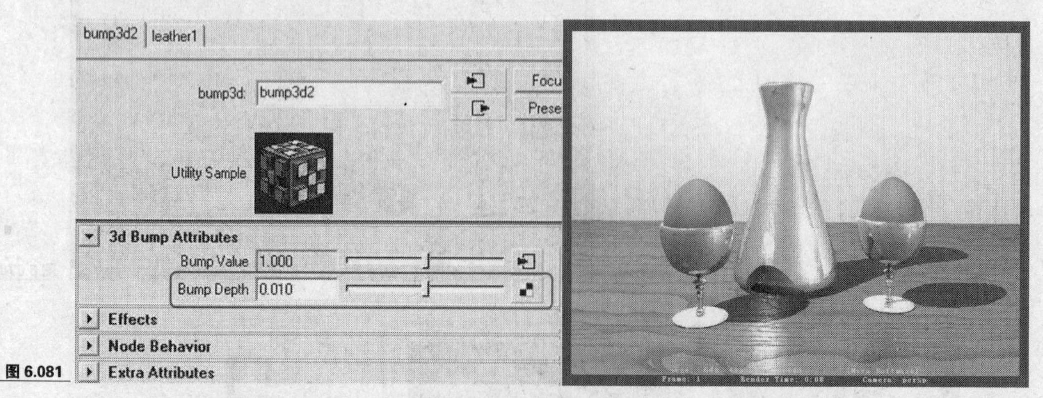

图 6.081

⑪ 对场景进行渲染，得到鸡蛋的颜色和高光效果，如图 6.083 所示。

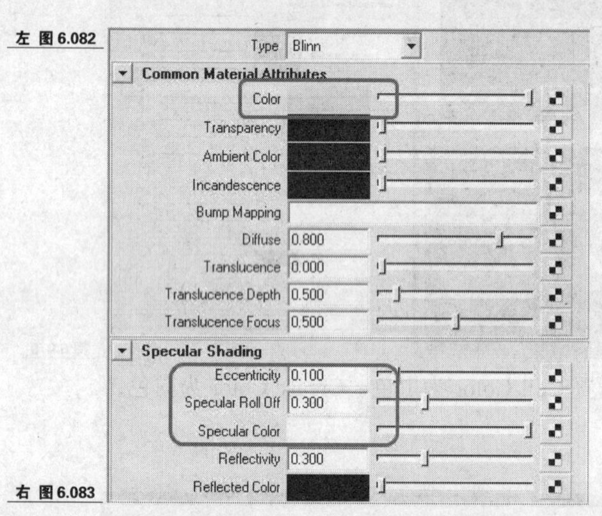

左 图 6.082

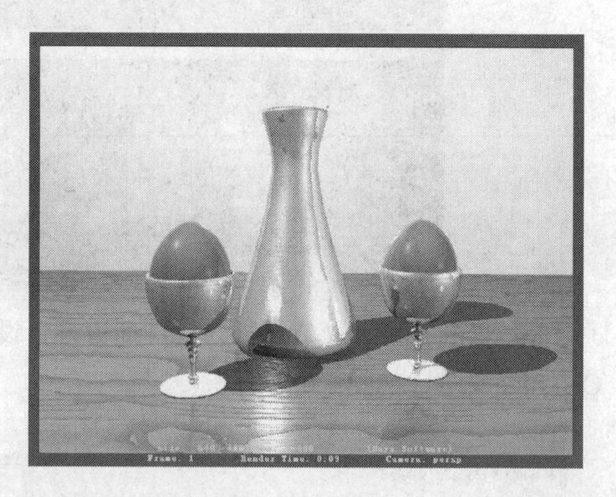

右 图 6.083

6.4.4 实例 4——双面材质的制作

案例学习目标：学习制作双面材质，并理解基本的节点概念。

案例知识要点：掌握 Create Maya Nodes【创建 Maya 节点】命令，创建材质；掌握 Condition 节点，创建双面效果。

效果所在位置：Ch06\金属材质的制作。

在制作如名片、标签、包装盒等正/反面都具有纹理效果的对象时，需要创建双面材质。

操作方法：

① 新建场景，选择 Create>Polygon Primitives>Plane【创建>多边形基本几何体>平面】选项，调整平面大小，从而得到面片效果，如图 6.084 所示。

② 在超图窗口中创建新的 Lambert 材质球，将其重命名为 Front，然后使用鼠标中键将 Front 材质球拖曳至场景中的平面上后，释放鼠标，如图 6.085 所示。

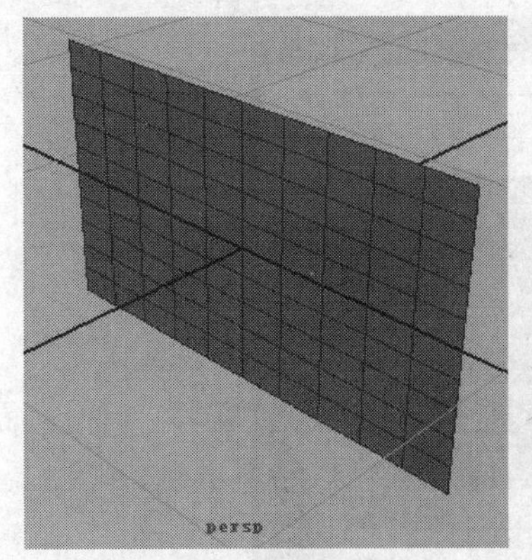

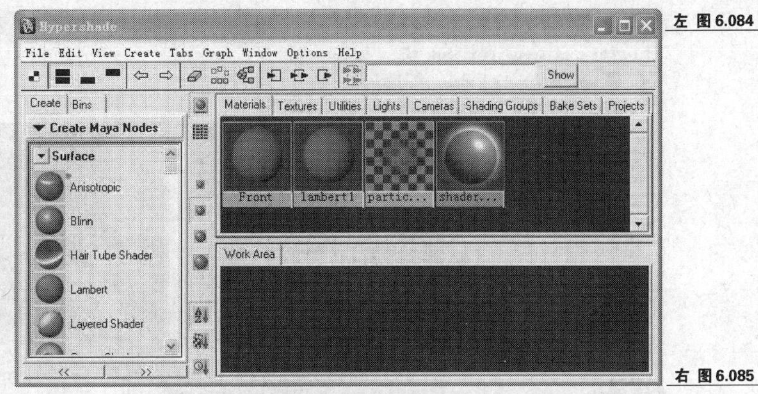

左 图6.084

右 图6.085

③ 在超图窗口中创建 Condition 节点，使用鼠标中键将 Condition 节点拖曳至 Front 材质球的输入箭头上，然后在弹出的快捷菜单中选择 color 命令，建立 Condition 节点与 Front 材质球之间的联系，如图 6.086 所示。

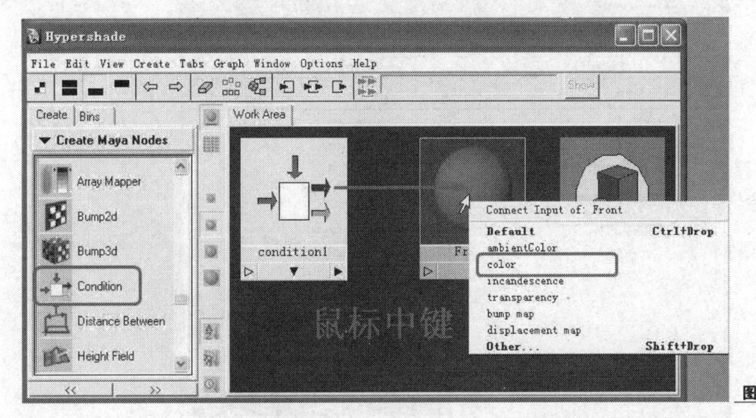

图 6.086

④ 在超图窗口中创建 2 个 ramp 节点，并分别命名为 file1 和 file2。使用鼠标中键将 file1 节点拖曳到 Condition 节点的输入箭头上，在弹出的快捷菜单中选择 color If False 命令。使用鼠标中键将 file2 节点拖曳到 Condition 节点的输入箭头上，在弹出的快捷菜单中选择 color If True 命令，如图 6.087 所示。

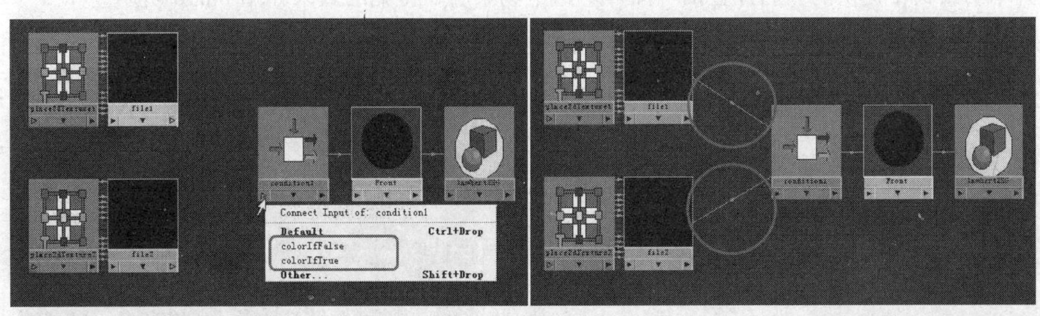

图 6.087

⑤ 在超图窗口中创建 Sampler Info 节点，然后使用鼠标中键将 Sampler Info 节点拖曳到 Condition 节点的输入箭头上，在弹出的快捷菜单中选择 Other 命令，如图 6.088 所示。

⑥ 在打开的 Connection Editor 对话框中选择右侧 Outputs 列表框中的 Flipped Normal 选项，在左侧 Inputs 列表框中选择 First Term 选项，建立两个选项之间的联系，如图 6.089 所示。

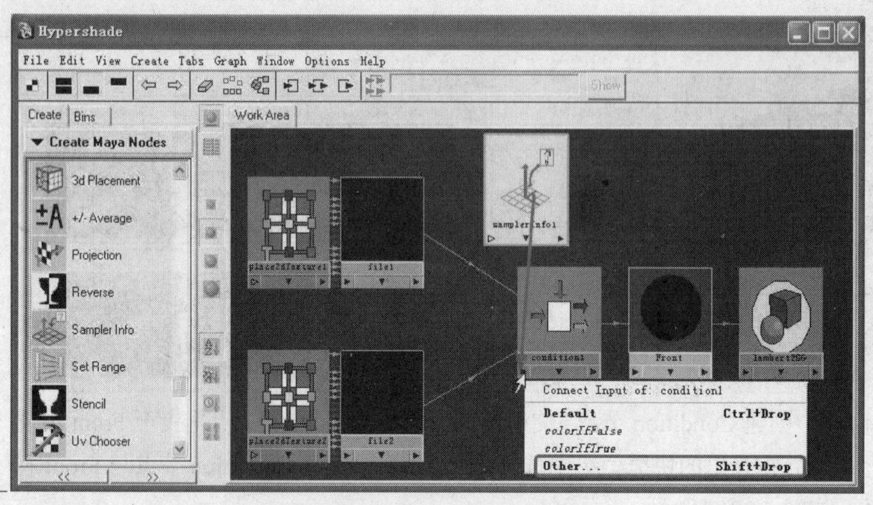

图 6.088

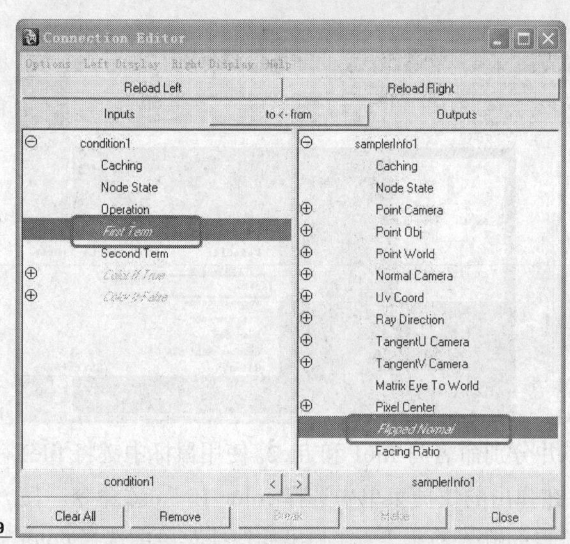

图 6.089

⑦ 双击 file1 节点，打开其属性通道栏，然后单击 Image Name 选项后面的按钮，打开本书素材中提供的“名片正面”图片。渲染场景后，得到的效果如图 6.090 所示。

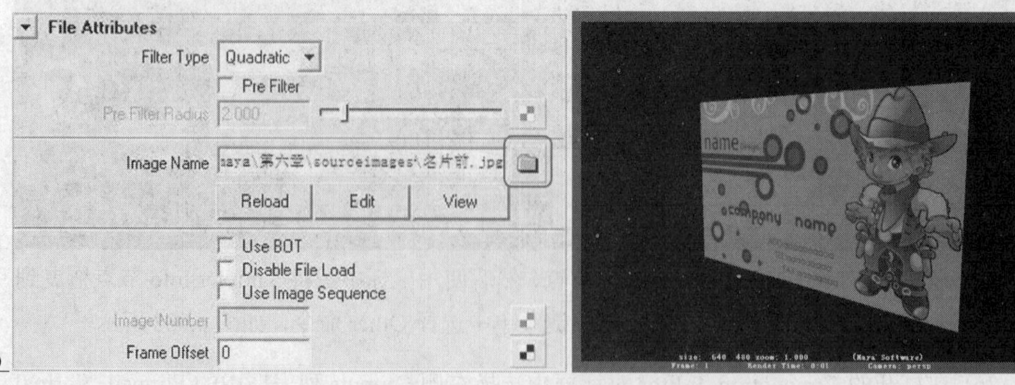

图 6.090

⑧ 使用同样的方法，双击 file2 节点，然后在其属性通道栏中单击 Image Name 选项后面的按钮。打开光盘中提供的“名片背面”图片，渲染图片，得到的效果如图 6.091 所示。

图 6.091

在场景中将动画的范围设定为 0～24 帧。选择平面，在第 1 帧处，从 Channels Box 中设置 Rotate Y 属性为 0。然后右键单击属性名，弹出浮动菜单，选择其中的 Key Selected 命令，此时在第 1 帧处的关键帧创建成功。

⑨ 将时间调到第 24 帧，设置 Rotate Y 属性为 180。重复步骤⑧，在第 24 帧处添加一个关键帧。

⑩ 渲染第 1、6、12、18、24 帧，观察效果，如图 6.092 所示，名片的双面效果已经形成。

图 6.092

本章小结

通过本章的学习，读者可以熟练地掌握不同材质的制作方法。通过材质的通用属性、高光属性、折射率和反射率的设置来得到不同的材质效果，以及通过在 Hypershade 窗口中进行节点的连接编辑，从而得到逼真的效果。

第7章 Maya灯光技术与渲染技术

本章介绍了Maya中各类灯光的属性和灯光布置方法，Maya中摄影机的使用方法及渲染技术。读者通过对本章的学习，可以掌握场景布光原理以及灯光的应用，并且可以精确地设置摄像机，以渲染出最终图片或影片。

课堂学习目标

- ◈ 掌握各种类型灯光的基本属性
- ◈ 掌握灯光的布置方法
- ◈ 掌握渲染的基本概念
- ◈ 掌握通用渲染的设置方法
- ◈ 掌握Maya软件的渲染技术
- ◈ 掌握摄像机布置方案
- ◈ 掌握不同类型的摄像机的使用方法

7.1 基本灯光类型

Maya中包括6种不同的灯光类型，它们分别是Ambient Light【环境光】、Directional Light【方向灯】、Point Light【点光源】、Spot Light【聚光灯】、Area Light【区域光】和Volume Light【体积光】，如图7.001所示。要达到所需效果，通常要将这几种不同的灯光组合起来使用，所有的灯光都遵循着RGB加法照明定律，并且可以用色调、饱和度、明亮度（HSV）和Alpha值来进行混合调整。

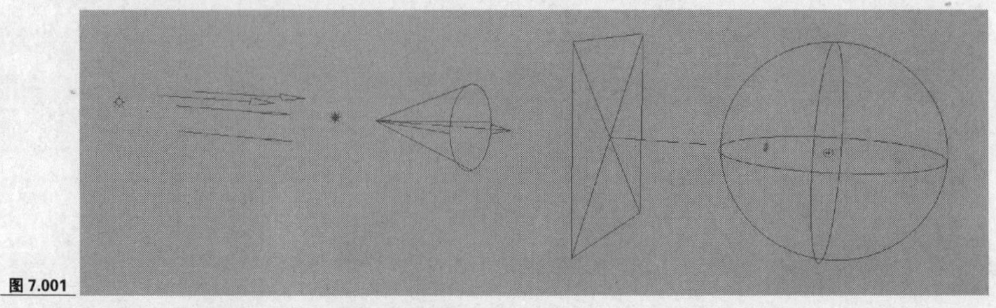

图7.001

7.1.1 Ambient Light【环境光】

Ambient Light【环境光】在具体使用的过程中，最大的作用是模拟大气中的漫反射，对整个场景进行均匀照明。一般情况下，环境光不会被考虑作为场景照明的主光源，它一般会和其他光源联合作用，例如，有时候可以和平行光共同模拟阳光。

环境光的照明有两种方式。一种是从一点向外全角度产生照明，用来模拟室内物体或大气产生的漫反射效果；另一种类似于平行光效果，可以模拟室外阳光效果，如图 7.002 所示。

图 7.002

在为场景架设灯光的时候一定要注意，如果使用的环境光数量过多，场景的对比度会随之降低，这样会使整个场景的效果变得非常平淡。因此，环境光只局限在模拟非直接光照方面。

7.1.2 Directional Light【方向灯】

Directional Light【方向灯】的光线是互相平行的，使用方向光可以模仿一个非常远的点光源，例如，从地球上看太阳，太阳就相当于一个点光源，因此方向光常用来模拟阳光的照明效果。平行光没有灯光衰减，经常作为配合或辅助光源来使用，而不作为主要光源。方向灯的照明效果如图 7.003 所示。

图 7.003

7.1.3 Point Light【点光源】

Point Light【点光源】是指由一个点向外发射发线的光源，可以用来模拟灯泡和蜡烛。点光源在很多时候适合作为辅助光，灯光的照明效果会因为光源位置的变化而变化，如图 7.004 所示。

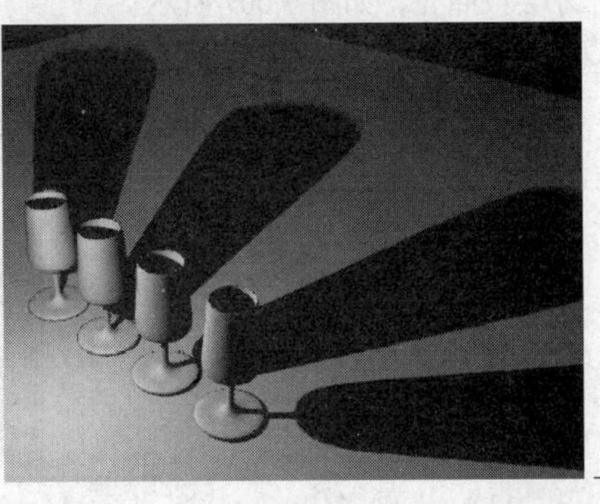

图 7.004

7.1.4 Spot Light【聚光灯】

Spot Light【聚光灯】在一个圆锥形的区域内均匀地发射光线，可以很好地模仿手电筒和汽车前灯等光源发出的灯光。聚光灯具有明显的照明范围和照射方向，是属性最多的一种灯光，也是常用的一种灯光，被称为万能灯，如图 7.005 所示。

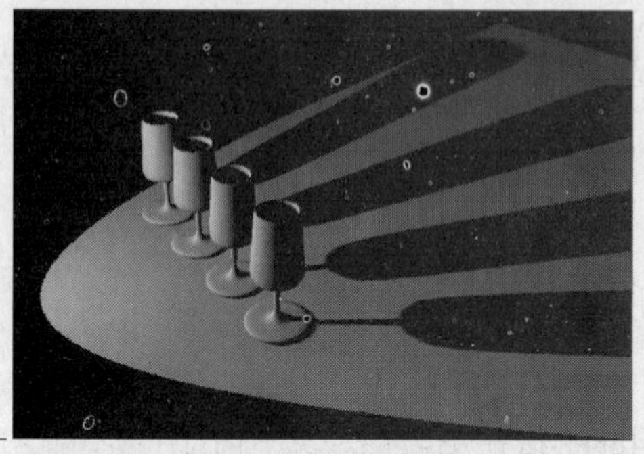
图 7.005

7.1.5 Area Light【区域光】

Area Light【区域光】是 Maya 灯光中比较特殊的一种类型，如图 7.006 所示。和其他灯光不同的是，区域光是一种二维的面积光源，它的亮度不仅和强度相关，还和它的面积大小直接相关。通过 Maya 的变换工具可以改变它的大小和方向。

图 7.006

区域光可以模拟从窗户射入的光线等情况，而且区域光的计算是以物理为基础的，它没有设置衰减选项的必要。

使用区域光虽然有种种好处，但是由于它具有衰减性，因此不适合用于大场景的照明。

7.1.6 Volume Light【体积光】

Volume Light【体积光】用来模拟有体积感的光源。只有在体积光的体积范围内的对象才会被照亮，如图 7.007 所示。

图 7.007

体积光有 4 种体积形状，分别为 Box【立方体】、Sphere【球体】、Cylinder【圆柱体】和 Cone【圆锥体】，可以根据实际情况进行选择。

7.2 灯光属性设置

在 Maya 提供的 6 种灯光中，属性较为全面的为聚光灯，因此这里以聚光灯为例来介绍灯光属性设置的方法。

7.2.1 灯光属性

图 7.008 所示为灯光属性设置窗口中的 Light Attributes【灯光属性】选项组，在这里可以调节灯光的类型、颜色和强度等参数。

Type【类型】：单击该下拉列表框右侧的下三角按钮，可以显示各种不同的灯光类型，如果需要更改灯光类型，则可以在此处进行选择，如图 7.009 所示。

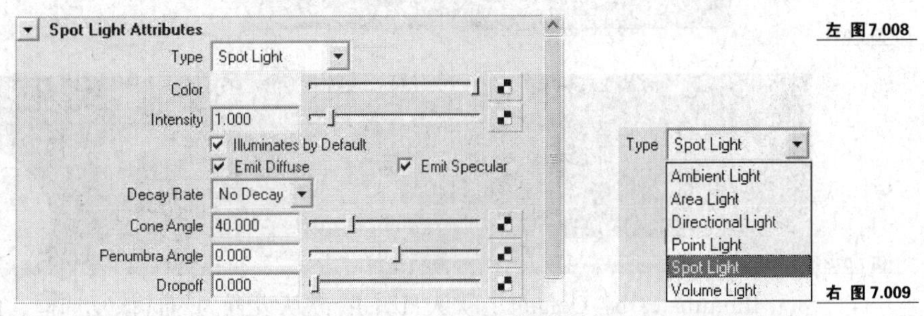

左 图7.008

右 图7.009

Color【颜色】：用于控制灯光的颜色。单击颜色块，打开拾色器窗口，在窗口中可以选择所需的灯光颜色，如图 7.010 所示。颜色块后面的滑块可以用来调节灯光颜色的亮度。单击滑块后面的 按钮，在打开的 Create Render Node【创建渲染节点】窗口中可以为灯光添加纹理，如图 7.011 所示。

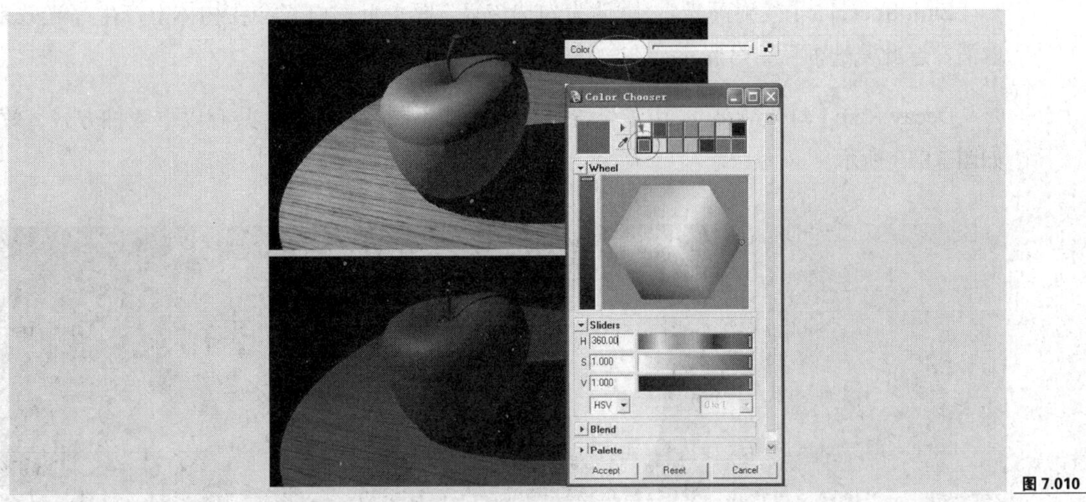

图 7.010

Intensity【强度】：用来调节灯光的照明强度，在 Intensity 文本框中输入数值，可以改变灯光照明强度，从而得到所需的效果，如图 7.012 所示。

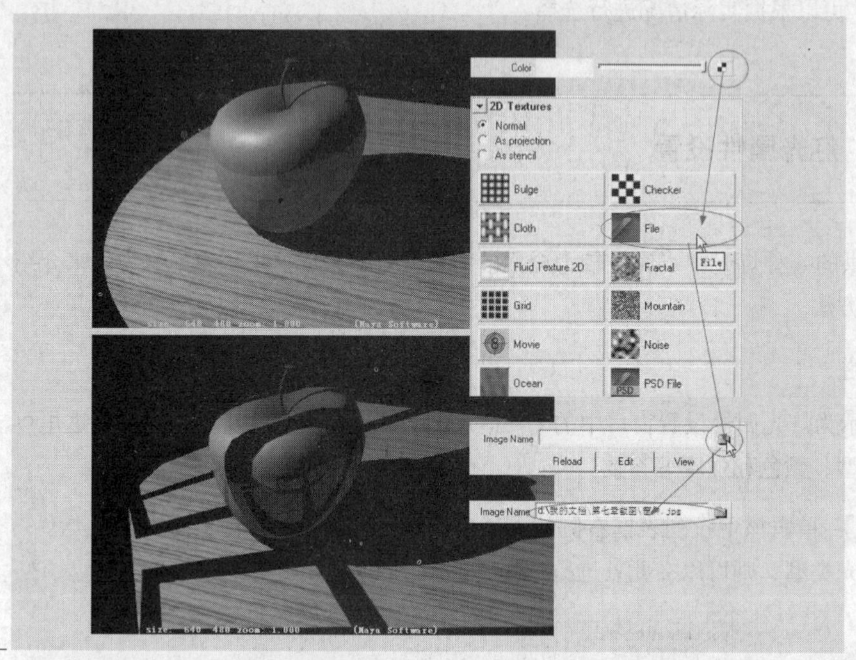

图 7.011

图 7.012

Illuminates by Default【默认照明】: 默认设置为勾选该复选框，此时灯光对所有物体产生照明，取消勾选此复选框后，灯光不会对物体产生照明。

Emit Diffuse【发射照明】: 默认为勾选该复选框，此时灯光会在物体上产生漫反射效果，取消勾选此复选框后，灯光不会在物体上产生漫反射效果。

Emit Specular【发射高光】: 默认为勾选该复选框，此时灯光会在物体上产生高光效果，取消勾选此复选框后，灯光不会在物体上产生高光效果。

Decay Rare【灯光衰减】: 用于设置灯光强度的不同衰减方式，共有以下 4 种方式，效果如图 7.013 所示。

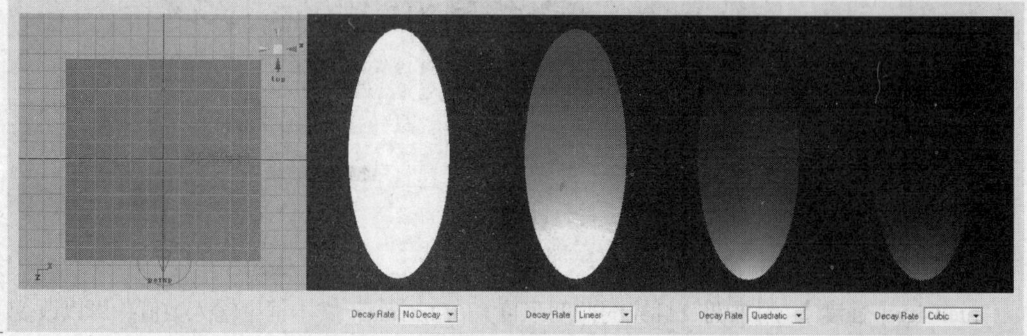

图 7.013

- No Decay【不衰减】：没有衰减范围，灯光可以照到无限远的地方。
- Linear【线性衰减】：灯光慢慢衰减，呈线性衰减。
- Quadratic【2 次方衰减】：灯光与现实中的灯光衰减方式一样，呈 2 次方衰减。
- Cubic【3 次方衰减】：灯光衰减速度很快，呈 3 次方衰减。

Cone Angle【圆锥角度】：用于控制聚光灯照射角度的范围，默认值为 40，就像调节手电筒的灯光的照射范围一样，如图 7.014 所示。

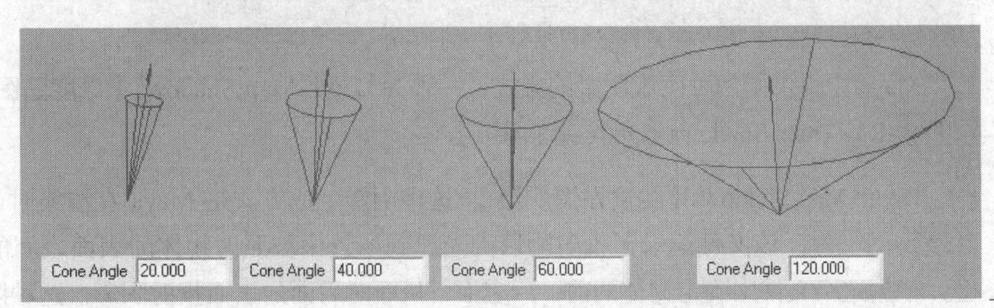

图 7.014

Penumbra Angle【半影角】：设定聚光灯的半影角，也就是光线到圆锥边缘的衰减。半影角为正值时，灯光会向外扩散，为负值时，灯光向内扩散，当数值为 0 时，不会扩散，如图 7.015 所示。

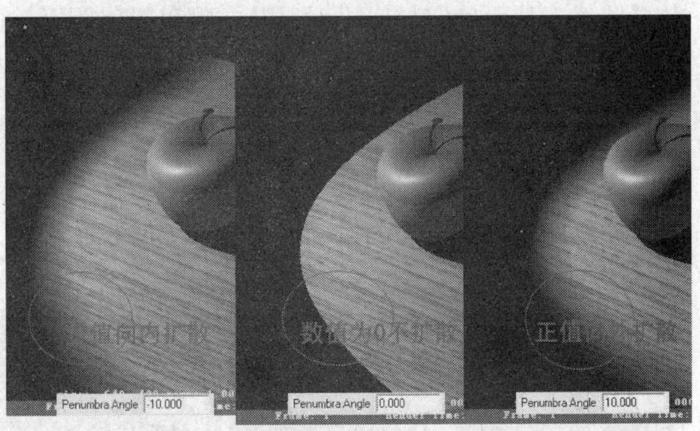

图 7.015

Dropoff【减弱】：用于控制聚光灯在照射范围内从边界到中心的衰减效果。该参数的有效范围是 0～255。0 为不衰减，数值越大，衰减强度越大，如图 7.016 所示。

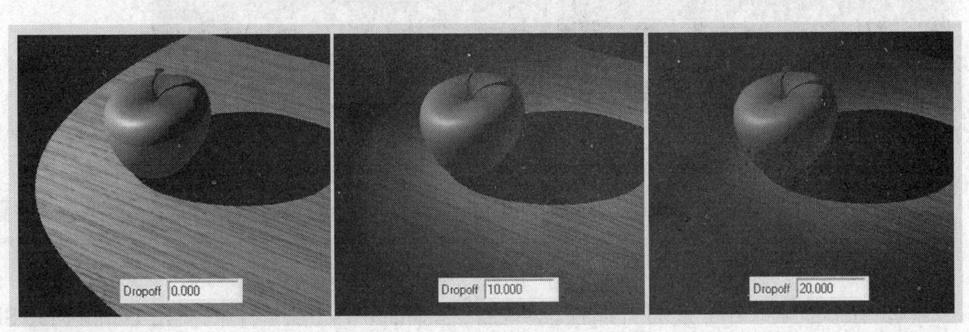

图 7.016

7.2.2 阴影属性

在真实世界中，光与影是密不可分的，物体有光线照射就要产生阴影。如果一个物体没有阴影，那么看上去是不真实的，因此阴影的设置在灯光设置中非常重要，如图 7.017 所示。

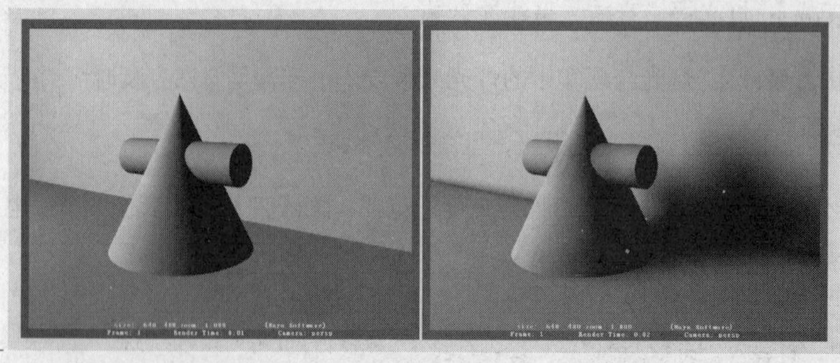

图 7.017

Maya 中提供了两种生成阴影的方式，一种为 Depth Map Shadows【深度贴图阴影】，另一种为 Ray Trace Shadows【光线追踪阴影】。

Depth Map Shadows【深度贴图阴影】：这种阴影生成方式是 Maya 在渲染时，生成一个深度贴图文件，该文件记录了投射阴影的光源到场景中被照射物体的表面之间的距离等信息。根据这个文件来确定物体的前、后表面，从而对后面的表面投射阴影。这种阴影生成方式的特点是渲染速度快，生成的阴影相对比较软，边缘柔和，但是不如 Ray Trace Shadows【光线追踪阴影】真实。

Ray Trace Shadows【光线追踪阴影】：这种阴影生成方式是比较真实地跟踪计算光线的传播路线，从而确定如何投射以及在哪里投射阴影。这种方法的特点是计算量大，渲染速度慢，但是生成的阴影比 Depth Map Shadows【深度贴图阴影】更真实，阴影比较硬，边缘清晰。想要表现物体的反射和折射效果时，使用 Ray Trace Shadows【光线追踪阴影】才能表现出真实的效果。

两种阴影生成方式的不同效果如图 7.018 所示。

图 7.018

产生深度贴图阴影的操作方法。

① 在场景中执行 Create>Light>Spot Light【创建>灯光>聚光灯】命令，创建一盏聚光灯，并调整照射角度。

② 按快捷键 Ctrl + A 打开属性编辑器，在 Shadows【阴影】栏，在 Depth Map Shadows Attributes【深度贴图阴影属性】下勾选 Use Depth Map Shadows【使用深度贴图阴影】复选框，使场景中的对象产生阴影，如图 7.019 所示。

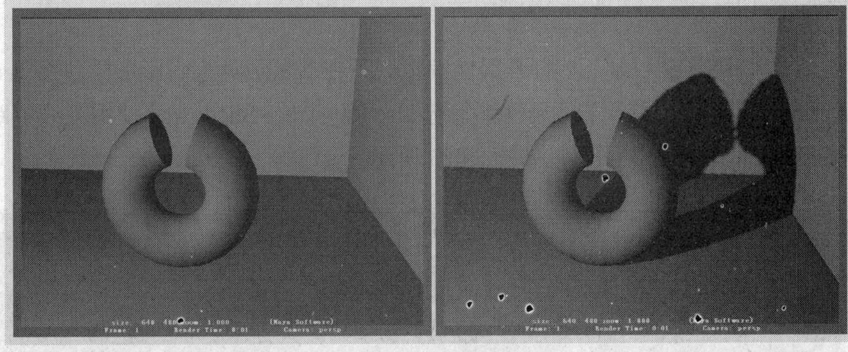

图 7.019

在阴影选项中可以使用 Shadow Color【颜色】控制阴影的颜色，如图 7.020 所示。

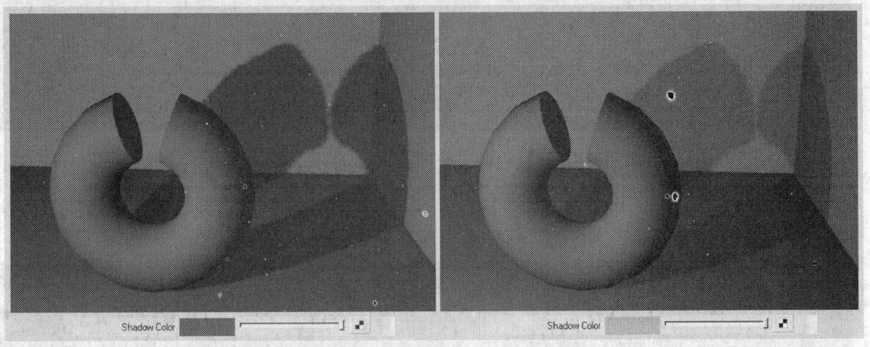

图 7.020

Resolution【分辨率】：用于控制阴影深度贴图的尺寸大小。分辨率越低，得到的阴影效果越差；分辨率越高，得到的阴影效果越好，效果如图 7.021 所示。

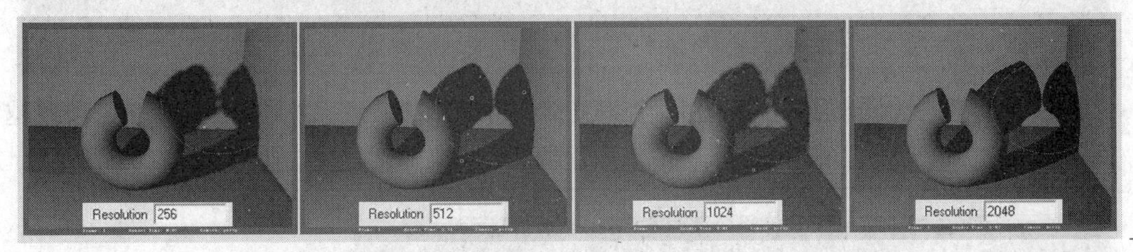

图 7.021

Filter Size【过滤尺寸】：用于控制产生的阴影边缘的虚化效果。数值越大，边缘越柔和；数值越小，边缘越锐利，效果如图 7.022 所示。

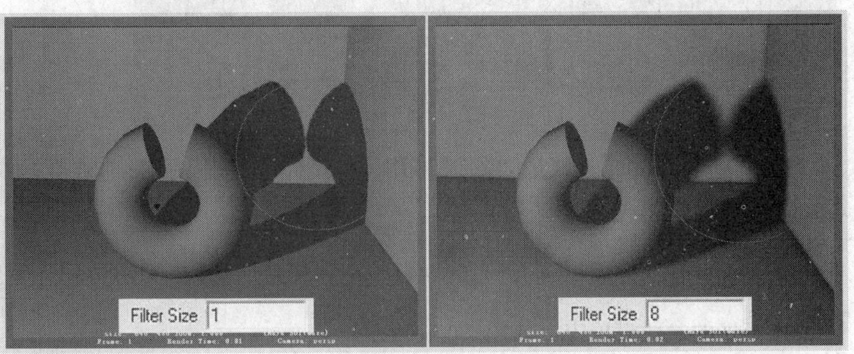

图 7.022

产生深度贴图阴影的操作方法。

① 在场景中执行 Create>Light>Spot Light【创建>灯光>聚光灯】命令，创建一盏聚光灯，

并调整照射角度。

② 按快捷键 Ctrl + A 打开属性编辑器，在 Shadows【阴影】栏，在 Ray Trace Shadows Attributes【光线追踪阴影】属性下勾选 Use Ray Trace Shadows【使用光线追踪阴影】复选框，使场景中的对象产生阴影，如图 7.023 所示。

图 7.023

Light Radius【灯光半径】：用来控制产生的阴影边界的过渡效果。设定的数值越大，阴影边界过渡越模糊；设定的数值越小，阴影边界过渡越清晰，效果如图 7.024 所示。

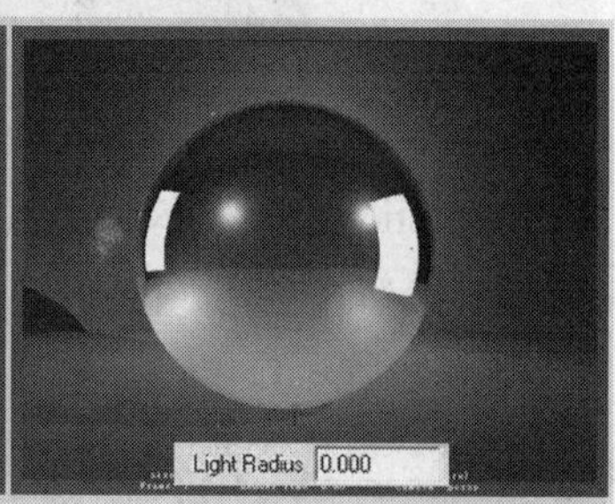

图 7.024

Shadow Rays【阴影采样数】：用于控制光线跟踪阴影的质量。采样值越高，渲染质量越高，渲染速度会变慢；采样值越低，渲染质量越低，渲染速度很快，效果如图 7.025 所示。

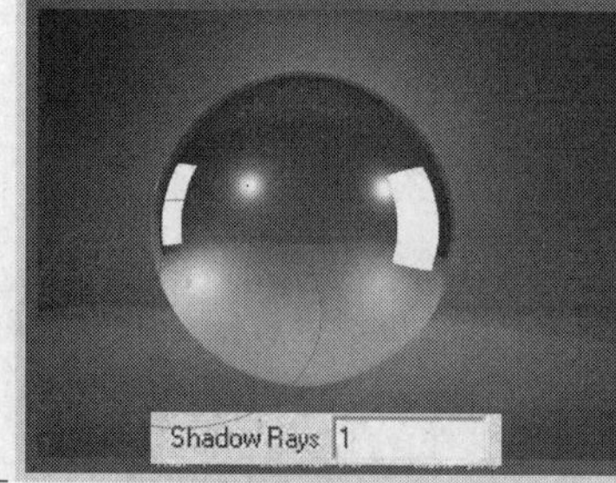

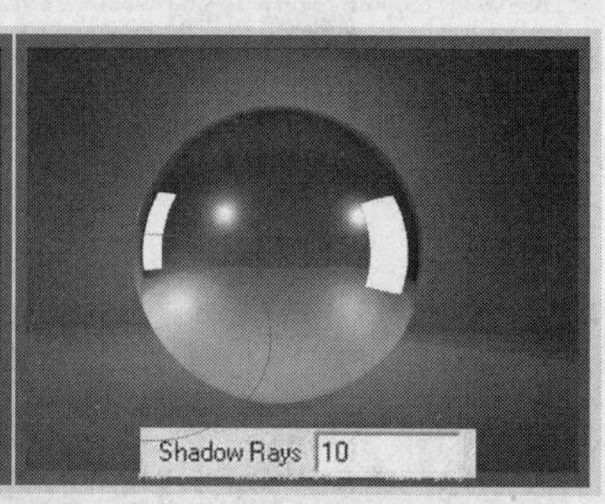

图 7.025

Ray Depth Limit【光线最大限制】：用于控制光线在投射阴影前被折射或者反射的最大次数。设置的数值越大，渲染速度越慢。

在 Maya 中，其余种类的灯光的参数基本和聚光灯一致，只有体积光是比较特殊的灯光。

体积光的参数设置窗口如图 7.026 所示。

Light Shape【灯光形状】：共有 4 个选项，分别为 Box【立方体】、Sphere【球体】、Cylinder【圆柱体】和 Cone【圆锥体】。

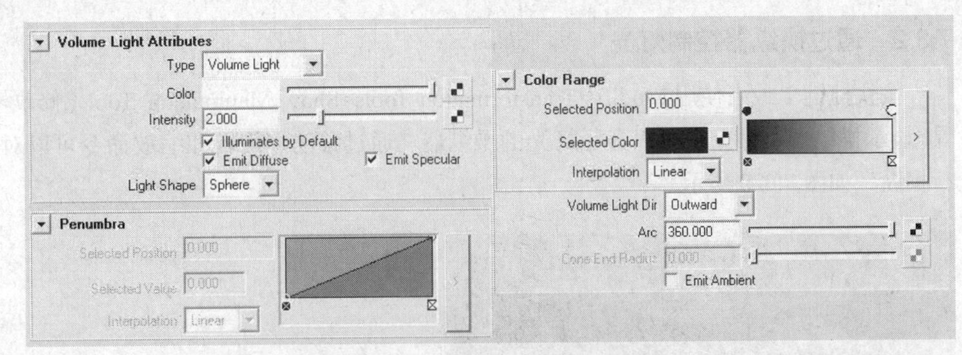

图 7.026

Color Range【颜色范围】：用于控制体积光由中心向外的灯光照明变化，效果如图 7.027 所示。

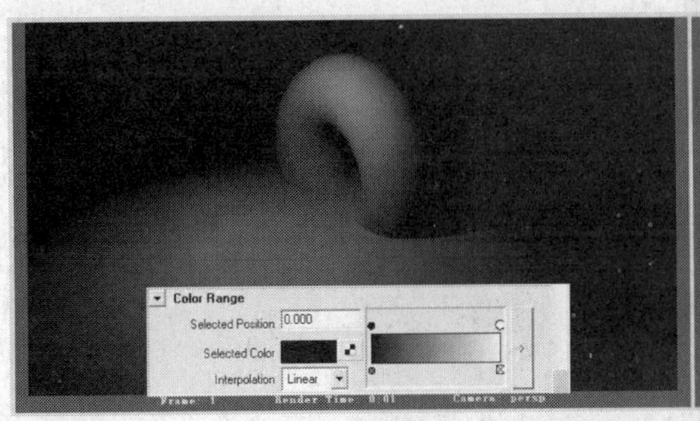

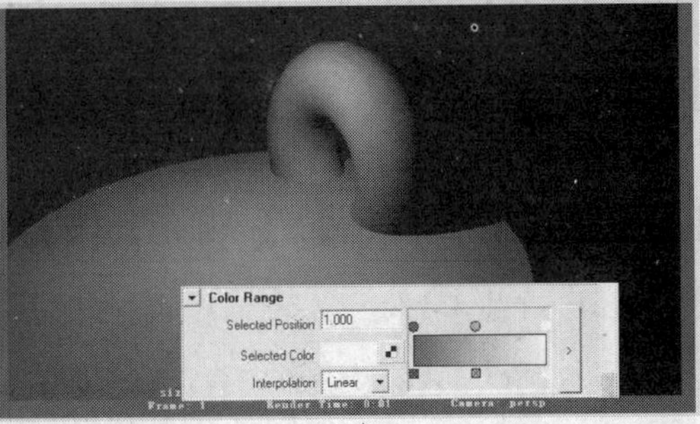

图 7.027

7.3 灯光使用方法

7.3.1 灯光视图的切换

在进行灯光调节的时候，需要频繁地对灯光的位置、大小和方向进行调节。如果将视图由透视图转换为灯光视图，那么可以通过视图调节的方法进行灯光的设置，方法如下。

① 执行 Window>Outliner【窗口>视图大纲】命令，打开视图大纲。在视图大纲中选择需要调节的灯光，并使用鼠标中键将其拖曳至视图中，视图变为灯光视图。

② 在灯光视图中可以执行视图操作命令以进行推拉摇移操作。

③ 完成了灯光操作以后，在视图菜单 Panels【面板】中切换回原来的视图，如图 7.028 所示。

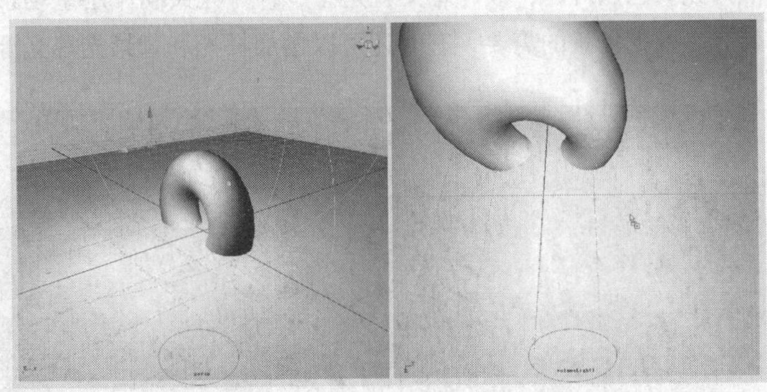

图 7.028

7.3.2 通过操纵器控制灯光

按快捷键 T 或者使用 Modify>Transformation Tools>Show Manipulator Tool【修改>变换工具>显示操纵器】命令，可以显示灯光的操纵器。通过移动、旋转和缩放命令可以对灯光进行操纵，如图 7.029 所示。

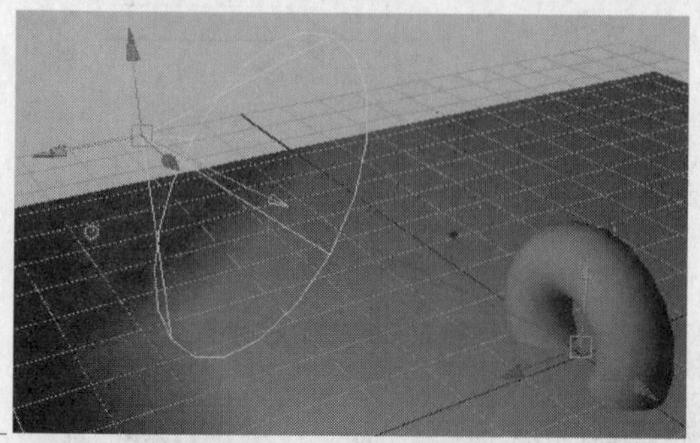

图 7.029

在灯光操纵器上有一个小手柄，单击此手柄，可以控制灯光的不同属性，分别控制 Cone Angle【圆锥角度】、Penumbra Angle【半影角】、Decay Regions【衰减区域】和控制集合，如图 7.030 所示。

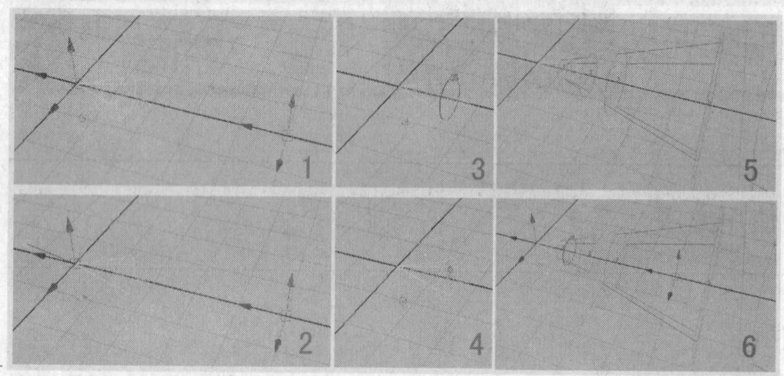

图 7.030

7.4 布光方式

在 Maya 建模的过程中，灯光可以起到画龙点睛的作用。同一场景中，不同的布光方案可以产生不同的效果，如图 7.031 所示。使用灯光的有一定的技巧，通用的布光方式叫做三点灯光。三点灯光，顾名思义就是有 3 种灯光共同作用于场景，分别为主光源、辅助光源和背光。根据场景的需要，有时还可以增加补光和背景光等光源。

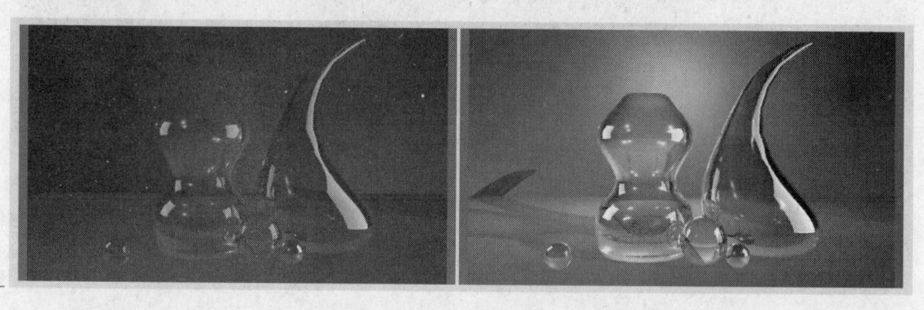

图 7.031

7.4.1 主光源

主光源是场景中最为重要的光源，也被称为关键光源。主光源的光线方向决定了场景中光线的方向。一般来说主光源是场景中最亮的灯光，它能产生明显的阴影。主光源的位置能影响被照射物体的材质感和体积感。

从 Top 视图观察，主光源一般布置在渲染摄影机的左侧或者右侧，主光源与场景主体大致成 35°～45°，如图 7.032 所示。

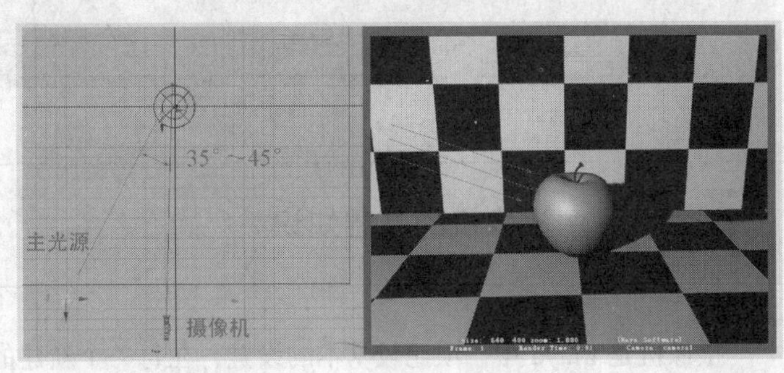

图 7.032

主光源一般位于主体前上方，并与主体大致成 45°，如图 7.033 所示。这是针对一般情况而言的，并不是一成不变的。主光源的高低角度还取决于所需的场景气氛，为表现恐怖等气氛，可以将灯光布置在较低的位置，向上照射场景主体，如图 7.034 所示。

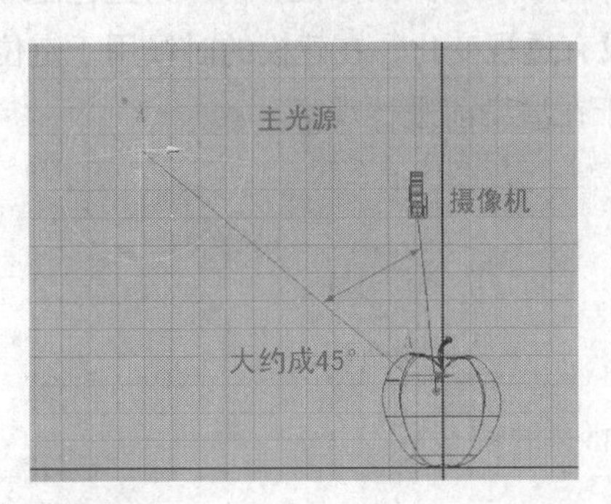

左 图7.033

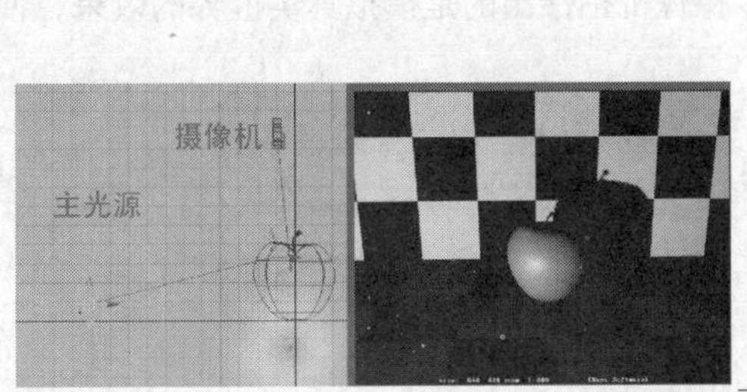

右 图7.034

7.4.2 辅助光源

在一个场景中，仅仅有一个主光源是远远不够的，还需要有辅助光源作为主光源的辅助照明，照亮主光源没有照亮的区域，使得场景中的对象不会产生过于锐利的“阴阳”效果。辅助光源的亮度一般为主光源的一半左右，不能超过主光源的亮度。如果超过主光源的亮度，辅助光源就变成了主光源。当场景中出现了两个光源的时候，场景中的对象就会产生两个阴影。如果灯光比较复杂，阴影也会变得混乱，所以在使用灯光的时候要慎重处理。

一般情况下，辅助灯与摄像机的夹角在 15°～60°之间，效果如图 7.035 所示。

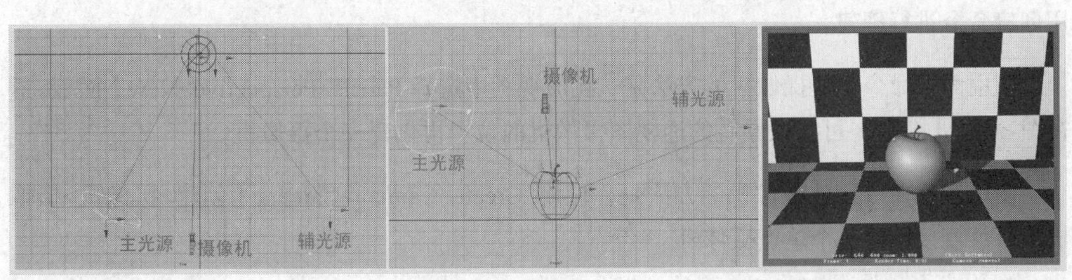

图 7.035

7.4.3 背光

背光源也称为轮廓光和头顶光等。背光的作用是突出场景主体轮廓或制造光晕效果，从而将场景主体从背景中分离出来，增加主体的深度感和立体感，如图 7.036 所示。

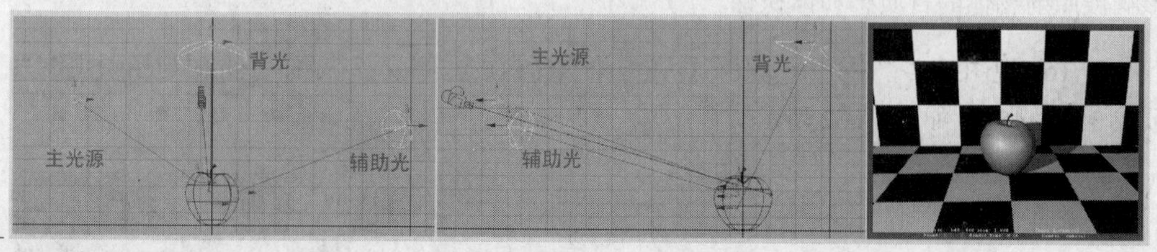

图 7.036

7.5 摄像机的基础知识

摄像机是 Maya 中一项比较基本的设置，在每一个新建的文件中，一开始 Maya 就自动给这个场景创建了 4 个摄像机。由这 4 个摄像机在场景中组成了 4 个不同的视图，3 个正式视图摄像机，即前视图、顶视图、侧视图，1 个透视图摄像机。执行 Window>Outliner【窗口>视图大纲】命令，打开视图大纲，可以看到顶部的 4 架默认摄像机，默认为蓝色隐藏状态，如图 7.037 所示。正视图摄像机拍摄出的场景没有透视变化，在建模的时候用于定位；透视图摄像机拍摄出的是模拟真实世界的效果，便于在渲染前进行观察。

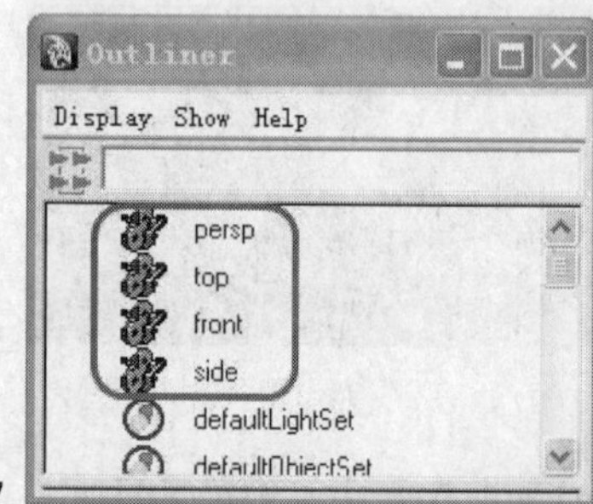

图 7.037

在现实生活中，摄像机有一个开始按钮，如果不按开始按钮，摄像机只能作为观察的工具，只有按下按钮，摄像机才开始进行记录。Maya 中的摄像机和现实中的摄像机是一样的，在没有按动画设定按钮之前，摄影机只是一个观察和定位的工具。

7.5.1 创建摄像机

Maya 中提供了很多种创建摄像机的方法，常用的方法是使用面板命令直接创建或者使用创建命令进行创建。

使用面板命令创建摄像机的方法是，在透视图中选择 Panels>Perspective>New【面板>透视图>新建】命令，可以在原有的透视图摄像机的位置再创建一个摄像机。

使用创建命令创建摄像机的方法是，使用 Create>Camera>Camera【创建>摄像机>摄像机】命令直接创建一个单点摄像机。

7.5.2 摄像机类型

在创建菜单的摄像机子菜单中有 3 种摄像机可供选择，分别为 Camera【单点摄像机】、Camera，Aim【摄像机与目标】和 Camera，Aim，and Up【摄像机、目标与向上方向】，如图 7.038 所示。

图 7.038

Camera【单点摄像机】为自由摄像机，可以通过移动和旋转命令调节摄影机的拍摄内容。

Camera，Aim【摄像机与目标】为双节点摄像机，也称为目标点摄像机。使用该摄影机的时候，可以通过分开调节摄像机位置和摄像机目标点位置来调节拍摄内容。

Camera，Aim，and Up【摄像机、目标与向上方向】为多节点摄像机，有 3 个点可以调节，分别为摄像机、目标点和向上的方向，通过操纵这 3 个点可以进行摄像机的调节。

7.5.3 摄像机的属性

在 Maya 中创建了摄像机之后，属性面板中就出现了很多可以调节的属性，如 Camera Attributes【摄像机属性】和 Film Back【胶片背板】，如图 7.039 所示。

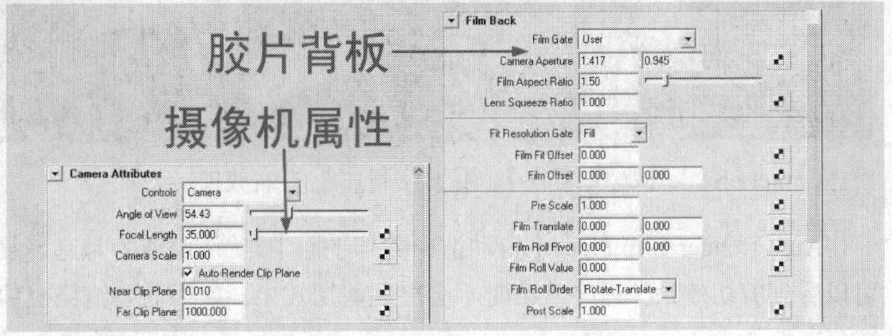

图 7.039

Camera Attributes【摄像机属性】选项组中有一些参数可以进行设置。

Controls【控制器】：通过其下拉列表，可以便捷地在 Camera【单点摄像机】、Camera，Aim【摄像机与目标】和 Camera，Aim，and Up【摄像机、目标与向上方向】3 种摄影机方案中进行更换。

Angle of View【视角】：摄影机镜头所能拍摄到的场景中，距离最大的两点与镜头连线的夹角被称为视角。该选项的默认值为 54，是近似于人眼的视角，也就是说透过该摄影机观测到的场景和人眼观察到的场景基本一致，如图 7.040 所示。

Focal Length【焦距】：镜头中心至胶片的距离。Focal Length【焦距】和 Angle of View【视角】是关联的一对参数，对于相同的成像面积，镜头焦距越短，其视角就越大。对于镜头来说，视角主要是指它可以拍摄到的范围，当焦距变短时，视角就变大了，可以拍摄到更大的范围，但这样会影响较远处的拍摄对象的清晰度。当焦距变长时，视角就变小了，可以使较远处的物体变得清晰，但是能够拍摄的宽度范围就变窄了。当 Focal Length【焦距】值为 5 时，相当于一支超广角鱼眼镜头，可视范围非常大，但是镜头两端的变形效果明显，经常用于小空间中的大场景摄影。当 Focal Length【焦距】值为 100 时，相当于一支长焦镜头，透视效果不明显，近乎于正视图，常常用于建筑效果图的制作，以保证建筑物不变形，效果如图 7.041 所示。

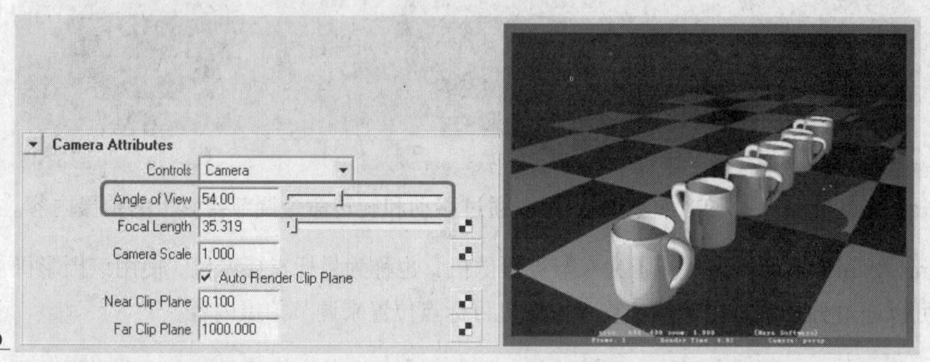

图 7.040

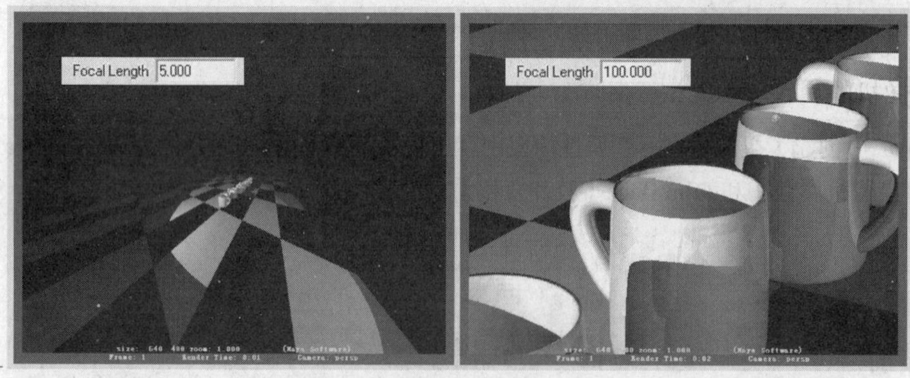

图 7.041

Camera Scale【镜头缩放】：用于控制焦距的缩放值。

Auto Render Clip Plane【自动渲染剪切平面】：默认设置为勾选该复选框，此时在视图中可以看到剪切效果，最终渲染时不会出现剪切效果。如果需要渲染出剪切效果，则取消勾选该复选框。

Clip Plane【剪切平面】：Maya 摄影机的一个独特属性，区别于真实的摄影机，可以设置摄影机拍摄的最近距离平面和最远距离平面。在两个平面之内的区域为可见区域，其余的部分为不可见区域。在遇到障碍物影响摄影机拍摄的情况下，设定剪切平面是一个很好的处理方式。

Near Clip Plane【最近剪切平面】：从摄影机到被拍摄物体的最近距离。

Far Clip Plane【最远剪切平面】：从摄影机到被拍摄物体的最远距离。

执行 Display>Rendering>Camera/Light Manipulator>Clipping Planes【显示>渲染>摄影机/灯光操纵器>剪切平面】命令，在视图中就可以观察到剪切平面的 Near Clip Plane【最近剪切平面】和 Far Clip Plane【最远剪切平面】。默认数值为，Near Clip Plane【最近剪切平面】为

0.100，Far Clip Plane【最远剪切平面】为 1 000，效果如图 7.042 所示。

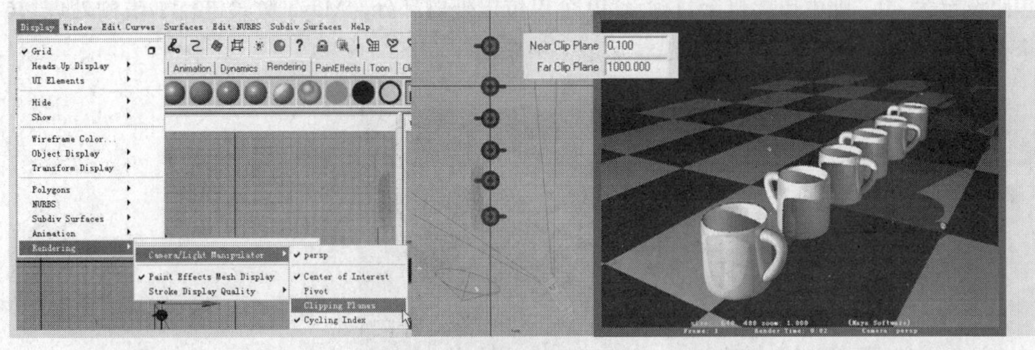

图 7.042

如果设置 Near Clip Plane【最近剪切平面】值为 35，Far Clip Plane【最远剪切平面】值为 50，那么如图 7.042 所示的场景中的 6 个杯子只能显示出 2 个半，如图 7.043 所示。

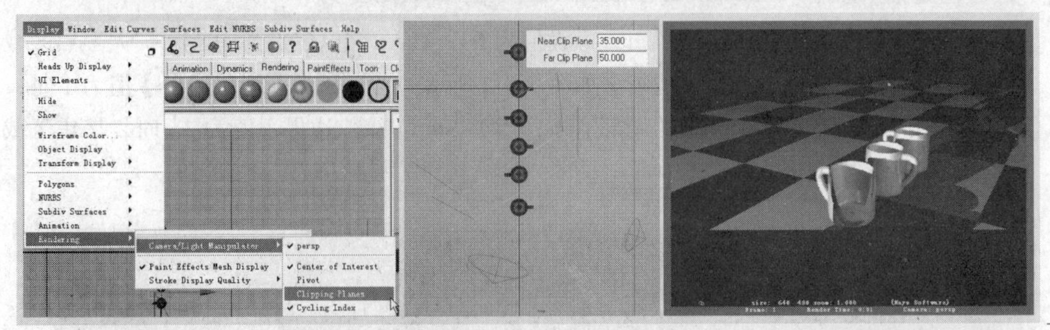

图 7.043

在现实世界中，摄影机具有聚焦功能，在一定的聚焦范围内的景物是清晰的，离开聚焦范围的景物会变得模糊，离得越远，越模糊，如图 7.044 所示。在 Maya 中同样可以模拟真实摄影机的聚焦功能，和镜头的光学原理不同的是，Maya 中的摄影机先进行清晰的渲染，然后根据景物距离摄影机的远近情况进行不同程度的模糊处理。

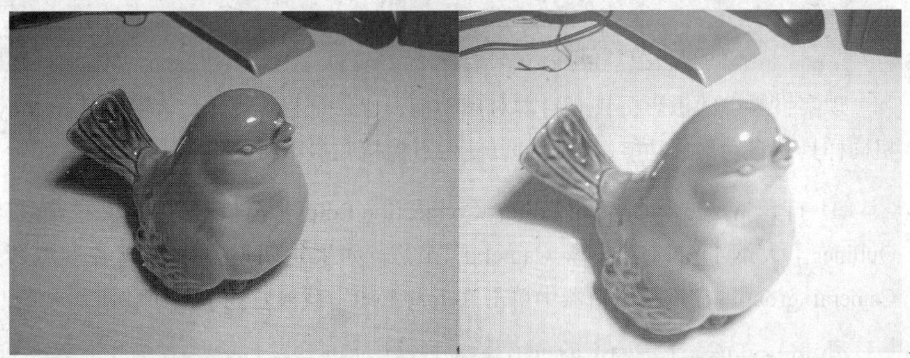

图 7.044

在摄影机属性设置面板中展开 Depth of Field【景深】选项组，勾选 Depth of Field【景深】复选框，打开景深效果的开关，原本灰化的属性全部被激活了，如图 7.045 所示。

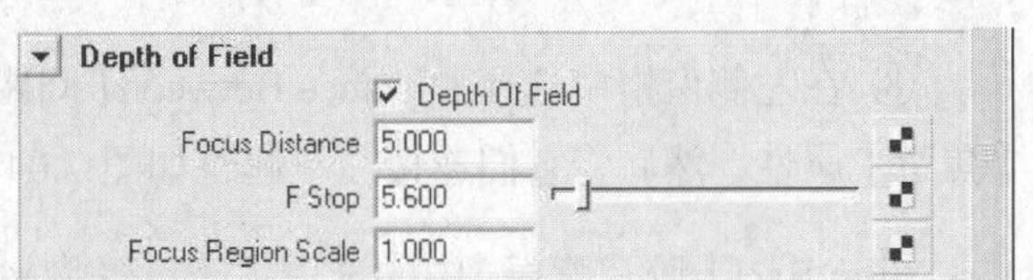

图 7.045

Focus Distance【焦距】：如果该数值为 5，则代表由设定的摄影机至目标点 5 个单位范围内的对象，Maya 对其进行清晰处理，剩余部分会进行模糊处理。如图 7.046 所示，如果将焦距设定为 40，则由摄影机至目标点 40 个单位以外的部分，Maya 对其进行了模糊处理，6 个茶杯中，第 1 个茶杯很清晰，越往后越不清晰。

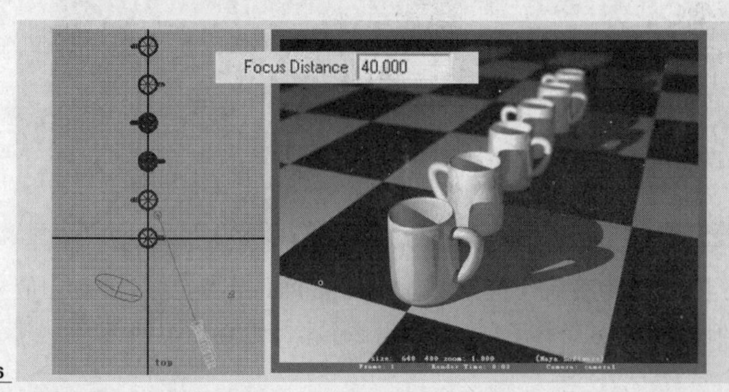

图 7.046

F Stop【聚焦边界】：最小值为 1，最大值为 64，Maya 会以焦点为中心，扩大聚焦区域的面积，让周围更多的景物变得清晰。如图 7.047 所示，当 F Stop【聚焦边界】值为 1 时，聚焦区域很小，只有第一个杯子的局部清晰；当 F Stop【聚焦边界】值为 15 时，聚焦区域变大，有 3 个杯子变得清晰。

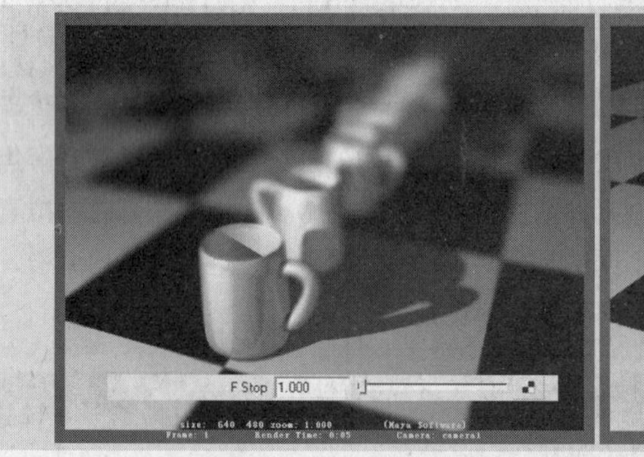

图 7.047

现实世界中的摄影机具有自动对焦功能，以保证将焦点锁定在物体上。Maya 中的摄像机同样具有自动聚焦功能，这样可以使焦点保持在摄影机的目标点上。

① 打开 Window>General Editor>Connection Editor【窗口>通用编辑器>连接编辑器】，在 Outliner【大纲】窗口中选择 Cameral 节点。如果是两点摄影机或者多点摄影机，则为 Cameral_group，在连接编辑器中单击 Reload Left【载入左侧】按钮。

② 在 Outliner【大纲】窗口中选择 Display>Shapes【显示>形态】命令，显示出形态节点。在 Camera1 或者 Camera 1_group 节点内选择 CameraShape 1 形态节点，然后单击 Reload Right【载入右侧】按钮。

③ 在左侧窗格中选择 Distance Between【间距】属性，在右侧窗格中选择 Focus Distance【焦距】属性，然后将它们连接在一起，如图 7.048 所示。

Film Back【胶片背板】中的选项用于设置将来输出的影片类型，用于电影和短片的合成，使三维的影像和电影中实拍的镜头能够完全吻合，它比渲染分辨率的设置更高一级。一般来说，基本的摄影机设置不需要改变 Film Back【胶片背板】中的设置。

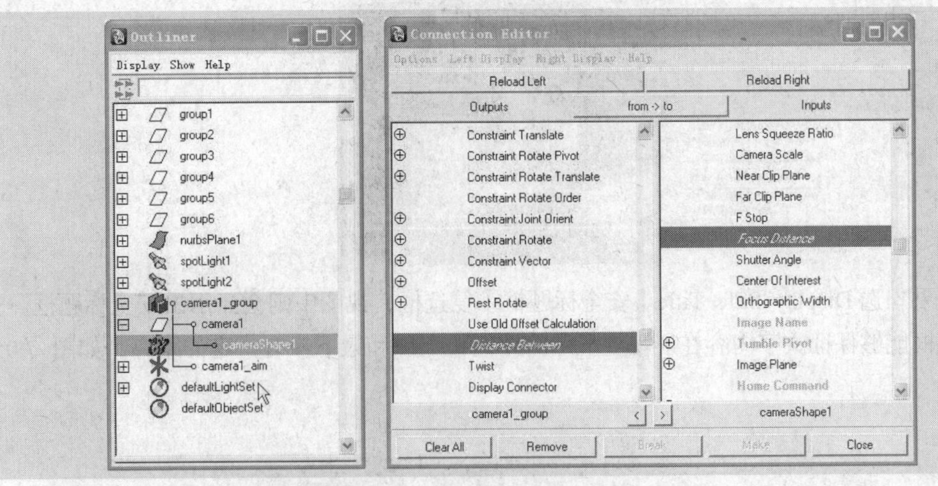

图 7.048

Film Gate【胶片框】提供了孔径的预设，如果选择 35mm TV Projection 选项，也就是指胶片的宽度为 35mm。在常见的短片和影视作品当中，电视屏幕宽高比为 1.33（4：3），35mm TV Projection 选项正好符合电视的需要。选择 View>Camera Settings>Film Gate【视图>摄影机设置>胶片快门】命令，可以在视图中显示胶片边框，如图 7.049 所示。

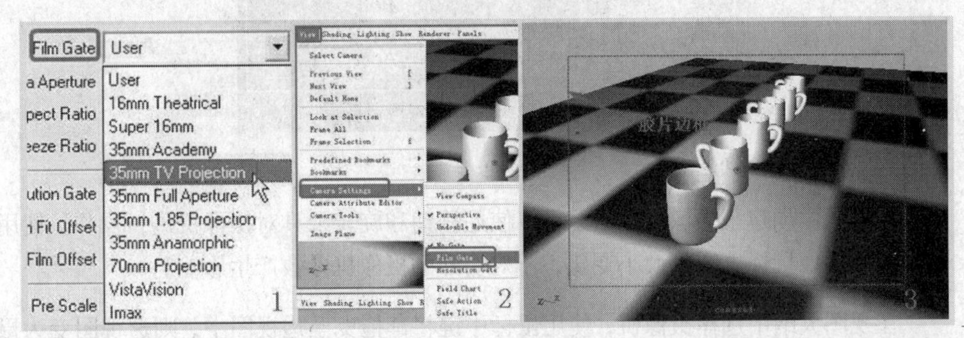

图 7.049

在 Display Options【显示项目】中可以显示出多种摄影机设定，勾选 Display Resolution【显示分辨率】复选框，可以显示分辨率的边框，如图 7.050 所示。此时因为渲染设置的分辨率为 640 × 480，所以胶片边框和分辨率边框重合在一起。

图 7.050

如果勾选 Display Safe Action【安全框】复选框，则视图中会显示出安全框。当图像输出到电视屏幕的时候，周围会被裁切掉一部分，因此要把重要的、不能被裁切掉的内容放置在安全框内，这样才能保证画面的完整性，如图 7.051 所示。

图 7.051

如果勾选 Display Safe Title【安全标题框】复选框，视图中则会显示出安全标题框。安全标题框能够保证文字内容在屏幕上显示时距离最上缘和最下缘有一定的距离，如图 7.052 所示。

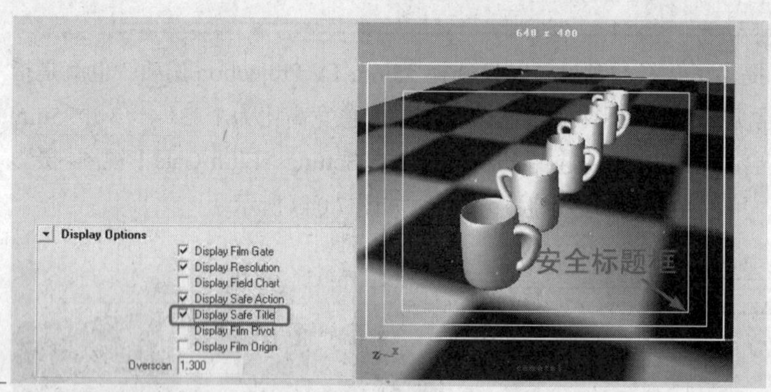

图 7.052

7.5.4 摄像机的操作

在场景中创建了摄像机之后，可以使用移动和旋转工具对摄像机进行操作。使用缩放工具只能使摄像机标志产生大小变化，不对实际的摄像机参数产生影响。

在视图大纲中选择摄像机，使用鼠标中键将其拖曳至透视图中，则透视图变为摄像机视图。在摄像机视图中使用如下操作可以对摄像机位置进行修改。

使用 Alt 键 + 鼠标左键为摇移摄像机。

使用 Alt 键 + 鼠标中键为平移摄像机。

使用 Alt 键 + 鼠标左、中键为推/拉摄像机。

当使用 Camera，Aim【摄像机与目标】的双节点摄像机时，可以使用移动工具分别变换摄像机和目标点。将视点放置在一个移动物体上，而将目标点放置在另一个移动物体上，这样可以实现移动中拍摄的效果。

7.5.5 摄像机的运用技巧

对于 Maya 中的摄像机来说，可以使用一些技巧对其进行设置，可以使用最少的常用参数，得到较好的效果。

一部优秀的动画作品是由很多个优秀的镜头组成的，而镜头是指从一个角度连续拍摄的画面，即从摄像机开机拍摄，到它被关闭，这段时间所获得的影像就是一个镜头。

1. 镜头景别

景别主要是指摄像机与拍摄对象间的距离的大小，它可以造成画面上的形象产生大小变化。一般情况下，景别大致上可以分为远景、全景、中景、近景和特写等。

- 远景镜头：在画面中能够体现场景中的所有内容，使得观众对周围的情况一目了然，如图 7.053 所示。它是三维影片《怪物史瑞克》中的截图，观众可以从这个镜头中看出，绿色的草地上有一个破旧的磨坊，磨坊边有两个人在忙碌。远景主要是相对场景情节而言的，因为下图中实际距离可能只有 15 米左右，在同一个影片中，有的远景实际距离会达到 50 米甚至 100 米，但是在该场景中发生的所有故事都会于此地展开，因此这已经是该场景中最远的距离了。

图 7.053

- 全景镜头：出现人物全身形象或是场景全貌的镜头，它比远景镜头距离角色更近。这种镜头非常适合表现丰富的肢体动作或者场景中要发生的事件。如图 7.054 所示。观众从镜头中可以知道，在磨坊边忙碌的两个人是菲欧娜公主和史瑞克，他们一边烹饪、吃饭，一边交谈。

图 7.054

- 中景镜头：显示人物臀部以上（或以下）部分形象的镜头，摄像机与角色之间保持着充分的距离，以便能够看清楚角色以及周边的环境。它比全景镜头距离角色更近，能够使观众更清楚地看到角色上半身（或下半身）的动作，传达效果更好，如图 7.055 所示。该镜头可以充分表现史瑞克和菲欧娜公主之间正在进行交谈的情况。

图 7.055

- 近景镜头：显示人物肩部或胸部以上形象的镜头，可以更加深入地刻画角色的情感，比较适合表现头部动作，如图 7.056 所示。

图 7.056

- 特写镜头：显示人物面部表情的镜头，可以充分地表现人物面部表情的细节，在刻画人物情绪时尤其常用。极近的镜头也拉近了观众与角色之间的距离，使观众能够更加充分地感受到角色的情绪，如图 7.057 所示。史瑞克充满柔情的眼神以及菲欧娜公主的表情在特写镜头中得到了充分的体现。

图 7.057

2. 镜头角度

常用的镜头角度一般可以分为仰视、平视、俯视、倾斜和鸟瞰。

- 仰视镜头：把摄像机放在低于拍摄对象的位置，然后把摄像机头部稍稍抬起，由下往上进行拍摄。

当一个角色出场的时候，经常会使用这种仰视镜头，这样可以突出表现这个角色在故事中的地位。仰视的角度也会让观众产生敬畏的感觉。图 7.058 所示为弗瓜王出场的效果，可以表现出一个自命不凡的国王高高在上的神态。

我是弗瓜王
I am lord Farquaad.

图 7.058

- 平视镜头：使摄像机和拍摄对象处于水平的位置，然后进行拍摄。这是一种中性的镜头，由于观众和角色处于同一水平线上，并且直接对着角色的眼睛，因此往往让观众感到和角色处于同一地位。这也是使用最频繁的镜头角度，如图 7.055 所示。

- 俯视镜头：与仰视角度相反，使摄像机高于拍摄对象，然后从上往下进行拍摄，如图 7.059 所示。

我发誓，它能说话
I swear! Oh! He can talk!

图 7.059

- 倾斜镜头：这是一种比较特殊的镜头角度，也被称为“荷兰镜头”或“香港镜头”。

通过对摄像机镜头的倾斜，画面不再保持水平，从而使画面效果具有更多的戏剧性，如图 7.060 所示。

图 7.060

7.6 渲染概述

渲染是三维动画制作过程中的最后一个环节，虽然我们在整个三维动画的制作过程中一直能观察到模型的形状、材质的效果、灯光的效果以及动画的内容，但是这些内容都离不开 Maya 软件的支持。要想在电影院、互联网以及广告灯箱等处看到我们的作品，还需要将 Maya 中的内容生成一段影片、一段视频或者一张图片等能够脱离 Maya 环境的文件，这个从 Maya 的场景文件到与 Maya 无关的文件的产生过程就是渲染。在渲染开始之前，可以设置渲染参数，当渲染真正开始之后，就只有计算机在进行数据的运算了，和操作者不再有关。

Maya 的渲染类型分为两种，一种是软件渲染，另一种是硬件渲染。软件渲染是 Maya 中常用的一种渲染模式，软件渲染的渲染质量较高，但速度较慢。硬件渲染是使用计算机的显卡和安装在机器上的驱动器进行渲染，渲染速度较快，但渲染质量低于软件渲染，经常用于粒子效果等特效的渲染。

在 Maya 中按 F6 键或者在菜单栏中选择 Rendering 命令就可以进入渲染模式。切换到 Rendering 模式后，菜单栏上将显示出与渲染相关的菜单选项，工具栏上也有预先设置好的 Rendering 快捷图标集合，如图 7.061 所示。

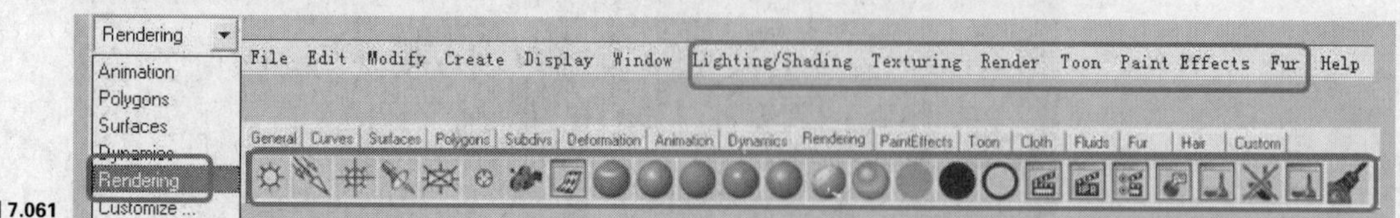

图 7.061

在状态栏的最后有 3 个一组的按钮，分别为渲染当前帧、IPR 渲染和渲染设置，通过这 3 个按钮可以便捷地进行渲染设置和渲染。

7.7 渲染设置

执行 Window>Rendering Editor>Render Setting【窗口>渲染编辑器>渲染设置】命令或者单击渲染设置按钮，打开 Maya 的渲染设置窗口。Maya 渲染设置分为两个部分，一部分为通用渲染设置，另一部分为渲染器渲染设置，如图 7.062 所示。

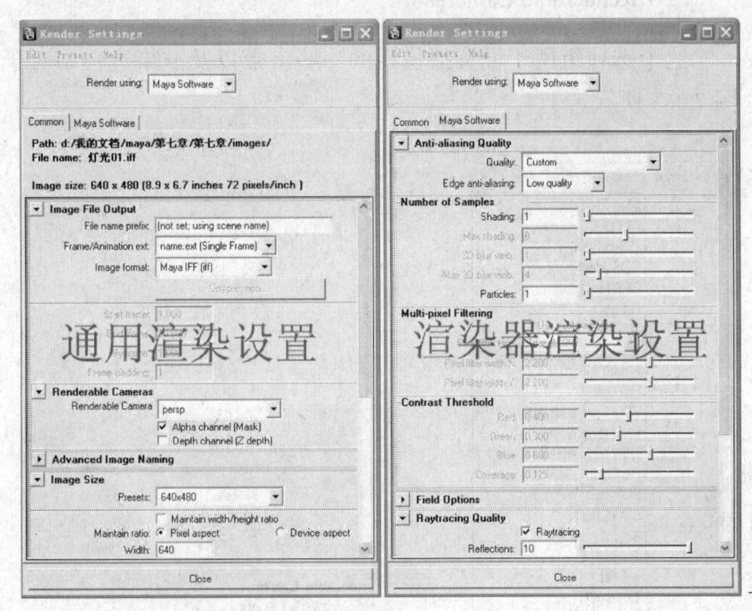

图 7.062

7.7.1 通用渲染设置

（1）Image File Output【图像文件输出】

在 Maya 中更改 Image File Output【图像文件输出】中的设置，可以按多种标准输出作品。

File name prefix【文件名前缀】：用于设置输出文件的名称。

Frame/animation ext：该下拉列表中有 8 个选项可供选择。Name 代表文件名，这部分由 File name prefix【文件名前缀】决定，#代表序列帧，.ext 代表文件扩展名。常用的单帧渲染选择 name.ext（Single Frame）选项。常用的序列帧渲染选择 name.#.ext 选项，此时下方的灰化选项被激活，如图 7.063 所示。

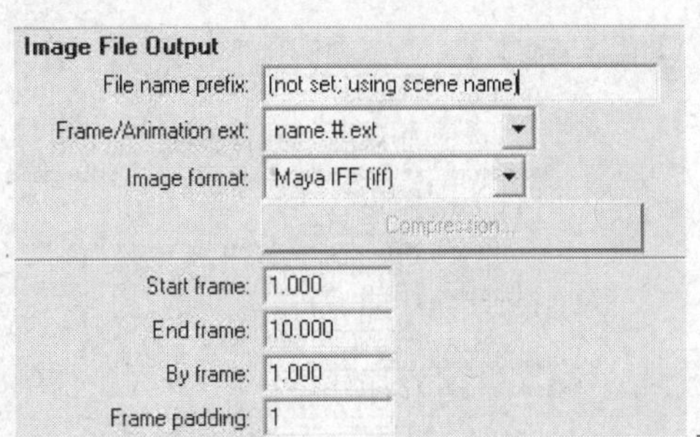

图 7.063

Start frame：用于设置渲染动画的起始帧。如果设置该数值为 10，那么动画将从第 10 帧开始渲染。

End frame：用于设置渲染动画的结束帧。

By frame：用于设置渲染时的帧间隔，也就是设置每隔几帧渲染一次。

Frame padding：用于设置渲染出的序列帧中的数字位置。

Image format：用于设置输出图像的存储格式，可以选择的选项如图 7.064 所示。

（2）Renderable Cameras

这个选项组用于设置摄像机的一些参数以及渲染过程中对于图像的一些质量要求，如图 7.065 所示。

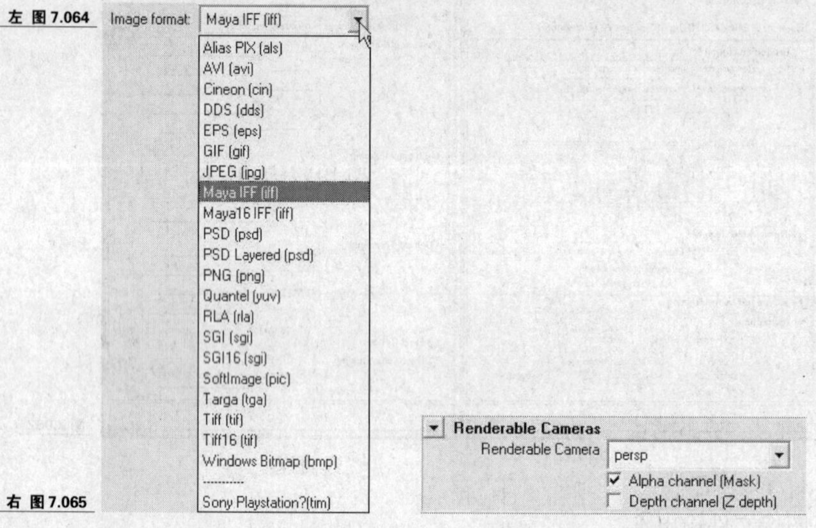

左 图 7.064

右 图 7.065

Renderable Camera【可选摄像机】：用于设置要渲染的窗口，如果不进行特殊设置，系统会渲染当前激活的视图。

Alpha channel【Alpha 通道】：如果勾选该复选框，渲染出的文件将带有 Alpha 通道。

Depth Channel【深度通道】：如果勾选该复选框，渲染出的文件将带有深度通道。

（3）Image Size【图像大小】

该选项组用于设置输出文件的大小，如图 7.066 所示。

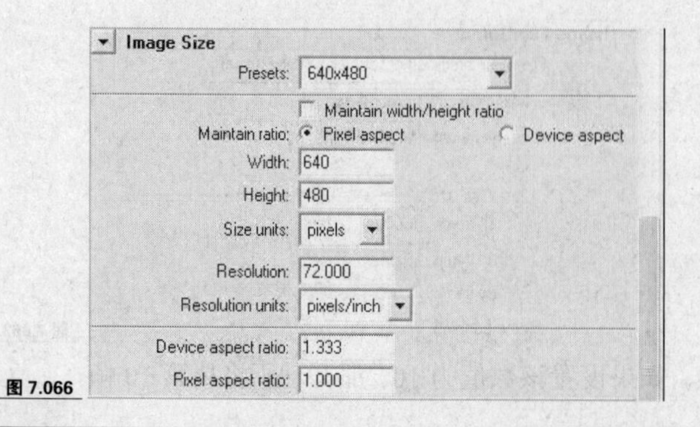

图 7.066

Presets【预设】：该下拉列表中预置了很多常用的输出尺寸。

Maintain width/height ratio【保持宽/高比】：如果勾选该复选框，渲染出的文件将保持宽/高比不变。

Width【宽度】：用于设置输出文件的宽度。

Height【高度】：用于设置输出文件的高度。

Size units【尺寸单位】：通过该下拉列表可以更改输出文件尺寸的基本单位。

Resolution【分辨率】：用于设置图像的分辨率，默认值为72。

Resolution units【分辨率单位】：用于设置分辨率的单位。

Device aspect ratio【Device 比例】：用于设置 Device 类型图像的比例。

Pixel aspect ratio【Pixel 比例】：用于设置 Pixel 类型图像的比例。

7.7.2 软件渲染器渲染设置

软件渲染器中有一些不同于通用渲染设置的选项。

（1）Anti-aliasing Quality【抗锯齿质量】

该选项组主要用于设置图像的输出质量，如图 7.067 所示。

Quality【质量】：该下拉列表中提供了一些预设的抗锯齿级别，如图 7.068 所示。

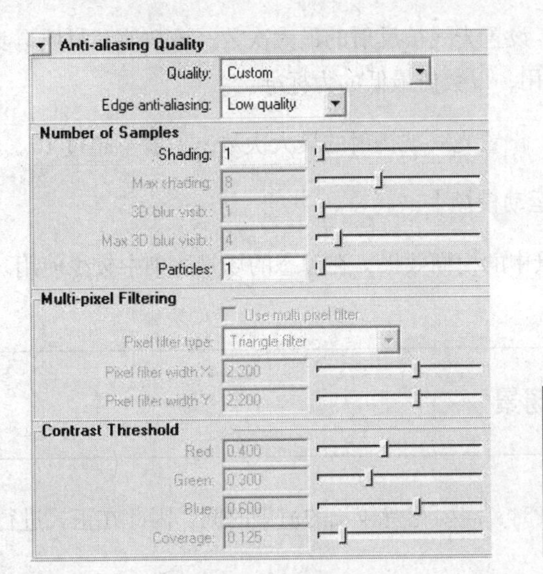

左 图 7.067

右 图 7.068

- Custom【自定义】：可以自由定义抗锯齿品质。
- Preview Quality【预览品质】：一般用于测试渲染，渲染的品质较低。
- Intermediate Quality【中等品质】：渲染的品质高于 Preview Quality【预览品质】。
- Production Quality【产品品质】：渲染的品质高于 Intermediate Quality【中等品质】，

一般用于最终渲染。

- Contrast Sensitive production【灵敏对比产品品质】：一般用于 Raytrace【光线跟踪】渲染，不会产生太多的颗粒感。

- 3D Motion Blur production【三维运动模糊产品品质】：用于带有运动模糊的最终渲染。

Edge anti-aliasing【边界抗锯齿】：用于控制边缘的抗锯齿程度，下拉列表中有 4 个可选选项，分别为低级品质、中级品质、高级品质和顶级品质，如图 7.069 所示。

（2）Field Options【场选项】

该选项组用于设置渲染的图像上下场的优先值，可以在其下拉列表中选择相应的选项来设置场的优先级。

（3）Raytracing Quality【光线跟踪】

该选项组用于设置光线跟踪参数，如图 7.070 所示。

左 图 7.069

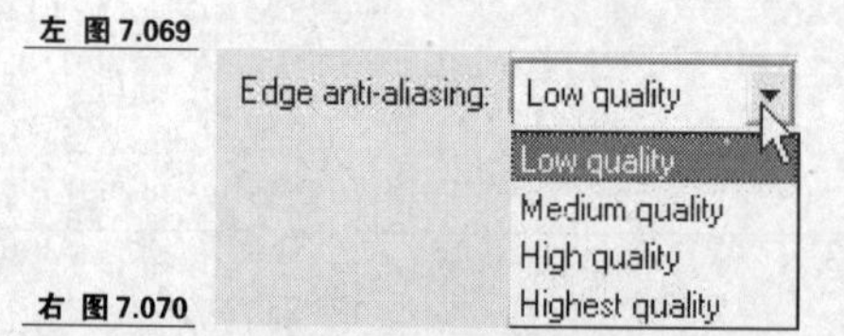

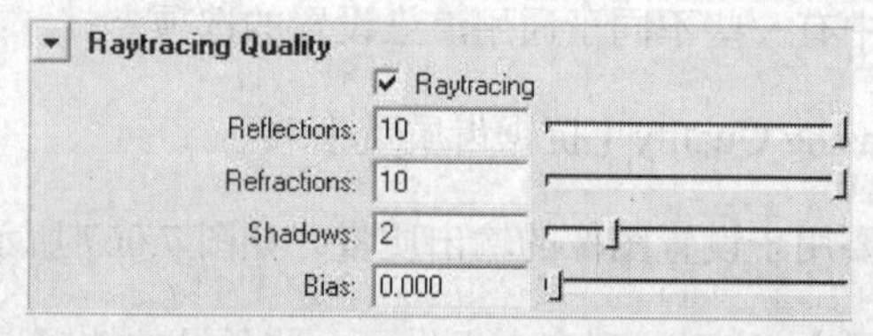

右 图 7.070

Raytracing【光线跟踪】：如果勾选该复选框，则打开了光线跟踪的总开关。

Reflections【反射】：设置光线被反射的最大次数。该数值和材质自身的 Reflection Limit【反射限制】的值共同作用，以数值最低的为标准。

Refractions【折射】：设置光线被折射的最大次数，一般不超过 10。

（4）Moyion Blur【运动模糊】

该选项可以设置场景中的模糊效果，在静态的场景渲染中较少使用。

7.8 渲染场景

在进行复杂场景渲染时，需要花费较长的渲染时间，因此在正式进行渲染前最好能进行测试渲染。

7.8.1 测试渲染

操作方法。

① 选择 Window>Rendering Editors>Render View【窗口>渲染编辑器>渲染视图】命令，打开 Render View 窗口。

② 选择 Option>Test Resolution【测试分辨率】子菜单中的命令，设置合适的分辨率。

③ 选择 Render>Render Current Frame【渲染>渲染当前帧】命令进行渲染，得到测试渲染效果。

在渲染的过程中按 Esc 键可以随时中断渲染，执行 Render>Redo PreviousRender【渲染>重新渲染】命令可以重新渲染。

7.8.2 渲染动画

操作方法。

① 执行 Window>Rendering Editors>Render Setting【窗口>渲染编辑器>渲染设置】命令，打开渲染设置窗口。

② 在渲染设置窗口的 Image File Output 选项组中的 Frame/Animation ext 下拉列表中选择一个选项，如常用的 name.#.ext 模式。

③ 设置 Start frame 为 1，动画将从第 1 帧开始渲染。将 End frame 设置为所需渲染的最后一帧，如果需要渲染动画 100 帧，则设置数值为 100。通过 By frame 设置渲染时的帧间隔，一般设置为 1，每帧渲染一次。

④ 执行 Render>Batch Render【渲染>批渲染】命令，Maya 就开始在后台进行动画的渲染，渲染完成后会自动播放动画内容。

7.8.3 浏览动画

Maya 浏览动画和图像的方式为，使用外部程序 Fcheck 进行浏览。

操作方法。

① 执行 Render>Show Batch Render【渲染>显示批渲染】命令，打开外部程序 Fcheck。

② 选择 File>View Image【文件>观看图像】命令，调出要查看的图像。

③ 选择 File>View Sequence【文件>观看序列图片】命令，将选中的帧作为序列帧中的起始帧。

④ 按 + 键可以加快播放速度，按–键可以减慢播放速度，按 T 键恢复正常速度播放，按空格键暂停播放。

7.9 课堂实例

7.9.1 实例 1——灯光训练

案例学习目标：学习运用各种类型的灯光产生不同的照射效果；简单设置渲染选项，得到场景渲染图片。

案例知识要点：掌握使用 Create>Lights>Spot【创建>灯光>聚光灯】命令创建灯光的方法。通过聚光灯的属性面板修改聚光灯属性，包括 Cone Angle【圆锥角度】、Penumbra Angle【半影角】、Dropoff【衰减】、Intensity【亮度】、Light Effects【灯光特效】等；掌握使用 Raytrace Shadow Attributes 选项组中的 Use Ray Shadow Attributes 选项打开光线跟踪开关；熟悉使用 Rending Setting 窗口进行渲染设置的方法。

效果所在位置：Ch07\灯光训练。

操作方法。

① 执行 File>Open Scene【文件>新建文件】命令，打开本书素材中的“灯光 01”场景。观察场景，这是一个典型的写字台效果，如图 7.071 所示。场景中没有灯光的设置，看上去没有氛围和故事情节。

② 执行 Create>Lights>Spot【创建>灯光>聚光灯】命令，在视图中创建一盏聚光灯，单击显示操纵器按钮，显示出聚光灯位置和照射目标点位置，如图 7.072 所示。使用移动命令移动聚光灯和照射目标点到适合的位置。在场景中按快捷键 7，场景呈现灯光显示模式，在这个模式下可以进行灯光的调节。

左 图 7.071

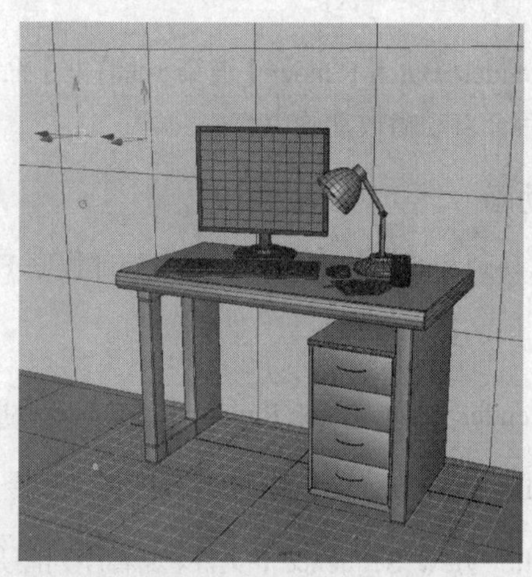

右 图 7.072

③ 按快捷键 Ctrl + A 打开聚光灯的参数设置窗口，在 Spot Light Attributes 选项组中设置 Cone Angle【圆锥角度】为 70，Penumbra Angle【半影角】为 2，Dropoff【衰减】为 10，效果如图 7.073 所示。

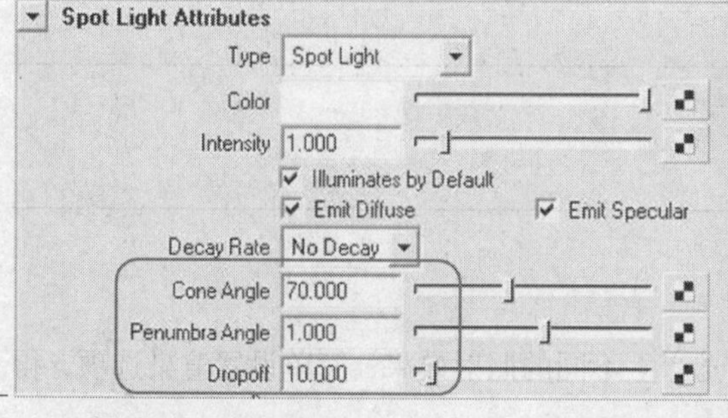

图 7.073

④ 在灯光的属性设置窗口中设置灯光的颜色为（H：195，S：0.65，V：0.9），从而表

现出夜晚的冷色特征，如图 7.074 所示。

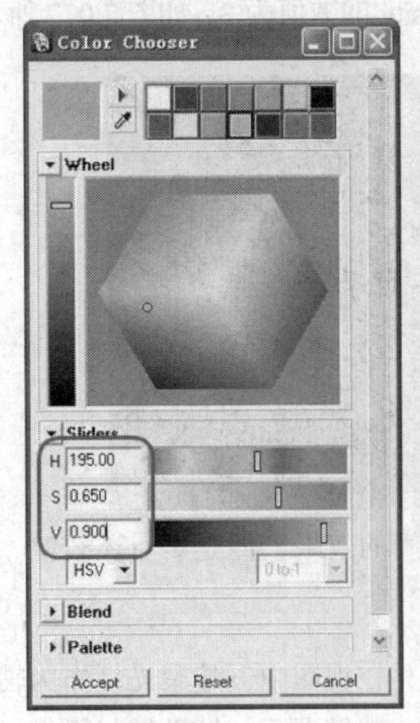

图 7.074

⑤ 单击 Intensity【亮度】右侧的按钮，打开灯光贴图通道窗口，为灯光选择 Noise【噪波】贴图。打开 Noise Attributes 窗口，展开 Color Balance 选项组，设置 Color Gain 的颜色为灰色，如图 7.075 所示。渲染场景的效果如图 7.076 所示。

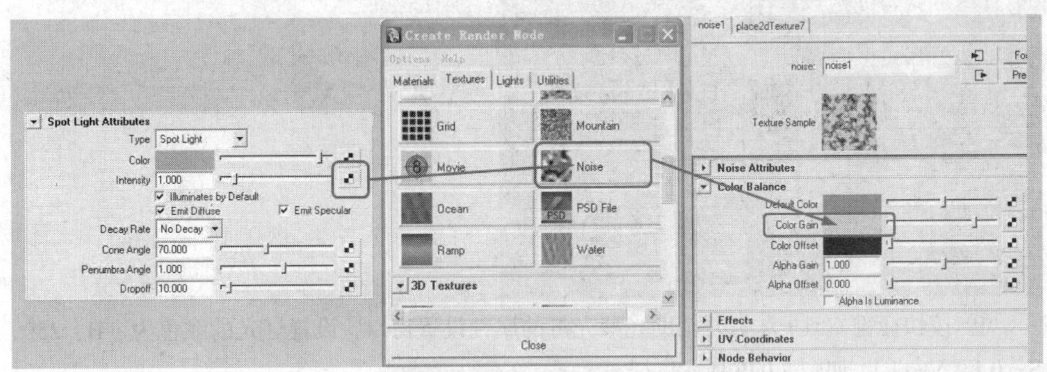

图 7.075

图 7.076

⑥ 在 Spot Light1 属性设置窗口中展开 Light Effects 选项组，单击 Light Fog 右侧的 按钮，创建雾灯效果。设置 Fog Spread 的数值为 1.5，Fog Intensity 的数值为 3，如图 7.077 所示。

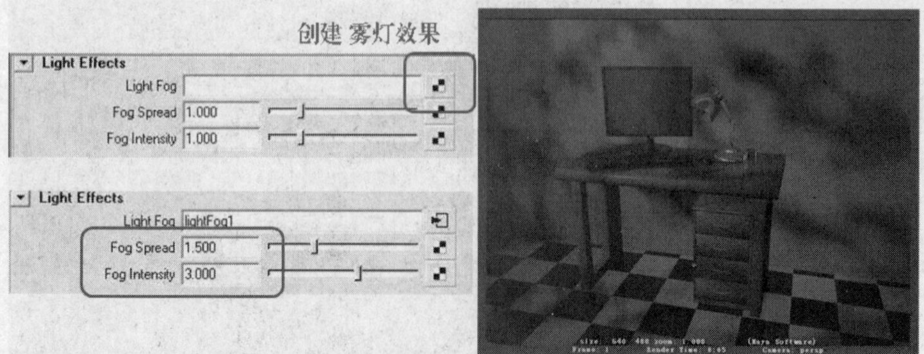

图 7.077

⑦ 观察场景，发现场景已经有了月光透过树丛照进房间的效果，但是场景还较暗，需要辅助灯的照射。

⑧ 执行 Create>Lights>Spot【创建>灯光>聚光灯】命令，在视图中创建聚光灯作为辅助灯。使用移动命令移动聚光灯和照射目标点到适合的位置，一般情况下，辅助灯与摄像机的夹角在 15°～60°之间，如图 7.078 所示。

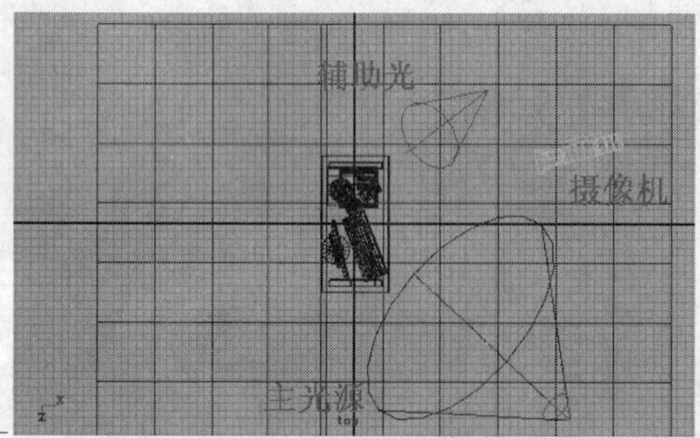

图 7.078

⑨ 按快捷键 Ctrl + A 打开辅助光聚光灯的属性设置窗口，设置灯光的颜色为（H：250，S：0.1，V：1），如图 7.079 所示。

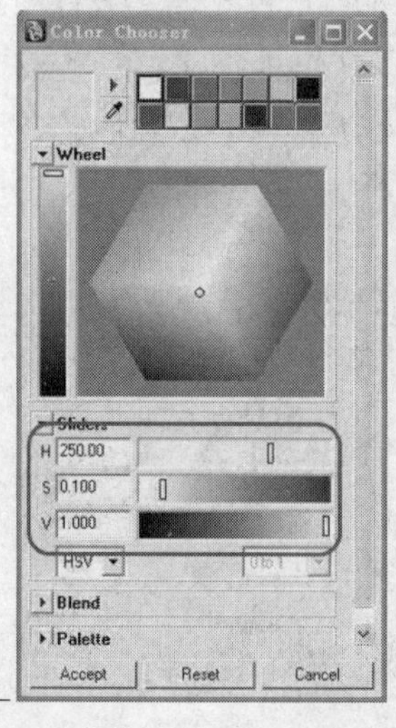

图 7.079

⑩ 在 Spot Light Attributes 选项组中设置 Intensity【强度】为 0.6，Cone Angle【圆锥角度】为 80，Penumbra Angle【半影角】为 50，效果如图 7.080 所示。

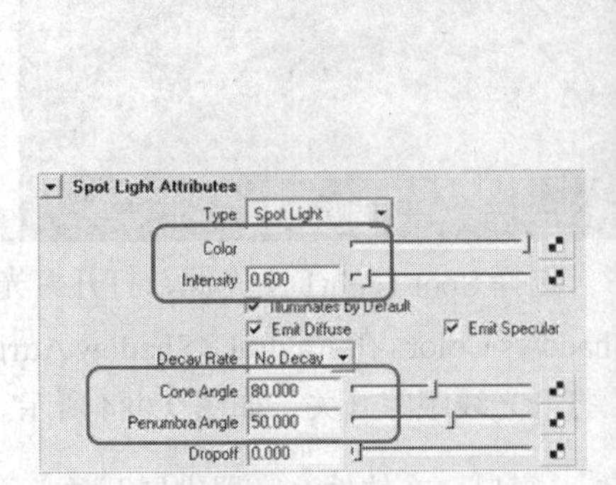

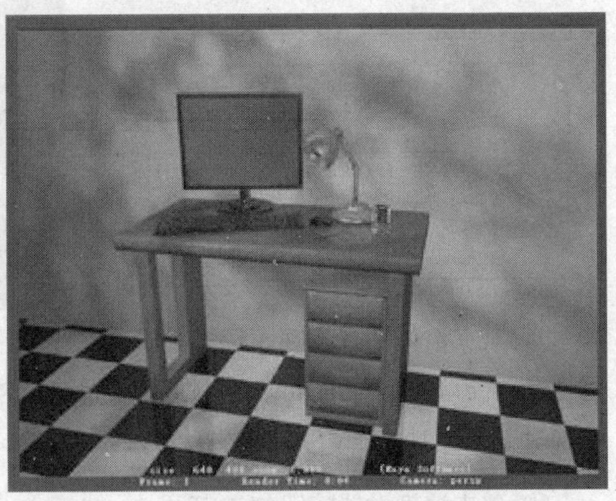

图 7.080

⑪ 使用同样的方法创建一盏聚光灯作为背光灯，用于确定前景和背景之间的距离，并且设置其 Intensity【强度】为 0.4，如图 7.081 所示。

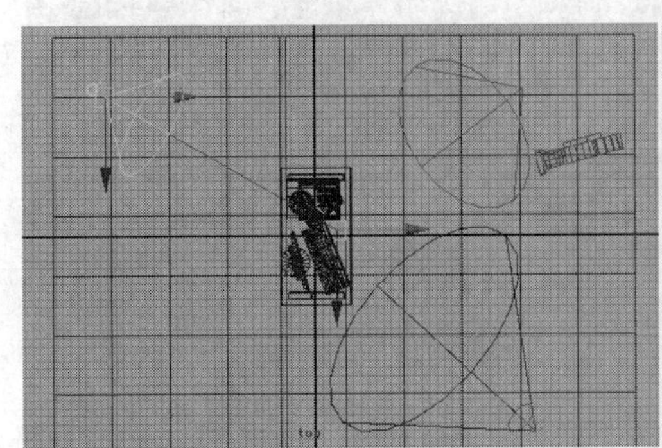

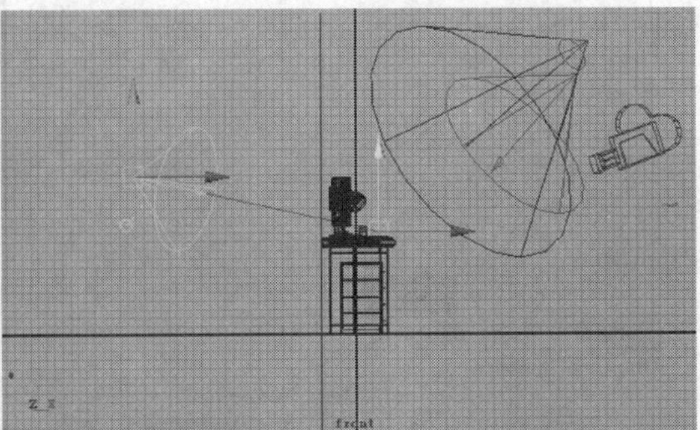

图 7.081

⑫ 场景中还有一盏台灯会发出光亮，因此创建聚光灯作为台灯的光源，然后使用移动工具将新建的聚光灯移动到台灯模型内，如图 7.082 所示。

图 7.082

⑬ 按快捷键 Ctrl + A 打开代表台灯的聚光灯的属性设置窗口，设置灯光的颜色为（H：30，S：0.3，V：1）。然后设置 Intensity【强度】为 2，Decay Rate【衰减形式】为 Linear【线性】，Penumbra Angle【半影角】为 5，如图 7.083 所示。

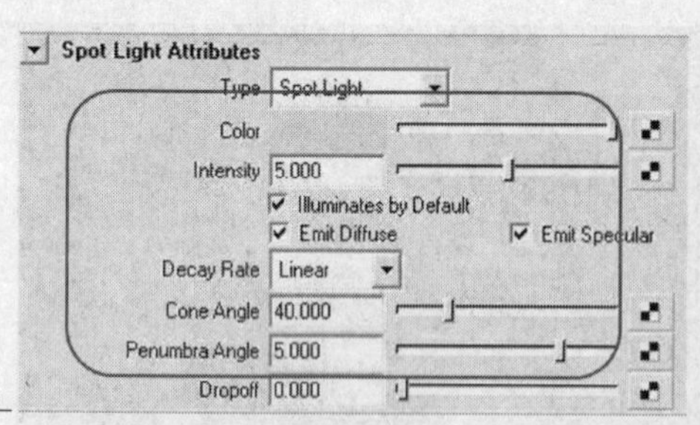

图 7.083

⑭ 观察渲染图片发现，场景中没有灯光投影。选择 Spot Light1 主光源，打开聚光灯的属性设置窗口，展开 Shadows 选项组，然后设置 Shadows Color。在 Raytrace Shadow Attributes 选项组中勾选 Use Ray Shadow Attributes 复选框，打开光线跟踪开关，如图 7.084 所示。

⑮ 单击渲染设置按钮，打开 Rending Setting 窗口。在软件渲染器中展开 Raytracing Quality 选项组，勾选 Raytracing 复选框，在渲染设置中打开光线跟踪开关，如图 7.085 所示。

左 图 7.084

Shadows
Shadow Color
Depth Map Shadow Attributes
Raytrace Shadow Attributes
Use Ray Trace Shadows
Light Radius 0.000
Shadow Rays 5
Ray Depth Limit 1

右 图 7.085

Render Settings
Edit Presets Help
Render using: Maya Software
Common Maya Software
Field Options
Raytracing Quality
Raytracing
Reflections: 10
Refractions: 10
Shadows: 2
Bias: 0.000
Motion Blur
Render Options
Close

渲染场景的效果如图 7.086 所示。

图 7.086

7.9.2 实例 2——摄影机训练

案例学习目标：学习运用各种类型的摄影机来产生不同的拍摄效果；简单设置渲染选项，得到场景渲染影片。

案例知识要点：掌握使用 Create>Cameras>Camera and Aim【创建>摄像机>摄像机和目标】命令创建摄影机的方法；掌握使用 Animate>Motion Paths>Attach to Motion Path【动画>运动路径>结合到运动路径】命令设置摄影机动画的方法。

效果所在位置：Ch07\摄影机训练。

操作方法。

① 执行 File>Open Scene【文件>打开文件】命令，打开本书素材中的“铅笔 01”场景。这里是对上一个实例中的写字台效果略微做了一些修改，将铅笔放置在了地上，如图 7.087 所示。

图 7.087

② 执行 Create>Cameras>Camera and Aim【创建>摄像机>摄像机和目标】命令，创建两点摄像机，如图 7.088 所示。

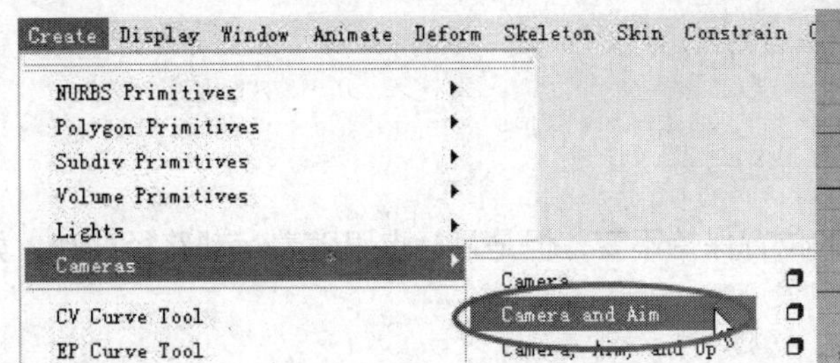

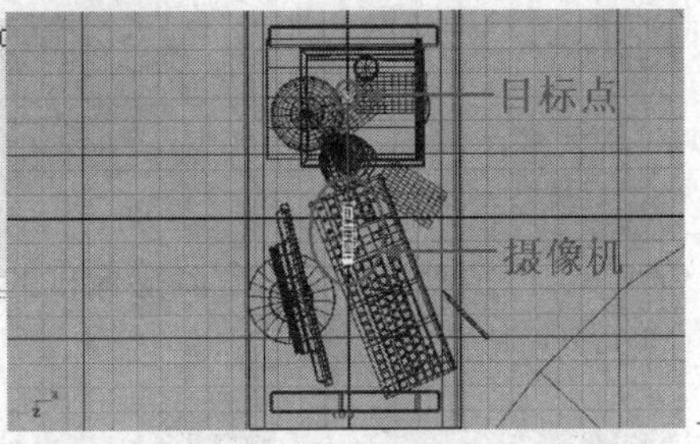

图 7.088

③ 在场景中使用 Create>CV Curve Tool【创建>CV 曲线工具】命令创建一条 CV 曲线，使曲线在显示器至地面铅笔之间分布，如图 7.089 所示。

图 7.089

④ 在透视图中选择 Panels>Perspective>Camera1【面板>透视>摄像机 1】命令，切换为新建的摄影机视图，如图 7.090 所示。

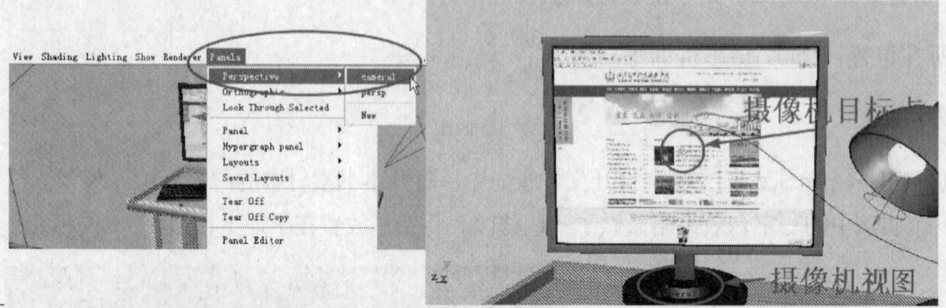

图 7.090

⑤ 依次选择摄像机目标点和刚刚创建的曲线，执行 Animate>Motion Paths>Attach to Motion Path【动画>运动路径>结合到运动路径】命令，将摄像机的目标点结合到绘制的运动路径上，如图 7.091 所示。

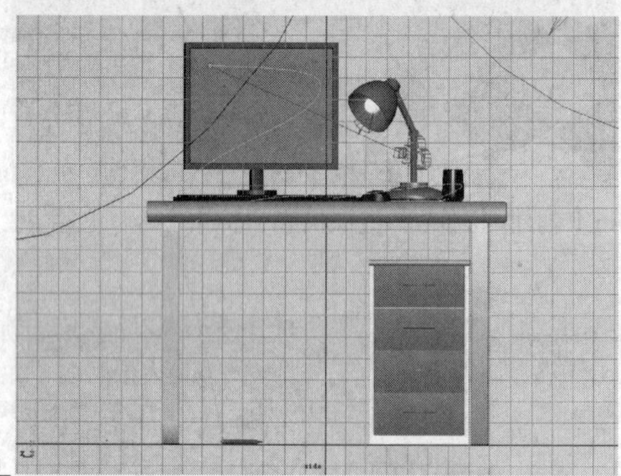

图 7.091

⑥ 播放动画，可以看到摄像机的位置保持不变，但是目标点跟随着运动路径移动，如图 7.092 所示。

图 7.092

⑦ 对 Camera1 视图进行动画渲染，就可以得到一段运动摄影动画了，后期对动画曲线进行一些编辑，得到变速运动的镜头效果，从而使效果更加真实。

本 章 小 结

通过对本章的学习，读者可以熟练地掌握不同种类的灯光的设置方式，通过设置灯光的各种属性，得到不同的照射效果。熟练掌握不同类型摄像机的设置方式，通过设置渲染器得到最终的渲染效果。

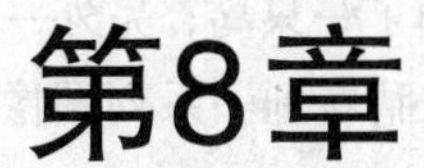

第8章

Maya 基础动画技术

本章介绍了 Maya 动画的制作原理和方法，介绍了关键帧动画、驱动关键帧动画、路径动画、表达式动画以及非线变形器动画的制作技术，通过律表和动画曲线编辑器设置及调节动画，通过实例讲解各种类型动画的设置方式。

课堂学习目标

- ◈ 掌握动画的概念
- ◈ 掌握 Maya 动画操作界面
- ◈ 掌握动画制作的不同技术
- ◈ 掌握律表的相关知识
- ◈ 掌握动画曲线编辑器的相关知识

8.1 动画的概念

动画是将静止的画面变为动态的艺术。

1826 年，约瑟夫·高原发明了转盘活动影像镜，这是一个边沿有一道裂缝且上面画有图片的循环的卡，如图 8.001 所示。看的人拿着这种卡向一面镜子走近，在卡旋转的同时通过裂缝向里观看。这样观众就把卡的圆周附近的一系列图画看成了一个运动图像。

图 8.001

1828 年，法国人保罗・罗盖特首先发现了视觉暂留，他发明了留影盘，如图 8.002 所示。它是一个被绳子或木竿从两面间穿过的圆盘。盘的一面画了一只鸟，另外一面画了一个空笼子。当圆盘被旋转时，鸟在笼子里出现了。这证明了当眼睛看到一系列图像时，它一次保留一个图像。

1831 年，法国人 Joseph Antoine Plateau 把画好的图片按照顺序放在一部机器的圆盘上，圆盘可以在机器的带动下转动，如图 8.003 所示。这部机器还有一个观察窗，用来观看活动的图片效果。在机器的带动下，圆盘低速旋转，圆盘上的图片也随着圆盘旋转。从观察窗看过去，图片似乎动了起来，形成了动的画面，这就是原始动画的雏形。

左 图 8.002

右 图 8.003

当我们观看电影、电视或动画片时，画面中的人物和场景是连续、流畅和自然的，这就是利用了“视觉暂留”的特性。医学上已经证明，人的眼睛看到一幅画或者一个物体后，在 1/24 秒内不会消失。利用这个原理，在第一幅画还没有消失的时候就播出第二幅画，一种流畅的视觉变化就此产生，这就是神奇的“视觉暂留”，也是现代动画技术的基础。

8.1.1　帧的概念

帧是动画中单一的图像，是影像动画中最小的单位，相当于电影胶片上的每一格镜头。下面我们通过实例来理解一下帧的概念。

① 新建场景，执行 Create>CV Curve Tool【创建>CV 曲线工具】命令，在 Front【前】视图中创建箭头状曲线。

② 选择曲线，执行 Surfaces>Bevel Plus【曲面>倒角插件】命令，形成箭头状曲面，如图 8.004 所示。

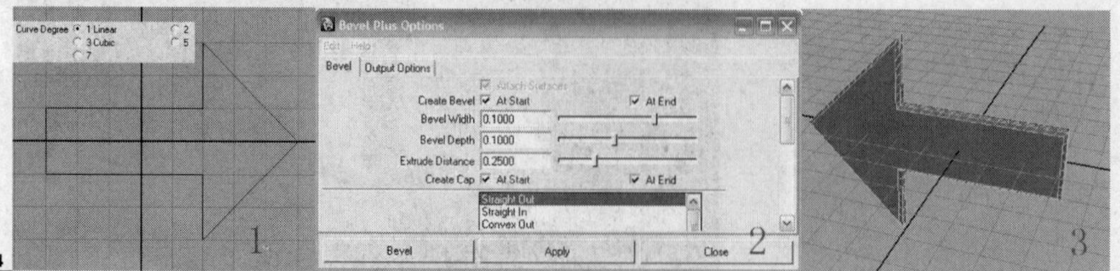

图 8.004

③ 选择曲面，将时间轴设置在第一帧的位置，在属性菜单中的 Rotate Y【Y 轴旋转】上按住鼠标右键不放，在弹出的浮动菜单中选择 Key Selected【设置关键帧】命令，数值变为粉红色即关键帧设置成功，如图 8.005 所示。

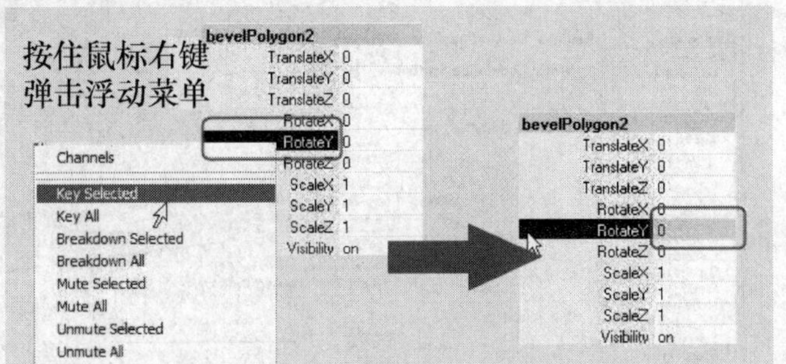

图 8.005

④ 将时间轴放置在 24 帧处，在 Rotate Y 后输入数值 180，然后在 Rotate Y【Y 轴旋转】上按住鼠标右键不放，在弹出的浮动菜单中选择 Key Selected【设置关键帧】命令，将第 5 帧也设置为关键帧，如图 8.006 所示。这样就制作完成了一段 5 帧的动画。

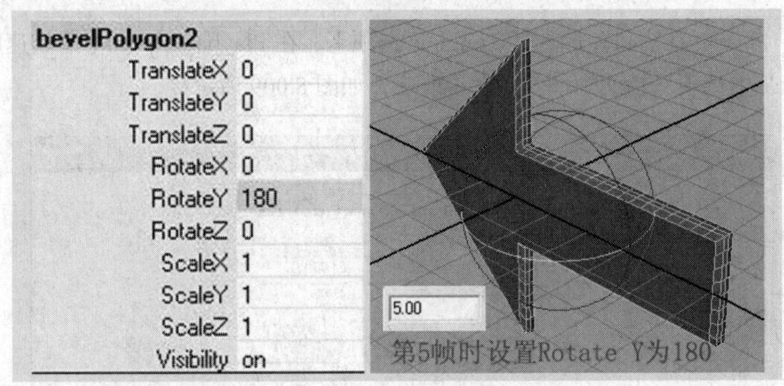

图 8.006

⑤ 将动画渲染成 jpg 格式的图像序列，如图 8.007 所示。

图 8.007

图 8.007 中的 5 张图片其实就构成了一个简单的箭头旋转的动画，其中每一张图片就是一帧，5 张图片连起来就构成了 5 帧的动画。

8.1.2 帧率的概念

帧率是指每秒钟播放的帧的数量。不同的格式会采用不同的帧率，如电影格式的帧率为 24 帧/秒，游戏为 15 帧/秒，电视中 NTSC 制为 30 帧/秒，PAL 制为 25 帧/秒。

8.1.3 帧率设置

在 Maya 中可以设定运行过程中的各种环境参数，操作方法如下。

① 执行 window>Setting/Preferences>Preferences 命令，打开 Preferences 窗口。

② 在 Preferences 窗口中选择 Setting 选项卡，并打开 Time 的下拉列表，其中有多种帧率可供选择，如图 8.008 所示。

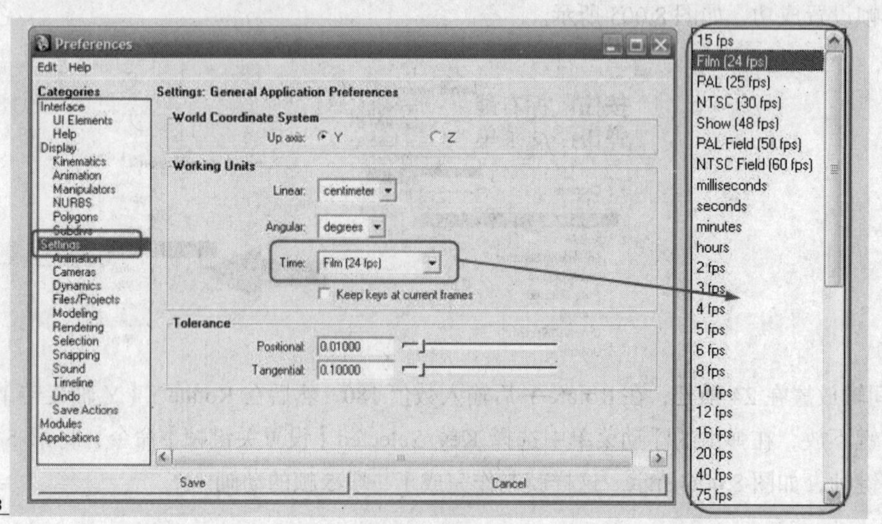

图 8.008

③ 在窗口左侧选择 Timeline 选项卡，在 Playback speed【播放速度】下拉列表中选择相应的选项，播放帧率就发生了改变，如图 8.009 所示。

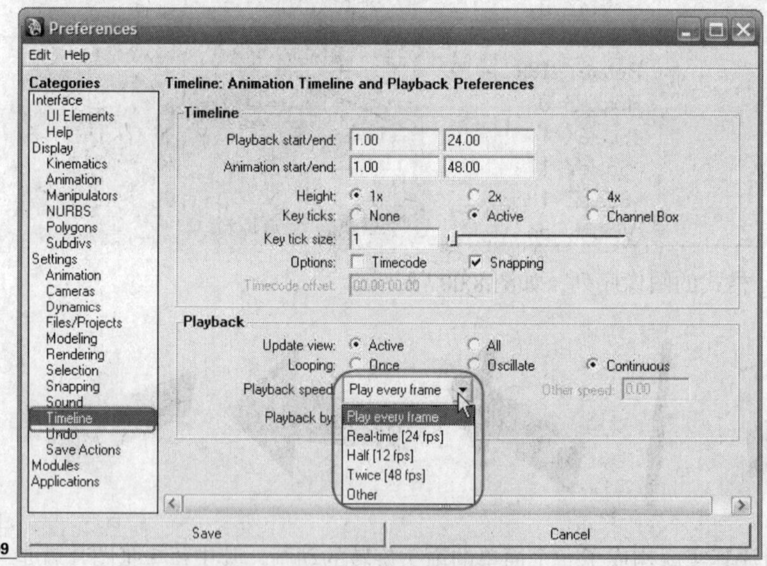

图 8.009

Playback speed【播放速度】下拉列表中有 Play every frame【播放每一帧】、Real-time【24fps】、Half【12fps】、Twice【48fps】和 Other 5 个选项。

Play every frame【播放每一帧】：为逐帧播放设置，是为涉及大量运算的动力学动画准备的。

Real-time【24fps】【标准输出速度】：标准的输出速度，24 帧/秒。

Half【12fps】【一半标准输出速度】：标准输出速度的一半，12 帧/秒。选择该选项，渲染的速度减慢一半。

Twice【48fps】【一倍标准输出速度】：标准输出速度的一倍，48 帧/秒。选择该选项，渲染的速度加快一倍。

8.2 Maya 动画操作界面

Maya 为用户提供了一整套强大的动画技术，使动画的制作变得方便快捷。Maya 中动画的操作界面布局合理，功能强大，如图 8.010 所示。

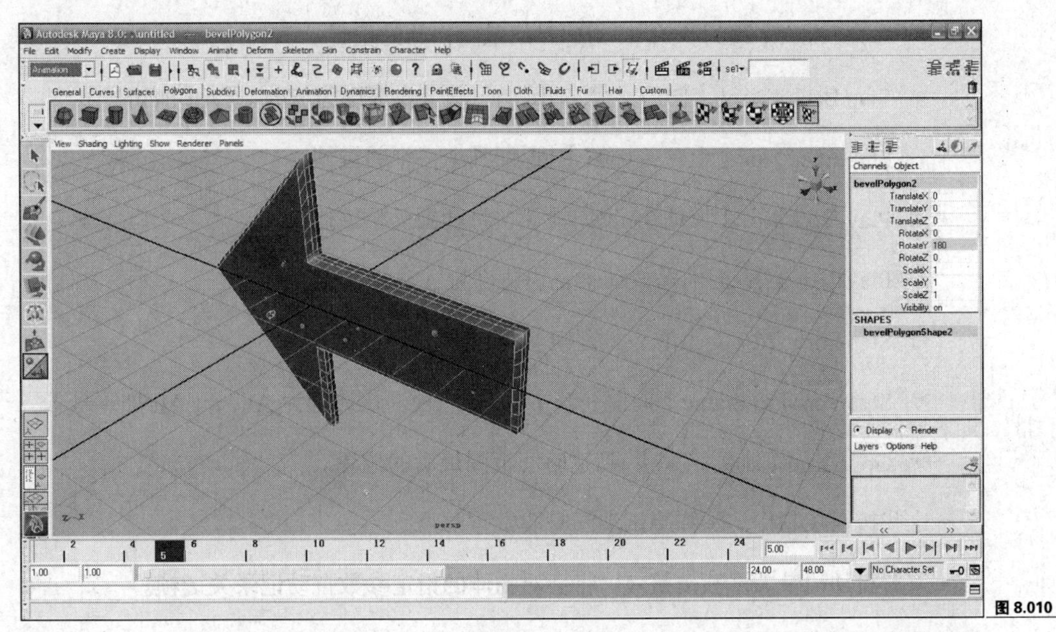

图 8.010

启动 Maya，在右上角菜单栏中使用下拉菜单切换到 Animation【动画】模式或者按快捷键 F2 完成切换。此时菜单栏中的可变选项转换为 Animation【动画】模式菜单选项，如图 8.011 所示，6 个动画模式菜单为 Animate【动画】、Deform【变形】、Skeleton【骨骼】、Skin【皮肤】、Constrain【约束】和 Character【角色】。

File Edit Modify Create Display Window Animate Deform Skeleton Skin Constrain Character Help

图 8.011

动画的制作总是和时间紧密结合，Maya 的动画控制器中提供了快速访问时间和设置关键帧的工具，包括 Time Slider【时间滑块】、Range Slider【范围滑块】、Playback Control【播放控制器】和动画参数等，如图 8.012 所示。

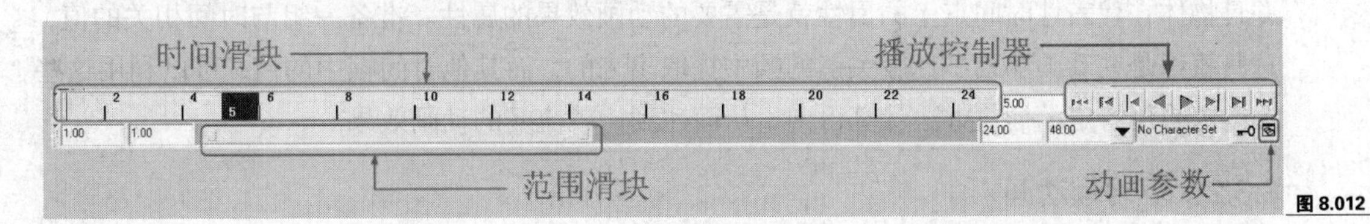

图 8.012

使用 Time Slider【时间滑块】可以控制动画的播放范围、关键帧和播放范围内受控制的帧，如图 8.013 所示。

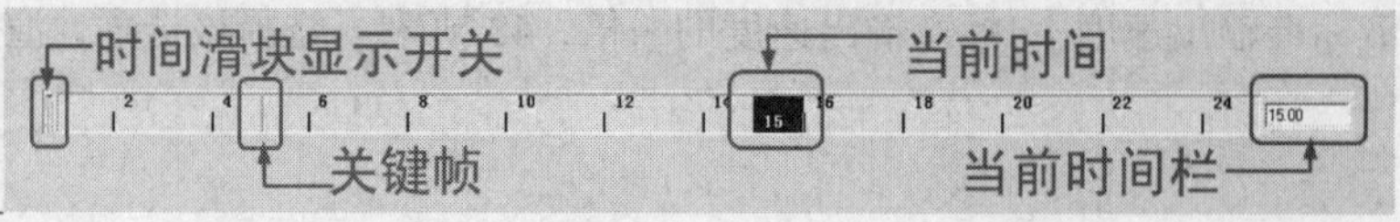

图 8.013

使用 Range Slider【范围滑块】可以控制播放的范围，如图 8.014 所示。

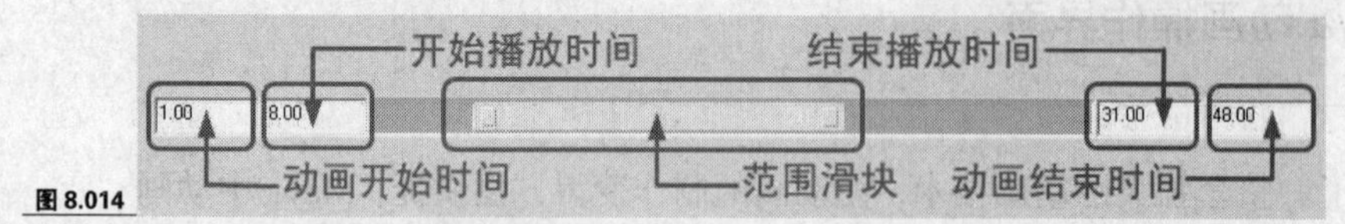

图 8.014

Playback Control【播放控制器】中集中了播放时所能使用到的所有按钮。

Go to Start【跳到开始】：到达时间范围初始的位置。

Step Back Frame【向后一帧】：倒退一帧，快捷键为 Alt+。（Alt 加句号）。

Step Back Key【上一关键帧】：返回到上一个关键帧。

Play Back Key【反播】：反向播放，将动画反顺序播放。

Play【播放】：向前播放动画，快捷键为 Alt+V（Alt 加 V）。

Step Forward Key【下一关键帧】：向前到下一个关键帧。

Step Forward Frame【向前一帧】：前进一帧。快捷键为 Alt+，（Alt 加逗号）。

Go to End【跳到结束】：到达时间范围最后的位置。

这些按钮在制作动画和测试动画时非常重要。

单击自动记录关键帧按钮，将会对物体的指定参数自动记录关键帧。

单击动画参数设置按钮，可以进行标准帧率、播放速度等参数设置。

8.3 动画种类

8.3.1 关键帧动画

关键帧动画是动画制作过程中使用最广泛、最简单、最灵活的动画技术之一。所谓关键帧动画，就是在整个动画的制作过程中选择开始、结束、动作转折点等具有代表性的时间点，并且物体在代表性时间点上的属性就是需要的动画效果的属性。准备一组与时间相关的值，这些值都是在动画序列中比较关键的帧中提取出来的，而其他时间帧中的值，可以利用这些关键值采用特定的插值方法计算得到，从而达到比较流畅的动画效果。

8.3.2 驱动帧动画

驱动帧动画也称为关联动画，也是一种重要的动画手段。它通过物体属性之间的关联，使一个物体的属性驱动另一个物体的属性，如使用保龄球的位移来控制球瓶的倾倒。

8.3.3 路径动画

这种动画是指沿特定路径运动或者受目标约束的动画，比如沿着一定轨迹运动的飞机、轮船和火箭等。

8.3.4 表达式动画

这种动画使用 Mel 来进行动画控制的，多数用于粒子特效方面的制作。

8.3.5 非线变形器动画

在 Maya 中，变形器主要有两方面的用途。一方面是对模型进行进一步的加工，使模型产生整体的弯曲和扭曲等变化；另一方面是创建变形动画，变形器的每一个参数都可以被记录为动画。

非线变形器总共包括 6 个变形器，即 Bend【弯曲】、Flare【扩张】、Sin【正弦】、Squash【挤压】、Twist【扭转】和 Wave【波形】。

Bend【弯曲】变形器可以使对象按照圆弧均匀地弯曲。

操作方法。

① 新建场景，使用 Create>Polygon Primitives>Cube【创建>多边形基本几何体>立方体】命令创建多边形立方体。

② 选择立方体，在动画模式下打开 Deform>Create Nonlinear>Bend【创建变形器>非线性>弯曲】命令的参数设置窗口，如图 8.015 所示。

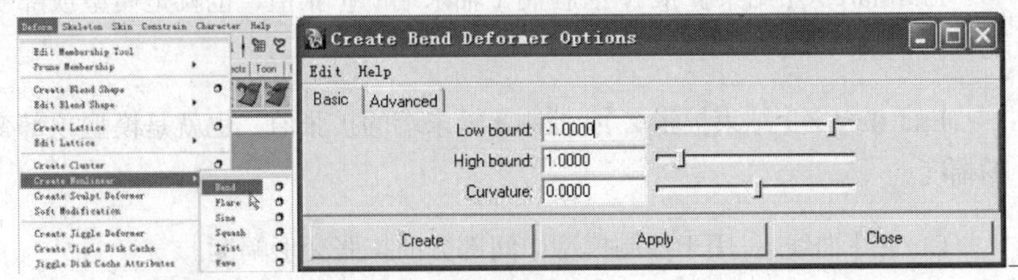

图 8.015

Low bound【下限】：用于控制弯曲变形影响范围的下限。

High bound【上限】：用于控制弯曲变形影响范围的上限。

Curvature【曲度】：用于控制弯曲变形的曲度，数值设置可以为正值或者负值、使得物体向左或者向右弯曲。

③ 单击 Create 按钮，为立方体创建弯曲变形器。单击显示操纵器按钮，显示弯曲变形器的操纵器。弯曲变形器的操纵器有 3 个控制点，使用鼠标左键拖曳或者使用移动、缩放和旋转命令，可以调节弯曲的上限、下限和曲度，如图 8.016 所示。

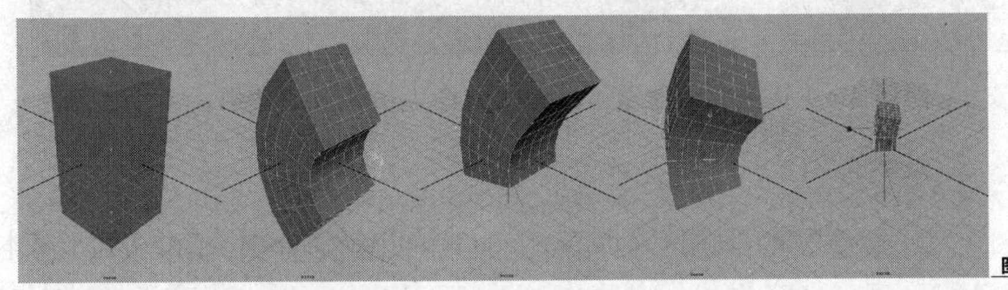

图 8.016

使用 Flare【扩张】变形器可以使对象收缩或者扩张。

操作方法。

① 新建场景，使用 Create>Polygon Primitives>Cube【创建>多边形基本几何体>立方体】命令创建多边形立方体。

② 选择立方体，在动画模式下打开 Deform>Create Nonlinear>Flare【创建变形器>非线性>扩张】命令的参数设置窗口，如图 8.017 所示。

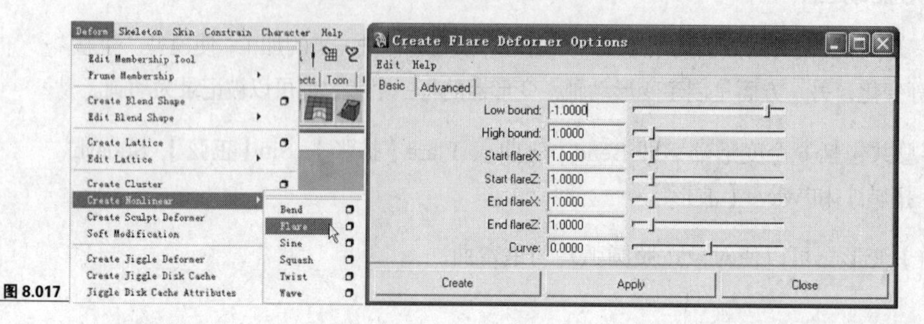

图 8.017

Start flare X【开始扩张 X】：控制 x 轴上的初始扩张值，也就是模型底部变形器沿 x 轴缩放的幅度。

Start flare Z【开始扩张 Z】：控制 z 轴上的初始扩张值，也就是模型底部变形器沿 z 轴缩放的幅度。

End flare X【结束扩张 X】：控制 x 轴末端的扩张值，也就是模型顶部变形器沿 x 轴缩放的幅度。

End flare Z【结束扩张 Z】：控制 z 轴末端的扩张值，也就是模型顶部变形器沿 z 轴缩放的幅度。

Curve【曲线】：用于控制模型中间部分的扩张变形幅度。

③ 单击 Create 按钮，为立方体创建扩张变形器。单击显示操纵器按钮，显示出扩张变形器的操纵器。扩张变形器的操纵器有 7 个控制点，使用鼠标左键拖曳或者使用移动、缩放和旋转命令，可以调节扩张的属性，如图 8.018 所示。

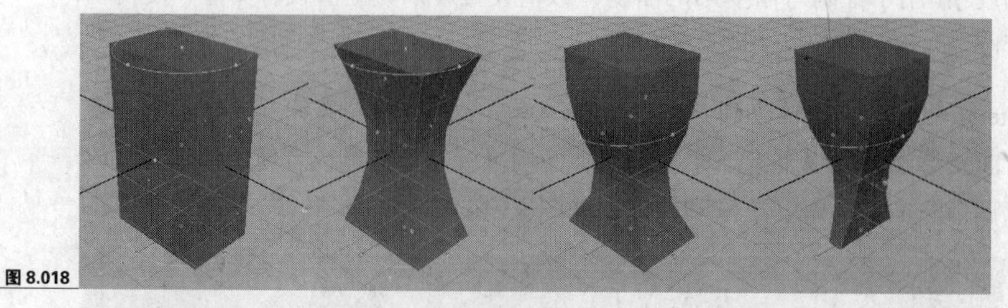
图 8.018

使用 Sin【正弦】变形器可以使对象产生正弦变形效果。

操作方法。

① 新建场景，使用 Create>Polygon Primitives>Cube【创建>多边形基本几何体>立方体】

命令创建多边形立方体。

② 选择立方体，在动画模式下打开 Deform>Create Nonlinear>Sine【创建变形器>非线性>正弦】命令的参数设置窗口，如图 8.019 所示。

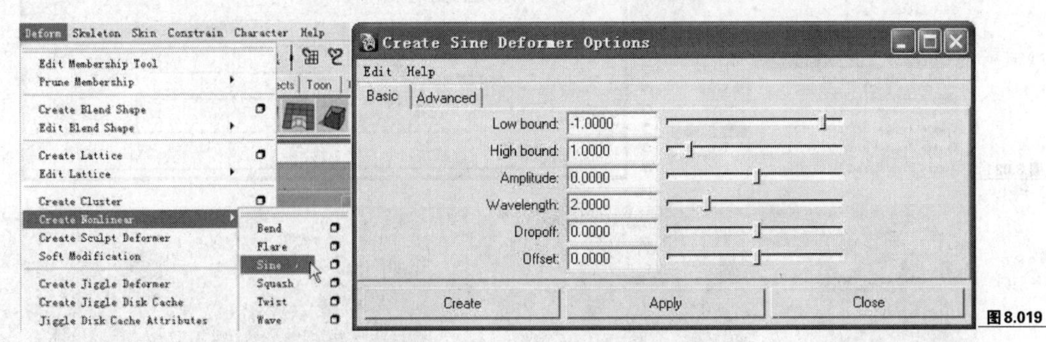

图8.019

Amplitude【振幅】：控制正弦变形的振幅，也就是对象变形的幅度。

Wavelength【波长】：控制正弦变形的波长。

Dropoff【衰减】：用于设置变形幅度的衰减系数。

Offset【偏移】：控制物体变形端点的变形幅度。

③ 单击 Create 按钮，为立方体创建正弦变形器。单击显示操纵器按钮，显示出正弦变形器的操纵器。正弦变形器的操纵器有 4 个控制点，使用鼠标左键可以调节正弦的属性，如图 8.020 所示。

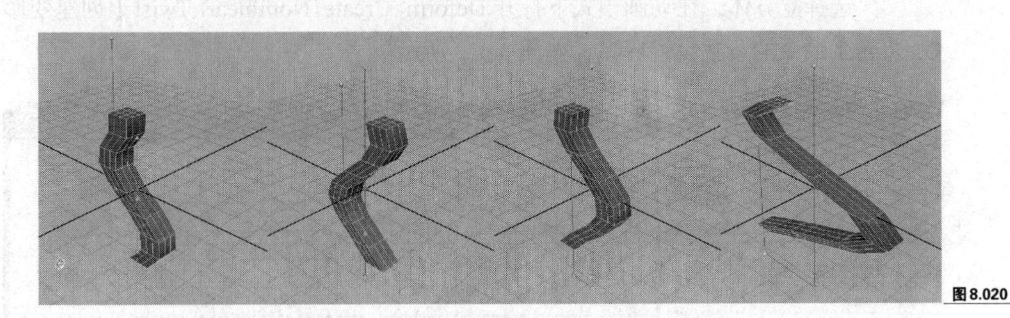
图8.020

使用 Squash【挤压】变形器可以使对象产生挤压效果。

操作方法。

① 新建场景，使用 Create>Polygon Primitives>Cube【创建>多边形基本几何体>立方体】命令创建多边形立方体。

② 选择立方体，在动画模式下打开 Deform>Create Nonlinear>Squash【创建变形器>非线性>挤压】命令的参数设置窗口，如图 8.021 所示。

③ 单击 Create 按钮，为立方体创建挤压变形器。单击显示操纵器按钮，显示出挤压变形器的操纵器。挤压变形器的操纵器有 4 个控制点，使用鼠标左键可以调节挤压的属性，如图 8.022 所示。中间线上、下两端的点控制的是挤压的上限和下限，中间的点控制的是挤压的位置。

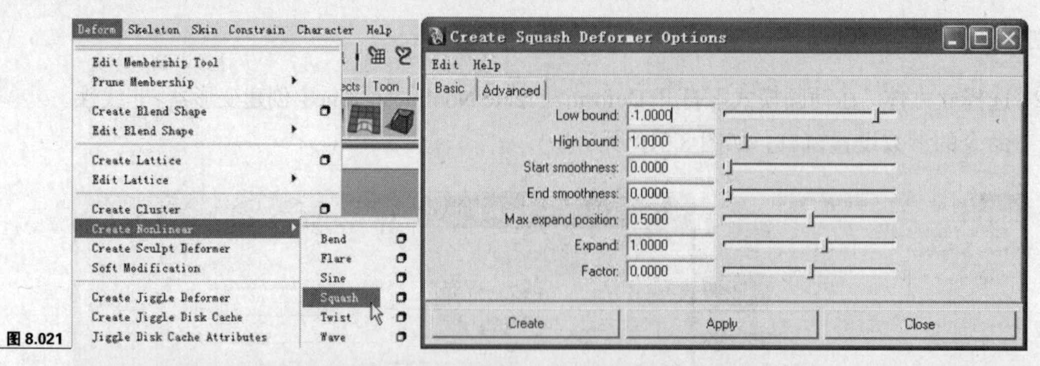

图 8.021

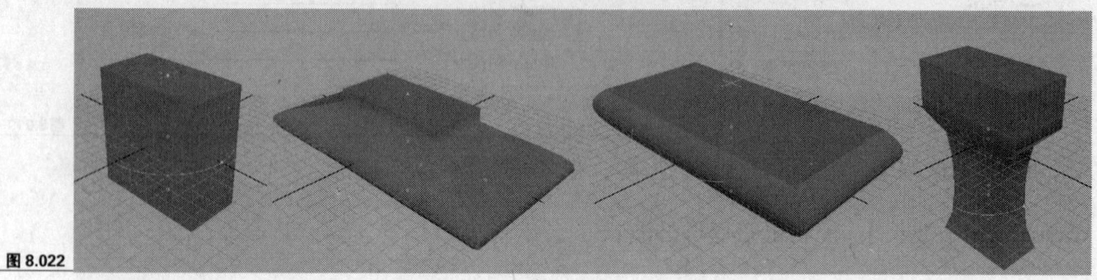

图 8.022

使用 Twist【扭转】变形器可以使对象产生扭曲和螺旋的效果。

操作方法。

① 新建场景，使用 Create>Polygon Primitives>Cube【创建>多边形基本几何体>立方体】命令创建多边形立方体。

② 选择立方体，在动画模式下打开 Deform>Create Nonlinear>Twist【创建变形器>非线性>扭转】命令的参数设置窗口，如图 8.023 所示。

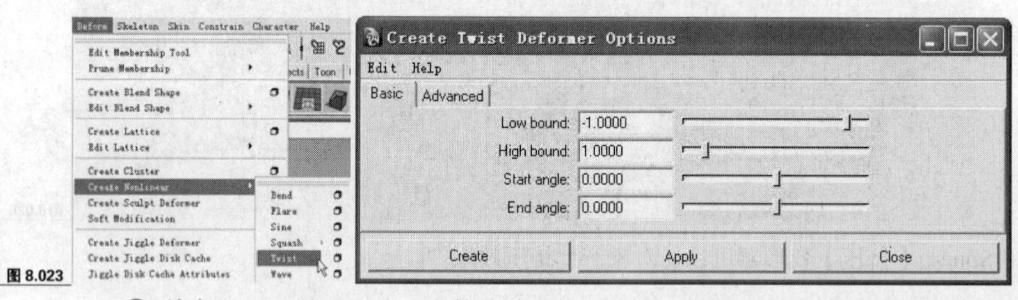

图 8.023

③ 单击 Create 按钮，为立方体创建扭转变形器。单击显示操纵器按钮，显示出扭转变形器的操纵器。挤压变形器的操纵器有 4 个控制点，使用鼠标左键可以调节扭转的属性，如图 8.024 所示。

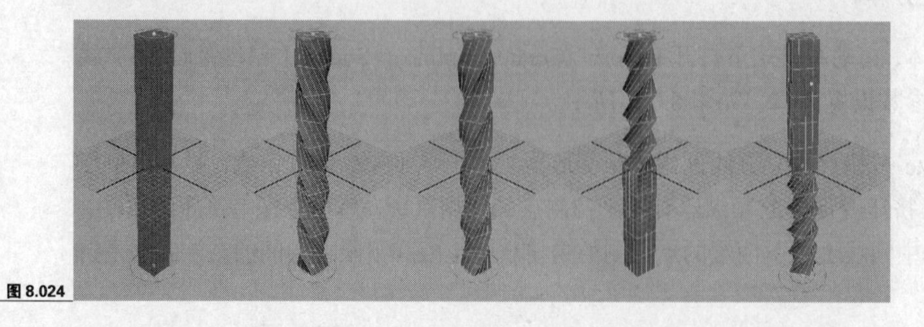

图 8.024

使用 Wave【波形】变形器可以使对象产生类似于水波的效果。

操作方法。

① 新建场景，使用 Create>Polygon Primitives>Plane【创建>多边形基本几何体>平面】命令创建多边形平面。

② 选择立方体，在动画模式下打开 Deform>Create Nonlinear>Wave【创建变形器>非线性>波形】命令的参数设置窗口，如图 8.025 所示。

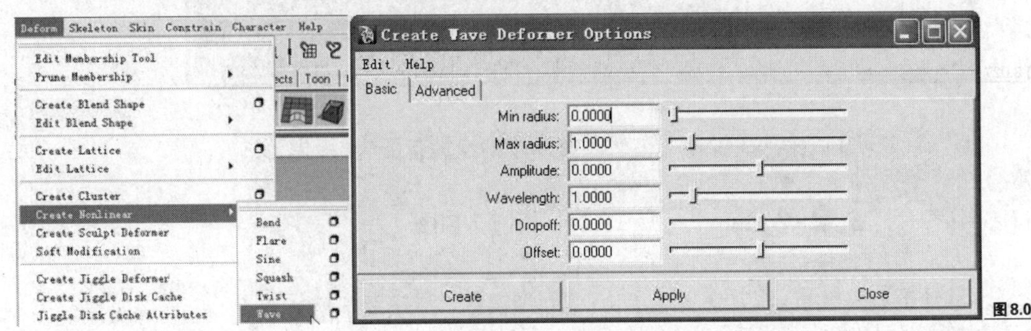

图 8.025

③ 单击 Create 按钮，为平面创建波形变形器。单击显示操纵器按钮，显示出波形变形器的操纵器。波形变形器的操纵器有 4 个控制点，使用鼠标左键可以调节波形的属性，如图 8.026 所示。

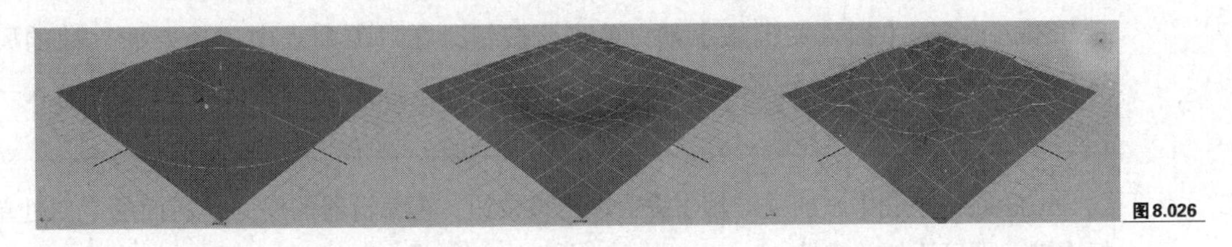
图 8.026

8.4 动画编辑器

在动画的编辑过程中，Dope Sheet【律表】和 Graph Editor【动画曲线编辑器】可以对关键帧以及动画曲线进行更加高级的操作，创建出复杂的动画效果，从而提高工作效率。

8.4.1 Dope Sheet【律表】

打开之前制作的逐帧动画的弹簧下落场景，执行 Window>Animation Editors>Dope Sheet【窗口>动画编辑器>律表】命令，打开律表编辑器窗口，如图 8.027 所示，该编辑器划分为 4 个部分，分别为菜单栏、工具栏、对象列表和编辑区。

- 菜单栏中集合了各种关于帧的操作，大多数命令与曲线编辑器中的命令重复。
- 工具栏中集合了对关键帧进行各种操作的工具，如图 8.028 所示。

Selected Keyframe Tool【选择帧】：单击该按钮，在编辑区中单击或者框选关键帧，蓝色区域为选择范围，选中的帧以黄色显示。

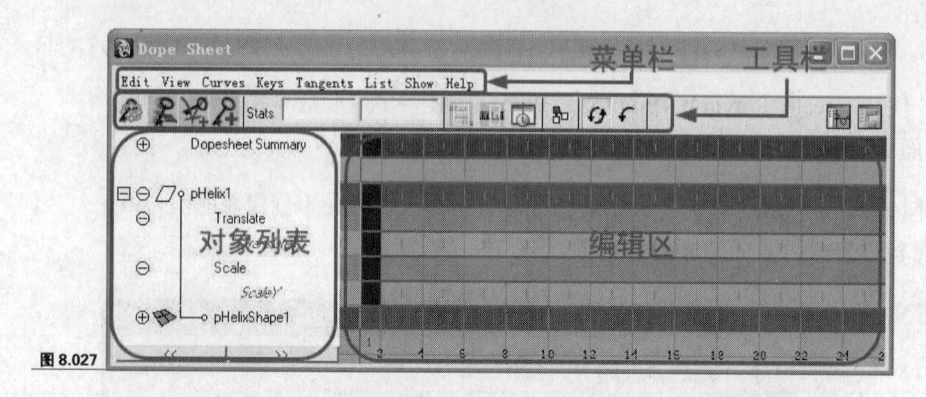

图 8.027

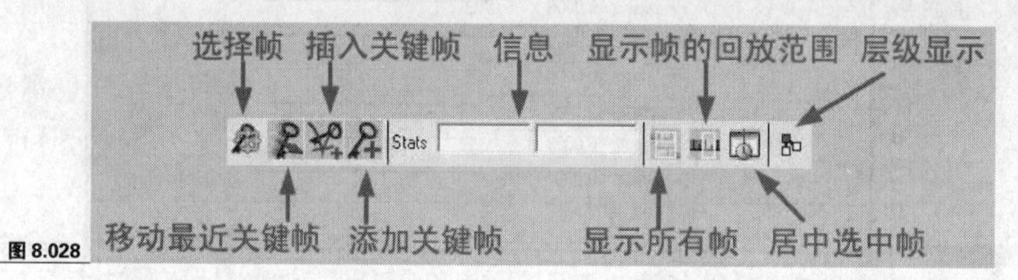

图 8.028

Move Nearest Picked Key Tool【移动最近关键帧】：单击该按钮，在编辑区中选择需要移动的关键帧，按住鼠标中键不放，此时鼠标指针变为双向箭头，水平移动鼠标就可以将关键帧进行移动了。

Insert Keys【插入关键帧】：单击该按钮，在对象列表中选择要插入帧的属性，然后在该属性的两个关键帧之间使用鼠标中键单击，即可在两个关键帧之间插入一个关键帧。

Add Keys Tool【添加关键帧】：单击该按钮，在编辑器的序列帧后面的空白处单击鼠标中键，即可添加关键帧。

Stats【信息】Stats：第一个文本框中的内容显示当前帧所在的位置，第二个文本框中显示的是当前帧物体的属性值。

Frame All Displayed Keys【显示所有帧】：单击该按钮，可以显示所有的关键帧序列。

Frame Playback Range【显示帧的回放范围】：单击该按钮，在编辑区中只显示时间轴播放范围上的关键帧序列。

Center the view about the current time【居中选中帧】：单击该按钮，可以将选中的关键帧序列居中到编辑区。

Hierarchy below/none【层级显示】：单击该按钮，可以显示层级物体上的关键帧序列。

- 对象列表用来显示当前被选择物体的各个节点属性。
- 编辑区用来显示当前被选择物体的所有关键帧序列，黑色小方块代表关键帧，被选中的关键帧以黄色小方块显示，顶部的横轴帧序列代表当前所有帧序列的组合。

8.4.2 Graph Editor【动画曲线编辑器】

打开之前制作的逐帧动画的弹簧下落场景，执行 Window>Animation Editors>Graph Editor【窗口>动画编辑器>动画曲线编辑器】命令，打开动画曲线编辑器，如图 8.029 所示。

在编辑区中，横轴代表帧序列，纵轴代表当前帧上曲线点的数值。红色的竖线代表时间轴，竖线的下方还显示当前帧的数值。在时间轴上移动时间滑块，这里的时间轴也随之运动，如图 8.030 所示。

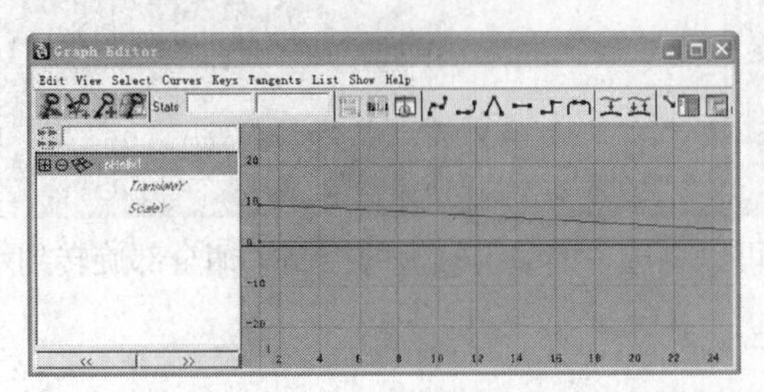

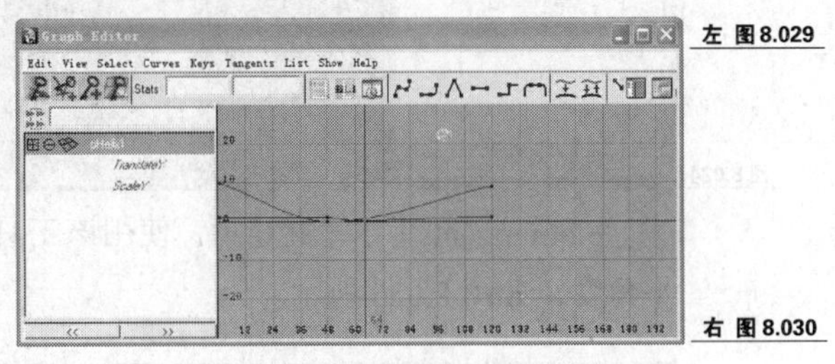

左 图8.029

右 图8.030

在工具栏中有一些工具按钮和 Dope Sheet【律表】编辑器窗口中工具栏中的不同，如图 8.031 所示。

图8.031

Spline tangents【样条曲线】：使用该工具可以使相邻的两个关键点之间产生光滑的过渡曲线，关键帧上的操纵手柄在同一水平线上，旋转一边的手柄会带动另一半手柄的转动，使关键帧两边曲线的曲率进行光滑连接，如图 8.032 所示。

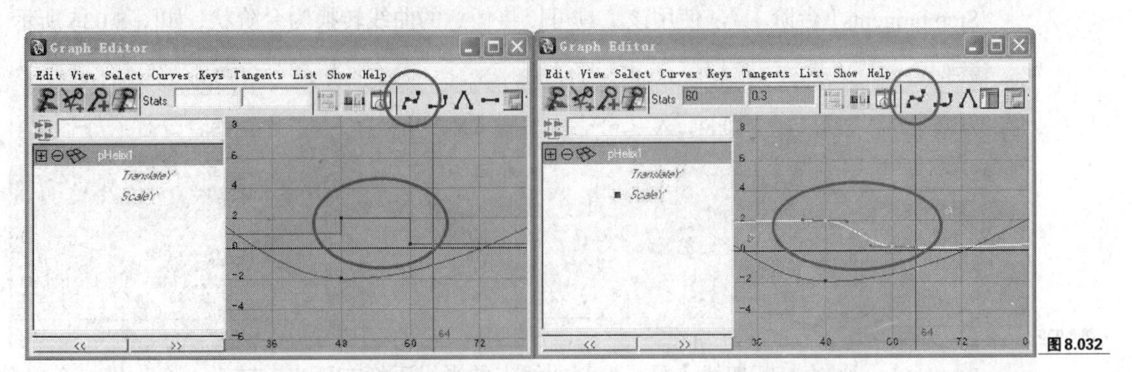

图8.032

Clamped tangents【夹具】：使用该工具可以使曲线既有样条曲线的特征，又具有直线的特征。选择需要转换的手柄，然后单击夹具按钮，结果如图 8.033 所示。

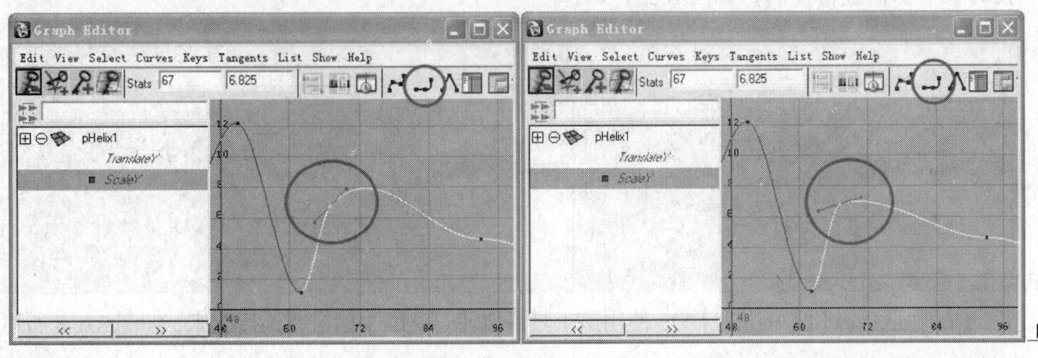

图8.033

Linear tangents【线性化】：使用该工具可以使两个关键帧之间的曲线变成直线，如图 8.034 所示。

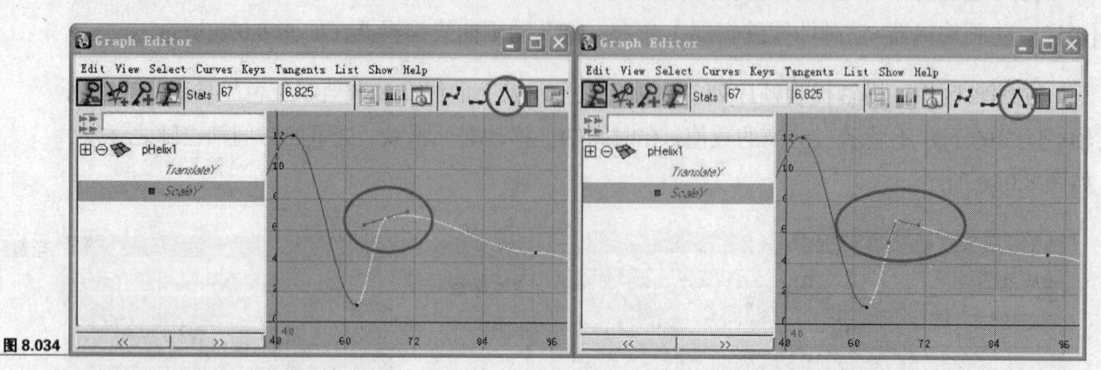

图 8.034

Flat tangents【水平化】：使用该工具可以将选中的关键帧上的控制手柄全部旋转到水平角度，如图 8.035 所示。

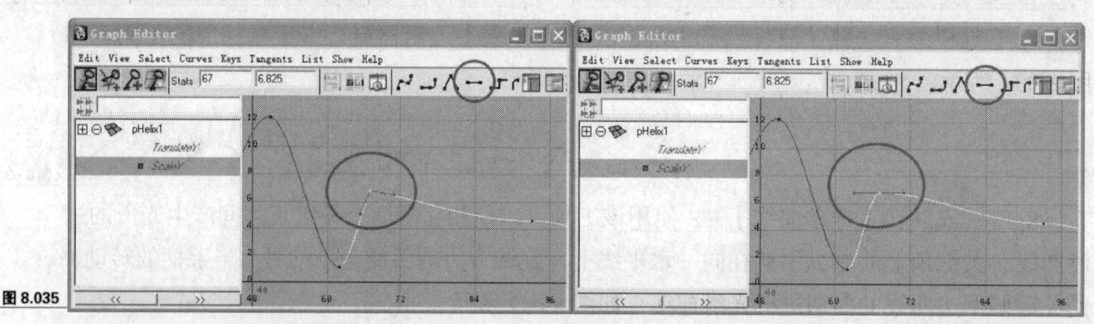

图 8.035

Step tangents【台阶】：使用该工具可以将任意的曲线转换为台阶状，如图 8.036 所示。

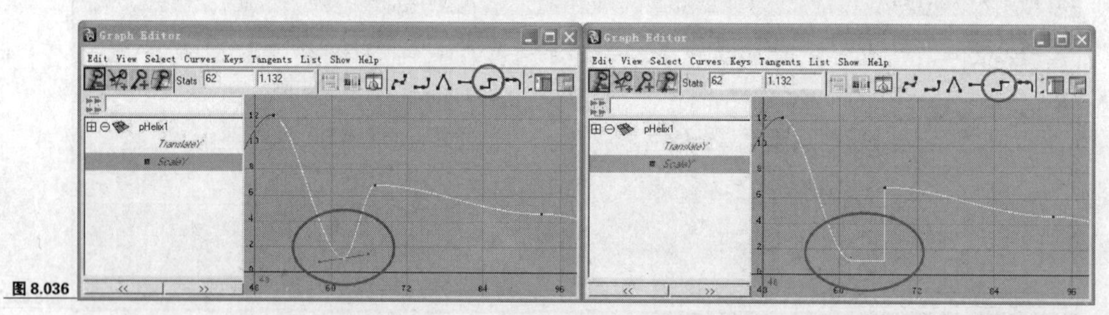

图 8.036

Break tangents【打断切线】：控制曲线点的操纵手柄有两半，转动一个，另一个也会随着移动。使用 Break tangents【打断切线】命令，可以使两控制手柄被打断，从而可以对单独的半个手柄进行控制，如图 8.037 所示。

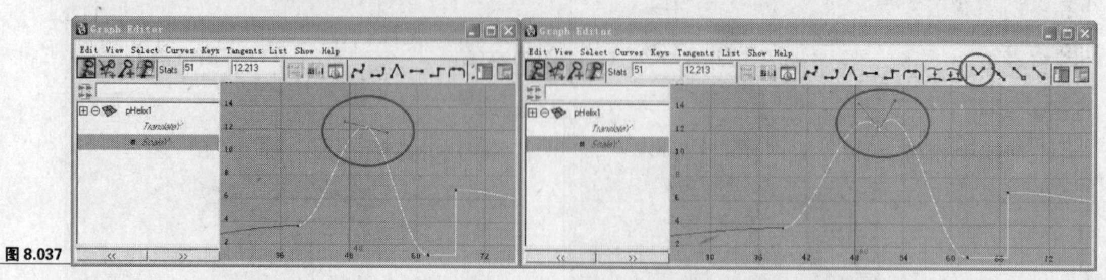

图 8.037

Unify tanfents【统一切线】：使用该工具可以使打断的手柄重新连接起来，如图 8.038 所示。

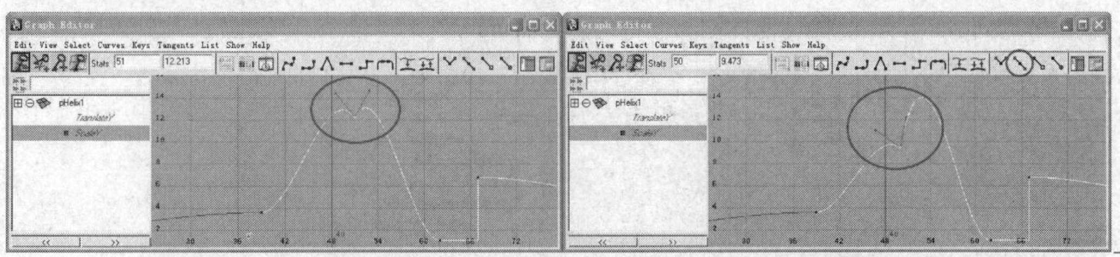

图 8.038

Free tangents weight【释放切线权重】：在默认的情况下，关键帧的控制手柄是不可以被拉长的，如果能调整控制手柄的长度，就可以更灵活地绘制曲线。首先在曲线编辑器中执行 Curves>Weighted tangents【曲线>切线权重】命令，然后单击释放切线权重按钮，返回编辑区调整切线手柄，如图 8.039 所示。

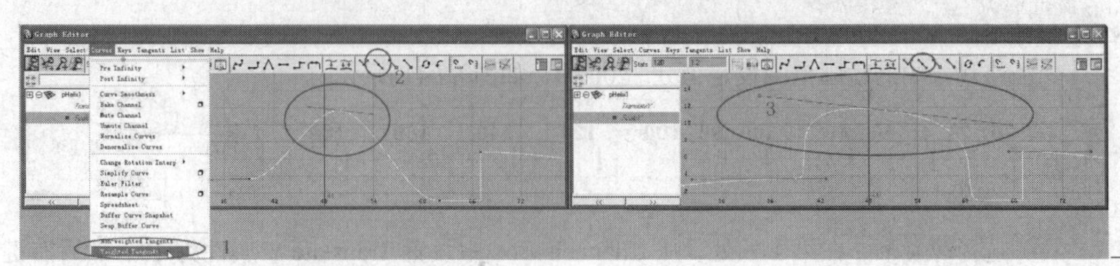

图 8.039

Lock tangents weight【锁定切线权重】：使用该工具可以将切线手柄进行锁定，锁定后就不可以再对手柄进行调整手柄的权重。

Selected a curve to buffer【快照曲线】：使用该工具可以对动画曲线捕捉到缓冲器上，便于新的曲线和旧的曲线之间进行对比。

Swap Buffer Curves【交换缓冲曲线】：使用该工具可以见已经编辑的曲线和缓冲曲线进行交换，交换后编辑过的曲线就不再起作用。

8.5 课堂实例

8.5.1 实例 1——关键帧动画

案例学习目标：学习运用关键帧技术设置动画。

案例知识要点：掌握 Key Selected 命令，创建关键帧。

效果所在位置：Ch08\关键帧动画。

操作方法。

① 新建场景。

② 执行 Create>Polygon Primitives>Helix【创建>多边形基本几何体>螺旋形】命令和 Create>Polygon Primitives>Plane【创建>多边形基本几何体>平面】命令，分别创建一个 Polygon 螺旋形和 Polygon 平面，设置参数如图 8.040 所示。将螺旋形沿 y 轴向上移动 10 个单位。

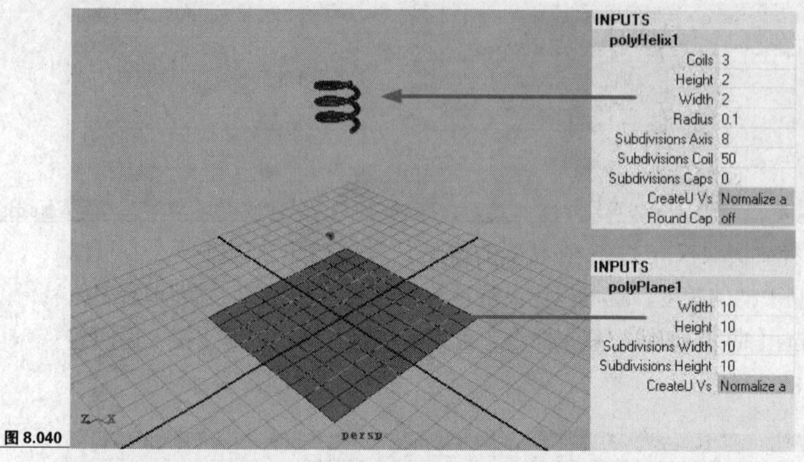

图 8.040

③ 将场景中的动画范围设定为 0～200 帧，如图 8.041 所示。

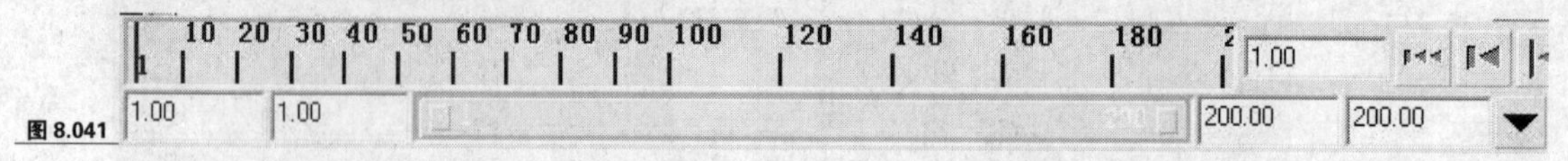

图 8.041

④ 选择螺旋形，在第 1 帧处，从 Channels Box 中设置 Translate Y 属性为 10，然后右键单击属性名，弹出浮动菜单，选择其中的 Key Selected 命令，如图 8.042 所示。设置 Scale Y 属性为 1，右键单击属性名，弹出浮动菜单，选择其中的 Key Selected 命令，如图 8.043 所示。此时，在第 1 帧处的关键帧创建成功，Channels Box 中设置了关键帧的属性后为粉色显示。

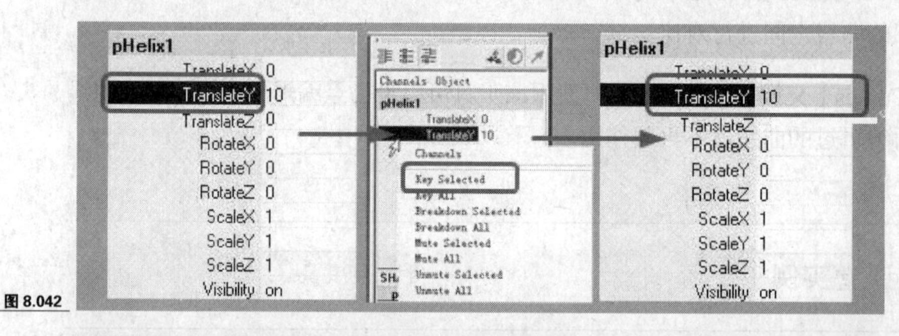

图 8.042

图 8.043

⑤ 将时间调到第 48 帧，将螺旋形的 y 轴上的高度调整到 0，y 轴上的缩放值设置为 1，重复步骤④，在第 48 帧处添加一个关键帧。

⑥ 将时间调到第 60 帧，将螺旋形 y 轴上的缩放值设置为 0.3，然后右键单击属性名，弹出浮动菜单，选择其中的 Key Selected 命令，创建关键帧，制作弹簧的压缩动画。

⑦ 将时间调到第 120 帧，将螺旋形 y 轴上的缩放值设置为 1.2，y 轴上的高度调整到 9，

设置关键帧，完成弹簧着地后上弹的动画。

⑧ 动画效果如图 8.044 所示。

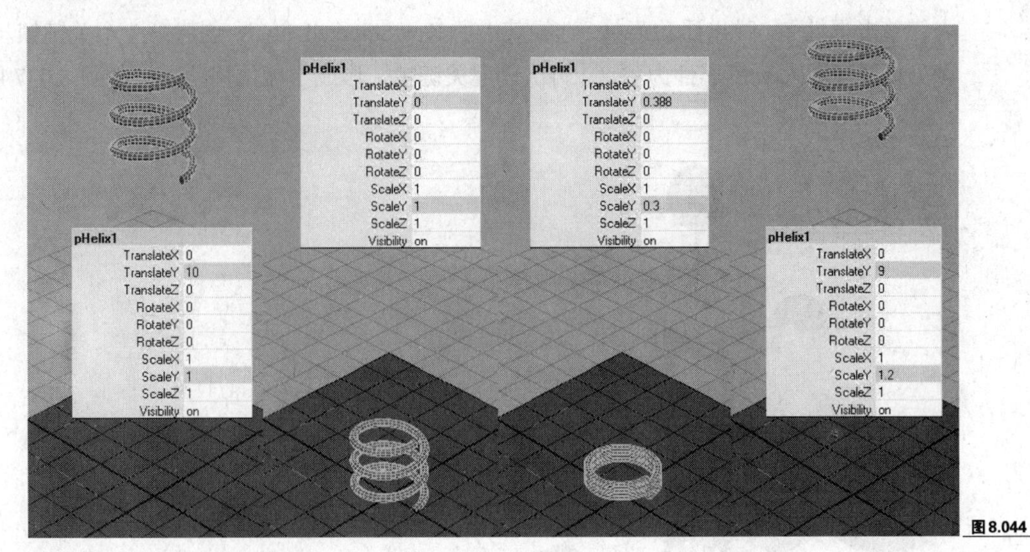

图 8.044

8.5.2 实例 2——驱动帧动画

案例学习目标：学习运用驱动帧技术设置动画。

案例知识要点：执行 Animate>Set Driven Key>Set【动画>驱动帧动画>设置】命令，打开驱动帧设置窗口；单击 Load Driver【导入驱动物体】按钮，导入驱动物体；单击 Load Driven【导入被驱动物体】按钮，导入被驱动物体。

效果所在位置：Ch08\驱动帧动画。

操作方法。

① 打开本书素材中提供的“驱动帧动画 01.mb”文件，进入场景，观察到场景中有一个可以旋转的彩色转轮支架和一个小球，但没有动画设置，如图 8.045 所示。

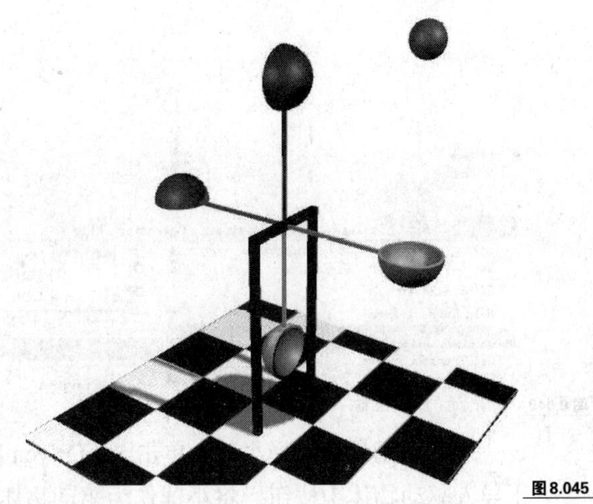
图 8.045

② 将场景中的动画范围设定为 0～240 帧，如图 8.046 所示。

图 8.046

③ 设置小球在第 1 帧处的关键帧，从 Channels Box 中设置 Translate Y 属性为 8，然后右键单击属性名，弹出浮动菜单，选择其中的 Key Selected 命令，创建第 1 个关键帧。在 240 帧处设置 Translate Y 属性为−2.8，再次创建关键帧，形成小球位移动画，如图 8.047 所示。

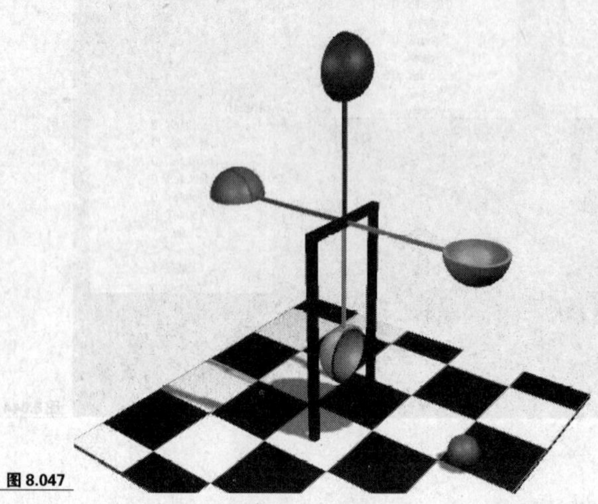

图 8.047

④ 当小球撞击在转轮上时，开始设置驱动关键帧。采用小球的 y 轴的位移作为驱动属性，用转轮组的 y 轴的旋转作为被驱动属性。

⑤ 执行 Animate>Set Driven Key>Set【动画>驱动帧动画>设置】命令，打开驱动帧设置窗口，如图 8.048 所示。

⑥ 驱动帧设置窗口如图 8.049 所示，分为上下两个部分，上半部显示驱动物体名称及可控属性，下半部显示被驱动物体名称及可控属性。

左 图 8.048

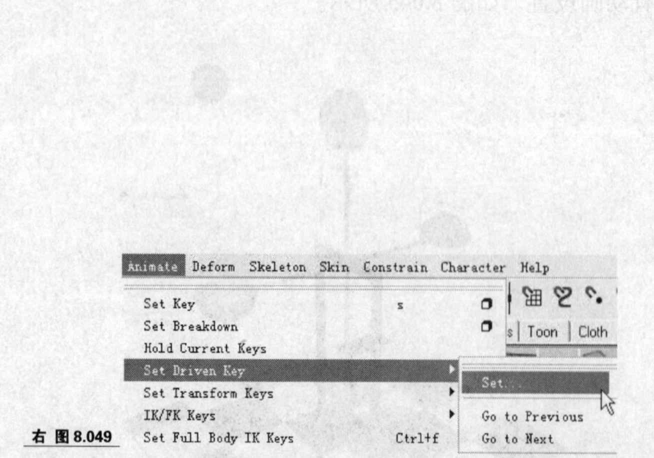

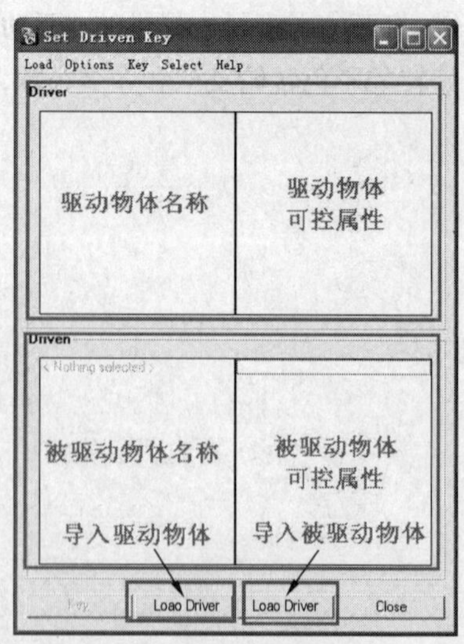

右 图 8.049

⑦ 在场景中选择小球，单击 Set Driven Key【驱动帧动画】设置面板，单击 Load Driver【导入驱动物体】按钮，将小球作为驱动物体导入；选择转轮组，单击 Load Driven【导入被驱动物体】，将转轮组作为被驱动物体导入，如图 8.050 所示。

⑧ 在 Driver 列表框的 psphere1 中选择 translate Y 作为驱动属性，在 Driven 列表框的 group1 中选择 rotate Y 作为被驱动属性，则窗口中的 Key 按钮被激活，从而可以进行驱动帧的设置，如图 8.051 所示。

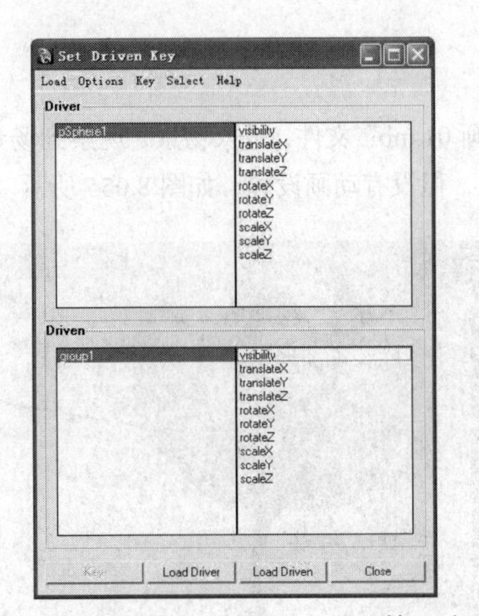

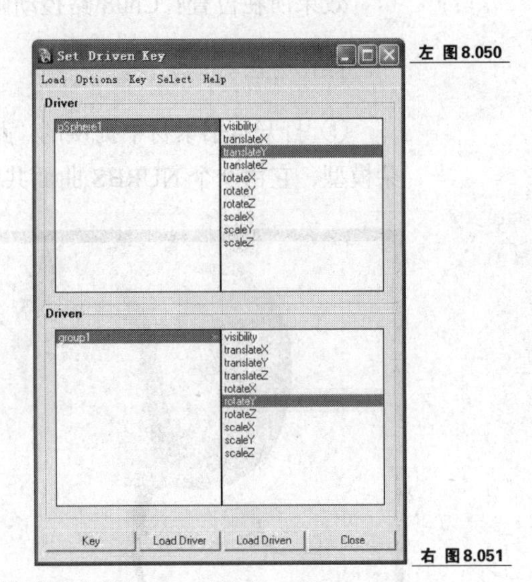

左 图8.050

右 图8.051

⑨ 在第 120 帧处单击 Key 按钮，设置第一个驱动关键帧，如图 8.052 所示。

⑩ 在 240 帧处设置 group1 中的 ratate Y 的值为 135，再次单击 Key 按钮设置第二个驱动关键帧，如图 8.053 所示。

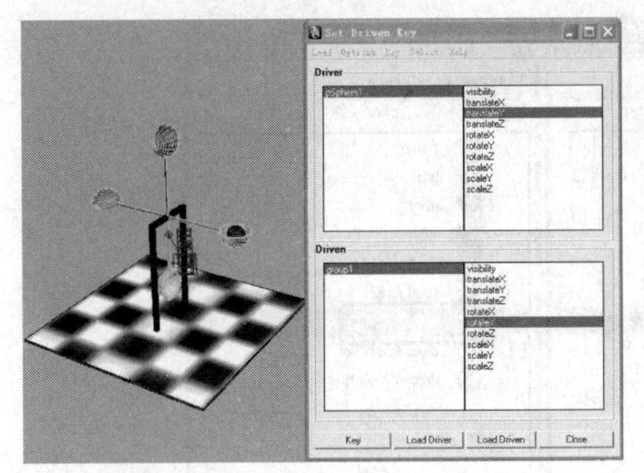

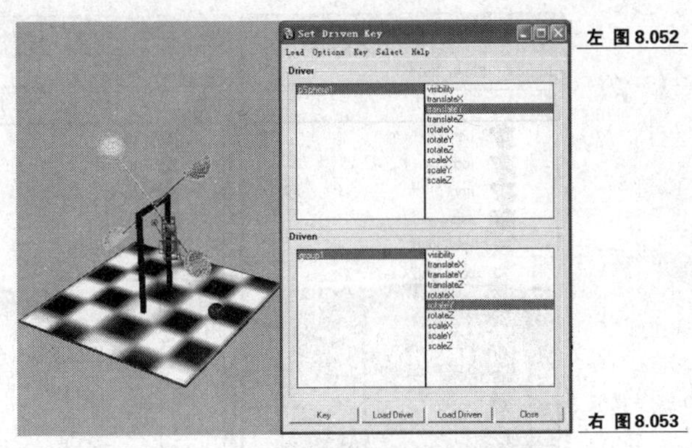

左 图8.052

右 图8.053

⑪ 播放动画，在小球撞击转轮组后，小球继续保持下落，而转轮组受到驱动开始旋转，如图 8.054 所示。

图8.054

8.5.3 实例 3——路径动画

案例学习目标：学习运用路径动画技术设置动画。

案例知识要点：执行 Animate>Motion Paths>Attach to Motion Path【动画>运动路径>结合到运动路径】命令，将物体与运动路径相结合。

效果所在位置：Ch08\路径动画。

操作方法。

① 打开本书素材中提供的“路径动画 01.mb”文件，进入场景，观察到场景中有一个花朵模型，它由 9 个 NURBS 曲面共同构成，但没有动画设置，如图 8.055 所示。

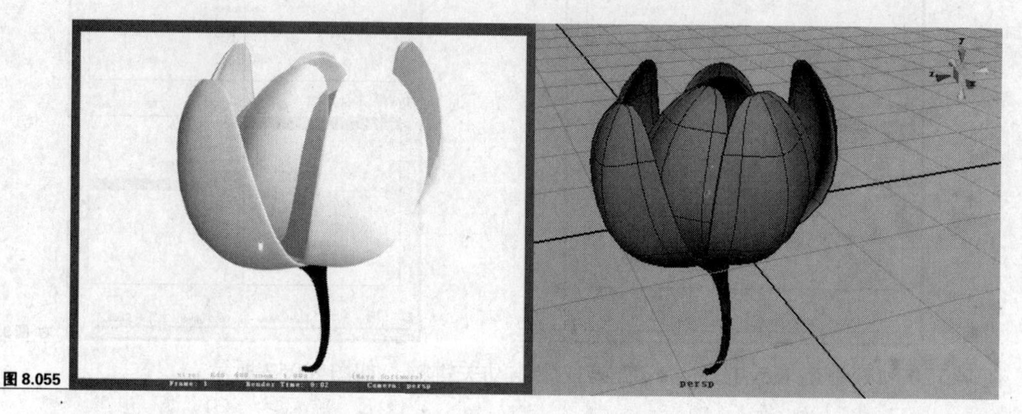

图 8.055

② 在场景中选择所有的 NURBS 曲面，执行 Edit>Group【编辑>组】命令，将构成花朵的曲面建组，然后在 Outliner 窗口中将组的名称改为 flower，如图 8.056 所示。

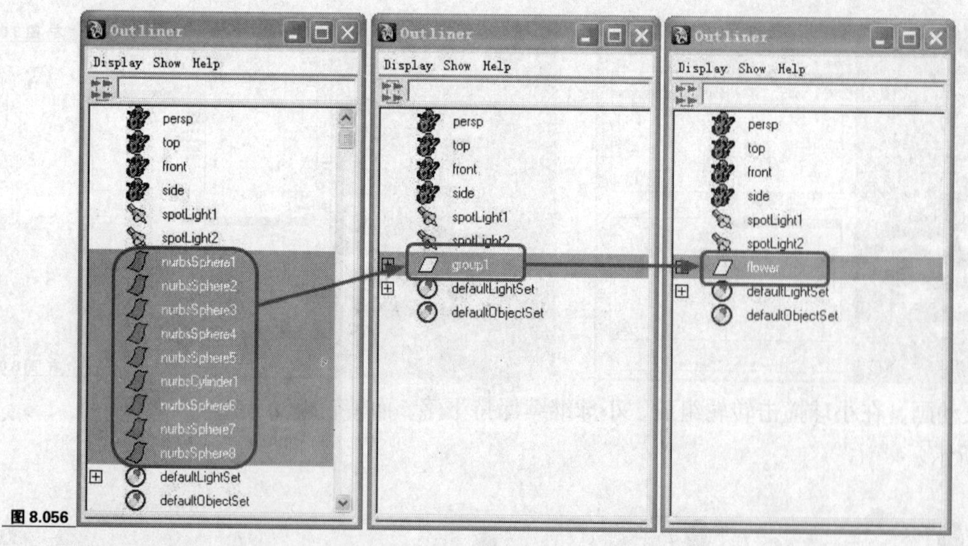

图 8.056

③ 将动画的时间范围设定为 0～400 帧。

④ 执行 Create>CV Curve Tool【创建>CV 曲线工具】命令，在场景中创建 NURBS 曲线，作为花朵移动的路径曲线，如图 8.057 所示。

⑤ 在 Outliner 窗口中选择 flower 组，然后按住 Shift 键加选路径曲线，在动画模块下打开 Animate>Motion Paths>Attach to Motion Path>❒【动画>运动路径>结合到运动路径】属性设置窗口，如图 8.058 所示。

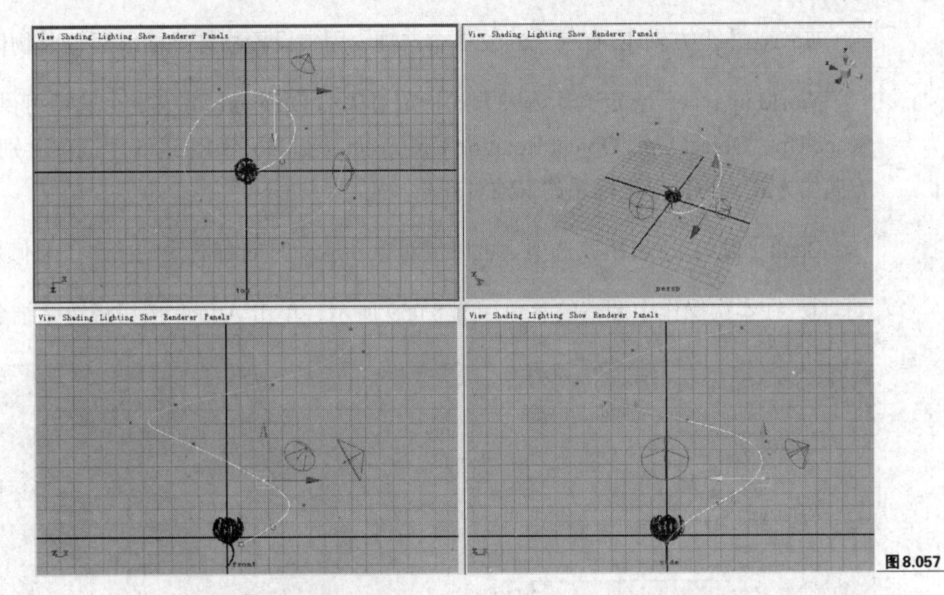

图8.057

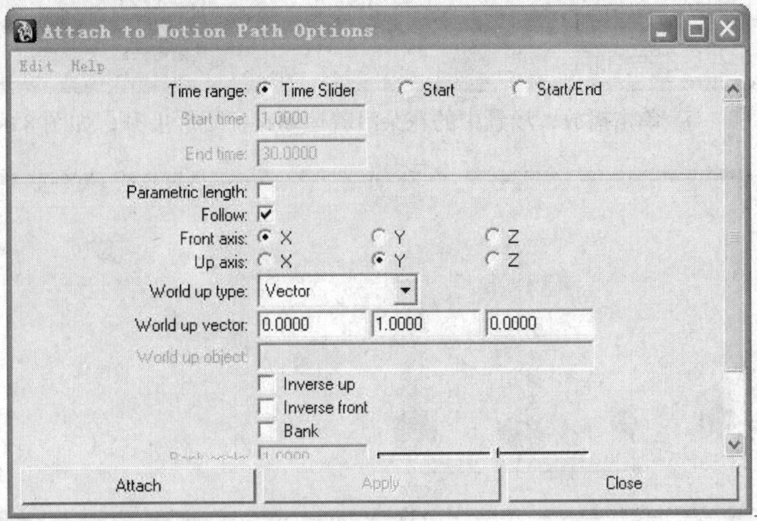

图8.058

Time range【时间范围】：它有3个单选钮，分别为Time Slider【时间滑块】、Start【开始】、Start/End【开始/结束】。当选中Time Slider【时间滑块】单选钮时，时间滑块上的开始时间和结束时间分别控制路径上的开始时间和结束时间。当选中Start【开始】单选钮时，下方灰化的Start time【开始时间】选项被激活，从而可以进行开始时间的设定。当选择Start/End【开始/结束】单选钮时，Start time【开始时间】选项和End time【结束时间】选项同时被激活，从而可以进行开始时间和结束时间的设置。

Parametric length【参数长度】：若勾选该选项，则使用的是参数间距方式，若取消勾选该选项，则使用的是参数长度方式。参数间距方式和参数长度方式是Maya中两种沿曲线定位物体的方式。使用参数间距方式，物体会沿曲线路径长度的百分比进行变速运动；使用参数长度方式，物体会沿曲线路径长度的百分比进行匀速运动。

Follow【跟随】：勾选该选项，Maya会自动计算，使物体沿着曲线的运动方向前进。

Front axis【前方轴】：有X、Y、Z 3个选项，用来设置物体沿曲线运动时物体的前方方向。

Up axis【上方轴】：有 X、Y、Z 3 个选项，用来设置物体沿曲线运动时物体的向上方向。

World up type：它定义用哪种方式指定对象的 Up axis，共有 5 个选项可供选择，分别为 Scene Up、Object Up、Object Rotation Up、Vector 和 Normal，这 5 个选项分别对应 5 种确定方向的方式，与世界坐标系的 y 轴对齐。

Bank【倾斜】：启用该选项，可以使对象在运动时向着曲线的曲率中心倾斜。

⑥ 在本次操作中调整的参数如图 8.059 所示，单击 Attach 按钮将花朵结合到路径上。

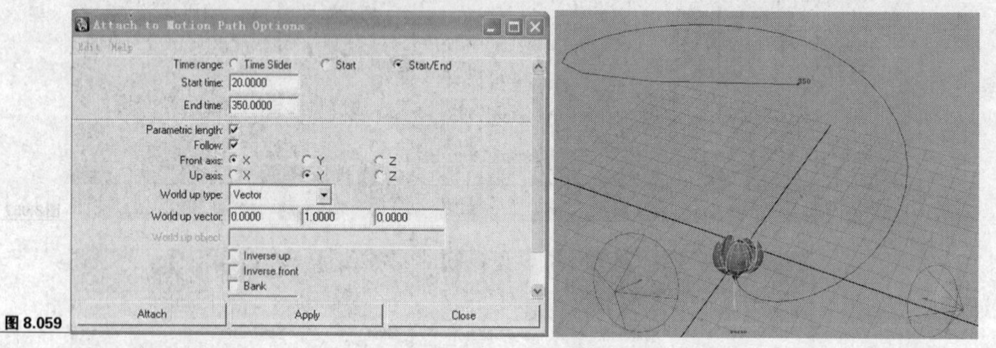

图 8.059

⑦ 单击播放，场景中的花朵沿着运动路径缓缓上升，如图 8.060 所示。

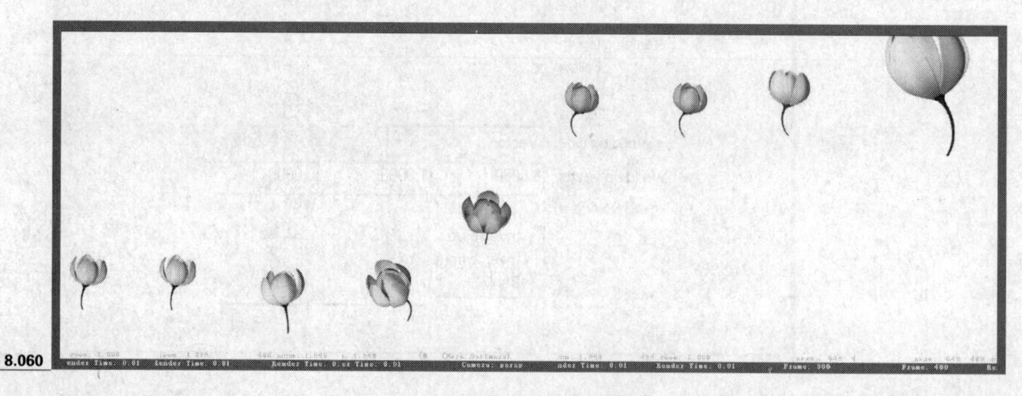

图 8.060

本章小结

通过本章的学习，读者可以熟练地掌握不同种类的动画的设置方式，尤其是驱动帧动画、关键帧动画和路径动画的制作调节方式。